闫福安　周勇　吴让君　编著

水性涂料树脂合成及应用

SHUIXING
TULIAO
SHUZHI
HECHENG
JI
YINGYONG

化学工业出版社
·北京·

内容简介

《水性涂料树脂合成及应用》全书共十五章，前八章以大分子的分子设计原理为主线，介绍了水性醇酸树脂、水性聚酯树脂、水性丙烯酸树脂、水性聚氨酯树脂、水性环氧树脂、水性光固化树脂、水性杂化体树脂以及电泳涂料树脂的合成原料、合成原理以及合成工艺，揭示了树脂结构和性能的关系；后七章对水性涂料用助剂的种类及应用、水性涂料配方设计原理、涂层防腐蚀性能评价以及水性建筑涂料、水性木器漆、水性金属漆、电泳漆的配方及生产工艺进行了介绍。本书理论与实用并重，配有大量配方实例、配方计算和实际操作工艺。

《水性涂料树脂合成及应用》可供涂料研究、开发、应用、管理以及销售人员学习参考，也可用作高等院校化学工程与工艺、涂料工程、精细化工等专业高年级本科生、研究生的专业课教材。

图书在版编目（CIP）数据

水性涂料树脂合成及应用 / 闫福安，周勇，吴让君编著. — 北京 ：化学工业出版社，2025. 12. —
ISBN 978-7-122-49222-7

Ⅰ. TQ633

中国国家版本馆 CIP 数据核字第 2025VT3089 号

责任编辑：刘志茹　宋林青　文字编辑：邢苗苗
责任校对：刘曦阳　　　　　装帧设计：韩　飞

出版发行：化学工业出版社
（北京市东城区青年湖南街 13 号　邮政编码 100011）
印　　装：天津千鹤文化传播有限公司
787mm×1092mm　1/16　印张 22¼　字数 567 千字
2026 年 1 月北京第 1 版第 1 次印刷

购书咨询：010-64518888　　　　售后服务：010-64518899
网　　址：http://www.cip.com.cn
凡购买本书，如有缺损质量问题，本社销售中心负责调换。

定　　价：128.00 元

前言

水性涂料树脂和水性涂料的研究是近二十年来涂料研究领域中最重要的方向之一，其应用已从建筑涂料逐步渗透到木器涂料和金属涂料，发展很快，技术已臻成熟。因此，作者结合近年来的教学与科研经验，编写了《水性涂料树脂合成及应用》，全书共十五章，重点介绍了水性醇酸树脂、水性聚酯树脂、水性丙烯酸树脂、水性聚氨酯树脂、水性环氧树脂及其固化剂、水性光固化树脂及水性杂化体树脂的合成原料、合成原理以及合成工艺，其主线是大分子的分子设计原理，并尽力揭示树脂结构和性能的关系；此外，对水性涂料的组成、水性涂料用助剂的种类及应用、水性涂料配方设计原理、涂层防腐蚀性能评价以及建筑涂料、水性木器漆、水性金属漆、电泳涂料的配方及生产工艺进行了介绍。书中既有理论，又有配方实例、配方计算和实际操作工艺，力求简单、直观、易学、好用。

本书由闫福安教授选题、组织并负责统稿。第 1 章到第 13 章由闫福安撰写，第 14 章由吴让君撰写；第 15 章由周勇撰写。钱皓、陈潮汉参与了第 4 章和第 11 章的撰写；陈俊参与了第 5 章的撰写；尚勇全参与了第 9 章的撰写；周勇参与了第 10 章到第 13 章的撰写；汤诚参与了第 12 章的撰写。另外，杨威、叶琪、胡晓光、谢浩、黄贵、麦贵康、万涛、董海云、赵成罡、赵贞、龙凯、刘国庆、张彪、王东、王黎、赵利平、何圆、吴子敬、欧阳双、徐子文等多名学生也提供了帮助。本书编写过程中得到了武汉工程大学研究生教材建设项目的资助，也得到了武汉工程大学化工与制药学院、化学工业出版社的支持，一并在此深表感谢。

本书适合从事水性涂料研究、开发、应用、管理和市场销售的人员学习参考，也可供高等院校学生和有关教师参考使用。若本书能为我国水性涂料工业的创新和发展作出一定贡献，作者将感到无比欣慰。

由于水平有限，书中不妥之处在所难免，敬请批评指正。

闫福安

2025 年 4 月

于武汉工程大学

目录

第1章　导论　1

第2章　水性醇酸树脂　13

第3章　水性聚酯树脂　30

第 14 章　电泳涂料 290

第 15 章　涂层防腐蚀性能评价 328

参考文献 345

第1章

导论

1.1 概述

1.1.1 涂料的组成

涂料是一种具有保护、装饰物体表面作用的涂装材料。具体来讲，涂料是涂布于物体表面后经干燥形成一层薄膜，赋予物体以保护、美化或其他特殊功能的材料。从组成上看，涂料一般包含四个组分：成膜物质（也称为主要成膜物质）、颜填料（也称为次要成膜物质）、溶剂（或分散介质）和各类涂料助剂。

（1）成膜物质

成膜物质（亦称为主要成膜物质）是一种高分子化合物（亦称为聚合物、高聚物、大分子或树脂），可分为天然高分子和合成高分子两大类。目前，合成高分子在涂料成膜物质中占据主导地位，可进一步分为缩聚型高分子（缩聚物）、加聚型高分子（加聚物）及改性型高分子三大类。常用的缩聚型高分子成膜物质有聚氨酯、醇酸树脂、环氧树脂等；加聚型高分子成膜物质有丙烯酸酯树脂、过氯乙烯树脂、乙烯-醋酸乙烯酯树脂、聚醋酸乙烯酯树脂等；改性型高分子成膜物质有高氯化聚乙烯、氯化橡胶等。天然高分子成膜物质来自自然界，如以矿物为来源的沥青，以植物为来源的生漆，以动物为来源的虫胶等。沥青涂料不仅耐腐蚀性能良好，而且来源广泛，价格便宜。生漆是我国的特产，有很多优良的性能，已有几千年的使用历史。

（2）颜填料

颜填料是涂料中的次要成膜物质。它也是构成涂膜的组成部分，但它不能离开主要成膜物质而单独构成涂膜。颜填料是一种不溶性的有色矿物质或有机物质。颜填料依用途可以分为体质颜料（也称为填料）、着色颜料和防锈颜料三种。体质颜料主要用来增加涂层厚度，提高耐磨性和机械强度，降低成本。着色颜料可赋予涂层美丽的色彩，具有良好的遮盖性，可以提高涂层的耐日晒性、耐久性等性能。防锈颜料可使涂层具有良好的防锈能力，延长金属被涂物、涂膜的使用寿命，它是防锈漆的主要颜填料。颜填料依结构可分为有机颜填料和无机颜填料；依来源又可分为天然颜填料和人造颜填料。

（3）溶剂（或分散介质）

溶剂（或分散介质）在涂料中起到溶解或分散成膜物质及颜填料的作用，以满足各种油漆生产、储存、施工和性能的要求，其用量在50%（质量分数）左右。油漆涂布成膜后，它并不留在漆膜中，而是全部挥发掉了，因此，溶剂（或分散介质）并非成膜物质，它只能帮助涂料生产、施工和成膜。不同品种的合成树脂或涂料，其溶剂不同。溶剂在涂料中的作用应予以重视，虽然它是挥发组分，最后挥发掉而不留在漆膜中，但是，各种溶剂的溶解力及挥发速率等因素对于成漆在生产、贮存、施工、漆膜光泽、附着力、表面状态等多方面性能都有极大影响。涂料中的溶剂是一种挥发组分，对环境造成极大污染，也是对资源的巨大浪费，所以，现代涂料正在努力减少溶剂的使用量，开发出了高固体分涂料、水性涂料、无溶剂涂料和光固化涂料等环保型涂料。溶剂的品种很多，按其化学成分和来源可分为下列几大类：

① 萜烯溶剂：绝大部分来自松树分泌物，常用的有松节油。

② 石油溶剂：这类溶剂属于烃类，是从石油中分馏而得，常用的有溶剂油、松香水。松香水是油漆中普遍采用的溶剂，由烷烃和芳烃类溶剂混合而成。

③ 煤焦溶剂：这类溶剂也属于烃类，但由煤干馏而得，常用的有苯、甲苯、二甲苯等。苯的溶解能力很强，但毒性大，挥发太快，一般不用；甲苯的溶解能力与苯相似，主要作为醇酸漆溶剂，也可以作为环氧树脂漆、喷漆等的溶剂；二甲苯的溶解性略低于甲苯，挥发比甲苯慢，毒性较小。近年来，重芳烃（三甲基苯）类溶剂得到了广泛应用。

④ 酯类溶剂：低碳的有机酸和醇的酯化物，一般常用的有乙酸丁酯、乙酸乙酯、乙酸戊酯等。酯类溶剂毒性小，一般用在民用漆中。

⑤ 酮类溶剂：它是一种有机溶剂，主要用来溶解硝酸纤维，常用的有丙酮、甲乙酮、甲异丙酮、环己酮、异佛尔酮等。

⑥ 醇类溶剂：它是一种有机溶剂，能与水混合，常用的有乙醇、异丙醇、丁醇等。醇类溶剂对涂料的溶解力差，仅能溶解虫胶或聚乙烯醇缩丁醛树脂，与酯类、酮类溶剂配合使用时，可增加其溶解力，因此称其为硝基漆的助溶剂。乙醇不能溶解一般树脂，而能溶解硝基纤维、虫胶等。

⑦ 其他溶剂：常用的有含氯溶剂、硝化烷烃溶剂、醚醇类溶剂等。含氯溶剂溶解力很强，但毒性较大，只是在某些特种漆和脱漆剂中使用；醚醇类溶剂是一种新兴的溶剂，如乙二醇乙醚、乙二醇丁醚、丙二醇丁醚等，其酯类（如丙二醇甲醚醋酸酯）也有较大的应用。

近年来，水性涂料发展很快，除极少量水溶性体系外，绝大部分属于水分散体系或水乳液体系，水起分散介质的作用。

（4）涂料助剂

形象地说，涂料助剂在涂料中的作用就相当于维生素和微量元素对人体的作用，其用量很少，约占10^{-3}（质量分数），但作用很大，不可或缺。现代涂料助剂主要有四大类：

① 对涂料生产过程发生作用的助剂，如消泡剂、润湿剂、分散剂、乳化剂等；

② 对涂料储存过程发生作用的助剂，如防沉剂、稳定剂、防结皮剂等；

③ 对涂料施工过程起作用的助剂，如流平剂、消泡剂、催干剂、防流挂剂等；

④ 对涂膜性能产生作用的助剂，如增塑剂、消光剂、阻燃剂、防霉剂等。

1.1.2 涂料的作用

涂料的作用一般包括三个方面：

① 保护作用。涂料可以在物体表面形成一层保护膜，保护各种制品免受大气、雨水及各种化学介质的侵蚀，延长其使用寿命，减少损失。

② 装饰作用。由颜填料及成膜物质提供，其他组分协助。当然，颜填料除了使涂膜呈现鲜艳多彩的颜色外，还具有其他作用，如提供一定的机械强度、化学稳定性以强化保护作用；成膜物质使涂饰物表面光泽发生变化，提高丰满度，提高质感，从而提高了装饰效果。

③ 其他作用。保护和装饰性是涂料的基本功能，此外涂膜还可以提供防静电、导电、绝缘、耐高温、隔热、阻燃、防霉、杀菌、防海洋生物附着、热致变色、光致变色等作用。

1.2　涂料的分类与命名

随着涂料科研、生产及应用的不断发展，涂料工业发展非常迅速，涂料品种越来越多、用途越来越广，因此有必要对涂料进行分类。

1.2.1　涂料的分类

涂料的分类方法很多。

① 按照涂料形态分：粉末涂料、液体涂料；

② 按成膜机理分：热塑性涂料、热固性涂料；

③ 按施工方法分：刷涂涂料、辊涂涂料、喷涂涂料、浸涂涂料、淋涂涂料、电泳涂料；

④ 按干燥方式分：常温干燥涂料、烘干涂料、湿气固化涂料、光固化涂料、电子束固化涂料；

⑤ 按涂布层次分：腻子、底漆、中涂漆、面漆；

⑥ 按涂膜外观分：清漆、色漆，色漆又可分为平光漆、哑光漆、高光漆；

⑦ 按使用对象分：金属漆、木器漆、水泥漆、汽车漆、船舶漆、集装箱漆、飞机漆、家电漆；

⑧ 按性能分：防腐漆、绝缘漆、导电漆、耐热漆、防火漆；

⑨ 按成膜物质分：醇酸树脂漆、环氧树脂漆、氯化橡胶漆、丙烯酸树脂漆、聚氨酯漆、乙烯基树脂漆等；

⑩ 按分散介质分：溶剂型涂料、水性涂料（水溶型涂料、水分散型涂料和水乳型涂料）。

以上的各种分类方法各具特点，但是，无论哪一种分类方法都不能把涂料的所有特点包含进去，可以说到目前为止还没有形成一种统一的分类方法。

为了简化起见，在涂料命名时，除了粉末涂料外仍采用“漆”一词，之后在具体叙述时，各涂料品种也称为漆，在统称时仍用“涂料”一词。涂料命名原则规定如下：

涂料全名＝颜填料或颜色名称＋成膜物质名称＋基本名称

若颜填料对漆膜性能起显著作用，则用颜填料名称代替颜色名称。

对于某些有专门用途及特殊的产品，必要时在成膜物质后面加以阐明。

按照国标 GB/T 2705—2003《涂料产品分类和命名》，按成膜物质种类，涂料的分类见表 1-1，共 16 类。

表 1-1 涂料分类表

涂料种类	主要成膜物质	主要产品类别
油脂漆类	天然植物油、动物油(脂)、合成油等	清油、厚漆、调合漆、防锈漆、其他油脂漆
天然树脂漆类	松香、虫胶、乳酪素、动物胶及其衍生物	清漆、调合漆、磁漆、底漆、绝缘漆、生漆、其他天然树脂漆
酚醛树脂漆类	酚醛树脂、改性酚醛树脂	清漆、磁漆、底漆、绝缘漆、防污漆、船舶漆、防锈漆、耐热漆、黑板漆、防腐漆、其他酚醛树脂漆
沥青漆类	天然沥青、(煤)焦油沥青、石油沥青等	清漆、调合漆、磁漆、底漆、绝缘漆、船舶漆、耐酸漆、防腐漆、锅炉漆、其他沥青漆
醇酸树脂漆类	甘油醇酸树脂、季戊四醇醇酸树脂、其他醇类的醇酸树脂、改性醇酸树脂等	清漆、调合漆、磁漆、底漆、绝缘漆、船舶漆、防锈漆、汽车漆、木器漆、其他醇酸树脂漆
氨基树脂漆类	三聚氰胺甲醛树脂、脲(甲)醛树脂及其改性树脂	清漆、磁漆、绝缘漆、美术漆、闪光漆、汽车漆、其他氨基树脂漆
硝基漆类	硝基纤维素(酯)等	清漆、磁漆、铅笔漆、汽车修补漆、其他硝基漆
过氯乙烯漆类	过氯乙烯树脂等	清漆、磁漆、机床漆、防腐漆、可剥漆、胶液、其他过氯乙烯树脂漆
烯类树脂漆类	聚二乙烯乙炔树脂、聚多烯树脂、氯乙烯醋酸乙烯共聚物、聚乙烯醇缩醛树脂、聚苯乙烯树脂、含氟树脂、氯化聚丙烯树脂、石油树脂等	聚乙烯醇缩醛树脂漆、氯化聚烯烃树脂漆、其他烯类树脂漆
丙烯酸酯类树脂漆类	热塑性丙烯酸酯类树脂、热固性丙烯酸酯类树脂等	清漆、透明漆、磁漆、汽车漆、工程机械漆、摩托车漆、家电漆、塑料漆、标志漆、电泳漆、乳胶漆、木器漆、汽车修补漆、粉末涂料、船舶漆、绝缘漆、其他丙烯酸酯类树脂漆
聚酯树脂漆类	饱和聚酯、不饱和聚酯树脂等	粉末涂料、卷材涂料、木器漆、防锈漆、绝缘漆、其他聚酯树脂漆
环氧树脂漆类	环氧树脂、环氧酯、改性环氧树脂等	底漆、电泳漆、光固化漆、船舶漆、绝缘漆、划线漆、罐头漆、粉末涂料、其他环氧树脂漆
聚氨酯树脂漆类	聚氨(基甲酸)酯树脂等	清漆、磁漆、木器漆、汽车漆、防腐漆、飞机蒙皮漆、车皮漆、船舶漆、绝缘漆、其他聚氨酯树脂漆
元素有机漆类	有机硅、氟碳树脂等	耐热漆、绝缘漆、电阻漆、防腐漆、其他元素有机漆
橡胶漆类	氯化橡胶、环化橡胶、氯丁橡胶、氯化氯丁橡胶、丁苯橡胶、氯磺化聚乙烯橡胶等	清漆、磁漆、底漆、船舶漆、防腐漆、防火漆、划线漆、可剥漆、其他橡胶漆
其他成膜物类涂料	无机高分子材料、聚酰亚胺树脂、二甲苯树脂等以上未包括的主要成膜材料	

1.2.2 涂料的命名

按国标 GB/T 2705—2003《涂料产品分类和命名》，涂料基本名称见表 1-2。

表 1-2 涂料基本名称

基本名称	基本名称	基本名称	基本名称
清油	腻子	锤纹漆	船底防锈漆
清漆	大漆	皱纹漆	饮水舱漆
厚漆	电泳漆	金属(效应)漆、闪光漆	油舱漆
调合漆	乳胶漆	防污漆	压载舱漆
磁漆	水溶(性)漆	水线漆	化学品舱漆
粉末涂料	透明漆	甲板漆、甲板防滑漆	车间(预涂)底漆
底漆	斑纹漆、裂纹漆、橘纹漆	船壳漆	耐酸漆、耐碱漆

续表

基本名称	基本名称	基本名称	基本名称
防腐漆	罐头漆	电容器漆	防水涂料
防锈漆	木器漆	电阻漆、电位器漆	地板漆、地坪漆
耐油漆	家用电器涂料	半导体漆	锅炉漆
耐水漆	自行车涂料	电缆漆	烟囱漆
防火涂料	玩具涂料	可剥漆	黑板漆
防霉(藻)涂料	塑料涂料	卷材涂料	标志漆、路标漆、马路划线漆
耐热(高温)涂料	(浸渍)绝缘漆	光固化涂料	汽车底漆、汽车中涂漆、汽车面漆、汽车罩光漆
示温涂料	(覆盖)绝缘漆	保温隔热涂料	
涂布漆	农机用漆	机床漆	汽车修补漆
桥梁漆、输电塔漆及其他(大型露天)钢结构漆	抗弧(磁)漆、互感器漆	工程机械用漆	集装箱涂料
	(黏合)绝缘漆	发电、输配电设备用漆	铁路车辆涂料
航空、航天用漆	漆包线漆	内墙涂料	胶液
铅笔漆	硅钢片漆	外墙涂料	其他未列出的基本名称

涂料用辅助材料型号由一个汉语拼音字母和 1～2 位阿拉伯数字组成，字母与数字之间有半字线（读成“之”）。字母表示辅助材料类别代号。数字为序号，用于区别同一类辅助材料的不同品种。辅助材料代号见表 1-3。

表 1-3　辅助材料类别代号

代号	辅助材料名称	代号	辅助材料名称
X	稀释剂	T	脱漆剂
F	防潮剂	H	固化剂
G	催干剂		

产品名称举例如下：硝基清漆、中绿环氧烘干电容器漆、铝粉氨基烘漆、浅灰聚氨酯腻子（分装）、红醇酸磁漆、环氧漆固化剂等。

1.3　涂料发展史

涂料的发展历史源远流长，可以追溯到石器时代。我国是最早生产、使用涂料的国家之一，考古发掘出土的大量文物、漆器就是证明，足见我们的祖先已具有很高的涂料生产、使用技术。由于早期的涂料是以植物油脂等为原料生产的，所以人们习惯上称其为油漆。随着 20 世纪初高分子科学的发展，尤其是 30 年代醇酸树脂的工业化生产，合成树脂开始广泛应用于涂料生产，因此油漆的含义已经发生了根本变化，现在一般用涂料代替油漆的概念，包括有机和无机涂料，其中以有机涂料尤为重要。据统计，目前合成树脂涂料已占涂料总产量的 80%，而且，新结构高性能的涂料用树脂仍在不断地开发出来。

涂料的发展史一般可分为三个阶段：天然成膜物质的使用，涂料工业的形成，合成树脂涂料的生产。

1.3.1　天然成膜物质的使用

中国是世界上使用天然成膜物质涂料最早的国家之一。春秋时期（公元前 770 年～公元前 476 年）就掌握了熬炼桐油制造涂料的技术。战国时期（公元前 475 年～公元前 221 年）

能用桐油和大漆复配涂料。长沙马王堆出土的汉墓漆棺和漆器，做工细致，漆膜坚韧，保护性能良好，说明中国在公元前2世纪的汉初时，大漆的使用技术已相当成熟。此后，该项技术陆续传入朝鲜、日本及东南亚各国，并得到发展。公元前的巴比伦人使用沥青作为木船的防腐涂料，希腊人掌握了蜂蜡涂饰技术。公元初年，埃及采用阿拉伯树胶制作涂料。到了明代（1368～1644年），中国漆器技术达到鼎盛。明代隆庆年间黄成所著的《髹饰录》系统地总结了大漆的使用经验。17世纪以后，中国的漆器技术和印度的虫胶（紫胶）涂料逐渐传入欧洲。

1.3.2 涂料工业的形成

18世纪涂料工业开始形成。亚麻仁油熟油的大量生产和应用，促使清漆和色漆的品种迅速发展。1773年，英国韦廷公司搜集出版了很多用天然树脂和干性油炼制清漆的工艺配方。1790年，英国创立了第一家涂料厂。19世纪初，涂料生产开始摆脱手工作坊的状态，很多国家相继建厂，法国在1820年、德国在1830年、奥地利在1843年、日本在1881年都相继建立了涂料厂。19世纪中叶，涂料生产厂家直接配制适合施工要求的涂料，即调合漆。从此，涂料配制和生产技术才完全掌握在涂料厂中，推动了涂料生产的规模化。第一次世界大战期间，中国涂料工业开始萌芽，1915年开办的上海开林颜料油漆厂是中国第一家涂料生产厂。

1.3.3 合成树脂涂料的生产

19世纪中期，随着合成树脂的出现，涂料成膜物质发生了根本的变革，形成了合成树脂涂料时期。

1855年，英国人A. 帕克斯取得了用硝酸纤维素（硝化棉）制造涂料的专利权，建立了第一个生产合成树脂涂料的工厂。1909年，美国化学家L. H. 贝克兰成功试制出醇溶性酚醛树脂。随后，德国人K. 阿尔贝特研究了松香改性的油溶性酚醛树脂涂料。第一次世界大战后，为了打开过剩的硝酸纤维素的销路，适应汽车生产发展的需要，找到了醋酸丁酯、醋酸乙酯等良好溶剂，开发了空气喷涂的施工方法。1925年，硝酸纤维素涂料的生产达到高潮。与此同时，酚醛树脂涂料也广泛应用于木器家具行业。在色漆生产中，轮碾机被逐步淘汰，球磨机、三辊机等现代机械研磨设备在涂料工业中得到推广应用。

1927年，美国通用电气公司的R. H. 基恩尔开发了新的植物油醇解技术，发明了用干性油脂肪酸制备醇酸树脂的工艺，醇酸树脂涂料迅速发展为主流的涂料品种，摆脱了以干性油和天然树脂混合炼制涂料的传统方法，开创了涂料工业的新纪元。1940年，三聚氰胺-甲醛树脂（氨基树脂）与醇酸树脂配合制漆（即氨基-醇酸烘漆），进一步扩大了醇酸树脂涂料的应用范围，发展成为装饰性涂料的主要品种，广泛用于工业涂装。

第二次世界大战结束后，合成树脂涂料品种发展很快。美、英、荷兰（壳牌公司）、瑞士（汽巴公司）在20世纪40年代后期首先生产环氧树脂，为发展新型防腐蚀涂料和工业底漆提供了新的原料。50年代初，性能广泛的聚氨酯涂料在德国拜耳公司投入工业化生产。1950年，美国杜邦公司开发了丙烯酸树脂涂料，逐渐成为汽车涂料的主要品种，并扩展到轻工、建筑等部门。第二次世界大战后，丁苯胶乳过剩，美国积极研究用丁苯胶乳制造水乳胶涂料。20世纪50～60年代，又开发了聚醋酸乙烯酯胶乳和丙烯酸酯胶乳涂料，这些都是建筑涂料的最大品种。1952 年德国克纳萨克・格里赛恩公司发明了乙烯类树脂热塑性粉末涂料。荷兰壳牌化学公司开发了环氧粉末涂料。美国福特汽车公司于 1961 年开发了电沉积涂料，并实现工业化生产。此外，1968 年德国拜耳公司首先在市场出售光固化木器漆。乳胶涂料、水溶性涂料、粉末涂料和光固化涂料，使涂料产品中的有机溶剂用量大幅度下降，甚至不使用有机溶剂，开辟了低污染涂料的新领域。随着电子技术和航天技术的发展，以有机硅树脂为主的元素有机树脂涂料，在 20 世纪 50～60 年代发展迅速，在耐高温涂料领域占据重要地位。这一时期开发并实现工业化生产的还有杂环树脂涂料、橡胶类涂料、乙烯基树脂涂料、聚酯涂料、无机高分子涂料等品种。

随着合成树脂涂料的发展，逐步采用了大型的聚合反应釜，研磨工序逐步采用高效的研磨设备，如高速分散机和砂磨机等得到推广使用，取代了 20 世纪 40～50 年代的三辊磨。

为配合合成树脂涂料的推广应用，涂装技术也发生了根本性变化。20 世纪 50 年代，高压无空气喷涂在造船工业和钢铁桥梁建筑中推广，大大提高了涂装的工作效率。静电喷涂是 60 年代发展起来的，它适用于大规模流水线涂装，促进了粉末涂料的进一步推广。电沉积涂装技术是 60 年代为适应水性涂料的出现而发展的，尤其在超过滤技术解决了电沉积涂装的废水问题后，进一步扩大了应用领域。

1.4　涂料发展趋势

20 世纪 70 年代以来，由于石油危机的冲击，涂料工业向节省资源、能源，减少污染，有利于生态平衡和提高经济效益的方向发展，高固体分涂料、水性涂料、粉末涂料和辐射固化涂料的开发是其具体表现。1976 年，美国匹兹堡平板玻璃工业公司研制的新型电沉积涂料——阴极电沉积涂料，提高了汽车车身的防腐蚀能力，得到迅速推广。20 世纪 70 年代开发了有机-无机聚合物乳液，应用于建筑涂料等领域。另外，功能性涂料成为 70 年代以来涂料工业研究的重要课题，并推出了一系列新品种。80 年代各种建筑涂料发展很快。

近年来涂料科技的发展具有如下特点：①以现代的高分子科学等理论为指导，有目的地进行研究开发工作，加快了涂料树脂研发进程；利用现代化学、材料科学的理论指导配方研究，提高了配方研究的科学性；涂料助剂得到广泛推广使用．从而使涂料产品的性能和生产效率都有了大幅度提高。②利用共聚合、大分子改性和共混技术，实现了合成树脂结构的优化组合，提高了涂料的性能，且使功能性涂料品种日益增多。③对涂料质量的分析、测试由宏观转向微观，已从测定表面性能转向测定影响涂料内在质量的结构层次方面，如更加重视测定合成树脂的分子量及其分布以了解合成树脂的质量，用扫描电镜观察涂膜的微观结构对涂膜性能的影响等。

20 世纪 90 年代初，世界发达国家进行的“绿色革命”对涂料工业是个挑战，促进了涂料工业向“绿色”涂料方向大步迈进。涂料的水性化是最重要的发展方向。据统计，在全球市场中，2024 年水性涂料占比约 45％；我国市场中，水性化率约 60％，其中水性建筑涂料占比 80％，水性木器漆占比 30％，水性汽车漆占比 40％，水性工业防腐漆占比 15％；每年增长率约 10％；今后十年，涂料工业的技术发展将主要体现在“水性化、粉末化、高固体分化和光固化”——“四化”上，溶剂型涂料将是衰退中的技术。

（1）涂料的水性化

由于水性涂料的优越性十分突出，因此，近十年来，水性涂料在涂料领域的应用日益扩大，已经替代了不少惯用的溶剂型涂料。随着各国对挥发性有机物及有毒物质的限制越来越严格，以及树脂、配方的优化和适用助剂的开发，可以预计水性涂料在金属防锈涂料、家庭装饰涂料、建筑涂料中的市场份额将不断提高，逐步占领溶剂型涂料的市场。在水性涂料中，乳胶涂料占绝对优势，此外，水分散体涂料在木器、金属涂料领域的技术、市场发展很快。水性涂料代表着低污染涂料发展的主要方向。为了不断改善其性能，扩大其应用范围，近半个世纪以来国内外对水性涂料进行了大量的研究，其中无皂乳液聚合、室温交联技术、紫外光固化、水性聚氨酯改性以及水性树脂的共混是目前该领域研究的热点，并将成为水性涂料发展的关键技术。

水性涂料可分为水性醇酸树脂涂料、水性环氧树脂涂料、水性丙烯酸树脂涂料、水性聚氨酯涂料以及水性聚氨酯-丙烯酸树脂杂化体涂料等。

① 水性醇酸树脂涂料　水性醇酸树脂涂料是较早开发的水性涂料，其成膜机理同传统溶剂型醇酸树脂类似，组分中的不饱和脂肪酸通过氧化交联固化成膜，因此水性醇酸树脂漆无须添加助溶剂（成膜助剂），使挥发性有机化合物的含量有可能减为零。此外，水性醇酸树脂对颜填料的润湿性好，承载力强，因此水性醇酸树脂在木器漆中得到了一定的应用，主要用来生产水性木器实色漆。目前采用的水性醇酸树脂已非传统单一的醇酸体系，一般为自乳化型且经过丙烯酸或聚氨酯改性。水性醇酸树脂具有良好的渗透性、流平性和丰满度，多用于生产色漆，特别是装饰性漆。缺点是聚合物链较易水解，涂膜的耐久性能较差，催干剂易被颜填料吸附，涂膜的干燥速度慢。

② 水性环氧树脂涂料　由环氧乳液和亲水的胺加成物固化剂组成的双组分涂料，用前按比例均匀混合后施工，不仅可以涂装木材，还可以用作水性防腐涂料、水泥涂料等。

③ 水性丙烯酸树脂涂料　水性丙烯酸树脂涂料具有固含量高、干燥速度快、硬度高、成本低及耐候性好等特点。常用的普通丙烯酸乳液存在成膜性较差、光泽低、不耐溶剂及热黏冷脆等缺点。成膜助剂的加入使挥发性有机组分（VOC）很难降低，不宜作为高档装饰性面漆，常用于配制水性底漆或中低档面漆。采用无皂聚合，核壳聚合以及引入自交联基团和共混、共聚改性技术可以提高其硬度、抗划伤性、抗粘连性、柔韧性、耐化学品性、耐油污性、耐久性、抗紫外线、抗热回黏和低温成膜性等。

④ 水性聚氨酯涂料　20 世纪 30 年代开始了对聚氨酯的研究，50 年代后期大量科研人员开始从事水性聚氨酯的研究工作，70 年代水性聚氨酯产品被成功地开发出来并商业化，逐渐发展成阴离子型、阳离子型及非离子型 3 种水性聚氨酯。在水性漆中使用的是阴离子型水性聚氨酯树脂。聚氨酯树脂分子结构具有硬链段和软链段组成的链段结构，决定了其既坚硬又柔韧的独特性能，通过调节软硬链段的种类和组成比可以得到不同性能的水性聚氨酯产品。其微观的两相结构使水性聚氨酯具有优异的低温成膜性、流平性及柔韧性，而且耐磨、硬度高，非常适用于配制各种高档的水性木器面漆，如家具漆和地板漆。采用聚氨酯树脂制备的木器漆具有耐磨性好、丰满度高、低温成膜性好、柔韧性好、手感好及抗热回黏性好等优点，但价格昂贵。

水性聚氨酯涂料按成膜机理可分为单组分水性聚氨酯涂料和双组分水性聚氨酯涂料。

单组分水性聚氨酯涂料为单组分体系，它的水性化主要是通过在聚合物的主链上引入亲水基团而实现，属热塑性树脂，聚合物分子量较大，成膜过程中不发生交联，具有施工方便的优点。

双组分水性聚氨酯涂料是由水可分散多异氰酸酯固化剂（甲组分）和水性聚合物多元醇（乙组分）组成，两者可在常温或加热下交联固化成膜。其具有成膜温度低、光泽高、耐候性好、附着力强、耐化学品性好、耐磨性好、硬度高等优点，广泛应用于汽车、钢结构、木器、皮革和建筑等领域的防护和装饰。该产品符合环保的要求，其性能也已接近或达到溶剂型聚氨酯涂料的水平。

⑤ 水性聚氨酯-丙烯酸树脂杂化体（PUA）涂料　水性聚氨酯-丙烯酸树脂杂化体（PUA）可将聚氨酯较高的拉伸强度、耐冲击性、优异的柔韧性和耐磨性能与丙烯酸树脂良好的耐水性、硬度、附着力、耐候性、耐化学品性及对颜料的润湿性等性能结合在一起，制备出高固含量、低成本的水性树脂。PUA 乳液的制备方法较多，主要包括：物理共混；带碳碳双键的不饱和聚氨基甲酸酯大分子单体和丙烯酸酯单体共聚；采用聚氨酯（PU）乳液作种子，进行种子乳液聚合；也有的采用接枝互穿网络（IPN）进行改性。

（2）涂料的粉末化

在涂料工业中，粉末涂料属于发展较快的一类。由于世界上出现了严重的大气污染，环保法规对污染控制日益严格，要求开发无公害、省资源的涂料品种。因此，无溶剂、100%地转化成膜、具有保护和装饰综合性能的粉末涂料，便因其独有的经济效益和社会效益而获得飞速发展。

粉末涂料的主要品种有环氧树脂、聚酯、丙烯酸和聚氨酯粉末涂料。近年来，芳香族聚氨酯和脂肪族聚氨酯粉末以其优异的性能备受瞩目。

（3）涂料的高固体分化

在环境保护措施日益强化的情况下，高固体分涂料有了迅速发展。采用脂肪族多异氰酸酯和聚己内酯多元醇等低黏度聚合物多元醇，可制成固体分高达 100%的聚氨酯涂料。该涂料各项性能均佳，施工性好。用低黏度异佛尔酮二异氰酸酯（IPDI）三聚体和高固体分羟基丙烯酸树脂或聚酯树脂配制的双组分热固性聚氨酯涂料，其固体含量可达 70%以上，且黏度低，便于施工，室温或低温可固化，是一种非常理想的高装饰性高固体分聚氨酯涂料。

（4）涂料的光固化

光固化涂料也是一种不用溶剂、节省能源的涂料，最初主要用于木器和家具等产品的涂饰，目前在木质和塑料产品的涂装领域开始广泛应用。在欧美等发达国家，光固化涂料因契合工业化流水作业需求，市场潜力大，很受大企业青睐，美国现约有 700 条大型光固化涂装线，德国、日本等大约有 40%的木质或塑料包装物采用光固化涂料。最近又开发出聚氨酯丙烯酸光固化涂料，它是将有丙烯酸酯端基的聚氨酯低聚物溶于活性稀释剂（光聚合性丙烯酸单体）中而制成的。它既保持了丙烯酸树脂的光固化特性，也具有特别好的柔性、附着力、耐化学腐蚀性和耐磨性。

环境压力正在改造全球涂料工业，一大批环境保护条例对 VOC 的排放量和使用有害溶剂等都作了严格规定，整个涂料工业已经或正在进行着调整。归根结底，全球市场正朝着更适应环境的技术尤其是水性化、高固体分化、光固化和粉末化方向发展。

1.5 水性树脂的分类及其水性化方法

1.5.1 水性树脂的分类

水性树脂是水性漆的关键组分，决定其成本和性能，按照结构不同可分为：

① 水性丙烯酸树脂［包括水溶型、水分散体（胶体）型和水乳型三大类］。

② 水性聚氨酯（有聚酯型和聚醚型；芳香族型和脂肪族型；阴离子型、阳离子型、非离子型）。

③ 水性聚酯树脂、水性醇酸树脂。

④ 水性环氧树脂及固化剂。

⑤ 紫外光（UV）固化水性树脂。

⑥ 水性杂化体树脂。

也可以依据水性大分子在水中的分散尺度不同，将水性树脂分为水溶型、乳液型和分散体（胶体）型树脂。其性能特点详见表 1-4。

表 1-4 水溶型、乳液型、分散体（胶体）型树脂的性能特点

项目	水溶型树脂	乳液型树脂	分散体(胶体)型树脂
干燥机理	溶剂和水分的挥发融合成膜	水分挥发,界面愈合成膜	水分和溶剂挥发,相转换,界面愈合交联融合成膜
粒径/nm	<10	>100	10～100
黏度/mPa·s	>3000,黏度较大	<1000,黏度小	<3000,黏度较小
VOC/(g/L)	>350	约为 0	<150
外观	透明	乳白带蓝光	半透明
典型结构	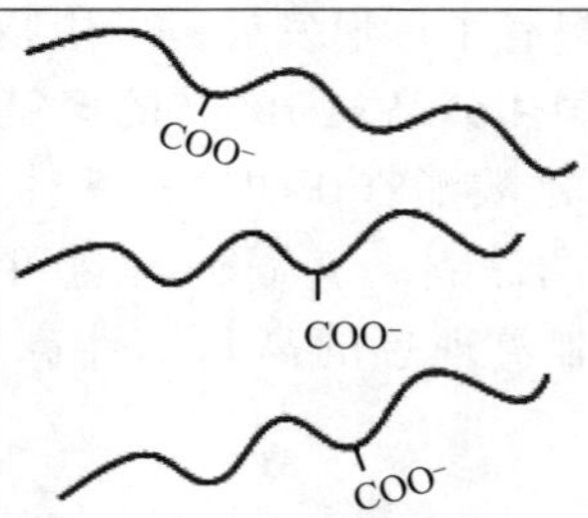	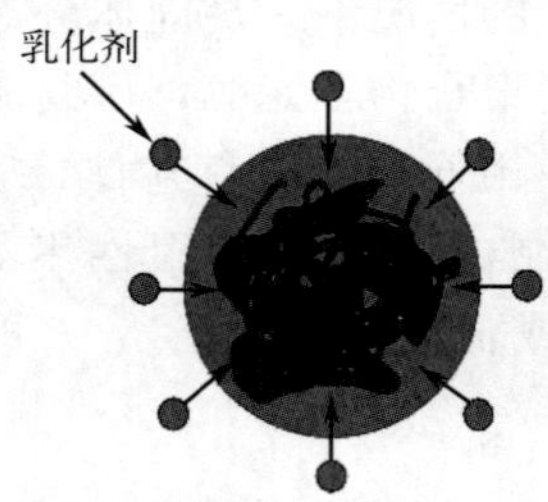	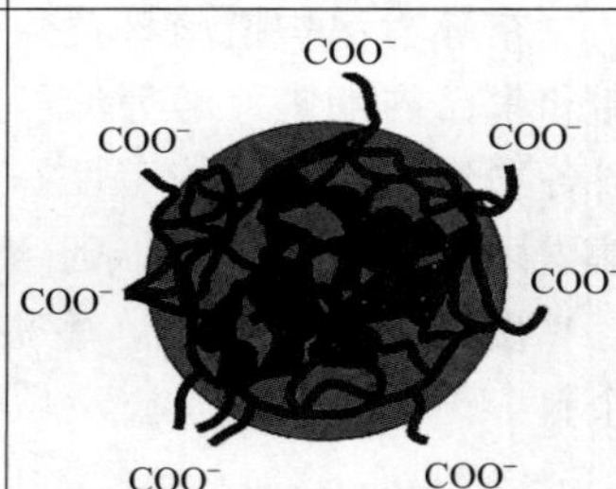
外观展示			

随着科学技术的不断进步，传统的油性树脂正在逐步被水性化，新的水性树脂还将不断涌现。

1.5.2 树脂的水性化方法

(1) 乳液聚合法

乳液聚合是油性单体借助乳化剂和机械搅拌，分散在水中形成乳液，由水性引发剂引发的单体聚合。乳液聚合方法是丙烯酸树脂乳液合成的经典方法。

（2）外乳化法

外乳化法即通过外加乳化剂，借助强剪切相反转生成水包油型聚合物乳液。具体操作时，需借助高剪切分散乳化机（图 1-1）。该法可用于少数油性树脂的水性化，如水性环氧树脂乳液、有机硅树脂乳液的制备等。

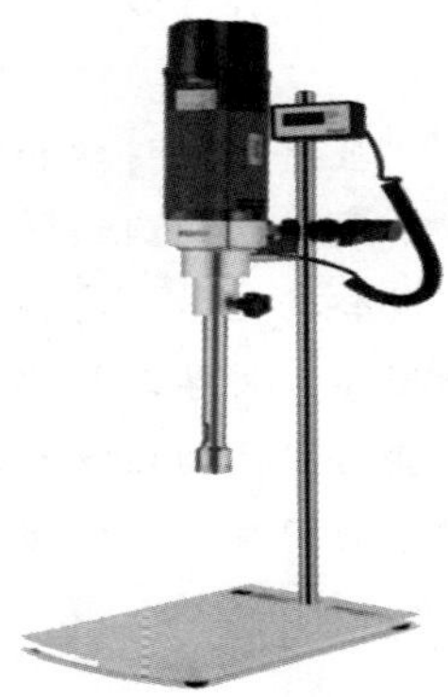

图 1-1　高剪切分散乳化机

（3）自乳化法

自乳化法通过对涂料树脂结构的化学改性，引入非离子型或离子型的水性化单元，以实现其水可分散性，得到水分散型树脂。

自乳化法是一种分子水平对树脂的亲水改性，所得水分散体粒径小、分布窄、稳定性好且技术含量高，是树脂水性化的主流方法。

自乳化阴离子型水性丙烯酸树脂通常为羧酸盐型，含—COO^-；阳离子型则为季铵盐型，含—N^+R_3。

阴离子型水性聚氨酯有羧酸盐和磺酸盐两种，分别含—COO^-、—SO_3^-；阳离子型也是季铵盐型，含—N^+R_3。

非离子型水性化单元通常选用聚乙二醇嵌段：$\text{-}\!\!\left(OCH_2CH_2\right)_n\!\!\text{-}$。

1.5.3　几个概念

（1）乳状液（乳浊液）

乳状液（乳浊液，lactescence）是一种多相分散体系，由一种液体以极小的液滴状分散在与其互不相溶的另一种液体中构成。乳状液一般不透明，液滴直径大约在 0.05～10μm 之间。乳状液可以分为三大类：

① 油/水（O/W）型，即水包油型，其分散相（即内相）为油，分散介质（连续相，外相）为水。

② 水/油（W/O）型，即油包水型，其分散相（即内相）为水，分散介质（连续相，外相）为油。

③ 多重乳状液（W/O/W 或 O/W/O），其结构、应用较为特殊。

（2）乳液

乳液（emulsion）为液体分散在水中的液-液分散体系，即分散在水中的微粒为疏水的液体。

（3）乳胶

乳胶（latex）为固体分散在水中的固-液分散体系，即分散在水中的微粒为疏水的固体。

因此，乳液属于乳状液的范畴，乳胶不能归属于乳状液。通过乳液聚合制得的水性树脂严格讲应称之为乳胶，加有成膜助剂时才能称之为乳液，但由于习惯，日常交流中，并没有对两个概念进行严格区分。

（4）水性树脂、水性树脂分散体

这两个概念可以互用，即树脂分散在水的连续相中形成的稳定体系，是一个泛概念。

（5）一级分散体、二级分散体

本行业里，把通过乳液聚合制备的乳胶称为一级分散体，把通过转相法制备的水性树脂称为二级分散体。

虽然涂料科学和技术方面的研究已有近百年历史了，但直到20世纪80年代，涂料技术才发展成为一门科学，水性树脂、水性涂料的研究历史更短，又因为涂料科学和技术涉及包括聚合物化学、有机化学、无机化学、分析化学、电化学、表面与胶体化学、流变学、色彩物理学、化学工程、腐蚀、粘接、材料科学、微生物学、光化学和物理学等多个学科领域，一些基本问题还没有满意的答案，因此就需要多学科的学者协同攻关，进一步完善水性涂料科学的内容，促进涂料工业的蓬勃发展，使涂料产品为社会创造更加巨大的经济效益。

第 2 章

水性醇酸树脂

2.1 概述

多元醇和多元酸进行缩聚生成的大分子主链上含有许多酯基（—COO—）的缩聚物称为聚酯。涂料工业中，将脂肪酸或油脂改性的聚酯树脂称为醇酸树脂（alkyd resin，AR）；将大分子主链上含有不饱和双键的聚酯称为不饱和聚酯；其他的聚酯则称为饱和聚酯，简称聚酯。这三类聚酯型大分子（或低聚物）都是非常重要的涂料成膜树脂。

20 世纪 30 年代开发的醇酸树脂，使涂料工业掀开了新的一页，标志着以合成树脂为成膜物质的现代涂料工业的建立。醇酸树脂涂料具有漆膜附着力好、光亮、丰满等特点，且具有很好的施工性，尽管其涂膜较软，耐水、耐碱性欠佳，但醇酸树脂涂料还是广泛用于桥梁、机械、车辆、船舶、飞机、仪表以及各种木器制品的涂装。

醇酸树脂之所以发展成为一种重要的涂料用树脂，原因在于其单体来源丰富、价格低、品种多、配方变化大、工艺简单、方便化学改性且性能好，符合可持续发展的社会要求。醇酸树脂既可配制单组分自干漆，也可以配制双组分自干漆（如聚氨酯漆）或烘干漆（如氨基烘漆）。因此自开发以来，醇酸树脂在涂料工业一直占有重要的地位，其产量约占涂料工业总量的 25%左右。但是，同其他溶剂型涂料一样，溶剂型醇酸树脂涂料含有大量的溶剂（>40%），因此在生产尤其是施工过程中严重危害大气环境和操作人员健康。水性涂料是 20 世纪 60 年代发展起来的一类新型的低污染、省能源、省资源涂料。随着人们环保意识的加强，以及有机溶剂费用的高涨，传统的溶剂型涂料受到越来越大的挑战，水性涂料日益受到人们的重视，得到广泛的研制和开发。

水性醇酸树脂的开发经历了两个阶段：外乳化和内乳化阶段。

外乳化法（相反转法）主要依靠表面活性剂使醇酸树脂（AR）乳化在水中。首先，将水加入醇酸树脂中，搅拌使之形成油包水（W/O）乳液，随着水含量的增加，部分油相被水相包围形成油包水包油（O/W/O）乳液。随着水的进一步加入和剪切力的作用，O/W/O 结构的液滴破裂，发生相反转形成水包油（O/W）型乳液。与内乳化法相比，外乳化法操作简单，制得的醇酸树脂乳液有机溶剂含量低。强志华等采用相反转法成功制备了水性醇酸树脂乳液，其制备过程见图 2-1。研究发现，当乳化剂十二烷基苯磺酸钠（SDBS）用量为醇酸树脂质量的5%、乳化温度为50～60℃时，醇酸树脂的各项性能最佳。但由于醇酸树脂疏水性强，通过外乳化法所制备的乳液粒径大，稳定性差，漆膜光泽等综合性能低；同时，外乳化法在乳化时需要采用剪切分散力较强的设备，因此，目前工业上主要采用的是内乳化法合成水性醇酸树脂。

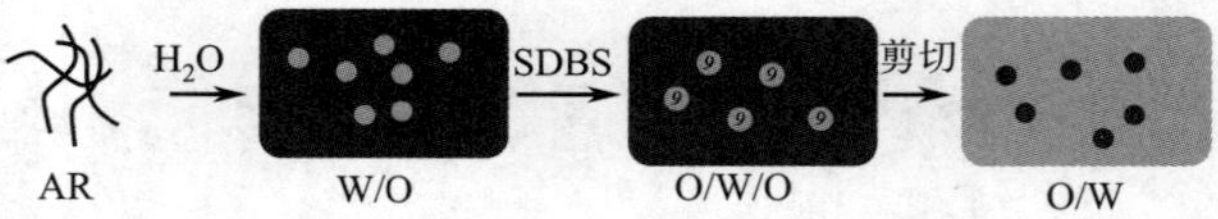

图 2-1　用SDBS为乳化剂，通过外乳化法合成水性醇酸树脂示意

内乳化法是目前制备水性醇酸树脂的主流方法。即通过在溶剂型醇酸树脂结构上引入亲水基团或亲水链段实现水溶性或水分散性，合成中水性单体是必不可少的。目前比较常用的水性单体有：偏苯三酸酐（TMA）、聚乙二醇（PEG）、聚乙二醇单醚、聚醚胺、间苯二甲酸-5-磺酸钠（或其二甲酯、二乙二醇酯等）、二羟甲基丙酸（DMPA）或二羟甲基丁酸（DMBA）等。

2.2 水性醇酸树脂的分类

2.2.1 按改性用脂肪酸或油的干性分

（1）干性油水性醇酸树脂

干性油水性醇酸树脂是由高不饱和脂肪酸或油脂制备的醇酸树脂，可以自干或低温烘干。该类醇酸树脂通过氧化交联干燥成膜，从某种意义上来说，氧化干燥的醇酸树脂也可以说是一种改性的干性油。干性油漆膜的干燥需要很长时间，原因是它们的分子量较低，需要多步反应才能形成交联的大分子。醇酸树脂相当于“大分子”的油，只需少许交联点，即可使漆膜干燥，漆膜性能当然也远超过干性油漆膜。

（2）不干性油水性醇酸树脂

不干性油水性醇酸树脂不能单独在空气中成膜，一般用作水性羟基组分与水性氨基树脂配制烘漆或与水性多异氰酸酯固化剂配制水性双组分自干漆。

（3）半干性油水性醇酸树脂

半干性油水性醇酸树脂性能在干性油、不干性油水性醇酸树脂之间。

2.2.2 按醇酸树脂油度分

水性醇酸树脂按醇酸树脂油度可分为长油度水性醇酸树脂、短油度水性醇酸树脂和中油度水性醇酸树脂。

醇酸树脂中含油量的高低。可用油度表示。油度（OL）的含义是醇酸树脂配方中油脂的用量（W_o）与树脂理论产量（W_r）之比。其计算公式为：

$$OL(\%)=\frac{W_o}{W_r}\times 100\%$$

其中，W_r =单体用量－生成水量

=甘油(或季戊四醇)用量+油脂(或脂肪酸)用量－生成水量

以脂肪酸直接合成醇酸树脂时，脂肪酸含量（OL_f）为配方中脂肪酸用量（W_f）与树脂理论产量（W_r）之比。

$$OL_f(\%)=\frac{W_f}{W_r}\times 100\%$$

为便于配方的解析比较，可以把 OL_f 换算为 OL。油脂中，脂肪酰基含量约为 95%，所以：

$$OL_f=OL\times 0.95$$

【例】某醇酸树脂的配方如下：亚麻仁油 100.0g；氢氧化锂（酯交换催化剂）0.400g；甘油（98%）43.00g；苯酐（99.5%）74.50g（其升华损耗约 2%）。计算所合成树脂的油度。

解：甘油的摩尔质量为 92g/mol，其投料的物质的量为 43.00g×98%/92g/mol=0.458(mol)

含羟基的物质的量为 3×0.458=1.374(mol)

苯酐的摩尔质量为 148g/mol，因为损耗 2%，故其参加反应的物质的量为 74.50g×99.5%×(1－2%)/148g/mol=0.491(mol)

其官能度为 2，故其可反应官能团数为 2×0.491=0.982(mol)

因此，体系中羟基过量，苯酐（即其醇解后生成的羧基）全部反应生成水量为 0.982mol×18g/mol=17.676g

生成树脂质量为 100.0+43.00×98%+74.5×(1－2%)－17.676=197.474(g)

所以，油度$=\frac{100.0}{197.474}\times 100\%=50.64\%$

引入油度概念的意义体现在以下几方面：

① 表示醇酸树脂中弱极性结构的含量，因为长链脂肪酸相对于聚酯极性弱得多，弱极性结构的含量直接影响醇酸树脂的可溶性。油度越短，聚酯比例越高，水溶性越好。如油度长的醇酸树脂溶解性好，易溶于汽油，中等油度的醇酸树脂溶于二甲苯，油度短的醇酸树脂溶解性差，仅溶于二甲苯或二甲苯/酯类混合溶剂。

② 表示醇酸树脂中柔性成分的含量，因为长链脂肪酸是柔性结构，而苯酐聚酯是刚性结构，所以 OL 也就反映了树脂的玻璃化转变温度（T_g），即“软硬程度”。油度越短，弱极性结构含量越低，醇酸树脂的硬度越强。

③ 表示醇酸树脂中双键的含量，影响涂层的干燥性能。醇酸树脂的干燥主要依靠脂肪酸中双键的氧化干燥，油度越短，即脂肪酸含量越少，双键含量越少，涂层干燥缓慢。水性醇酸树脂的油度一般为中-短油度型，中油度时可以自干，短油度时作羟基组分。

醇酸树脂的油度划分见表 2-1。

表 2-1　醇酸树脂的油度范围

油度	长油度	中油度	短油度
油量/%	＞60	40～60	＜40
苯酐量/%	＜30	30～35	＞35

油度对水性醇酸树脂性能有重要的影响。结果表明，OL 为 30%时，醇酸树脂具有良好的耐碱性。这是因为耐碱性与芳香酯基的水解速率有关。油度越短，所制备的醇酸树脂中聚

酯的比例越高，酯基含量越高，水解速率越慢，交联密度越大，易于提高醇酸树脂的硬度。但油度过短，会导致体系黏度增大，易胶化，制备过程不易控制。因此，合理控制油度长短对涂层性能具有重要意义。

2.3 水性醇酸树脂的合成原料

2.3.1 多元醇

多元醇是水性醇酸树脂合成过程中的主要单体，对水性醇酸树脂的耐水解性、凝胶率及涂层性能等均有重要影响。醇是带有羟基官能团的化合物。水性醇酸树脂合成过程中常用的多元醇主要有丙三醇（甘油）、三羟甲基丙烷、三羟甲基乙烷、季戊四醇、乙二醇、1,2-丙二醇、1,3-丙二醇、新戊二醇等。其羟基的个数称为该醇的官能度，如丙三醇为三官能度醇，季戊四醇为四官能度醇。根据醇羟基的位置，有伯羟基、仲羟基和叔羟基之分，它们分别连在伯碳、仲碳和叔碳原子上。

羟基的活性顺序为：伯羟基＞仲羟基＞叔羟基。

常用多元醇的基本物性见表 2-2。

表 2-2 醇酸树脂合成常用多元醇的基本物性

单体名称	结构式	分子量	熔点(沸点)/℃	密度/(g/cm³)
丙三醇(甘油)	$HOCH_2CH(OH)CH_2OH$	92.09	18.18(291)	1.26
三羟甲基丙烷(TMP)	$C_2H_5C(CH_2OH)_3$	134.12	56～59(295)	1.1758
三羟甲基乙烷	$CH_3C(CH_2OH)_3$	120.15	193～195(286±20)	1.2
季戊四醇(PE)	$C(CH_2OH)_4$	136.15	257(380.4)	1.396
乙二醇(EG)	$HO(CH_2)_2OH$	62.07	−12.6(197.8)	1.12
二甘醇(二乙二醇)	$HO(CH_2)_2O(CH_2)_2OH$	106.12	−8.3(244.5)	1.118
1,3-丙二醇(1,3-PG)	$HOCH_3CH_2CH_2OH$	76.09	−32(214)	1.055
1,2-丙二醇(1,2-PG)	$CH_3CH(OH)CH_2OH$	76.09	−60(187.3)	1.038

其中，TMP 是应用最广的多元醇，其分子结构中含有多个羟基，在反应过程中会与脂肪酸、多元酸、亲水单体上的羧基发生酯化反应，形成分支以至网络结构；用三羟甲基丙烷合成的水性醇酸树脂具有更好的抗水解性、抗氧化稳定性、耐碱性和热稳定性，这是由于 TMP 结构上带有 3 个伯羟基，其上的乙基具有空间位阻效应，可以保护聚酯的酯基；同时 TMP 型水性醇酸树脂与氨基树脂有良好的相容性；此外还具有色泽鲜艳、保色力强、耐热及快干的优点。乙二醇和二乙二醇主要同季戊四醇复合使用，以调节官能度，使聚合平稳，避免胶化。

近些年，研究者已不再局限于采用传统的多元醇来制备醇酸树脂，而是将目光转向生物相容性较好的植物醇。山梨醇是一种来源丰富、价格低廉、资源可再生的植物醇，被认为是制备醇酸树脂的潜在原料。以山梨醇为原料制备醇酸树脂及其所制备的醇酸树脂涂层干燥速度较快。

2.3.2 有机酸

有机酸可以分为两类：一元酸和多元酸。一元酸主要有：苯甲酸、松香酸以及脂肪酸

（亚麻油酸、妥尔油酸、豆油酸、菜籽油酸、椰子油酸、蓖麻油酸、脱水蓖麻油酸等）；其中，脂肪酸是水性醇酸树脂合成过程中的主要反应原料。在室温下脂肪酸或植物油酸分子链上的不饱和双键通过自由基机理发生氧化交联反应，从而使醇酸树脂固化成膜。因此，脂肪酸（或植物油）的选择对水性醇酸树脂的干燥性能具有显著影响，脂肪酸上双键含量越多，涂层干燥速率越快，涂层越致密，耐水性亦越好。亚麻油酸、桐油酸等干性油脂肪酸干性较好，但易黄变、耐候性较差；豆油酸、脱水蓖麻油酸、菜籽油酸、妥尔油酸黄变较弱，应用较广泛；椰子油酸、蓖麻油酸不黄变，可用于短油度室外用漆和浅色漆的生产；苯甲酸可以提高耐水性，由于增加了苯环单元，可以改善涂膜的干性和硬度，但用量不能太多，否则涂膜变脆。

多元酸包括：邻苯二甲酸酐（简称苯酐，PA）、间苯二甲酸（IPA）、对苯二甲酸（TPA）、顺丁烯二酸酐（MA）、己二酸、癸二酸（SE）、偏苯三酸酐（TMA）等。二元酸或酐的引入可以提高醇酸树脂的聚合度或分子量，是合成水性醇酸树脂的核心单体。多元酸单体中以邻苯二甲酸酐最为常用，性价比高；引入间苯二甲酸可以提高耐候性、耐化学品性和耐水解性，但其熔点高、活性低，用量不能太大；1,4-环己烷二甲酸（CHDA）是一种综合性能优异的二元酸，能很好地平衡硬度和柔韧性，而且耐水解性优异，代替部分 PA 可以显著提高综合物化性能；己二酸和癸二酸（SE）含有多亚甲基单元，可以用来平衡硬度、韧性及抗冲击性；偏苯三酸酐（TMA）的酐基打开后可以在大分子链上引入羧基，属三官能度单体，可以引入分支，而且经中和可以实现树脂的水性化，是合成水性醇酸树脂的重要水性单体之一。

一些有机酸的物性见表 2-3。

表 2-3 常见有机酸的物性

单体名称	状态(25℃)	分子量	熔点/℃	酸值/(mgKOH/g)	碘值/(g I_2/100g)
苯酐(PA)	固体	148.11	131	785	
间苯二甲酸(IPA)	固体	166.13	330	676	
六氢苯酐(HHPA)	固体	154.15	35～36		
四氢苯酐(THPA)	固体	152.16	100		
顺丁烯二酸酐(MA)	固体	98.06	52.8(沸点:202)	1145	
己二酸	固体	146.14	152	768	
癸二酸(SE)	固体	202.24	133		
1,4-环己烷二甲酸	固体	172.2	164～167		
偏苯三酸酐(TMA)	固体	192	165	876.5	
苯甲酸	固体	122	122	460	
松香酸	固体	340	＞70	165	
桐油酸	固体	280	α-型 48.5,β-型 71	180～220	
豆油酸	液体	285		195～202	135
亚麻油酸	液体	280		180～220	
脱水蓖麻油酸	液体	293		187～195	138～143
菜籽油酸	液体	285		195～202	120～130
妥尔油酸	液体	310		180	105～130
椰子油酸	液体	208		263～275	9～11
蓖麻油酸	液体	310		175～185	85～93
二聚酸	液体	566		190～198	

2.3.3 油脂

油类有桐油、亚麻仁油、豆油、棉籽油、妥尔油、红花油、脱水蓖麻油、蓖麻油、椰子油等。

植物油是一种三脂肪酸甘油酯，三个脂肪酸一般不同，可以是饱和酸、单烯酸、双烯酸或三烯酸，但是大部分天然油脂中的脂肪酸主要为十八碳酸，也可能含有少量月桂酸（十二碳酸）、豆蔻酸（十四碳酸）和软脂酸（十六碳酸）等饱和脂肪酸，脂肪酸受产地、气候甚至加工条件的影响。

重要的不饱和脂肪酸如下。

油酸（十八碳-9-烯酸）：$CH_3(CH_2)_7CH{=}CH(CH_2)_7COOH$

亚油酸（十八碳-9,12-二烯酸）：$CH_3(CH_2)_4CH{=}CHCH_2CH{=}CH(CH_2)_7COOH$

亚麻酸（十八碳-9,12,15-三烯酸）：$CH_3CH_2CH{=}CHCH_2CH{=}CHCH_2CH{=}CH(CH_2)_7COOH$

桐油酸（十八碳-9,11,13-三烯酸）：$CH_3(CH_2)_3CH{=}CHCH{=}CHCH{=}CH(CH_2)_7COOH$

蓖麻油酸（12-羟基十八碳-9-烯酸）：$CH_3(CH_2)_5CH(OH)CH_2CH{=}CH(CH_2)_7COOH$

因此，构成油脂的脂肪酸非常复杂，植物油酸是各种饱和脂肪酸和不饱和脂肪酸的混合物。

油类一般根据其碘值分为：干性油、不干性油和半干性油。

干性油：碘值≥140，每个分子中双键数≥6个；

不干性油：碘值≤100，每个分子中双键数<4个；

半干性油：碘值100～140，每个分子中双键数4～6个。

油脂的质量指标如下。

① 外观、气味：植物油一般为清澈透明的浅黄色或棕红色液体，无异味，其颜色色号小于5号。若产生酸败，则有酸臭味，表示油品变质，不能使用。

② 密度：油比水轻，大多数在0.90～0.94g/cm^{3}之间。

③ 黏度：植物油的黏度相差不大。但是桐油由于含有共轭三烯酸结构，黏度较高；蓖麻油含羟基，氢键的作用使其黏度更高。

④ 酸值：酸值用来表示油脂中游离酸的含量。通常以消耗1g油中所含的酸所需的氢氧化钾质量（mg）来计量。合成醇酸树脂的精制油的酸值应小于5.0mgKOH/g。

⑤ 皂化值和酯值：皂化1g油中全部脂肪酸所需KOH的质量（mg）为皂化值；皂化1g油中化合脂肪酸所需KOH的质量（mg）称为酯值。

$$皂化值=酸值+酯值$$

⑥ 不皂化物：皂化时，不能与KOH反应且不溶于水的物质。主要是一些高级醇类、烃类等。这些物质影响涂膜的硬度、耐水性等。

⑦ 热析物：含有磷脂的油料（如豆油、亚麻油）中加入少量盐酸或甘油，可使其所含磷脂在高温（240～280℃）下凝聚析出。

⑧ 碘值：100g油能吸收碘的质量（g）。它表示油类的不饱和程度，也是表示油料氧化干燥速率的重要参数。

为使油品的质量合格，适合醇酸树脂的生产，合成醇酸树脂的植物油必须经过精制才能使用，否则会影响树脂质量甚至合成工艺。精制方法包括碱漂和土漂处理，俗称“双漂”。碱漂主要是去除油中的游离酸、磷脂、蛋白质及机械杂质，也称为“单漂”。“单漂”后的油再用酸性漂土吸附掉色素（即脱色）及其他不良杂质，才能使用。

如果发现油脂颜色加深、发生酸败、含水、酸值较高，则不能使用。目前最常用的精制油品为大豆油、亚麻油和蓖麻油。亚麻油属干性油，故干性好，但保色性差、涂膜易黄变。

蓖麻油为不干性油，同椰子油类似，保色保光性好。大豆油取自大豆种子，是世界上产量最多的油脂。大豆油的颜色因大豆的品种及产地的不同而异，一般为淡黄、略绿、深褐色等。精炼过的大豆油为淡黄色。大豆油为半干性油，综合性能较好。

部分植物油的物化性能见表 2-4。

表 2-4　部分植物油的物化性能

油品	酸值	碘值	皂化值	密度(20℃)/(g/cm^3)	色泽(铁钴比色法)/号
桐油	6～9	160～173	190～195	0.936～0.940	9～12
亚麻油	1～4	175～197	184～195	0.927～0.938	9～12
豆油	1～4	120～143	185～195	0.921～0.928	9～12
松浆油(妥尔油)	1～4	130	190～195	0.936～0.940	16
脱水蓖麻油	1～5	125～145	188～195	0.926～0.937	6
棉籽油	1～5	100～116	189～198	0.917～0.924	12
蓖麻油	2～4	81～91	173～188	0.955～0.964	9～12
椰子油	1～4	7.5～10.5	253～268	0.917～0.919	4

2.3.4 催化剂

若使用醇解法合成水性醇酸树脂，醇解时需使用催化剂。常用的催化剂为氧化铅或氢氧化锂（LiOH），由于环保问题，氧化铅被禁用。醇解催化剂可以加快醇解过程，且使合成的树脂清澈透明。其用量一般占油量的 0.02%。聚酯化反应也可以加入催化剂，主要是有机锡类，如二月桂酸二丁基锡、二正丁基氧化锡等。

2.3.5 水性单体

水性醇酸树脂合成中水性单体是必不可少的，要由其引入的水性基团，经中和转变成盐基，提供水溶性，因此，它直接影响树脂的性能。一些常用的水性单体结构式为：

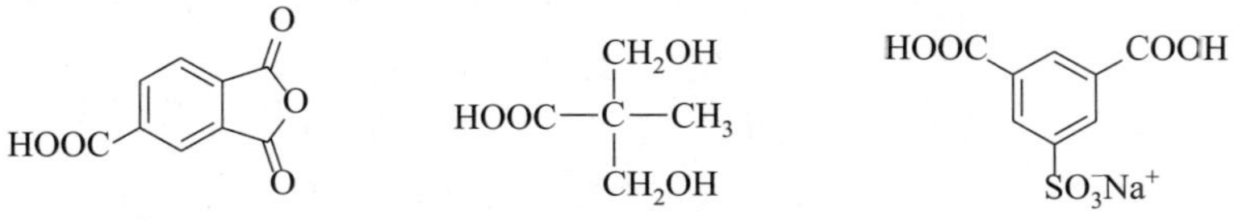

TMA　　DMPA　　5-SSIPA

表 2-5 是常用水性单体的物性。

表 2-5　常用水性单体的物性

名称	状态	分子量	熔点(沸点)/℃
二羟甲基丙酸(DMPA)	白色粉末	134.13	178～187(366.7)
二羟甲基丁酸(DMBA)	白色粉末	148.16	108～115
偏苯三酸酐(TMA)	白色粉末	192.125	168(390)
间苯二甲酸-5-磺酸钠(5-SSIPA)	白色粉末	268.18	373
聚乙二醇(PEG)	黏稠液体或半固体	400～2000	
聚醚胺	黏稠液体或半固体	900～2000	

2.3.6 助溶剂

水性醇酸树脂的合成及使用过程中，为降低体系黏度和提高贮存稳定性常加入一些助溶剂，主要有乙二醇丁醚、乙二醇叔丁醚、乙二醇丙醚、乙二醇乙醚、丙二醇丁醚、丙二醇甲醚、异丙醇、异丁醇、仲丁醇等。其中乙二醇丁醚具有很好的助溶性，但近年来发现其存在一定的毒性，可选用丙二醇甲醚取代。

2.3.7 中和剂

常用的中和剂有三乙胺、二甲基乙醇胺、乙醇胺、二乙醇胺、三乙醇胺、三乙胺、二甲基乙醇胺常用于自干漆，烘漆用二甲基乙醇胺较好。

2.3.8 催干剂

醇酸树脂涂层的干燥是脂肪酸分子链中双键的氧化交联反应，由过氧化氢的分解反应等引发。为加快涂层的干燥速率，对涂层的吸氧及聚合产生催化作用，在醇酸树脂的干燥过程中常添加催干剂。

自干型醇酸树脂涂料体系必须加入催干剂引发氧化交联。催干剂的一般分子式是 $(RCOO)_xM$，其中 R 为一个脂肪基或脂环基，M 为一个 x 价的金属，与中性皂类似。金属皂中的金属或负离子部分有各种不同的种类。目前使用的较为典型的负离子为环烷酸，异辛酸，或较新的合成 $C_7 \sim C_{11}$ 叔羧酸。

干性油（或干性油脂肪酸）的“干燥”过程是氧化交联的过程。该反应由过氧化氢键开始，属连锁反应机理，分为链引发、链增长和链终止 3 个阶段，催干剂可以促进整个过程的进行。

$$RH + O_2 \longrightarrow ROOH$$

$$ROOH \longrightarrow RO\cdot + HO\cdot$$

$$RO\cdot + \sim\!\sim CH{=}CH{-}CH_2{-}CH{=}CH\sim\!\sim(R'H) \longrightarrow$$

$$\sim\!\sim CH{=}CH{-}\dot{C}H{-}CH{=}CH\sim\!\sim(R'\cdot) + ROH$$

$$R'\cdot + O_2 \longrightarrow R'OO\cdot$$

$$R'OO\cdot + R'H \longrightarrow R'\cdot + R'OOH$$

$$R'OOH \longrightarrow R'O\cdot + HO\cdot$$

体系中形成的自由基通过共价结合而交联成体型结构：

$$R'\cdot + R'\cdot \longrightarrow R'{-}R'$$

$$R'O\cdot + R'\cdot \longrightarrow R'OR'$$

$$R'O\cdot + R'O\cdot \longrightarrow R'OOR'$$

上述反应可以自发进行，但速率很慢，需要数天才能形成涂膜，其中过氧化氢物的均裂为速率控制步骤。加入催干剂（或干料）可以促进这一反应，催干剂是醇酸涂料的主要助剂，其作用是加速漆膜的氧化、聚合、干燥，达到快干的目的。通常催干剂又可再细分为两类。

（1）主催干剂

主催干剂，也称为表干剂或面干剂，主要是钴、锰、钒（V）和铈（Ce）的环烷酸（或异辛酸）盐，以钴、锰盐最常用，用量以金属计为油量的 0.02%～0.2%。其催干机理是与过氧化氢构成了一个氧化还原系统，可以降低过氧化氢分解的活化能。

$$ROOH+Co^{2+} \longrightarrow Co^{3+}+RO\cdot+OH^-$$
$$ROOH+Co^{3+} \longrightarrow Co^{2+}+ROO\cdot+H^+$$
$$H^++OH^- \longrightarrow H_2O$$

同时钴盐也有助于体系吸氧和过氧化氢物的形成。主催干剂传递氧的作用强，能使涂料表干加快，但易于封闭表层，影响内层干燥，需要助催干剂配合。

（2）助催干剂

助催干剂，也称为透干剂，通常是以一种氧化态存在的金属皂，它们一般和主催干剂并用，作用是提高主催干料的催干效应，使聚合表里同步进行，如钙（Ca）、铅（Pb）、锆（Zr）、锌（Zn）、钡（Ba）和锶（Sr）的环烷酸（或异辛酸）盐，助催干剂用量较高，其用量以金属计为油量的 0.5%左右。

使用钴-锰-钙复合体系，效果很好。一些商家提供复合好的干料，下游配漆非常方便。

传统的钴、锰、铅、锌、钙等有机酸皂催干剂品种繁多，有的色深，有的价高，有的有毒。近年开发的稀土催干剂产品，较好地解决了上述问题，但也只能部分取代价昂物稀的钴剂。开发新型的完全取代钴的催干剂，一直是涂料行业的迫切愿望。

典型的醇酸树脂催干剂为油性的，可溶于芳烃或脂肪烃，在水中很难分散，因此可采用提前加入助溶剂中，然后再分散到水中的方法；即使如此也难以得到快干、高光泽的良好涂膜。目前市场上已出现具有自乳化性的催干剂，贮存稳定性较好，活性适中，可用于水性乳液或水溶性醇酸树脂，并与水溶性涂料有良好的混溶性，用该类干料所得涂料的干燥性能已达到或接近溶剂型的水平。

2.4 水性醇酸树脂的合成原理

用 TMA 作为水性单体合成本体型水性醇酸树脂的过程通常包括两步：缩聚及水性化。

缩聚即先将 PA、IPA、脂肪酸、TMP 进行共缩聚生成常规的一定油度、预定分子量的羟基型醇酸树脂。

水性化即利用 TMA 上活性较高的酐基与上述树脂结构上的羟基进一步反应引入羧基，控制好反应程度，一个 TMA 分子可以引入两个羧基，该羧基经中和以实现水性化。其合成反应路线可表示如下：

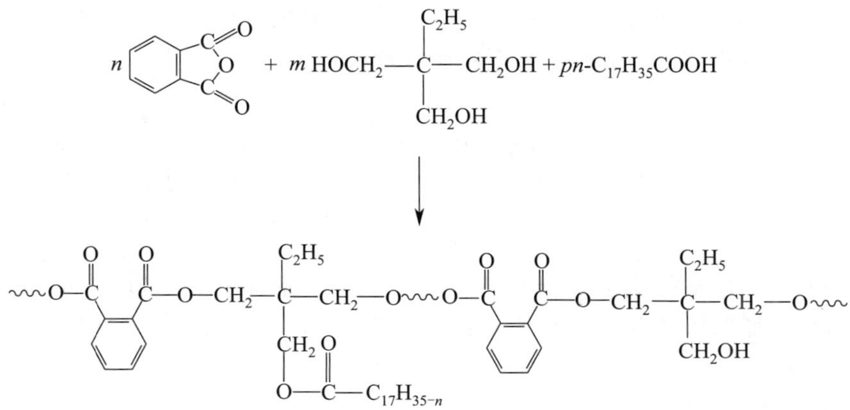

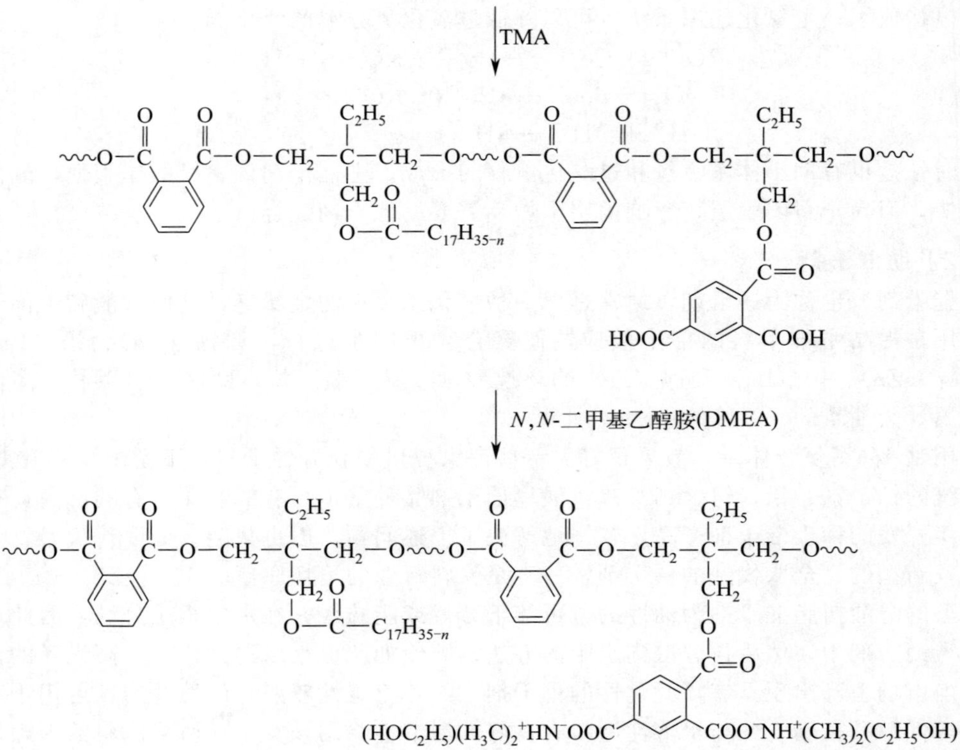

式中，n、m、p 为正整数。该法的特点是 TMA 水性化效率高，油度调整范围大，可以从短油到长油随意设计。

此外，也可以将 PEG 引入醇酸树脂主链或侧链实现水分散性。但连接聚乙二醇的酯键易水解，漆液稳定性差，而且该种树脂干性慢，漆膜软而发黏，耐水性较差，目前较少直接应用，通常用作合成水性杂化体的中间体。其结构式可表示如下：

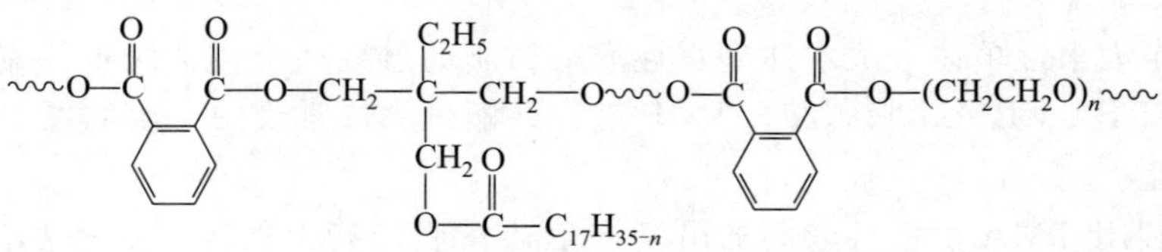

DMPA 也是一种很好的水性单体，其羧基处于其他基团的保护之下，一般聚合条件下（温度适中）不参与缩聚反应，该单体已经国产化，可广泛用于水性聚氨酯、水性聚酯、水性醇酸树脂的合成。该法的缺点是 DMPA 由于作二醇使用，树脂的油度不易提高，一般用于合成短油度或中油度树脂。其水性醇酸树脂的结构式为：

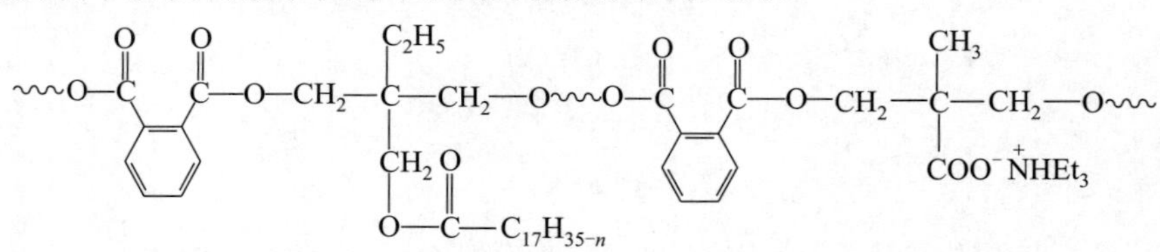

利用马来酸酐与醇酸树脂的不饱和脂肪酸发生狄尔斯-阿尔德（Diels-Alder）反应，即马来酸酐与不饱和脂肪酸的共轭双键发生 1,4-加成反应，也可以引入水性化的羧基。

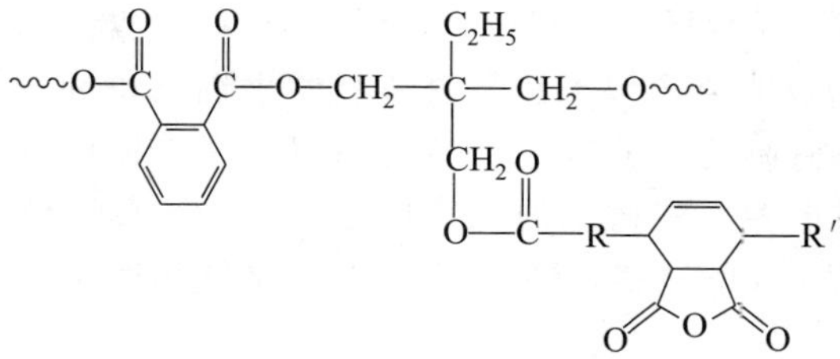

对非共轭型不饱和脂肪酸，加成反应主要是不饱和脂肪酸双键的 α 位。

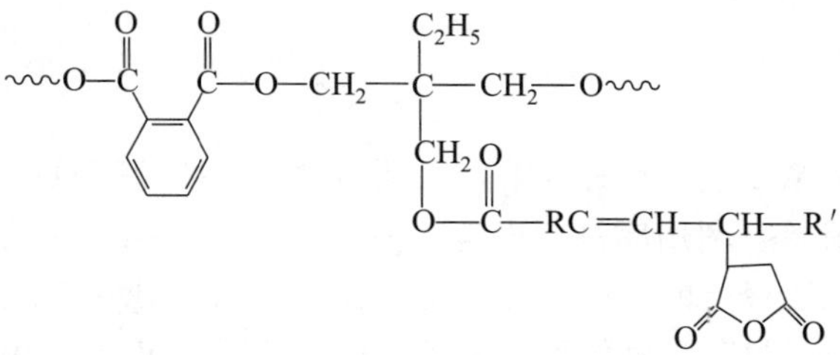

丙烯酸改性醇酸树脂具有优良的保色性、保光性、耐候性、耐久性、耐腐蚀性、快干及高硬度，而且兼具醇酸树脂本身的优点，拓宽了醇酸树脂的应用领域。因而具有较好的发展前景。将丙烯酸改性醇酸树脂水性化，可采用乳液聚合法合成丙烯酸改性醇酸树脂乳液，这种乳液具有比丙烯酸乳液更低的最低成膜温度，而且不需要助溶剂就能形成良好的涂膜，其涂膜性能优于丙烯酸乳液。

2.5　配方设计

醇酸树脂的配方设计通常需引入一个物理量——工作常数 K，这个概念的物理意义不明确，而且不能同数均聚合度、数均分子量直接关联。用平均聚合度控制方程——$\bar{X}_n=1/[1-P_a(\bar{f}/2)]$（式中，$\bar{X}_n$ 为以结构单元计数的数均聚合度；P_a 为非过量官能团的反应程度；$\bar{f}$ 为平均官能度）控制数均聚合度可以克服上述困难，用途广、适应性强，不仅用于线型缩聚，而且可广泛用于体型缩聚体系的预缩聚；将该方程用于醇酸树脂合成配方的设计与核算，简单、方便，内含丰富信息。

醇酸树脂的分子量通常在 10^3 数量级，聚合度在 10^1 数量级；计算时根据设定的聚合度、油度、羟值或酸值设计配方，经过实验优化，可以得到优秀的合成配方。

酸值（AV）表示反应体系中残余羧基的含量，直接影响着醇酸树脂的水溶性、凝胶率和分子量。TMA 型水性醇酸树脂的合成主要分为两个阶段：第一个阶段为缩聚反应，此阶段主要是形成醇酸树脂的大分子主链，在反应结束后需对其酸值进行滴定，该阶段的酸值称为初酸值；第二个阶段为引入亲水性基团实现水性化的阶段，该阶段的酸值称为终酸值。

初酸值与终酸值分别对水性醇酸树脂的性能有着不同的影响。初酸值越低，说明酯化反应越完全，醇酸树脂主链的分子量越高，最终所得树脂的综合性能越好；但是如果初酸值过低，则表明产物上残留的羟基较少，这会导致第二阶段引入亲水性基团的数量过少，最终所得水性醇酸树脂的水溶性较差，稳定性较差。终酸值对水性醇酸树脂分散体的外观、水溶性、稳定性及耐水性均有较大影响。醇酸树脂的终酸值越低，表明残余的羧基量越少，树脂与水的混溶性差，漆膜的光泽度低，贮存稳定性低，但耐水性高。

DMPA 型、磺酸盐型及非离子型水性醇酸树脂的水性化单元（或嵌段）由缩聚单体直接引入，其用量决定水性树脂的水分散性，参与缩聚的官能团的反应程度应尽可能高，因此，磺酸盐型及非离子型水性醇酸树脂的 *AV* 应尽可能低，DMPA 型水性醇酸树脂的 *AV* 应接近 DMPA 引入的酸值，以实现期望的聚合度及其结构和性能。

2.6 合成工艺

水性醇酸树脂的合成从工艺上可分为溶剂法和熔融法，按所用原料的不同可分为醇解法和脂肪酸法。熔融法设备简单、利用率高、安全，但产品色深、结构不均匀、批次性能差别大、工艺操作较困难，主要用于聚酯的合成。醇酸树脂合成主要采用溶剂法生产。溶剂法中常用二甲苯的蒸发带出酯化水，经过分水器的油水分离后重新流回反应釜，如此反复，推动聚酯化反应的进行，生成醇酸树脂。釜中二甲苯用量决定聚合反应温度，存在如表 2-6 所示的关系。

表 2-6　二甲苯用量与反应温度的关系

二甲苯用量/%	10	8	7	5	4	3
反应温度/℃	188～195	200～210	205～215	220～230	230～240	240～255

醇解法与脂肪酸法各有优缺点，详见表 2-7。

表 2-7　醇解法与脂肪酸法的比较

项目	醇解法	脂肪酸法
优点	(1)成本较低； (2)工艺简单易控； (3)原料腐蚀性小	(1)配方设计灵活，质量易控； (2)聚合速率较快； (3)树脂干性较好，涂膜较硬
缺点	(1)酸值不易下降； (2)树脂干性较差，涂膜较软	(1)工艺较复杂，成本高； (2)原料腐蚀性较大； (3)脂肪酸易凝固，冬季投料困难

目前国内两种方法皆有应用，脂肪酸法的应用呈上升趋势。

2.6.1 醇解法

醇解法是醇酸树脂合成的重要方法。由于油脂与多元酸（或酸酐）不能互溶，所以用油脂合成醇酸树脂时要先将油脂醇解为不完全的脂肪酸甘油酯（或季戊四醇酯），不完全的脂肪酸甘油酯是一种混合物，其中含有单酯、双酯和没有反应的甘油及油脂，单酯含量是一个重要指标，影响醇酸树脂的质量。

（1）油脂醇解

醇解时要注意甘油用量、催化剂种类和用量及反应温度，以提高反应速率和甘油一酸酯含量。此外，还要注意以下几点：

① 用油要经碱漂、土漂精制，至少要经碱漂。

② 通入惰性气体（CO_2 或 N_2）保护，也可加入抗氧剂，防止油脂氧化。

③ 常用 LiOH 作催化剂，用量为油量的 0.02%左右。

④ 醇解反应是否进行到应有深度，须及时用醇容忍度法检验以确定其终点。

用季戊四醇醇解时，由于其官能度大、熔点高，醇解温度比甘油高，一般在 230～250℃之间。

（2）聚酯化反应

醇解完成后，即可进入聚酯化反应。将温度降到 180℃，分批加入苯酐等二元酸（或酸酐）和水性单体，加入回流溶剂二甲苯，在 180～220℃之间缩聚。二甲苯的加入量影响脱水速率，二甲苯用量提高，虽然可加大回流量，但同时也降低了反应温度，因此回流二甲苯用量一般不超过 8%，而且随着反应进行，当出水速率降低时，要逐步放出一些二甲苯，以提高温度，进一步促进反应进行。聚酯化宜采取逐步升温工艺，保持正常出水速率，应避免反应过于剧烈造成物料夹带，影响单体配比和树脂结构。另外，搅拌也应遵循先慢后快的原则，使聚合平稳、顺利进行。保温温度及时间随配方而定，而且与油品和油度有关。干性油及短油度时，温度宜低。半干性油、不干性油及长油度时，温度应稍高些。

聚酯化反应应关注出水速率和出水量，并按规定时间取样，测定酸值和黏度，达到规定后降温、助溶剂稀释、中和、加水，经过过滤，制得漆料。

2.6.2 脂肪酸法

脂肪酸可以与苯酐、甘油互溶，因此脂肪酸法合成醇酸树脂可以单锅反应。其同聚酯合成工艺、设备接近。脂肪酸法合成醇酸树脂一般也采用溶剂法。反应釜为带夹套的不锈钢反应釜，装有搅拌器、冷凝器、惰性气体进口、加料口、放料口、温度计和取样装置。为实现油水分离，在横置冷凝器下部配置一个油水分离器，经分离的二甲苯溢流回反应釜循环使用。

2.7 水性醇酸树脂合成实例

（1） TMA 型短油度水性醇酸树脂合成

① 单体合成配方

序号	原料	质量/g	序号	原料	质量/g
1	月桂酸	38.00	6	偏苯三酸酐	8.000
2	苯酐	25.00	7	次磷酸	0.100
3	间苯二甲酸	5.800	8	二甲基乙醇胺	7.830
4	三羟甲基丙烷	30.00	9	乙二醇单丁醚	17.48
5	二甲苯(带水剂)	10.68	10	去离子水	81.52

② 配方核算

项目	数值	项目	数值
m/g	106.8	$\bar{X}_n$	11.36
n_{OH}/mol	0.6716	$\bar{M}_n$	1606
n_{COOH}/mol	0.6394	油度	38%
m_{resin}/g	99.08	AV(酸值)/(mgKOH/g)	47
n/mol	0.7011	固含量	50%
$\bar{f}$	1.824		

注：m—单体总质量；n_{OH}—羟基物质的量；n_{COOH}—羧基物质的量；m_{resin}—树脂理论质量；n—单体总物质的量；$\bar{f}$—平均官能度；$\bar{X}_n$—数均聚合度；$\bar{M}_n$—数均分子量。

③ 合成工艺

将苯酐、间苯二甲酸、月桂酸、三羟甲基丙烷、次磷酸加入带有搅拌器、温度计、分水器及氮气导管的250mL四口瓶中；用电加热套加热至140℃，开慢速搅拌，1h升温至180℃，保温约2h；控制分水器气相温度低于100℃，当出水变慢时，继续升温至200℃，1h后测酸值；当酸值小于20mgKOH/g时，加入带水剂二甲苯，继续反应2h，取样测酸值小于5mgKOH/g时，蒸除二甲苯，降温至170℃，加入TMA，控制酸值为45～50mgKOH/g，迅速降温至80℃，加入乙二醇单丁醚，继续降温至60℃，加入二甲基乙醇胺中和，搅拌0.5h；按50%固含量加入去离子水，过滤，得水性醇酸树脂。

（2）聚醚胺型水性醇酸树脂合成

① 单体合成配方

序号	原料	质量/g	序号	原料	质量/g
1	豆油酸	70.0	5	二甲苯（带水剂）	6.8
2	邻苯二甲酸酐（PA）	20.0	6	乙二醇丁醚	32.3
3	季戊四醇（PE）	21.0	7	去离子水	96.8
4	聚醚胺（ED900）	25.0			

② 配方核算

项目	数值	项目	数值
m/g	136	$\bar{f}$	1.8341
n_{OH}/mol	0.6732	$\bar{X}_n$	9.5871
n_{COOH}/mol	0.5203	$\bar{M}_n$	2181
m_{resin}/g	129.07	油度/%	54.2
n/mol	0.5673	聚醚胺含量/%	18

③ 合成工艺

将苯酐（PA）、豆油酸、季戊四醇（PE）、聚醚胺加入带有搅拌器、温度计、分水器及氮气导管的四口瓶中；用电加热套加热至160℃，开动搅拌，保温约1h；升温至180℃，保温约1h；当出水变慢时，加入二甲苯，继续升温至210℃，保温1h后测酸值；控制酸值约为5mgKOH/g，蒸除二甲苯；降温至80℃，按80%固含量加入乙二醇丁醚溶解，降温至50℃，加入去离子水，搅拌0.5h；过滤，得水性醇酸树脂。

（3）DMPA型水性醇酸树脂Ⅰ合成

① 单体合成配方

序号	原料	质量/g	序号	原料	质量/g
1	脱水蓖麻油酸	45.00	7	二甲苯	12.80
2	苯酐	32.00	8	抗氧剂	0.120
3	间苯二甲酸	8.200	9	乙二醇丁醚	20.91
4	三羟甲基丙烷	28.00	10	去离子水	89.72
5	二羟甲基丙酸	15.00	11	二甲基乙醇胺	11.31
6	有机锡催化剂	0.140			

② 配方核算

项目	数值	项目	数值
m/g	139.2	m_{resin}/g	129.93
n_{OH}/mol	0.8507	n/mol	0.7865
n_{COOH}/mol	0.7312	$\bar{f}$	1.8594

续表

项目	数值	项目	数值
$\bar{X}_n$	14.23	酸值/(mgKOH/g)	48
$\bar{M}_n$	2350	固含量	50%
油度	43%		

③ 合成工艺

将脱水蓖麻油酸、苯酐、间苯二甲酸、三羟甲基丙烷、二羟甲基丙酸、有机锡催化剂、抗氧剂及回流二甲苯加入带有搅拌器、温度计、分水器及氮气导管的反应瓶中；加热至140℃，开动搅拌，保温约 0.5h；升温至 160℃，保温约 1h；升温至 180℃，保温约 1h；当出水变慢时，继续升温至 210℃，1h 后测酸值；控制酸值为 50～55mgKOH/g，蒸除溶剂，降温至 80℃，加入乙二醇丁醚搅拌，继续降温至 60℃，加入中和剂中和 0.5h；加入去离子水，过滤得水性醇酸树脂。

(4) DMPA 型水性醇酸树脂 Ⅱ 合成

① 单体合成配方

序号	原料	质量/g	序号	原料	质量/g
1	DMPA	180	6	亚麻酸	626.86
2	TMP	300	7	二甲苯(带水剂)	76.04
3	PA	100	8	二甲基乙醇胺	120.90
4	IPA	40.0	9	乙二醇丁醚	348.04
5	己二酸(AD)	274	10	去离子水	1044.13

② 配方核算

项目	数值	项目	数值
m/g	1520.86	$\bar{X}_n$	10.92
$m_{水}$/g	128.70	$\bar{M}_n$	1765
n_{OH}/mol	9.402	羟值/(mgKOH/g)	63.45
n_{COOH}/mol	7.826	$\bar{f}_{OH}$	2
m_{resin}/g	1392.17	油度/%	45
n	8.614	AV/(mgKOH/g)	54
$\bar{f}$	1.817		

③ 合成工艺

同 DMAP 型水性醇酸树脂 Ⅰ 合成。

(5) 间苯二甲酸-5-磺酸钠型水性醇酸树脂 Ⅰ 的合成

① 配方

序号	原料	质量/g	序号	原料	质量/g
1	1,4-环己烷二甲醇	8.000	6	有机锡催化剂	0.1000
2	三羟甲基丙烷	17.05	7	二甲苯(带水剂)	8.68
3	1,4-环己烷二甲酸	21.25	8	去离子水	77.16
4	间苯二甲酸-5-磺酸钠	6.000	9	乙二醇丁醚	21.7
5	妥尔油酸	34.5			

② 配方核算

项目	数值	项目	数值
m/g	86.8	$\bar{X}_n$	13.41
n_{OH}/mol	0.4928	$\bar{M}_n$	2559
n_{COOH}/mol	0.4203	5-SSIPA 含量	6.9%
m_{resin}/g	86.8	油度	40%
n/mol	0.4549	固含量	50%
$\bar{f}$	1.8509		

③ 合成工艺

a. 将 1,4-环己烷二甲醇、间苯二甲酸-5-磺酸钠和催化剂加入配有加热装置、搅拌装置、通氮管、温度计、局部冷凝器、分水器和整体冷凝器的反应器中。缓慢加热反应物至混合物可搅拌。然后在 1h 内将温度升到 175℃。在 175～180℃保温至溶液澄清。

b. 降温至 150℃，加入剩余（2、3、5、7）组分，并将温度重新升到 175℃，接着以每 30min 约 10℃的速度将温度升到 215℃，并在此温度下反应直到酸值达 5～10mgKOH/g，蒸出二甲苯，降温至 80℃加入稀释溶剂，温度降至 50℃时加入水，过滤、包装。

（6）间苯二甲酸-5-磺酸钠型水性醇酸树脂 Ⅱ 的合成

① 配方

序号	原料	质量/g	序号	原料	质量/g
1	新戊二醇	6.548	7	脱水蓖麻油酸	23.40
2	间苯二甲酸-5-磺酸钠	7.500	8	有机锡催化剂	0.0700
3	三羟甲基丙烷	14.00	9	二甲苯(带水剂)	3.50
4	间苯二甲酸	2.00	10	乙二醇丁醚	15.96
5	1,4-环己烷二甲酸	8.00	11	去离子水	47.89
6	苯酐	8.00			

② 配方核算

项目	数值	项目	数值
m/g	69.45	$\bar{X}_n$	14.55
$m_{水}$/g	5.59	$\bar{M}_n$	2374
n_{OH}/mol	0.4394	羟值/(mgKOH/g)	65.50
n_{COOH}/mol	0.3647	$\bar{f}_{OH}$	2.78
m_{resin}/g	63.86	5-SSIPA 含量/%	10
n/mol	0.3916	油度/%	37
$\bar{f}$	1.8626		

③ 合成工艺

a. 将新戊二醇、间苯二甲酸-5-磺酸钠和催化剂加入配有加热装置、搅拌装置、通氮管、温度计、局部冷凝器、分水器和整体冷凝器的反应器中。缓慢加热反应物至混合物可搅拌。然后在 1h 内将温度升到 175℃。在 175～180℃保温至溶液澄清。

b. 降温至 150℃，加入剩余（3、4、5、6、7）组分，并将温度重新升到 175℃，接着以每 30 分钟约 10℃的速度将温度升到 215℃，并在此温度下反应直到酸值达 5～10mgKOH/g，蒸出二甲苯，降温至 80℃加入稀释溶剂，温度降至 50℃时加入水，过滤、包装。

2.8 醇酸树脂的应用

醇酸树脂是涂料用合成树脂中产量最大、用途最广的一种，可以配制自干漆和烘漆，民用漆和工业漆，以及清漆和色漆。醇酸树脂的油脂种类和油度对其应用有决定性影响。

水性醇酸树脂由于用水做溶剂或分散介质，其生产和施工安全，降低了爆炸和火灾的危险，施工设备可用水冲洗，每吨涂料可节约 400kg 的有机溶剂，VOC 值大大降低；同时通过调整配方可以合成出单组分自干型、烘干型及双组分室温干燥型体系，广泛用于木器及金属制品的涂饰。总之，水性化是醇酸树脂漆的重要发展方向之一。但是从目前的技术发展水平看，水性醇酸树脂漆与有机溶剂型涂料还有一定差距，如在环境湿度较高的情况下，干燥时间较长；涂料表面张力大，与油基底材的相容性差，容易产生缩孔；一次涂膜厚度较薄、耐水性还较差等。这些问题都有待技术的不断进步加以解决，其中应重视的方法是采用丙烯酸树脂、聚氨酯树脂与其进行杂化。

水性醇酸树脂具有良好的润湿性、渗透性、丰满度和光泽，其开发符合行业发展趋势。影响水性醇酸树脂性能的因素较多，如植物油/脂肪酸、多元醇、亲水单体、油度、酸值、醇超量、催干剂等，因此，为了制备高性能的水性醇酸树脂，应综合考虑各种因素的影响。通过合成原料的优化、合成工艺的改进，水性醇酸树脂的性能必将更加优异。但仅依靠优化合成原料、改进合成工艺，仍然不能解决其耐水性差、干燥慢、保光性不好等缺点，利用聚丙烯酸酯、聚氨酯、石墨烯、无机纳米粒子等对水性醇酸树脂进行改性，以此提高水性醇酸树脂的干燥性、耐磨性、硬度等。总之，水性醇酸树脂将同油性醇酸树脂一样具有鲜明特点，国内企业界、有关研究机构应加强合作，紧跟世界水性醇酸树脂发展潮流，促进国内水性醇酸树脂的开发应用。

第3章

水性聚酯树脂

高分子合成工业中，聚酯通常指由对苯二甲酸（PTA）和乙二醇（EG）合成的线型、高分子量、半结晶性的聚对苯二甲酸乙二醇酯（PET），它是一种重要的合成纤维用树脂。涂料工业中使用的聚酯泛指由多元醇和多元酸通过聚酯化反应合成的线型或分支型、较低分子量的无定形低聚物，其数均分子量一般为 $10^2 \sim 10^4$，根据其结构的饱和性可以分为饱和聚酯和不饱和聚酯。饱和聚酯包括端羟基型和端羧基型两种，它们亦分别称为羟基组分聚酯和羧基组分聚酯。羟基组分既可以同氨基树脂组合成烤漆系统，也可以同多异氰酸酯组成室温固化双组分聚氨酯系统。不饱和聚酯与聚合型单体（如苯乙烯）通过自由基共聚成为热固性聚合物，构成涂料行业的聚酯涂料体系。为了实现无定形结构，通常要选用三种、四种甚至更多种单体共聚酯化，因此它是一种共聚酯。涂料工业中还有一种重要的树脂叫醇酸树脂，从学术上讲，也应属于聚酯树脂的范畴，考虑到其重要性及其结构的特殊性（即以植物油或脂肪酸改性），称之为油改性聚酯，前一章已做了介绍。涂料工业中的聚酯也可以称为无油聚酯（polyester resin，简称 PE）。

涂料用聚酯一般不单独成膜，主要用于配制聚酯-氨基烘漆、聚酯型聚氨酯漆、聚酯型粉末涂料和不饱和聚酯漆，这些都属于中、高档涂料体系，所得涂膜光泽高、丰满度好、耐候性强，而且具有很好的附着力、硬度、抗冲击性、保光性、保色性、高温抗黄变等优点。同时，由于聚酯的合成单体多、选择余地大，大分子设计理论成熟，可以用丙烯酸树脂、环氧树脂、硅树脂及氟树脂进行改性，因此，聚酯树脂在涂料行业的地位不断提高，产量越来越大，应用也日益拓展。

水性聚酯是涂料科学技术和社会可持续发展要求的产物。水性聚酯树脂的结构和溶剂型聚酯树脂的结构类似，除含有羟基外，还含有羧基、磺酸基和（或）聚氧化乙烯嵌段等水性基团或链段。含羧基聚酯的酸值一般在 35～60mgKOH/g 之间，大分子链上的羧基经挥发性胺中和后成盐，提供水溶性（或水分散性）。控制不同的酸值、中和度可提供不同的水溶性，制成不同的分散体系，如水溶液型、胶体型、乳液型等。水性聚酯既可与水溶性氨基树脂配成水性烘漆，特别适合于卷材用涂料和汽车中涂漆，能满足冲压成型和抗石击性的要求。由于涂层的硬度、丰满光亮度及耐沾污性好，也适于作轻工产品的装饰性面漆。水性聚酯也可以同水分散性多异氰酸酯配成双组分水性聚氨酯室温自干漆。聚酯大分子链上含有许多酯基，较易皂化水解，所以水性聚酯的应用受到了一定的限制，但现在市场上已有大量优秀单体，因此通过优化配方设计，已能得到良好的耐水解性能。

3.1 主要原料

3.1.1 多元酸

聚酯用多元酸可分为芳香族、脂肪族和脂环族三大类。芳香酸主要有苯酐（PA）、间苯二甲酸（IPA）、对苯二甲酸（PTA）和偏苯三酸酐（TMA）等，其中 TMA 可用来引入支化结构。所用的脂肪酸主要有丁二酸、戊二酸、己二酸、庚二酸、辛二酸、壬二酸（AZA）、马来酸酐、顺丁烯二酸、反丁烯二酸、羟基丁二酸和二聚酸等。比较新的抗水解型单体有四氢苯酐（THPA）、六氢苯酐（HHPA）、四氢邻苯二甲酸、六氢间苯二甲酸、1,2-环己烷二甲酸、1,4-环己烷二甲酸（1,4-CHDA），它们属于脂环族二元酸。羧酸的羧基同烃基相连，因此烃基的不同结构不仅影响羧基的活性，而且对最终合成的聚酯树脂的结构、性能产生重要影响。同醇酸树脂不同，水性聚酯体系中 PA 用量很低，主要作用在于降低成本，应选用耐水解性羧酸，如己二酸、IPA、HHPA、CHDA 等，优选 HHPA、CHDA。其中己二酸、AZA 及二聚酸的引入可以降低成本、提高涂膜的柔韧性和对基材的附着力。根据对水性聚酯所要求的性能，通过对各种多元酸的品种选择和用量调节，可以获得所期望的树脂性能。有关单体的结构式如下：

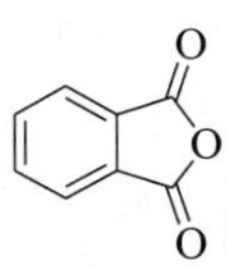
PA

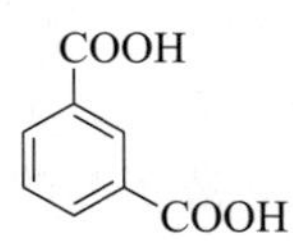
IPA

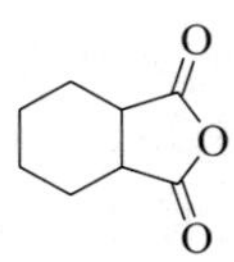
HHPA

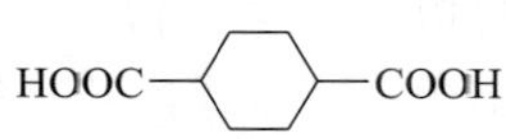
1,4-CHDA

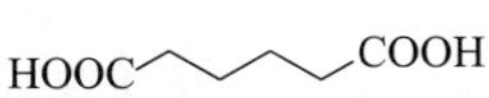
己二酸

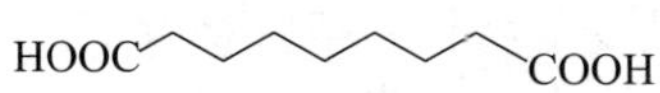
AZA

常用多元酸单体的物理性质见表 3-1。

表 3-1 常用多元酸单体的物理性质

单体名称	状态	分子量	熔点(沸点)/℃	特性
己二酸	固体	146.14	151.5	普适性，柔韧性
癸二酸	固体	202.25	131.0～134.5	低极性，柔韧性
苯酐	固体	148.12	130.5	价格低
间苯二甲酸	白色粉末	166.13	345～348	硬度，耐候性，耐药品性
对苯二甲酸	白色粉末	166.13	＞300，升华	硬度，耐候性，耐药品性
六氢苯酐	固体	154.15	35～36	硬度，耐候性，耐水解
琥珀酸酐(丁二酸酐)	白色结晶性粉末	100.073	118～120(261)	通用性能
偏苯三酸酐	固体	192.13	164～167(240～245)	引入分支和多余羧基
1,4-环己烷二甲酸	白色粉末	172.2	164～167	硬而韧，耐候性，耐水解，活性高，抗变黄

续表

单体名称	状态	分子量	熔点(沸点)/℃	特性
顺酐	固体	98.06	52.6(199.7)	通用性能
蒸馏二聚酸	液体	含量95%～98%,多聚酸2%～4%,酸值194～198mgKOH/g	5(200)	柔韧性,耐热,耐酸碱,耐溶剂,耐水解,润湿性
间苯二甲酸-5-磺酸钠(5-SSIPA)	白色粉末	268.17	＞300	水性化单体,不需胺中和
二羟甲基丙酸(DMPA)	白色结晶	134.13	183～186	水性化单体
二羟甲基丁酸(DMBA)	白色粉末	148.16	108～115	水性化单体

3.1.2 多元醇

水性聚酯树脂用多元醇同油性单体基本相同。二官能度单体有乙二醇（EG）、二甘醇、三甘醇、1,2-丙二醇（PG）、1,3-丙二醇、1,4-丁二醇（BDO）、1,2-丁二醇、1,3-丁二醇、2-甲基-1,3-丙二醇（MPD）、新戊二醇（2,2-二甲基-1,3-丙二醇，NPG）、1,5-戊二醇、1,6-己二醇（1,6-HDO）、3-甲基-1,5-戊二醇、2-乙基-2-丁基-1,3-丙二醇（BEPD）、2,2,4-三甲基-1,3-戊二醇（TMPD）、2,4-二乙基-1,5-戊二醇、1,8 辛二醇、1-甲基-1,8-辛二醇、3-甲基-1,6-己二醇、4-甲基-1,7-庚二醇、4-甲基-1,8-辛二醇、4-丙基-1,8-辛二醇、1,9-壬二醇、羟基新戊酸羟基新戊酯（HPHP）等。其他脂肪族二元醇包括二乙二醇（DEG）、三乙二醇（TEG）、聚乙二醇（PEG）、聚丙二醇（PPG）、聚四亚甲基二醇（即聚四氢呋喃二醇，PTMG）；属于脂环族二元醇的单体有 1,4-环己烷二甲醇（1,4-CHDM）、1,3-环己烷二甲醇、1,2-环己烷二甲醇、氢化双酚 A 等，该类单体性能往往更为优异。多元醇也可选用丙三醇、季戊四醇、三羟甲基丙烷（TMP）、三羟甲基乙烷等，其中，TMP 和三羟甲基乙烷都带三个伯羟基，其上的甲基（或乙基）的空间位阻效应可屏蔽聚酯的酯基，提高耐水解性，同时也常用来引入分支。同样道理，与其类似的二官能度单体 NPG 也是合成水性聚酯的常规单体；CHDM、BEPD、HPHP 是新一代聚酯合成用的二元醇，据报道具有很好的耐水解、耐候、硬而韧、抗污、不黄变等特性，但价格较高。

一个聚酯树脂配方中，若要使聚酯性能优异，多种多元醇要配合使用，以使其硬度、柔韧性、附着力、抗冲击性以及成本达到平衡。

一些多元醇单体的结构式为：

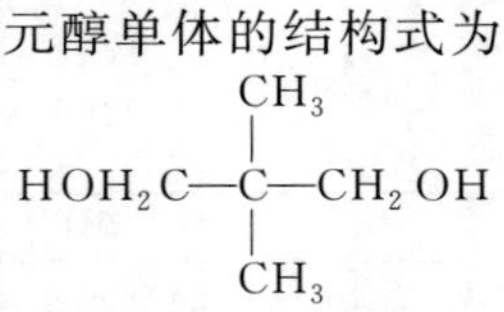
NPG

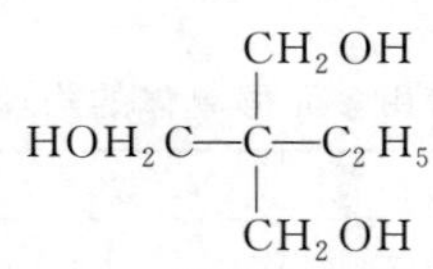
TMP

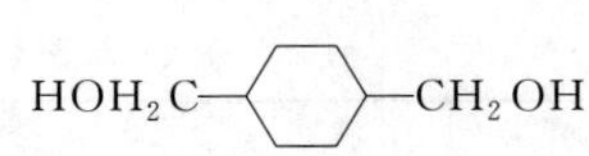
1,4-CHDM

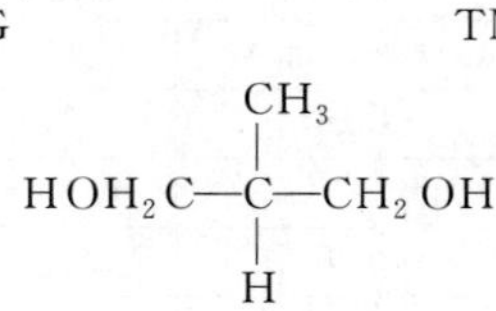
MPD

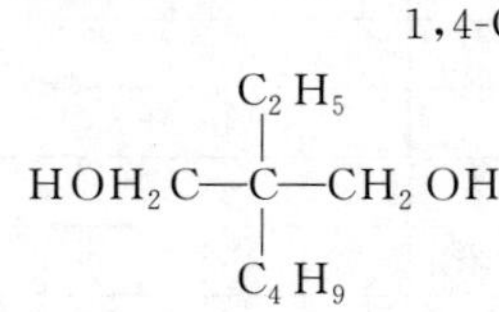
BEPD

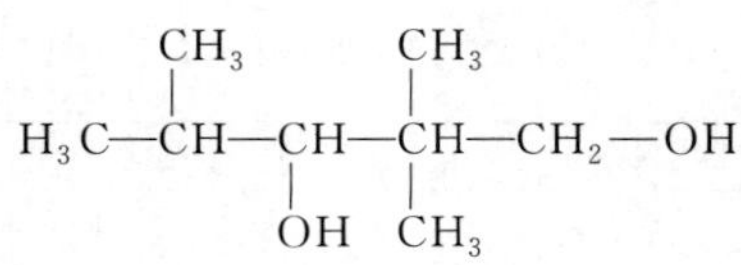
TMPD

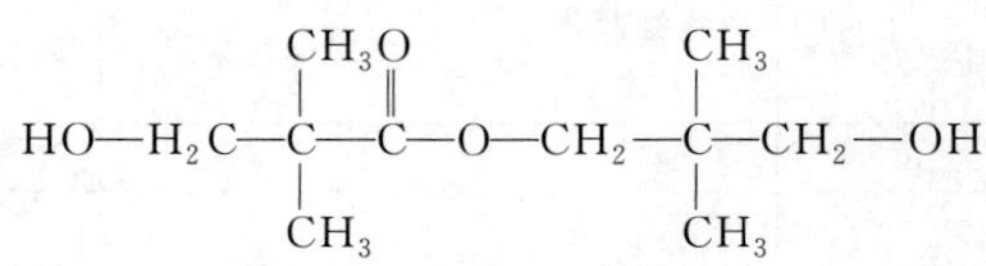
HPHP

常用多元醇单体的物理性质见表 3-2。

表 3-2　常用多元醇单体的物理性质

单体名称	状态	分子量	熔点(沸点)/℃	特性
乙二醇	液体	62.07	−13.3(197.2)	普适性,柔韧性
二乙二醇	液体	106.12	−8.3(244.5)	亲水,柔韧性
1,2-丙二醇	液体	76.09	(188.2)	普适性
二丙二醇(一缩二丙二醇)	液体	134.17	(232)	耐水解
2-甲基-1,3-丙二醇	液体	90.8	42～44(262)	普适性
2-丁基-2-乙基-1,3-丙二醇(BEPD)	固体	160.3	43	耐候性,耐水解,柔韧性
1,4-丁二醇(1,4-BG)	液体	90.1	20	普适性
1,3-丁二醇(1,3-BG)	液体	90.1	−77(207.5)	无毒,无臭,水溶性
新戊二醇	固体	104.15	124～130(210)	普适性,耐化学品,耐候性,耐水解
己二醇	固体	118.17	40	柔韧性
氢化双酚 A	固体	240.38	124～126	耐热,耐药品
三羟甲基丙烷	固体	134.12	57～59	耐热,耐水解
1,4-环己烷二甲醇	液体	144.22	43(245)	硬而韧,耐候性,耐水解,活性高,热稳定性,色浅,抗变黄
2,2,4-三甲基-1,3-戊二醇(TMPD)	固体	146.22	46～55(220～235)	低黏度,耐候,抗化学品性,抗污,柔韧性
羟基新戊酸羟基新戊酯[3-羟基-2,2-二甲基丙酸(3-羟基-2,2-二甲基丙基)酯,HPHP]	固体	209	49.5～50.5	硬而韧,耐候性,耐水解

3.1.3　其他相关助剂

水性聚酯合成用助剂主要包括催化剂和抗氧剂。

3.1.3.1　聚酯催化剂

聚酯催化剂参与聚酯化过程，可以加快聚合进程，但反应之后该物质又重新复原，没有损耗。催化剂最好符合以下要求：①呈中性，对设备不产生腐蚀；②具有热稳定性及抗水解性；③反应后不需分离，不影响树脂性能；④效率高、用量少；⑤选择性好。目前，聚酯化反应的催化剂以有机锡类化合物应用最广。一般添加量为总反应物料的 0.05%～0.25%（质量分数），反应温度最高 220℃左右。最重要的品种有单丁基氧化锡、二丁基氧化锡、二丁基氧化锡氯化物、二丁基二月桂酸锡酯、二丁基二乙酸锡、单丁基三氯化锡等。具体选择何种催化剂及其加入量应根据具体的聚合体系及其聚合工艺条件通过实验进行确定。

美国 ATOFINA（阿托菲纳）公司是国际知名的聚酯催化剂供应商。该公司的 Fascat® 4100［单丁基氧化锡，白色固体，分子式 $CH_3(CH_2)_3SnOOH$］是一种固体的、水解稳定的催化剂。Fascat® 4100 主要发挥对酯化和缩聚反应在 210～240℃下的催化作用。Fascat® 4100 在反应过程中，80℃时开始在羧酸中溶解，并和最终产品融为一体，而不影响产品的质量。Fascat® 4100 可在高达 250℃的温度下使用。Fascat® 4100 呈中性，无腐蚀性。用 Fascat® 4100 催化间苯二甲酸与丙二醇的反应，回流温度 190～220℃，酯化反应速率很快，若催化剂用量是总物料量的 0.1%，5h 后酸值为 5mgKOH/g，可广泛用于饱和及不饱和树脂合成中。表 3-3 是该公司丁基氧化锡的技术指标。

表 3-3 丁基氧化锡的技术指标

项目	标准
外观	白色粉末
分子式	$C_4H_{10}O_2Sn$
分子量	208.8
密度(25℃)/(g/L)	1.46
沸点(常压)/℃	350
有效物质含量	56%

Fascat® 4101［白色固体，分子式 $BuSnCl(OH)_2$］是一种高效的有机锡类的酯化反应催化剂；Fascat® 4102［透明液体，分子式 $BuSn(2\text{-}EHA)_3$］、Fascat® 4200［二丁基二乙酸锡，透明液体，分子式 $Bu_2Sn(OOCH_3)_2$］也较常用。

3.1.3.2 聚酯抗氧剂

高分子材料中加入抗氧剂能有效抑制或降低大分子的热氧化、光氧化速率，显著提高材料的耐热、耐光性能，延缓材料的降解等老化过程，延长制品使用寿命。常用的抗氧剂按分子结构和作用机理主要分为三类：受阻酚类、亚磷酸酯类和复合型抗氧剂。

（1）受阻酚类抗氧剂

受阻酚类抗氧剂是高分子材料的主抗氧剂。其作用主要是与高分子材料中因氧化产生的自由基 R·、ROO·反应，中断活性链的增长。受阻酚类抗氧剂按分子结构分为单酚、双酚、多酚等品种。酚类抗氧剂具有抗氧效果好、热稳定性高、无污染、与树脂相容性好等特点，因而在高分子材料中应用广泛。其基本品种为 BHT（2,6-二叔丁基酚），但其分子量低、挥发性大、易泛黄变色，目前用量正逐年减少。以 1010{四[β-(3,5-二叔丁基-4-羟基苯基)丙酸]季戊四醇酯}、1076[β-(3,5-二叔丁基-4-羟基苯基)丙酸十八碳醇酯］为代表的高分子量受阻酚类抗氧剂用量逐年提高，聚合型和反应型受阻酚类抗氧剂的开发也非常活跃。

（2）亚磷酸酯类抗氧剂

亚磷酸酯为辅助抗氧剂（或称为预防型抗氧剂）。辅助抗氧剂的主要作用机理是通过自身分子中磷原子化合价的变化把大分子中高活性的氢过氧化物分解成低活性分子。TNP（三壬苯基亚磷酸酯）、168［三(2,4-二叔丁基苯基)亚磷酸酯］是通用品种。由于传统的亚磷酸酯易水解，影响了贮存和应用性能，因此提高亚磷酸酯的抗水解性是磷类抗氧剂的研发热点。高分子量亚磷酸酯具有挥发性低、耐久性高等特点。

（3）复合型抗氧剂

不同类型主、辅抗氧剂或同一类型不同分子结构抗氧剂的功能和应用效果存在差异。复合型抗氧剂由两种或两种以上不同类型或同类型不同品种的抗氧剂复配而成，在性能上可取长补短，显示出协同效应。协同效应指两种或两种以上助剂复合使用时其应用效应大于每种助剂单独使用的效果加和。高效复合型抗氧剂通常为受阻酚与亚磷酸酯的复合物。复合型产品具有开发周期短、效果好、综合性能佳、多种助剂充分发挥协同作用的特点，方便用户使用。

（4）抗氧剂的最佳添加量

由于树脂结构、加工工艺以及对制成品的性能要求不同，很难给出一个普遍适用的一成不变的最佳用量。事实上各个聚合物加工厂都有适合自己工艺流程的添加剂配方。

实验数据证明，在一定的添加量范围内抗氧剂的加入量与老化寿命成正比，但这并不意味着加入量越多，抗氧化效果越好。通常情况下聚烯烃中加入量以 0.3%左右为宜，最多不超过 0.6%，如果加入量低于 0.1%，抗氧化性能将急剧下降。在主抗氧剂（1010、1076）低添加量时，应加入同等量或双份量的辅助抗氧剂，如亚磷酸酯或硫代酯类，由于协同作用，可显著提高制品的抗氧化寿命。

聚酯合成抗氧剂常用次磷酸、亚磷酸酯类或其他酚类组合的复合型抗氧剂（如汽巴900）。次磷酸应在聚合开始时室温加入并控制用量，其他类抗氧剂可在高温聚合阶段加入，加入量在 0.1%～0.4%之间。

3.1.4　水性单体

水性聚酯树脂合成用水性单体主要有：聚乙二醇（PEG）、水性聚醚胺、偏苯三酸酐（TMA）、间苯二甲酸-5-磺酸钠（5-SSIPA，或其二甲酯）、二羟甲基丙酸（DMPA）、二羟甲基丁酸（DMBA）、1,4-丁二醇-2-磺酸钠等。这些单体可以单独使用也可以复合使用，由其引入的水性基团，可经中和转变成盐基，提供水溶性或水可分散性。

3.1.5　助溶剂

水性聚酯树脂的合成及使用过程中，为降低体系黏度、水可分散性和贮存稳定性常加入一些助溶剂，主要有乙二醇丁醚（BCS）、乙二醇乙醚（ECS）、丙二醇丁醚、异丙醇（IPA）、异丁醇（IBA）、正丁醇、仲丁醇等。其中乙二醇丁醚具有很好的助溶性，但近年来发现其存在一定的毒性，可选用丙二醇单醚取代。若选用丙酮、丁酮作溶剂，分散后再经过脱除，可以得到无溶剂或低 VOC 的水性聚酯分散体。

3.1.6　中和剂

常用的中和剂有三乙胺（TEA）、二甲基乙醇胺（DMEA）、二乙基乙醇胺（DEEA）、2-氨基-2-甲基丙醇（AMP-95）。TEA、AMP-95 在成膜过程中容易挥发，可用于室温干燥体系；DMEA、DEEA 挥发较慢，用于氨基烘漆较好。

3.2　合成原理及工艺

（1）合成原理

用 TMA 作为水性单体合成水性聚酯树脂的过程包括两步：缩聚及水性化。

缩聚即先将二元酸（如 HHPA、1,4-CHDA）和多元醇（如 NPG、TMP）等聚酯化单体进行共缩聚生成常规预定分子量的聚酯多元醇。

TMA 上的酐基活性较大，可与上述树脂结构上的羟基进一步反应引入羧基，从而实现树脂的水性化，应控制好反应程度避免发生交联，一个 TMA 分子可以引入两个羧基，此羧基经中和以实现树脂水性化。合成反应可表示如下：

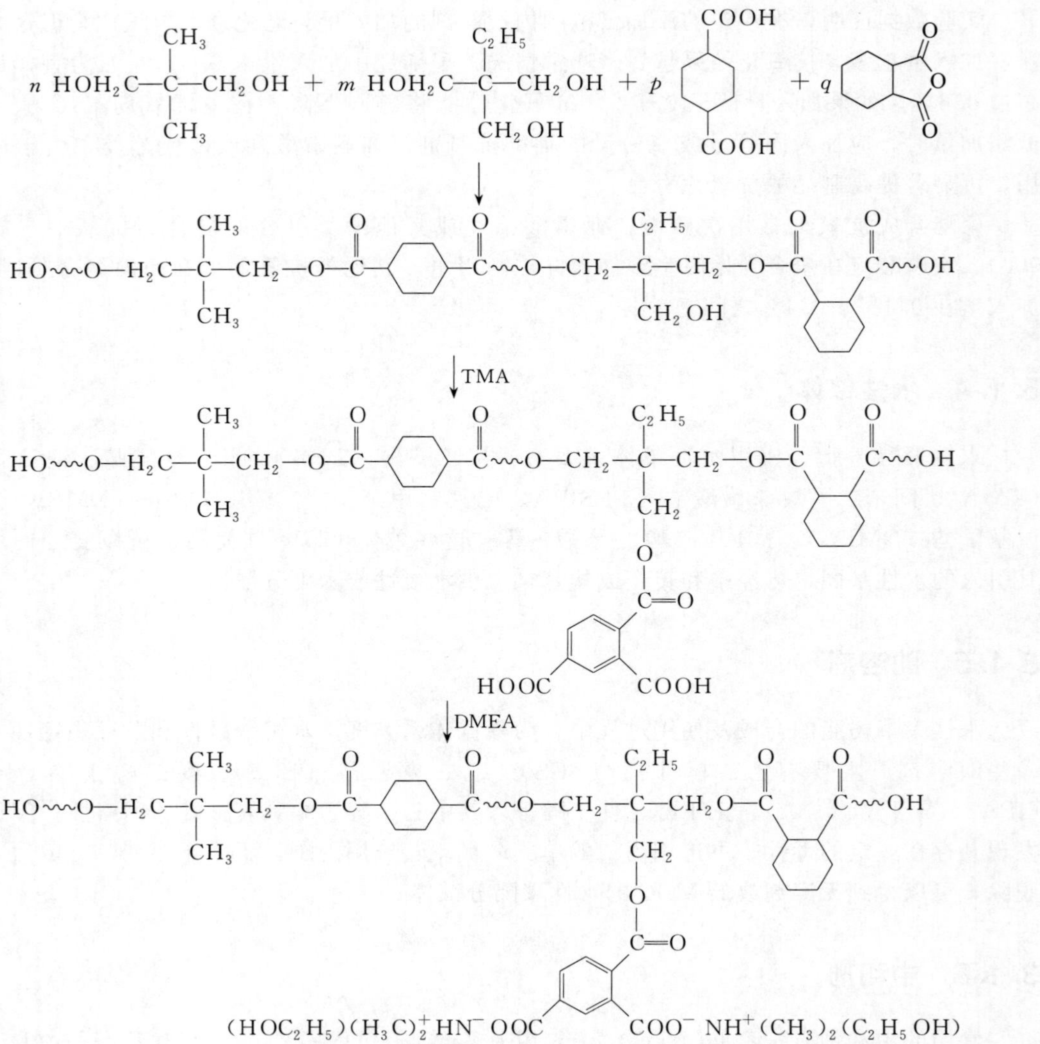

式中，n、m、p、q 为正整数。该法的特点是 TMA 水性化效率高，成本较低。

DMPA 也是一种很好的水性单体，其羧基处于其他基团的三维保护之中，一定温度下不参与缩聚反应，该单体已经国产化，可广泛用于水性聚氨酯、水性聚酯、水性醇酸树脂的合成。其水性聚酯树脂的典型结构式可表示为：

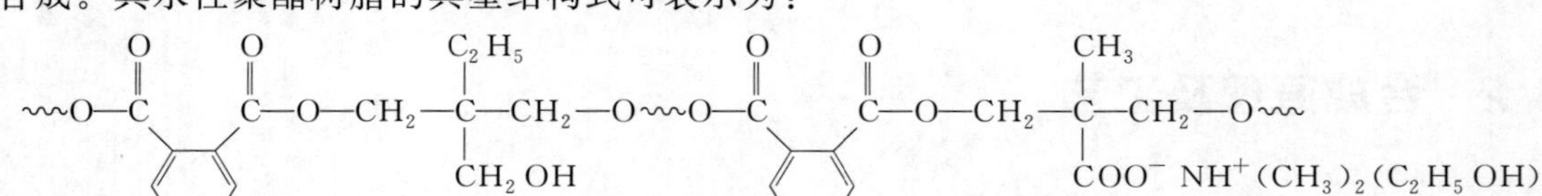

另外，间苯二甲酸-5-磺酸钠（5-SSIPA）也常用于水性聚酯的合成，由其合成的聚酯不需有机胺中和剂中和，降低了 VOC 含量。其水性聚酯树脂的典型结构式可表示为：

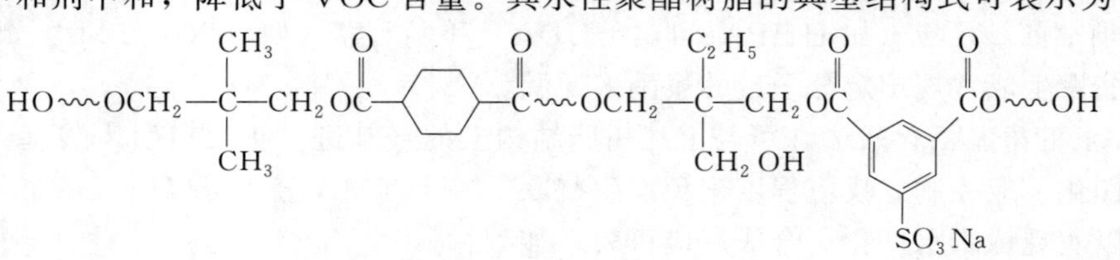

（2）合成工艺

涂料用聚酯树脂的合成工艺主要有三种：

① 溶剂共沸法。该工艺于常压进行，利用惰性溶剂（二甲苯）与聚酯化反应生成水的共沸将水带出，用分水器使油水分离，溶剂循环使用。该工艺可在较低温度（220℃以内）进行，条件较温和，反应结束后，要在真空下脱除溶剂。另外，由于物料夹带，会造成醇类单体损失，因此，实际配方中应使醇类单体过量一定的分数，其具体数值同选用单体种类、配比、聚合工艺条件及设备参数有关。

② 本体熔融法。该法系熔融缩聚工艺，反应釜通常装备锚式搅拌器、N_2 进气管、立式蒸馏柱、卧式冷凝器、接收器和真空泵。工艺可分两个阶段，第一阶段温度低于180℃，常压操作，在该阶段，应控制 N_2 流量和出水、回流速度，使蒸馏柱柱顶温度不高于 103℃，避免单体馏出造成原料损失和配比不准，出水量达到 80%以后，体系由单体转变为低聚物，进入第二阶段聚合；第二阶段温度在 180～220℃，关闭 N_2，逐渐提高真空度，使低聚物进一步缩合，得到较高分子量的聚酯。反应程度可通过测定酸值、羟值及黏度监控。

③ 先熔融后共沸法。该法是本体熔融法和溶剂共沸法的综合。聚合也分为两个阶段进行，第一阶段为本体熔融法工艺，第二阶段为溶剂共沸法工艺。

聚酯合成一般采用间歇法生产。涂料行业及聚氨酯工业使用的聚酯多元醇分子量大多在500～3000，呈双官能度的线型结构或多官能度的分支型聚合物。溶剂共沸法和先熔融后共沸法比较适用于该类聚酯树脂的合成，其聚合条件温和，操作比较方便；本体熔融法适用于高分子量的聚酯树脂合成。无论何种工艺，单体和低聚物的馏出、成醚反应都会导致实际合成的聚酯同理论设计聚酯分子量的偏差，因此应使醇类单体适当过量一些，一般的经验是二元醇过量 5%～10%(质量分数)。

3.3　水性聚酯配方设计

线型缩聚物分子量的控制通常利用方程：

$$\bar{X}_n=\frac{1+r_a}{1+r_a-2r_aP_a} \tag{3-1}$$

式中，r_a 为非过量官能团同过量官能团的物质的量的比，$r_a \leqslant 1$；$\bar{X}_n$ 为以结构单元计数的数均聚合度。对一些体系，r_a 的物理意义不明确；用平均官能度概念控制 $\bar{X}_n$ 普适性强，概念清楚，可取代 r_a 用于对线型、体型缩聚体系数均聚合度的控制。

为了进行缩聚动力学分析，需要引入两个假定：①可反应官能团的活性与单体种类、聚合进程或反应程度无关，自始至终相同；②只有分子间可反应官能团间的反应，不发生分子内及官能团的脱除等副反应。

平均官能度的定义为：

$$\bar{f}=2\times\frac{\text{非过量官能团的物质的量}}{\text{单体总的物质的量}} \tag{3-2}$$

设 a、b 为体系两种可反应的官能团，a 基为非过量官能团；起始投料单体的总数为

N_0，缩聚到 t 时体系的分子总数为 N。利用上述假定及平均官能度定义，则得 t 时 a 基的反应程度为：

$$P_a=\frac{N_0-N}{N_0\bar{f}/2}=\frac{2(1-1/\bar{X}_n)}{\bar{f}} \tag{3-3}$$

若令 $\bar{X}_n\rightarrow\infty$，则得 Carothers 凝胶点：

$$P_c=2/\bar{f} \tag{3-4}$$

由式(3-3) 整理可得：

$$\bar{X}_n=\frac{1}{1-P_a(\bar{f}/2)} \tag{3-5}$$

该式可取代式(3-1) 用于缩聚体系 $\bar{X}_n$ 的控制与计算。

由 $\bar{X}_n$ 可以计算聚酯的数均分子量：

$$\bar{M}_n=\bar{X}_n\frac{\sum m_i-m_{H_2O}}{\sum n_i} \tag{3-6}$$

式中，$\sum m_i$ 为投料单体的总质量，g；$\sum n_i$ 为单体的总物质的量，mol；m_{H_2O} 为缩聚出水量，g。

从上述推导过程看，无论线型缩聚或体型缩聚式(3-5) 都成立，其前提是符合两个基本假定。当然该式在超过凝胶点后，由于不再符合假定②的条件，误差可能较大，但对体型缩聚预缩聚（$P_a<P_c$）是树脂合成的重要控制方法。

因此用平均聚合度控制方程［式(3-5)］控制数均聚合度，用途广、适应性强，不仅用于线型缩聚，也可用于体型缩聚；而且同数均聚合度、数均分子量可以直接关联；该方程用于醇酸树脂、聚酯合成的配方设计与核算，简单、方便，内含信息丰富，很值得推广。

涂料用聚酯树脂的分子量通常在 10^3，聚合度在 10^1；计算时根据设定的聚合度、羟值或酸值设计配方，经过实验优化，可以得到优秀的合成配方。

3.4 水性聚酯合成实例

3.4.1 TMA 型水性聚酯树脂合成

（1）合成配方

序号	原料	质量/g	序号	原料	质量/g
1	NPG	540	7	TMA	110
2	TMP	100	8	二甲苯	126.4
3	PA	200	9	乙二醇丁醚(80%)	284.9
4	IPA	150	10	二甲基乙醇胺	103.1
5	AD	274	11	去离子水(50%)	854.7
6	催化剂(CAT,5000)	0.3792			

（2）配方计算

项目	数值	项目	数值
$m_{总}$/g	1264	$\bar{M}_n$	1262
$m_{水}$/g	124.41	n(余 OH)/mol	3.787
n_{OH}/mol	12.62	AV/(mgKOH/g)	51.44
n_{COOH}/mol	8.263	羟值/(mgKOH/g)	5.2
m_{resin}/g	1139.5	$\bar{f}_{OH}$	4.2
n/mol	9.167	M_n(含 TMA)	1384
$\bar{f}$	1.803	$m_{树脂}$(含 TMA)	1250
$\bar{X}_n$	10.15		

注：$m_{总}$为单体总质量；$m_{水}$为缩聚水量；n_{OH}、n_{COOH}为羟基、羧基的物质的量；m_{resin}为树脂理论产量；$\bar{f}_{OH}$为树脂上羟基的平均官能度；M_n（含 TMA）为含 TMA 的数均分子量；$m_{树脂}$（含 TMA）为含 TMA 的树脂质量。

（3）合成工艺（熔融-溶剂法）

① 投入原料（1、2、3、4、5、6），用 1h 升温至 140℃，保温 0.5h。

② 升温至 160℃，保温 1h；用 1h 升温至 180℃，保温 2h；升温至 220℃，保温 2h；使酸值小于 20mgKOH/g（树脂）。

③ 降温至 180℃，加入二甲苯（带水剂），用 2h 升温至 220℃，保温 1h。

④ 取样测酸值，使酸值小于 2mgKOH/g。

⑤ 降温至 150℃，用 0.5h、在真空度 0.070MPa 下蒸馏脱除二甲苯。

⑥ 降温至 170℃，加入 TMA，控制酸值为 50mgKOH/g，降温至 80℃，加入助溶剂（9）溶解。

⑦ 继续降温至 60℃，加入二甲基乙醇胺，搅拌 0.5h，最后加入去离子水，搅拌 0.5h，得水性聚酯树脂。

3.4.2　5-SSIPA 型水性聚酯树脂合成

（1）合成配方

序号	原料名称	质量/g	序号	原料名称	质量/g
1	新戊二醇	231	5	己二酸	145
2	三羟甲基丙烷	98.0	6	有机锡催化剂	0.729
3	5-SSIPA	56.0	7	乙二醇丁醚	160
4	六氢苯酐	197	8	去离子水	478.2

（2）配方计算

项目	数值	项目	数值
$m_{总}$/g	727	$\bar{f}$	1.827
$m_{水}$/g	89.323	$\bar{X}_n$	11.533
n_{OH}/mol	6.636	$\bar{M}_n$	1353
n_{COOH}/mol	4.963	羟值/(mgKOH/g)	147
m_{resin}/g	637.67	$\bar{f}_{OH}$	3.55
n/mol	5.434		

（3）合成工艺

① 将反应釜通氮气置换空气，投入所有原料，用 1h 升温至 150℃，保温 0.5h；

② 升温至 175℃，保温 2h；

③ 用 1h 升温至 190℃，保温 2h；

④ 升温至205℃，使酸值小于8mgKOH/g；

⑤ 降温至80℃，按80%固含量加入乙二醇丁醚，加入蒸馏水调整固含量为50%，得稍带蓝光半透明水性聚酯分散体。

3.4.3 DMPA型水性聚酯树脂合成Ⅰ（熔融法）

（1）合成配方

序号	原料名称	质量/g	序号	原料名称	质量/g
1	CHDM	100	6	AD	400
2	NPG	250	7	CAT(4100)	0.3525
3	DMPA	125	8	DMEA	84.0
4	TMP	100	9	乙二醇丙醚	61.79
5	PA	200	10	去离子水	185.37

（2）配方计算

项目	数值	项目	数值
$m_{总}$/g	1175	$\bar{X}_n$	12.92
m_{H_2O}/g	123.0	$\bar{M}_n$	1532.88
n_{OH}/mol	10.3	n(余 OH)/mol	2.12
n_{COOH}/mol	8.18	羟值/(mgKOH/g)	113.0
m_{resin}/g	1052.04	$\bar{f}_{OH}$	3.1
n/mol	8.868	酸值/(mgKOH/g)	49.74
$\bar{f}$	1.845	$m_{产品}$/g	2104.1

（3）合成工艺

① 将反应釜通氮气置换空气，投入原料1～7，用1h升温至150℃，保温0.5h；

② 升温至175℃，保温2h；

③ 用1h升温至190℃，保温2h；

④ 升温至200℃，使酸值小于50mgKOH/g；

⑤ 降温至80℃，按80%固含量加入乙二醇丙醚，降温至60℃加入中和剂，加入蒸馏水，得固含量为50%的水性聚酯分散体。

3.4.4 DMPA型水性聚酯树脂合成Ⅱ

（1）合成配方

序号	原料名称	质量/g	序号	原料名称	质量/g
1	乙基丁基丙二醇	31.00	8	间苯二甲酸	24.00
2	新戊二醇	28.00	9	催化剂	2.916
3	二羟甲基丙酸	33.00	10	二甲苯	29.16
4	环己烷二甲醇	21.00	11	二乙醇胺	23.12
5	三羟甲基丙烷	35.00	12	乙二醇丙醚	65.81
6	六氢苯酐	76.00	13	去离子水	197.44
7	己二酸	43.60			

(2) 配方计算

项目	数值	项目	数值
$m_{总}$/g	291.6	$\bar{f}$	1.825
m_{H_2O}/g	28.346	$\bar{X}_n$	11.433
n_{OH}/mol	2.494	$\bar{M}_n$	1466
n_{COOH}/mol	1.873	羟值/(mgKOH/g)	131
m_{resin}/g	263.25	$\bar{f}_{OH}$	3.45
n/mol	2.053	酸值/(mgKOH/g)	52

(3) 合成工艺

同 DMPA 型水性聚酯树脂合成Ⅰ。

水性聚酯树脂的开发符合行业发展趋势，可以预见，水性聚酯树脂将同油性聚酯树脂一样在涂料工业领域得到重要的应用，国内企业界、有关研究机构应加强合作，紧跟世界水性聚酯树脂发展潮流，促进国内水性聚酯树脂的开发和应用。

第 4 章

水性丙烯酸树脂

丙烯酸酯、甲基丙烯酸酯及苯乙烯等乙烯基类单体的共聚物称为丙烯酸（酯）树脂，以其为成膜物质的涂料称作丙烯酸系树脂涂料，该类涂料具有色浅、保色、保光、耐候、耐腐蚀和耐污染等优点，广泛应用于家具、金属、塑料、建筑、皮革、纸张、纺织品的涂饰。随着石油化工技术的发展，丙烯酸及其酯类单体的供应充足，进一步促进了丙烯酸涂料的开发和推广。国外丙烯酸系树脂涂料的发展很快，目前已占涂料用合成树脂的 1/3 以上。主要剂型有：①溶剂型涂料；②水性涂料；③高固体分涂料和粉末涂料。其中水性丙烯酸树脂涂料的研制和应用始于 20 世纪 50 年代，70 年代初得到了迅速发展。与传统的溶剂型涂料相比，水性涂料具有价格低、使用安全、节省资源和能源、减少环境污染和公害等优点，已成为当前丙烯酸涂料的主要发展方向。水性丙烯酸系树脂涂料是水性涂料中发展相对较快、品种较多的环保型涂料。水性丙烯酸树脂包括丙烯酸树脂乳液、丙烯酸树脂水分散体（胶体）及丙烯酸树脂水溶液三大类，其中乳液是最重要的品种。丙烯酸乳液主要是由油性烯类单体借助乳化剂作用乳化在水中，由水溶性自由基引发剂引发聚合而成。水溶液则是通过水溶液自由基聚合而成。水分散体可以采用乳液聚合或溶液聚合再经转相合成。从粒子粒径看：乳液粒径＞水分散体粒径＞水溶液粒径。从应用看以前两者最为重要。丙烯酸乳液主要用作乳胶漆的基料，其产量增加很快。近年来丙烯酸水分散体的开发、应用日益引起人们的重视，在工业涂料、民用涂料领域的应用不断拓展。根据单体组成丙烯酸树脂乳液通常分为纯丙乳液、苯丙乳液、醋丙乳液、硅丙乳液、叔醋（叔碳酸乙烯酯-醋酸乙烯酯）乳液、叔丙（叔碳酸酯-丙烯酸酯）乳液、氟碳乳液、氟丙乳液等。

4.1 丙烯酸乳液的合成

乳液聚合是一种重要的自由基聚合实施方法。由于独特的聚合机理，其可以以高的聚合速率合成高分子量的聚合物，是橡胶用树脂（丁苯橡胶）、乳胶漆基料的重要聚合方法。其中丙烯酸乳液是最重要的乳胶漆基料，具有颗粒细、弹性好、耐光、耐候、耐水等特点。可以说丙烯酸乳液的合成充分体现了乳液聚合对涂料工业的重要贡献。近年来，核壳结构、互穿网络丙烯酸乳液等新型乳液产品层出不穷，在水性木器漆、水性金属漆领域的应用越来越广。

乳液严格来讲应称为胶乳（latex），指高分子化合物的微粒分散在水中所形成的稳定的水乳液体系的总称。其包括树脂与橡胶，树脂：聚氧化乙烯、水性聚氨酯；橡胶：天然胶乳、合成胶乳。

优点：①易于散热；②可制得高分子量的聚合物，有高的聚合反应速率；③水作反应介质；④生产灵活性大；⑤乳液可直接应用；⑥可制得交联聚合物。

缺点：①聚合物杂质相对多；②工艺复杂；③重现性差；④制取低分子量的聚合物难（用于制备工业涂料性能差）；⑤不能使用过多亲水性单体（用于制备工业涂料性能差）。

4.1.1　丙烯酸乳液的合成原料

单体在水中由乳化剂分散成乳状液，由水溶性引发剂引发的聚合称为乳液聚合。乳液聚合的基本配方为：油性（可含少量水性）单体 30%～60%；去离子水 40%～70%；水溶性引发剂 0.2%～0.8%（$m_{引发剂}/m_{单体}$）；乳化剂（emulsifier）1%～3%（$m_{乳化剂}/m_{单体}$）。

乳液聚合配方中包括：高纯水（分散介质）、乳化剂、保护胶、单体、引发剂、pH 缓冲剂、分子量调节剂、消泡剂、防腐剂。

乳液聚合的分散介质就是水，但在很多正相乳液聚合中，多用高纯水，是自来水经过反渗透或经过离子交换树脂处理后得到的，高纯水也叫去离子水或脱离子水；乳液聚合用高纯水的控制指标：电导率小于 $3.3\times10^{-5}\mu S/m$，其倒数为电阻率，则应大于 30 万微欧姆·米。若只使用非离子乳化剂，则用常规的去机械杂质的自来水即可，如白乳胶的生产，因只使用聚乙烯醇（PVA）1788，而用干净的自来水即可。

（1）单体

丙烯酸酯类及甲基丙烯酸酯类单体是合成水性丙烯酸树脂的主要单体，该类单体品种多、用途广、活性适中、性能各异、可均聚也可与许多单体相互共聚。此外，也常用一些非丙烯酸类单体，如苯乙烯、丙烯腈、醋酸乙烯酯、氯乙烯、二乙烯基苯、乙(丁)二醇二丙烯酸酯等；近年来，随着化学工业技术的进步，新型单体尤其是功能单体层出不穷，而且价格不断下降，推动了丙烯酸树脂的性能提高和价格降低。比较重要的有：乙烯基硅氧烷类单体，叔碳酸乙烯酯类单体（Veova 9、Veova 10、Veova11），氟单体（包括三氟氯乙烯、偏二氟乙烯、四氟乙烯、氟丙烯酸酯单体等），表面活性单体及其他自交联功能单体等。常用单体的物理性质见表 4-1。

表 4-1　丙烯酸酯及其他乳液聚合单体的物理性质

单体名称	分子量	沸点/℃	相对密度(d^{25})	折射率(n_D^{25})	溶解度(25℃)/(份/100 份水)	玻璃化温度/℃
丙烯酸(AA)	72	141.6(凝固点:13)	1.051	1.4185	∞	106
丙烯酸甲酯(MA)	86	80	0.9574	1.401	5	8
丙烯酸乙酯(EA)	100	100	0.917	1.404	1.5	−22
丙烯酸正丁酯(*n*-BA)	128	147	0.894	1.416	0.15	−55
丙烯酸异丁酯(*i*-BA)	128	62(6.65kPa)	0.884	1.412	0.2	−17
丙烯酸仲丁酯	128	131	0.887	1.4110	0.21	−6
丙烯酸叔丁酯	128	120	0.879	1.4080	0.15	55

续表

单体名称	分子量	沸点/℃	相对密度(d^{25})	折射率(n_D^{25})	溶解度(25℃)/(份/100份水)	玻璃化温度/℃
丙烯酸正丙酯(PA)	114	114	0.904	1.4100	1.5	−25
丙烯酸环己酯(CHA)	154	75(1.46kPa)	0.9766①	1.460①		16
丙烯酸月桂酯	240	129(3.8kPa)	0.881	1.4332	0.001	−17
丙烯酸-2-乙基己酯(2-EHA)	184	213	0.880	1.4332	0.01	−67
丙烯酸-2-羟基乙酯(HEA)	116	82(655Pa)	1.138	1.427①	∞	−15
丙烯酸-2-羟基丙酯(HPA)	130	77(655Pa)	1.057①	1.445①	∞	−7
甲基丙烯酸(MAA)	86	161(凝固点:15)	1.051	1.4185	∞	185
甲基丙烯酸甲酯(MMA)	100	100	0.940	1.412	1.59	105
甲基丙烯酸乙酯	114	119	0.911	1.4115	0.08	65
甲基丙烯酸正丁酯(*n*-BMA)	142	164	0.889	1.4215		20
甲基丙烯酸-2-乙基己酯(2-EHMA)	198	101(6.65kPa)	0.884	1.4398	0.14	−10
甲基丙烯酸异冰片酯(IBOMA)	222	263.1±9.0	0.976～0.996	1.477	0.15	110
甲基丙烯酸月桂酯(LMA)	254	160(0.938kPa)	0.872	1.455		−65
甲基丙烯酸环己酯	168.2	210				83
甲基丙烯酸-2-羟基乙酯(2-HEMA)	130	95(1.33kPa)	1.077	1.451	∞	55
甲基丙烯酸-2-羟基丙酯(2-HPMA)	144.1	96(1.33kPa)	1.027	1.446	13.4	26
苯乙烯	104	145.2	0.901	1.5441	0.03	100
丙烯腈	53	77.4～79	0.806	1.3888	7.35	125
醋酸乙烯酯	86	72.5	0.9342①	1.3952①	2.5	30
丙烯酰胺(AM)	71	熔点:84.5	1.122		215	165
Veova 10	190	193～230	0.883～0.888	1.439	0.5	−3
Veova 9	184	185～200	0.870～0.900			68
甲基丙烯酸三氟乙酯	168	107	1.181	1.359	0.04	82
甲基丙烯酸二甲基氨基乙酯(DMAEMA)	157.2	182				18
二甲基氨丙基丙烯酰胺(DMAPMA)	170	>150				96
N-羟甲基丙烯酰胺(NMA)	101	熔点:74～75	1.10		∞	153
N-丁氧基甲基丙烯酰胺(NBMA)	157	125	0.96		0.001	
二乙烯基苯	130.18	199.5	0.93			
甲基丙烯酸缩水甘油酯(GMA)	142	189	1.073	1.4494	2.04	46
乙烯基三甲氧基硅烷	148	123	0.960	1.3920		
γ-甲基丙烯酰氧基丙基三甲氧基硅烷	248	255	1.045	1.4295		

① 20℃时数据。

依据单体对涂膜性能的影响可将单体进行如表4-2所示的分类，以方便选择、应用。

表4-2 依据单体对涂膜性能的影响对单体进行分类

单体名称	功能
甲基丙烯酸甲酯、甲基丙烯酸乙酯、苯乙烯、丙烯腈	提高硬度：硬单体
丙烯酸乙酯、丙烯酸正丁酯、丙烯酸月桂酯、丙烯酸-2-乙基己酯、甲基丙烯酸月桂酯、甲基丙烯酸正辛酯	提高柔韧性，促进成膜：软单体
丙烯酸-2-羟基乙酯、丙烯酸-2-羟基丙酯、甲基丙烯酸-2-羟基乙酯、甲基丙烯酸-2-羟基丙酯、甲基丙烯酸缩水甘油酯、丙烯酰胺、*N*-羟甲基丙烯酰胺(NMA)、*N*-丁氧基甲基丙烯酰胺(NBMA)、二丙酮丙烯酰胺(DAAM)、甲基丙烯酸乙酰乙酸乙酯(AAEM)、二乙烯基苯、乙烯基三甲氧基硅烷、乙烯基三乙氧基硅烷、乙烯基三异丙氧基硅烷、γ-甲基丙烯酰氧基丙基三甲氧基硅烷	引入官能团或交联点，提高附着力：交联单体

续表

单体名称	功能
丙烯酸与甲基丙烯酸的低级烷基酯、苯乙烯	抗污染性
甲基丙烯酸甲酯、苯乙烯、甲基丙烯酸月桂酯、丙烯酸-2-乙基己酯	耐水性
丙烯腈、甲基丙烯酸丁酯、甲基丙烯酸月桂酯	耐溶剂性
丙烯酸乙酯、丙烯酸正丁酯、丙烯酸-2-乙基己酯、甲基丙烯酸甲酯、甲基丙烯酸丁酯	保光、保色性
丙烯酸、甲基丙烯酸、亚甲基丁二酸（衣康酸）、苯乙烯磺酸钠、乙烯基磺酸钠、AMPS（2-丙烯酰胺-2-甲基丙磺酸）、COPS-1（烯丙氧基羟丙基磺酸钠）	实现水溶性，增加附着力：水溶性单体、表面活性单体

单体存放过久、受热、光照后会发生自聚，影响合成树脂质量。如果有聚合物存在，甲醇加入丙烯酸酯类（或苯乙烯）单体中后体系会变浑浊，此时应将单体精制（如减压蒸馏）以后使用。

20 世纪 40 年代美国道康宁公司首先实现有机硅生产的工业化，半个多世纪以来，全世界有机硅工业得到了蓬勃发展，有机硅化合物正在向更广阔的领域延伸，成为化工新材料中发展最快的品种之一。近年来，西方国家有机硅产业的年发展速度超过 10%，生产技术不断提高，新产品不断涌现，现在品种已达到 10000 个左右。从国际市场看，美国道康宁公司、通用电气有机硅公司（GE）、德国瓦克化学（Waker）、日本信越化学（Shinetsu）等几大公司掌握了有机硅生产的核心技术，他们的生产能力达到全世界的 80%，其产品占领了世界的大部分有机硅市场。由于有机硅特性优良，其应用领域正不断扩大。近年来，国内有机硅产业发展很快，主要厂家有星火化工厂、吉化电石厂、浙江开化有机硅厂、浙江新安江化工厂、北京化工二厂，生产能力约 6 万 t/a。

常用的乙烯基硅氧烷类单体已在表 4-2 中列出，乙烯基三甲氧基硅烷、乙烯基三乙氧基硅烷、乙烯基三(2-甲氧基乙氧基)硅烷、γ-甲基丙烯酰氧基丙基三甲氧基硅烷。γ-甲基丙烯酰氧基丙基三(β-三甲氧基乙氧基）硅烷单体活性较大，很容易水解和交联，因此用量一般为 0.5%～5%，最好在聚合过程的后期加入。乙烯基三异丙氧基硅烷由于异丙基的空间位阻效应，水解活性较低，可以用来合成高硅单体含量（10%）的硅丙乳液，而且可以同单体预先混合，这样也有利于大分子链中硅单元的均匀分布。乙烯基硅氧烷类单体可用如下通式表示：

$$CH_2{=}CHSi(OR)_3$$

$R{=}{-}CH_3, {-}C_2H_5, {-}C_3H_7, {-}CH(CH_3)_2, {-}C_2H_5OCH_3$

γ-甲基丙烯酰氧基丙基三甲氧基硅烷的结构式为：$CH_2{=}C(CH_3)COO(CH_2)_3{-}Si(OCH_3)_3$。γ-甲基丙烯酰氧基丙基三(β-三甲氧基乙氧基)硅烷的结构式为：$CH_2{=}C(CH_3)COO(CH_2)_3{-}Si(OCH_2CH_2OCH_3)_3$。

另外，硅偶联剂可以作为外加交联剂应用。如

β-(3,4-环氧环己基)乙基三乙氧基硅烷：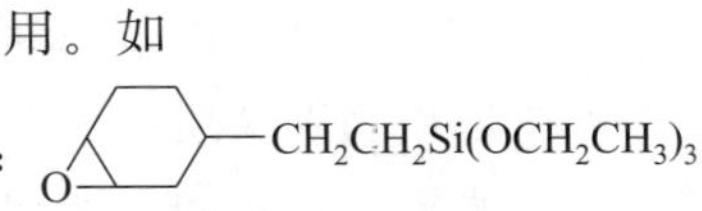

。

γ-缩水甘油醚丙基三甲氧基硅烷：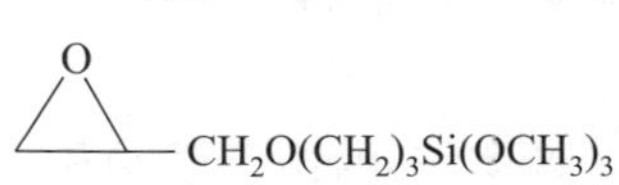

。

γ-氨丙基三乙氧基硅烷：$NH_2CH_2CH_2CH_2Si(OCH_2CH_3)_3$。

γ-氨丙基三甲氧基硅烷：$NH_2CH_2CH_2CH_2Si(OCH_3)_3$。

硅偶联剂一般含有两个官能团，其中的环氧基可同树脂上的羟基、羧基或氨基反应，烷氧基硅部分在水解后通过缩聚而交联。通常作为外加交联剂冷拼使用。

另一类较重要的单体为叔碳酸乙烯酯。

叔碳酸是 α-C 上带有三个烷基取代基的高度支链化的饱和酸，其结构式如下：

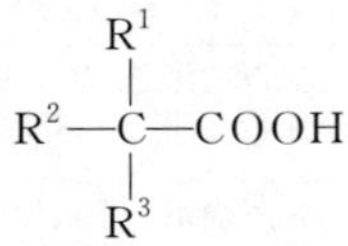

式中，R^1、R^2、R^3 为烷基取代基，而且至少有一个取代基为甲基，其余的取代基为直链或支链的烷基。叔碳酸的碳原子数一般是 9、10、11，壳牌公司是叔碳酸乙烯酯的主要生产商，有 Veova 9、Veova 10、Veova 11 3 个品种。叔碳酸是一种支链酸，由于位阻效应，在常温下一般是液体，而直链酸是固体，但两类酸的沸点往往非常接近，支链酸与有机溶剂有很好的相容性，合成中易操作。叔碳酸乙烯酯与醋酸乙烯酯具有极好的反应性，在乳液聚合或溶液聚合中具有相同的竞聚率和几乎相同的转化率。

由于叔碳酸乙烯酯上有三个支链，一个甲基，至少还有一个大于 C_4 的长链，因此空间位阻特别大，不仅自身单元难以水解，而且对于共聚物大分子链上邻近的醋酸乙烯酯单元也有很强的屏蔽作用，使整体抗水解性、耐碱性得到很大的改善，同时，正是由于此屏蔽作用，使叔碳酸乙烯酯共聚物漆膜具有很好的抗氧化性及耐紫外线性能。叔碳酸基团的屏蔽作用可表示如下：

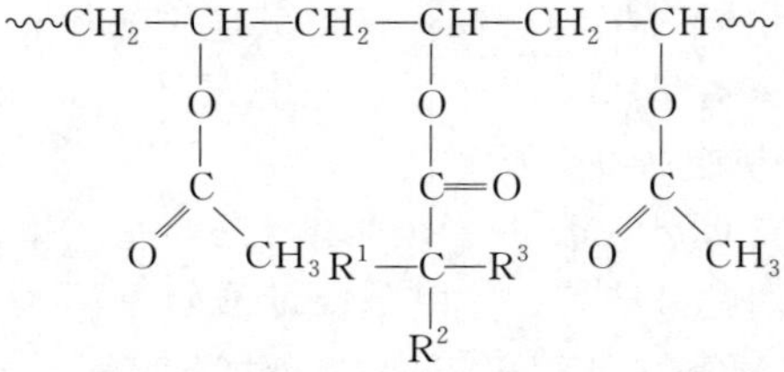

据推测，一个叔碳酸基团可以保护 2～3 个醋酸乙烯酯单元。叔碳酸乙烯酯-醋酸乙烯酯共聚物乳液配制的乳胶漆，性价比很高，综合性能不低于纯丙乳液；纯丙乳胶漆目前存在耐水性、耐温变性较差等缺点，与叔碳酸乙烯酯共聚，可以大大提高丙烯酸树脂的耐候性、耐碱性等，不仅可以用作内墙涂料也可用作外墙涂料。这种乳胶漆在我国应用较少，但在欧洲却是极为普遍的产品，叔醋乳液占西欧建筑乳液市场的近 30%。

（2）乳化剂

乳化剂实际上是一种表面活性剂，它可以极大地降低界面（表面）张力，使互不相溶的油水两相借助搅拌作用转变为能够稳定存在、久置亦难以分层的乳状液，是乳液聚合必不可少的组分，在其他工业部门也具有重要应用。

乳化剂常用“火柴棒”图示，其结构由两部分组成：其头部表示亲水端，棒部表示亲油的烃基端，如果这两个部分以恰当的“质、量”进行结合，则这种表面活性剂分子既不同于水溶性物质以分子状态溶于水中，也不同于油和水的难溶，而是以一种特殊的结构——“胶束（micelle）”形式分散在水中。

表面活性剂的结构特征：亲水-亲油两亲性结构。烃基端：C_8～C_{20}，包括直链、支链、环状；亲水端：离子型、非离子型；极性离子基团如硫酸基、磺酸基、羧酸基、磷酸基，以及一些亲水的非离子基团如多元醇、聚乙二醇链段。

胶束是一种纳米级的分子聚集体，呈球形或棒形，约含 50 个表面活性剂分子，其亲水端指向水相，亲油端指向其内核，因此油性单体就可以借助搅拌的作用扩散进入内核，或者说胶束具有增溶、富集单体的作用。研究发现增溶胶束是发生乳液聚合的场所。

① 乳化剂的作用

a. 分散作用。乳化剂使油水界面张力极大降低，在搅拌作用下，使油性单体相以细小液滴（$d<1000$nm）分散于水相中形成乳液。

b. 稳定作用。在乳液中，表面活性剂分子主要定位于油水两相液体的界面上，亲水基团与水相接触，亲油基团与油相接触，乳液聚合中常用阴离子型表面活性剂［如十二烷基硫酸钠，$H_3C(CH_2)_{11}OSO_3^- Na^+$］作主乳化剂，其亲水端带有负电荷，液滴上的同种电荷层相互排斥，可阻止液滴间的聚集，起到稳定乳液的作用；非离子型表面活性剂［如壬基酚聚环氧乙烷醚，，$n=10\sim40$］作助乳化剂，其亲水链段聚环氧乙烷嵌段定向吸附到乳胶粒的表面上，通过氢键作用吸附大量的水，这层水层的位阻效应也有利于乳液的稳定。

c. 增溶作用。表面活性剂分子在浓度超过临界胶束浓度时可形成胶束，这些胶束可以增溶单体，称为增溶胶束，是真正发生聚合的场所。如：苯乙烯（ST）室温溶解度为 0.07%，乳液聚合中可增溶到 2%，提高了约 30 倍。

② 乳化剂分类

a. 按照亲水/亲油基团分为阴离子型、阳离子型、非离子型、两性型、混合型。

(a) 阴离子型：羧酸盐、硫酸盐、磺酸盐。如：十二烷基硫酸钠 $CH_3(CH_2)_{10}CH_2SO_4Na$、十二烷基苯磺酸钠 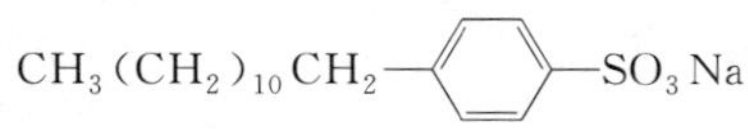、十二烷基联苯醚二磺酸钠

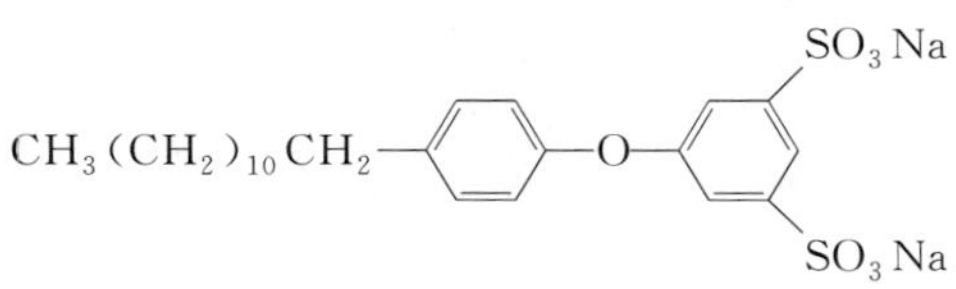

。

十二烷基联苯醚二磺酸钠简称 DSB，2A1，是丙烯酸酯乳液聚合最常用的乳化剂，其特点是用量少、乳化效率高、低泡，是做嵌缝胶、压敏胶、复膜胶优选的乳化剂。

阴离子型乳化剂的特点为：用量少，一般在单体总量的 0.5%～1.5%就可达到很好聚合速率、聚合稳定性及储存稳定性；稀释稳定性优于非离子型乳化剂；耐盐稳定性差及受 pH 值影响较大，在酸性条件下机械稳定性差，因此大多乳液聚合完毕后需用氨水或有机胺调节到弱碱性（pH=6.5～8.5）。

(b) 阳离子型：季铵盐。

阳离子型乳化剂最常用的是十六烷基三甲基氯化铵、十六烷基三甲基溴化铵、十八烷基三甲基氯化铵、十八烷基三甲基溴化铵。

(c) 非离子型：聚醚。非离子型乳化剂的亲油端为 $C_7\sim C_{18}$ 的烷基或烷基酚，亲水端为聚乙二醇，因不带任何阴离子及阳离子，因此称为非离子型乳化剂。

非离子型乳化剂的特点为：单独使用时用量在 4%时才可达到正常的聚合速率，而且黏度大，粒径粗；稀释稳定性比阴离子型乳化剂差；耐盐稳定性好及储存稳定性受 pH 值影响小；机械稳定性优于阴离子型乳化剂；多与阴离子型乳化剂复配使用。

常用的非离子型乳化剂如下。

辛基酚聚氧乙烯醚：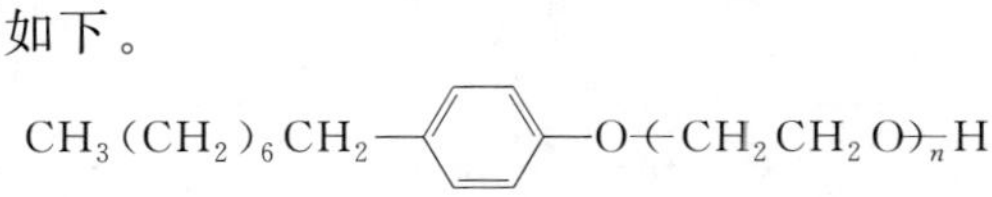，$n=10$，即 OP-10；$n=40$，即 OP-40，亦即陶氏化学的 Triton-X405。

壬基酚聚氧乙烯醚：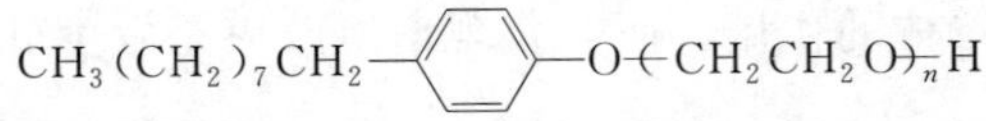，$n=10$，即 NP-10；$n=40$，即 NP-40，亦即陶氏化学的 Triton-45、罗地亚的 CO-897。

(d) 两性型：两性型乳化剂是既含阳离子基团，又含阴离子基团的乳化剂。

(e) 混合型：混合型乳化剂是乳化剂分子结构中既含亲水非离子链段 $(CH_2CH_2O)_n$ 又含有亲水的阴离子基团，它兼具了阴离子型乳化剂和非离子型乳化剂的共性，即聚合速度近于阴离子型乳化剂，耐盐稳定性则优于单独使用阴离子型乳化剂。

如：A-103 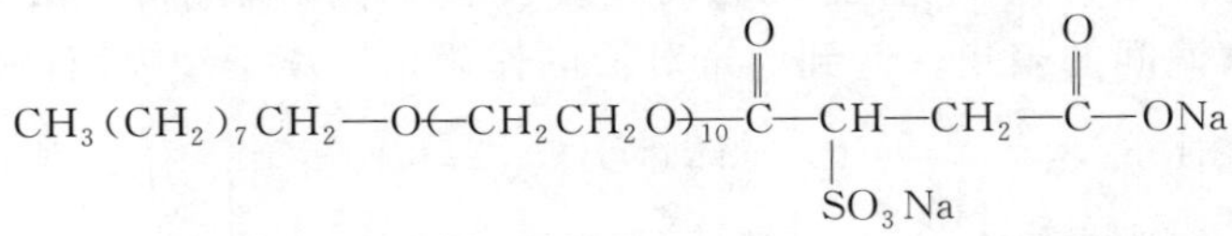

MS-1 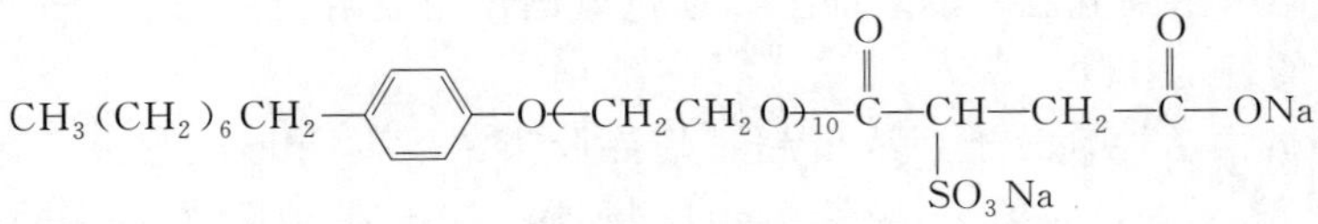

b. 按照可否参与聚合分：反应型（可聚合型）和非反应型。

反应型乳化剂也叫可聚合型乳化剂，由于其赋予聚合物本身的自乳化性，因此该类乳液的耐水性、自润湿性均好，而且起泡小。

常见的反应型乳化剂如下：

$CH_2{=}CH-CH_2-O(CH_2-CH_2-O)_nSO_3Na$ 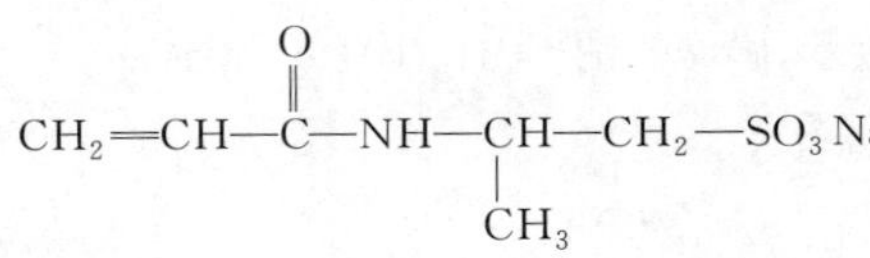 (AMPS)

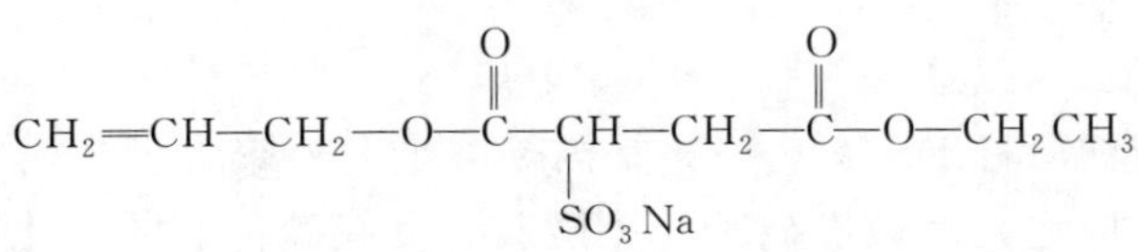 (COPS-1)

日本艾迪科（ADEKA）公司生产的 ER、SR 系列反应型乳化剂结构如下：

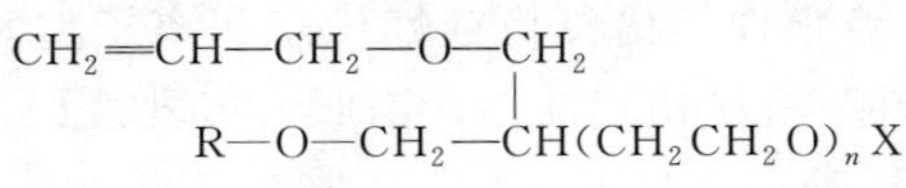

$X=H, SO_3NH_4$

其物理性质见表 4-3。

表 4-3 ER、SR 系列反应型乳化剂的物理性质

品名	离子性	环氧乙烷(EO)加成物质的量/mol	纯度/%	稀释用溶剂	色调(APHA)	pH(2.5%水溶液)	黏度/mPa·s
ER-10	非离子	10	100	—	100	7	120
ER-20		20	75	水	100	7	410
ER-30		30	65	水	100	7	790
ER-40		40	60	水	100	7	1400
SR-10	阴离子	10	100	—	5(G)	7	7200
SR-20		20	100	—	5(G)	7	10000
SR-1025		10	25	水	2(G)	7	20
SR-3025		30	25	水	2(G)	7	20

c. 按照分子量大小分：高分子型和低分子型。

近年来，一些新的品种不断出现，如高分子表面活性剂，耐热（不燃）、抗闪蚀的磷酸酯类表面活性剂，反应型表面活性剂等。乳液聚合用表面活性剂要求有很好的乳化性。阴离子型主要以双电层结构分散、稳定乳液，其特点是乳化能力强；非离子型主要以屏蔽效应分散、稳定乳液，其特点是可增加乳液对 pH、盐和冻融的稳定性。因此乳液聚合时常将阴离子型和非离子型表面活性剂复合使用，提高乳液综合性能。阴离子型乳化剂的用量一般占单体的 0.5%～1%，非离子型乳化剂的用量一般占单体的 1%～2%。

③ 乳化剂的几个性能指标

a. 临界胶束浓度（critical micelle balance，*cmc*）。*cmc* 值指能够形成胶束的最低表面活性剂浓度。浓度低于 *cmc* 值时，乳化剂以单个分子状态溶解于水中，形成真溶液，高于 *cmc* 值时，则乳化剂分子聚集成"胶束"，亲水基团指向水相，亲油基拒水指向胶束内核，每个胶束由 50～100 个乳化剂分子组成。因此乳液聚合时乳化剂浓度必须大于 *cmc* 值。各种乳化剂的 *cmc* 值有手册可查，也可以实验测得；*cmc* 通常都较低：$10^{-5}\sim10^{-2}$mol/L 或 0.02%～0.4%。在乳液聚合中，乳化剂浓度约为 *cmc* 的 100 倍，因此大部分乳化剂分子处于胶束状态。在 *cmc* 附近，表面活性剂溶液的许多性质都会出现转折，如表面张力、电导率、去污能力等。

b. 亲水-亲油平衡值（hydrophile-lipophile balance number，HLB 值），1949 年由 Griffin 提出。每个表面活性剂分子都含有亲水、亲油基团（链段），这两种基团的大小和性质影响其乳化效果，通常用 HLB 值表示表面活性剂的亲水、亲油性。HLB 值越大，亲水性越强。HLB 值一般在 1～40 之间。乳液聚合常选用阴离子型水包油型（O/W）乳化剂，HLB 值在 8～18 之间。各种乳化剂的 HLB 值亦有手册可查，也可以通过实验或一定模型（如基团质量贡献法）进行计算。实验发现，复合乳化剂具有协同效应，复合乳化剂的 HLB 值可以用这几种乳化剂 HLB 值的质量平均值进行计算。

$$\text{HLB}=7+\sum\text{亲水基团常数}+\sum\text{亲油基团常数}$$

$$\text{非离子乳化剂的 HLB}=\frac{\text{亲水基质量}}{\text{亲水基质量}+\text{亲油基质量}}\times\frac{100}{5}$$

$$\text{混合乳化剂 HLB}=\frac{m_A\text{HLB}_A+m_B\text{HLB}_B}{m_A+m_B}$$

表面活性剂的 HLB 值对其应用具有重要的影响，见表 4-4。

表 4-4　HLB 值对应用的影响

HLB 值范围	主要用途	HLB 值范围	主要用途
1～3	消泡剂	12～15	润湿剂
3～6	油包水(W/O)型乳化剂	13～15	洗涤剂
8～18	水包油(O/W)型乳化剂	15～18	增溶剂

c. 阴离子乳化剂的三相平衡点，即阴离子乳化剂处于分子溶解状态、胶束、凝胶三相平衡时的温度，亦称为克拉夫特点（Krafft point）。高于三相平衡点，凝胶消失，仅以分子、胶束状态存在，但当低于三相平衡点时乳化剂分子以凝胶析出，失去乳化能力。聚合温度应选择高于三相平衡点，即 $T_p>T_{\text{三相平衡点}}$。非离子型表面活性剂无三相平衡点。

d. 非离子型表面活性剂的浊点，即非离子型表面活性剂的水溶液加热至一定温度时，溶液由透明变为浑浊，出现这一现象的临界温度即为浊点（cloud point）。非离子型表面活性剂之所以存在浊点是由其溶解特性决定的。非离子型表面活性剂的水溶液中，表面活性剂分子通过氢键和水形成缔合体，从而使乳化剂能溶于水形成透明溶液。随着温度的升高，分子运动能力提高，缔合的水层变薄，表面活性剂的溶解性大大降低，最终从水中析出。浊点受亲水基团大小影响较大，亲水基团越大，浊点越高。

因此，乳液聚合的温度设计应低于非离子型表面活性剂的浊点（选择非离子乳化剂的标准之一），即 $T_{\mathrm{p}}<T_{\text{浊点}}$。

常用乳化剂的 HLB 值、*cmc*、浊点值分别见表 4-5 和表 4-6。

表 4-5　一些表面活性剂的 HLB 值和 *cmc* 值

名称	HLB 值	*cmc*/%
十二烷基硫酸钠(SDS)	40	0.02
十二烷基磺酸钠	13	0.1
十二烷基苯磺酸钠(SDBS)	11	
琥珀酸二辛酯磺酸钠	18	0.03
油酸钠	18	
吐温-20	16.7	
吐温-40	15.6	
吐温-60	14.9	
对壬基酚聚氧化乙烯(*n*=4)醚	8.8	
对壬基酚聚氧化乙烯(*n*=9)醚	13	0.005
对壬基酚聚氧化乙烯(*n*=10)醚	13.2	0.005
对壬基酚聚氧化乙烯(*n*=30)醚	17.2	0.02
对壬基酚聚氧化乙烯(*n*=40)醚	17.8	0.04
对壬基酚聚氧化乙烯(*n*=100)醚	19	0.1
对辛基酚聚氧化乙烯(*n*=9)醚	13	0.005
对辛基酚聚氧化乙烯(*n*=30)醚	17.4	0.03
对辛基酚聚氧化乙烯(*n*=40)醚	18	0.04
脂肪醇聚氧乙烯醚(LPS-2047,EO 数 40,芯联公司,下同)	18	
脂肪醇聚氧乙烯醚(LPS-30307,EO 数 30)	17.5	
脂肪醇聚氧乙烯醚(LPS-3010,EO 数 10)	14.5	
脂肪醇醚硫酸钠(FES-430,EO 数 8)	30	
脂肪醇醚硫酸钠(BES-20,EO 数 20)	30	
脂肪醇醚硫酸钠(FAS-30,EO 数 30)	34	

表 4-6　几种非离子表面活性剂的浊点

系列	品名	浊点(1%溶液)/℃	系列	品名	浊点(1%溶液)/℃
OP/NP 系列（烷基酚聚氧乙烯醚）	OP-9	60～65	EL 系列（氢化蓖麻油聚氧乙烯醚）	EL-20	≤30
	OP-10	68～78		EL-30	≥45
	OP-15	94～99		EL-40	70～84
	OP-20	>100		EL-60	85～90
	OP-40	>100		EL-80	≥91
O 系列（脂肪醇聚氧乙烯醚）	O-10	72～76			
	O-15	81～85			
	O-20	88～91			

乳液聚合的常规乳化剂为小分子化合物，随着乳胶漆的成膜，乳化剂将向涂膜表面迁移，对漆膜耐水性、光泽、硬度产生不利影响。反应型（或活性）乳化剂实际上是一种具有表面活性的可聚合型单体，其通过聚合借共价键嵌入高分子主链，可以克服常规

乳化剂易迁移的缺点。目前，已有不少活性单体上市，如对苯乙烯磺酸钠、乙烯基磺酸钠、AMPS、COPS 等。此外，也可以是合成的具有表面活性的大分子单体，如丙烯酸单聚乙二醇酯、端丙烯酸酯基水性聚氨酯等，该类单体具有独特的性能，一般属于企业技术秘密。

④ 乳化剂的选择，通常使用经验法，经验法选择乳化剂的十个要点如下：

a. 离子型乳化剂因能使分散粒子带电，通过静电斥力提高乳液的稳定性，优先选用。

b. 选择与被乳化物结构相似的乳化剂，通常能获得更好的乳化效果。

c. 乳化剂在被乳化物中的溶解度越高，乳化效果通常越好。

d. 乳化剂分子的乳胶粒表面覆盖面积（α_s）对乳液稳定性有重要影响。离子型乳化剂的 α_s 过大可能导致乳胶粒表面电荷密度降低，影响稳定性；非离子乳化剂的 α_s 大则能增加空间位阻，提高稳定性。

e. 非离子型乳化剂与离子型乳化剂配合使用可以产生协同效应，增强乳化效果。

f. 乳化剂对单体应具有较大的增溶能力，因为增溶能力大意味着胶束直径更大，有助于乳液聚合第一阶段的速率提升，但对第二阶段反应速率无显著影响。

g. 选用的乳化剂不应干扰聚合反应的正常进行。

h. 乳化剂的选择应结合生产工艺考虑；例如在生产合成橡胶时，应避免选择磺酸盐和非离子型乳化剂，因为它们可能导致胶乳不易凝聚。

i. 在满足上述要求的前提下，优先选择 *cmc* 较小的乳化剂，以充分发挥其效能。

j. 乳化剂应来源丰富、价格合理，且需无毒、对人体健康和环境无害。

乳化剂的乳化性能可以这样进行初步判断：按配方量在试管中分别加入水、乳化剂、单体，上下剧烈摇动 1min，放置 3min，若不分层，说明乳化剂乳化性能优良。

（3）引发剂

乳液聚合常采用水溶性热分解型引发剂。一般使用过硫酸盐（$S_2O_8^{2-}$），如过硫酸铵、过硫酸钾、过硫酸钠。其分解反应式为：

$$S_2O_8^{2-} \longrightarrow 2SO_4^{-}\cdot$$

硫酸根阴离子自由基如果没有及时引发单体，将发生如下反应：

$$SO_4^{-}\cdot + H_2O \longrightarrow HSO_4^{-} + HO\cdot$$

$$4HO\cdot \longrightarrow 2H_2O + O_2$$

其综合反应式为：

$$2S_2O_8^{2-} + 2H_2O \longrightarrow 4HSO_4^{-} + O_2$$

因此，随着乳液聚合的进行，体系的 pH 值将不断下降，影响引发剂的活性，所以乳液聚合配方中通常包括缓冲剂，如碳酸氢钠、磷酸二氢钠、醋酸钠。另外，聚合温度对其引发活性影响较大。温度对过硫酸钾活性的影响见表 4-7。

表 4-7　过硫酸钾的分解速率常数（k_d）和半衰期（$t_{1/2}$）与温度的关系

温度/℃	k_d/s^{-1}	$t_{1/2}$/h
50	9.5×10^{-7}	212
60	3.16×10^{-6}	61
70	2.33×10^{-5}	8.3
80	7.7×10^{-5}	2.5
90	3.3×10^{-4}	35(min)

过硫酸盐类引发剂的聚合温度一般在80℃以上，聚合终点，短时间可加热到90℃，以使引发剂分解完全，进一步提高单体转化率。

此外，氧化-还原引发体系也是经常使用的品种。其中氧化剂有：无机的过硫酸盐、过氧化氢；有机的异丙苯过氧化氢、叔丁基过氧化氢、二异丙苯过氧化氢等，分子式结构如下：

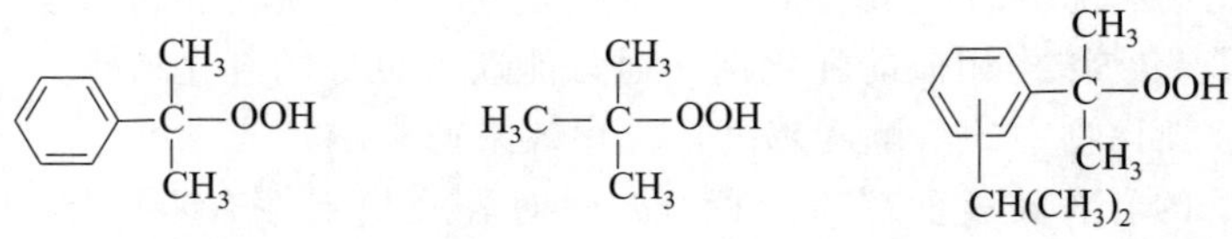

还原剂有亚铁盐（Fe^{2+}）、亚硫酸氢钠（$NaHSO_3$）、亚硫酸钠（Na_2SO_3）、连二亚硫酸钠（$Na_2S_2O_6$）、硫代硫酸钠（$Na_2S_2O_3$）、吊白粉等。过硫酸盐、亚硫酸盐构成的氧化-还原引发体系，其引发机理为：

$$S_2O_8^{2-} + SO_3^{2-} \longrightarrow SO_4^{2-} + SO_4^{-}\cdot + SO_3^{-}\cdot$$

氧化-还原引发体系反应活化能低，在室温或室温以下仍具有正常的引发速率，因此在乳液聚合后期为避免升温造成胶粒凝聚，可用氧化-还原引发体系在50～70℃条件下进行残留单体的后消除，提高单体转化率。

氧化剂与还原剂的配比并非一定为1∶1（摩尔比），一般将氧化剂稍过量，可能存在一个最佳配比，此时引发速率最大，该值影响变量复杂，具体用量需要通过实验才能确定。

最常用的体系：$(NH_4)_2S_2O_8 + NaHSO_3$，使用温度20～73℃；叔丁基过氧化氢＋$CH_2O \cdot NaHSO_2$（吊白块），使用温度20～73℃，最佳使用温度63～71℃。

体系中可将过硫酸铵换成过硫酸钠或过硫酸钾，而亚硫酸氢钠可替换成吊白块（甲醛次硫酸氢钠）、亚硫酸钠、保险粉（连二亚硫酸钠）、硫代硫酸钠（海波）。

叔丁基过氧化氢是氧化剂，吊白块是强还原剂，两者在储存过程中必须单独存放，否则会发生爆炸，引起火灾。

（4）其他组分

① 保护胶体。乳液聚合体系中常加入一些水溶性保护胶体，如属于天然水溶性高分子的羟乙基纤维素（HEC）、明胶、阿拉伯胶、海藻酸钠等，其中HEC最为常用，其特点是对耐水性影响较小；合成型水溶性高分子保护胶更为常用，如聚乙烯醇（PVA1788）、聚丙烯酸钠、苯乙烯-马来酸酐交替共聚物单钠盐。这些水溶性高分子亲油的大分子主链吸附到乳胶粒的表面，形成一层保护层，可阻止乳胶粒在聚合过程中的凝聚，另外保护胶体提高了体系的黏度（增稠），也有利于防止粒子的聚并以及色漆体系贮存过程中颜填料的沉降。但是，保护胶体的加入，可能使涂膜的耐水性下降，因此其品种选择、用量确定应该综合考虑，用量取下限为好。

② 缓冲剂。常用的缓冲剂有碳酸氢钠、磷酸二氢钠、醋酸钠。如前所述，它们能够使体系的pH值维持相对稳定，使链引发正常进行。

③ 抗冻剂。主要用于防止乳液在寒冷环境存放、储运过程中冻结。例如醇类、盐类，醇类有乙二醇、丙二醇、二乙二醇、二丙二醇、丙二醇单丁醚（PNB）。同时也可提高烘烤漆及厚质水性涂料的实干速度和程度。

4.1.2 乳液聚合机理

（1）聚合场所

水、油性单体、乳化剂、水溶性引发剂加入反应器中，经搅拌后形成稳定的乳液。此时反应体系中水为连续相，溶有少量单体分子、引发剂分子及乳化剂分子，还有聚集状态的胶束，增溶胶束则膨胀 6～10nm，胶束浓度为 10^{17}～10^{18} 个/mL。单体液滴粒径达 1000nm，浓度 10^{10}～10^{12} 个/mL。胶束、单体液滴的体积相差很大，单体主要存在于单体液滴中；比表面积相差也极为悬殊，胶束的比表面积约为液滴比表面积的 10^2 倍。

乳液聚合体系在引发前可用图 4-1 表示。

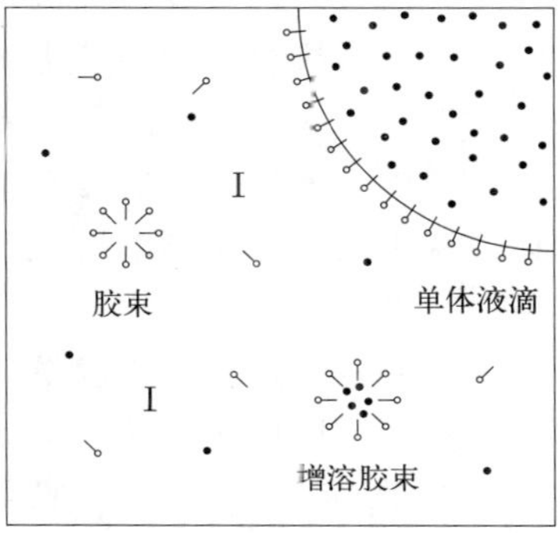

图 4-1　乳液聚合体系引发前的图像

⊸—乳化剂；·—单体；I—引发体

链引发、链增长及链终止究竟在哪一相进行，即在哪一相引发成核，然后聚合发育成乳胶粒，是乳液聚合机理最核心的问题。

成核是指形成聚合物-单体粒子即乳胶粒的过程，决定于体系的配方和聚合工艺，其中单体、引发剂的溶解性及乳化剂浓度是重要的影响因素。成核主要有三种途径：胶束成核、均相成核和液滴成核。

胶束成核：自由基（初级或 4～6 聚合度的短链自由基）由水相进入增溶胶束引发增长形成乳胶粒的过程。油性单体在水中的浓度很小，水中链增长概率很小，因此，水相溶解的单体对聚合的贡献可以忽略。因为乳液聚合的引发剂（或体系）是水溶性的，单体液滴中无引发剂，这同悬浮聚合不同，同时由于胶束比表面积比单体液滴大 10^2～10^3 倍，引发剂在水相形成的自由基几乎不能扩散进入单体液滴，主要进入胶束，因此，单体液滴不是聚合的场所，聚合主要发生在增溶胶束内，增溶胶束才是油性单体和水性引发剂产生自由基相遇的主要场所，同时胶束内单体浓度高（相当于本体单体浓度，远高于水相单体浓度），也提供了自由基进入后引发、聚合的条件。随聚合进行，水相单体进入胶束，补充单体的消耗，单体液滴的单体持续溶解于水中，单体液滴间接起到了乳胶粒聚合单体仓库的作用。此时水相中除了上述分子及粒子外，增加了聚合物乳胶粒相。不断长大的乳胶粒可由没有成核的胶束和单体液滴通过水相提供的乳化剂分子保持稳定，最终形成的乳胶粒浓度 10^{13}～10^{15} 个/mL，占起始胶束的万分之一至千分之一，未成核的胶束只是单体、乳化剂的临时仓库，就像单体液滴一样。

均相成核：选用水溶性较大的单体（如醋酸乙烯酯），水相中可以形成短链自由基，这些短链自由基具有油溶性，长大到一定聚合度时将从水相析出、凝聚，通过从水相和单体液滴上吸附乳化剂而稳定，继而随单体扩散进来，从而形成聚合物乳胶粒。乳胶粒形成后，更容易吸附短链或低聚物自由基及单体，使得聚合能够不断进行。甲基丙烯酸甲酯和氯乙烯在水中的溶解度介于苯乙烯和醋酸乙烯酯之间，其成核机理兼有胶束成核和均相成核，两者比例取决于单体的水溶性和乳化剂的浓度。

一般认为如果单体的水溶性大，乳化剂的浓度低则为均相成核。例如醋酸乙烯酯的聚合。单体水溶性小，乳化剂浓度大时利于胶束成核，例如苯乙烯的乳液聚合。

液滴成核：乳化剂浓度高时，单体液滴粒径小，其比表面积同胶束相当，有利于液滴成核。若选用油溶性引发剂，此时引发剂溶解于液滴中，就地引发聚合，该聚合亦称为微悬浮聚合，属液滴成核。

（2）聚合机理

20 世纪 40 年代末，Harkins 提出了乳液聚合的定性理论。下面以典型的胶束成核为例介绍乳液聚合的机理。

乳液聚合开始前体系中的粒子主要以 10nm 的增溶胶束和 1000nm 的单体液滴存在，聚合完成后生成了 100～500nm 分散于水的乳胶粒固液分散体，粒子浓度亦发生了很大变化，显然经过乳液聚合体系的微粒粒径、数目也发生变化或重组。

依据乳胶粒数目的变化和单体液滴是否存在，典型的乳液聚合分三个阶段。

第一阶段——乳胶粒生成期（亦称成核期、加速期）。

整个阶段聚合速率不断上升，水相中自由基扩散进入胶束，引发增长，当第二自由基进入时才发生终止，上述过程不断重复生成乳胶粒。

随着聚合的进行，乳胶粒内的单体不断消耗，水相中溶解的单体向胶粒扩散补充，同时单体液滴中的单体又不断溶入水相。单体液滴是提供单体的仓库。这一阶段单体液滴数并不减少，只有体积缩小。

随着聚合的进行，乳胶粒体积不断长大，从水相中不断吸附乳化剂分子来保持稳定；当水中乳化剂浓度低于 *cmc* 时，未成核的胶束上的乳化剂分子及缩小的单体液滴上的乳化剂分子将溶于水中，向乳胶粒吸附，间接地满足长大的乳胶粒对乳化剂的需求。最后未成核胶束消失，乳胶粒数固定下来。典型乳液聚合中，乳胶粒浓度（N）为 10^{13}～10^{15} 个/mL，成核变成乳胶粒的胶束只占起始胶束的极少部分，为万分之一到千分之一。

该阶段时间较短，结束时单体转化率（C）为 2%～15%，与单体种类及聚合工艺有关。

因此总的来说第一阶段是成核阶段。乳胶粒数从零不断增加，单体液滴数不变，但体积变小，聚合速率上升，结束的标志是未成核胶束的全部消失，阶段终了体系有两种粒子：单体液滴和乳胶粒。第一阶段结束时乳液聚合图像见图 4-2。

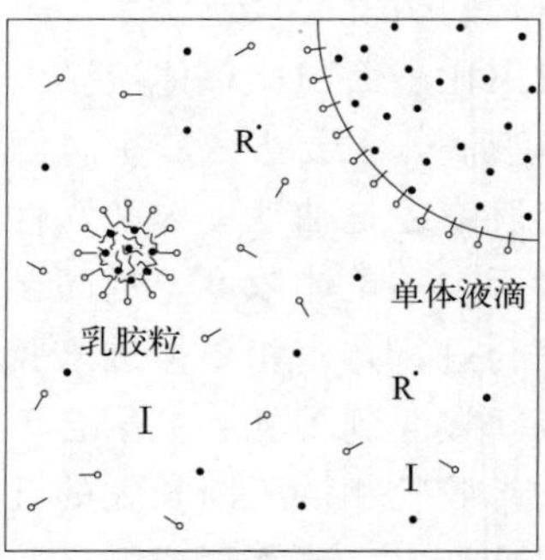

图 4-2　乳液聚合第一阶段结束时的图像

⊸—乳化剂；•—单体；I—引发体；R˙—自由基

第二阶段——恒速阶段（即乳胶粒成长期）。该阶段从未成核胶束消失开始到单体液滴消失为止。

未成核胶束消失后乳胶粒数将保持恒定，单体液滴仍起着仓库的作用，不断向乳胶粒提供单体、乳化剂。引发、增长、终止在胶粒内重复进行，乳胶粒体积继续增大，最终可达 100～500nm。由于乳胶粒数恒定且粒内单体浓度恒定，故聚合速率不变，直到单体液滴耗尽为止。在该阶段，缩小的单体液滴上的乳化剂分子也通过水相向乳胶粒吸附，满足乳胶粒成长的需要。该阶段终了体系只有一种粒子：乳胶粒。

该阶段持续时间较长，结束时 C=15%～60%。

第二阶段结束时乳液聚合图像见图 4-3。

第三阶段——降速期。

单体液滴消失后，乳胶粒内继续引发、增长和终止直到单体完全转化。但由于单体无补充来源，聚合速率（R_p）随其中单体浓度［M］的下降而降低，最后聚合反应趋于停止。

该阶段自始至终体系只有一种粒子——乳胶粒，且数目不变，最后可达 100～500nm。

这样的粒子粒径细，可利用种子聚合增大粒子粒径。

第三阶段结束时乳液聚合图像见图 4-4。

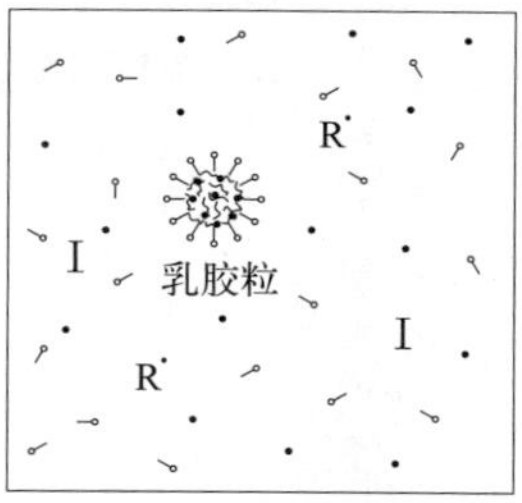

图 4-3 乳液聚合第二阶段结束时的图像

⊸—乳化剂；·—单体；I—引发体；R·—自由基

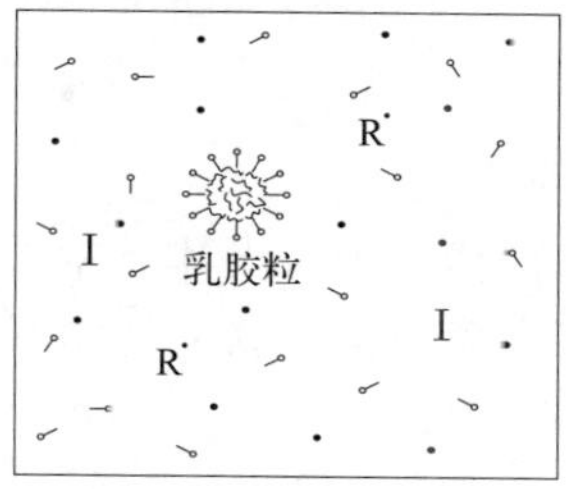

图 4-4 乳液聚合结束后的图像

⊸—乳化剂；·—单体；I—引发体；R·—自由基

所谓“种子聚合”就是在乳液聚合的配方中加入上次聚合得到的乳液。这些“种子”提供了聚合的场所。种子聚合具有较高速率、恒定乳胶粒、粒径均一的优点，工业应用非常普遍。

4.1.3 乳液聚合动力学

（1）聚合速率

动力学研究多着重第二阶段——恒速阶段。

自由基聚合速率可表示为：

$$R_p = k_p[M][M\cdot] \tag{4-1}$$

式中，[M] 表示乳胶粒中单体浓度，mol/L；[M·] 为乳胶粒的浓度。

$$[M\cdot] = \frac{10^3 N}{2N_A} \tag{4-2}$$

其中，N 为乳胶粒浓度，个/mL；N_A 为阿伏伽德罗常数；$10^3 N/N_A$ 是将乳胶粒浓度由个/mL 转化为 mol/L。

理想恒速阶段乳液聚合的特征是：当第一个自由基扩散进来，聚合开始；当第二个自由基扩散进来，聚合终止；聚合、终止交替进行。因此，若在某一时刻进行统计，则只有一半的乳胶粒进行聚合，另一半无聚合发生，自由基浓度为乳胶粒浓度的 1/2。由于胶粒表面活性剂的保护作用，乳胶粒中自由基的寿命（$10^1 \sim 10^2$s）较其他自由基聚合方法的寿命（$10^{-1} \sim 10^0$s）长，自由基有较长的时间进行聚合，聚合物的聚合度或分子量可以很高，接近甚至超过本体聚合时的分子量。

乳液聚合恒速期的聚合速率表达式为：

$$R_p = \frac{10^3 N k_p [M]}{2N_A} \tag{4-3}$$

讨论：

a. 在第二阶段，未成核胶束已消失，不再有新的胶束或核，乳胶粒数恒定；单体液滴存在，不断通过水相向乳胶粒补充单体，使乳胶粒内单体浓度恒定，因此，R_p 恒定。

b. 在第一阶段，自由基不断进入胶束引发聚合，成核的乳胶粒浓度（N）从零不断增加，因此，R_p 不断增加。

c. 在第三阶段，单体液滴消失，乳胶粒内单体浓度［M］不断下降，因此，R_p 不断下降。

乳液聚合速率取决于乳胶粒浓度（N），因为 N 高达 10^{14} 个/mL，［M·］可达 10^{-7}mol/L，比典型自由基聚合高一个数量级，且乳胶粒中单体浓度高达 5mol/L，故乳液聚合速率很快。

（2）聚合度

若忽略转移作用。设体系中总引发速率为 ρ（mol/(L·s)）。

数均聚合度为聚合物的链增长速率除以大分子生成速率（R_{tp}）。

$$\bar{X}_n = v = \frac{R_p}{R_{tp}} = \frac{10^3 k_p[M]N/(2N_A)}{\rho/2} = \frac{10^3 k_p[M]N}{N_A\rho} \tag{4-4}$$

式中，$\rho/2$ 表示一半自由基进行引发、另一半自由基进行链偶合终止。虽然是偶合终止，但一条长链自由基和一个初级自由基偶合并不影响产物的聚合度，乳液聚合的平均聚合度就等于动力学链长。

可以看出：a. 聚合度与 N 和 ρ 有关，与 N 成正比，与 ρ 成反比；b. 在恒定的引发速率 ρ 下，用增加乳胶粒浓度（N）的办法，可同时提高 R_p 和 $\bar{X}_n$，这也就是乳液聚合速率快，同时分子量高的原因；一般自由基聚合，提高［I］和 T，可提高 R_p，但 $\bar{X}_n$ 下降。用提高乳化剂浓度的方法可以提高乳胶粒浓度（N）。

4.1.4 乳液聚合工艺

聚合物乳液的合成要通过一定的工艺来进行。根据聚合反应工艺的特点，乳液聚合工艺通常可分为间歇法、半连续法、连续法、种子乳液聚合等。

（1）间歇法乳液聚合

间歇法乳液聚合对聚合釜间歇操作，即将乳液聚合的原料（水，乳化剂，水溶性引发剂，油性单体）在进行聚合时一次性加入反应釜，在规定聚合温度、压力下反应，经一定时间，单体达到一定转化率后停止聚合，经脱除单体、降温、过滤等后处理，得到聚合物乳液产品。反应釜出料后，经洗涤，继而进行下一批次聚合操作。

该法主要用于均聚物乳液及涉及气态单体的共聚物乳液的合成，如糊法聚氯乙烯（PVC）合成等。其优点是体系中所有乳胶粒同时成长、年龄相同，粒径分布窄，乳液成膜性好，而且生产设备简单，操作方便，生产灵活性大，非常适合小批量、多品种（牌号）精细高分子乳液的合成。

但是间歇法乳液聚合工艺也存在许多缺点。

① 从聚合反应速率看：聚合过程中速率不均匀，往往前期过快，后期过慢，严重时甚至出现冲料、爆聚现象，严重影响聚合物的组成、分子量及其分布，影响产品质量。其原因在于：反应开始时，引发剂、单体浓度很高，容易出现自动加速效应（凝胶效应）。克服方法是采用引发剂滴加法或高、低活性引发剂复合使用。

② 从共聚物组成看：共聚单体结构不同、活性不同（活性大的单体优先聚合），必将导致共聚物组成同共聚单体混合物的组成不同，而且随着聚合进行，单体组成、共聚物组成皆发生变化。为此，一般采用控制转化率的方法以得到组成相对均匀的共聚物，有气态单体存在时比较方便。

③ 从乳液粒度看：由于体系中存在大量的单体液滴，因而其成核概率也大大增大，可

能使得乳胶粒的粒度分布变宽，乳液易凝聚，稳定性差。

④ 从乳胶粒的结构看：间歇法乳液聚合通常得到单相乳胶粒。为了改善乳液性能，近年来发现复相乳胶粒具有优异的性能，如核-壳型、梯度变化型乳胶粒得到重视，其研究、开发工作层出不穷。这些结构型乳液只能通过半连续法、连续法、种子乳液聚合等方法合成。

（2）半连续法乳液聚合

半连续法乳液聚合先将去离子水、乳化剂及部分混合单体（2%～10%）和部分引发剂加入反应釜，聚合一定时间后按规定程序滴加剩余引发剂和混合单体，单体可连续滴加，也可间断滴加，反应到所需转化率时结束聚合。半连续法工艺分为如下几步：打底→升温引发→滴加→保温→清净。打底即将全部或大部分水、乳化剂、缓冲剂、少部分单体（2%～10%）及部分引发剂投入反应釜；升温引发即使打底单体聚合，生成种子液，此时放热达到高峰，且体系产生蓝光；滴加即在一定温度下以一定的程序滴加单体液和引发剂液；保温即进一步提高转化率；清净即补加少量引发剂或提高反应温度，进一步降低残留单体含量。该法同间歇法相比有许多优点：

① 通过控制投料速率可方便控制聚合速率和放热速率，使反应能够比较平稳地进行，无放热高峰出现。

② 如果控制单体加入速率等于或小于聚合反应速率，即单体处于“饥饿状态”，单体一旦加入体系即聚合，此时瞬间单体转化率很高，单体滴加完成后转化率可达 90%以上，共聚物在整个过程中的组成几乎一样，决定于单体混合物的组成。因此，饥饿型半连续法乳液聚合可有效地控制共聚物组成。

③ 体系中单体液滴浓度低，乳胶粒粒度小而均匀。

④ 在聚合过程中间断或连续补加一部分乳化剂，可进一步提高乳液聚合及乳液产品的稳定性。这样也有利于提高乳液固含量。

⑤ 工艺设备与间歇法基本相同，比连续法简单，设备投入较低。

半连续法乳液聚合工艺有许多优点，目前许多聚合物乳液都是通过半连续法乳液聚合工艺生产的，在进行工艺路线选择时应优先考虑该工艺。

（3）连续法乳液聚合

连续法乳液聚合通常用釜式反应器或管式反应器，前者应用较广，一般为多釜串联，如丁苯胶乳、氯丁胶乳的合成等。连续法设备投入大，粘釜、挂胶不易处理，但是，连续法乳液聚合工艺稳定，自动化程度高，产量大，产品质量也比较稳定。因此，对大吨位产品，其经济效益高，小吨位高附加值的精细化工产品一般不采用该法生产。

（4）预乳化聚合工艺

无论半连续法乳液聚合或是连续法乳液聚合，都可以采用单体的预乳化工艺。单体预乳化在预乳化釜中进行，为使单体预乳化液保持稳定，预乳化釜应给予连续或间歇搅拌。预乳化聚合工艺避免了直接滴加单体对聚合体系的冲击，可使乳液聚合保持稳定，粒度分布更加均匀。

丙烯酸酯乳液预乳化聚合工艺流程图见图 4-5。

（5）种子乳液聚合

种子乳液聚合首先就地合成或加入种子乳液，以此种子为基础进一步聚合得到乳液产品。为了得到良好的乳液，应使种子乳液的粒径尽量小而均匀，浓度尽量大。种子乳液聚合以种子乳胶粒为核心，若控制好单体、乳化剂的投加速度，避免新的乳胶粒的生成，可以合

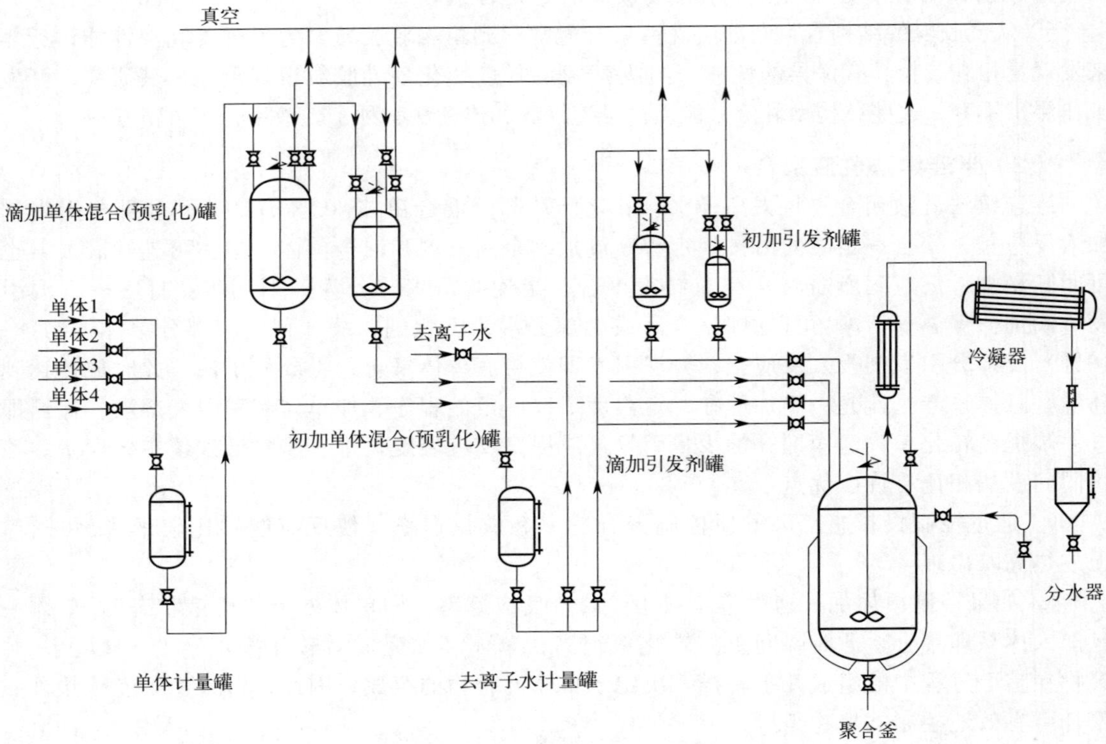

图 4-5　丙烯酸酯乳液预乳化聚合工艺流程图

成出优秀的乳液产品。种子乳液聚合具有以下特点：

① 种子乳液聚合过程中，种子乳液中的乳胶粒即为种子，在单体加料过程中，单体通过扩散进入种子胶粒，经引发、增长、转移或终止生成死的大分子，因此胶粒不断增大，如乳化剂的补加正好满足需要，就不会有新的胶束和乳胶粒形成，胶粒的粒度分布、年龄分布都很窄，容易合成大粒径、粒度分布均匀的乳液。

② 种子乳液聚合可以合成出具有异型结构乳胶粒的乳液。如核-壳结构型乳液、组成具有梯度变化的乳液、互穿网络结构型乳液等。

4.1.5　无皂乳液聚合

由前所述，经典的乳液聚合配方中，乳化剂是必不可少的组分，用量一般占单体的 10^{-2}（质量比），其中阴离子型乳化剂对成核和稳定乳液起着尤为重要的作用。但是，乳液成膜后这些助剂将继续残存在涂膜中，对漆膜光泽、耐水性、电化学性质造成不利影响。无皂乳液聚合就是为了克服常规乳化剂的弊端，开发出来的新型乳液聚合工艺，其胶粒分布均一、表面洁净，具有优异的性能。

无皂乳液聚合即无乳化剂聚合，在其聚合过程中，完全不加常规的乳化剂或仅加入极少量的乳化剂。

经典的乳液聚合理论（Harkins theory）认为：乳液聚合是由水溶性引发剂分解生成的自由基扩散进入单体增溶胶束，经引发、增长、终止而成核的。对于无皂乳液聚合来说，聚合开始时根本无增溶胶束存在，这种成核机理是说不通的，自 20 世纪 70 年代以来人们对无皂乳液聚合的成核机理进行了深入研究，提出了一些新的理论。

① 均相成核机理。该机理是 Fitch 于 1969 年提出的，此后许多学者对该机理进行了补充和丰富，使之不断得以完善。该机理认为：无皂乳液聚合乳胶粒，是通过水相均相聚合生成的一定长度的、一个末端为硫酸根的自由基在水相沉淀析出时凝聚、聚并、吸收单体生成的。

② 低聚物胶束成核机理。Goodwell 于 1977 年指出：在聚合初期由硫酸根阴离子自由基引发单体生成一定聚合度、一端为—SO_4^-、一端为疏水链段的自由基，该活性低聚物具有表面活性，超过临界胶束浓度后，经过聚并形成胶束，进一步增溶单体，为乳液聚合提供场合。

仅靠过硫酸盐引发形成的极性端基含量低，表面活性差，因此早期的无皂乳液聚合乳液固含量很低，应用范围有限。为了提高无皂乳液聚合产品的固含量及贮存稳定性，在聚合配方中可以加入一些表面活性单体，如乙烯基磺酸钠、AMPS（2-丙烯酰胺-2-甲基丙烯磺酸钠盐）、COPS-1（烯丙氧基羟丙基磺酸钠）等。

4.1.6 核-壳乳液聚合

随着复合技术在材料科学的发展，20 世纪 80 年代 Okubo 提出了“粒子设计”的新概念，其主要内容包括异相结构的控制、异型粒子官能团在粒子内部或表面上的分布、粒径分布及粒子表面处理等。

核-壳型乳液聚合可以认为是种子乳液聚合的发展。乳胶粒可分为均匀粒子和不均匀粒子两大类。其中不均匀粒子又可分为两类：成分不均匀粒子和结构不均匀粒子。前者指大分子链的组成不同，但无明显相界面，后者指粒子内部的聚合物出现明显的相分离。结构不均匀粒子按其相数可分为两相结构和多相结构。核-壳结构是最常见的两相结构。如果种子乳液聚合第二阶段加入的单体同制备种子乳液的配方不同，且对核层聚合物溶解性较差，就可以形成具有复合结构的乳胶粒，即核-壳型乳胶粒。即由性质不同的两种或多种单体分子在一定条件下多阶段聚合，通过单体的不同组合，可得到一系列不同形态的乳胶粒子，从而赋予核-壳各不相同的功能。核-壳型乳胶粒由于其独特的结构，同常规乳胶粒相比即使组成相同也往往具有更优秀的性能。

4.1.6.1 核-壳乳液乳胶粒的结构形态

根据“核-壳”的玻璃化转变温度不同，可以将核-壳型乳胶粒分为硬核-软壳型和软核-硬壳型；从乳胶粒的结构形态看，主要有以下几种：正常型、手镯型、夹心型、雪人型及反常型，其中反常型以亲水树脂部分为核。图 4-6 是几种常见的核-壳型乳胶粒的结构模型。

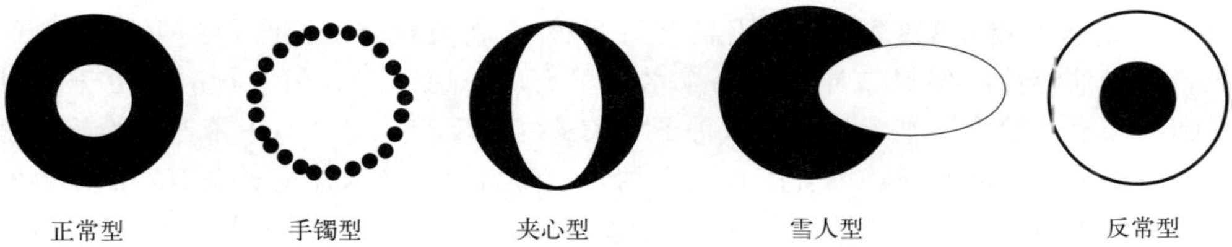

图 4-6 核-壳型乳液乳胶粒的结构形态

核-壳乳胶粒子结构形态多种多样，在形成过程中受到诸多因素的影响，很难用热力学分析解决。大量的研究结果表明，对粒子形态的影响因素主要有：加料方法和顺序，核壳两单体及两聚合物的互溶性，两聚合物的亲水性，引发剂的种类和浓度，聚合场所的黏度，聚合物的分子量，种子聚合物在第二单体中的溶解性，聚合温度等。这些因素是互相联系、互相制约和互相矛盾的，不能孤立看待。

（1）单体性质

乳胶粒的核-壳结构常常由加入的水溶性单体形成。这些聚合单体通常含有羧基、酰胺基、磺酸基等亲水性基团。由于其水溶性大易于扩散到胶粒表面，在乳胶粒-水的界面处富集和聚合。当粒子继续生长时，其水性基团仍留在界面区，从而产生核-壳结构。具有一定水溶性的单体，特别是当其或其共聚单体玻璃化温度（T_g）较低而聚合温度较高时，有较强的朝水相自发定向排列的倾向。

因此用疏水性单体聚合作核层，亲水性单体聚合作壳层，可得到正常核-壳结构的乳胶粒；相反，若用亲水性单体聚合作核层，则疏水性单体加入后将向原种子乳胶粒内部扩散，经聚合往往生成反常型核-壳结构乳胶粒。

丙烯酸正丁酯（BA）与醋酸乙烯酯（VAc）的二元自由基乳液共聚合，由于两者的自由基聚合活性相差很大，当采用间歇工艺进行时，反应初期生成的大分子主要由BA单元组成，后期生成的大分子则富含VAc，BA和VAc两者均聚物的T_g相差很大，混溶性差，使粒子产生相分离。

另外，加入特种功能性单体，在聚合时引入接枝或交联，亦有利于生成核-壳结构粒子。

（2）加料方法

常用的加料方法有平衡溶胀法、分段加料法等。

平衡溶胀法用单体溶胀种子粒子再引发聚合，控制溶胀时间和溶胀温度，从而可以控制粒子的溶胀状态和胶粒结构。

分段加料并在“饥饿”条件下进行聚合是制备各种核-壳结构乳胶粒的最常用的方法。特别是在第一阶段加疏水性较大的单体、第二阶段加亲水性较大的单体更是如此。通常第一阶段加的单体组成粒子的核，第二阶段加的单体形成壳。有时也有例外，如BA（丙烯酸丁酯）/AA（丙烯酸）和St（苯乙烯）/AA两步法加料时，无论加料次序如何，生成的粒子都是以St/AA为核、以BA/AA为壳的核-壳结构。显然，这是PBA（聚丙烯酸丁酯）链段的柔韧性和PAA（聚丙烯酸）的亲水性相结合起主要作用，而不是聚合顺序起主要作用。

（3）引发剂的影响

以亲水性聚合物为核，以疏水性聚合物为壳的核-壳乳液聚合可能得到非正常型的核-壳结构。如果进一步考虑引发剂的性质，则结果将会更复杂一些。例如以甲基丙烯酸甲酯（MMA）为核单体，以苯乙烯（St）为壳单体，分别采用过硫酸钾、偶氮二异丁腈和4,4′-二偶氮基-4-氰基戊酸（ABCVA）为引发剂进行核-壳乳液聚合，则会得到不同结构形态的乳胶粒。当以油溶性的偶氮二异丁腈和亲水性不大的ABCVA为引发剂时，由于聚甲基丙烯酸甲酯的亲水性较大，则苯乙烯进入种子乳胶粒内部反应，得到以聚苯乙烯为核，以聚甲基丙烯酸甲酯为壳的乳胶粒，即乳胶粒发生翻转；而当使用亲水性离子型引发剂过硫酸钾为引发剂时，由于在大分子链上带上了离子基团—SO_4^-，增大了聚苯乙烯链的亲水性，引发剂浓度越高，大分子链上离子基团也越多，聚苯乙烯链的亲水性就越大，则此时乳胶粒就可能不发生翻转，而形成“夹心状”或“半月状”乳胶粒。这种连接在大分子链末端的离子基团所起的作用近似于表面活性剂，它能降低大分子链与水之间的界面张力，从而起到稳定乳胶粒的作用，这种现象常称为“锚定效应”。

（4）其他因素

核-壳型乳胶粒的结构形态受到上述因素的主要影响，而其他因素对乳胶粒的形态也有重要影响，如：反应温度低，大分子整体和链段的活动性低，聚合物分子、链段间的混溶性变差，有利于生成核-壳结构粒子。

离子型乳化剂由于其静电屏蔽效应，使带同性电荷的自由基难以进入粒子内部。有利于在聚合物粒子-水相界面处进行聚合。

控制聚合过程中的黏度以控制增长中的活性自由基的扩散性，从而可以影响粒子的结构、形态。

表 4-8 列举了各种影响核-壳结构乳胶粒的因素。

表 4-8　影响核-壳结构乳胶粒的因素

有利因素	不利因素
间歇聚合	连续聚合
饥饿态加料	充盈态加料
先加疏水性单体，后加亲水性单体	先加亲水性单体，后加疏水性单体
较低温度下聚合（$<T_g$）	较高温度下聚合（$>T_g$）
用水溶性的引发剂	用油溶性的引发剂
高的引发剂浓度	低的引发剂浓度
低的乳化剂浓度	高的乳化剂浓度
离子型乳化剂	非离子型乳化剂
乳胶粒的黏度高	乳胶粒的黏度低
聚合体系相容性差	聚合体系相容性好

4.1.6.2　核-壳型乳液涂膜的结构、形态及性质

均相粒子乳液所成的膜是完全均匀的，原先每个粒子形态消失。而核-壳结构型乳液成膜后往往仍能观察到非均相结构。

玻璃化温度显著不同的两相粒子，通常是由低 T_g 的聚合物支配成膜过程，高 T_g 的聚合物则分散在低 T_g 聚合物中。从 72/28PSt（聚苯乙烯）/PEA（聚丙烯酸乙酯）乳液膜的扫描电子显微镜图中，可清楚看出 PSt 核分散在 PEA 中。高 T_g 聚合物对成膜的影响主要取决于它的体积分数和黏弹性，超过一定的临界值将不能形成连续的涂膜。

在两相间接枝或交联会导致在成膜时限制粒子变形和防止第二相的逆转，这种膜的力学性质与互穿网络聚合物的力学性质接近。

4.1.6.3　核-壳结构乳液的制备方法

种子乳液聚合或分步乳液聚合是制备核-壳复合聚合物的主要方法。根据所要求的粒子形态，首先进行“粒子设计”，第一步先合成适宜的种子乳液，然后再以不同的方式加入第二部分单体，使之继续聚合，按照第二步单体的加入方式、单体和引发剂的性质等因素的影响可以形成形态各异的核-壳聚合物粒子。具有核-壳结构的聚合物乳液，根据壳层单体的加入方式不同，可分为：

① 半连续法。第二步聚合时，当反应体系达到聚合温度后，维持单体Ⅱ在一定时间内均匀加入，使滴加速率小于聚合速率，体系中的单体Ⅱ浓度始终较小，即聚合处于饥饿状态。

② 间歇法。第二步聚合时，当反应体系达到聚合温度后，单体Ⅱ一次性加入体系中，单体Ⅱ浓度处于富裕状态，也叫“批量法”。

③ 溶胀法。第二步聚合时，当单体Ⅱ加入后，在种子乳胶粒上先溶胀一段时间，使单体Ⅱ部分渗入种子乳胶粒中，然后再升温到聚合温度开始聚合，该法叫“平衡溶胀法”，简称“溶胀法”。

这三种加料方法会使单体Ⅱ在种子乳胶粒的表面和内部分布不均匀。用半连续法时，种子乳胶粒的表面和内部的单体Ⅱ浓度都很低；用间歇法时，种子乳胶粒的表面单体Ⅱ的浓度很高；用溶胀法时，种子乳胶粒的表面和内部的单体Ⅱ浓度都很高。

4.1.6.4 核-壳结构乳胶粒的生成机理

对于核-壳型乳胶粒的微观结构，人们所关心的是核与壳是如何结合的。目前，核-壳结构乳胶粒的生成主要有以下三种机理。

(1) 接枝机理

核-壳乳液聚合中，如果核、壳单体中一种为乙烯基化合物，而另一种为丙烯酸酯类单体，核壳之间能形成接枝共聚物过渡层，核-壳乳胶粒的形成按接枝机理进行。

众所周知，苯乙烯和丙烯酸丁酯的均聚物的相容性很差，将二者共混一般情况是发生相分离的，但在PBA/PSt核壳乳液聚合物中则能形成较为稳定的PBA/PSt复合乳胶粒。这是因为PBA和PSt之间发生了接枝反应，接枝共聚物的形成，改善了两种聚合物的相容性，且随着接枝率的提高，两种聚合物的相容性变好。Min等人提出接枝机理，其接枝率与第二阶段单体加入的方式有关。

(2) 互穿网络聚合物(IPN)机理

互穿网络聚合物(IPN)是两种共混的聚合物分子间相互贯穿并以化学键的方式各自交联而形成的网络结构。在核-壳乳液聚合反应体系中加入交联剂，使核层、壳层中一者或两者发生交联，则生成乳液互穿网络聚合物。网络的形成，和接枝共聚物一样能改善聚合物的相容性。用乳液聚合的方法合成IPN，即胶乳互穿聚合物网络(LIPN)，一般都采用种子乳液聚合法，即先合成出具有交联结构的聚合物Ⅰ作为种子，然后加入单体Ⅱ(或加交联剂)，对种子进行溶胀，使之在粒子表面上进行聚合，生成的LIPN大都具有核-壳结构。

(3) 离子键合机理

核层聚合物与壳层聚合物之间靠离子键结合起来，这种形成核-壳结构乳胶粒的机理称为离子键合机理。为制得这种乳胶粒，在进行聚合时需引入能产生离子键的共聚单体，如对苯乙烯磺酸钠及甲基丙烯酸三甲氨基乙酯氯化物，目前该类研究较少。有人对共聚单体中含有离子键的复合聚合物乳胶粒的形态进行了研究。结果表明：不同分子链上异性离子的引入抑制了相分离，控制了非均相结构的形成。

4.1.7 互穿网络乳液聚合

互穿网络聚合物(interpenetrating polymer network，IPN)属于多相聚合物中的一种

类型，是多种聚合物且含有至少一种网络相互贯穿而形成的特殊网络。1960 年 Millar 首先提及“IPN”一词，之后，Sperling 和 Frisch 对 IPN 的发展做出较大贡献。相对于物理共混，IPN 改性能够使材料凝聚态结构发生变化，进而改进某些性能，扩展其应用。

按制备方法分类，则有分步 IPN、同步 IPN 和胶乳 LIPN。胶乳 LIPN 是在 20 世纪 60 年代末和 70 年代初新发展起来的 IPN 新技术。LIPN 制备方法为：将交联聚合物 A 作为“种子”胶乳，再投入单体 B 及引发剂（不加乳化剂），单体 B 就地聚合、交联生成 IPN，一般有核-壳结构。若上述聚合物不加交联剂，则称半 LIPN。IPN 结构上存在着一种或一种以上的网络相互贯穿在一起，对其结构、相变、交联及性能研究，多采用电镜［扫描电镜（SEM）、透射电镜（TEM）］、红外光谱（IR）、热分析［差式扫描量热分析（DSC）、微商热重法（DTG）、动态热机械分析（DMA）］等现代测试技术。互穿网络聚合物（IPN）是一种由两种或多种交联聚合物组成的新型聚合物。IPN 中网络间不同化学结构的连接可得到性能的协同效应，如力学性能的增强，胶黏性的改善，或者是较好的减震吸声性能。

目前，IPN 技术已在广泛的领域得到应用，在众多行业里采用丙烯酸酯作为原料，已取得许多卓有成效的进展。

4.1.8 乳液的配方设计

乳液配方设计基本参数见表 4-9。

表 4-9　乳液配方设计基本参数

组分			用量/质量份
单体	硬单体	MMA、St、丙烯腈(AN)等	50～80
	软单体	BA、EHA 等	20～50
	功能单体	AA、MAA 等	1～5
	改性单体	有机硅氧烷	1～10
去离子水			100～120
引发剂	过硫酸盐	0.2～0.6	
乳化剂	阴离子乳化剂	0.5～2	
	非离子乳化剂	1～4	
缓冲剂	$NaHCO_3$	0.2～0.5	

乳液配方设计程序为：

① 根据要求和资源确定技术路线或乳液系统；

② 根据需要的 T_g、最低成膜温度（MFT）计算单体的组成；

③ 选择乳化剂并通过实验确定；

④ 引发剂、pH 调节剂基本确定；

⑤ 通过大量实验，确定工艺操作及工艺参数。

4.2 乳液聚合实例

（1）内墙漆用苯丙乳液

① 配方

组分	原料	用量/质量份
A	去离子水	111.0
	CO-458	2.50
	CO-458 溶解水	5.00
	CO-630	3.00
	CO-630 溶解水	5.00
B	苯乙烯	240.0
	丙烯酸丁酯	200.0
	丙烯酸	9.38
	丙烯酸异辛酯	10.0
C	丙烯酰胺	6.30
	溶解水	18.75
D	小苏打	0.900
	溶解水	5.00
E	去离子水	250.0
F	A-103	2.50
	溶解水	5.00
	CO-630	1.00
	溶解水	5.00
	AOPS-1	1.50
G	过硫酸钠	0.900
	溶解水	10.00
H	过硫酸钠	1.500
	溶解水	80.00
I	乙烯基三乙氧基硅烷	3.00
J	氨水	适量(调 pH 值)

注：CO-630（烷基酚聚氧乙烯醚）是上海忠诚精细化工有限公司的乳化剂，CO-458、A-103 分别为该公司的烷基酚醚硫酸盐类、烷基酚聚醚磺基琥珀酸单酯钠盐类乳化剂，AOPS-1 为 1-丙烯氧基-2-羟基丙烷磺酸钠乳化剂。

② 合成工艺

a. 将 A 组分的去离子水加入预乳化釜；把同组乳化剂 CO-458、CO-630 用水溶解后加入预乳化釜；再依次将 B 组分、C 组分、D 组分加入预乳化釜中，加完后搅拌乳化约 30min。

b. 将 E 组分加入反应釜，升温至 80℃。将 F 组分分别用水溶解后加入反应釜；待温度 80℃稳定后，加入 G 组分过硫酸钠溶液。约用 5min 将温度升至 83～85℃。

c. 在 83～85℃同时滴加预乳液和 H 组分。

d. 当预乳液滴加 2/3 后将 I 组分在搅拌下加入预乳液中，搅拌 5min 后继续滴加。

e. 3h 加完后，保温 1h。

f. 降温至 45℃加入氨水中和，调 pH 值在 8.0 左右。搅拌 20min 后，80 目尼龙网过滤出料。

(2) 低成本苯丙乳液

① 配方

组分	原料	用量/质量份
1	去离子水	410.0
	十二烷基硫酸钠(K12)	0.600
	$NaHCO_3$	0.500
2	硫酸铵(APS)	0.200
	去离子水	10.00
	冲洗用水	5.000
3	去离子水	245.0
	K12	3.000
	NP-10	3.600
	AA	8.000
	AM	15.00
	St	430.0
	BA	245.0
	2-EHA	37.00
3	A-171(预乳液剩下 1/4 时加入预乳液中)	2.000
	去离子水(溶解 A-171 用)	5.000
	冲洗用水	10.00
4	APS	2.400
	去离子水	50.00
	冲洗用水	4.000
5	氨水	适量，调 pH=4.5～5
6	叔丁基过氧化氢(TBHP)	0.730
	去离子水(溶 TBHP)	15.00
	SFS(吊白块)	0.510
	去离子水(溶 SFS)	20.00
7	氨水	适量，调 pH=7～8
8	去离子水	20.00

注：A-171 为美国联碳公司的乙烯基三甲氧基硅烷。

② 合成工艺

加入 1，将釜温升至并稳于 80～82℃，加入 2，2min 后加入 49.7 份预乳液，当温度升至最高点反应 15min 后，开始滴加 3、4，控温 86～88℃，时间 4.5h，其中组分 4 比组分 3 晚 15min 滴完，滴毕保温 1h，降温至 65～68℃，加入后消除引发剂，用 30min 保温，降至 60℃并中和至 pH＝7.5～8.5，200 目过滤、包装。

（3）自交联型苯丙乳液

① 配方

组分	名称	用量/g	组分	名称	用量/g
A(底料)	K12	0.340	C(单体)	AA	1.000
	OP-10	0.680		水	8.000
	$NaHCO_3$	0.079	D(引发剂)	过硫酸钾(KPS)	0.270
	水	65.00		水	9.000
B(单体)	MMA	26.00	E(后消除引发剂)	SFS	0.074
	St	13.00		水	2.000
	BA	22.50		TBHP	0.093
	DAAM	1.340		水	2.000
	A-172	1.600	F(交联单体)	ADH	0.670
C(单体)	NMA	0.975		水	5.000

注：1. 此配方为苯丙乳液的配方，玻璃化温度设计为 30℃，采用直接滴加单体的方式进料。

2. 乳化剂占单体总量的 1.5%，引发剂占单体总量的 0.40%。

3. ADH(己二酰二肼)用量为 DAAM 的一半。

② 合成工艺

加入 A 组分，升温至 85℃；将 B 组分、C 组分与 D 组分同时滴加，3h 滴完，保温 1h；降温到 65℃，加入后消除引发剂，保温 0.5h；降温到 40℃，调节 pH 到 8；加入 F 组分，搅拌 20min，出料。

固含量：42%；pH＝8。

（4）无皂苯丙乳液 Ⅰ

① 配方

组分	名称	用量/g	组分	名称	用量/g
A(底料)	水	76.00	B(单体液)	MAA	2.00
	HPS660(广州芯联)	2.20	C(引发剂)	水	30.00
B(单体液)	MMA	38.00		APS	0.400
	St	20.00	D(中和剂)	DMEA	适量
	BA	40.00			

注：HPS660 为一种具有特殊结构的烯丙氧基聚氧乙烯醚硫酸铵盐反应型乳化剂，100%固含量，可以提高涂膜对金属和玻璃表面的湿附着力，显著提高乳液的稳定性。

配方核算：单体配比为 MMA/St/BA/MAA＝38∶20∶40∶2；乳化剂占单体的 2.2%；引发剂占单体的 0.4%。

② 合成工艺

将底料加入反应器，升温到 82℃；加入 5%的单体液预乳化 0.5h，加入 20%引发剂，保温 15min 作种子；同时滴加剩余单体液和引发剂液，约 4h 滴完；升温至 82℃保温 1h；降温至室温调节 pH，100 目尼龙网过滤、出料。

（5）水泥砂浆用苯丙防水乳液

①配方

组分	名称	用量/g	组分	名称	用量/g
A(底料)	水	570.0	B(单体预乳化液)	2-EHA	92.60
	LPS-630	0.200		AM	10.00
	LPS-3040	7.29		AA	3.40
B(单体预乳化液)	水	128.0	C(初引发剂)	水	35.00
	LPS-630	40.03		过硫酸钠(SPS)	5.810
	LPS-3040	7.29	D(滴加引发剂)	水	75.00
	St	423.70		SPS	1.920
	BA	943.50	E(中和剂)	氨水(28%)	适量

注：LPS-630 为广州芯联化工科技有限公司生产的烷基乙氧基化硫酸钠，30%，EO 数为 20。具有吸附面积大、较好的钙离子稳定性与力学稳定性，低泡环保等优点，在防水方面有很大优势，能提高与水泥的和易性及流动性。LPS-630 可用陶氏 2A1 代替。

LPS-3040 为广州芯联化工科技有限公司生产的异构醇聚氧乙烯醚。其为环保型乳化剂，可用于醋丙、苯丙、纯丙、硅丙等乳液聚合，有效提高乳液聚合力学和钙离子稳定等性能。LPS-3040 可用巴斯夫 TO 40 或沙索 A-1340 代替。

②合成工艺

将底料加入反应器，升温到 83℃；加入 3% 单体预乳液，保温 15min；加入初引发剂液，保温 15min；同时滴加剩余单体乳液和滴加引发剂液，约 4.5h 滴完；保温 1h；降温至 50℃，调节 pH，100 目尼龙网过滤、出料。

(6) 水性压敏胶

① 配方

组分	名称	用量/g	组分	名称	用量/g
A(底料)	水	30.00	B(单体液)	HPA	1.24
	LPS-630	2.00		AA	1.66
B(单体液)	MMA	1.54	C(引发剂)	水	10.00
	BA	38.16		SPS	0.250
	2-EHA	17.26	D(中和剂)	氨水(28%)	适量

② 合成工艺

将底料加入反应器，升温到 83℃；加入 3% 单体液，保温 15min；加入初引发剂液(30%的 C 组分)，保温 15min；同时滴加剩余单体乳液和滴加剩余引发剂液，约 4h 滴完；保温 1h；降温至 50℃，调节 pH，100 目尼龙网过滤，出料。

(7) 氧化-还原引发苯丙乳液

① 配方

序号	名称	用量/g	序号	名称	用量/g
1(釜底)	水	360	4(预乳化液)	丙烯酸	13.08
	LA-40SZ	6.6		苯乙烯	238
	TL-11	5		丙烯酸丁酯	126
	TS-2405	1.54		过硫酸钠	1.792
	小苏打	0.6		水	12.8
2(初加引发剂)	过硫酸钠	1.28		冲罐水	14
	水	4	5(滴加还原剂)	亚硫酸氢钠	0.388
3(初加还原剂)	亚硫酸氢钠	0.192		水	32
	水	4	6(单体后消除)	叔丁基过氧化氢	0.192
4(预乳化液)	水	140		水	4
	LA-40SZ	16.92		亚硫酸氢钠	0.128
	丙烯酰胺	7.68		水	8

续表

序号	名称	用量/g	序号	名称	用量/g
7(后添加)	消泡剂	0.48	7(后添加)	防腐剂	0.48
	LCN-407	2.86		水	20
	水	10	合计		1039.512
	氨水	7.5			

注：1. TS-2405 为丙烯酰胺甲基丙烷磺酸钠盐，TL-11 为特种烷基醇聚氧乙烯醚，为上海致平实业有限公司生产的乳化剂。

2. LCN-407 为特种烷基醇聚氧乙烯醚，为科莱恩化工有限公司生产的乳化剂。

3. LA-40S Z 为脂肪醇聚氧乙烯醚硫酸钠盐，为索尔维公司生产的乳化剂。

② 合成工艺

加入组分 1，当温度升至 65℃时加入 27.2kg 预乳化液，当温度升至 70℃时，依次加入组分 2、组分 3，开始种子反应，约 20min；种子反应结束后，开始滴加剩余预乳液，滴加时间为 3.5h；整个反应的温度控制为 70～72℃；全部滴完后，保温 60min；保温后，开始降温，当温度降到并稳于 65～70℃时，先加入叔丁基过氧化氢，5min 后用 30min 滴加亚硫酸氢钠水溶液，在不低于 65℃的条件下保温 20min，降温至 45℃，依次加入组分 7 搅拌 20min 以上，过滤出料。

(8) 苯丙弹性乳液

① 配方

组分	名称	用量/质量份	组分	名称	用量/质量份
1	去离子水	175.0	3	NMA(*N*-羟甲基丙烯酰胺)	11.70
	2A1(陶氏化学,45%固含量)	0.100		冲洗用水	10.00
2	PPS	2.310	4	PPS	0.696
	去离子水	8.000		去离子水	20.00
	冲洗用水	3.000	5	TBHP(叔丁基过氧化氢)	0.530
3	去离子水	235.0		TBHP 溶解水	10.00
	2A1	6.900		SFS(吊白块)	0.460
	NP-40	6.300		SFS 溶解水	12.00
	苯乙烯	165.0	6	氨水	适量，调 pH=7～8
	丙烯酸丁酯	408.0			

注：PPS 为固含量为 90%的氨基磺酸钠水溶液。

② 合成工艺

加入组分 1，将釜温升至并稳于 82℃，加入组分 2，2min 后加入 42.0 质量份预乳液，当温度升至最高点反应 15min 后，开始滴加组分 3～4，温控 86～88℃，时间 3h，组分 3 滴加 2h 后开始滴加组分 4，组分 4 晚于组分 3 15min 滴完，之后保温 1h，降温至 65～68℃，加入后消除氧化-还原引发体系，保温 30min；降至 60℃，中和至 pH=7.5～8.5，200 目过滤、出料。

(9) 无皂罩面纯丙乳液

① 配方

项目	物料	用量/质量份	项目	物料	用量/质量份
1(釜底)	水	280	3(初引发剂液)	水	5.00
	SR-1025	10.0	4(滴加引发剂液)	过硫酸钾	1.18
2(预乳化液)	水	155		水	55.0
	SR-1025	20.0	5(后补引发剂液)	过硫酸钾	0.2500
	COPS-1	3.70		水	18.0
	丙烯酰胺	5.40	6(中和剂)	氨水	8.50
	丙烯酸异辛酯	85.0	7(后添加)	成膜助剂	22.5
	甲基丙烯酸甲酯	281.9		防腐剂	1.20
	丙烯酸正丁酯	112		消泡剂	0.600
	丙烯酸	8.50		水	10.0
	二甲基丙烯酸乙二醇酯	2.90	合计		1120.16
	A-174	17.2	乳化剂量		8.98
	冲罐水	15.0	单体量		512.9
3(初引发剂液)	过硫酸钾	1.330	理论固含量		46.6%

注：1. SR-1025 为烯丙氧基烷基醇聚氧乙烯醚（10）硫酸铵，为艾迪科公司产品，可以替换为上海致平实业有限公司的 TR-1025。

2. COPS-1 为烯丙氧基羟丙基磺酸钠，为索尔维公司的产品，可以替换为上海致平实业有限公司的 TS-401。

3. A-174 为甲基丙烯酰氧基丙基三甲氧基硅烷。

4. 成膜助剂为醇酯十二。

② 合成工艺

加入组分 1，升温至 83～85℃，加入组分 3，约 2min 后开始滴加预乳化液和滴加引发剂液，时间 3h，A-174 在预乳化液剩余 30%时加入预乳化液中，温控 83～85℃，滴完后，保温 30min；用 30min 滴加后补引发剂液，继续保温 1h，降温至 45℃中和，使 pH=7.0～8.0，缓慢将组分 7 依次加入，搅拌 20min，100 目过滤。

③ 配方核算：T_g（理论值）23℃；引发剂/单体为 0.71%；乳化剂/单体为 4.3%；固含量为 42%。

（10）外墙抗碱封闭底漆乳液

① 配方

组分	原料	用量/质量份	组分	原料	用量/质量份
A(底料)	去离子水	900	D(乳化液)	BA	550
	RS-610(索尔维)	2.00		A-171	3.00
	氨水 25%	1.00		A-174	3.00
B(种子)	D 乳化液	97.7		冲洗用水	20.0
C(引发剂)	APS	2.000	E(滴加引发剂)	APS	4.000
	去离子水	20.0		去离子水	100
D(乳化液)	去离子水	500	F(后消除)	TBHP	2.000
	RS-610(索尔维)	10.0		去离子水	25.0
	氨水 25%	3.00		抗坏血酸(V_C)	1.400
	LCN-287(科莱恩)	10.0		去离子水	20.0
	SR-350	10.0	G(调和)	氨水 25%	20.0
	AM	15.0		消泡剂	3.00
	AA	30.0		杀菌剂	6.00
	St	700		去离子水	20.0

② 合成工艺

加入底料，将釜温升至 85℃，加入种子 B，搅拌 2min 后，加入引发剂 C，保温 20min。开始滴加剩余预乳化液 D 和滴加引发剂 E，控温 84～86℃，滴加时间 180min，A-174 在滴加剩余 60min 时加入预乳化液，滴完保温 60min，保温温度 84～86℃。保温结束，降温至 70～72℃，同时滴加后消除氧化剂和还原剂溶液，滴加 30min，滴完保温 10min。降温至 50℃以下，加入尾料 G 进行调和。200 目过滤。其产品指标见表 4-10。

表 4-10　外墙抗碱封闭底漆乳液指标

项目	指标	项目	指标
外观	乳白带蓝光	黏度/mPa・s	200～3000(3#30)
固含量/%	45～47	pH 值	7～9

(11) 透明防水乳液

① 配方

组分	原料	用量/质量份	组分	原料	用量/质量份
A(底料)	去离子水	900	D(乳化液)	2-EHA	350
	SR-10(艾迪科)	3.50		A-171	10.0
	小苏打	1.00		冲洗用水	20.0
B(种子)	D 乳化液	90.5	E(滴加引发剂)	APS	3.000
C(引发剂)	APS	2.500		去离子水	150
	去离子水	20.0	F(后消除)	TBHP	2.000
D(乳化液)	去离子水	430		去离子水	30.0
	SR-10(艾迪科)	10.0		维生素 C(V_C)	1.4
	AEO-9(陶氏)	10.0		去离子水	30.0
	AM	20.0	G(调和)	氨水 25%	25.0
	AA	50.0		消泡剂	3.00
	St	700		杀菌剂	6.00
	BA	230		去离子水	20.0

② 合成工艺

加入底料，将釜温升至 85℃，加入组分 B，搅拌 2min 后，加入引发剂组分 C，保温 20min。开始滴加剩余乳化液 D 和滴加引发剂 E，控温 84～86℃，滴加时间 180min，A-171 在滴加剩余 60min 时加入乳化液，滴完保温 60min，保温温度 84～86℃。保温结束，降温至 70～72℃，同时滴加后消除氧化剂和还原剂溶液，滴加 30min，滴完保温 10min。降温至 50℃以下，加入尾料 G 进行调和。200 目过滤。

(12) 纯丙乳液

① 配方

组分	名称	用量/g	组分	名称	用量/g
A(底料)	水	65.0	C(引发剂液)	水	20.0
	$NaHCO_3$	0.0500		APS	0.6000
	LPAS-830A	2.00	D(后消除引发剂)	TBHP(10%)	2.000
B(单体液)	MMA	53.0		SFS(10%)	1.500
	BA	45.0	E(中和剂)	氨水(28%)	约 5.00
	MAA	2.00			

注：LPAS-830A 为广州芯联化工科技有限公司生产的聚氧乙烯醚硫酸铵盐，具有较好的润湿性和乳化性。乳液粒径控制较好，特别适合中小粒径乳液。除此之外能提升纯丙、苯丙、醋丙等乳液的聚合稳定性、离子稳定性等。可用罗地亚 CO-436 代替。

② 合成工艺

将组分 A 加入反应器，升温到 85℃；同时滴加单体液和引发剂液，4h 滴完，保温 0.5h；降温至 70℃，先滴加 TBHP 液，15min 滴完，再滴加 SFS 液，15min 滴完后保温

0.5h；降温至40℃，调节pH至9.0，100目尼龙网过滤、出料。理论固含量为48%；pH为9.0；粒径为120nm。

（13）水性木器漆用纯丙乳液

① 配方

组分	名称	用量/g	组分	名称	用量/g
A(底料)	水	30.0	B(单体预乳化液)	BA	13.64
	$NaHCO_3$	0.100		MAA	0.65
	十二烷基苯磺酸钠	1.20		DAAM	0.92
B(单体预乳化液)	水	15.0	C(引发剂)	水	15.00
	十二烷基苯磺酸钠	1.80		SPS	0.1600
	MMA	24.80	D(中和剂)	氨水(28%)	适量

② 合成工艺

将底料加入反应器，升温到85℃；加入20%单体预乳化液，保温15min；加入30%的引发剂液；同时滴加剩余单体乳液和引发剂液，约3h滴完；保温1h；降温至40℃，加入0.40g ADH，搅拌0.5h；降至室温；调节pH值，100目尼龙网过滤、出料。

理论固含量：40%；T_g：30℃；黏度：60mPa·s。

（14）核壳结构纯丙乳液

① 配方

组分	物质	用量/g	组分	物质	用量/g
A(底料)	K12	0.433	C(壳单体)	AA	0.594
	OP-10	0.866		A-172	1.200
	$NaHCO_3$	0.079	D(引发剂)	KPS	0.320
	水	50.00		水	14.00
B(核单体)	MMA	20.00	E(后消除)	TBHP	0.100
	BA	6.000		水	2.000
C(壳单体)	MMA	24.50		SFS	0.074
	BA	14.00		水	2.000
	NMA	1.340			

注：乳化剂用量占单体总量的2%；引发剂占单体总量的0.48%；玻璃化温度为T_g（核）=75.78℃，T_g（壳）=30.175℃，T_g（总）=46.5℃（理论值）；核壳质量比为4∶6。

② 合成工艺

在温度为75℃时，将底料加入反应器，搅拌溶解；升温到85℃，将核单体与引发剂同时滴加，约1.5h核单体滴完，保温1h；滴加壳单体与剩余引发剂，2h滴加完，保温1h；降温至65℃，后消除，保温半小时；降温至40℃，调节pH，出料。理论固含量：49.4%；pH为8。

（15）压敏胶纯丙乳液

① 配方

组分	原料	用量/质量份	组分	原料	用量/质量份
A(底料)	去离子水	257.0	B(单体预乳液)	BA	525.6
	碳酸氢铵	0.450		冲洗用水	25.0
	KPS	1.880	C(滴加引发剂)	KPS	1.360
B(单体预乳液)	去离子水	151.7		去离子水	100.0
	CO-436(索尔维)	8.620		冲洗用水	3.00
	EA	10.83	D(中和剂)	氨水	适量，调pH=7～8
	AA	13.67			

② 合成工艺

将底料加入反应釜，升温并稳定于 82℃，加入 5%的打底用单体预乳液，当温度升至峰值 84～88℃时，开始滴加剩余单体预乳液和滴加引发剂液，温控 80～82℃，时间 4h；滴毕加入冲洗用水，保温 1h；降至室温（30℃以下），用氨水中和至 pH 达 7.0～8.0，100 目过滤，出料。

（16）醋丙乳液

① 配方

组分	原料	用量/质量份	组分	原料	用量/质量份
1	去离子水	573.0	3	VAc	635.0
	PVA1788	28.00		BA	77.00
	K12(十二烷基硫酸钠)	0.500		冲洗用水	10.00
	NP-10	7.500	4	PPS	0.900
	$NaHCO_3$	2.100		去离子水	40.00
2	PPS	0.600		冲洗用水	2.000
	去离子水	10.00	5	去离子水	10.00
	冲洗用水	5.00	6	氨水	适量，调 pH=7.5～8.5

② 合成工艺

加入组分 1，将釜温升至并稳于 72℃，加入组分 2，2min 后加入 36.0 质量份种子，当温度升至最高点，反应至无回流时，开始滴加组分 3、组分 4，控温 76～78℃，时间 5h，组分 4 比组分 3 晚 15min 滴完，滴毕保温 1h，降温至 45℃，200 目过滤。

（17） JS 苯丙防水乳液

① 预乳液的配制

序号	原料	用量/kg	序号	原料	用量/kg
1	去离子水	170.70	5	甲基丙烯酸甲酯	54.24
	X-405(南京古田)	10.13	6	丙烯酸丁酯	357.97
	2A1(南京古田)	12.68	7	丙烯酸	8.14
2	A-172	2.17	8	*N*-羟甲基丙烯酰胺	5.42
3	乙烯基磺酸钠(SVS)	5.42		去离子水	10.0
4	苯乙烯	116.61			

② JS 苯丙防水乳液的配制与工艺

序号	组分	用量/kg	工艺
1	去离子水	133	A. 将组分 1、2、3 加入反应釜中，搅拌升温并控制至 85℃，转速为 60～70r/min，保温 30min
2	过硫酸铵	0.4000	
3	5%配好的预乳液	38.20	
4	95%配好的预乳液	726.3	B. 均匀滴加组分 4 于反应釜中，(180±15)min 滴加完，温度控制在(81±2)℃；C. 将组分 5 与 4 同步滴加，滴加时间控制在(210±15)min，滴加完后保温 60min，保温温度为 85℃
5	去离子水	85.0	
	过硫酸铵	2.410	
	碳酸氢钠	2.44	
6	叔丁基过氧化氢	0.540	D. 降温至 75℃，加入组分 6，10min 滴加完
	去离子水	5.50	
7	吊白块	0.540	E. 滴加组分 7，20min 滴加完，温度控制在 65～75℃，在此温度下保温 15min
	去离子水	5.30	
8	Kathon LXE	0.110	F. 降温至 50℃，加入组分 8
9	康宁有机硅消泡剂	0.430	G. 加入组分 9
10	浓氨水	适量	H. 加入氨水，以 pH 在 7～8 为宜，然后降温至 45℃以下过滤出料

（18）细粒径醋酸乙烯酯乳液

① 配方

组分	名称	用量/g	组分	名称	用量/g
A(底料)	水	352.9	B(单体)	VAc	356.4
	$NaHCO_3$	0.900		AA	3.60
	ABEX VA-50（罗地亚）	31.30	C(引发剂)	KPS	1.000
	COPS-1(罗地亚,40%)	4.50		水	49.0
	KPS	0.4000	D(中和剂)	氨水(28%)	1.60

注：ABEX VA-50 是一种用于高固体含量醋酸乙烯乳液聚合的非常有效的表面活性剂。

② 合成工艺

将组分 A 加入反应器，升温到 75℃打底分散，通 N_2 保护（整个过程需通 N_2 保护）加入 20.0g 单体液，保温 15min；将剩余单体同引发剂液同时滴加，3h 滴完，保温 0.5h；降温至 40℃，调节 pH，100 目尼龙网过滤、出料。理论固含量：46.5%；转化率：98.3%；pH 为 7.5；粒径：133nm。

（19）水性防锈乳液

① 配方

序号	组分	用量/质量份	序号	组分	用量/质量份
1(釜底液)	水	287	3(预乳化液)	PAM-200	4.50
	TR-10Y	2.60		冲罐水	8.00
2(初引发剂液)	过硫酸铵	1.500	4(滴加引发剂液)	过硫酸铵	2.100
	水	5.00		水	45.0
3(预乳化液)	水	141	5(后处理引发剂液)	叔丁基过氧化氢	1.000
	TR-10Y	3.00		水	6.00
	TEP-725	17.9		焦亚硫酸钠	0.5000
	丙烯酸	14.9		水	6.00
	苯乙烯	183.9	6(中和剂液)	氨水	14.0
	丙烯酸叔丁酯	89.6		水	6.00
	丙烯酸丁酯	151.5	合计		1000
	丙烯酸羟乙酯	9.00	理论固含量		46%

注：1. TR-10Y 为烯丙氧基烷基醇聚氧乙烯醚（10）硫酸铵，为上海致平实业有限公司乳化剂，可以用艾迪科公司产品 SR-10 替换。

2. TEP-725 为直链烷基醇醚磷酸酯铵盐，为上海致平实业有限公司乳化剂，可以用索尔维公司产品 RS-610A25 替换。

3. PAM-200 为磷酸酯功能单体，为索尔维公司产品。

②合成工艺

加入组分 1，升至 85℃，加 2%的预乳化液，2min 后加入组分 2，反应温度升至最高点保温 15min，开始滴加剩余组分 3、组分 4，时间 4h，温控 86～88℃，保温 1h，降温至 60～65℃开始后处理，同时滴加组分 5，用时 45min，保温 20min；降温至 40℃，用氨水调 pH 为 7～8，过滤出料。

（20）内墙漆用叔丙乳液

① 配方

组分	原料	用量/质量份	组分	原料	用量/质量份
A(底料)	去离子水	45.00	B(预乳化液)	*N*-羟甲基丙烯酰胺	1.328
	K12	0.0440		丙烯酸	0.664
	OP-10	0.0890	C(引发剂液)	过硫酸钾(初加)	0.100
	$NaHCO_3$	0.0990		去离子水(初加)	2.000
B(预乳化液)	去离子水	15.00		过硫酸钾(滴加)	0.232
	K12	0.177		去离子水(滴加)	15.00
	OP-10	0.354	D(后消除引发体系)	TBHP	0.0720
	甲基丙烯酸甲酯	34.02		去离子水	1.500
	丙烯酸丁酯	13.79		SFS(吊白块)	0.0600
	叔碳酸乙烯酯(VV-10)	16.60		去离子水	1.500

配方核算：乳化剂/单体＝1.03%；引发剂/单体＝0.51%；阴离子乳化剂/非离子乳化剂＝0.5；*N*-羟甲基丙烯酰胺/单体＝2%；AA/单体＝1%；固含量：45%。

② 合成工艺

将底料加入反应瓶升温至 78℃；取组分 B 的 10%加入反应瓶打底，升温至 84℃，加入 KPS 溶液（初加）；待蓝光出现，回流不明显时同时滴加剩余预乳化液及滴加用引发剂液，约 4h 滴完；保温 1h；降温为 65℃，加入后消除引发体系，保温 30min；降至 40℃，用氨水调 pH 为 7～8，过滤出料。

（21）叔醋丙乳液

① 配方

组序	原料名称	用量/质量份	组序	原料名称	用量/质量份
1(釜底液)	水	340.9	4(滴加引发剂液)	过硫酸钾	1.1000
	QP300	3.00		水	48.0
	LCN-407	11.5	5(单体后消除引发体系)	叔丁基过氧化氢	0.6000
	A-102	9.90		水	4.00
	醋酸钠	2.20		焦亚硫酸钠	0.4000
2(初加引发剂液)	过硫酸钾	0.2000		水	5.00
	水	9.00	6(后添加液)	消泡剂	0.500
3A(单体液)	醋酸乙烯	367.4		防腐剂	1.50
	叔碳酸乙烯酯(VV-10)	128		水	15.0
	丙烯酸丁酯	17.8	合计		975.0
	冲罐水	8.00	种子		44.4
3B(有机硅单体)	A-171	1.00			

注：1. QP300 为羟乙基纤维素，为陶氏化学的产品。
2. A-102 为脂肪醇醚琥珀酸单酯磺酸二钠盐，为索尔维公司乳化剂。
3. LCN-407 为特种烷基醇聚氧乙烯醚，为科莱恩公司乳化剂。
4. A-171 为乙烯基三甲氧基硅烷。

② 合成工艺

加入组分 1，当釜温稳于 73～75℃时，加入组分 2；5min 后加入 44.4 质量份组分 3，反应 20min，或无回流时，开始滴加组分 3、组分 4，温控 80～83℃，滴加时间约 4.5～5h，组分 3B 在组分 3A 剩余 20%时加入，搅拌均匀。全部滴毕，保温 1h。降至 68～70℃，用 45min 同时滴加叔丁基过氧化氢和焦亚硫酸钠水溶液，保温 15min。降至 50℃用 10～15min 加入组分 6，过滤包装。

（22）增稠剂

① 配方

组分	原料	用量/质量份	组分	原料	用量/质量份
1(釜底液)	去离子水	329	3(预乳化液)	甲基丙烯酸月桂酯	43.6
	LDBS 23	0.350		甲基丙烯酸	123.9
2(初加引发剂)	SPS	0.5200		冲洗用水	8.00
	去离子水	10.0	4(滴加引发剂)	SPS	1.230
3(预乳化液)	去离子水	266		去离子水	65.0
	LDBS 23	3.90	5(洗涤水)	去离子水	16.0
	BEM	5.00	合计		1000
	丙烯酸乙酯	127.5			

注：1. LDBS 23 为十二烷基苯磺酸钠，为巴斯夫（BASF）公司乳化剂。

2. BEM 为增稠剂功能单体，为索尔维公司产品。

② 合成工艺

加入釜底液，将釜温升至并稳于 79～81℃，加入组分 2，2min 后加入 18 质量份预乳化液，当温度升至最高点反应 15min，开始滴加剩余组分 3、组分 4，温控 79～81℃，时间 4.5h，滴毕，保温 1h，降温至 30℃，100 目网过滤、包装。

(23) 疏水改性缔合型碱溶胀增稠剂

① 配方

组分	原料名称	用量/质量份	组分	原料名称	用量/质量份
A(底料)	水	318.3	D(滴加引发剂)	水	45.0
	AB20	2.00		过硫酸铵	0.5400
B(种子引发剂)	水	15.0	E(后消除氧化-还原引发体系)	叔丁基过氧化氢	1.450
	过硫酸铵	0.7100		叔丁基过氧化氢溶解水	2.00
C(单体预乳化液)	水	272.7		维生素 C(V_C)	0.5200
	AB20	20.4		V_C 溶解水	17.0
	HPM-100	34.8	总量		1000.32
	甲基丙烯酸	113.2	理论固含量		30.00%
	丙烯酸乙酯	156.7			

注：1. AB20 为脂肪醇聚氧乙烯醚硫酸钠盐，为索尔维公司乳化剂。

2. HPM-100 为增稠剂功能单体，为索尔维公司产品。

② 合成工艺

加入底料，80℃加入 7.75 质量份预乳化液，2min 后加 B，开始种子反应，从温度升至最高点开始计时反应 15min，同时滴加 C、D，滴加时间为 3h，整个反应温控为 80～82℃，全部滴毕保温 1h，降温至 65℃，加入叔丁基过氧化氢，5min 后用 30min 滴加 VC 水溶液，降温至 45℃，过滤包装。

(24) 丙烯酸钠盐分散剂

① 配方

组分	名称	用量/kg	组分	名称	用量/kg
1(底料)	入锅水	500	4(滴加引发剂)	过硫酸铵	45.00
	异丙醇	600		水	1000
2(初加引发剂)	过硫酸铵	5.000	5(碱液)	片碱	300
	水	200		水	450
3(单体)	丙烯酸	1900			

② 合成工艺

a. 将组分 1 投入反应釜，当底料升温至 70℃时，加入组分 2。

b. 当底料升温至 82℃时，同时滴加组分 3、组分 4，反应温度为 86～92℃。组分 3 滴加时间为 2.5h，组分 4 为 2h40min。滴加完毕，保温 1h。反应过程搅拌速度控制在 300～400r/min。

c. 保温完毕，降温至 60℃；滴加组分 5，中和 1h，中和温度为 60～78℃。

d. 于 80～84℃常压自然蒸馏回收溶剂。当常压蒸馏回收速度减少时或蒸馏温度升至高于 86℃时，停止常压自然蒸馏，改为减压抽真空回收溶剂。

e. 无溶剂馏出时，停止抽真空，降温至 55℃以下，用 200 目滤网过滤包装。

产品指标：NDJ 黏度（2＃，12r/min，25℃）150～500mPa·s;pH 6.5～7.5；硫含量 38%～42%。

4.3 丙烯酸树脂二级分散体的合成

4.3.1 配方设计

乳液型单组分水性丙烯酸酯树脂涂料由于其热塑性，涂层的硬度、耐磨性、湿附着性、耐溶剂性较差，且夏季漆膜易粘连、光泽低、丰满度差，涂膜物化性能远远劣于热固性的水性双组分涂料。双组分水性聚氨酯涂料（2K WPU）使用亲水改性的多异氰酸酯作为固化剂，大大提高了涂层的交联密度，性能基本可与溶剂型聚氨酯涂料相媲美，是高端面漆用主流树脂。在木器、工业防护和汽车涂饰等领域将凸显价值。水性 2K WPU 涂料以水性羟基丙烯酸树脂为甲组分，亲水改性的多异氰酸酯固化剂为乙组分，通过交联固化成膜。

丙烯酸酯树脂二级分散体酸值较低，一般低于 30mgKOH/g，羟值约 120mgKOH/g，是水性 2K WPU 体系的优秀羟基组分；另外，VOC 小于 150g/L；同时具有高固含量、低黏度、同水性固化剂易混合的特点。

丙烯酸树脂水分散体的合成通常采用溶液聚合法，其溶剂应与水互溶；另外，在单体配方中往往含有羧基或氨基单体，前者用碱中和得到盐基，后者用酸中和得到季铵盐基，然后在强烈搅拌下加入水分别得到阴离子型和阳离子型丙烯酸树脂水分散体。加水后若没有转相，则体系似真溶液，若补水到某一数值，完成转相后，外观则似乳液。两种离子型分散体中，阴离子型应用比较广泛。

丙烯酸树脂二级分散体通常设计成共聚物，最常用的羧基型单体是丙烯酸和甲基丙烯酸。为了实现“高固、低黏”的分散体，羧基单体用量一般低于 5%，树脂酸值低于 25mgKOH/g；同时，为了保证细的粒径和窄的粒径分布，需要引入羟基酯单体提高水分散性，羟值一般在 2%～4%（树脂），或 60～120mgKOH/g。

另外，单体组成，引发剂种类、用量及链转移剂种类、用量等工艺条件都影响分散体的性能。

使用具有支链结构及庞大空间位阻结构的单体，其共聚物具有伸展而彼此不缠绕的链结构，溶液聚合阶段具有更低的黏度，容易转相，分散体黏度亦较低。常用的单体有叔碳酸缩水甘油酯、叔碳酸乙烯酯、甲基丙烯酸苄酯、(甲基）丙烯酸异冰片酯、甲基丙烯酸环己酯、甲基丙烯酸叔丁基环己酯等。

中和剂一般使用有机碱，如三乙胺（TEA)、二乙醇胺、二甲基乙醇胺（DMAE)、2-氨基-2-甲基丙醇（AMP)、*N*-乙基吗啉（NEM）等。其中三乙胺（TEA）挥发较快，对

pH 稳定不利；二甲基乙醇胺（DMAE）可能会和酯基发生酯交换，影响树脂结构和性能。2-氨基-2-甲基丙醇（AMP-95）、*N*-乙基吗啉（NEM）性能较好。其次，中和剂的用量应使体系的 pH 值位于 7.5～8.0，不要太高，否则，将使体系黏度剧增，影响固含量和施工性能。

助溶剂也是合成丙烯酸树脂水分散体的重要组分，它不仅有利于溶液聚合的传质、传热，使聚合顺利进行，还与加水分散效果、与氨基树脂的相容性和成漆后的润饰性、流平性有关。综合考虑，醇醚类溶剂较好。因为乙二醇丁醚等溶剂对血液和淋巴系统有影响，同时严重损伤动物的生殖机能，造成畸胎、死胎。因此，应尽量不用乙二醇及其醚类溶剂。丙二醇及其醚类比较安全，可以用作助溶剂。正丁醇、异丙醇可以混合使用。

丙烯酸树脂水分散体若作为羟基组分，其合成配方中应加入分子量调节剂，如巯基乙醇、十二烷基硫醇及甲基苯乙烯二聚体等，巯基乙醇转移后的引发、增长可以在大分子端基引入羟基，可提高羟值及改善羟基分布。

4.3.2 丙烯酸树脂水分散体的合成工艺

丙烯酸树脂水分散体的合成采用油性引发剂引发，用亲水性的醇醚及醇类作混合溶剂，混合单体以“饥饿”方式滴加，用分子量调节剂控制分子量。水性树脂经碱中和实现其水分散性，在强力搅拌下加入去离子水，即得到透明或乳状液的丙烯酸树脂水分散体。

4.3.3 丙烯酸树脂水分散体的典型产品

Bayhydrol® A 2470

生产商：科思创；主要成分：水性丙烯酸多元醇分散体；固含量：44%～47%；溶剂：4%SN100，4%1-丁氧基-2-丙醇；黏度（23℃）：1500～3000mPa·s；中和剂：DMEA；密度：1.06g/cm^3；pH：7～8；羟基含量：3.9%；

特点：高光，良好的耐化学品性和力学性能，突出的耐水性

对应亲水性改性脂肪族聚异氰酸酯固化剂：Bayhydur® XP2655

4.3.4 合成实例

（1）实例 1

① 合成配方

组分	原料	用量/质量份	组分	原料	用量/质量份
溶剂	PNB	5.00	组分二	MMA	2.00
组分一	MMA	4.00		HEMA	3.50
	BMA	1.50		St	0.60
	HEMA	8.50		MAA	1.26
	St	8.00		BA	1.64
	BA	1.00		EHA	2.00
	EHA	5.00		TBPO	0.240
	过氧化-2-乙基己酸叔丁酯(TBPO)	0.560		T	0.120
			中和剂	DMEA	1.302
	链转移剂	0.280	水		43.96

配方核算：理论 T_g 约为 30℃/18℃；引发剂用量 2.0%（占单体的质量分数）；链转移剂（巯基乙醇）用量 1.0%；AV 20mgKOH/g；羟基含量 3.8%（树脂）；组分 1/组分 2 为 7/3；进水前固含量 89%；产品固含量 45%。

② 合成工艺

a. 溶剂进瓶；升温至 120℃，保温 15min。

b. 进 10%组分一单体、引发剂液；打底 30min。

c. 滴加剩余组分一液，2h 加完；保温 1h。

d. 滴加组分二单体、引发剂液，1.5h 滴完；保温 1.5h。

e. 降温 60℃，加入二甲基乙醇胺中和 0.5h。

f. 加水，高速分散 0.5h，200 目尼龙网过滤出料。

固含量：40%；黏度：150mPa·s;带蓝光乳液。可以用作氨基烘漆或 2K WPU 的羟基组分。

(2) 实例 2

将 32.0g 丙二醇丁醚和 32.0g Solvesso 100 的混合物加入反应器中，通氮气，搅拌升温至 134～140℃，开始滴加 60.1g 甲基丙烯酸甲酯、56.0g 苯乙烯、60.0g 甲基丙烯酸羟乙酯、19.6g 甲基丙烯酸正丁酯、60.0g 丙烯酸丁酯和 9.200g 二叔丁基过氧化物的混合物，控制滴加速度均匀，在 3h 内将混合物滴完，滴完后立即开始滴加 28.2g 甲基丙烯酸甲酯、30.0g 甲基丙烯酸羟乙酯、22.0g 丙烯酸丁酯、9.80g 丙烯酸和 3.80g 二叔丁基过氧化物的混合物，匀速滴加，在 1h30min 内滴完，保温 30min 后，补加 1.300g 二叔丁基过氧化物，继续保温 2～3h，降温至 80℃，加入 10.9g 二甲基乙醇胺，搅拌 20min 后，在 1h 内匀速加入 365.2g 去离子水，搅拌分散得到乳白半透明的水分散体。该水分散体的指标见表 4-11。

表 4-11　实例 2 水分散体的指标

项目	数值	项目	数值
固含量/%	45	羟基含量(对固体)/%	3.3
黏度/mPa·s	5300	酸值(对固体)/(mgKOH/g)	21
平均粒径/nm	105		

(3) 实例 3

将 85.0g Veova 10（Veova 10 为 Hexion 公司生产的一种叔碳酸乙烯酯单体）加入反应器中，通氮气，搅拌升温至 136～142℃，开始滴加 32.0g 甲基丙烯酸异冰片酯、23.0g 苯乙烯、39.2g 甲基丙烯酸羟乙酯、15.9g 甲基丙烯酸正丁酯、30.6g 丙烯酸丁酯和 4.600g 二叔丁基过氧化物的混合物，控制滴加速度均匀，在 3h 左右将混合物滴完，滴完后立即开始滴加 4.00g 甲基丙烯酸异冰片酯、2.50g 苯乙烯、11.7g 甲基丙烯酸羟乙酯、3.70g 丙烯酸丁酯、12.5g 聚乙二醇单甲醚（MPEG，500）MA、12.5g SR20 和 1.600g 二叔丁基过氧化物的混合物，匀速滴加，在 1h 20min 内滴完，保温 1h，降温至 80℃，加入 12.8g 甲基丙烯酸异冰片酯、8.80g 苯乙烯、11.0g 甲基丙烯酸羟乙酯、5.90g 甲基丙烯酸正丁酯和 11.5g 丙烯酸丁酯的混合物，搅拌 20min 后，在 1h 内匀速加入 443.8g 去离子水，搅拌分散得到乳白半透明的水分散体，在 80℃下滴加 19.2g 甲基丙烯酸异冰片酯、13.2g 苯乙烯、16.4g 甲基丙烯酸羟乙酯、8.90g 甲基丙烯酸正丁酯、17.4g 丙烯酸丁酯、1.300g 偶氮二异丁腈的混合物，匀速滴加，在 1h 30min 内滴完，继续保温 2h 后，加入 1.00g 二甲基乙醇胺，制得乳白半透明的分散体。本实例的参数指标见表 4-12。

表 4-12 实例 3 水分散体的指标

项目	数值	项目	数值
固含量/%	46	平均粒径/nm	110
黏度/mPa·s	700	羟基含量(对固体)/%	2.5

(4) 实例 4

将 30.0g BCS 加入带有加热装置、冷凝装置及搅拌装置的 1L 反应器中并加热至 138℃，待初始物料升温至 138℃时开始均匀滴加以下单体混合液Ⅰ：40.0g MMA、20.0g BA、10.0g EHA、56.3g BMA、12.5g HEMA、100g St、11.3g MAA 及 5.000g DTBP（二叔丁基过氧化物）。滴加时间 2h，待单体混合物滴加完后在此温度下保温 20min。然后均匀滴加以下单体混合液Ⅱ：70.0g MMA、30.5g BA、37.5g HEMA、12.0g AA 及 0.7500g DTBP。滴加时间 3h，待单体混合物滴加完后在此温度下保温 10min，然后加入 5.60g DMEA 搅拌 20min，然后用 520g 纯水分散 10min，获得羟基丙烯酸树脂分散体 A。

将上述获得的羟基丙烯酸树脂分散体 A 加入带有加热装置、冷凝装置及搅拌装置的 1L 反应器中并加热至 88℃，待初始物料升温至 85℃时开始均匀滴加以下单体混合液Ⅲ：60.0g MMA、39.0g BMA、0.500g EGDMA（二甲基丙烯酸乙二醇酯）、0.500g 聚丁二烯马来酸酐及 0.1000g APS。滴加时间 1.0h，滴加完成后保温 20min，然后过滤出料，获得羟基丙烯酸树脂分散体。该分散体对银粉浆定向能力强，且对聚丙烯（PP）基材附着力好。

(5) 实例 5

将 50.0g BCS 加入带有加热装置、冷凝装置及搅拌装置的 1L 反应器中并加热至 140℃，待初始物料升温至 140℃时开始均匀滴加以下单体混合液Ⅰ：100g MMA、25.3g BA、60.0g BMA、32.5g HEMA、97.5g St、9.75g MAA 及 3.900g DTBP。滴加时间 3h，待单体混合物滴加完后在此温度下保温 30min，然后均匀滴加以下单体混合液Ⅱ：50.0g MMA、19.0g BA、15.0g HEMA、16.0g AA 及 1.000g DTBP。滴加时间 1h，待单体混合物滴加完后在此温度下保温 30min，然后加入 17.3g DMEA 搅拌 20min，之后用 520g 纯水分散 10min，获得羟基丙烯酸树脂分散体。

(6) 实例 6

将 150g 丙二醇甲醚加入带有加热装置、冷凝装置、温度计及搅拌装置的反应器中并加热至 125℃，待物料升温至回流时，向反应器中均匀滴加以下单体混合物：80.0g 甲基丙烯酸甲酯、30.4g 丙烯酸丁酯、22.0g 甲基丙烯酸羟乙酯及 8.000g TBPO；滴加时间约为 3.5h，保温 0.5h。然后再在反应器中均匀滴加以下单体混合物：20.0g 甲基丙烯酸甲酯、7.60g 丙烯酸丁酯、30.0g 甲基丙烯酸羟乙酯、33.0g 甲基丙烯酸二甲氨基乙酯及 2.000g TBPO；滴加时间约为 1h，待单体混合物滴加完后在此温度下保温 2h，降温至 60℃，加入 12.6g 乙酸搅拌 15min，然后在高速剪切下加入 420g 去离子水，用时约 30min，得到分散体产品。之后在 90℃下进行真空蒸馏，除去丙二醇甲醚，得到目标产物水性阳离子羟基丙烯酸分散体。本实例制得的水性阳离子羟基丙烯酸分散体的指标如表 4-13 所示。

表 4-13 实例 6 水分散体的指标

项目	数值	项目	数值
固含量/%	35	平均粒径/nm	70
黏度/mPa·s	4500	羟基含量(对固体)/(mg KOH/g)	100

4.4 水溶性丙烯酸树脂的合成

水溶性丙烯酸树脂也是共聚物，羧基型单体最常用的也是丙烯酸和甲基丙烯酸，此外衣康酸、马来酸也有应用。为引入足够的盐基，实现良好的水可分散性，羧基单体用量较大，一般在 8%～20%之间，树脂酸值为 40～60mgKOH/g。其用量应在满足水溶性的前提下，尽量低些，以免影响耐水性。除羧基外，羟基、醚基、酰氨基对水稀释性亦有提高。另外，由于酸值高，丙烯酸树脂水分散体通常设计成羟基型，用作单组分烤漆的羟基组分，以供同水性氨基树脂、封闭型水性多异氰酸酯配制烘漆，其羟值也是需要控制的一个重要指标。此外，*N*-羟甲基丙烯酰胺（NMA）可自交联、甲基丙烯酸缩水甘油酯与（甲基）丙烯酸可以加热交联以提高性能。其工艺同分散体相同。合成反应式如下：

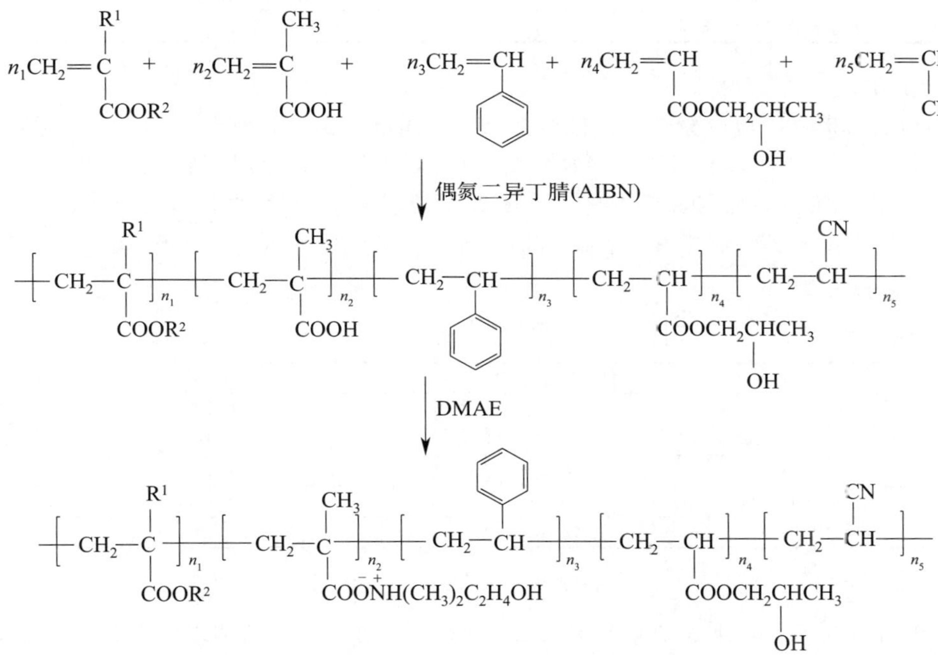

式中，R^1＝H、—CH_3；R^2＝—CH_3、—C_4H_9。

其合成实例如下。

（1）实例 1

① 合成配方

序号	原料名称	用量/质量份	序号	原料名称	用量/质量份
1	甲基丙烯酸甲酯	15.0	9	巯基乙醇	1.000
2	甲基丙烯酸丁酯	12.0	10	偶氮二异丁腈	1.500
3	丙烯酸丁酯	16.0	11	正丁醇	19.2
4	丙烯酸-*β*-羟丙酯	28.0	12	乙醇	6.40
5	苯乙烯	8.00	13	追加引发剂(2 份正丁醇溶解)	0.300
6	丙烯腈	8.00	14	二甲基乙醇胺	10.6
7	甲基丙烯酸	10.0	15	水	66.3
8	甲基丙烯酸缩水甘油酯	3.00			

② 合成工艺

将溶剂加入带有回流冷凝管、机械搅拌器、恒压滴液漏斗和温度计的四口反应瓶中，开动搅拌，升温使溶剂回流。接着将全部单体、引发剂、链转移剂混合均匀后的20%加入反应瓶，保温0.5h；然后滴加剩余部分单体液，耗时3.5～4.0h。滴完后保温2h，其后加入追加引发剂液，继续保温2h。降温至60℃，在充分搅拌下用二甲基乙醇胺中和，在高速搅拌下加水，即制得水稀释型丙烯酸树脂。该产品可用作水性氨基烘漆的羟基组分。

（2）实例2

① 合成配方

序号	原料名称	用量/质量份	序号	原料名称	用量/质量份
1	甲基丙烯酸甲酯	42.00	6	异丙醇	15.00
2	丙烯酸丁酯	30.00	7	乙二醇丁醚	15.00
3	甲基丙烯酸-β-羟丙酯	13.00	8	二甲基乙醇胺	15.08
4	甲基丙烯酸	15.00	9	水	54.32
5	过氧化二苯甲酰	0.600			

② 合成工艺

将溶剂加入带有回流冷凝管、机械搅拌器、恒压滴液漏斗和温度计的四口反应瓶中，开动搅拌，升温至82℃使溶剂回流。接着将全部单体、引发剂混合均匀，取其20%加入反应瓶，保温0.5h，然后滴加剩余单体液，耗时3.5～4.0h。滴完后保温3h。降温至60℃，在充分搅拌下用二甲基乙醇胺中和，在高剪切下加入去离子水，即得水可稀释型丙烯酸树脂。

（3）实例3

① 合成配方

序号	原料名称	用量/质量份	序号	原料名称	用量/质量份
1	乙醇	25.0	2	巯基乙醇	0.0300
2	MMA	15.0		AIBN	1.200
	BA	8.50	3	DMEA	4.45
	HEMA	3.50	4	去离子水	45.0
	AA	2.00			

② 合成工艺

将乙醇加入反应器，通氮驱氧，升温至80℃，开动搅拌，滴加组分2混合单体、引发剂液，4h加完，保温1h，降温至60℃，加入组分3，中和0.5h，加入去离子水，混合0.5h，得30%的水性丙烯酸树脂。指标：固含量30%；黏度为5000mPa·s；羟值为1.5%（以固体计）；酸值为52mgKOH/g。

水性丙烯酸树脂是水性树脂中最为成熟的产品。但也存在一些缺点：胶粒粒度较大，对基材润湿、渗透性不佳；乳化剂的存在影响涂膜致密性、耐水性和光泽；涂膜易返黏。为克服这些问题，近年来一些新的乳液聚合技术不断涌现，如核-壳乳液聚合、无皂乳液聚合、微乳液聚合、聚氨酯改性技术、氟硅单体改性技术、自交联技术、有机-无机杂化技术等。我们要密切跟踪这些技术，勇于创新，就能推进我国水性丙烯酸树脂的研究和开发，实现水性树脂行业的技术进步。

第5章

水性聚氨酯树脂

1937年，德国化学家Otto Bayer及其同事用多异氰酸酯和多羟基化合物通过聚合加成反应合成了一种新型聚合物，标志着聚氨酯的成功开发。最初使用的多异氰酸酯为甲苯二异氰酸酯，属芳香族，20世纪60年代以来，又陆续开发出了脂肪族多异氰酸酯。其后的技术进步和产业化促进了聚氨酯科学和技术的快速发展，使聚氨酯树脂在涂料、黏合剂及弹性体行业取得了重要应用。据有关文献报道，2020年聚氨酯涂料的全球销售量为590万吨，约占涂料销售总量（5360万吨）的11%，销售额为280亿欧元，预计到2030年，其全球销售量将增至约890万吨，约占涂料市场总量的15%，具有极大发展空间。就最终用途而言，聚氨酯涂料销售量的最大份额在防护涂料细分市场，约占聚氨酯涂料总量的32%，工业木器涂料细分市场占总量的25%。从区域来看，聚氨酯涂料的绝大多数销售是在亚太地区，其市场份额为70%，该地区的销售取得了迅速的发展，而中国一直引领销售的增长；欧洲占15%的份额；美洲占12%的份额；其余份额来自中东和非洲。

聚氨酯（polyurethane）大分子主链上含有许多氨基甲酸酯基（$\text{—NH—}\overset{O}{\overset{\parallel}{C}}\text{—O—}$），此外，大分子链上还往往含有醚基（—O—）、酯基（$\text{—}\overset{O}{\overset{\parallel}{C}}\text{—O—}$）、脲基（$\text{—NH—}\overset{O}{\overset{\parallel}{C}}\text{—NH—}$）、酰氨基（$\text{—NH—}\overset{O}{\overset{\parallel}{C}}\text{—}$）等基团，大分子间很容易生成分子间或分子内氢键。

聚氨酯是综合性能优良的合成树脂之一。由于其合成单体品种多，反应条件温和、专一、可控，配方调整余地大及其高分子材料的微观结构（存在微观相分离）特点，可广泛用于涂料、黏合剂、泡沫塑料、合成纤维以及弹性体，已成为人们衣、食、住、行以及高新技术领域必不可少的合成材料之一，其本身已经构成了一个多品种、多系列的材料家族，形成了完整的聚氨酯工业体系，这是其他树脂所不具备的。

早期的聚氨酯涂料都是油性的，其产品品种众多、用途广泛，在涂料产品中占有非常重要的地位。聚氨酯涂料因其涂膜具有良好的耐磨性、耐腐蚀性、耐化学品性、硬度大、高弹性等优点，且组分调节灵活，已广泛应用于家具涂装、金属防腐、汽车涂装、飞机蒙皮、地板漆、路标漆等。聚氨酯涂料是涂料工业中增长速度最快的品种之一，据文献报道，在美国，其增长率 2 倍于涂料工业的增长率，用量居醇酸树脂涂料与环氧树脂涂料之间。

我国的聚氨酯涂料以芳香族木器家具涂料及地板清漆为主，脂肪族多异氰酸酯大多产自国外，因其不泛黄，耐日晒，大多应用于高档产品，如飞机蒙皮、汽车及高档建筑等。目前我国的聚氨酯涂料以双组分醇酸聚氨酯涂料为主，该类涂料由甲苯二异氰酸酯（TDI）的加成物或预聚物与含羟基的醇酸树脂制成，因其泛黄严重，只能作为深色室内用涂料。随着技术的发展，尤其是高装饰性耐候涂料需求量的增长，可采用不泛黄的脂肪族聚氨酯原料，以改进泛黄性，提高耐候性。涂料用的脂肪族多异氰酸酯主要有 1,6-己二异氰酸酯（HDI）、异佛尔酮二异氰酸酯（IPDI）、氢化二苯甲烷二异氰酸酯（HMDI）及其衍生物，用量最大的为 HDI。为了提高聚氨酯涂料的产品质量和降低生产成本，国内聚氨酯涂料生产厂家选用异氰酸酯预聚物作固化剂，主要有加成物、缩二脲和三聚体。20 世纪 90 年代初，单组分聚氨酯涂料也形成了一定的生产规模，主要以聚氨酯油为基料，可以生产清漆和色漆。

水性聚氨酯的研究始自 20 世纪 50 年代，1953 年，Du Pont 公司的研究人员将端异氰酸酯基预聚体的甲苯溶液分散于水，用乙二胺扩链合成水性聚氨酯（WPU）。当时，聚氨酯材料科学刚刚起步，WPU 未受到重视。60、70 年代，对水性聚氨酯的研究、开发迅速发展，70 年代开始工业化生产用作皮革涂饰剂的水性聚氨酯。进入 90 年代，随着人们环保意识以及环保法规的加强，环境友好的水性聚氨酯的研究、开发日益受到重视，其应用已由皮革涂饰剂不断扩展到涂料、黏合剂等领域，正在逐步占领溶剂型聚氨酯的市场，代表着涂料、黏合剂的发展方向。在水性树脂中，水性聚氨酯仍然是优秀树脂的代表，是现代水性树脂研究的热点之一。水性聚氨酯涂料是以水性聚氨酯树脂为基础，以水为分散介质配制的涂料，具有毒性小、不易燃烧、不污染环境、节能、安全等优点，同时还具有溶剂型聚氨酯涂料的一些性能，将聚氨酯涂料硬度高、附着力强、耐磨性好、柔韧性好、低温成膜性好等优点与水性涂料的低 VOC 相结合。同时由于聚氨酯大分子具有可剪裁性，结合新的合成和交联技术，可有效控制其组成和结构，使得水性聚氨酯涂料成为近年来发展最快的水性涂料产品。水性聚氨酯涂料包括单组分和双组分体系，单组分涂料的水性聚氨酯树脂分子量较大，成膜过程中一般不发生交联，具有施工方便的优点。双组分水性聚氨酯涂料由含羟基的水性树脂和含异氰酸酯基的水性固化剂组成，施工前将两者混合，成膜过程中发生交联反应，涂膜性能好，丰满度高，耐化学品性能好。

5.1 异氰酸酯化学与反应机理

5.1.1 异氰酸酯的反应机理

异氰酸酯指含有异氰酸酯（—NCO，即—N ═C ═O）基团的化合物，其化学活性适中。一般认为异氰酸酯基团具有如下的电子共振结构：

$$\mathrm{R{-}\overset{\ominus}{\ddot{N}}{-}\overset{\oplus}{C}{=}O} \rightleftharpoons \mathrm{R{-}N{=}C{=}O} \rightleftharpoons \mathrm{R{-}N{=}\overset{\oplus}{C}{-}\overset{\ominus}{\ddot{O}}}$$

根据异氰酸酯基团中 N、C、O 元素的电负性排序 O(3.5)>N(3.0)>C(2.5)，三者获得电子的能力是：O>N>C。另外，—C═O 键键能为 733kJ/mol，—C═N—键键能为 553kJ/mol，所以碳氧键比碳氮键稳定。

因此，由于诱导效应在—N ═C ═O 基团中氧原子电子云密度最高，氮原子次之，碳原子最低，碳原子形成亲电中心，易受亲核试剂进攻，而氧原子形成亲核中心。当异氰酸酯与醇、酚、胺等含活泼氢的亲核试剂反应时，$-N=C=O$ 基团中的氧原子接受氢原子形成羟基，但不饱和碳原子上的羟基不稳定，经过分子内重排生成氨基甲酸酯基。反应如下：

$$R^1-NCO+H-OR^2 \longrightarrow [R^1-N=\underset{\displaystyle\overset{|}{OR^2}}{C}-OH] \longrightarrow R^1-\overset{H}{\overset{|}{N}}-\overset{O}{\overset{\|}{C}}-OR^2$$

5.1.2　异氰酸酯的反应

异氰酸酯基团具有适中的反应活性，涂料化学中常用的反应有异氰酸酯基团与羟基的反应、与水的反应、与氨基的反应、与脲的反应以及其自聚反应等。

多异氰酸酯同羟基化合物的反应尤为重要，其反应条件温和，可用于合成聚氨酯预聚体、多异氰酸酯的加合物以及羟基型树脂（如羟基丙烯酸树脂、羟基聚酯和羟基短油醇酸树脂等）的交联固化。配漆时 $n_{NCO}:n_{OH}$ 一般在（1～1.2）∶1。水性化多异氰酸酯可用于水性羟基组分的交联，此时 $n_{NCO}:n_{OH}$ 一般在（1.3～1.5）∶1。

异氰酸酯基和水的反应机理如下：

$$R-NCO+H_2O \longrightarrow R-\overset{H}{\overset{|}{N}}-\overset{O}{\overset{\|}{C}}-OH$$

$$R-\overset{H}{\overset{|}{N}}-\overset{O}{\overset{\|}{C}}-OH \longrightarrow R-NH_2+CO_2$$

该反应是湿固化聚氨酯成膜的主要反应，也用于合成缩二脲以及芳香族异氰酸酯基在水中的低温扩链合成水性聚氨酯。脂肪族异氰酸酯基活性较低，低温下同水的反应活性较小。一般的聚氨酯化反应在 50～100℃进行，水的分子量又小，微量的水就会造成体系中 NCO 基团的大量损耗，造成反应官能团的摩尔比变化，影响聚合度的提高，严重时导致凝胶，因此聚氨酯化反应所用原料、盛器和反应器必须严格做好干燥处理。

异氰酸酯基和胺反应生成脲，反应如下：

$$R-NCO+H_2N-R' \longrightarrow R-\overset{H}{\overset{|}{N}}-\overset{O}{\overset{\|}{C}}-\overset{H}{\overset{|}{N}}-R'$$

取代脲氮原子上的活性氢可以继续与异氰酸酯基反应生成二脲、三脲等，聚脲通常为白色的不溶物，由此可用苯胺检验 NCO 基的存在。反应温度对脲的生成影响较大，如在制备缩二脲时，反应温度不应高于 100℃。异氰酸酯基和胺的反应常用于脂肪族水性聚氨酯合成时预聚体在水中的扩链，此时氨基的活性远大于水的活性，通过脲基生成高分子量的聚氨酯。另外，位阻胺（如 MOCA，即 3,3′-二氯-4,4′-二氨基二苯基甲烷）活性适中，可以同预聚体的 NCO 基在室温下发生扩链反应。

芳香族异氰酸酯基在 100℃以上可以和氨基甲酸酯基反应生成脲基甲酸酯，所以聚氨酯化反应的反应温度应低于 100℃，以防止脲基甲酸酯的生成而导致支化和交联。

$$R-NCO+R'-\overset{H}{\overset{|}{N}}-\overset{O}{\overset{\|}{C}}-R'' \longrightarrow R''-\underset{\displaystyle\overset{|}{C}=O \atop \displaystyle\overset{|}{NHR}}{N}-\overset{O}{\overset{\|}{C}}-OR'$$

异氰酸酯还可以发生自聚反应。其中芳香族的异氰酸酯容易生成二聚体——脲二酮：

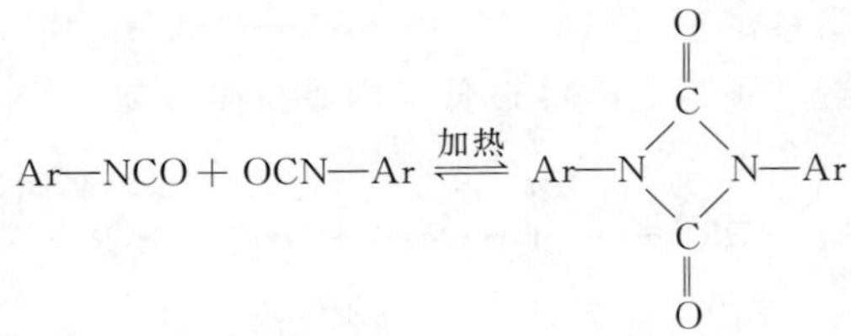

该二聚反应是一个可逆反应，高温时发生分解反应。

在催化剂存在下，二异氰酸酯会聚合成三聚体，其性质稳定、漆膜干燥快，属于高端双组分聚氨酯涂料的多异氰酸酯固化剂，预计其应用将不断扩大。三聚反应是不可逆的，其合成催化剂主要有叔胺、三烷基磷、碱性羧酸盐等。二异氰酸酯合成三聚体时可以用一种单体也可以用混合单体，如德国 Bayer 公司的 Desmodur HL 就是 TDI 和 HDI 合成的混合型三聚体。

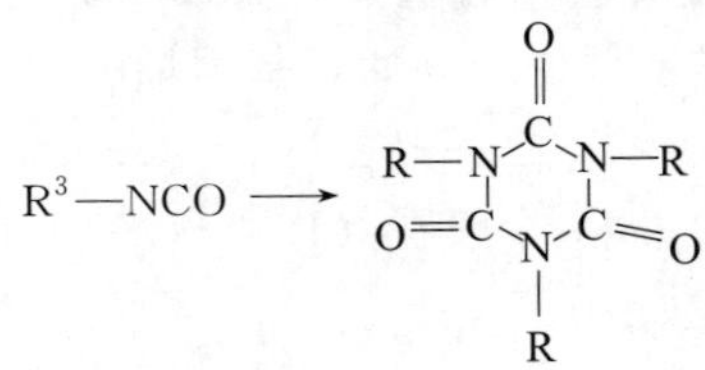

5.1.3 异氰酸酯的反应活性

异氰酸酯的反应活性主要受其取代基的电子效应和位阻效应影响。

（1）电子效应的影响

当 R 为吸电性基团时，会增强—N═C═O 基团中碳原子的正电性，提高其亲电性，更容易同亲核试剂发生反应；反之，当 R 为供电性基团时，会增加—N═C═O 基团中碳原子的电子云密度，降低其亲电性，削弱其同亲核试剂的反应。由此可以排出下列异氰酸酯同活性氢类化合物反应的活性顺序：

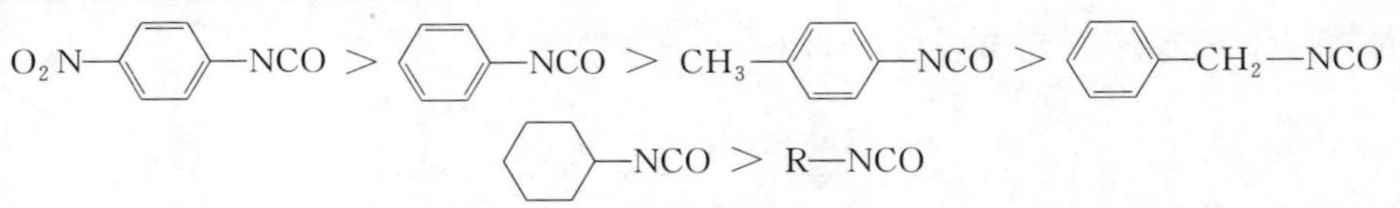

由于电子效应的影响，聚氨酯合成用的二异氰酸酯的活性往往增加。而当第一个—N═C═O 基团反应后，第二个的活性往往降低。如甲苯二异氰酸酯，两个—N═C═O 基团活性相差 2～4 倍。但当二者距离较远时，电子效应弱化，两个—N═C═O 基团的活性差别减少，如 4,4-二苯基甲烷二异氰酸酯（MDI）上的两个—N═C═O 基团活性非常接近。

（2）位阻效应的影响

位阻效应亦影响—N═C═O 基团的活性。甲苯二异氰酸酯有两个异构体：2,4-甲苯二异氰酸酯和 2,6-甲苯二异氰酸酯。前者的活性大于后者，其原因在于 2,4-甲苯二异氰酸酯中，对位上的—NCO 基团远离—CH_3 基团，位阻较小；而在 2,6-甲苯二异氰酸酯中，两个—NCO 基团都在—CH_3 基团的邻位，位阻较大。另外，甲苯二异氰酸酯中两个—NCO 基团的活性亦不同。2,4-TDI 中，对位—NCO 基团的活性大于邻位—NCO 的数倍，因此在反应过程中，对位的—NCO 基团首先反应，然后才是邻位的—NCO 基团参与反应。在 2,6-TDI 中，由于结构的对称性，两个—NCO 基团的初始反应活性相同，但当其中一个—NCO 基团反应之后，由于失去诱导效应，再加上空间位阻，故剩下的—NCO 基团反应活性大大降低。

5.2　水性聚氨酯的合成单体

5.2.1　多异氰酸酯

多异氰酸酯可以根据异氰酸酯基与碳原子连接的结构特点，分为四大类：芳香族多异氰酸酯（如甲苯二异氰酸酯，即 TDI）、脂肪族多异氰酸酯（六亚甲基二异氰酸酯，即 HDI）、芳脂族多异氰酸酯（即在芳基和多个异氰酸酯基之间嵌有脂肪烃基，常为多亚甲基，如苯二亚甲基二异氰酸酯，即 XDI）和脂环族多异氰酸酯（即在环烷烃上带有多个异氰酸酯基，如异佛尔酮二异氰酸酯，即 IPDI）。芳香族多异氰酸酯合成的聚氨酯树脂户外耐候性差，易黄变和粉化，属于“黄变性多异氰酸酯”，但价格低，来源丰富，在我国应用广泛，如 TDI 常用于室内涂层用树脂合成。脂肪族多异氰酸酯耐候性好，不易黄变，其应用不断扩大，在欧、美等发达国家已经成为主流的多异氰酸酯单体。芳脂族和脂环族多异氰酸酯性能接近脂肪族多异氰酸酯，也属于“不黄变性多异氰酸酯”。

5.2.1.1　芳香族多异氰酸酯

聚氨酯树脂中 90%以上属于芳香族多异氰酸酯。同芳基相连的异氰酸酯基团对水和羟基的活性远远大于脂肪族异氰酸酯基团。基于 MDI 的聚氨酯由于高的苯环密度，其力学性能也较脂肪族多异氰酸酯的聚氨酯更为优异。以下是一些常用的产品。

（1）甲苯二异氰酸酯

甲苯二异氰酸酯（tolulene diisocyanate，TDI）是开发最早、应用最广、产量最大的二异氰酸酯单体，根据两个异氰酸酯基（—NCO）在苯环上的位置不同，可分为 2,4-甲苯二异氰酸酯（2,4-TDI，简称 2,4-体）和 2,6-甲苯二异氰酸酯（2,6-TDI，简称 2,6-体）。

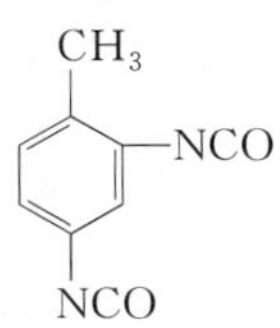

2,4-TDI

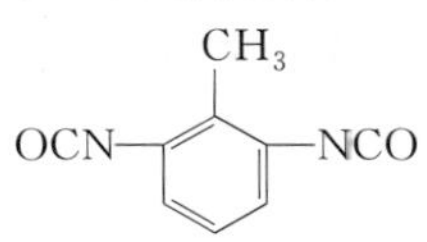

2,6-TDI

室温下，甲苯二异氰酸酯为无色或微黄色透明液体，具有强烈的刺激性气味。市场上有 3 种规格的甲苯二异氰酸酯出售。T-65 为 2,4-TDI、2,6-TDI 两种异构体（质量比为 65：35）的混合体；T-80 为 2,4-TDI、2,6-TDI 两种异构体（质量比为 80：20）的混合体，其产量最高、用量最大，性价比高，涂料工业常用该牌号产品；T-100 为 2,4-TDI 含量大于 95%的产品，2,6-TDI 含量甚微，其价格较贵。具体的产品性能指标见表 5-1。2,4-TDI 结构存在不对称性，由于—CH_3 的空间位阻效应，4 位上的—NCO 的活性比 2 位上—NCO 的活性大，50℃反应时相差约 8 倍，随着温度的提高，活性越来越靠近，到 100℃时，二者即具有相同的活性。因此，设计聚合反应时，可以利用这一特点先低温聚合再较高温度聚合，以合成结构比较规整的聚合物。TDI 的缺点是蒸气压大、易挥发、毒性大，通常将其转变成加合物或低聚物（oligomer）后使用；而且由其合成的聚氨酯制品存在比较严重的黄变性。黄变的原因在于芳香族聚氨酯由于光化学反应生成芳胺，进一步反应转化成了醌式或偶氮结构的生色团。

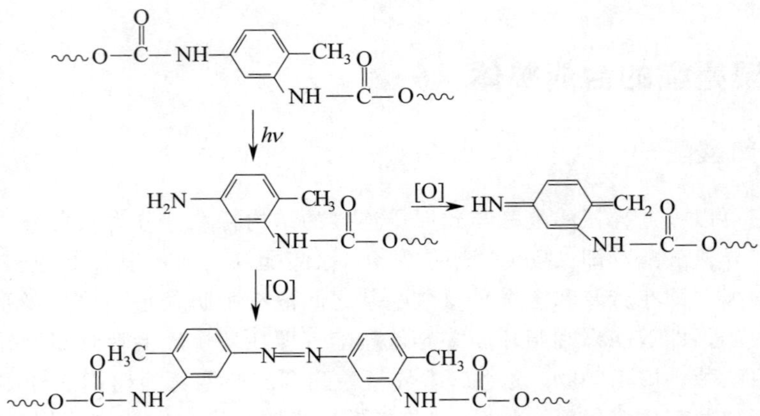

表 5-1　德国 Covestro 公司 TDI 产品性能指标

项目	T-65	T-80	T-100
2,4-TDI 含量/%	65.5±1	79±1	≥97.5
TDI 纯度/%	>99.5	>99.5	>99.5
凝固点/℃	6～7	12～13	>20
水解氯含量/%	<0.01	<0.01	≤0.01
酸度/%	<0.01	<0.01	≤0.004
总氯量/%	<0.1	<0.1	≤0.01
色度(AHPA)	<50	<50	20
相对密度 d_4^{25}	1.22	1.22	1.22
沸点/℃	246～247	246～247	251
黏度(25℃)/mPa·s	约3	约 3	3
闪点(闭杯)/℃	127	127	127

TDI 与三羟甲基丙烷的加合物是重要的溶剂型双组分聚氨酯涂料的固化剂。其中，Covestro 公司牌号为 Desmodur® L75 的产品，是 75%的乙酸乙酯溶液，NCO 质量含量为 (13.0±0.5)%，黏度（20℃）约为（2000±500）mPa·s;万华化学牌号为 WANNATE® TL-75E 的产品，是 75%的乙酸乙酯溶液，NCO 质量含量为（13.3±0.4)%，黏度（25℃）为 1000～2000mPa·s。

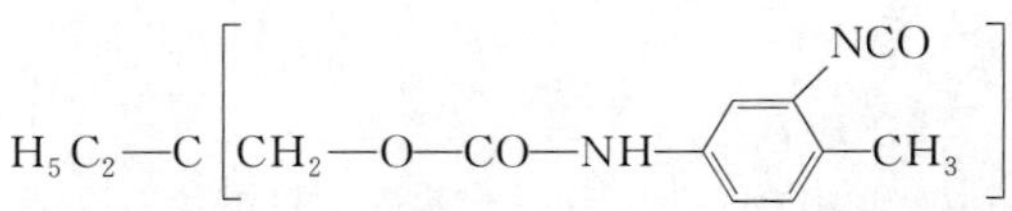

甲苯二异氰酸酯具有强烈的刺激性气味，在人体中具有积聚性和潜伏性，对皮肤、眼睛和呼吸道有强烈刺激作用，吸入高浓度的甲苯二异氰酸酯蒸气会引起支气管炎、支气管肺炎和肺水肿。液体与皮肤接触可引起皮炎，液体与眼睛接触可引起严重刺激作用，如果不加以治疗，可能导致永久性损伤。长期接触甲苯二异氰酸酯可引起慢性支气管炎，对甲苯二异氰酸酯过敏者，可能引起气喘、呼吸困难和咳嗽。因此，操作时要戴防毒面具，场地要保持良好通风。多异氰酸酯固化剂中 TDI 的残留量也应该严格加以限制。

（2） 4,4′-二苯基甲烷二异氰酸酯及聚合二苯基甲烷二异氰酸酯

4,4′-二苯基甲烷二异氰酸酯（diphenylmethane-4,4′-diisocyanate，MDI）是继 TDI 后开发的重要的二异氰酸酯，亦称为亚甲基双(4-苯基异氰酸酯）或二苯甲烷-4,4′-二异氰酸酯。MDI 溶于苯、甲苯、氯苯、硝基苯、丙酮、乙醚、乙酸乙酯等溶剂，为白色或浅黄色固体。MDI 分子量大，蒸气压远远低于 TDI，对工作环境污染小，单体可以直接使用，因此其产量不断提高。本品除用于聚氨酯涂料，还用于防水材料、密封材料的聚氨酯泡沫塑

料，用作保暖（冷）、建材、车辆、船舶的部件。此外，也用于制造合成革、聚氨酯弹性纤维、无塑性弹性纤维、鞋底、薄膜、黏合剂等，应用非常广泛。MDI 的化学结构主要为 4,4′-MDI，此外还包括 2,4′-MDI 和 2,2′-MDI。其沸点、凝固点见表 5-2。

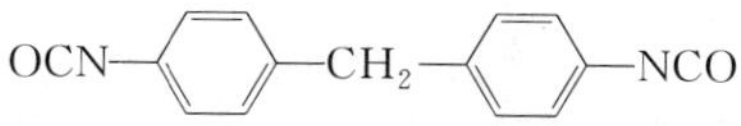

4,4′-MDI

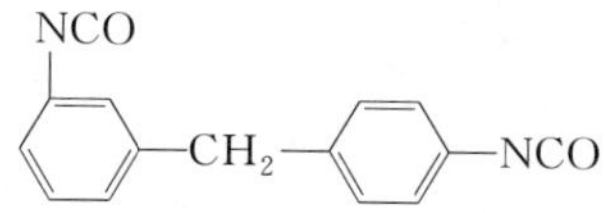

2,4′-MDI

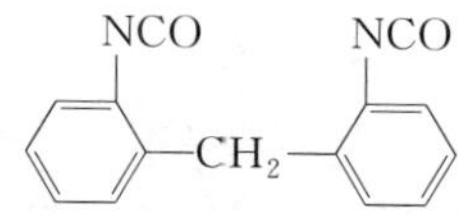

2,2′-MDI

表 5-2　MDI 异构体的沸点和凝固点

异构体	沸点/℃	凝固点/℃
4,4′-MDI	183（400Pa）	39.5
2,4′-MDI	154（173Pa）	36.5
2,2′-MDI	145（173Pa）	46.5

纯 MDI 室温下为白色结晶，但易自聚，生成二聚体和脲类等不溶物，使液体浑浊，产品颜色加深，严重影响下游使用和制品品质，因此，贮存温度最好在 50℃以下，且尽快使用。常用的稳定剂，如磷酸三苯酯、甲苯磺酰异氰酸酯及碳酰异氰酸酯等，结构式如下。其可以提高贮存稳定性，添加量为 0.1%～5%。

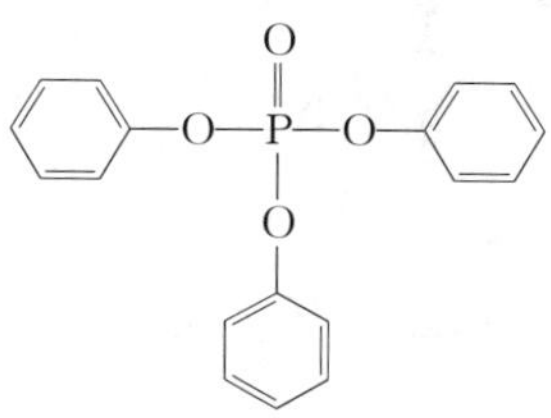

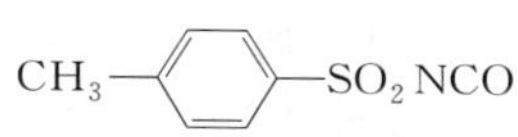

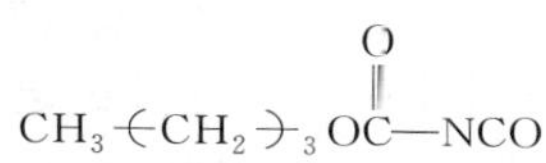

聚合二苯基甲烷二异氰酸酯（polyphenylmethane polyisocyanate，聚合 MDI 或 PAPI）是 MDI 的低聚物。其结构式如下：

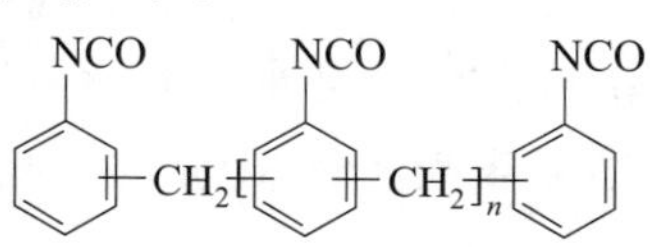

(n=0,1,2,3)

PAPI

PAPI 是一种不同官能度的多异氰酸酯的混合物，其中 $n=0$ 的二异氰酸酯（即 MDI）占混合物的 50%左右，其余是 3～5 官能度、平均分子量为 320～420 的多异氰酸酯。MDI 与 PAPI 的质量指标见表 5-3。

表 5-3　MDI 和 PAPI 的质量指标

项目		MDI	PAPI
分子量		250.3	131.5～140(胺当量)
外观		白色至浅黄色结晶	棕色液体
相对密度		1.19(50℃)	1.23～1.25(d_4^{25})
黏度(25℃)/mPa·s		常温下为固体,6.7(50℃)	150～250
凝固点/℃		≥38	<10
纯度/%	≥	99.6	
水解氯含量/%	≤	0.005	0.1
酸度(以 HCl 计)/%	≤	0.2	0.1
NCO 含量/%		约 33.4	30.0～32.0

续表

项目	MDI	PAPI
沸点/℃	194～199(667Pa)	约 260,自聚放出 CO_2
蒸气压(25℃)/kPa	约 1.33	0.15
色度(APHA)	30～50	
官能度	2	2.7～2.8
闪点/℃	199	>200

MDI 也属于“黄变性多异氰酸酯”，且比 TDI 的黄变性更大，其黄变机理是氧化生成了醌亚胺结构：

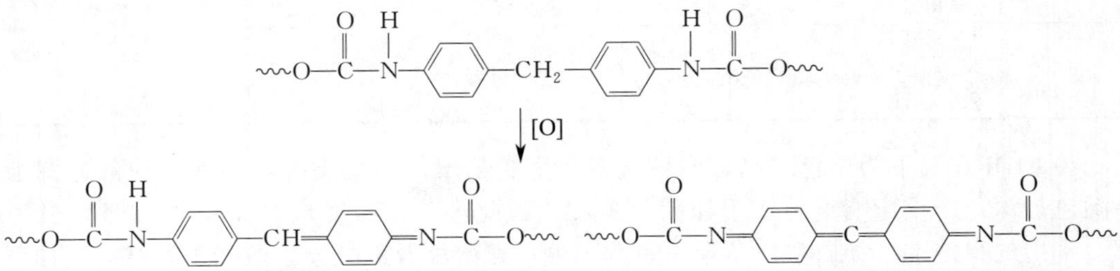

一醌亚胺　　　　二醌亚胺

另外，由于 MDI 常温下为固体，桶装后形成整块固体，需要 40～60℃温水熔融为液体后才能计量使用，熔融后稳定性差，使用不便，存在安全隐患，能耗大；而且，MDI 活性大，稳定性差，其改性产品——液化（或改性）MDI 应用更广。

液化 MDI 主要包括三种类型：

a. 氨基甲酸酯化 MDI　该法用聚醚二元醇与过量的 MDI 反应生成改性 MDI，常温下产物为液体，NCO 含量约 25%，贮存稳定性也大大提高。

$$2OCN—R—NCO + HO\sim\sim OH \longrightarrow OCN—R—NH\overset{O}{\overset{\|}{C}}O\sim\sim O\overset{O}{\overset{\|}{C}}HN—R—NCO$$

b. 混合型 MDI　该法系将 4,4′-MDI 与其他多异氰酸酯拼合而成。常用的拼合多异氰酸酯包括 2,4′-MDI、TDI、聚合 MDI 及氨基甲酸酯化 MDI 等。此法操作简单，但拼混原料规格、配比要求高。该产品 NCO 含量 25%～45%。

c. 碳化二亚胺改性 MDI　MDI 在磷化物等催化剂存在下加热，发生缩合，脱除 CO_2，生成含有碳化二亚胺结构的改性 MDI。该产品 NCO 含量约 30%。

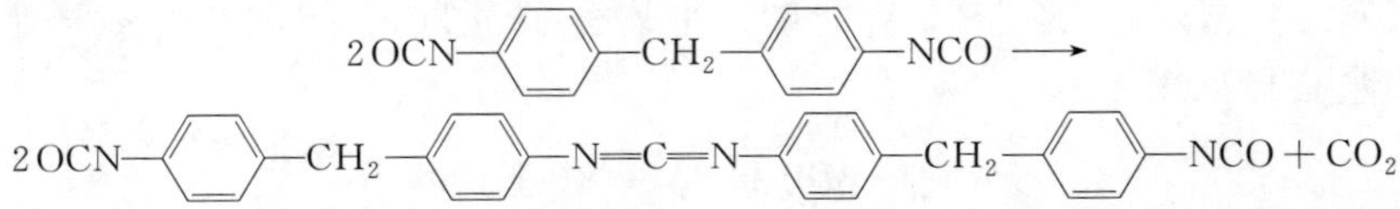

截至 2024 年底，全球 MDI 年产能为 1200 万吨左右，其中，万华化学产能全球领先，拥有 MDI 年产能 520 万吨，占比全球总产能的 23%，巴斯夫年产能 190 万吨、科思创年产能 220 万吨、陶氏化学年产能 140 万吨、亨斯迈年产能 90 万吨。未来 5 年内 MDI 行业仍将继续维持寡头垄断格局。

5.2.1.2　脂肪或脂环族二异氰酸酯

（1）六亚甲基二异氰酸酯

六亚甲基二异氰酸酯（hexamethylene-1,6-diisocyanate，HDI）属典型的脂肪族二异氰酸酯。结构式为：$OCN\text{-}(CH_2)_6\text{-}NCO$，此产品为无色或淡黄色透明液体，蒸气压高，毒性大，有强烈的催泪作用，使用时应做好安全保护；另外，HDI 贮存时易自聚而变质。其质量指标见表 5-4。

HDI 的主要生产厂家为中国万华化学、美瑞新材、德国科思创公司、日本旭化成、日本东曹公司等。

表 5-4　六亚甲基二异氰酸酯的质量指标

项目	指标	项目	指标
分子量	168.2	水解氯含量/%　≤	0.03
外观	无色或淡黄色透明液体	总氯量/%　≤	0.1
密度(20℃)/(g/mL)	1.05	酸度(以 HCl 计)/%　≤	0.2
黏度(20℃)/mPa·s	25	NCO 含量/%	49.7～49.9
凝固点/℃	−67	沸点/℃	120～125(1.33kPa)
纯度/%　≥	99.5	闪点(开杯)/℃	135

由于 HDI 分子量小，蒸气压高，有毒，一般经过改性后使用，其改性产品主要有 HDI 缩二脲和 HDI 三聚体。其质量指标见表 5-5。

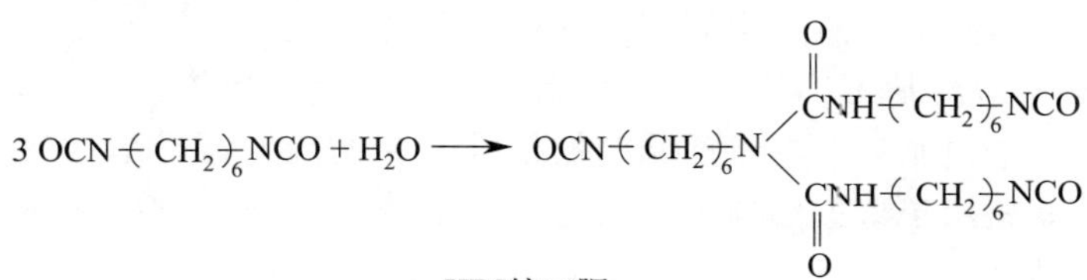

HDI缩二脲

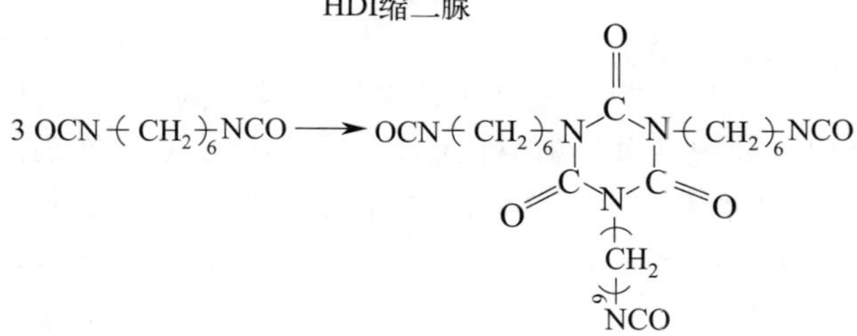

HDI三聚体

表 5-5　HDI 缩二脲（HDB）、三聚体（HDT）的质量指标（Rhodia 公司）

项目	HDI 缩二脲(HDB)	HDI 三聚体(HDT)
分子量	478	504
色度(APHA)　≤	40	40
密度(20℃)/(g/mL)	1.12	1.16
黏度(20℃)/mPa·s	9000±2000	2400±400
游离单体含量/%	0.3	0.2
NCO 含量/%	22.0±1.0	22.0±0.5
闪点/℃	170	166

从性能上讲，HDT 比 HDB 游离单体含量低、黏度低、稳定性好，而且其成膜硬度高，耐候性也好，因此具有更强的竞争性。使用时，HDB、HDT 可以用甲苯、二甲苯、重芳烃及酯类溶剂稀释调黏，用作溶剂型双组分聚氨酯漆的固化剂。

（2）异佛尔酮二异氰酸酯

异佛尔酮二异氰酸酯（isophorone diisocyanate，IPDI）是 1960 年由德国赫斯（hüls）公司首先开发成功，其学名为：3-异氰酸甲基-3,5,5-三甲基环己基异氰酸酯。结构式如下：

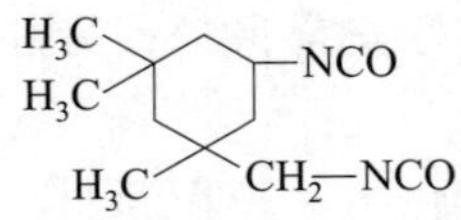

其质量指标见表 5-6。

表 5-6 异佛尔酮二异氰酸酯（IPDI）的质量指标

项目	指标	项目	指标
分子量	222.28	总氯量/ppm①	100～400
色度(APHA) <	30	NCO 含量/%	37.5～37.8
密度(20℃)/(g/mL)	1.058～1.064	沸点/℃	286.9±13.0(760mmHg②)
黏度(23℃)/mPa·s	13～15	蒸气压(20℃)/kPa	4
纯度/% >	99.5	闪点(闭杯)/℃	155
水解氯量/ppm①	80～200		

① 1ppm＝1mg/L。

② 1mmHg＝133.322Pa。

IPDI 是一种性能优秀的非黄变二异氰酸酯。其结构上含有环己烷结构，而且携带三个甲基，在逐步聚合（聚加成）过程中同体系的相容性好。

IPDI 有两个异氰酸酯基团，其中一个是脂环型，一个是脂肪型。由于邻位甲基及环己基的空间位阻作用，造成脂环型异氰酸酯基的活性是脂肪族异氰酸酯基的 1.3～2.5 倍。这一活性差别可以很好地用于聚氨酯预聚体的合成，合成出色浅、游离单体含量低、黏度低、稳定性非常好的产品。

IPDI 合成工艺复杂、路线较长，所以该产品价格较贵。但是，由于其不黄变、耐老化、耐热，以及良好的弹性、力学性能，近年来其市场份额不断上升。目前，IPDI 主要用于高档涂料，耐候、耐低温、高弹性聚氨酯弹性体以及高档的皮革涂饰剂。

IPDI 也可以制成三聚体使用，其三聚体具有优秀的耐候保光性，不泛黄，而且溶解性好，在烃类、酯类、酮类等溶剂中都可以很好溶解。同时，在配漆时，同醇酸、聚酯、丙烯酸树脂等羟基组分混溶性好。IPDI 三聚体为固体，软化点为 100～115℃，—NCO 含量 17%（质量分数），使用不便，因此一般配成 70%溶液使用。其结构式如下：

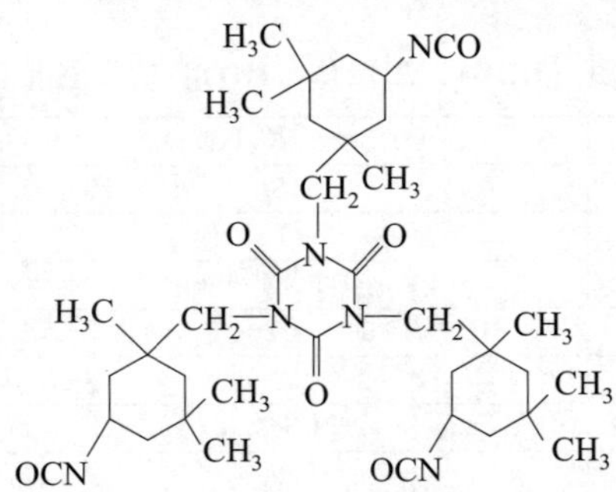

表 5-7 是赢创德固赛（Evonik Degussa）公司产品的质量指标。

表 5-7 赢创德固赛（Evonik Degussa）公司 IPDI 三聚体质量指标

项目	VESTANAT T1890E	VESTANAT T1890S
固体分含量/%	70±1	70±1
—NCO 含量/%	12.0±0.3	12.0±0.3
黏度(23℃)/mPa·s	900±250	1700±400
溶剂	醋酸正丁酯	醋酸正丁酯/Solvesso100(1∶2)
相对密度(15℃)	1.06	1.06
色度(APHA) ≤	150	150

续表

项目	VESTANAT T1890E	VESTANAT T1890S
闪点(闭杯)/℃	30	41
游离 IPDI 含量/%　　<	0.5	0.5

(3) 苯二亚甲基二异氰酸酯

苯二亚甲基二异氰酸酯（xylylene diisocyanate，XDI）是由混合二甲苯（71%间二甲苯、29%对二甲苯）用氨氧化成苯二甲腈，加氢还原成苯二甲胺，再经光气化而制成。XDI 属芳脂族多异氰酸酯，其结构式如下：

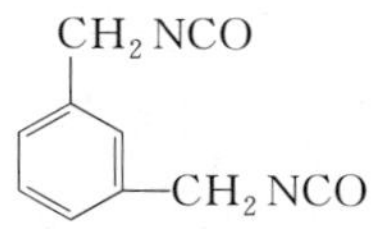

由其结构可知苯环和—NCO 基之间存在亚甲基，破坏了其间的共振现象，其聚氨酯制品具有稳定、不黄变的特点。其质量指标见表 5-8。

表 5-8　苯二亚甲基二异氰酸酯（XDI）质量指标

项目	指标	项目	指标
异构体含量	间位 70%～75%	密度(20℃)/(g/mL)	1.202
	对位 25%～30%	黏度(20℃)/mPa·s	4
凝固点/℃	5.6	沸点/℃	161(1.33kPa)
分子量	188.19	闪点/℃	185
外观	无色透明液体		

(4) 4,4′-二环己基甲烷二异氰酸酯

4,4′-二环己基甲烷二异氰酸酯（4,4′-diisocyanatodicyclohexylmethane，H_{12}MDI）亦称为氢化 MDI，由于 MDI 的苯环被氢化，属脂环族多异氰酸酯，不黄变，其活性比 MDI 大大降低。另外，H_{12}MDI 蒸气压较高，毒性也较大。目前万华化学、科思创公司均有生产该产品。其有关指标见表 5-9。

表 5-9　4,4′-二环己基甲烷二异氰酸酯（H_{12}MDI）的质量指标

项目	指标	项目	指标
分子量	262	水解氯量/%	0.005
相对密度(d_4^{25})	1.07±0.02	蒸气压(25℃)/kPa	9.33×10^{-2}
色度(APHA)　　≤	35	闪点(开杯)/℃	201
黏度(25℃)/mPa·s	30±10		

(5) 环己烷二亚甲基二异氰酸酯

环己烷二亚甲基二异氰酸酯（H_6XDI）即氢化苯二亚甲基二异氰酸酯。同 XDI 类似，由 70%的间位和 30%的对位异构体组成。日本武田药品公司有生产 H_6XDI，其指标见表 5-10。

表 5-10　环己烷二亚甲基二异氰酸酯（H_6XDI）的质量指标

项目	指标	项目	指标
分子量	194.23	黏度(25℃)/mPa·s	5.8
相对密度(d_4^{25})	1.1	闪点/℃	150
凝固点/℃	−50		

（6）四甲基苯二亚甲基二异氰酸酯

四甲基苯二亚甲基二异氰酸酯（tetramethylxylene diisocyanate，TMXDI）是 XDI 的变体，XDI 亚甲基上的两个氢原子被甲基取代而成 TMXDI，由于甲基的引入，强化了空间位阻效应，使其聚氨酯制品的耐候性和耐水解性大大提高，同时—NCO 的活性也大大降低。由其合成的预聚体黏度低，TMXDI 可直接用于水性体系，或用于零 VOC 水性聚氨酯的合成。TMXDI 的结构式为：

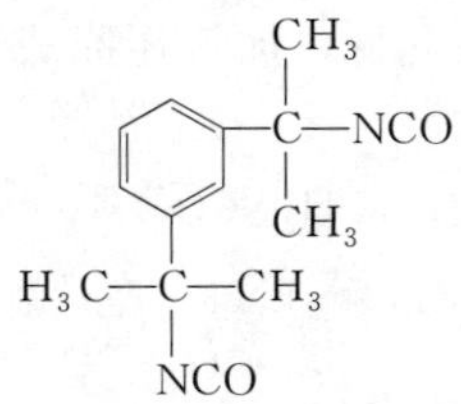

TMXDI 的产品指标见表 5-11。

表 5-11　四甲基苯二亚甲基二异氰酸酯（TMXDI）质量指标

项目	指标	项目	指标
外观	无色透明液体	黏度(20℃)/mPa·s	9
凝固点/℃	−10	沸点(0.4kPa)/℃	150
分子量	246.3	自燃点/℃	450
—NCO 含量/%	34.4	闪点(闭杯)/℃	153
密度(20℃)/(g/mL)	1.05		

在上述二（多）异氰酸酯单体中，TDI、MDI 芳香族二异氰酸酯国内已经可以工业化生产，HDI、IPDI、H_{12}MDI 等脂肪（环）族高端二异氰酸酯单体近五年来也逐步实现国产化，但由于其价格相对于芳香族来说偏贵，使其推广、应用受到了限制。由于芳香族二异氰酸酯户外易变黄，国外高档的聚氨酯产品主要使用 HDI、IPDI、H_{12}MDI。另外，二异氰酸酯单体蒸气压高、毒性大，常通过预逐步聚合提高其分子量，或者使之三聚化；其中，TDI、HDI、IPDI 三聚体主要由知名化工企业（Covestro、BASF、万华化学、武汉仕全兴等）生产。HDI 同水反应生成的缩二脲的应用也日益广泛。在水性聚氨酯合成领域，常用的多异氰酸酯包括 TDI、IPDI、MDI、H_{12}MDI 等。

5.2.2　低聚物多元醇

低聚物多元醇（polyol）主要包括聚醚型、聚酯型两大类，它构成聚氨酯的软段，分子量通常在 400～3000 之间。不同的低聚物二元醇与二异氰酸酯制备的 WPU 性能各不相同。一般来说，聚酯型 WPU 比聚醚型 WPU 具有较高的强度和硬度，这归因于酯基的极性大，内聚能（12.2kJ/mol）比醚基的内聚能（6.2kJ/mol）高，而且酯基和氨基甲酸酯键间形成的氢键促进了软、硬段间的相混。并且酯基的极性作用使其与极性基材的粘附力比聚醚型优良，抗热氧化性也比聚醚型好。为了获得较好的力学性能，应该采用聚酯作为 WPU 的软段。然而，由于聚醚型 PU 醚基较易旋转，具有较好的低温柔顺性，并且聚醚中不存在相对易水解的酯基，其 WPU 比聚酯型耐水解性好，尤其是其价格具有很强竞争力。

国内聚醚多元醇主要由环氧乙烷、环氧丙烷、四氢呋喃单体的开环聚合合成，聚合体系中除了上述单体外，还存在催化剂（KOH）和起始剂（多元醇或胺）以控制聚合速率、分子量及其官能度。聚合反应式可用通式表示为：

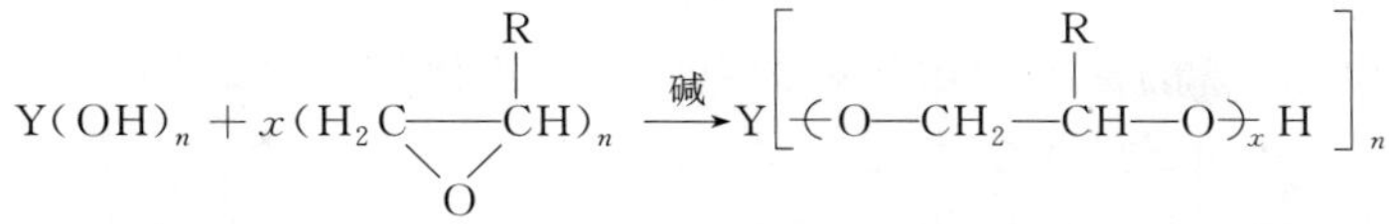

式中，$Y(OH)_n$ 为起始剂，常选用多元醇；n 为官能度；x 为聚合度；R 为氢或甲基。由上式可知聚醚多元醇的官能度与起始剂的官能度相等，而且一个起始剂分子生成一个聚醚多元醇大分子，可以通过调节起始剂用量和官能度的方法以控制聚醚多元醇的分子量和官能度。三或四官能度聚醚用于合成聚氨酯泡沫塑料。

聚环氧丙烷多元醇的聚合工艺为：将起始剂（如 1,2-丙二醇）和强碱性催化剂（如 KOH）加入不锈钢反应釜，升温至 80～100℃，真空下脱除水制得金属醇化物。将金属醇化物加入不锈钢聚合釜，升温至 90～120℃，加入环氧丙烷，使釜压保持在 0.07～0.35MPa 聚合，分子量达标后回收环氧丙烷，经中和、过滤、精制得 PPG。

聚氨酯合成常用的聚醚型二醇产品有：聚环氧乙烷二醇（聚乙二醇）(polyethylene glycol，PEG)、聚环氧丙烷二醇（聚丙二醇）(polypropylene glycol ，PPG)、聚四氢呋喃二醇(polytetramethylene glycol，PTMEG）以及上述单体的聚二醇或多元醇，其中 PPG 产量大、用途广，PTMEG 综合性能优于 PPG。PTMEG 由阳离子引发剂引发四氢呋喃单体开环聚合生成，其产量近年来增长较快，国内也已有厂家生产。

国内 PPG 的主要生产厂家有金陵石化二厂、天津石化二厂、上海高桥石化三厂、锦西化工总厂、东大化学工业集团公司等。聚醚型水性聚氨酯低温柔顺性好、耐水解、价格低，但其耐氧化性和耐紫外光降解性差，强度、硬度也较低，属于低端的产品。PPG 的质量指标见表 5-12。

表 5-12　聚环氧丙烷二醇（PPG）的质量指标

项目		PPG-700	PPG-1000	PPG-1500	PPG-2000	PPG-3000
官能度		2	2	2	2	2
羟值/(mg KOH/g)		155～165	109～115	72～78	54～58	36～40
酸值/(mg KOH/g)	≤	0.05	0.05	0.05	0.05	0.05
数均分子量		约 700	约 1000	约 1500	约 2000	约 3000
pH 值		6～7	5～8	5～8	5～8	5～8
水分/%	≤	0.05	0.05	0.05	0.05	0.05
相对密度		1.006	1.005	1.003	1.003	1.002
色度(APHA)	≤	50	50	50	50	50
总不饱和度/(meq/g)	≤	0.01	0.01	0.03	0.04	0.1

表 5-13 为济南圣泉集团股份有限公司聚四氢呋喃二醇（PTMEG）技术指标。

表 5-13　济南圣泉集团股份有限公司 PTMEG 系列产品质量指标

项目		PTMEG-1000	PTMEG-2000
外观		白色蜡状固体>40℃，无色油状液体	白色蜡状固体 >40℃，无色油状液体
羟值/(mg KOH/g)		107～118	56±2
数均分子量		950～1050	1900～2100
水分含量/%		<0.02	<0.02
相对密度(40℃)		0.97	0.97
色度(APHA)	≤	40	40
灰分含量/%		<0.003	<0.003

采用聚酯多元醇制备的聚氨酯水分散体有利于提高涂膜强度、硬度，但其耐水解性往往不如聚醚型产品，不同组成的聚酯多元醇耐水解稳定性相差很大。通常多元醇分子量越大，用量越多，则涂膜表面硬度、强度越低，但伸长率越大。改变合成用聚酯大单体的种类和用量可以制成软、硬度不同的系列聚氨酯产品，以适合不同的性能需求。

聚酯型多元醇从理论上讲品种是无限的。目前比较常用的有：聚己二酸乙二醇酯二醇、聚己二酸-1,4-丁二醇酯二醇、聚己二酸己二醇酯二醇等。聚酯的国内生产厂家很多，生产规模比较大的生产厂家主要有：旭川化学、烟台万华合成革厂、东大化工集团有限公司等。

由2-甲基-1,3-丙二醇（MPD）、新戊二醇（NPG）、2,2,4-三甲基-1,3-戊二醇（TMPD）、2-乙基-2-丁基-1,3-丙二醇（BEPD）、1,4-环己烷二甲醇（1,4-CHDM）、己二酸（adipic acid）、六氢苯酐（HHPA）、1,4-环己烷二甲酸（1,4-CHDA）、壬二酸（AZA）、间苯二甲酸（IPA）衍生的聚酯二醇属于新一代产品，其耐水解性大大提高，为提高聚酯型水性聚氨酯的贮存稳定性提供了原料支持，但其价格较高。目前，水性聚氨酯用耐水解型聚酯二醇主要为进口产品，国内相关企业应加大该类产品的研发力度，以满足水性聚氨酯产业的发展需求。此外，聚己内酯二醇（PCL）、聚碳酸酯二醇也可以用于聚氨酯的合成，但价格较高，目前已逐步国产化，其中国内聚己内酯系列产品生产规模较大的企业为湖南聚仁新材料股份公司。端羟基聚丁二烯（HTPB）也可用于水性聚氨酯的合成。表5-14和表5-15分别为陶氏化学（DOW Chemical）的聚己内酯二醇（PCL）和日本旭化成的聚碳酸酯二醇（PCDLs）的质量指标。

表 5-14　陶氏化学聚己内酯二醇（PCL）质量指标

型号	分子量	羟值/(mgKOH/g)	熔点/℃	黏度(55℃)/mPa·s	酸值/(mgKOH/g)	含水量
0200	530	212	30～40	90	≤0.25	≤0.003%
0201	530	212	0～25	60	≤0.25	≤0.003%
0210	830	133	35～45	170	≤0.25	≤0.003%
2221	1000	112	15～40	180	≤0.25	≤0.003%
0230	1250	90	40～50	280	≤0.25	≤0.003%
0240	2000	56	45～55	650	≤0.25	≤0.003%
0240HP	2000	56	45～55	650	≤0.25	≤0.003%
0241	2000	56	40～53	450	≤0.25	≤0.003%
0249	2000	56	43～55	650	≤0.25	≤0.003%
1241	2000	56	40～53	450	≤0.25	≤0.003%
2241	2000	56	40～53	450	≤0.25	≤0.003%
0260	3000	37	50～60	1500	≤0.25	≤0.003%
1270	4000	28	50～60	2900	≤0.25	≤0.003%
1278	4000	28	50～60	1700	≤0.25	≤0.003%

表 5-15　日本旭化成聚碳酸酯二醇（PCDLs）的质量指标

型号	分子量	外观	羟值/(mgKOH/g)	熔点/℃	黏度(50℃)/mPa·s	酸值/(mgKOH/g)	含水量
L6002	2000	白色固体	51～61	40～50	6000～15000	≤0.05	≤0.05%
L6001	1000	白色固体	100～20	40～50	1100～2300	≤0.05	≤0.05%
L5652	2000	黏性液体	51～61	<−5	7000～16000	≤0.05	≤0.05%
L5651	1000	黏性液体	100～120	<−5	1200～2400	≤0.05	≤0.05%

5.2.3 扩链剂

为了调节大分子链的软、硬链段比例，同时也为了调节分子量，在聚氨酯合成中常使用一些小分子扩链剂。扩链剂主要是二或多官能度的醇类。如乙二醇、一缩二乙二醇（二甘醇)、1,2-丙二醇、一缩二丙二醇、新戊二醇、1,4-丁二醇（BDO)、1,6-己二醇（HDO)、1,4-环己烷二甲醇、三羟甲基丙烷（TMP)、季戊四醇或蓖麻油，其中 BDO 最常用，性能比较平衡。加入少量的三羟甲基丙烷（TMP）或蓖麻油等三官能度以上单体可在大分子链上引入适量分支，可以有效地改善力学性能，但其用量不能太多，否则预聚阶段黏度太大，极易凝胶，一般加 1%(质量分数)左右，因为蓖麻油分子量较大（932，羟基平均官能度 2.7)，其用量在 4%～10%之间。

5.2.4 溶剂

异氰酸酯基活性大，能与水或含活性氢（如醇、胺、酸等）的化合物反应，因此，若所用溶剂或单体（如聚合物二醇、扩链剂等）含有这些杂质，必将严重影响聚氨酯树脂的合成、结构和性能；严重时甚至导致事故，造成生命、财产损失。缩聚用单体、溶剂的品质要达到所谓的“聚氨酯级”，纯度达到 99.9%。溶剂中能与异氰酸酯反应的化合物的量常用异氰酸酯当量来衡量，异氰酸酯当量为 1mol 异氰酸酯（苯基异氰酸酯为基准物）完全反应所消耗的溶剂的质量（g)。换句话说，溶剂的异氰酸酯当量愈高，即其所含的活性氢类杂质愈低。用于聚氨酯化反应的溶剂的异氰酸酯当量应该大于 3000，折算为水的质量分数应小于 10^{-5}，其原因就在于 1mol 水可以消耗 2mol 异氰酸酯基，若以 TDI 为例，即 18g 水要消耗 2×174g TDI，换言之，1 质量份水要消耗约 20 质量份 TDI，可见其对水含量的要求应很低。表 5-16 为一些聚氨酯树脂常用溶剂的异氰酸酯当量。

表 5-16　常用溶剂的异氰酸酯当量

溶剂	异氰酸酯当量	溶剂	异氰酸酯当量
丁酮	3800	乙酸乙酯	5600
甲基异丁酮	5700	乙酸丁酯	3000
甲苯	>10000	醋酸溶纤剂	5000
二甲苯	>10000		

5.2.5 催化剂

催化剂能降低反应活化能，使反应速率加快，缩短反应时间，在聚氨酯制备中常常使用催化剂。对催化剂的一般要求是：催化活性高、选择性强。常用的催化剂为有机叔胺类及有机金属化合物。

一般公认的催化机理是基于异氰酸酯受亲核的催化剂进攻，生成中间配合物，再与羟基化合物反应。例如二异氰酸酯与二元醇的催化反应机理如下：

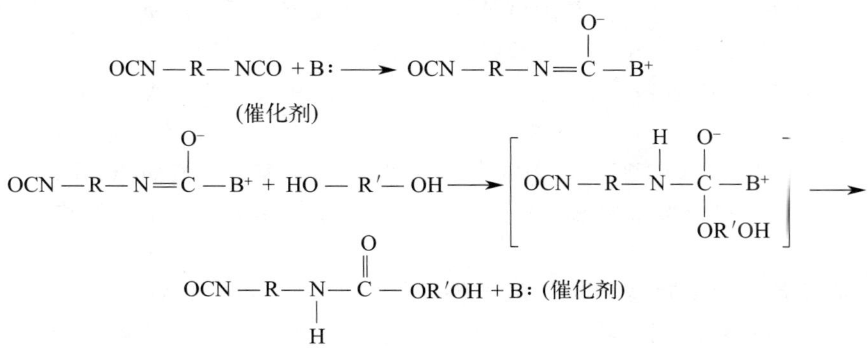

叔胺类催化剂对—NCO与—OH、H_2O、—NH_2皆有很强的催化作用，相对而言，对—NCO与—OH的催化作用要小一些，没有有机锡好。叔胺类催化剂对—NCO与H_2O的催化作用特别有效，一般用于制备聚氨酯泡沫塑料，发泡型聚氨酯胶黏剂及低温固化型、潮气固化型聚氨酯胶黏剂。叔胺类催化剂有四种类型：脂肪族类，如三乙胺；脂环族类，如三亚乙基二胺；醇胺类，如三乙醇胺；芳香胺类。其中三亚乙基二胺最为常用。其结构式如下：

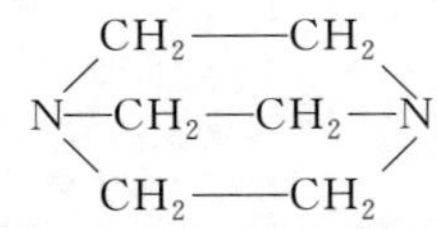

三亚乙基二胺常温下为晶体，使用不便，可以将其配成33%的一缩丙二醇溶液，便于操作。

水性聚氨酯化反应通常使用的催化剂为有机锡化合物，如二丁基锡二月桂酸酯（T-12，DBTDL）和辛酸亚锡。它们皆为黄色液体，前者毒性较大，后者无毒。有机锡对—NCO与—OH的反应催化效果好。用量一般为固体分的0.01%～0.1%。两者的结构式如下：

$(H_9C_4)_2Sn(OOCC_{11}H_{23})_2$

DBTDL

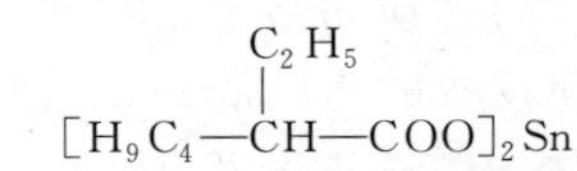

辛酸亚锡

5.2.6 亲水单体（亲水性扩链剂）

亲水性扩链剂是水性聚氨酯制备中使用的水性化功能单体，它能在水性聚氨酯大分子主链上引入亲水基团。阴离子型扩链剂中带有羧基、磺酸基等亲水基团，结合有此类基团的聚氨酯预聚体经碱中和离子化，即呈现水溶性。常用的产品有：二羟甲基丙酸（DMPA）、二羟甲基丁酸（DMBA）、1,4-丁二醇-2-磺酸钠、1,2-丙二醇-3-磺酸钠、AAS盐（乙二氨基乙磺酸钠）、VESTAMIN A95（赢创德固赛氨基磺酸钠水溶液）、PPS（固含量90%的氨基磺酸钠水溶液）等。目前阴离子型水性聚氨酯合成的水性单体主要选用DMPA。DMBA活性比DMPA大，熔点低，可用于无助溶剂水性聚氨酯的合成，可使VOC降至接近0。DMPA、DMBA为白色结晶（或粉末），使用非常方便。N60、A95、PPS结构中含两个氨基，在合成水性聚氨酯分散体的过程中起到扩链的作用，氨基与异氰酸根反应后，将磺酸基引入聚氨酯链段中，赋予聚氨酯树脂水分散性能，提高其固含量、冻融稳定性、贮存稳定性、抗静电性等性能。

合成叔胺型阳离子水性聚氨酯时，应在聚氨酯链上引入叔胺基团，再进行叔胺盐化（中和）。而季铵化工序较为复杂，这是阳离子水性聚氨酯发展落后于阴离子水性聚氨酯的原因之一。阳离子型扩链剂有*N*-甲基二乙醇胺（MDEA）、3-二甲氨基-1,2-丙二醇、二乙醇胺、三乙醇胺、*N*-乙基二乙醇胺（EDEA）、*N*-丙基二乙醇胺（PDEA）、*N*-丁基二乙醇胺（BDEA）、二甲基乙醇胺、双(2-羟乙基)苯胺（BHBA）、双(2-羟丙基)苯胺（BHPA）、*N*,*N*-二甲基-2-(二羟甲基)丁胺等，国内大多数采用*N*-甲基二乙醇胺（MDEA）和3-二甲氨基-1,2-丙二醇。非离子型水性聚氨酯的水性单体主要选用聚乙二醇，数均分子量通常大于1000。

水性单体品种、用量对水性聚氨酯的性能具有非常重要的影响。其用量越大，水分散体粒径越细，外观越透明，稳定性越好，但对耐水性不利，因此在设计合成配方时，应该在满足稳定性的前提下，尽可能降低水性单体的用量。一些常见的水性单体的结构式如下：

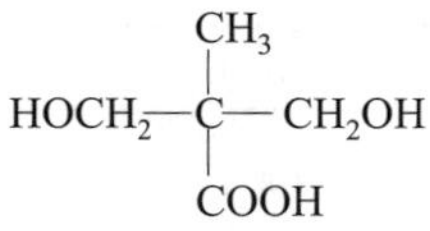

DMPA

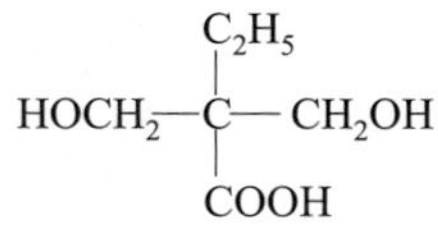

DMBA

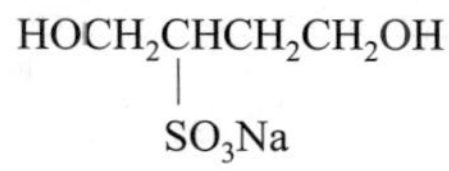

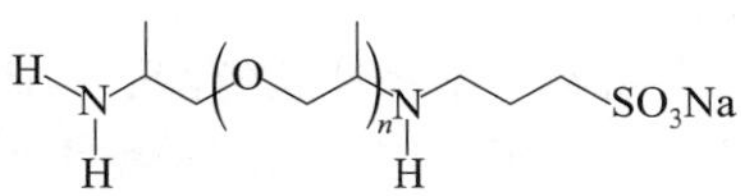

A-95

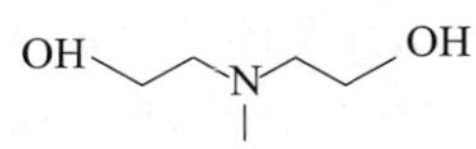

N-甲基二乙醇胺(*N*-MDEA)

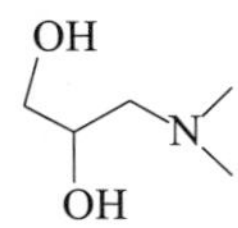

3-二甲氨基-1,2-丙二醇 (DMP)

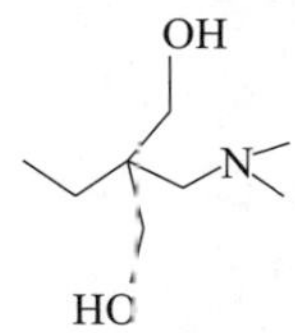

N,*N*-二甲基-2-(二羟甲基)丁胺

N,*N*-双(2-羟乙基)哌嗪

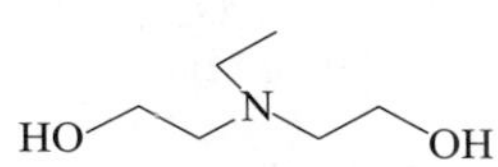

N-乙基二乙醇胺(*N*-EDEA)

5.2.7　中和剂（成盐剂）

中和剂是一种能和羧基、磺酸基或叔胺成盐的试剂，二者作用所形成的盐基才使聚氨酯具有水中的可分散性。阴离子型水性聚氨酯使用的中和剂是三乙胺（TEA）、二甲基乙醇胺（DMEA）、二乙醇胺、三乙醇胺等，一般室温干燥水性树脂使用三乙胺，可烘干用树脂使用二甲基乙醇胺，中和度一般在 80%～100%，低于该区间时影响分散体的稳定性，高于此区间时外观变好，但耐水性变差；二乙醇胺、三乙醇胺可以制备侧链带羟基的水性聚氨酯树脂。阳离子型水性聚氨酯使用的中和剂是醋酸、乳酸或季铵化试剂（卤代烷）等。中和剂对体系稳定性、状态以及最终漆膜性能有重要的影响，使用时应作好选择。

5.3　水性聚氨酯的分类

水性聚氨酯原料繁多，配方多变，制备工艺也各不相同，为方便研究、应用，常对其进行适当分类。

（1）以外观分

水性聚氨酯以外观可分为聚氨酯水溶液、聚氨酯水分散体和聚氨酯乳液。其性能差别见

表 5-17。

表 5-17 水性聚氨酯的形态分类

项目	水溶液	水分散体	乳液
外观	透明	半透明	乳白
粒径/nm	<1	1～100	>100
分子量	1000～10000	10^3～10^5	>5000

（2）以亲水性基团的电荷性质（或水性单体）分

水性聚氨酯以亲水性基团的电荷性质可分为阴离子型水性聚氨酯、阳离子型水性聚氨酯和非离子型水性聚氨酯。其中阴离子型产量最大、应用最广。阴离子型水性聚氨酯又可分为羧酸型和磺酸型两大类。近年来，非离子型水性聚氨酯在大分子表面活性剂、缔合型增稠剂方面的研究越来越多。阳离子型水性聚氨酯渗透性好，具有抗菌、防霉性能，主要用于皮革涂饰剂、织物整理剂、木材封闭底漆。

（3）以合成用单体分

水性聚氨酯以合成用单体可分为聚醚型、聚酯型、聚碳酸酯型和聚醚聚酯混合型。依照选用的二异氰酸酯的不同，水性聚氨酯又可分为芳香族、脂肪族、芳脂族和脂环族，或具体分为 TDI 型、IPDI 型、MDI 型、HDI 型等。芳香族水性聚氨酯同油性聚氨酯类似，具有明显的黄变性，耐候性较差，属于低端普及型产品；脂肪族水性聚氨酯则具有很好的保色性，耐候性，但价格高，属于高端产品；芳脂族和脂环族的性能居于二者之间。

（4）以产品包装形式分

水性聚氨酯以产品包装形式可分为单组分水性聚氨酯和双组分水性聚氨酯。单组分水性聚氨酯包括单组分热塑型、单组分自交联型和单组分热固型三种类型。单组分热塑型水性聚氨酯为线型或简单的分支型，属第一代产品，使用方便，价格较低，贮存稳定性好，但涂膜综合性能较差；单组分自交联型、热固型水性聚氨酯是新一代产品，通过引入硅交联单元或干性油脂肪酸结构形成自交联体系，通过水性聚氨酯的羟基和氨基树脂（HMMM）可以组成单组分热固型水性聚氨酯。自交联基团或加热（或室温）条件下可反应的基团，使涂膜综合性能得到了极大提高，其耐水、耐溶剂、耐磨性能完全可以满足应用，该类产品是目前水性聚氨酯的研究主流。双组分水性聚氨酯包括两种类型，一种由水性聚氨酯主剂和交联剂组成，如水性聚氨酯上的羧基可用多氮丙啶化合物进行外交联；另一种由水性羟基组分（可以是水性丙烯酸树脂、水性聚酯或水性聚氨酯）和水性多异氰酸酯固化剂组成；使用时将两组分混合，水挥发后，通过室温（或中温）可反应基团的反应，形成高度交联的涂膜，提高综合性能。其中后者是主导产品。

5.4 水性聚氨酯的合成原理

目前，阴离子型水性聚氨酯最为重要，其合成的化学原理可用下列反应式表示：

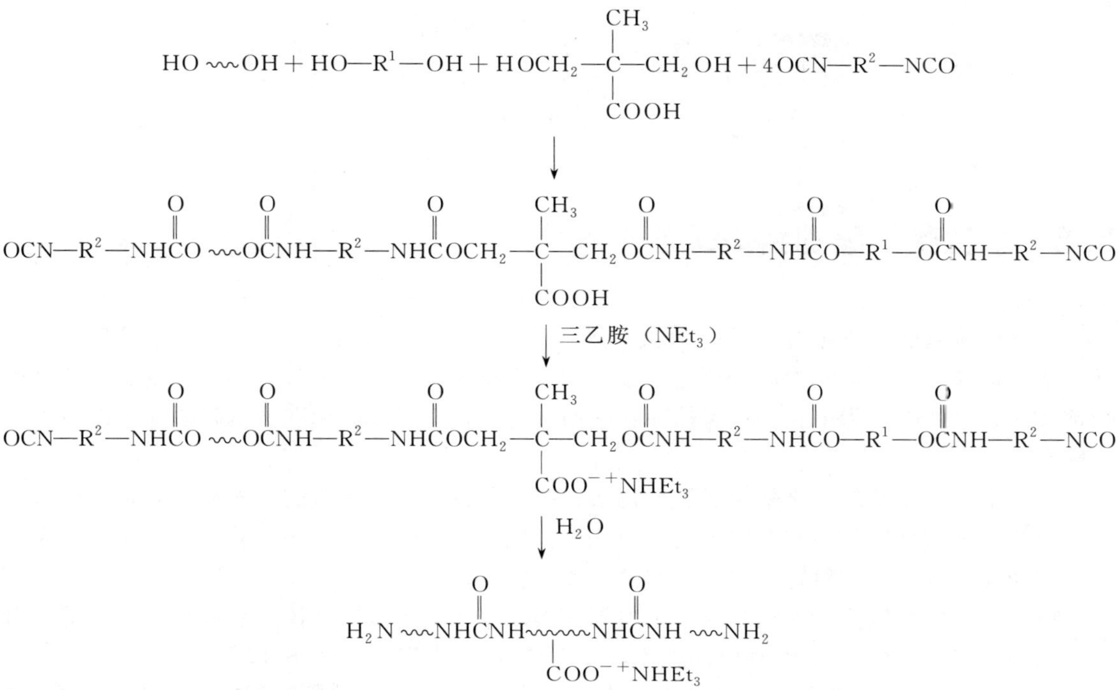

中和之后加水乳化的同时，水也起到扩链剂的作用，扩链后大分子的端—NCO 基团转变为—NH_2，进一步同—NCO 反应，通过脲基（—NH—CO—NH—）使水性聚氨酯的分子量进一步提高。

脂肪族水性聚氨酯以脂肪族二异氰酸酯（如 IPDI、TMXDI）为单体，这类单体活性较低。因此在水中进行扩链时，需加入乙二胺、己二酸二酰肼或二亚乙基三胺（多乙烯多胺）进行。此法溶剂用量低，无须脱除溶剂，工艺更可靠，可以实现真正意义上的绿色工艺生产。

阳离子型水性聚氨酯树脂一般采用冰醋酸为中和剂，合成的化学反应原理可用下列反应式表示：

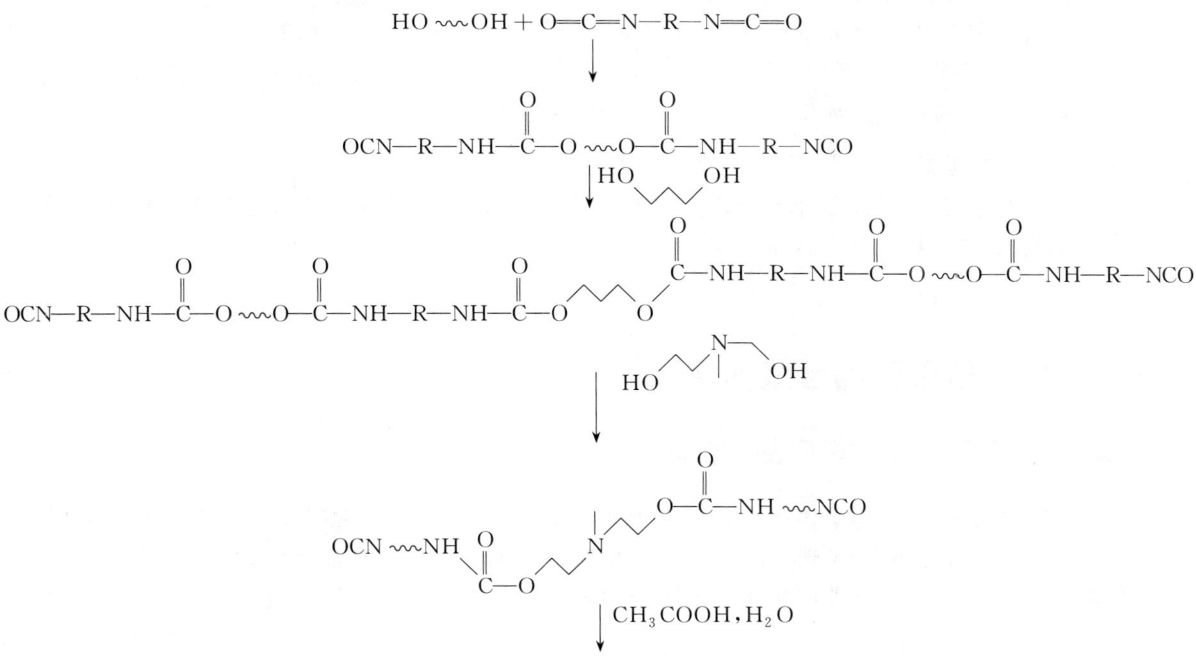

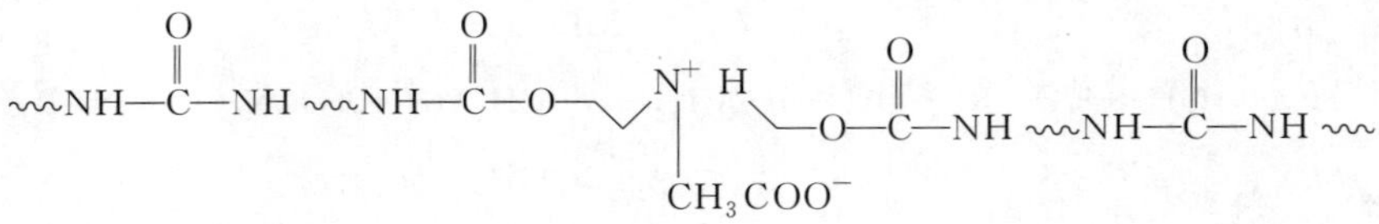

5.5 水性聚氨酯的合成工艺

水性聚氨酯的合成可分为两个阶段。第一阶段为预逐步聚合，即由低聚物二醇、扩链剂、水性单体、二异氰酸酯通过溶液（或本体）逐步聚合生成分子量为10^3量级的水性聚氨酯预聚体；第二阶段为中和、预聚体在水中的分散和扩链（或先用双氨基磺酸盐扩链后再行分散）。

早期水性聚氨酯的合成采用强制乳化法。即先制备一定分子量的聚氨酯聚合物，然后在强力搅拌下将其分散于加有一定乳化剂的水中。该法需要外加乳化剂，乳化剂用量大，而且乳液粒径大、分布宽、稳定性差，目前已经很少使用。

现在，水性聚氨酯的乳化主要采用内乳化法。该法利用水性单体在聚氨酯大分子链上引入亲水的离子化基团或亲水嵌段，如—$COO^{-}\,{}^{+}NHEt_3$、—$SO_3^{-}\,{}^{+}Na$、—$N^{+}\,{}^{-}Ac$，—OCH_2CH_2—等，在搅拌下自乳化而成乳液（或分散体）。这种乳液稳定性好，质量稳定。根据扩链反应的不同，自乳化法主要有丙酮法和预聚体分散法。

（1）丙酮法

该法在预聚中期、后期用丙酮或丁酮降低黏度，经过中和，高速搅拌下加水分散，减压脱除溶剂，得到水性聚氨酯分散体。该法工艺简单，产品质量较好，缺点是溶剂需要回收，回收率低，且难以重复利用。目前，我国主要使用该法合成普通型芳香族水性聚氨酯。

（2）预聚体分散法

预聚体分散法即先合成带有—NCO端基的预聚体，通常加入少量的*N*-甲基吡咯烷酮调整黏度，高速搅拌下将其分散于溶有二（或多）元胺的水中，扩链，得高分子量的水性聚氨酯。美国等发达国家主要利用该法合成高档脂肪族水性聚氨酯。

（3）先扩链后分散法

先扩链后分散法即首先合成带有—NCO端基的预聚体，用双氨基磺酸钠盐扩链成大分子，最后再加水分散制得产品。

5.6 水性聚氨酯的合成实例

5.6.1 非离子型水性聚氨酯的合成

目前，对于阴离子型聚氨酯乳液研究得较多，而对非离子型聚氨酯乳液的研究相对较少。疏水改性多嵌段非离子聚氨酯分散体是最新一代水性涂料用缔合型增稠剂。与阴离子聚氨酯乳液和阳离子聚氨酯乳液相比，非离子型聚氨酯乳液具有较好的耐酸、耐碱、耐盐、耐高低温稳定性。

非离子型水性聚氨酯的制备方法是将非离子型亲水链段引入聚氨酯大分子链，亲水性链段一般是中低分子量的聚氧化乙烯，新一代的非离子型水性单体是将亲水链段引入侧基，如 Ymer N120（帕斯托线型双官能团聚乙二醇单甲醚）。

（1）缔合型水性聚氨酯增稠剂的合成

① 配方

序号	原料	规格	用量/质量份
1	聚乙二醇(PEG)	工业级，$\overline{M}_n$:6000	240.0
2	聚四氢呋喃二醇(PTMEG)	工业级，$\overline{M}_n$:2000	20.00
3	四甲基苯二亚甲基二异氰酸酯(TMXDI)	工业级	12.46
4	二丁基二月桂酸锡	工业级	0.3200
5	去离子水		747.7

② 合成工艺

将聚乙二醇（PEG）和聚四氢呋喃二醇（PTMEG）加入反应瓶中，于 120℃真空脱水，然后降温至 70℃，用 1h 滴加四甲基苯二亚甲基二异氰酸酯（TMXDI），加入二丁基二月桂酸锡，保温搅拌反应 5h，测 NCO 含量，当 NCO 含量降至<0.1%，加入水，得非离子型聚氨酯分散体。黏度 8000mPa•s，可用作水性涂料缔合型水性增稠剂。

（2）其他非离子型水性聚氨酯的合成

将 10.00g 聚酯二醇（帕斯托：T1136，分子量 1000）、4.500g 聚碳酸酯二醇（5672，分子量 2000）、5.200g Ymer N120 和 1.600g CHDM 加入反应瓶中，于 110℃真空脱水 1h，然后降温至 60℃，用 1h 滴加 10.00g IPDI，保温搅拌反应 3 h，测 NCO 含量，当 NCO 含量降至 4.4%（其间用 5g 丙酮调黏），降温至 50℃，高速搅拌下快速加入 75.0g 冰水分散、0.8100g 乙二胺扩链，继续搅拌 0.5h，60℃真空脱除丙酮，得非离子型聚氨酯分散体。其中，N120 占预聚体的 16.6%。

5.6.2 阴离子型水性聚氨酯的合成

（1）聚酯型阴离子水性聚氨酯的合成

① 配方

序号	原料	规格	用量/g
1	聚己二酸新戊二醇酯	工业级，$\overline{M}_n$:1000	230.0
2	二羟甲基丙酸	工业级	20.63
3	异佛尔酮二异氰酸酯	工业级	140.0
4	*N*-甲基吡咯烷酮	聚氨酯级	98.0
5	二丁基二月桂酸锡	工业级	0.3900
6	三乙胺	工业级	15.56
7	乙二胺	工业级	13.03
8	去离子水		744.6

② 配方核算

项目	参数	项目	参数
前段总单体质量$\sum m$/g	390.63	$\overline{X}_n$	4.110
单体总物质的量$\sum n$/mol	1.0144	$\overline{M}_n$	1583
$M_{rsu}(=\sum m/\sum n)$/(g/mol)	385.08	DMPA/PU(质量分数)/%	5.28
$\overline{f}$	1.5134		

注：M_{rsu}为结构单元平均分子量；$\overline{f}$为平均官能度；$\overline{X}_n$为数均聚合度；$\overline{M}_n$为数均分子量，下同。

③ 合成工艺

a. 预聚体的合成。在氮气保护下，将聚己二酸新戊二醇酯、二羟甲基丙酸、N-甲基吡咯烷酮加入反应釜中，升温至60℃，开动搅拌使二羟甲基丙酸溶解，滴加IPDI，1h加完，加入催化剂，保温1h；然后升温至80℃，保温4h。

b. 中和、分散。取样，用二正丁基胺返滴定法测NCO含量，达理论值（4.25%）后降温至60℃，加入三乙胺中和反应30min，降温至20℃，在快速搅拌下加入冰水、乙二胺；继续高速分散1h，400目尼龙网过滤得带蓝色荧光的半透明状水性聚氨酯分散体。

（2） PTMEG型阴离子水性聚氨酯的合成

① 配方

序号	原料	规格	用量/g
1	聚己内酯二醇(PCL)	工业级，$\overline{M}_n$:2000	96.50
2	聚四氢呋喃二醇	工业级，$\overline{M}_n$:2000	283.5
3	1,4-丁二醇	工业级	27.16
4	二羟甲基丙酸	工业级	25.40
5	异佛尔酮二异氰酸酯	工业级	98.90
6	4,4′-二环己基甲烷二异氰酸酯(H_{12}MDI)	工业级	122.6
7	N-甲基吡咯烷酮	聚氨酯级	163.54
8	二丁基二月桂酸锡	工业级	0.650
9	三乙胺	工业级	19.16
10	乙二胺	工业级	12.26
11	去离子水		1334

② 配方核算

项目	参数	项目	参数
前段总单体质量$\sum m$/g	654.16	$\overline{X}_n$	6.8663
单体总物质的量$\sum n$/mol	1.595	$\overline{M}_n$	2817
$M_{rsu}(=\sum m/\sum n)$/(g/mol)	410.13	DMPA/PU(质量分数)/%	3.88
$\overline{f}$	1.7087		

③ 合成工艺

a. 将聚己内酯二醇、聚四氢呋喃二醇、二羟甲基丙酸、1,4-丁二醇加入反应瓶中，110℃脱水0.5h。

b. 加入N-甲基吡咯烷酮（NMP），降温至70℃；搅拌下滴加异佛尔酮二异氰酸酯和4,4′-二环己基甲烷二异氰酸酯（H_{12}MDI），约1h加完；加入二丁基二月桂酸锡，升温至80℃搅拌反应使—NCO含量降至约2.4%。降温至60℃，加入三乙胺中和，继续搅拌15min；加强搅拌，将40℃的水加入反应瓶，搅拌5min，加入乙二胺，强力搅拌20min，慢速搅拌2h得产品。

（3）内交联型水性聚氨酯合成

① 配方

序号	原料	规格	用量/g
1	聚碳酸酯二醇(PCDL)	工业级，$\overline{M}_n$：1000	750.0
2	三羟甲基丙烷	工业级	20.10
3	二羟甲基丙酸	工业级	73.70
4	异佛尔酮二异氰酸酯	工业级	519.5
5	*N*-甲基吡咯烷酮	聚氨酯级	340.83
6	二丁基二月桂酸锡	工业级	1.363
7	三乙胺	工业级	55.55
8	乙二胺	工业级	39.12
9	去离子水		32[illegible]7

② 配方核算

项目	参数	项目	参数
单体总质量 $\sum m$/g	1363.3	$\overline{M}_n$	1841
$\sum n$/mol	3.7896	DMPA/P(质量分数)/%	5.406
$M_{rsu}(=\sum m/\sum n)$/(g/mol)	359.7	TMP/P(质量分数)/%	1.474
$\overline{f}$	1.6091	IPDI/P(质量分数)/%	38.1
$\overline{X}_n$	5.117	$\overline{f}_{NCO}$	2.203

注：$\overline{f}_{NCO}$ 表示预聚体上 NCO 基团的平均官能度。

③ 合成工艺

a. 将聚碳酸酯二醇、DMPA、TMP 加入反应瓶中，120℃脱水 0.5h。

b. N_2 保护下，加入 NMP，降温至 70℃；搅拌下滴加 IPDI，约 1h 加完，加入催化剂(1‰)；升温至 80℃搅拌反应使—NCO 含量降至 3.8%～4.0%。降温至 60℃，加入三乙胺，继续搅拌 15min；降温至 40℃，加强搅拌，将水加入反应瓶，搅拌 5min，加入乙二胺，强力搅拌 20min，慢速搅拌 1h 得产品。

（4）木器涂料用水性聚氨酯擦色树脂的合成

① 配方

序号	原料	规格	用量/g
1	聚己内酯二醇(PCL)	工业级，$\overline{M}_n$：1000	39.00
2	聚环氧丙烷二醇	工业级，$\overline{M}_n$：400	52.80
3	1,4-丁二醇	工业级	12.00
4	二羟甲基丙酸	工业级	20.40
5	三羟甲基丙烷	工业级	0.2800
6	磺酸盐二元醇	工业级，$\overline{M}_n$：450	9.230
7	甲苯二异氰酸酯(TDI)	工业级，T-80	99.01
8	丙酮	聚氨酯级	210
9	二丁基二月桂酸锡(T-12)	工业级	0.2400
10	三乙胺	工业级	13.85
11	己二酸二酰肼	工业级	11.68
12	去离子水		458

② 配方核算

项目	参数	项目	参数
前段总单体质量$\sum m$/g	232.72	$\overline{X}_n$	11.99
单体总物质的量$\sum n$/mol	1.045	$\overline{M}_n$	2670
$M_{rsu}(=\sum m/\sum n)$/(g/mol)	222.699	DMPA/PU(质量分数)/%	8.76
$\overline{f}$	1.833		

③ 合成工艺

a. 将聚己内酯二醇、聚环氧丙烷二醇、二羟甲基丙酸、1,4-丁二醇、三羟甲基丙烷、磺酸盐二元醇加入反应瓶中，110℃脱水0.5h。

b. 降温至60℃，加入丙酮；搅拌状态下滴加甲苯二异氰酸酯，约1h加完，加入T-12；升温至80℃搅拌反应使—NCO含量降至约3.22%。降温至60℃以下，加入三乙胺中和，继续搅拌20min；加强搅拌，将20℃的水与己二酸二酰肼混合搅拌后，加入反应瓶，强力搅拌20min，慢速搅拌1h，60℃真空蒸出丙酮溶剂，得产品。该产品是一款半透明聚氨酯分散体，成膜性好，透明度高，对木器底材附着力优异，可用于水性木器涂料擦色宝、色浆的生产。

(5) 工业涂料用单组分水性聚氨酯的合成

① 配方

序号	原料	规格	用量/g
1	聚己二酸新戊二醇酯	工业级,$\overline{M}_n$:1000	22.00
2	聚环氧丙烷二醇	工业级,$\overline{M}_n$:400	12.00
3	1,4-丁二醇	工业级	6.700
4	二羟甲基丙酸	工业级	4.800
5	甲苯二异氰酸酯(TDI)	工业级,T-80	34.00
6	丙酮	聚氨酯级	35.0
7	丁酮	聚氨酯级	40.0
8	二丁基二月桂酸锡(T-12)	工业级	0.1200
9	三乙胺	工业级	3.26
10	异佛尔酮二胺	工业级	5.630
11	去离子水		153.7

② 配方核算

项目	参数	项目	参数
前段总单体质量$\sum m$/g	79.5	$\overline{X}_n$	10.80
单体总物质的量$\sum n$/mol	0.357	$\overline{M}_n$	2402
$M_{rsu}(=\sum m/\sum n)$/(g/mol)	222.69	DMPA/PU(质量分数)/%	6.04
$\overline{f}$	1.815		

③ 合成工艺

a. 将聚己二酸新戊二醇酯、聚环氧丙烷二醇、二羟甲基丙酸、1,4-丁二醇加入反应瓶中，110℃脱水0.5h。

b. 降温至60℃，加入丙酮与丁酮；搅拌状态下滴加甲苯二异氰酸酯，约1h加完，加入T-12；升温至80℃搅拌反应使—NCO含量降至约3.50%。降温至60℃以下，加入三乙胺中和，继续搅拌20min；降温至40℃，加强搅拌，将计量好的去离子水加入反应瓶，搅拌

5min，加入异佛尔酮二胺，强力搅拌 20min，慢速搅拌 1h，60℃真空蒸出丙酮和丁酮溶剂，得产品。该产品表干快，初期耐水性好，柔韧性好，对各种基材有优异的附着力，可广泛使用于水性轻中防腐涂料领域。

(6) 地坪涂料用水性聚氨酯罩光树脂的合成

① 配方

序号	原料	规格	用量/g
1	聚己内酯二醇(PCL)	工业级，$\overline{M}_n$:1000	84.00
2	聚环氧丙烷二醇	工业级，$\overline{M}_n$:400	43.00
3	1,4-丁二醇	工业级	13.60
4	二羟甲基丙酸	工业级	17.00
5	三羟甲基丙烷	工业级	2.400
6	异佛尔酮二异氰酸酯(IPDI)	工业级	170.0
7	*N*,*N*-二甲基甲酰胺(DMF)	聚氨酯级	2.18
8	丙酮	聚氨酯级	31.0
9	丁酮	聚氨酯级	162.0
10	二丁基二月桂酸锡	工业级	0.1800
11	三乙胺	工业级	12.06
12	KH550	工业级	9.970
13	二亚乙基三胺	工业级	3.970
14	异佛尔酮二胺	工业级	6.980
15	去离子水		642

② 配方核算

项目	参数	项目	参数
前段总单体质量$\sum m$/g	335	$\overline{X}_n$	5.113
单体总物质的量$\sum n$/mol	1.264	$\overline{M}_n$	1355
$M_{rsu}=\sum m/\sum n$	265.03	DMPA/PU(质量分数)/%	5.07
$\overline{f}$	1.609		

③ 合成工艺

a. 将聚己内酯二醇、聚环氧丙烷二醇、二羟甲基丙酸、1,4-丁二醇、三羟甲基丙烷加入反应瓶中，110℃脱水 0.5h。

b. 降温至 60℃，加入 DMF、丙酮、丁酮；搅拌状态下滴加异佛尔酮二异氰酸酯，约 1h 加完，加入 T-12；升温至 80℃搅拌反应使—NCO 含量降至约 6.43%。降温至 60℃以下，加入三乙胺中和，继续搅拌 20min；降温至 40℃，加强搅拌，将计量好的去离子水加入反应瓶，搅拌 5min，加入二亚乙基三胺、KH550、异佛尔酮二胺，强力搅拌 20min，慢速搅拌 1h，60℃真空蒸出丙酮和丁酮溶剂，得产品。该产品低黏度、干速快、柔韧性和耐磨性好。

(7) 水性聚氨酯指甲油树脂的合成

① 配方

序号	原料	规格	用量/g
1	聚碳酸酯二醇(PCD)	工业级，$\overline{M}_n$:1000	14.86
2	聚己内酯二醇(PCL)	工业级，$\overline{M}_n$:1000	25.83

续表

序号	原料	规格	用量/g
3	1,4-丁二醇	工业级	7.430
4	二羟甲基丙酸	工业级	6.050
5	异佛尔酮二异氰酸酯(IPDI)	工业级	60.08
6	*N*,*N*-二甲基甲酰胺	聚氨酯级	2.27
7	丙酮	聚氨酯级	34.0
8	丁酮	聚氨酯级	32.0
9	二丁基二月桂酸锡	工业级	0.1100
10	三乙胺	工业级	4.330
11	乙二胺	工业级	5.538
12	去离子水		228.2

② 配方核算

项目	参数	项目	参数
前段总单体质量Σm/g	114.25	$\overline{X}_n$	4.286
单体总物质的量Σn/mol	0.439	$\overline{M}_n$	1115
$M_{rsu}(=\Sigma m/\Sigma n)$/(g/mol)	260.25	DMPA/PU(质量分数)/%	5.30
$\overline{f}$	1.533		

③ 合成工艺

a. 将聚碳酸酯二醇、聚己内酯二醇、二羟甲基丙酸、1,4-丁二醇加入反应瓶中，110℃脱水0.5h。

b. 降温至60℃，加入DMF、丙酮、丁酮；搅拌状态下滴加异佛尔酮二异氰酸酯，约1h加完，加入T-12；升温至80℃搅拌反应使—NCO含量降至约4.70%。降温至60℃以下，加入三乙胺中和，继续搅拌20min；降温至40℃，加强搅拌，将计量好的去离子水加入反应瓶，搅拌5min，加入乙二胺，强力搅拌20min，慢速搅拌1h，60℃真空蒸出丙酮和丁酮溶剂，得产品。该产品高光泽、高丰满度、耐化学品性好、附着力优异。

(8) 芳香族水性聚氨酯皮革涂饰剂合成

① 配方

序号	原料	规格	用量/g
1	聚环氧丙烷二醇(PPG)	工业级,$\overline{M}_n$:1000	15.73
2	二羟甲基丙酸(DMPA)	工业级	1.936
3	丁二醇(BDO)	工业级	3.330
4	蓖麻油(CO)	精炼工业级	1.483
5	甲苯二异氰酸酯	工业级	15.20
6	*N*-甲基吡咯烷酮(NMP)	聚氨酯级	4.710
7	丙酮	聚氨酯级	4.710
8	二丁基二月桂酸锡	工业级	0.0381
9	三乙胺	工业级	1.461
10	去离子水		77.4

② 配方核算

项目	参数	项目	参数
单体总质量$\sum m/g$	37.679	DMPA/P(质量分数)/%	5.138
$\sum n/mol$	0.1561	BDO/P(质量分数)/%	8.838
$M_{rsu}(=\sum m/\sum n)/(g/mol)$	241.38	PPG/P(质量分数)/%	41.75
$\overline{f}$	1.7760	TDI/P(质量分数)/%	40.34
$\overline{X}_n$	8.9269	CO/P(质量分数)/%	3.94
$\overline{M}_n$	2155	$\overline{f}_{NCO}$	2.06

③ 合成工艺

a. 将 PPG、二羟甲基丙酸、CO、BDO 加入反应瓶中，110℃脱水 0.5h。

b. N_2 保护下加入 NMP，使 DMPA 溶解，降温至 70℃；搅拌下加入 TDI，2h 加完，加入催化剂；升温至 80℃搅拌反应使—NCO 含量降至 3.2%～3.6%。降温至 60℃，加入三乙胺，继续搅拌 15min，降温至 40℃，加入丙酮调黏，强力搅拌下，将冰水加入反应瓶中，强力搅拌 20min，慢速搅拌 1h，过滤得产品。

(9) 木器漆用水性聚氨酯的合成

① 配方

序号	原料	规格	用量/g
1	聚酯二醇(PE)	工业级，$\overline{M}_n$:1000	58.951
2	二羟甲基丙酸(DMPA)	工业级	6.759
3	聚己内酯三元醇	工业级，$\overline{M}_n$:500	8.401
4	丁二醇(BDO)	工业级	5.251
5	异佛尔酮二异氰酸酯(IPDI)	工业级	70.817
6	*N*-甲基吡咯烷酮(NMP)	聚氨酯级	37.54
7	二丁基二月桂酸锡	工业级	0.151
8	三乙胺	工业级	5.100
9	乙二胺	工业级	6.658
10	去离子水		295.66

② 配方核算

项目	参数	项目	参数
单体总质量$\sum m/g$	150.138	$\overline{X}_n$	4.2757
$\sum n/mol$	0.5034	$\overline{M}_n$	1275
$M_{rsu}(=\sum m/\sum n)/(g/mol)$	298.25	DMPA/P(质量分数)/%	4.50
$\overline{f}$	1.5322		

③ 合成工艺

a. 将 PE、DMPA、聚己内酯三元醇、BDO 加入反应瓶中，120℃脱水 0.5h。

b. 加入 NMP，降温至 80℃；搅拌下加入 IPDI，2h 加完，加入催化剂；保温反应至—NCO 含量降至 5.4%～5.6%。降温至 60℃，加入三乙胺，继续搅拌 15min，加入丙酮调整黏度，降温至 40℃，强力搅拌下，将冰水加入反应瓶中，搅拌 5min，加入乙二胺，强力搅拌 20min，慢速搅拌 1h，400 目尼龙网过滤。得产品。

(10) 水性聚氨酯黏合剂合成

① 配方

序号	原料	规格	用量/g
1	聚己二酸己二醇酯(PE)	工业级,$\overline{M}_n$:2000	50.00
2	二羟甲基丙酸(DMPA)	工业级	12.50
3	PPG	工业级,$\overline{M}_n$:2000	160.0
4	异佛尔酮二异氰酸酯(IPDI)	工业级	65.60
5	*N*-甲基吡咯烷酮	聚氨酯级	30.54
6	丙酮	工业级	30.54
7	二丁基二月桂酸锡	工业级	0.278
8	三乙胺	工业级	9.400
9	乙二胺	工业级	5.401
10	去离子水		567.68

② 配方核算

项目	参数	项目	参数
单体总质量$\sum m$/g	278.1	$\overline{X}_n$	4.7768
$\sum n$/mol	0.4887	$\overline{M}_n$	2718
$M_{rsu}(=\sum m/\sum n)$/(g/mol)	569.06	DMPA/P(质量分数)/%	4.50
$\overline{f}$	1.5813		

③ 合成工艺

a. 将 PE、PPG、DMPA 加入反应瓶中，120℃脱水 0.5h。

b. 加入 NMP，降温至 80℃；搅拌下加入 IPDI，2h 加完，加入催化剂；保温反应至—NCO 含量降至 2.3%～2.5%。降温至 60℃，加入三乙胺，继续搅拌 15min，加入丙酮调整黏度，降温至 40℃，强力搅拌下，将冰水加入反应瓶中，搅拌 5min，加入乙二胺，强力搅拌 20min，慢速搅拌 1h，过滤得产品。

(11) 自交联型水性聚氨酯的合成

N_2 保护下，将 308.23g 4,4′-二环己基甲烷二异氰酸酯（$H_{12}MDI$）、367.72g 聚己内酯二醇（数均分子量为 1250）、40.10g 二羟甲基丙酸、179.5g *N*-甲基吡咯烷酮加入反应瓶，加热至 40～50℃；加入 0.716g 二丁基二月桂酸锡（T-12）。将体系加热至 80℃，保温 2h。

将 1496.9g 冰水、30.25g 三乙胺、25.92g 乙二胺、1.744g 二亚乙基三胺和 13.01g 氨乙基氨丙基三乙氧基硅烷（1120）配成溶液。

将上述预聚体溶液在 10min 内加入上述水溶液中，搅拌得自交联型水性聚氨酯分散体。

该水性聚氨酯分散体可利用三乙氧基硅烷水解成硅醇，进而通过缩聚由硅醚键实现自交联，具有良好的性能。

5.6.3 水性聚氨酯油的合成

(1) 单组分氧化交联型水性聚氨酯油的合成

本实例首先用醇解法合成出甘油一脂肪酸酯，再经水性聚氨酯化反应合成出单组分氧化交联型水性聚氨酯油。

① 合成配方

序号	原料名称	用量/g	序号	原料名称	用量/g
1	NMP	21.70	5	三羟甲基丙烷一酸酯	35.00
2	TMP	1.500	6	中和剂	4.140
3	DMPA	5.500	7	去离子水	164.0
4	IPDI	45.00	8	乙二胺	2.713

② 合成工艺

a. 将 NMP、TMP、DMPA 投入反应釜，100℃真空脱水 1h，降温至 60℃，然后用 2h 加入 IPDI，60℃反应 1h，分批加入甘油一酸酯，缓慢升温至 80℃，保温至—NCO 含量到理论值（4.3%）。

b. 将体系降温至 60℃，加入中和剂反应 20min，调整搅拌速度，在 1min 内加水，匀化 5min，加入扩链剂，继续搅拌 1h 过滤出料。

由其配制的涂料硬度可达 1H，具有良好的耐水性、耐乙醇性和耐丙酮性。

（2）单组分亚麻油型水性聚氨酯油的合成

① 合成工艺。将 355g 亚麻油 、76g 甘油、0.02g 氢氧化锂混合，220℃保温 1h；降温至 70℃，加入 418g 聚丙二醇（数均分子量为 1000）、98g 二羟甲基丙酸、0.09g 二月桂酸二丁基锡酯和 380g *N*-甲基吡咯烷酮，搅拌使体系透明。

依次加入 398g 甲苯二异氰酸酯（TDI）、171g 4,4′-二环己基甲烷二异氰酸酯（$H_{12}MDI$）。70℃ 保温，使—NCO 含量至 3%，将该体系在 10min 内加入 73.79g 三乙胺和 3058g 去离子水的溶液中。然后尽快在 10min 内加入 34.30g 乙二胺。40℃反应 1h，降温出料。

② 产品技术指标：固体含量 33%；pH 值 7.5。尽管水性聚氨酯成膜后可以通过氢键形成似化学交联结构，但它基本上还是热塑性的。水性聚氨酯油将干（或半干）性油脂肪酸引入水性聚氨酯的大分子链，通过加入锆、锰、钴类催干剂所配制的氧化交联涂料具有很好的丰满度、耐黑鞋印、耐水及耐溶剂性能，国内外已有相关产品面市。

5.6.4 阳离子型水性聚氨酯的合成

5.6.4.1 阳离子型水性聚氨酯树脂的合成

在干燥 N_2 保护下，将 86.00g PPG-2000 加入反应瓶中，于 100℃真空脱水，降温至 60℃，加入 34.00g 丁酮，滴加 38.80g TD1-80，约 1h 加完，加入 0.134g 催化剂（二丁基二月桂酸锡），保温反应 2h 后，加入 9.60g *N*-甲基二乙醇胺（MDEA），反应至—NCO 含量达到理论值（4.5%），得含叔氨基的聚氨酯预聚体，用 5.383g 乙酸中和，冷至室温后加入 276.54g 冰水乳化，真空脱去丁酮得阳离子型水性聚氨酯。

5.6.4.2 高固含量阳离子型水性聚氨酯的合成

（1）配方

序号	原料	用量/g	序号	原料	用量/g
1	聚酯（M_n＝1000）	22.0	7	二丁基二月桂酸锡	0.0500
2	$Ymer^{TM}$N120	7.00	8	醋酸	5.54
3	1,4-丁二醇	8.00	9	去离子水	132.0
4	三乙醇胺	2.50	10	乙二胺	3.00
5	甲苯二异氰酸酯	51.5	11	丙酮	20.0
6	*N*-甲基二乙醇胺	9.00			

（2）合成工艺

① 将聚酯（M_n ＝ 1000）、N120、1,4-丁二醇、三乙醇胺加入反应器内混合，并在

0.05MPa 真空度、107℃脱水 1h；

② 撤除真空，通入氮气保护，在 65℃下开始滴加甲苯二异氰酸酯，1h 滴完并保温 1h；

③ 加入二丁基二月桂酸锡，降温至 50℃，开始滴加 N-甲基二乙醇胺，1h 滴加完后保温反应，测定—NCO 的含量，直至异氰酸酯含量达到理论终点 6.5%；

④ 在 40℃时用醋酸中和至 pH 为 6～7；

⑤ 在 40℃时加去离子水高速搅拌分散，加扩链剂扩链 30min，减压脱除丙酮即得淡黄色清透的阳离子水性聚氨酯树脂。

经检测：本实验所得产品为淡黄色较清透的液体，固含量为 42.8%，pH 值为 7～8。

本实例所得产品可以用作木器封闭底漆。

5.6.4.3 木器涂料用水性阳离子封闭树脂的合成

（1）配方

序号	原料	规格	用量/g
1	聚己二酸新戊二醇酯	工业级，$\overline{M}_n$：1000	50
2	聚己内酯二醇（PCL）	工业级，$\overline{M}_n$：1000	120
3	1,4-丁二醇	工业级	26
4	三羟甲基丙烷	工业级	6
5	N-甲基二乙醇胺（MDEA）	工业级	64
6	异佛尔酮二异氰酸酯（IPDI）	工业级	205
7	N,N-二甲基甲酰胺（DMF）	聚氨酯级	13.46
8	丙酮	聚氨酯级	114
9	丁酮	聚氨酯级	74
10	二丁基二月桂酸锡	工业级	0.25
11	冰醋酸	工业级	4.33
12	去离子水		745.77

（2）配方核算

项目	参数	项目	参数
前段总单体质量 $\sum m$/g	471	$\overline{X}_n$	17.23
单体总物质的量 $\sum n$/mol	1.958	$\overline{M}_n$	4144
$M_{rsu}(=\sum m/\sum n)$/(g/mol)	240.55	MDEA/PU（质量分数）/%	13.59
$\overline{f}$	1.884		

（3）合成工艺

① 将聚己二酸新戊二醇酯、聚己内酯二醇、1,4-丁二醇、三羟甲基丙烷加入反应瓶中，110℃脱水 0.5h。

② 降温至 60℃，加入 DMF、丙酮、丁酮；搅拌状态下滴加异佛尔酮二异氰酸酯，约 1h 加完，加入 T-12；滴加 MDEA，1h 滴完，升温至 80℃搅拌反应使—NCO 含量降至 0。降温至 30℃以下，加入冰醋酸中和，继续搅拌 30min；降温至 30℃，加强搅拌，将计量好的去离子水加入反应瓶，搅拌 1h，60℃真空蒸出丙酮和丁酮溶剂，得产品。该产品透明度好，对木材单宁酸封闭性效果优异。

5.6.4.4 洗发水用阳离子水性聚氨酯树脂的合成

① 将 125g 六亚甲基二异氰酸酯、560g 聚四氢呋喃醚二醇、15.0g Ymer N120、0.144g 8108 有机铋催化剂混合均匀，升温至 60℃聚合反应 2h；

② 将步骤①的反应体系降温至 50℃，加入 18g 2,3-二羟基丙基三甲基氯化铵和 256g 丙酮，升温至 70℃进行扩链反应，反应至—NCO 含量达到理论值停止反应，然后降温至 40℃，加入 1026g 丙酮，继续降温至 20℃，得预聚体；

③ 在剪切分散条件下向步骤②的预聚体中加入 1702g 水，后加入 2.95g 乙二胺，在 30℃下进行扩链反应 10min，减压蒸馏除去丙酮，得到阳离子聚氨酯分散体。

5.6.5 水性聚氨酯羟基组分的合成

5.6.5.1 水性聚氨酯羟基组分 Ⅰ

（1）配方

序号	原料	质量/g	序号	原料	质量/g
1	聚酯（工业级，$\overline{M}_n$：1000）	22.46	6	二正丁基锡二月桂酸酯（DBTDL）	0.0420
2	CHDM	2.920	7	NMP	3.66
3	DMPA	2.180	8	三乙胺	1.643
4	TMP	2.686	9	丙酮	约 3.50
5	TDI	11.85	10	去离子水	80.16

（2）配方核算

项目	参数	项目	参数
单体总质量 $\sum m$/g	42.096	$\overline{M}_n$	3870
$\sum n$/mol	0.1469	DMPA/P（质量分数）/%	5.19
$M_{rsu}(=\sum m/\sum n)$/(g/mol)	286.56	羟值/(mgKOH/g)	56
$\overline{f}$	1.8521	$\overline{f}_{OH}$	3.8
$\overline{X}_n$	13.52		

（3）合成工艺

向带有搅拌装置、温度计、N_2 入口和冷凝管的四口玻璃烧瓶中加入 PE、CHDM、DMPA、TMP，110℃下真空干燥脱水 2h，降温至 80℃加入 *N*-甲基吡咯烷酮，搅拌使 DMPA 全部溶解后，开始滴加 TDI，约 1h 滴完，向其中加入 DBTDL，持续搅拌反应 4h，取样测—NCO 含量≤0.1%；冷却至 60℃，加入 TEA 中和 0.5h；加水，强烈分散 0.5h，旋出丙酮，得半透明水性聚氨酯羟基组分。该产品可以用于水性双组分聚氨酯漆的配制。

5.6.5.2 水性聚氨酯羟基组分 Ⅱ

（1）配方

序号	原料	用量/g	序号	原料	用量/g
1	聚酯（工业级，$\overline{M}_n$：1000）	20.12	6	DBTDL	0.0423
2	CHDM	5.247	7	NMP	3.672
3	DMPA	2.156	8	丙酮	约 3.50
4	TMP	1.884	9	三乙胺（TEA）	1.62
5	TDI	12.82	10	去离子水	80.2

（2）配方核算

项目	参数	项目	参数
单体总质量$\sum m/g$	42.231	$\overline{M}_n$	3247
$\sum n$/mol	0.1604	DMPA/P(质量分数)/%	5.1
$M_{rsu}(=\sum m/\sum n)$/(g/mol)	263.29	羟值/(mgKOH/g)	53
$\overline{f}$	1.8378	$\overline{f}_{OH}$	3.1
$\overline{X}_n$	12.33		

（3）合成工艺

同上例。

5.6.5.3 氨基烤漆用羟基型水性聚氨酯树脂

（1）配方

序号	原料	规格	用量/g
1	聚己内酯二醇(PCL)	工业级，$\overline{M}_n$：1000	3.200
2	聚环氧丙烷二醇	工业级，$\overline{M}_n$：4000	19.50
3	聚己二酸新戊二醇酯	工业级，$\overline{M}_n$：1000	24.40
4	1,4-丁二醇	工业级	5.500
5	二羟甲基丙酸	工业级	2.640
6	三羟甲基丙烷	工业级	5.200
7	4,4′-二苯基甲烷二异氰酸酯(MDI)	工业级(MDI-50)	170.0
8	丙酮	聚氨酯级	35.0
9	丁酮	聚氨酯级	35.0
10	二甲基乙醇胺	工业级	2.10
11	三乙醇胺	工业级	2.64
12	去离子水		160.6

（2）配方核算

项目	参数	项目	参数
前段总单体质量$\sum m/g$	104.44	$\overline{X}_n$	18.717
单体总物质的量$\sum n$/mol	0.372	$\overline{M}_n$	5256
$M_{rsu}(=\sum m/\sum n)$/(g/mol)	280.75	羟基含量(树脂固体分)/%	3.81
$\overline{f}$	1.893	DMPA/PU(质量分数)/%	2.53

（3）合成工艺

① 将聚己内酯二醇、聚环氧丙烷二醇、聚己二酸新戊二醇酯、二羟甲基丙酸、1,4-丁二醇、三羟甲基丙烷加入反应瓶中，110℃脱水0.5h。

② 降温至60℃，加入丙酮、丁酮，搅拌状态下滴加MDI，约1h加完，升温至75℃搅拌反应使—NCO含量降至0。降温至60℃以下，加入二甲基乙醇胺、三乙醇胺中和，继续搅拌20min；降温至40℃，加强搅拌，将计量好的去离子水加入反应瓶，强力搅拌30min，慢速搅拌1h，60℃真空蒸出丙酮和丁酮溶剂，得产品。该产品搭配氨基树脂后柔韧性好，高光泽、高硬度、性价比高。

5.7　水性多异氰酸酯固化剂的合成

(1) 非离子型水可分散型多异氰酸酯固化剂的合成 Ⅰ

将 28g 聚乙二醇单甲醚（数均分子量 450）、504g HDI 三聚体（—NCO 含量 21.5%，官能度 3.8）和 2g 催化剂（二正丁基二月桂酸锡）于室温下加入反应瓶中，在氮气保护下于 100℃保温反应 3h，取样测—NCO 含量至 17%±0.5%，降至室温、过滤出料，得水可分散型多异氰酸酯，黏度约 3000mPa·s(23℃)。

市面上比较常见的非离子型水可分散型多异氰酸酯固化剂有：①万华化学 161，—NCO 含量为 19%±0.5%，黏度 2000～4000mPa·s，有效成分 100%；②武汉仕全兴 D-100，—NCO 含量=18%±0.5%，黏度 2000～4000mPa·s，有效成分 100%；③科思创 305，—NCO 含量=16.2%，黏度 6800mPa·s，有效成分 100%。该类型产品可广泛应用于纺织、胶黏剂行业。

(2) 非离子型水可分散型多异氰酸酯固化剂的合成 Ⅱ

将 14g 壬基酚聚乙二醇醚（含 20 个 EO 单元，HLB 值为 16.0）、100g HDI 三聚体和 0.100g 催化剂（二正丁基二月桂酸锡）于室温下加入反应瓶中，在氮气保护下于 80℃保温反应 4h，取样测—NCO 含量至 18%±0.5%，降至室温、过滤出料，得水可分散型多异氰酸酯，—NCO 含量至 16%～18%，黏度 300～800mPa·s(23℃)。

(3) 阴离子型水可分散型多异氰酸酯固化剂的合成

将 360g HDI 三聚体（—NCO 含量 22%，官能度 3.8）、8.80g 3-(环已胺)-1-丙磺酸、5.40g 三乙胺和 2.00g 催化剂（二正丁基二月桂酸锡）于室温下加入反应瓶中，在氮气保护下于 105℃保温反应 3h，取样测—NCO 含量至 20.5%±0.5%，降至室温、过滤出料，得水可分散型多异氰酸酯，黏度约 5500mPa·s(23℃)。

市面上比较常见的离子型水可分散型多异氰酸酯固化剂有：①万华化学 270，—NCO 含量为 21.5%±0.5%，黏度 2500mPa·s,有效成分 100%；②武汉仕全兴 S-101，—NCO 含量为 21%±0.5%，黏度 2500mPa·s,有效成分 100%；③科思创 2655，—NCO 含量为 21.2%，黏度 3500mPa·s,有效成分 100%。该类型产品水分散性好，可广泛应用于工业防腐、轨道交通等涂料领域。

(4) 封闭型水可分散型多异氰酸酯固化剂的合成

取实例（3）阴离子型水可分散型多异氰酸酯固化剂 180.0g、甲乙酮肟 79.19g、丙二醇甲醚醋酸酯 111.08g，于室温下加入反应瓶中，在氮气保护下于 80℃保温反应 2.5h，取样测—NCO 含量至 0，降至室温、过滤出料，得封闭型水可分散型多异氰酸酯固化剂，解封温度约 140℃。该类型产品可以广泛应用于氨基烤漆领域，可以提高漆膜的柔韧性与附着力。

5.8　水性聚氨酯的改性

(1) 内交联法

为提高涂膜的力学性能和耐水性，可直接合成具有适度交联度的水性聚氨酯，通常可采用以下方法实现：①在合成预聚物时，引入适量的多官能度（通常为三官能度）的多元醇和多异氰酸酯，常用的物质为 TMP、HDI 三聚体、IPDI 三聚体等。②脂肪族水性聚氨酯可以采用适量多元胺进行扩链，使形成的大分子具有微交联结构，常用的多元胺为二亚乙基三胺、三亚乙基四胺等。③同时采用①和②两种方法。

对水性聚氨酯进行内交联改性，关键要掌握好内交联度，内交联度太低，改性效果不明显，若太高将影响其成膜性能。

(2) 自交联法

所谓自交联法是指在水性聚氨酯成膜后，能自动进行化学反应实现交联，提高涂膜的交联度，改善涂膜性能。例如可以在大分子链上引入干性油脂肪酸以及多烷氧基硅单元，使得其在成膜后能分别发生自动氧化交联反应和水解缩合反应以形成交联网络。该法应用较广，市场上已有相关商业化产品。

(3) 外加交联剂法

采用自乳化法制备的阴离子型水性聚氨酯成膜后仍含有大量的羧基，使涂膜的耐水性变差。同溶剂型双组分 PU 一样，水性聚氨酯在施工前可添加外交联剂，成膜后与涂膜中的羧基、羟基和外交联剂的可反应基团反应，消除涂膜的亲水基团，可大幅度提高涂膜的耐水性，同时也对涂膜的力学性能有一定改善。常用的交联剂有多氮丙啶、碳化二亚胺、水可分散型多异氰酸酯、环氧树脂、氨基树脂、环氧硅氧烷等。

① 硅偶联剂的交联

一些硅偶联剂可以作为水性聚氨酯的交联剂。国外有机硅的生产厂家主要为：Crompton 公司和日本信越公司。国内也有一些小规模厂家。有机硅型水性聚氨酯的交联剂主要带有环氧基和硅氧烷基。环氧基可以同羧基反应，将硅氧烷基引入大分子链，再通过硅氧烷基的水解、硅羟基的缩合实现交联。添加该类交联剂的体系具有以下特点：改善耐溶剂性、耐冲击性和耐划伤性；优异的湿态和干态附着力；涂层坚硬而仍具有良好弹性；对固化后涂膜的透明性和颜色没有副作用；老化后光泽保留率高。如下列产品：

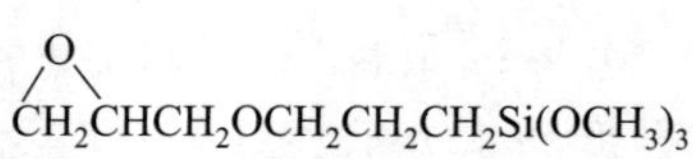

γ-缩水甘油醚氧丙基三甲氧基硅烷

(Crompton公司牌号：A-187；信越公司牌号：KBM-403)

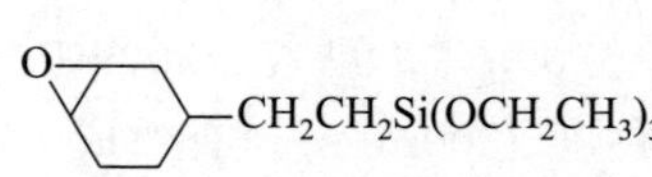

β-(3, 4-环氧环己基)乙基三乙氧基硅烷

(Crompton公司牌号：1770)

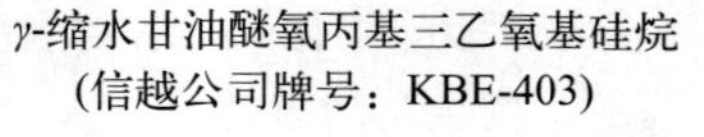

γ-缩水甘油醚氧丙基三乙氧基硅烷

(信越公司牌号：KBE-403)

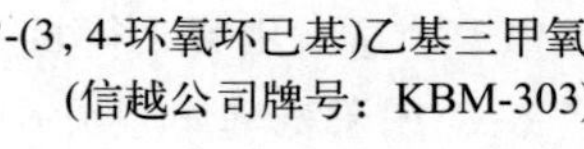

β-(3, 4-环氧环己基)乙基三甲氧基硅烷

(信越公司牌号：KBM-303)

交联的化学机理涉及环氧硅烷的两个官能团，分子上的环氧基同树脂羧基反应，而烷氧基部分在水解后通过缩聚交联成硅氧硅键。此外，烷氧基水解形成的羟基也可以同基材表面反应，以改善涂料的湿态附着力，或改善颜料同树脂的结合力。该机理可表示如下：

A-187、1770 的质量指标见表 5-18。

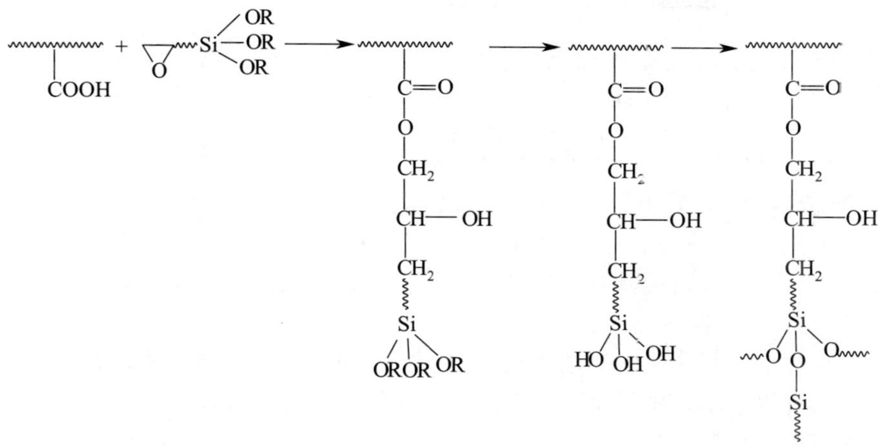

表 5-18　A-187、1770 的质量指标

项目	A-187	1770
外观	淡黄色液体	浅草黄色透明液体
分子量	236.4	288.46
活性成分含量	100%	100%
密度(20℃)/(g/mL)	1.069	1.00
沸点/℃	290	300
闪点(闭杯)/℃	110	104
溶解性	溶于水，并水解放出甲醇。可溶于醇、丙酮和大多数脂肪酸酯类	

其中 A-187 活性较大，一般用于配制双组分体系，使用时进行混合；1770 活性较低，可用于配制单组分体系；其用量可由树脂酸值进行计算。一般取摩尔比为：

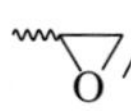 /—COOH<0.5～0.8

② 多氮丙啶（polyaziridine）的交联

多氮丙啶类化合物应用于涂料、纺织和医疗等领域已有多年，近几年才作为水性聚氨酯的室温交联剂使用，它能与羧基、羟基等反应，而且在酸性环境中还可自聚，但在碱性环境中相当稳定。其通常配成双组分体系，使用时进行混合。其交联膜的耐水性、耐化学品性、耐高温性以及对底材的附着力都有明显改善，若给予烘烤性能更佳。加有该类交联剂的涂料室温下应该在 3～5 天内用完，以免发生水解，丧失活性。多氮丙啶与水性聚氨酯的交联机理为：

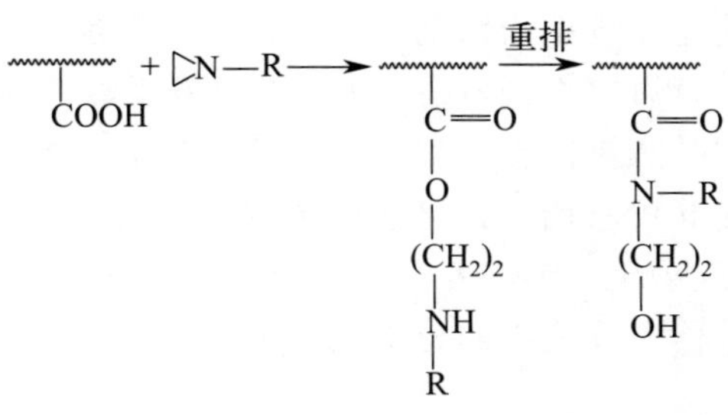

DSM 公司产品 Crosslinker CX-100 为多氮丙啶类交联剂。其质量指标见表 5-19。

表 5-19 Crosslinker CX-100 多氮丙啶类交联剂的质量指标

项目	参数	项目	参数
外观	黄色清澈液体	pH(25℃)	10.5
固含量/%	大于 99	稳定性	六个月
黏度(20℃)	200mPa・s	溶解性	在异丙醇、丙酮、二甲苯中完全溶解
密度(20℃)	1.08g/mL		

CX-100 官能度为 3，其当量为 166，配漆时氮丙啶基与羧基的摩尔比为（1～0.6）：1。一般加入量为乳液量的 1%～3%，一般以 1：1 用水稀释后加入。因为其水溶性很好，手工搅拌即可使用。但该类交联剂具有一定的毒性，而且价格较高，影响了其推广。

③ 水可分散型多异氰酸酯的交联

异氰酸酯单体的选择是决定涂膜性能的因素。脂肪族异氰酸酯单体，如六亚甲基二异氰酸酯（HDI）和异佛尔酮二异氰酸酯（IPDI）合成的固化剂涂膜外观好，干燥速度和活化期具有良好的平衡性。HDI 具有长的亚甲基链，其固化剂黏度较低，容易被多元醇分散，涂膜易流平，外观好，具有较好的柔韧性和耐刮擦性。IPDI 固化剂具有脂肪族环状结构，其涂膜干燥速度快，硬度高，具有较好的耐化学品性和耐磨性。但 IPDI 固化剂黏度较高，不易被多元醇分散，其涂膜的流平性和光泽不及 HDI 固化剂，但活化期与初期硬度要优于 HDI 型。二异氰酸酯的三聚体是聚氨酯涂料常用的固化剂，环状的三聚体具有稳定的六元环结构及较高的官能度，黏度较低，易于分散，因此涂膜性能较好；而缩二脲由于黏度较高，不易直接用于水性双组分聚氨酯涂料。为了提高多异氰酸酯固化剂在水中的分散性，常采用亲水基团对其进行改性，适合的亲水组分有离子型或非离子型或二者并用，这些亲水组分与多异氰酸酯具有良好的相容性，作为内乳化剂有助于固化剂分散在水相中，降低混合剪切能耗。其缺点在于亲水改性消耗了固化剂的部分 NCO 基，降低了固化剂的官能度。新一代改性的亲水固化剂必须降低亲水改性剂的含量，提高固化剂的 NCO 基官能度，增强固化剂在水中的分散性。偏四甲基苯基二异氰酸酯与三羟甲基丙烷的加成物，其 NCO 基为叔碳原子上的 NCO 基，反应活性较低，与水反应的速度非常慢。因此用该固化剂配制的双组分涂料，NCO 基与水发生副反应的程度非常小，可制备无气泡涂膜，但其玻璃化温度高，需玻璃化温度较低和乳化能力较强的多元醇与其配制成双组分涂料。

5.9 水性聚氨酯的应用

5.9.1 皮革涂饰剂

水性聚氨酯的基本用途是作皮革涂饰剂。我国也有规模生产。

聚氨酯树脂柔韧、耐磨，可用作天然皮革及人造革的涂层剂及补伤剂。水性聚氨酯涂饰剂克服了丙烯酸乳液涂饰剂“热黏冷脆”的弱点，其处理的皮革手感柔软、滑爽、丰满、光亮，真皮感极强，可极大提高皮具档次，增强市场竞争力。

早期的水性聚氨酯是线型的，具有热塑性。为了提高其强度、硬度、耐水性、耐溶剂性，可通过引入三官能度单体形成适当的分支或外加交联剂。

5.9.2　水性聚氨酯涂料

溶剂型聚氨酯涂料是一种高档的涂料品种，20 世纪 90 年代产量提高很快。但常规的溶剂型聚氨酯涂料含有约 40%的有机溶剂，因此涂料 VOC（挥发性有机物）带给大气的污染非常大。21 世纪涂料的发展方向之一是环保型涂料，即低污染或无污染涂料，主要包括高固体分涂料、水性涂料、粉末涂料和辐射固化涂料。其中，水性涂料是最重要的一类。

目前，以水性聚氨酯分散体为基料的涂料在发达国家发展很快，适用于木材、金属及塑料等底材的水性聚氨酯产品不断投放市场，其中有些产品已经进入我国市场。根据组分数水性聚氨酯可分为两大类。

（1）单组分水性聚氨酯涂料

单组分水性聚氨酯涂料只有一个组分，其分子骨架可以是线型的或分支的；也可以是热塑型的或自发、光致、热致交联型的。其特点是施工方便，不存在贮存胶化的危险，但漆膜性能（如硬度、耐磨性、耐化学品性）不如双组分水性聚氨酯。

目前单组分水性聚氨酯涂料树脂是一种改性的水性聚氨酯。改性方法很多，如用丙烯酸接枝、环氧树脂及干性油改性等。

光固化水性聚氨酯指用紫外光作用实现交联的涂料体系。其固化速率快、生产效率高，特别适合流水线作业。

含有封闭异氰酸酯的水性聚氨酯涂料属热致交联型水性聚氨酯。这类涂料包括封闭异氰酸酯基的水性聚氨酯及低聚物多元醇或多元胺交联剂。在热的作用下封端基解封，NCO 基团再生，进而实现交联。常用的封闭剂有：己内酰胺、苯酚、乙酰乙酸乙酯、甲乙酮肟以及亚硫酸氢钠。其中，亚硫酸氢钠的脱封温度约 70℃，其余约 150℃。

此外，HMMM（六甲氧基甲基三聚氰胺）、水性环氧在加热条件下可以同水性聚氨酯分散体的羟基、氨基、氨基甲酸酯基或脲基上的活性氢发生化学反应。可配制烘烤型单组分水性聚氨酯涂料。

（2）双组分水性聚氨酯涂料

热塑型水性聚氨酯耐水性、抗溶剂性及抗化学品性欠佳；烘烤型单组分体系综合性能很好，但施工条件苛刻，不适合大型制件，而且有些材质（木材、塑料等）不耐高温。因此，室温固化型双组分水性聚氨酯涂料在水性聚氨酯涂料中占据越来越重要的地位。

该涂料体系组分之一是经亲水性处理的多异氰酸酯。通常选择脂肪族二异氰酸酯三聚体，用非离子型表面活性剂（如聚环氧乙烷）或磺酸盐进行接枝改性，官能度 3～4 之间，固含量可达 100%，也可用酯、酮、芳烃及醚酯类溶剂适当稀释。施工时，该组分在手工搅拌下可以很容易分散到另一组分——羟基组分中。

双组分水性聚氨酯涂料的羟基组分包括水性短油度醇酸树脂、水性聚酯、水性丙烯酸树脂及水性聚氨酯，它们常以水分散体的形式供应市场。数均分子量 10^3 量级，羟值约 100mgKOH/g。两种可反应官能团的摩尔比为：—NCO/—OH＝(1.2～1.6)∶1；施工时限约 4h。

目前，一些知名公司的双组分水性聚氨酯涂料的综合性能已接近溶剂型聚氨酯的水平，通过单体品种、配方的调整可用于木材、金属、塑料等所有材质的涂饰，前景无限。

5.9.3 水性聚氨酯黏合剂

同溶剂型聚氨酯黏合剂相比，水性聚氨酯黏合剂是一种绿色、环保型产品，可用于许多领域、多种基材，具有很大的发展潜力。

以木材加工为例。目前我国复合板材的生产主要使用“三醛树脂”，即“酚醛树脂”“脲醛树脂”和“三聚氰胺甲醛树脂”。这些产品存在甲醛残留、污染环境问题，社会影响很坏。近年来发达国家水性聚氨酯黏合剂发展很快。该类黏合剂称为乙烯基聚氨酯乳液，常为丙烯酸改性的水性聚氨酯，也包括单组分、双组分两类产品。水性聚氨酯胶黏剂以其独特的优异性能，正面临前所未有的发展机遇，需求量正以每年 20%～30%的速度增长，是其他胶黏剂产品增长速度的 2 倍以上，未来的技术发展将聚焦于高性能化、功能化和应用市场的拓展。

水性聚氨酯在涂料领域具有重要的应用，市场份额还将不断增加，为了进一步促进水性聚氨酯涂料的发展，必须加强对水性聚氨酯树脂的研究和开发，主要有以下方面课题：①基本原材料的开发（包括异氰酸酯单体的清洁生产，脂肪族多异氰酸酯的降低成本等）；②单组分水性聚氨酯的交联工艺创新；③氟、硅改性的高端水性聚氨酯树脂的开发；④双组分水性聚氨酯固化剂的性能提高和推广。

第6章

水性环氧树脂及其固化剂

6.1 环氧树脂

环氧树脂（epoxy resin）是指分子结构中含有2个或2个以上环氧基并在适当的化学试剂（固化剂）存在下能形成三维网状固化物的化合物的总称，是一类重要的热固性树脂。环氧树脂既包括环氧基的低聚物，也包括含环氧基的小分子化合物。环氧树脂作为涂料、胶黏剂和复合材料等的树脂基体，广泛应用于水利、交通、机械、电子、家电、汽车及航空航天等领域。

6.1.1 环氧树脂及其固化物的性能特点

① 力学性能高。环氧树脂具有很强的内聚力，分子结构致密，所以它的力学性能高于酚醛树脂和不饱和聚酯等通用型热固性树脂。

② 附着力强。环氧树脂固化体系中含有活性极大的环氧基、羟基以及醚键、氨键、酯键等极性基团，赋予环氧固化物对金属、陶瓷、玻璃、混凝土、木材等极性基材以优良的附着力。

③ 固化收缩率小。一般为1%～2%。环氧树脂是热固性树脂中固化收缩率最小的品种之一（酚醛树脂为8%～10%；不饱和聚酯树脂为4%～6%；有机硅树脂为4%～8%）。线胀系数也很小，一般为6×10^{-5}/℃。所以固化后体积变化不大。

④ 工艺性好。环氧树脂固化时基本上不产生低分子挥发物，所以可低压成型或接触压成型。能与各种固化剂配合制造无溶剂、高固体、粉末涂料及水性涂料等环保型涂料。

⑤ 优良的电绝缘性能。环氧树脂是热固性树脂中介电性能最好的品种之一。

⑥ 稳定性好，抗化学品性优良。不含碱、盐等杂质的环氧树脂不易变质。只要贮存得当（密封、不受潮、不遇高温），其贮存期为1年。超期后若检验合格仍可使用。环氧固化物具有优良的化学稳定性。其耐碱、酸、盐等多种介质腐蚀的性能优于不饱和聚酯树脂、酚醛树脂等热固性树脂。因此环氧树脂大量用作防腐蚀底漆，又因环氧树脂固化物呈三维网状结构，能耐油类等的浸渍，大量应用于油槽、油轮、飞机的整体油箱内壁衬里等。

⑦ 环氧固化物的耐热性一般为80～100℃。一些耐热型环氧树脂的耐热温度可达200℃或更高。

环氧树脂也存在一些缺点，如耐候性差，环氧树脂中一般含有芳香醚键，固化物经日光照射后易降解断链，所以通常的双酚A型环氧树脂固化物在户外日晒，易失去光泽，逐渐粉化，因此不宜用作户外的面漆。另外，环氧树脂低温固化性能差，一般需在10℃以上固化，在10℃以下则固化缓慢，对于大型物体如船舶、桥梁、港湾、油槽等寒季施工十分不便。

6.1.2 环氧树脂的特性指标

环氧树脂有多种型号，各具不同的性能，其性能可由特性指标确定。

（1）环氧当量（或环氧值）

环氧当量（或环氧值）是环氧树脂最重要的特性指标，表征树脂分子中环氧基的含量。环氧当量是指含有1mol环氧基的环氧树脂的质量（g），以*EEW*表示。而环氧值是指100g环氧树脂中环氧基的物质的量。

$$\text{环氧当量}=\frac{100}{\text{环氧值}}$$

环氧当量的测定方法有化学分析法和光谱分析法。国际上通用的化学分析法有高氯酸法，其他的还有盐酸丙酮法、盐酸吡啶法和盐酸二氧六环法。盐酸丙酮法方法简单，试剂易得，使用方便。其方法是：准确称量0.5～1.5g树脂置于具塞的锥形瓶中，用移液管加入20mL的盐酸丙酮溶液（1mL相对密度为1.19的盐酸溶于40mL丙酮中），加塞摇荡，使树脂完全溶解，在阴凉处放置1h，盐酸与环氧基作用生成了氯醇，之后加入甲基红指示剂3滴，用0.1mol/L的NaOH溶液滴定过量的盐酸至红色褪去变成黄色时为终点。同样操作，不加树脂，做一空白试验。由树脂消耗的盐酸的量即可计算出树脂的环氧当量。

（2）羟值（羟基当量）

羟值是指100g环氧树脂中所含的羟基的物质的量。而羟基当量是指含1mol羟基的环氧树脂的质量（g）。

$$\text{羟基当量}=\frac{100}{\text{羟值}}$$

羟基含量的测定方法有两种：一是直接测定环氧树脂中的羟基含量，二是打开环氧基形成羟基，并进一步测定羟基含量的总和。前一方法是根据氢化铝锂能和含有活泼氢的基团进行快速、定量反应的原理，用于直接测定环氧树脂中的羟基，是一种较可靠的方法。后一方法是以乙酸酐、吡啶和浓硫酸混合后的乙酰化试剂与环氧树脂进行反应，形成羟基，然后测定总的羟基含量，再以二倍的环氧基减之，即可测定环氧树脂中的羟基含量即羟值。

（3）酯化当量

酯化当量是指酯化1mol单羧酸（60g醋酸或280g C_{18} 脂肪酸）所需环氧树脂的质量（g）。环氧树脂中的羟基和环氧基都能与羧酸进行酯化反应。酯化当量可表示树脂中羟基和环氧基的总含量。

$$\text{酯化当量}=\frac{100}{\text{环氧值}\times 2+\text{羟值}}$$

（4）软化点

环氧树脂的软化点可以表示树脂的分子量大小，软化点高的分子量大，软化点低的分子量小。

低分子量环氧树脂	软化点＜50℃	聚合度＜2
中分子量环氧树脂	软化点 50～95℃	聚合度 2～5
高分子量环氧树脂	软化点＞100℃	聚合度＞5

（5）氯含量

氯含量是指环氧树脂中所含氯的物质的量，包括有机氯和无机氯。无机氯主要是指树脂中的氯离子，无机氯的存在会影响固化树脂的电性能。树脂中的有机氯含量标志着分子中未起闭环反应的那部分氯醇基团的含量，它的含量应尽可能地低，否则也会影响树脂的固化及固化物的性能。

（6）黏度

环氧树脂的黏度是环氧树脂实际使用中的重要指标之一。不同温度下，环氧树脂的黏度不同，其流动性能也就不同。黏度通常可用杯式黏度计、旋转黏度计、毛细管黏度计和落球式黏度计来测定。

6.1.3　国产环氧树脂的牌号

国产环氧树脂的牌号及规格见表 6-1。双酚 A 型环氧树脂的数均分子量可用通式表示为 $340+284n$，其中 n 为重复单元聚合度，亦为环氧树脂羟基的平均官能度。

表 6-1　国产环氧树脂的牌号及规格

国家统一型号		旧牌号	规格				
			软化点/℃（或黏度/Pa·s）	环氧值/(mol/100g)	有机氯/(mol/100g)	无机氯/(mol/100g)	挥发分/%
双酚A型	E-54	616	(6～8)	0.55～0.56	≤0.02	≤0.001	≤2
	E-51	618	(＜2.5)	0.48～0.54	≤0.02	≤0.001	≤2
		619	液体	0.48	≤0.02	≤0.005	≤2.5
	E-44	6101	12～20	0.41～0.47	≤0.02	≤0.001	≤1
	E-42	634	21～27	0.38～0.45	≤0.02	≤0.001	≤1
	E-39-D		24～28	0.38～0.41	≤0.01	≤0.001	≤0.5
	E-35	637	20～35	0.30～0.40	≤0.02	≤0.005	≤1
	E-31	638	40～55	0.23～0.38	≤0.02	≤0.005	≤1
	E-20	601	64～76	0.18～0.22	≤0.02	≤0.001	≤1
	E-14	603	78～85	0.10～0.18	≤0.02	≤0.005	≤1
	E-12	604	85～95	0.09～0.14	≤0.02	≤0.001	≤1
	E-10	605	95～105	0.08～0.12	≤0.02	≤0.001	≤1
	E-06	607	110～135	0.04～0.07			≤1
	E-03	609	135～155	0.02～0.045			≤1
酚醛型	F-51		28(≤2.5)	0.48～0.54	≤0.02	≤0.001	≤2
	F-48	648	70	0.44～0.48	≤0.08	≤0.005	≤2
	F-44	644	10	约 0.44	≤0.1	≤0.005	≤2
	F_J-47		35	0.45～0.5	≤0.02	≤0.005	≤2
	F_J-43		65～75	0.40～0.45	≤0.02	≤0.005	≤2

注：F_J-47 和 F_J-43 为邻甲酚醛环氧树脂。

6.2 水性环氧树脂的制备

传统的环氧树脂难溶于水，只能溶于芳烃类、酮类及醇类等有机溶剂，因此必须用有机溶剂作为溶剂，将环氧树脂配成一定浓度、一定黏度的树脂溶液才能使用。用有机溶剂溶解环氧树脂不仅成本高，而且在使用过程中，有机挥发分（VOC）对操作工人身体危害极大，对环境也会造成污染，为此，许多国家先后颁布了严格的限制 VOC 排放的法规。开发具有环保效益的环氧树脂水性化技术成为各国研究的热点。从 20 世纪 70 年代起，国外就开始研究具有环境友好特性的水性环氧树脂体系。为适应环保法规对 VOC 的限制，我国从 20 世纪 90 年代初开始水性环氧体系和水性环氧涂料的研究开发。

水性环氧树脂第一代产品是直接用乳化剂进行乳化；第二代水性环氧体系是采用水溶性固化剂乳化油溶性低分子量环氧树脂，水性环氧固化剂既是交联剂，又是乳化剂，在使用前混合乳化便可配成零 VOC 涂料；第三代水性环氧体系由美国壳牌公司经多年研究开发成功，这一体系的环氧树脂和固化剂都接上了非离子型表面活性剂，乳液体系稳定，由其配制的涂料漆膜可达到或超过溶剂型涂料的漆膜性能指标。该体系由中等分子量的固体环氧树脂分散体和水性环氧固化剂组成，由于其反应活性低于液态环氧树脂，因此该体系的适用期较长，表干时间较短。我国也正在积极进行水性环氧树脂体系的技术开发，近年来在技术上已经取得了重要的进步，技术水平已接近或达到国外先进水平。

水性环氧树脂的制备方法主要有机械法、相反转法、固化剂乳化法和化学改性法。

机械法也称直接乳化法，通常是将环氧树脂用球磨机、胶体磨、均质器等磨碎，然后加入乳化剂水溶液，再通过超声振荡、高速搅拌将粒子分散于水中，或将环氧树脂与乳化剂混合，加热到一定温度，在激烈搅拌下逐渐加入水而形成环氧树脂乳液。机械法制备水性环氧树脂乳液的优点是工艺简单、成本低廉、所需乳化剂的用量较少。但是，此方法制备的乳液中环氧树脂分散相微粒的尺寸较大，约为 10μm，粒子形状不规则，粒度分布较宽，所配得的乳液稳定性一般较差，并且乳液的成膜性能也不太好，而且由于非离子表面活性剂的存在，会影响涂膜的外观和一些性能。

相反转法即通过改变水相的体积，将聚合物从油包水（W/O）状态转变成水包油（O/W）状态，是一种制备高分子树脂乳液较为有效的方法，几乎所有的高分子树脂都可以借助于外加乳化剂的作用通过物理乳化的方法制得相应的乳液。相反转原指多组分体系中的连续相在一定条件下相互转化的过程，如在油/水/乳化剂体系中，当连续相从油相向水相（或从水相向油相）转变时，在连续相转变区，体系的界面张力最小，因而此时的分散相的尺寸最小。通过相反转法将高分子树脂乳化为乳液，制得的乳液粒径比机械法小，稳定性也比机械法好，其分散相的平均粒径一般为 0.5～2μm。其乳化剂是专用的，要靠自主合成，通常是环氧树脂和聚乙二醇的嵌段共聚物，因为环氧树脂过量，该乳化剂仍具有反应活性。其乳化性能与环氧树脂、聚乙二醇种类及配比和合成工艺有关。第一代乳化剂为 EP-PEG-EP 嵌段共聚物；第二代为改性的 EP-PEG-EP 嵌段共聚物。

固化剂乳化法是不外加乳化剂，而是利用具有乳化效果的固化剂来乳化环氧树脂。这种具有乳化性质的固化剂一般是改性的环氧树脂固化剂，它既具有固化性能，又具有乳化低分子量液体环氧树脂的功能。乳化型水性环氧固化剂一般是环氧树脂-多元胺加成物。在普通多元胺固化剂中引入环氧树脂分子链段，并采用成盐的方法来改善其亲水亲油平衡值，使其成为具有与低分子量液体环氧树脂相似链段的水可分散型固化剂。由于固化剂乳化法中使用的乳化剂同时又是环氧树脂的固化剂，因此固化所得漆膜的性能比需外加乳化剂的机械法要好。

化学改性法又称自乳化法，是目前水性环氧树脂的主要制备方法之一。化学改性法是通过打开环氧树脂分子中的部分环氧基，引入极性基团，或者通过自由基引发接枝反应，将极性基团引入环氧树脂分子骨架中，这些亲水性基团（或者具有表面活性作用的链段）能帮助环氧树脂在水中分散。由于化学改性法是将亲水性的基团通过共价键直接引入环氧树脂的分子中，因此制得的乳液稳定，粒子尺寸小，多为纳米级。但是，这种方法使环氧树脂的本体结构发生了很大变化，其性能亦发生了很大变化。化学改性法引入的亲水性基团可以是阴离子、阳离子或非离子的亲水链段。

（1）引入阴离子

通过酯化、醚化、胺化或自由基接枝改性法在环氧聚合物分子链上引入羧基、磺酸基等功能性基团，中和成盐以后，环氧树脂就具备了水分散的性质。酯化、醚化和胺化都是利用环氧基与羧基、羟基或氨基反应来实现的。

酯化是利用氢离子先将环氧基极化，酸根离子再进攻环氧环，使其开环，得到改性树脂，然后用胺类中和。如利用环氧树脂与丙烯酸反应生成环氧丙烯酸酯，再用丁烯二酸（酐）和环氧丙烯酸酯上的碳碳双键通过加成反应而生成富含羧基的化合物，最后用胺中和成水溶性树脂；或与磷酸反应成环氧磷酸酯，再用胺中和也可得到水性环氧树脂。

醚化是由亲核性物质直接进攻环氧基上的碳原子，开环后改性剂与环氧基上的仲碳原子以醚键相连得到改性树脂，然后水解、中和。比较常见的方法是环氧树脂与对羟基苯甲酸甲酯反应后水解、中和；也可将环氧树脂与巯基乙酸进行醚化反应而后水解中和，在环氧树脂分子中引入阴离子。

胺化是利用环氧基团与一些低分子的扩链剂如氨基酸、氨基苯甲酸、氨基苯磺酸（盐）等化合物上的氨基反应，在链上引入羧基、磺酸基团，中和成盐后可分散于水中。如用对氨基苯甲酸改性环氧树脂，使其具有亲水亲油两种性质，以改性产物及纯环氧树脂的混合物制成水性涂料，涂膜性能优良，保持了溶剂型环氧涂料在冲击强度、光泽度和硬度等方面的优点，而且附着力提高，柔韧性大为改善，涂膜耐水性和耐化学品性能优良。

自由基接枝改性方法是利用双酚 A 型环氧树脂分子上的亚甲基在过氧化物作用下易于形成自由基并与乙烯基单体共聚的性质，将（甲基）丙烯酸、马来酸（酐）等单体接枝到环氧树脂上，再用中和剂中和成盐，最后加水分散，从而得到水性环氧树脂。

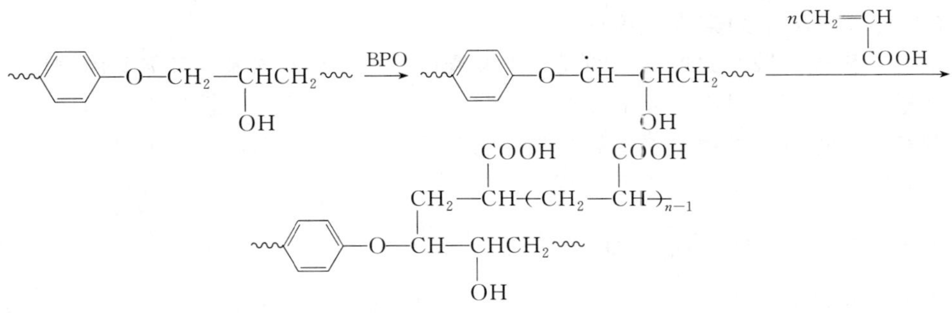

将丙烯酸单体接枝到环氧分子骨架上，可制得不易水解的水性环氧树脂。反应遵循自由基聚合机理，接枝位置为环氧分子链上的脂肪碳原子，接枝率低于 100% ，最终产物为未接

枝的环氧树脂、接枝的环氧树脂和聚丙烯酸的混合物，这三种聚合物分子在溶剂中舒展成线型状态，加入水后，由于未接枝共聚物和水的不混溶性，在水中形成胶束，接枝共聚物的环氧链段和与其相混溶的未接枝环氧树脂处于胶束内部，接枝共聚物的丙烯酸共聚物羧酸盐链段处于胶束表层，并吸附与其相混溶的丙烯酸共聚物的羧酸盐包覆于胶束表面，颗粒表面带有电荷，形成极稳定的水分散体系。

先用磷酸将环氧树脂酸化得到环氧磷酸酯，再用环氧磷酸酯与丙烯酸接枝共聚，制得比丙烯酸与环氧树脂直接接枝的产物稳定性更好的水基分散体。并且发现，水性体系稳定性随制备环氧磷酸酯时磷酸的用量、丙烯酸单体用量和环氧树脂分子量的增大而提高，其中丙烯酸单体用量是影响水分散体稳定性的最重要因素。

以双酚 A 型环氧树脂与丙烯酸反应合成具有羟基侧基的环氧丙烯酸酯，再用甲苯二异氰酸酯与丙烯酸羟乙酯的半加成物对上述环氧丙烯酸酯进行接枝改性，再用酸酐引入羧基，经胺中和后，可得较为稳定的自乳化光敏树脂水分散体系。

（2）引入阳离子

含氨基的化合物与环氧基反应生成含叔氨基的聚合物，用酸中和即得到阳离子型的水性环氧树脂。

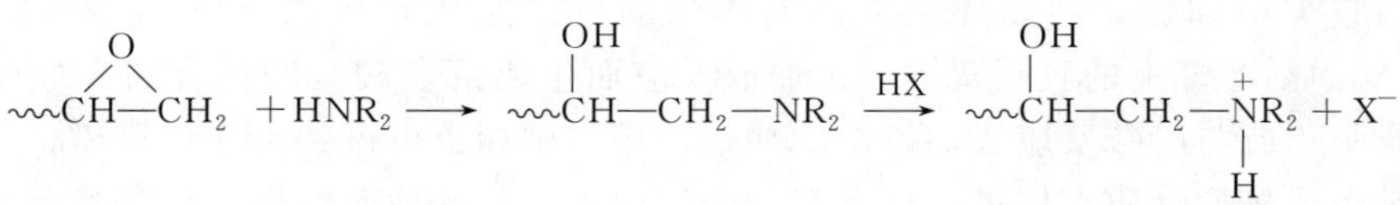

用酚醛型多官能度型环氧树脂 F-51 与一定量的二乙醇胺发生加成反应（每个 F-51 分子中打开了一个环氧基）引入亲水基团，再用冰醋酸中和成盐，加水制得改性 F-51 水性环氧树脂，该方法使树脂具备了水溶性或水分散性，同时每个改性树脂分子中又保留了 2 个环氧基，使改性树脂的亲水性和反应活性达到合理的平衡。固化体系采用改性 F-51 水性环氧树脂与双氰胺配合，由于双氰胺在水性环氧树脂体系中具有良好的溶解性和潜伏性，贮存 6 个月不分层，黏度无变化，可形成稳定的单组分配方。该体系比未改性环氧/双氰胺体系起始反应温度降低了 76℃，固化工艺得到改善。固化物具有良好的力学性能，层压板弯曲强度达 502.93MPa，剪切强度达 36.6MPa，固化膜硬度达 5H，附着力 100%，吸水率 47%，具有良好的应用前景。

由于环氧固化剂通常是含氨基的碱性化合物，两者混合后，体系容易失去稳定性而影响使用性能，因此这类树脂在实际中较少应用。

（3）引入非离子的亲水链段

用聚乙二醇或其嵌段共聚物上的羟基或聚氧化乙烯链上的氨基与环氧基团反应可以将聚氧化乙烯链段引入环氧树脂大分子链上，得到含非离子亲水型的水性环氧树脂。该反应通常在催化剂存在下进行，常用的催化剂有三氟化硼配合物、三苯基膦或强无机酸。

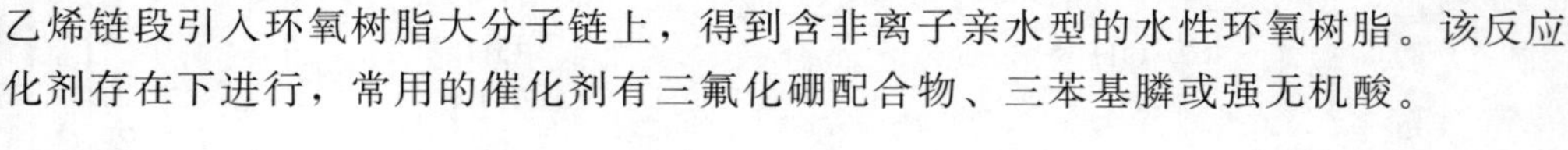

这种方法制备的 EP-PEG-EP 型嵌段共聚物是环氧树脂的良好反应型乳化剂，可以通过外乳化法制备本体型环氧树脂乳液，是金属重防腐双组分水性环氧涂料体系重要的水性环氧组分。

6.3 水性环氧树脂的合成实例

(1)水性环氧树脂接枝丙烯酸酯的合成

在装有搅拌器、冷凝管、氮气导管、滴液漏斗的 250 mL 四口烧瓶中加入一定量环氧树脂及按一定质量比配制的正丁醇和乙二醇单丁醚混合溶剂，加热升温至 105℃；当投入的环氧树脂充分溶解后开动搅拌，2h 内匀速缓慢滴加苯乙烯、丙烯酸丁酯、甲基丙烯酸和过氧化苯甲酰的混合溶液；先升温至 105℃，继续搅拌反应 3h；后降温至 50℃，加入 *N*,*N*-二甲基乙醇胺和去离子水的混合溶液中和，中和度 100%，搅拌下继续反应 30min；加水高速分散制成固含量约 30%的环氧树脂/丙烯酸接枝共聚物乳液。反应原理如下：

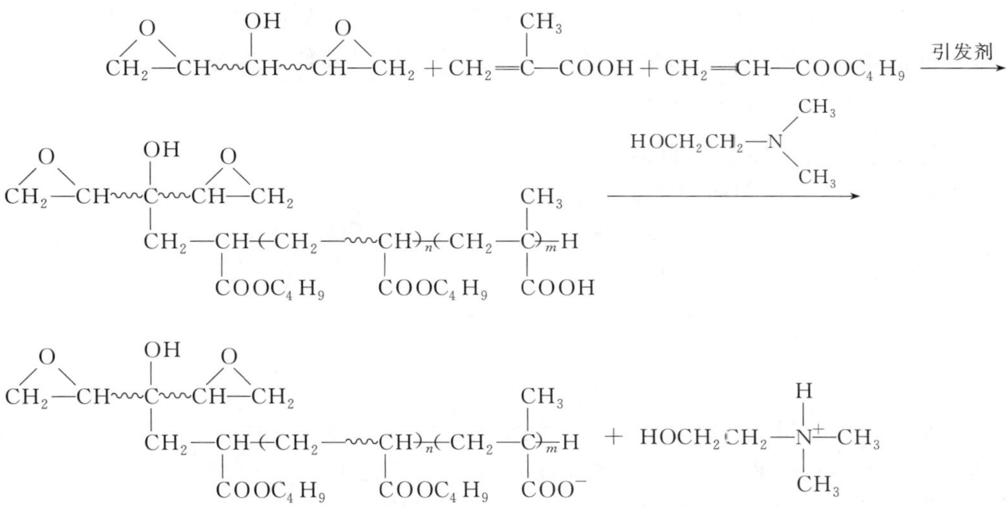

在该树脂中按质量比 4∶1 加入氰特 303 氨基树脂，高速分散下滴加去离子水将体系稀释至固含量为 30%，得到单组分水性环氧树脂-丙烯酸树脂氨基烘漆。

环氧树脂分子量、功能单体甲基丙烯酸和引发剂过氧化苯甲酰用量是影响环氧/丙烯酸接枝共聚乳液性能的三个关键因素。随着环氧树脂平均分子量增加，合成的环氧乳液稳定性提高，乳液黏度也随之增大。增加甲基丙烯酸用量，乳液粒径减小，但用量过大使漆膜耐水性变差。引发剂的用量直接影响反应接枝率，当引发剂的用量过低时，制备的乳液贮存稳定性差，过低的引发剂浓度导致反应的接枝率较低，聚合物的亲水性差，乳液不稳定。引发剂的浓度增加，反应接枝率增加，环氧树脂亲水性提高，乳液粒子粒径减小，乳液粒子形状规整。但引发剂的用量过高使单体之间的共聚反应增大，降低了体系稳定性。另外，引发剂浓度过高会促使引发剂产生诱导分解，也就是自由基向引发剂的转移反应，结果消耗了引发剂而自由基数量并未增加，导致接枝效率下降。通过实验表明，环氧树脂 E-06 和 E-03 配合使用，甲基丙烯酸单体含量 20%，过氧化苯甲酰用量为单体总质量的 5%，合成的水性环氧树脂具有良好的贮存稳定性、黏度适中、粒径小，综合性能优异。

(2)水性二乙醇胺改性 E-44 环氧树脂的合成

环氧树脂中的环氧基可与胺反应，因此可用二乙醇胺来改性 E-44 环氧树脂，在树脂分子中引入亲水性羟基和氨基，之后再滴加冰醋酸成盐，即可制得水性二乙醇胺改性 E-44 环氧树脂。反应原理如下：

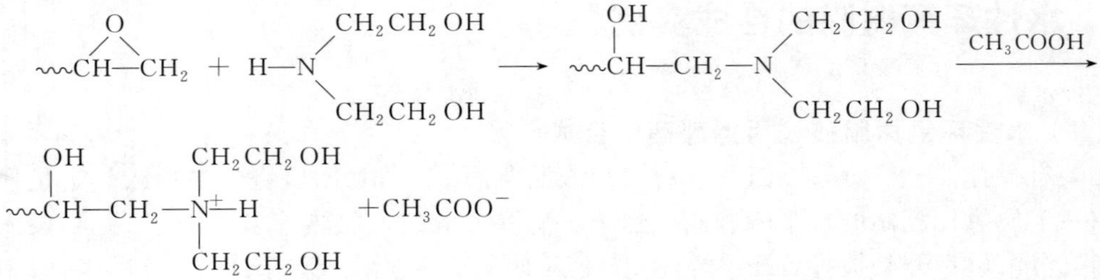

合成工艺：60℃下先用乙二醇丁醚和乙醇将环氧树脂溶解，然后慢慢滴加二乙醇胺，滴完后继续加热至80℃，恒温反应2.5h，即得二乙醇胺改性的环氧树脂E-44。最后向制得的改性树脂中滴加冰醋酸，中和成盐，再加入一定量水，搅拌，即得改性环氧树脂的水性体系。改性环氧树脂的亲水性强弱与树脂分子中引入的二乙醇胺和滴加的冰醋酸的量有关，随着二乙醇胺和乙酸用量的增加，改性树脂亲水性增强而环氧值降低。通过改变两者的用量，可制得一系列具有不同环氧值的水溶液或水乳液。

（3）水性甘氨酸改性环氧树脂的合成

将一定比例的E-44环氧树脂、水、表面活性剂及预先用水溶解的甘氨酸投入三口烧瓶中，在温度为80～85℃反应3h，制得水性环氧树脂。反应原理如下：

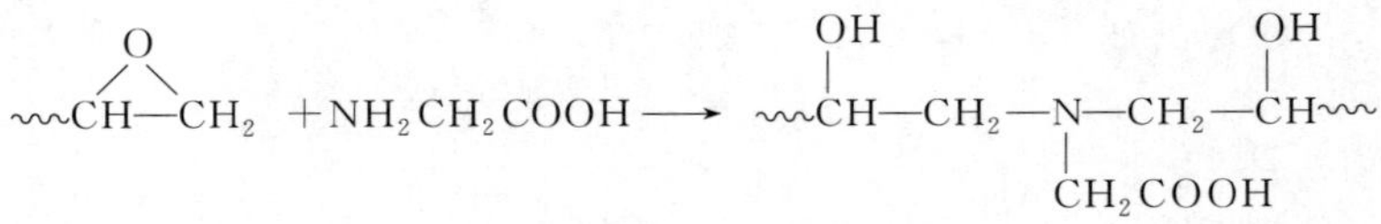

将制得的水性环氧树脂先用计量的氢氧化钠水溶液中和，再用高剪切分散乳化机将其乳化，制得稳定的水性环氧乳液。制得的水性环氧树脂在有机溶剂中的溶解性变差，在碱性水溶液中的溶解性增强，作为水性环氧涂料，其固化物具有优良的涂膜性能。

（4）水性光敏酚醛环氧树脂的合成

用丙烯酸和琥珀酸酐对F-44酚醛环氧树脂进行改性，可合成一种水性光敏酚醛环氧树脂。反应原理如下：

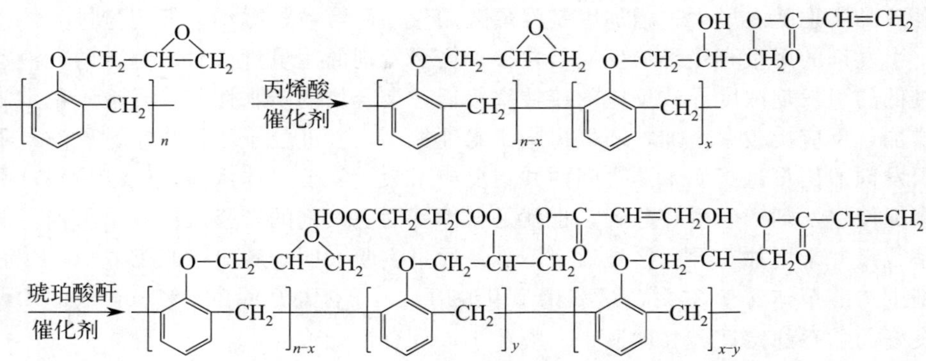

合成工艺：在带回流装置的100mL圆底烧瓶中加入36.2g质量分数为70%的F-44环氧树脂的二氧六环溶液（含0.1mol环氧基）、2.47mL质量分数为2%的对苯二酚的二氧六环溶液（作为阻聚剂）、0.50g催化剂，加入0.05mol丙烯酸，在95℃下反应6h，丙烯酸转化

率达到100%后，加入质量分数为22.5%的含0.05mol琥珀酸酐的二氧六环溶液，在95℃反应3h，制得一种力学性能较为优越、可溶于5% Na_2CO_3 水溶液的水性光敏酚醛环氧树脂。

（5）以相反转乳化技术制备E-44水性环氧树脂

以甲苯作溶剂，以端甲氧基聚乙二醇（1mol，分子量为4000～6000）、马来酸酐（1mol）为原料，在回流温度下进行酯化反应。酯化完成后，加入与马来酸酐（MA）等物质的量的环氧树脂E-44，进行酯化反应，当酯化率达到要求时，减压抽去溶剂得到红棕色固态反应型环氧树脂乳化剂MeO-PEG-MA-E-44。再将一定量的E-44环氧树脂与占E-44质量16.5%～20%的上述乳化剂加入250mL三口烧瓶中，加热至70℃并搅拌均匀，每5min滴加1mL蒸馏水，控制搅拌速度1000r/min，即制得固含量为60%的水性环氧树脂。制得的E-44水性环氧树脂在水性固化剂作用下于室温/2h、60℃/40min内可以固化，固化后的热稳定性、力学性能与乳化前的E-44环氧树脂基本一致，且韧性较好。

（6）金属防腐用环氧树脂乳液合成Ⅰ

① 水性环氧乳化剂的制备：将1mol聚乙二醇（分子量为4000～6000）加入三口烧瓶中，100℃真空脱水1h，再将2mol六氢苯酐加入三口烧瓶中，通入氮气作为保护气体，反应3h，得到酯化产物。将2mol E-44环氧树脂加入三口烧瓶中，同时加入0.5%的三苯基膦，继续反应1h，即制得反应型水性环氧树脂乳化剂。

② 水性环氧树脂乳液的制备：将50g E-20环氧树脂、5g水性环氧乳化剂和5.5g乙二醇丁醚加入三口烧瓶中，加热至80℃并搅拌，将体系制成溶液；然后将搅拌速率增加到1000r/min，用60min向三口烧瓶中滴加39.5g去离子水；继续搅拌30min，即得水性环氧树脂乳液，固含量55%。

（7）金属防腐用环氧树脂乳液合成Ⅱ

① 水性环氧乳化剂的制备：将1mol聚乙二醇（分子量为4000～6000）、2mol E-51环氧树脂加入带有分水器的三口烧瓶中，加入10%的甲苯带水剂、120℃共沸脱水2h，再真空脱除甲苯，通入氮气保护体系，加入0.5%的三氟化硼-乙醚溶液，反应2h，即制得反应型水性环氧乳化剂。

② 水性环氧树脂乳液的制备：将50g E-20环氧树脂、5g水性环氧乳化剂和5.5g乙二醇丁醚加入三口烧瓶中，加热至80℃并搅拌，将体系制成溶液；然后将搅拌速率增加到1000r/min，用40min向三口烧瓶中滴加25g去离子水，继续搅拌30min，用10min再加入14.5g去离子水即得水性环氧树脂乳液，固含量55%。

（8）金属防腐用环氧树脂乳液合成Ⅲ

① 水性环氧乳化剂的制备：将1mol聚乙二醇（分子量为4000～6000）、2mol E-44环氧树脂加入带有分水器的三口烧瓶中，加入10%的甲苯带水剂、120℃共沸脱水2h，再真空脱除甲苯，通入氮气保护体系，加入2mol的IPDI，反应至—NCO含量<0.05%（质量分数），即制得反应型水性环氧树脂乳化剂。

② 水性环氧树脂乳液的合成：在安装有搅拌桨、加热套、温度计和滴加装置的反应釜中，将50g E-20环氧树脂、5g水性环氧乳化剂和5.5g丙二醇甲醚加入三口烧瓶中，90℃下熔融并充分混合均匀，降温至70℃，缓慢滴加与乳化体系温度相同的去离子水，当体系出现明显的相反转（约1h、约需70%的水）时，迅速加入剩余水（约30%），继续分散0.5h，即得到55%固含量的环氧树脂乳液。

(9) 一种自干型水性环氧树脂乳液的制备

在安装好搅拌装置的反应釜中，依次加入环氧树脂 E-51 256g、双酚 A 144g、聚醚胺 M3085 40.0g，搅拌升温至 80℃，加入 N,N-二甲基乙醇胺 0.500g，升温至 120℃反应 1h，加入乙二醇丁醚 144 g，继续在 120℃反应 1h。降温至 80℃，加入 8.00g OP-15，滴加 500g 水，约 1h 加完，此时温度 60℃。继续降温至 35℃，搅拌 0.5h，加入 10.0g 聚醚胺 D220，逐渐升温至 55℃，保温反应 3h。降温至 35℃，得到固含量 42%的自干型水性环氧乳液。

(10) 一种高分子量、可单组分使用的热塑性水性环氧树脂乳液的制备

① 在反应器中加入 200g 的双酚 A 环氧树脂 E-09、85.0g 二乙二醇单乙醚，充分混合溶解后，使用恒压滴液漏斗滴加 4-氨基丁醇 17.83g，于 145℃反应 8h，得到黏稠的高分子环氧树脂 A。

② 乳化剂的制备：在反应器中加入 95.0g 聚醚胺 M-3085 和聚醚胺 M-2005、10.0g 苯基缩水甘油醚、30.0g 环氧树脂 E44，于 140℃下反应 0.5h，得到无色透明的乳化剂 B。

③ 取 15.0g 乳化剂 B 加入上述高分子环氧树脂 A 的体系中，混合均匀后，置于 65℃水浴中，在高速分散机强力的搅拌下，滴加去离子水 45.0g 实现相反转。待相反转完毕后，补加 65g 去离子水，制得固含量 54%左右的高分子量水性环氧乳液。性能指标见表 6-2。

表 6-2　高分子量水性环氧乳液的性能指标

项目	表干时间	硬度	附着力	冲击强度	耐水性	耐碱性	耐酸性
指标	20min	3H	0 级	50cm	30d 无变化	5d 无变化	30d 无变化

6.4 水性环氧树脂固化剂的合成

水性环氧树脂固化剂是指能溶于水或能被水乳化的环氧树脂固化剂。一般的多元胺类固化剂都可溶于水，但在常温下挥发性大，毒性大，施工期短，配比要求太严，且亲水性强，易保留水分而使得涂膜泛白，甚至吸收二氧化碳影响性能。实际使用的水性环氧树脂固化剂是对传统胺类固化剂的改性，它克服了未改性胺类固化剂的缺点，且不影响涂膜的物理和化学性能。

常用的水性环氧树脂固化剂大多为多亚乙基多胺改性产物，改性方法有以下三种：①与单脂肪酸反应制得酰胺化多胺；②与二聚酸进行缩合而成聚酰胺；③与环氧树脂加成得到多胺-环氧加成物。这三种方法均采用在多元胺分子链中引入非极性基团，使得改性后的多胺固化剂具有两亲性结构，以改善与环氧树脂的相容性。由于酰胺类固化剂固化后的涂膜的耐水性和耐化学品性较差，现在研究的水性环氧树脂固化剂主要是封端的环氧-多乙烯多胺加成物。

因此，多元胺是水性环氧树脂固化剂合成的重要原料，表 6-3 列举了一些重要的多元胺的物化性质。

表 6-3　一些重要的多元胺的物化性质

学名	分子量	沸点/℃	水溶性
乙二胺(EDA)	60	116	可溶
二亚乙基三胺(DETA)	103	206	可溶
三亚乙基四胺(TETA)	146	266	可溶

续表

学名	分子量	沸点/℃	水溶性
四亚乙基五胺(TEPA)	189	340	可溶
间苯二甲胺(MXDA)	136	247(熔点:14)	可溶
1,3-环己二甲胺(1,3-BAC)	142	220	可溶
聚醚胺(D230)	230	—	不溶
聚醚胺(D400)	400	—	不溶
聚醚胺(M1000)	1000	—	可溶
聚醚胺(M2070)	2000	—	可溶
聚醚胺(M3085)	3000	—	可溶

下面列举几个合成实例。

（1） E-44 环氧树脂改性三亚乙基四胺水性环氧树脂固化剂的合成

将一定比例的 E-44、三亚乙基四胺、无水乙醇投入三口烧瓶中，在温度 55～60℃下反应 6h，减压蒸馏除去乙醇制得水性环氧树脂固化剂。反应原理如下：

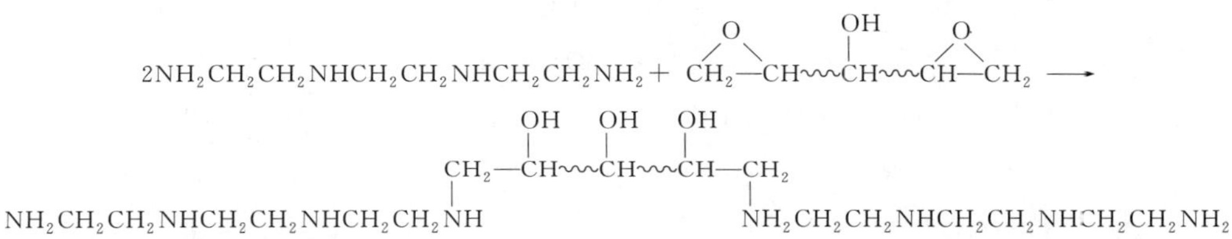

本实例制备的水性环氧树脂固化剂的亲水性较低，用于制备水性环氧树脂漆，得到的漆膜性能可达到使用要求。

（2）聚醚型水性环氧树脂固化剂的合成

采用多亚乙基多胺与低分子量环氧树脂反应，并在其中引入聚醚和环氧树脂 CYD-128 合成的 CYD-128 改性聚醚链段，合成聚醚型水性固化剂。合成原理如下：

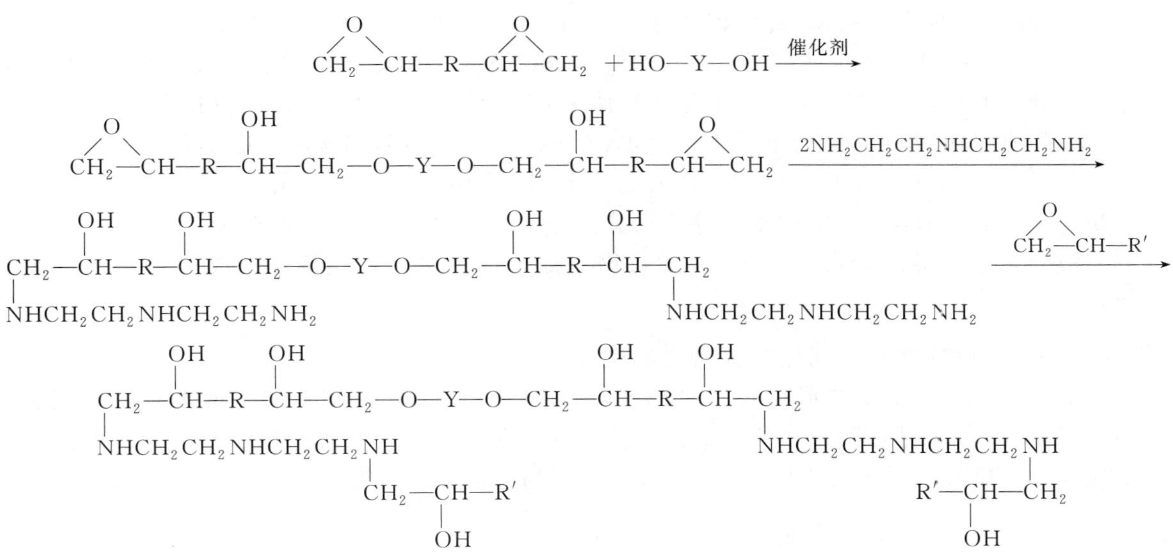

最佳配方与工艺为：选择分子量为 1000 的聚乙二醇，环氧树脂与聚醚摩尔比为 2∶1，选用 BF_3 为催化剂，60℃时加入。与现有文献中报道的固化物性能相比，该水性固化剂固

化环氧体系的柔韧性和附着力有大幅提高，硬度、光泽度和强度改变不大。

（3）柔性水性环氧树脂固化剂的合成

以三亚乙基四胺（TETA）和液体环氧树脂（EPON 828）为原料，在物料摩尔比（TETA/EPON 828）为 2.2∶1，反应温度为 65℃，反应时间为 4h 的工艺条件下合成 EPON 828-TETA 加成物。然后用具有多支链柔韧性链段的 $C_{12}\sim C_{14}$ 叔碳酸缩水甘油酯（CARDURA E-10）在反应温度为 70℃，反应时间为 3h 的工艺条件下对 EPON 828-TETA 加成物进行封端改性。制得 CARDURA E-10 改性的水性环氧树脂固化剂。

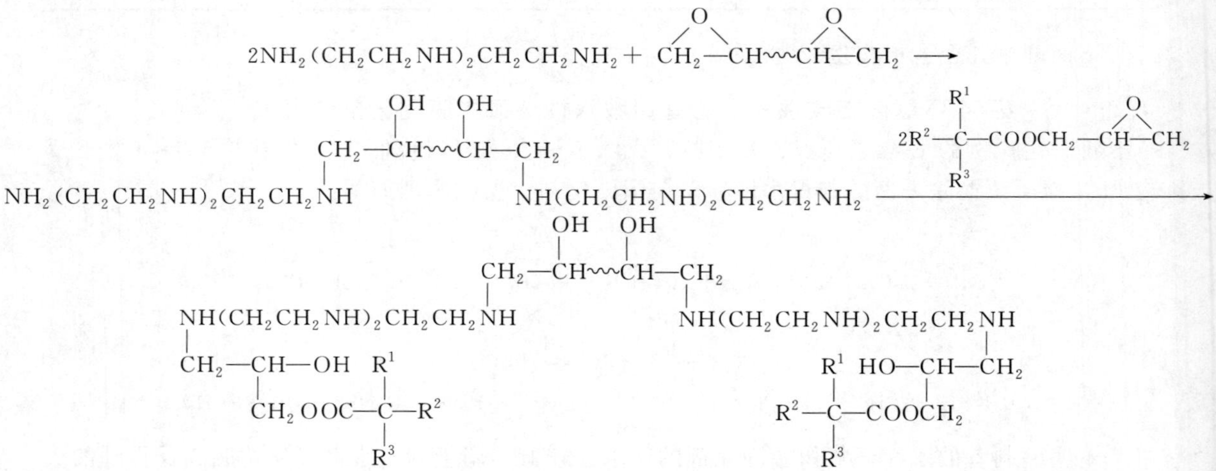

其与液体环氧树脂在室温下固化所形成的涂膜性能良好，其柔韧性和耐冲击性优于用传统封端改性剂丁基缩水甘油醚（BGE）或腰果酚缩水甘油醚（CGE）改性水性环氧树脂固化剂所形成的涂膜。

（4）水性聚氨酯改性环氧树脂固化剂的合成

① 预聚体的合成　在氮气保护下，将 15.80g PPG 、4.030g BDO、2.150g E-20、2.750g DMPA、8.50g NMP 加入装有搅拌器、恒压滴液漏斗、温度计、冷凝管的四口反应瓶中，开动搅拌，油浴加热，升温至 60℃使 DMPA 溶解，从恒压漏斗滴加 23.86g IPDI，1h 滴完，加入 0.0600g K-12 催化剂，保温约 5h，至—NCO 基团含量达到理论值。

② 中和、乳化　降温至 50℃，加入 2.073g TEA 中和，搅拌 30min 后，降温至 30℃，在快速搅拌下，加入 65.0g 冰水，等体系分散开后，再加 4.972g 二亚乙基三胺（15.0g 水的溶液）封端，继续分散 30min，400 目网过滤，得半透明水性聚氨酯改性环氧树脂固化剂。

（5）水性环氧树脂固化剂的合成实例 1

① 将 40.86 份间苯二甲胺与 14.12 份苯酚在 40℃下混合，将 24.35 份甲醛通过恒压漏斗以 0.05mL/s 的速度滴入间苯二甲胺与苯酚的混合溶液中，滴加完毕后，以 70℃的温度反应 5h，得到曼尼希改性胺中间体，曼尼希改性胺中间体的结构式为：

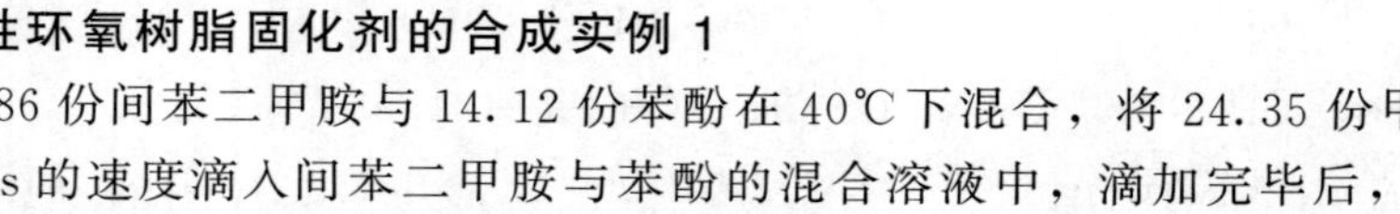

式中，R 为 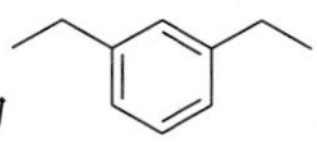 。

② 将 27.6 份聚乙二醇二缩水甘油醚以 0.05mL/s 的速度滴入盛有 19.05 份上述曼尼希改性胺中间体的三口烧瓶中，在 65℃下，以 350r/min 的转速混合反应 4h 后，将混合反应后的产物在 3kPa 的压力下以 115℃的温度蒸馏 35min，得到多胺加成物。

③ 将 38 份固含量为 50%（质量分数）的环氧树脂 E-44 的丙二醇甲醚溶液以 0.05mL/s 的速度滴入盛有多胺加成物的三口烧瓶中，在 65℃下，以 400r/min 的转速混今反应 3h，得到环氧-多胺加成物。

④ 将 25.41 份苯基缩水甘油醚加入盛有环氧-多胺加成物的三口烧瓶中，在 65℃下，以 450r/min 的转速混合反应 2h，后加入 71.25 份去离子水，冷却至室温制得固含量为 50%的水性环氧树脂固化剂。

（6）水性环氧树脂固化剂的合成实例 2

① 预聚体的制备：向装有滴液漏斗、搅拌器、温度计的 500mL 四口烧瓶中先加入 10.32g 二亚乙基三胺，升温至 60℃，搅拌下，缓慢滴加 15.02g 苯基缩水甘泊醚，滴加 2h；之后，在 80℃保温反应 2h，制备出含伯氨基的化合物 A。

② 向装有滴液漏斗、搅拌器、温度计的 500mL 四口烧瓶中先加入 15.59g 端氨基聚醚 JEFFAMINE M1000（HUNSTMAN），升温至 60℃，搅拌下，慢慢滴加 36.36g 液体环氧树脂 EPON828（Hexion），滴加 2h，之后升温至 140℃，并控温反应 2h，制备出含亲水链段的化合物 B。

③ 制备非离子型水性环氧树脂固化剂：向装有滴液漏斗、搅拌器、温度计的 500mL 四口烧瓶中加入步骤①制得的 25.34g 含端伯氨基的化合物 A 与 74.00g 聚酰胺树脂 560，混合均匀后，升温至 50℃，搅拌下，缓慢滴加步骤②制得的 51.95g 含亲水链段的化合物 B，滴加时间为 4h，滴加完毕后，在（50±2）℃保温 2h，之后升温至（70±2）℃保温 2h，再升温至（80±2）℃保温 2h 后，继续缓慢滴加 12.01g 苯基缩水甘油醚，在 70℃下反应 2h，得到末端伯胺氢已被封闭的产物，加入 87.91g 去离子水，制得非离子型水性环氧树脂固化剂。

该固化剂固体含量为 65.0%，胺氢当量=214.8±10（以固体形式计）。

（7）水性环氧树脂固化剂的合成实例 3

① 在 100mL 反应器中通入氮气，将 10g 间苯二甲胺倒入反应器中，在温度为 60℃的条件下搅拌。

② 取 4.5g 环氧树脂 E-51 和 13g 聚乙二醇二缩水甘油醚（当量：270）于另一容器中并混合均匀，混合温度为 40℃，得到混合物。

③ 将得到的混合物滴加到装有间苯二甲胺的反应器中，反应温度为 60℃，保温 4h。

④ 将体系温度升高至 80℃保温 0.5h，可得水性环氧树脂固化剂 27.5g，产率 100%，活泼氢当量为 120，固含量为 100%，黏度 31200mPa·s(25℃)。

（8）水性环氧树脂固化剂的合成实例 4

① 在 N_2 保护下，称量 125g 四亚乙基五胺和 70g 异佛尔酮二胺加入四口烧瓶中，升温至 55℃，混合均匀；称量 120g 聚乙二醇二缩水甘油醚（当量：270）放置于恒压分液漏斗中，3h 滴完，得到第一中间体系。

② 将所述第一中间体系升温至 60℃，加入 112g E-51 液体环氧树脂，混合反应 3h，得到第二中间体系。

③ 将所述第二中间体系降温至50℃，称量160g苄基缩水甘油醚放置于恒压分液漏斗中，2h滴加完毕，得到第三中间体系。

④ 将所述第三中间体系升温至95℃，称量140g去离子水、5g丙酮，2h内滴加至体系中，得到水性环氧树脂固化剂，该产品VOC含量为6g/L。

(9) 水性环氧树脂固化剂的合成实例5

① 将聚醚胺D400和马来酸酐（MA）投入带有搅拌器、冷凝分水装置、恒压漏斗、氮气保护、温度计和加热套的反应瓶中，缓慢升温至85℃，升温过程中不断搅拌，使两组分充分混合，保温反应1h；

② 再缓慢升温至105℃，开始匀速缓慢滴加间苯二甲胺（MXDA）进行加成反应，在2h内滴加完毕后保温反应1.5h；

③ 然后升温至185℃酰胺化缩聚反应2h并同时蒸馏去水，继续升温至205℃保持2h直到水分被全部蒸出；

④ 最后降温至60℃，在高速搅拌条件下滴加去离子水，30min滴加完毕，出料即可得棕红色的水性聚酰胺固化剂，固含量为60%，固体分活泼氢当量为180g/mol，胺值为212mgKOH/g。

⑤ 配方如下。

序号	名称	用量/g	序号	名称	用量/g
1	D400	40	3	MXDA	27.2
2	MA	9.8	4	水	48.3

(10) 水溶型自乳化酚醛改性胺水性环氧树脂固化剂

在一个1000mL反应桶上，装有搅拌器、冷凝器、分水器、温度计、加料口，加入腰果酚300g、二亚乙基三胺50g，搅拌均匀，加入多聚甲醛38g，温度控制在60～90℃，保温6h后，加入80g环氧树脂E-20，搅拌5h，加入50g聚乙二醇二缩水甘油醚，搅拌5h，加入250g去离子水，搅拌均匀，最后降温出料，得到澄清透明均一的水溶型自乳化酚醛改性胺水性环氧树脂固化剂。胺值：140mg KOH/g；固含量：48%。

(11) 水性酚醛酰胺固化剂的制备

① 酸酐乳化剂的制备：向反应瓶中投入29.6g邻苯二甲酸酐、400g的D4000，升温至100℃反应，得到酸酐乳化剂，分析测得酸值为1050mgKOH/g。

② 聚酰胺中间体的制备：向反应瓶中投入137.8g酸酐乳化剂、92.7g二亚乙基三胺（DETA）、100.8g二聚酸、25.2g油酸，升温至135℃，保温3h，再升温至170℃保温5h，降温，得到聚酰胺中间体，分析测得胺值为440mgKOH/g。

③ 向反应瓶中投入109g聚酰胺中间体、60g腰果酚、12g乙二胺（EDA）、6.6g多聚甲醛，升温至80℃反应，保温5h，抽真空脱水，加入去离子水126g稀释，得到固含量为60%的水性酚醛酰胺固化剂。分析测得胺值为200mgKOH/g，黏度为45000mPa·s(25℃)。

(12) 聚酰胺改性水性环氧树脂固化剂

① 预聚体的制备：向装有滴液漏斗、搅拌器、温度计的500mL四口烧瓶中先加入10.32g二亚乙基三胺，升温至50℃，搅拌下，缓慢滴加15.02g苯基缩水甘油醚，滴加3h完毕后，在80℃保温反应2h，制备出含伯氨基化合物A；向装有滴液漏斗、搅拌器、温度计的500mL四口烧瓶中先加入14.18g端氨基聚醚JEFFAMINE M2070（HUNSTMAN），

升温至 70℃，搅拌下，慢慢滴加 33.10g 液体环氧树脂 EPON828（Hexion），滴加 2h 完毕后，升温至 130℃，并控温反应 2h，制备出含亲水链段的化合物 B。

② 制备非离子型水性环氧树脂固化剂：向装有滴液漏斗、搅拌器、温度计的 500mL 四口烧瓶中加入步骤①制得的 25.34g 含端伯氨基的化合物 A 与 74.00g 聚酰胺树脂 560，混合均匀后，升温至 50℃，搅拌下，缓慢滴加步骤①制得的 47.28g 含亲水链段的化合物 B，滴加时间为 2h，滴加完毕后，在（50±2）℃保温 2h，之后升温至（70±2）℃保温 2h，再升温至（80±2）℃保温 2h 后，继续缓慢滴加 12.01g 苯基缩水甘油醚，在 70℃下反应 2h，得到末端伯胺氢已被封闭的产物，加入 85.40g 去离子水，制得非离子型水性环氧树脂固化剂。

该固化剂固体含量为 65.0%，胺氢当量＝208.6±10（以固体形式计）。

6.5 水性环氧树脂的应用

（1）防腐蚀涂料

金属的腐蚀主要是由金属与接触的介质发生化学或电化学反应而引起的，它使金属结构受到破坏，造成设备报废。金属的腐蚀在国民经济中造成了大量的资源和能源浪费，全世界每年因腐蚀造成的经济损失约为 10000 亿美元，为火灾、风灾和地震造成损失的总和。涂装防腐涂料作为最有效、最经济、应用最普遍的防腐方法，受到了国内外广泛的关注和重视。随着建筑、交通、石化、电力等行业的发展，防腐涂料的市场规模已经仅次于建筑涂料而位居第二位。据统计，2020 年我国防腐涂料总产量达到 100 万吨，预计 2025 年将突破 150 万吨大关。环氧树脂涂料是最具代表性的、用量最大的高性能防腐涂料品种。

随着水性涂料在很多领域获得广泛应用，人们对于水性涂料的需求也在逐渐增加。水性环氧涂料是水性涂料中的重要一支。在重工业防腐领域，水性环氧涂料因具有突出的耐盐雾性能、耐酸碱性能、防腐性能及附着力强等优势，具有不可替代的重要地位。其可广泛应用于工业钢结构涂料、集装箱漆、桥梁涂料、船舶涂料等重工业防腐涂料领域。

（2）防静电水性环氧涂料

防静电水性环氧涂料可以使基材达到良好的防静电性能，通过加入导电炭黑，可以制备出电阻率为 $10^6 \sim 10^8 \Omega \cdot cm$ 的防静电水性环氧树脂涂料，该涂料抗静电性能十分优异。

（3）墙体和工业地坪涂料

在现代装饰装修中，地坪涂装已经获得大众的认可，得到了广泛的应用。在大型商场、医院、超市等场合，地坪可以提供美观整洁的观感。在工厂、停车场等场所，地坪满足更多功能性需求，提供耐磨、防静电或防滑等功能。传统地坪涂料大多分为溶剂型和无溶剂型，而溶剂型地坪涂料在涂装中伴随大量有机溶剂的挥发，对环境及工人的身体健康都带来不良影响。

随着国家环保政策的管控越来越严格，水性地坪涂料获得了更多的关注。水性地坪涂料不仅具有溶剂型地坪涂料的机械强度、耐磨性及耐化学品性能等，同时不含有机溶剂，具有低 VOC 或零 VOC、低气味、易清洁的特点。

（4）水泥砂浆修补材料

由于水性环氧乳液与砂浆水泥具有良好混溶性和粘接性能，力学强度高，耐久，施工方便，可在潮湿和带水环境下施工和黏结修补。因此，可广泛用于高速公路、码头、机场跑道、水利大坝和水闸等水利工程，其增强和防渗效果非常好，其中水性环氧树脂涂料用量约占水泥砂浆总量的35%。

环氧树脂作为一种重要的涂料成膜物质，其水性化具有重要意义。虽然近年来已经取得了一些可喜进展，但仍然存在不少问题，如乳液稳定性较差，粒径较大且分布较宽，涂膜干燥较慢、耐盐雾性能有待提高等。要解决这些缺点，需要采取多种技术对其进行改性，使水性环氧树脂及其固化剂的性能接近溶剂型环氧体系的水平。

第 7 章

水性光固化树脂

7.1 概述

光固化树脂又称光敏树脂，是一种受光线照射后，能在短的时间内迅速发生物理和化学变化，进而交联固化的低聚物。光固化树脂通常是一种分子量较低的感光性低聚物，具有可进行光固化的反应性基团，如不饱和双键或环氧基等。按溶剂类型的不同，光固化树脂可分为溶剂型光固化树脂和水性光固化树脂两大类。溶剂型树脂不含亲水基团，只能溶于有机溶剂，而水性树脂含有较多的亲水基团或亲水链段，可在水中乳化、分散或溶解。光固化树脂是光固化涂料的基体树脂，它与光引发剂、活性稀释剂、颜填料以及各种助剂复配构成光固化涂料。光固化涂料具有以下优点：

① 固化速率快，生产效率高；

② 能量利用率高，节约能源；

③ 有机挥发分（VOC）少，环境友好；

④ 可涂装各种基材，如纸张、塑料、皮革、金属、玻璃、陶瓷等。

因此，光固化涂料是一种快干、节能的环境友好型涂料。

光固化涂料是 20 世纪 60 年代末由德国拜耳公司率先开发出来的，我国从 20 世纪 80 年代开始进行光固化涂料研发。近年来，随着人们节能环保意识的增强，光固化涂料品种性能不断增强，应用领域不断拓展，产量快速增大，呈现出迅猛的发展势头。目前，光固化涂料不仅大量应用于纸张、塑料、皮革、金属、玻璃、陶瓷等多种基材，而且成功应用于光纤、印刷电路板、电子元器件封装等材料。

光固化涂料的固化光源一般为紫外光、电子束（EB）和可见光，由于电子束固化设备较为复杂，成本高，而可见光固化涂料又难以保存，目前最常用的固化光源依然是紫外光，因此，光固化涂料一般是指紫外光固化涂料（UV curing coatings）。

紫外光固化涂料的优点之一是其不含溶剂，从而大大消除了有机挥发物（VOC）对环境的污染。但是，由于所用的主要成分——光敏低聚物一般均具有较高的黏度，为方便涂布施工，必须加入稀释剂以调节其黏度和流变性，并促进成膜和固化，提高固化膜的性能。所加入的稀释剂即反应性稀释单体。目前常用的丙烯酸酯类活性稀释剂或交联剂对眼睛有较强的刺激作用，皮肤接触也易导致过敏，影响操作者的身体健康。此外，许多反应性稀释单体在紫外光辐照过程中难以完全反应，残留单体起到增塑等副作用，并具有可渗透性，影响固化膜的长期性能。另外，由于残留组分的迁移性及毒性，传统光固化膜不能用于食品卫生产品包装材料的印刷和涂装，目前没有一款光固化涂料产品得到美国食品和药品管理局（FDA）的许可。而且，这些活性稀释剂有一定的挥发性。水性涂料已成为涂料发展的主要方向之一，特点是对环境无污染、对人体健康无影响、不易燃烧、安全性好。其极易调节的低黏度和极低的 VOC 使之适合于喷涂。但目前水性涂料还存在不抗碱、不抗乙醇、不抗水、干燥慢、光泽度差等弊病。

光固化水性涂料使用水作为稀释剂，并采用 UV 辐照固化，因而结合了光固化涂料和水性涂料的优点，实现了环保性和高性能，是近十几年来发展较快的新技术。

水性光固化涂料中的水性低聚物决定了固化膜的主要力学性能，如硬度、柔韧性、强度、耐磨性、附着力、耐化学品性等。水性低聚物的特点主要有两个：第一，要具有可以进行光聚合的基团，如丙烯酰氧基、甲基丙烯酰氧基、乙烯基、烯丙基等光敏基团。光固化的速率主要取决于分子链中光敏基团的种类和密度，由于（甲基）丙烯酰氧基固化速率最快，所以水性低聚物中的光敏基团主要为（甲基）丙烯酰氧基，可以复合引入一些乙烯基和烯丙基。第二，因为涂料中的稀释剂为水，低聚物必须水性化。使低聚物水性化的方法主要有两种：相反转法和化学法。

相反转法是将油性光固化树脂（低聚物）和乳化剂混合，再依赖于各种机械设备，通过强剪切，将油性低聚物分散在水中，将连续相从油相变为水相（或从水相变为油相），以制备水性光固化树脂乳液。采用的乳化剂为 O/W 型表面活性剂，其 HLB（亲水亲油平衡）值在 9.0～19.5，例如聚氧乙烯烷芳基醚（酯）、长链脂肪酸（长链烃磺酸）的盐等 。利用该法工艺非常简单，但制备的乳液微粒很大，一般在 1～10μm，粒径的分布也很宽，严重影响乳液储存的稳定性。该类乳液具有相对高的固含量，但它们对 pH 值变化及剪切应力很敏感，尤其是在研磨过程中，同时必须解决乳化剂与固化膜的相容性问题。因为乳化剂易富集于固化膜表层，易迁移，有损漆膜的外观和性能。

化学法则是在低聚物大分子链中引入一定数量的亲水基团，使之具有水可分散性，实现水性化。如果分子链中引入非离子基团（醚基、羟基等），只要其 HLB 值合适即可水性化。如果分子链中引入的是离子基团，可以通过将其中和成盐，使低聚物的大分子链中拥有可电离的盐基，实现水性化，这类高分子也称为聚电解质。根据引入的离子基团带电性的不同，可以将水性低聚物分为阴离子型和阳离子型。阴离子型水性低聚物引入的基团通常为羧基、磺酸基等，中和剂通常为三乙胺、二甲基乙醇胺或氨水等弱碱；阳离子水性低聚物引入的基团为氨基、仲氨基或叔氨基等，中和剂为冰醋酸、乳酸等有机酸或卤代烷等季胺化试剂。该类产品具有好的剪切稳定性，可以砂磨，而且由于粒径小，具有较长的贮存寿命。但是，若低聚物中引入的亲水性基团过多，将使该类产品的耐水性大幅度降低。

光固化是分子吸收光能后获得反应所需的活化能，而热化学是受热获得进行化学反应必需的活化能。而在紫外光的照射下，1mol 光子的能量为 300～600kJ/mol。所以通常情况下热反应不能进行的化学反应，光固化在低温条件下就可以进行。

但是根据 Lambert-Beer（朗伯-比耳）定律

$$\lg \frac{I_0}{I} = cl\varepsilon$$

式中　I_0——入射光的光强；

I——透射光的光强；

c——该吸光物质的浓度；

l——光程长；

ε——摩尔吸光系数。

由 Lambert-Beer 定律知，透射光的强度随光程长（即透过深度）呈指数下降。因此涂膜的涂层厚度、涂膜基体树脂的种类、涂膜的颜料选择等，直接影响其透射光的光强，影响光固化的进行，所以光固化技术主要应用于涂料和油墨等表面涂敷材料领域。

7.2 水性光固化树脂的合成

水性光固化树脂依据分散形态可分为乳液型、水分散体型和水溶型三类。在制备水性低聚物时，通常在油性低聚物中引入亲水基团，如羧基、磺酸基、季铵盐基、聚乙二醇链段等，对其进行改性，实现水性化。

（1）不饱和聚酯

不饱和聚酯是最早应用在紫外光固化涂料中的基体树脂。1968 年德国拜耳公司最先成功开发出一种油性不饱和聚酯，由这种基体树脂开发出的光固化涂料可以应用在木器和竹器上。随着水性化技术的发展，已经将水性不饱和聚酯应用于水性光固化涂料中。

水性的不饱和聚酯一般是由带有双键的油性不饱和聚酯改性制备。采用新戊二醇、环己烷二甲醇、（六氢）邻苯二甲酸酐、顺丁烯二酸酐及二羟甲基丙酸反应，可以制备耐老化性能优异的水性不饱和光敏聚酯。不饱和聚酯分子中的光敏基团可以由带有双键的酸、酸酐或醇引入，也可以由饱和聚酯中的羟基与丙烯酸酯化得到聚酯丙烯酸酯。由二羟甲基丙酸、二元酸、二元醇、顺丁烯二酸酐合成的光固化不饱和水性聚酯的反应见图 7-1。

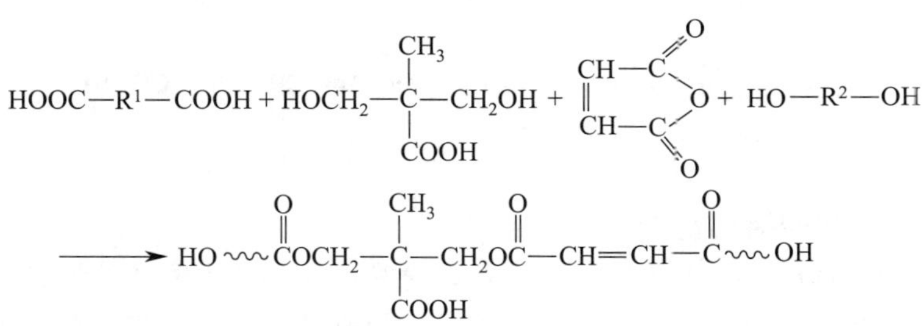

图 7-1　水性不饱和聚酯的合成

（2）聚酯丙烯酸酯

聚酯丙烯酸酯中的聚酯是饱和聚酯，它主要是利用偏苯三甲酸酐或均苯四甲酸酐与二元醇反应，制得带有羧基的端羟基聚酯；随后，该聚酯再与丙烯酸反应，得到带羧基的聚酯丙烯酸树脂；最后，经氨或有机胺中和成羧酸铵盐，从而制得水性聚酯丙烯酸低聚物，反应见图 7-2。

水性聚酯丙烯酸酯价廉、易制备、涂膜丰满、光泽度好。

（3）聚醚丙烯酸酯

聚醚丙烯酸酯可以由聚醚的羟基与丙烯酸酯化而得。聚醚又称聚醚多元醇，它是以环氧

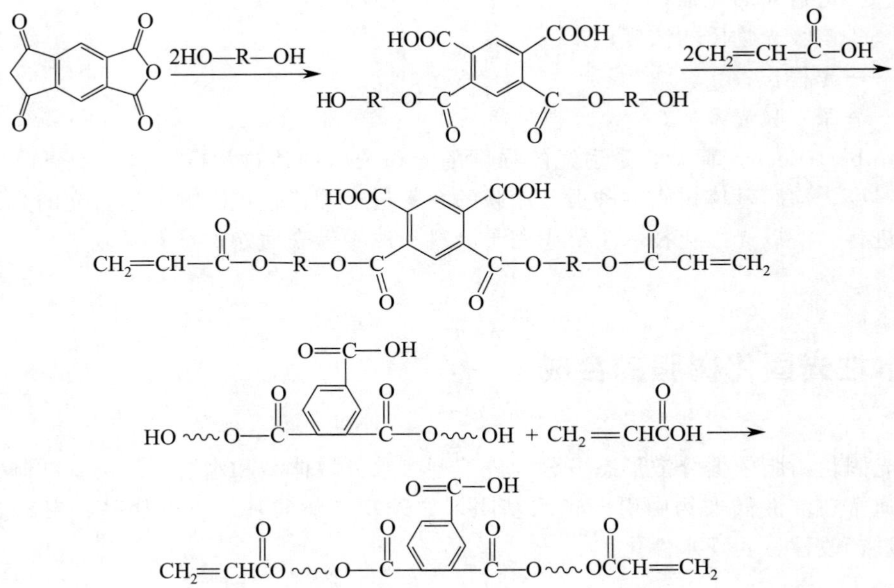

或：

图 7-2　聚酯丙烯酸酯的合成

乙烷、环氧丙烷、环氧丁烷为原料，在引发剂作用下开环均聚或共聚制得的线型或分支型低聚物。调整聚醚分子中聚乙二醇链段的比例可得到在水中具有不同溶解度的聚醚。聚醚的水溶性随分子量降低和末端羟基比例的升高而增强。因此，制备水溶性的聚醚丙烯酸酯必须选用低分子量聚醚。因为醚键对酸较为敏感，尤其在加热状态，故不宜直接用丙烯酸酯化，可以将聚醚和过量的丙烯酸乙酯进行酯交换制备，然后通过乙醇与丙烯酸乙酯形成低共沸物，将乙醇和多余的丙烯酸乙酯除去，反应见图 7-3。

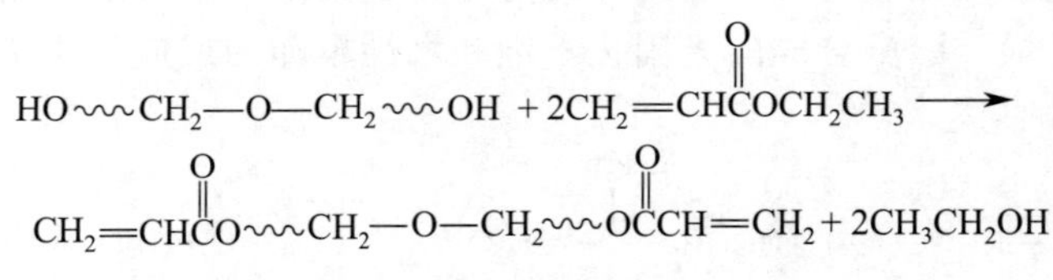

图 7-3　聚醚丙烯酸酯的合成

（4）丙烯酸酯化聚丙烯酸酯

丙烯酸酯化聚丙烯酸酯具有价廉、易制备、涂膜丰满、光泽度好等优点。多数用(甲基)丙烯酸、(甲基)丙烯酸系单体与(甲基)丙烯酸羟乙酯或(甲基)丙烯酸缩水甘油酯共聚制备带有羟基或环氧基的预聚体。其中由丙烯酸引入亲水性的羧基，而由预聚体侧链的羟基、羧基、氨基或环氧基与丙烯酸单体作用引入丙烯酰基团，制得丙烯酸酯化的水性聚丙烯酸树脂，反应见图 7-4。

（5）水性聚氨酯丙烯酸酯

水性聚氨酯大分子主链是由玻璃化温度低于室温的柔性链段（软段）和玻璃化温度高于室温的刚性链段（硬段）嵌段而成，同时将亲水单元嵌于大分子的主链上，赋予其水可分散性。软段赋予成膜物柔软性和弹性，硬段赋予成膜物力学强度。软段分子间作用力大，内聚强度大，机械强度就高。软段常为低聚物多元醇（如聚醚或聚酯多元醇），硬段由多异氰酸酯和小分子扩链剂组成。由于特殊的结构，其具有强度高、耐磨、耐油

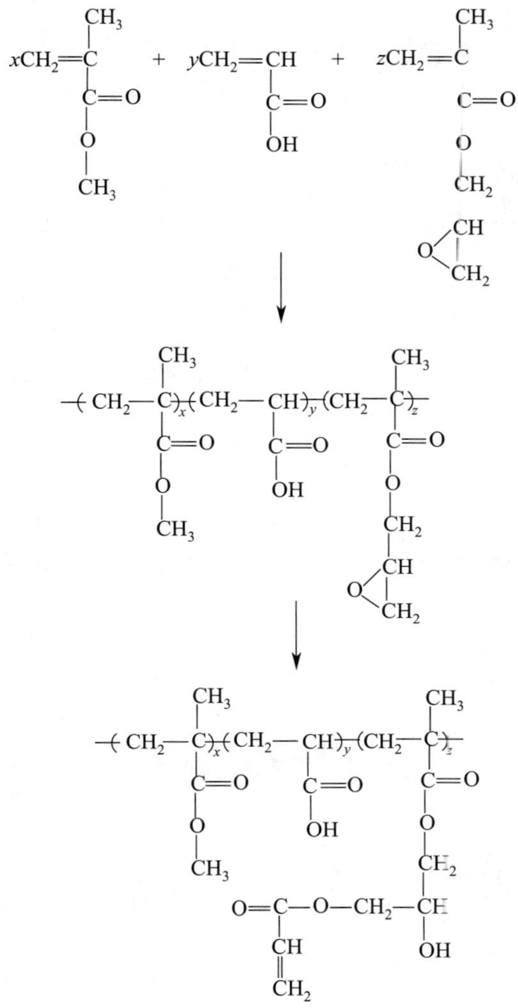

图 7-4　水性丙烯酸酯化聚丙烯酸酯的合成

等特点。由于其优异性能，光敏性水性聚氨酯树脂也是在水性光固化树脂中应用最广的一种基体树脂。

其合成是将多异氰酸酯、多元醇（三羟甲基丙烷、烷基二醇、聚醚二醇、聚酯二醇等）与带有水性基团的二醇（二羟甲基丙酸、二羟基磺酸盐、聚乙二醇等）反应，制备含—NCO 基团的预聚体，再将带有丙烯酰氧基或烯丙基的醇（丙烯酸羟乙酯、季戊四醇三丙烯酸酯）作为封端剂引入大分子中。其中带水性基团的二醇赋予大分子水可分散性，而丙烯酰氧或烯丙基赋予大分子光敏性，反应见图 7-5。

由二异氰酸酯-丙烯酸羟乙酯半加成物与部分酸酐化的环氧丙烯酸酯反应，可制得既有环氧丙烯酸酯结构又有聚氨酯丙烯酸酯结构的水性低聚物。

水性聚氨酯丙烯酸酯具有优良的柔韧性、耐磨性、耐化学品性，有高冲击和拉伸强度。水性聚氨酯丙烯酸酯可分为芳香型和脂肪型两类。芳香型的硬度好，耐黄变性差，主要用于室内制品，而脂肪型的有优异耐黄变性和柔韧性，但价格较高。

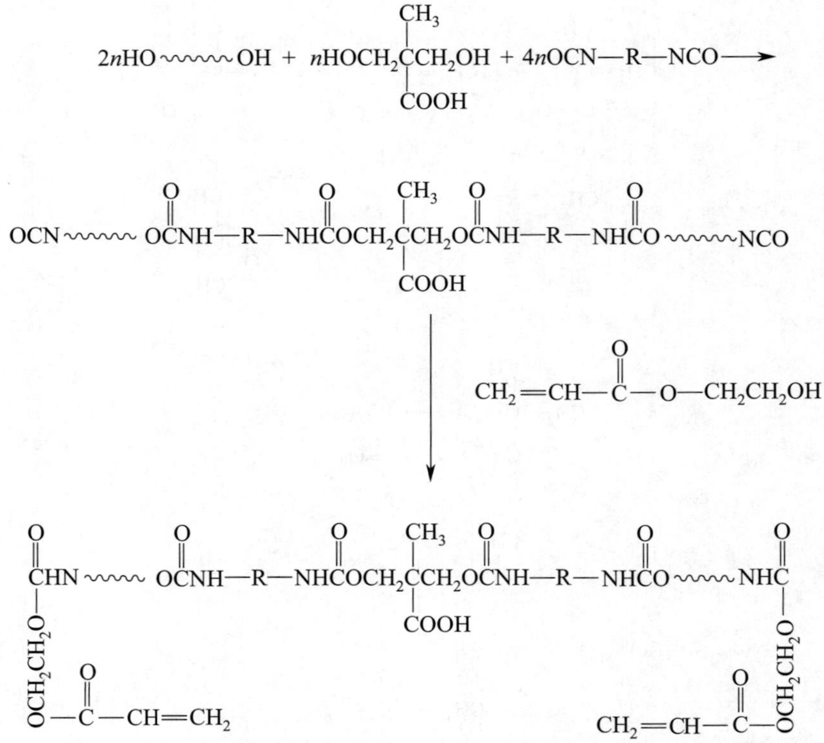

图 7-5 水性聚氨酯丙烯酸酯的合成

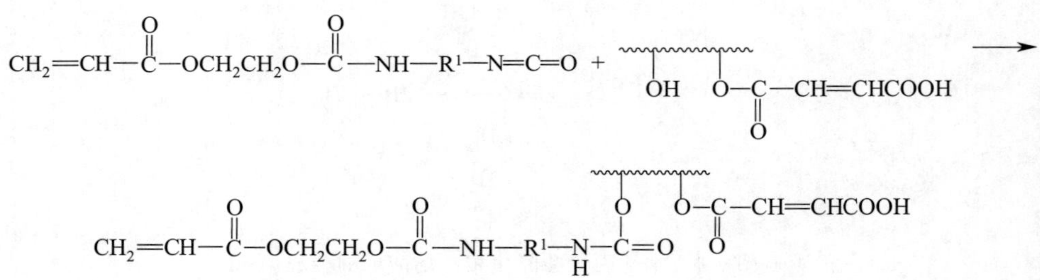

（6）水性环氧树脂丙烯酸酯

水性环氧光固化涂料既具有溶剂型环氧涂料良好的耐化学品性、附着性、力学性能、电气绝缘性能，又有低污染、施工简便、价格便宜等特点。其合成主要是利用环氧树脂中的环氧基与丙烯酸中的羧基开环酯化得到水性环氧树脂，而环氧树脂中的羟基与含双键的酸或酸酐（马来酸、偏苯三酸酐、马来酸酐等）反应而引入光敏性基团，反应见图 7-6。

① 利用环氧丙烯酸酯中的羟基与酸酐反应来合成。用丙烯酸与酚醛环氧树脂的部分环氧基反应，然后利用产物中的羟基与琥珀酸酐反应，也可合成碱溶性的环氧丙烯酸酯。

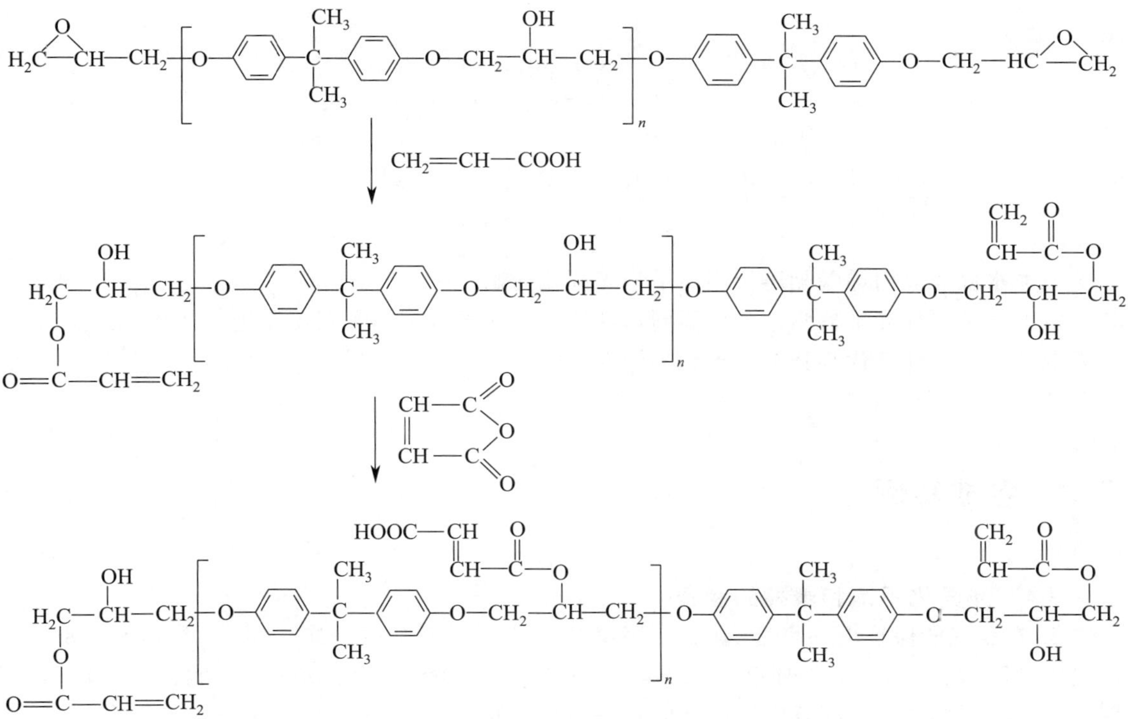

图 7-6　水性环氧树脂丙烯酸酯的合成

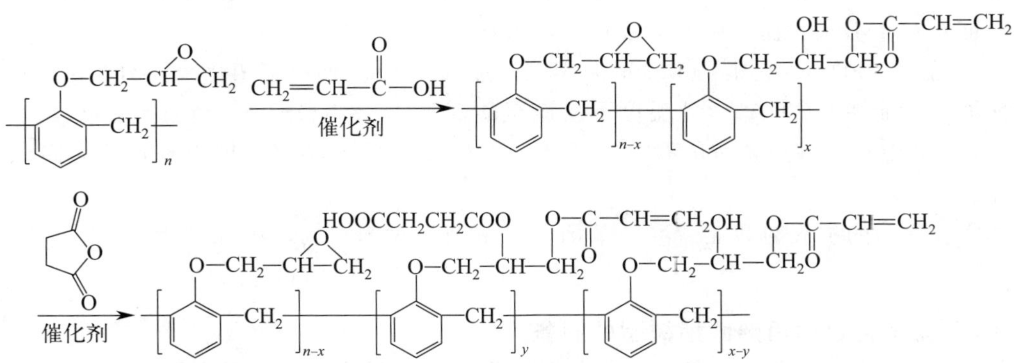

该产物既含有环氧基，又含有丙烯酰氧基，还含有羧基，因而既具有碱溶性，又具有光固化特性，同时保留有环氧树脂的优良特性。用氨或有机胺中和羧基，即得到水溶性环氧丙烯酸酯。

② 先用叔胺与酚醛环氧树脂中部分环氧基反应，再用丙烯酸酯化。

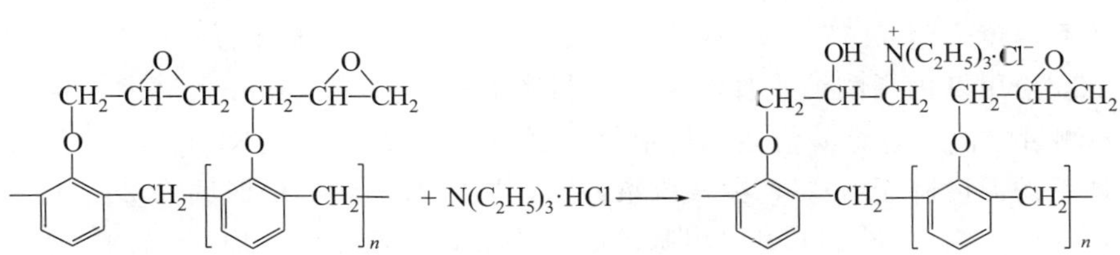

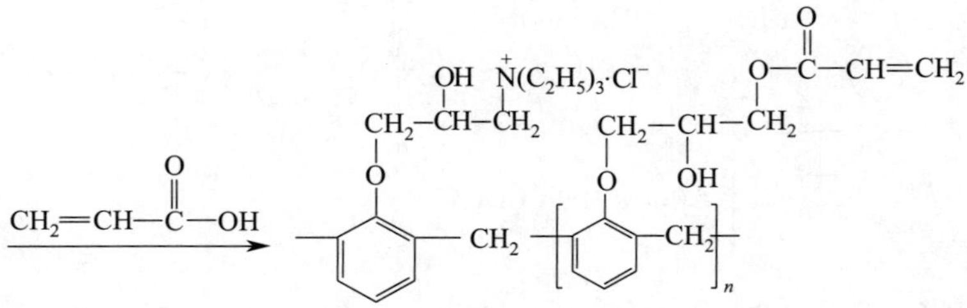

该类水性环氧丙烯酸酯属于阳离子型光固化树脂。

以上六种水性光敏树脂，结构不同，性能各异，可以根据性能需要进行选择，必要时可以采取共混法，使其优势互补，得到不同性能的涂层。

7.3 合成实例

（1）光固化不饱和聚酯的制备

① 在氮气的保护下，将 20.00g 三羟甲基丙烷二烯丙基醚、16.00g 新戊二醇、18.00g 二羟甲基丙酸、8.00g 1,4-环己烷二甲酸、15.00g 马来酸酐、18.00g 己二酸、0.100g 抗氧剂加入带有搅拌器、冷凝管、温度计以及滴液装置的四口反应器中。

② 升温至 140℃，保温 1h，再升温至 150℃，保温 1h（此状态下保持回流，不排水）。然后使用分水器，控制竖置冷凝器上部气相温度≤105℃，用 1h 升温至 180℃，保温 2h；再在真空度 0.040MPa 下脱水 0.5h，反应至酸值达到 87mgKOH/g。

③ 降温至 100℃，并加入 0.200g 阻聚剂，加入 0.100g 四甲基碘化铵，滴加 8.00g 甲基丙烯酸缩水甘油酯（GMA），此温度下反应至酸值到 45mgKOH/g。降温至 80℃，并加入 6.70g 中和剂中和，得到光固化不饱和聚酯；加入 135.0g 水稀释，即得到水性光固化不饱和聚酯。

本实验所用的抗氧剂为亚磷酸三苯酯，阻聚剂为对苯二酚，中和剂为 *N*,*N*-二甲基乙醇胺。

（2）光固化水性丙烯酸酯树脂的制备

① 将 9.88 份正丁醇加入带有冷凝装置和搅拌器的反应器中，升温至 115℃。恒温后，开始滴加混合溶液［甲基丙烯酸甲酯 10.00 份、丙烯酸正丁酯 6.00 份、苯乙烯 2.00 份、丙烯酸-2-羟基丙酯 4.00 份、甲基丙烯酸 10.94 份、叔碳酸乙烯酯（VV-10）4.00 份、过氧化苯甲酰 0.660 份、巯基乙醇 0.495 份］，控制滴加速度，在 3h 内滴加完毕。继续保温 2h，每隔半小时测量转化率，直至转化率达到 98%以上。

② 将体系温度升至 115℃，恒温后，加入 0.500 份对甲氧基苯酚、0.500 份四丁基溴化铵，滴加 6.50 份甲基丙烯酸缩水甘油酯，控制滴加速度，在 30min 内滴完。保温 0.5h 后，每隔 15min 测量酸值，直至酸值达到设定值（固体树脂酸值 50mgKOH/g）。

③ 将体系的温度降至 80℃，在减压条件下，脱除溶剂，抽取时间在 20min 左右，将温度降至 60℃，加入 7.24 份 *N*,*N*-二甲基乙醇胺中和，15min 后，加入 41.40 份去离子水进行分散，即得到光固化水性丙烯酸酯树脂。

(3) 光固化水性聚氨酯的制备

① 不饱和聚酯的制备

a. 配方

序号	原料	质量/g	序号	原料	质量/g
1	三羟甲基丙烷	1.221	4	乙基丁基丙二醇	16.49
2	二羟甲基丙酸	8.618	5	马来酸酐	6.870
3	新戊二醇	16.48	6	己二酸	30.71

b. 配方核算

项目	数值	项目	数值
$\sum m$/g	71.55	$\overline{X}_n$	11.29
$\sum n$/mol	0.6154	$\overline{M}_n$	1312
$M_{rsu}(=\sum m/\sum n)$/(g/mol)	116.3	DMPA (质量分数)/%	10.7
$\overline{f}$	1.822	酸值/(mgKOH/g)	50

c. 合成工艺

(a) 将反应釜通氮气置换空气，投入所有原料，用1h升温至150℃，保温0.5h；(b) 1h升温至175℃，保温2h；(c) 用1h升温至200℃，保温2h；(d) 取样测酸值为40～50mgKOH/g后，降温至80℃；(e) 过滤出料。

② 光固化水性聚氨酯合成

a. 配方

序号	原料	质量/g	序号	原料	质量/g
1	不饱和聚酯(上步产品)	19.62	5	丙酮	8.100
2	1,4-丁二醇(BDO)	1.866	6	丙烯酸-2-羟乙酯	3.271
3	异佛尔酮二异氰酸酯	10.92	7	二甲基乙醇胺	1.250
4	催化剂	适量	8	去离子水	84.64

b. 配方核算

项目	数值	项目	数值
$\sum m$/g	32.394	$\overline{f}$	1.6909
$\sum n$/mol	0.08298	$\overline{X}_n$	6.471
$M_{rsu}(=\sum m/\sum n)$/(g/mol)	390.40	$\overline{M}_n$	2526

c. 合成工艺

在氮气的保护下，按配方将BDO、不饱和聚酯加入反应瓶中，100℃真空脱水1h，降温至60℃时，加入丙酮，在N_2保护下滴加IPDI，1h滴加完毕，在60℃下反应1h，并加入一定量的催化剂，升温至80℃，反应至NCO含量达到理论值。然后降温至60℃，加入封端剂，反应至NCO基团含量≤0.05%时，加入DMEA中和，搅拌0.5h，在高速搅拌下加入去离子水，配成30%的水分散体溶液。

(4) 光固化水性环氧树脂的制备

在氮气的保护下，将83.03g E-44环氧树脂、1.103g二甲基苄胺、1.102g阻聚剂加入带有温度计、冷凝管、氮气导气管、机械搅拌的反应瓶中，用油浴加热至90℃开始滴加26.34g丙烯酸，1h滴完；保温反应2h后升温至110℃，反应至体系酸值小于5mgKOH/g；降温至60℃，加入18.92g MA，当体系中MA完全溶解后，升温反应至酸值达（理论值）75～80mgKOH/g，过滤出料。使用时用18.47g DMEA中和，加入去离子水，即得水性环氧丙烯酸酯水分散体。

（5）大分子型光固化水性聚氨酯合成Ⅰ

大分子型紫外光固化水性聚氨酯的合成路线如图 7-7 所示，包括紫外光固化水性聚氨酯预聚体的合成与乳液的制备两个阶段。

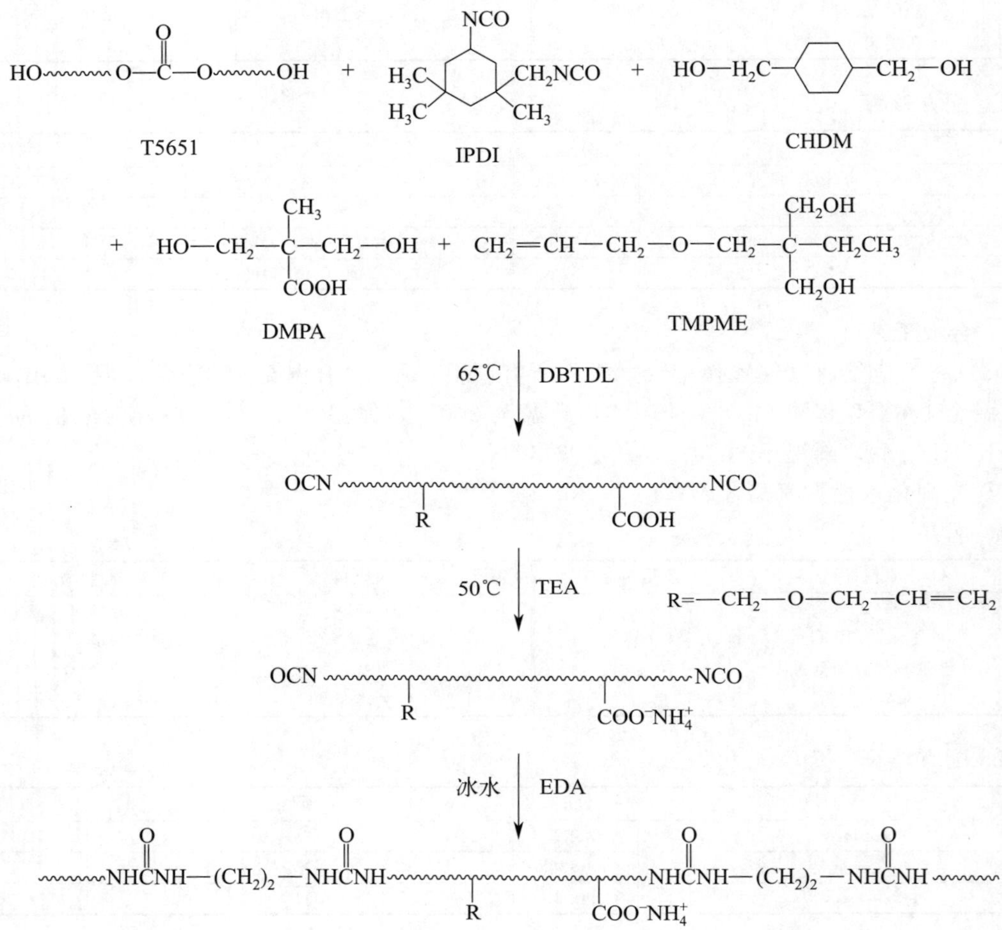

图 7-7 大分子型紫外光固化水性聚氨酯的合成路线

① 预聚体的合成。紫外光固化水性聚氨酯预聚体的合成配方见表 7-1。将 T5651（分子量 1000）、CHDM、DMPA、TMPME 按比例依次投入 250 mL 四口烧瓶中，设置在 110℃、0.06MPa 真空度下进行 1h 脱水处理。再降温至 65℃，用恒压滴液漏斗在 90min 内匀速加入 IPDI。加入 0.1%DBTDL 的丁酮溶液后体系保温 2h。观察烧瓶内液体黏度，通过补加丙酮调整，每隔 0.5h 通过甲苯-二正丁胺返滴定法测量异氰酸酯基（—NCO）含量。待—NCO 含量与理论终点数值接近后撤去加热装置，此时得到紫外光固化水性聚氨酯预聚体。

② 乳液的制备。紫外光固化水性聚氨酯乳液的合成配方见表 7-2。降温至 50℃后，向制得的预聚体中加入 TEA 中和 30min，搅拌机转速逐渐增大到 1000r/min，倒入去离子冰水、EDA 进行 30min 高速分散，减压蒸出溶剂丙酮，得到了大分子型紫外光固化水性聚氨酯（UV-WPU）乳液。

表 7-1　紫外光固化水性聚氨酯预聚体的合成配方

原料	w/%	原料	w/%
聚碳酸酯二元醇(T5651)	21.00	异佛尔酮二异氰酸酯(IPDI)	48.00
1,4-环己烷二甲醇(CHDM)	6.000	丙酮	4.30
三羟甲基丙烷单烯丙基醚(TMPME)	15.00	二月桂酸二正丁基锡(DBTDL)	适量
二羟甲基丙酸(DMPA)	5.000		

表 7-2　紫外光固化水性聚氨酯乳液的合成配方

原料	w/%	原料	w/%
紫外光固化水性聚氨酯预聚体	36.0	乙二胺(EDA)	0.600
三乙胺(TEA)	1.40	去离子冰水	62.0

(6) 大分子型光固化水性聚氨酯合成Ⅱ

① 合成路线如图 7-8 和图 7-9 所示。

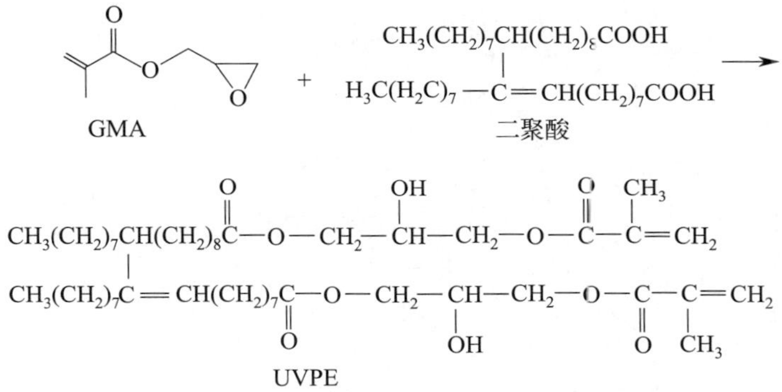

图 7-8　UV 大单体（UVPE）的合成

② 合成工艺

a. 光敏大单体（UVPE）的制备。将一定质量的二聚酸与占体系总质量 1%的四丁基溴化铵放入四口反应瓶中，升温至 120℃，开始滴加相对于二聚酸 2 倍物质的量的 GMA，1h 滴完。120℃保温至酸值降小至 2mgKOH/g，制得 UVPE。

b. 光固化水性聚氨酯的制备。将聚碳酸酯二醇（T5651，分子量 1000）、UVPE、CHDM（1,4-环己烷二甲醇）、DMPA、BY-3306（磺酸钠型聚酯二元醇，分子量 500）加入四口烧瓶，105℃、0.05MPa 真空度下脱水 1h，撤去真空，降温到 80℃左右，将 IPDI 缓慢滴入四口烧瓶，约 1h 滴完，加入适量的二月桂酸二正丁基锡，保温，每隔 0.5h 使用二正丁胺法测量—NCO 含量直到达到理论终点值，之后降温到 50℃，加入 TEA 中和 30min，加入适当丙酮调节黏度，调整搅拌速度至高速搅拌状态，快速加入去离子水与乙二胺进行高速搅拌分散约 30min，之后减压脱除丙酮，得到羧酸/磺酸盐型光固化水性聚氨酯。

③ 紫外光固化水性聚氨酯漆膜的制备。称取 5g 左右制得的水性聚氨酯乳液，搅拌下加入光引发剂、润湿剂，混合均匀，增稠剂增稠后使用 100μm 线棒涂布器将其均匀涂布在打磨的马口铁板（25mm×120mm×0.2mm）上，于 60℃恒温的鼓风烘箱内干燥 10min，在功率为 4kW 的光固化机上照射 35s，实现漆膜的固化。表 7-3 为紫外光固化水性聚氨酯乳液涂料的基本配方。

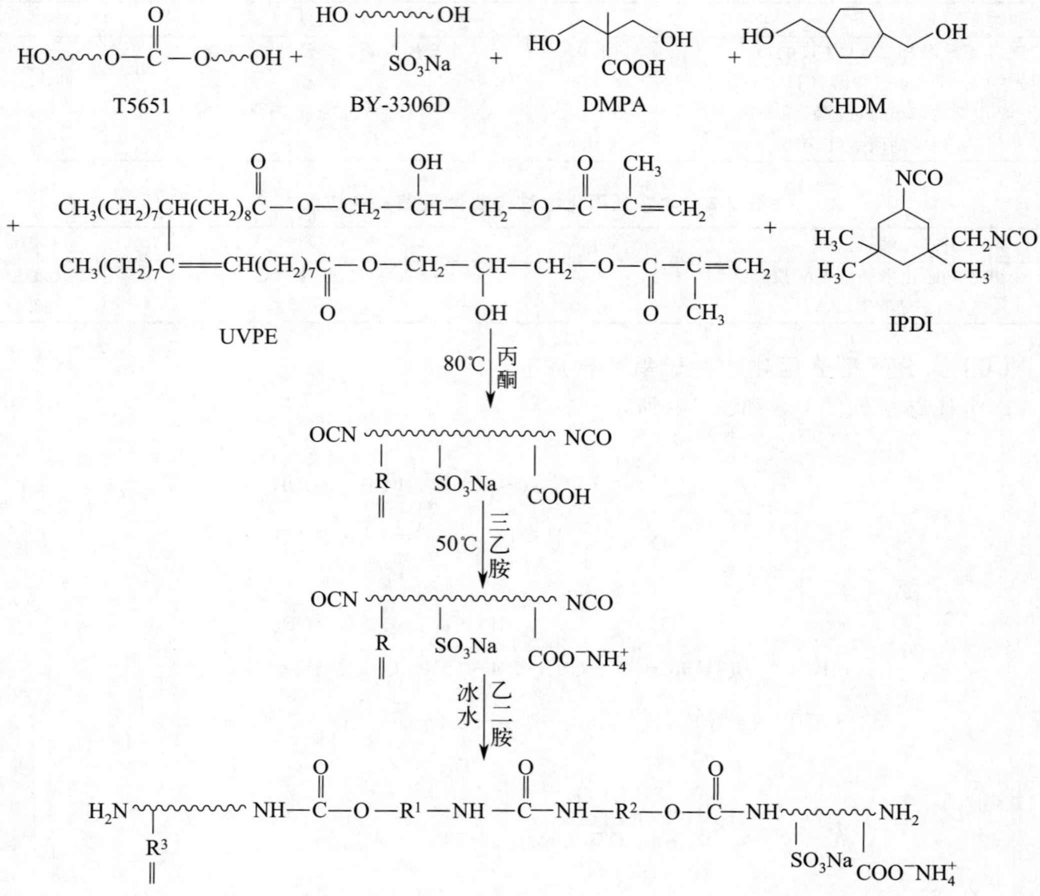

图 7-9　羧酸-磺酸盐型大分子型光固化水性聚氨酯的合成

表 7-3　紫外光固化水性聚氨酯乳液涂料的基本配方

原料	质量分数/%	原料	质量分数/%
紫外光固化水性聚氨酯乳液(自制)	85.0	ViscoPlus 3060	1.00
Irgacure 500	1.00	去离子水	12.5
Wet 270	0.500		

(7) 大分子型光固化水性聚氨酯合成Ⅲ

① 配方

a. UV 大单体合成配方如下：

序号	原料	用量/质量份	序号	原料	用量/质量份
1	甲基丙烯酸	34.44	3	催化剂 1	0.900
2	1,6-己二醇二缩水甘油醚(XY-632)	58.82	4	阻聚剂	0.750

b. 磺酸盐型紫外光固化水性聚氨酯合成配方如下：

序号	原料	用量/质量份	序号	原料	用量/质量份
1	UV 大单体	4.12	6	IPDI	11.42
2	聚碳酸酯二元醇	2.74	7	丙烯酸羟丙酯	4.430
3	磺酸盐聚酯二元醇(BY-3306 D)	11.43	8	丙酮	10.81
4	三羟甲基丙烷	1.01	9	催化剂 2	0.700
5	1,4-环己烷二甲醇	1.01	10	去离子水	55.3

② 合成工艺

a. 将甲基丙烯酸、1,6-己二醇二缩水甘油醚（XY-632）、催化剂 1、阻聚剂加入反应器，升温至 100℃，保温反应，每隔 1h 测试一次酸值，直至达到理论酸值，停止反应，得到 UV 大单体。

b. 将 UV 大单体、聚碳酸酯二元醇（分子量 1000）、磺酸盐聚酯二元醇（BY-3306 D）、三羟甲基丙烷、1,4-环己烷二甲醇加入反应器内，于 100～120℃、真空度为－0.07MPa 脱水 1h。

c. 撤去真空，降温至 50～70℃，将异佛尔酮二异氰酸酯均匀滴入反应器内，1h 滴完，加入催化剂、适量丙酮。

d. 保温反应 1h 后取少量样品通过二正丁胺法测剩余 NCO 含量，每隔 1h 测一次，当剩余 NCO 含量达到 4.03%时开始封端。

e. 在 50～70℃，将甲基丙烯酸羟乙酯缓慢滴入反应器，保温反应 1h 后取样测剩余 NCO 含量，使体系中剩余的 NCO 含量小于 0.1%。

f. 降温至 40℃，加入去离子水，高速搅拌条件下分散 30～40min；升温至 60～70℃减压脱除丙酮，得到磺酸盐型紫外光固化水性聚氨酯。

本产品树脂透明、蓝相好，黏度小，固含量为 40%，胶膜光固化后硬度为 2H，光泽 98，耐水性好，耐溶剂性好，耐乙醇（擦拭 200 次无变化），耐丙酮（擦拭 100 次无变化）。

（8）阳离子型光固化水性聚氨酯合成

阳离子型光固化水性聚氨酯合成反应分为三步：第一步，端—NCO 聚氨酯预聚体的制备；第二步，光固化单体的引入；第三步，中和成盐。

其合成配方见表 7-4。

表 7-4 阳离子型光固化水性聚氨酯合成配方

原料	用量/质量份	原料	用量/质量份
PCL1000(聚己内酯)	10.00	丙酮	9.36
甲基二乙醇胺(MDEA)	5.850	对甲氧基苯酚	0.700
TMP	0.900	季戊四醇三丙烯酸酯(PETA)	10.10
CHDM	0.700	中和剂	2.94
IPDI	20.00	去离子水	88.4

合成工艺如下：

① 将 PCL1000、TMP、CHDM 加入反应瓶，105℃、－0.06MPa 真空度下脱水 1h；

② 降温至 45℃，滴加 IPDI，约 1h 滴完，控制预聚温度低于 50℃，滴完保温 0.5h；

③ 加入配方量 20%的丙酮调黏；

④ 滴加 MDEA，约 0.5h 滴完，控制预聚温度低于 50℃，滴完保温 1h，至 NCO 含量达理论值（3.81%）；

⑤ 加入对甲氧基苯酚、PETA，保温反应至 NCO 含量小于 0.01%；

⑥ 降温至 50℃，加入中和剂中和 0.5h，高速搅拌下加入水，搅拌 0.5h，过滤出料。

7.4 水性光固化涂料的其他组分

（1）活性稀释剂

活性稀释剂是指具有可聚合的反应性官能团，能参与光固化交联反应，并对光固化树脂起溶解、稀释、调节黏度作用的有机小分子。通常将活性稀释剂称为反应性单体或功能性单体。活性稀释剂可参与光固化反应，因此减少了光固化涂料有机挥发分（VOC）的排放，这赋予了光固化涂料的环保特性。

按反应性官能团的种类，活性稀释剂可分为丙烯酸酯类、甲基丙烯酸酯类、乙烯基类、乙烯基醚类和环氧类等。其中以丙烯酸酯类光固化活性最大，甲基丙烯酸酯类次之。

按固化机理，活性稀释剂可分为自由基型和阳离子型两类。自由基型活性稀释剂主要为丙烯酸酯类单体，而阳离子型活性稀释剂为具有乙烯基醚或环氧基的单体。乙烯基醚类单体也可参与自由基光固化，因此可作为两种光固化体系的活性稀释剂。

按分子中反应性官能团的多少，活性稀释剂则可分为单官能团活性稀释剂、双官能团活性稀释剂和多官能团活性稀释剂。活性稀释剂含有的可反应性官能团越多，则光固化反应活性越强，光固化速率越快。

单官能团活性稀释剂主要有丙烯酸酯类和乙烯基类。丙烯酸酯类活性稀释剂有丙烯酸正丁酯（BA）、丙烯酸异辛酯（2-EHA）、丙烯酸异癸酯（IDA）、丙烯酸月桂酯（LA）、（甲基）丙烯酸羟乙酯、（甲基）丙烯酸羟丙酯，以及一些带有环状结构的（甲基）丙烯酸酯，如：

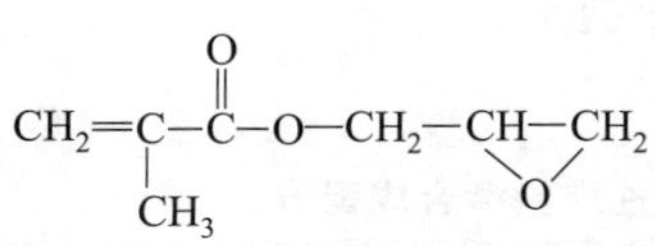
甲基丙烯酸缩水甘油酯(GMA)

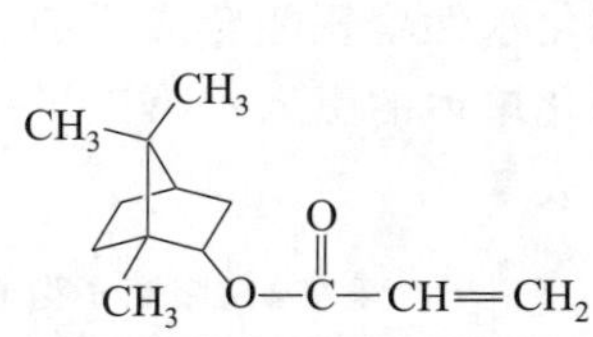
丙烯酸异冰片酯(IBOA)

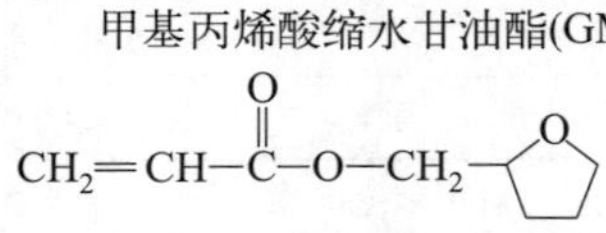
丙烯酸四氢呋喃甲酯(THFFA)

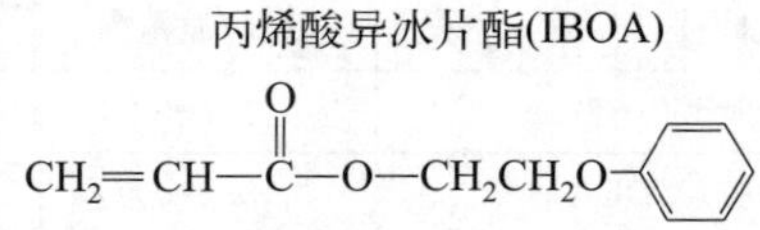
丙烯酸苯氧基乙酯(POEA)

乙烯类活性稀释剂有苯乙烯（St）、醋酸乙烯酯（VA）以及 *N*-乙烯基吡咯烷酮（NVP）等。单官能团活性稀释剂一般分子量小，因而挥发性较大，相应地气味大，毒性大，其使用受到一定限制。水性体系一般不添加此类物质。

双官能团活性稀释剂含有两个可参与光固化反应的活性基团，光固化速率比单官能团活性稀释剂快，成膜时交联密度增加，有利于提高固化膜的力学性能和耐抗性。因分子量增大，黏度相应增加，但仍保持良好的稀释性，其挥发性较小，气味较低，因此双官能团活性稀释剂大量应用于光固化涂料中。双官能团活性稀释剂主要有乙二醇类二丙烯酸酯、丙二醇类二丙烯酸酯和其他二醇类二丙烯酸酯。应用较广泛的产品有：

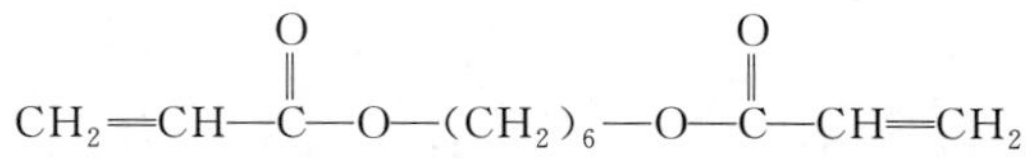

1,6-己二醇二丙烯酸酯(HDDA)

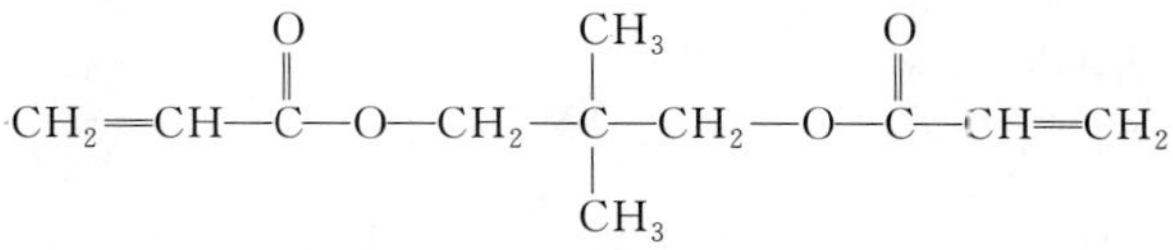

新戊二醇二丙烯酸酯(NPGDA)

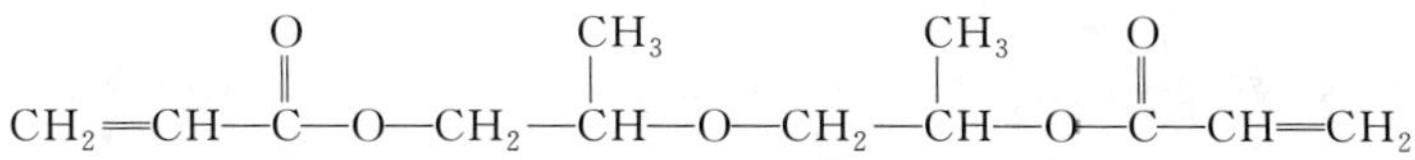

二缩丙二醇二丙烯酸酯(DPGDA)

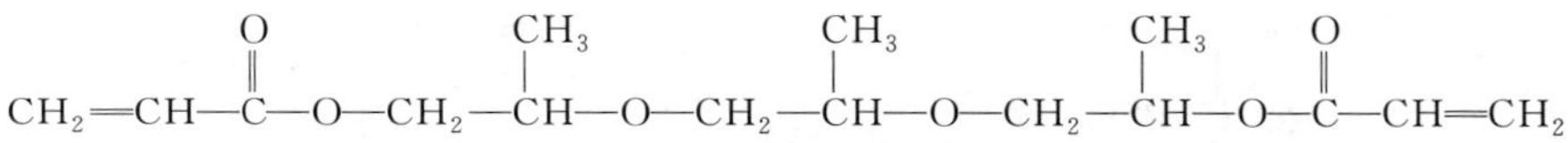

三缩丙二醇二丙烯酸酯(TPGDA)

HDDA 是一种低黏度的双官能团活性稀释剂，稀释能力强，对塑料有极好的附着力，但对皮肤刺激性较大，价格较高。NPGDA 黏度低，稀释能力强，活性高，光固化速率快，对塑料附着力好，但对皮肤刺激性较大。DPGDA 和 TPGDA 均是低黏度、稀释能力强、光固化速率快的活性稀释剂。TPGDA 相对于 DPGDA 多一个丙氧基，柔韧性较好，体积收缩较小，皮肤刺激性也较小，是目前光固化涂料中最常用的活性稀释剂。

多官能团活性稀释剂含有 3 个或 3 个以上的可参与光固化反应的活性基团，光固化速率快，交联密度大，固化膜的硬度高，脆性大，耐抗性优异。由于其分子量大、黏度高，因此稀释效果相对较差；同时因其沸点高、挥发性低，收缩率大。因此多官能团活性稀释剂的主要作用不是降低体系黏度，而是针对使用要求调节某些性能，如加快固化速率，增加干膜的硬度，提高其耐刮性等。常用的多官能团活性稀释剂主要有：

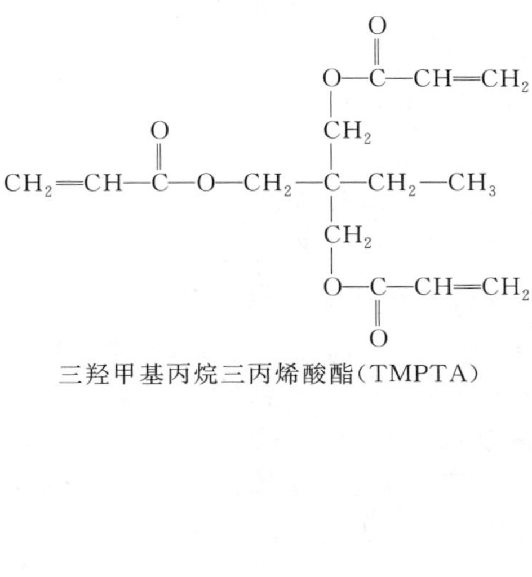

三羟甲基丙烷三丙烯酸酯(TMPTA)

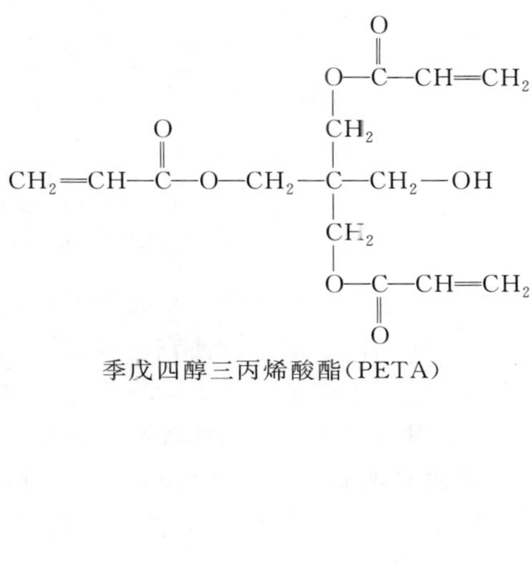

季戊四醇三丙烯酸酯(PETA)

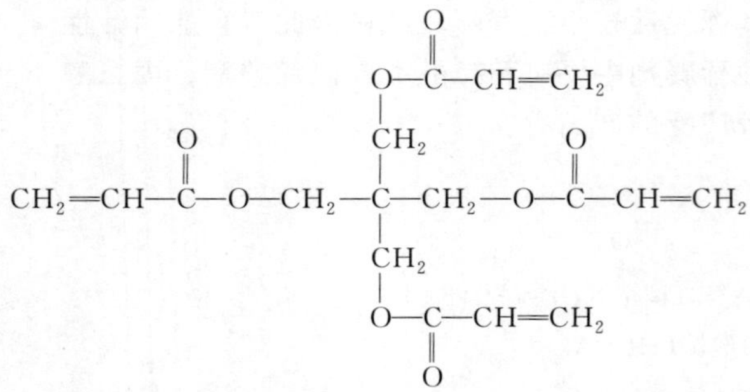

季戊四醇四丙烯酸酯(PETTA)

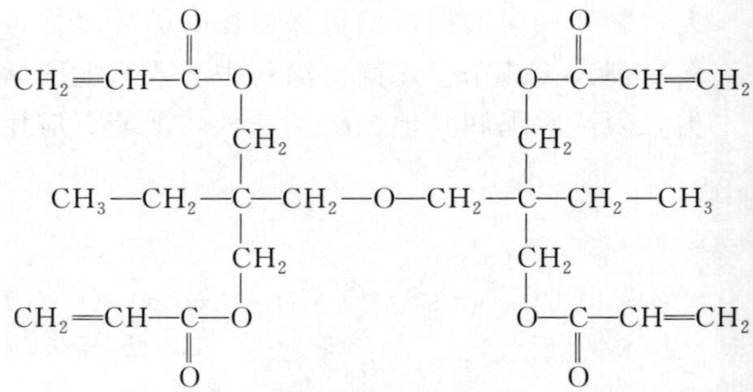

二缩三羟甲基丙烷四丙烯酸酯(DTMPTTA)

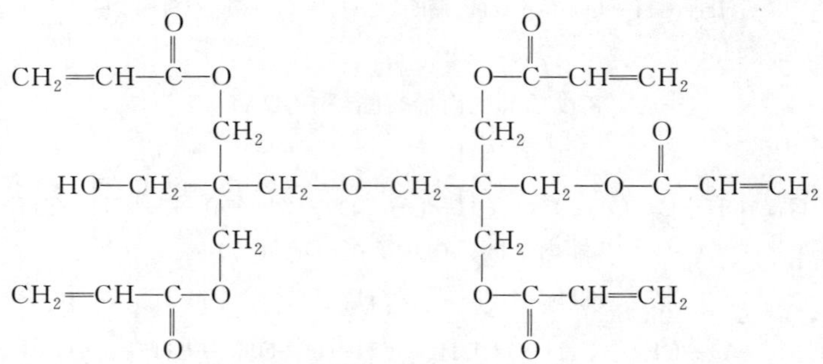

二季戊四醇五丙烯酸酯(DPPA)

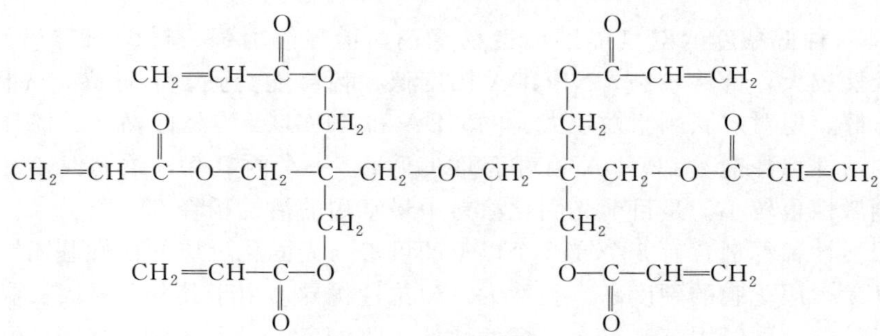

二季戊四醇六丙烯酸酯(DPHA)

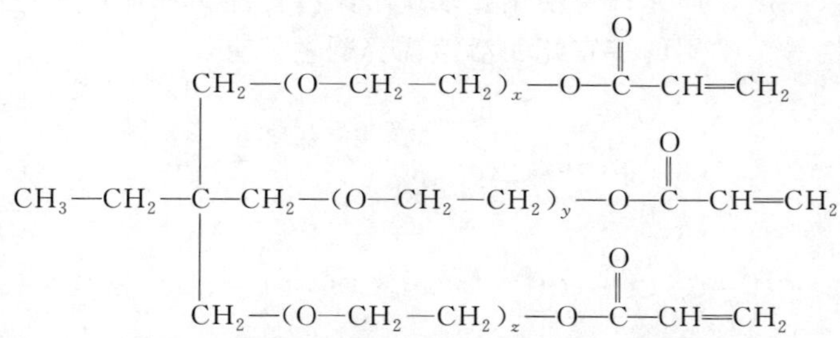

乙氧基化的三羟甲基丙烷三丙烯酸酯[TMP(EO)TA]

TMPTA 光固化速率快，交联密度大，固化膜坚硬而脆，耐抗性好，黏度比其他多官能团活性稀释剂小，价格也较便宜，是目前光固化涂料中最常用的多官能团活性稀释剂。

阳离子光固化体系常采用脂环族环氧树脂，其本身黏度较低，可以不另外加入活性稀释剂而直接使用。但当采用黏度较高的双酚 A 环氧树脂时，必须加入低分子量的环氧化合物（如苯基缩水甘油醚）作活性稀释剂，另外乙烯基醚也可作为阳离子固化体系的活性稀释剂。

水性 UV 体系中有时为了进一步提高交联密度，可以适当引入一些二或三官能度的单体。

（2）水性光引发剂

对于光固化水性涂料，光引发剂应与水性化树脂高度相容，分散性好，不仅在水性体系中要相容，更关键的是在固化前涂膜预干燥（一般在 60～80℃）时仍能保持分散均匀，使涂膜固化完全。除了与溶剂体系所用的光引发剂在吸收性质、不变黄等方面的要求相同以外，用于水性体系的光引发剂还必须与水性环境有一定的相容性以及低的水蒸气挥发度（随水分蒸发而一起挥发的程度）。因此，紫外光固化水性涂料理论上一般选用水溶性的紫外光引发剂。不过，由于大部分非水溶性紫外光引发剂可以溶于乙醇，而且溶解度很大，所以非水溶性紫外光引发剂也可以用于紫外光固化水性涂料。对于乳化分散体系或悬浮分散体系，可以通过表面活性剂将通用的油溶性光引发剂分散于水中，因此这类体系可以继续使用某些传统的油溶性光引发剂，它们可以溶解在乳液的内相中，达到与树脂相容的目的。

光固化体系是在光辐射时，光引发剂产生能够引发乙烯基聚合的活性碎片，这些活性碎片可以是自由基、阳离子、阴离子或离子自由基。根据光引发剂产生的活性碎片不同，光引发剂可以分为自由基聚合光引发剂、阳离子聚合光引发剂和阴离子聚合光引发剂。其中以自由基聚合光引发剂应用最为广泛，其次是阳离子聚合光引发剂，阴离子聚合光引发剂目前还没有应用于商业的报道。

自由基聚合光引发剂应用最广，品种也最多，应用于水性体系的油性光引发剂有很多报道，例如常用的 C-HDPE-2301、Uvinul N-539、Darocur 1173、Irgacure 184、Darocur953、Irgacure 651 等。目前在配方上得到广泛应用的含极性基团的水溶性引发剂是 Darocur2959，它在水中的溶解度为 1.7%，而其母体 Darocur 1173 的溶解度仅为 0.1%，因而较易在预干燥时挥发掉。而多羟基的硫杂蒽酮也具有一定的亲水性，不过它在光照的情况下易变色，只适合于着色体系。

光引发剂是任何紫外光固化体系中不可缺少的成分，它对固化体系的光固化速率起决定性作用。水性光固化涂料所用稀释剂主要是水，水不参与光固化反应，必须在光固化之前或光固化过程中除去。因此，必须选择挥发性低，与水性光固化树脂相容性好，在水介质中光活性高，引发效率高，且安全、无毒的引发剂。水性光固化涂料所用的光引发剂可分为分散型和水溶型两类。分散型光引发剂为油溶性，需借助水性树脂的表面活性才能分散到水基光固化体系中。它们存在相容性问题，影响成膜性能和引发效率。而水溶型光引发剂克服了这一问题，它是在常用的油溶性光引发剂结构中引入阴、阳离子基团或亲水性的非离子基团而制得的。

（3）颜料和助剂

涂料作为一种应用于材料保护和装饰的材料，除了性能必须达到要求外，其外观也有很高的要求。水性光固化涂料是一种高装饰性材料，其组成除了基体树脂、水和光引发剂外，还需要加入各种颜料和助剂，让漆膜达到使用要求。

① 颜料

光固化涂料作为一种高端产品，主要使用着色颜料，其具有良好的遮盖性，可赋予涂层各种美丽色彩。

光固化涂料通常使用浅色系颜料，深色系颜料吸光能力太强，会影响光固化速率。

② 助剂

随着水性涂料制备工艺的日益成熟，纳米级的乳液已经应用于工业化。但是对于水性体系来说，水的高表面张力（72.8mN/m）给涂膜的流平性带来了不小的影响，在成膜过程中给漆膜带来了缩孔、橘子皮等各种缺陷。

流平剂是一种常用的涂料助剂，它能促使涂料在干燥成膜过程中形成一个平整、光滑、均匀的涂膜。这是因为流平剂在漆膜固化之前有助于空气释放、颜料分散，改善对底材的润湿性。流平剂主要作用有改进流平性能和均涂性能，消除缩孔和鱼眼现象，减少橘皮和针孔现象，减少镜框效应，调整溶剂挥发速度，适当延长固化过程中的流平时间，在涂膜表面形成单分子层以提供均匀的较低的表面张力等。应用于水性光固化涂料中的流平剂有 BYK 公司生产的 BYK-341、BYK-380 等，BYK 公司还开发出了可以与基体树脂反应的含有丙烯基类官能团的流平剂 BYK UV-3570。

润湿分散剂是通过润湿、研磨与分散、偶联和包裹稳定的过程来达到分散颜料的目的。它除具有湿润剂同样的湿润作用外，其活性基团一端能吸附在粉碎成细小微粒的颜料表面，另一端溶剂化进入漆基形成吸附层（吸附基越多，链节越长，吸附层越厚），产生电荷斥力，使颜料粒子长期分散悬浮于漆基中，避免再次絮凝，因而保证制成的色漆体系的贮存稳定性。分散剂有很多种，按其结构来区分，可分为：阴离子型、阳离子型、非离子型、两性型、电中性型、高分子型、超分散剂。在水性涂料中建议用能解絮凝的分散剂。原因在于：对颜料展色性好、鲜艳度高、光泽好。但是在纯乳液体系中，建议选用增强电荷相斥的分散剂，如电中性铵盐、聚羧酸盐类的分散剂。应用于水性光固化涂料中的润湿分散剂有 BYK 公司生产的 DisperBYK-164、DisperBYK-190、DisperBYK-191 等，BYK 公司还开发出了可以与基体树脂反应的含有丙烯基类官能团的流平剂 BYK UV -3530。

消泡剂能抑制体系中气泡的形成或消除已形成的气泡；消光剂可以降低固化膜光泽；防沉剂可以提高涂料稳定性；还有一些特殊的提高漆膜的耐擦性和抗划伤性的助剂。应用于水性光固化涂料中的消泡剂如 BYK-020、BYK-094；消光剂如 CERAFLOUR-920；防沉剂如 BYK-420、BYK-425；抗划伤性的助剂如 NANOBYK-3600、AQUAFLOUR-400；还有含有丙烯基类官能团的增加表面滑爽性和耐擦性的助剂如 BYK UV-3500。

7.5 光固化树脂的应用领域

近年来，随着光固化技术的不断发展和进步，以及人们节能环保意识的增强，光固化涂料得到迅速发展，应用领域不断拓展，出现了光固化木器涂料、塑料涂料、纸张上光涂料、金属涂料、光纤涂料、皮革涂料、粉末涂料以及水性涂料。

相对于溶剂型光固化涂料，光固化水性涂料具有如下优点：①以水作稀释介质，廉价易得，不易燃，安全、无毒；②可用水或增稠剂方便地控制流变性，适用于辊涂、淋涂、喷涂等各种涂装方式；③不必借助活性稀释剂来调节黏度，可解决 VOC 及毒性、刺激性的问题，对环境无污染，对人体健康无影响；④可避免由活性稀释剂引起的固化收缩；⑤设备、容器等易于清洗；⑥光固化前已可指触，可堆放和修理。

光固化水性涂料的开发应用尚处于初级阶段，目前已用作塑料清漆、罩印清漆、光聚合印刷电路板、丝网印刷油墨、凹版及平版印刷油墨、金属涂料等。光固化水性涂料在高端木器、木材涂饰行业已经有较高的应用价值。

虽然水性光固化涂料是“5E”（高效、适应性广、经济、节能和环境友好）涂料，但是就目前的技术而言，该技术的推广应用尚有一定的困难。其主要表现在以下几点：

① 涂料水分散体系的长期稳定性有待提高；

② 可供选择的水性光引发剂品种太少；

③ 对于有色光固化体系，由于颜料颜色的吸光率不同，颜色的选择余地很小；

④ 原材料和设备成本高，由于紫外光灯管有一定寿命，需定期更换，增加了维护成本；

⑤ 工作环境要求清洁、无尘；

⑥ 水的凝固点比一般溶剂高，在运输和贮存过程中必须加入防冻剂，同时水性体系容易产生霉菌，需加入防霉剂，导致配方复杂化。

随着国内外对于涂料行业各种法律法规的健全和完善，水性光固化树脂及涂料的制备研究不断深化，水性光固化涂料在世界范围内将呈现高速发展态势。涂料行业的龙头企业已经在罩光清漆、油墨、胶印上成功应用。国内最近几年也陆续发表了许多有关光固化水性树脂研发的文章，且水性光固化涂料已经成功用于高档木器制品的涂饰，具有很好的发展势头。

第 8 章

水性杂化体树脂

水性杂化体树脂指由两种或两种以上不同结构树脂通过化学键合形成的一种新型水性树脂，每种树脂含量一般应不低于 20%，或者性能上实现了质变，而且，各组分间应该分子级互容，可以形成透明度高的涂膜；通过杂化，可以使树脂性能上互补，实现综合性能 1+1>2，同时，在成本上也可以形成极大竞争优势。因此，随着水性涂料树脂合成技术的不断进步，杂化体型水性树脂品种越来越多，性能越来越好，产量越来越大，应用越来越广，在水性树脂中将要或已经占据越来越重要的地位。

8.1 水性聚氨酯-丙烯酸酯树脂杂化体

水性聚氨酯、丙烯酸酯树脂乳液（PA）的杂化包括物理杂化和化学杂化。物理杂化并非分子级别的杂化，而是将 PA 和水性聚氨酯进行物理拼混，以实现性能互补，同时降低生产成本。该法应用方便，但是容易产生宏观相分离，杂化体涂膜光泽差，性能一般，应用受到很大限制。

化学杂化通常是以油性丙烯酸酯树脂为核、水性聚氨酯为壳的无皂核壳乳液（分散体）。聚氨酯、丙烯酸酯树脂通过化学键合实现了接枝杂化。该方法的工艺是：先制备端－NCO 基的水性聚氨酯预聚物，经丙烯酸羟基酯封端引入端不饱和键，后经中和、加水分散制得水性聚氨酯表面活性大单体。然后通过自由基乳液聚合制得聚氨酯接枝的丙烯酸树脂水分散体（WPUA）。WPUA 属化学接枝杂化，可以实现强迫互容、不易分相，性价比较高，被誉为“最新一代水性聚氨酯”。

另一条杂化路线是由合成的水性聚氨酯分散体作为种子再进行丙烯酸酯单体的乳液杂化聚合。该路线对于磺酸盐型水性聚氨酯比较可行。

WPUA 的性能或改性效果同两种树脂的结构、用量及合成工艺关系很大。

结果表明：接枝共聚改性的 WPUA 涂膜的硬度、抗冲击性、耐水性、耐化学品性等均比机械共混改性好。

其具体的合成实例如下。

① 在氮气保护下，将 1.500g MA（马来酸酐）、31.89g AD（己二酸）、22.41g NPG（新戊二醇）、12.50g BEPD（2-乙基-2-丁基-1,3-丙二醇）加入带有搅拌器、温度计、氮气导气管、冷凝管、分水器的反应器中，升温到 140℃，搅拌，缓慢升温至 190℃（升温时间为 4h）。在 190℃保温 0.5h 后开始测定酸值，当酸值降至 1mgKOH/g 时，反应完成，即得不饱和线型端羟基聚酯（A）。

② 将 25.85g 上述不饱和端羟基聚酯（A）、4.088g 1,4-丁二醇、3.650g 二羟甲基丙酸加入带有搅拌器、温度计、氮气导气管、冷凝管的反应器中，在 110℃条件下，先真空脱水 1h（真空度≥0.060MPa）；然后降温至 60℃，加入 *N*-甲基吡咯烷酮 15g。通入氮气保护，开始滴加 26.5g 异佛尔酮二异氰酸酯（IPDI），1h 滴完，保温 1h；然后升温到 80℃，加入 0.0700g 的催化剂（二丁基二月桂酸锡）。继续保温反应 2h 后，开始测定 NCO 含量，当 NCO 含量≤理论值（4.07%，即原料中羟基完全反应时的 NCO 含量占树脂总量的质量分数），降温至 60℃，加入 2.710g 的中和剂（三乙胺）；搅拌 0.5h 后，用丙酮调节体系黏度；降温至 40℃，在快速搅拌的状态下滴加 140.7g 去离子水，强力分散几分钟后加入 3.754g 扩链剂（乙二胺），继续分散 0.5h，60℃减压脱除丙酮，即得半透明状不饱和水性聚氨酯分散体（B）。

③ 取上述一定量水性聚氨酯大单体（B）50.00g 和 34.50g 去离子水于带有搅拌装置、温度计、冷凝管和恒压滴液漏斗的四口反应器中，取甲基丙烯酸甲酯 17.6g、甲基丙烯酸丁酯 2.63g、甲基丙烯酸羟乙酯 1.35g、乙烯基三甲氧基硅烷 0.720g、*N*-羟甲基丙烯酰胺 0.225g、双丙酮丙烯酰胺 0.720g 与偶氮二异丁腈 0.2700g 混合，取该混合物 4.568g 加入反应器，温度控制在 40～60℃，搅拌 0.5h 溶胀胶粒，升温至 80℃从滴液漏斗滴加剩余单体-引发剂溶液，温度控制在（80±2)℃，2～4h 滴完，视冷凝管中单体回流速度来控制滴加速度；继续保温反应 1h，降温至 60～70℃，加入 0.1180g 叔丁基过氧化氢（1.00g 水稀释）和 0.095g 抗坏血酸（维生素 C）（1.000g 水溶解），继续反应 0.5h；最后冷却至 40℃，加中和剂（二甲基乙醇胺）0.500g 调整 pH 值为 8.0～8.5，加入 0.360g 己二酸二酰肼（1.00g 水稀释），搅拌 20min；400 目网过滤，即得到自交联型水性聚氨酯-丙烯酸酯树脂杂化体。

④ 产品技术指标

项目	指标	项目	指标
外观	半透明状	摆杆硬度	0.65
固含量	35%	附着力(划格)	1 级
pH 值	8.0～8.5	耐水性(48h)	无异常
光泽(60°)	85	耐醇性(50%,1h)	无异常

8.2 油改性水性聚氨酯（水性聚氨酯油）

油改性水性聚氨酯即水性聚氨酯油，该树脂具有溶剂型聚氨酯油的类似性能，如硬度较高、耐划伤、耐磨、光泽高、丰满度好及良好的耐乙醇性，且其 VOC 较低，可以用于配制木制地板及其他高端水性木器清漆。而且，由于其对粉料的良好润湿、分散及贮存稳定性，可以制备高光实色漆。由于其油度较低，涂膜的耐候、耐老化性能仍然较好。

除了用于水性木器漆之外，在金属防护方面，水性聚氨酯油也具有应用价值，其表干、实干速度快，湿附着力好，初期耐水性好，可满足金属的轻防腐应用需求。

其具体的合成实例如下。

（1）聚酯二元醇（A-1）的合成

① 合成配方

序号	单体名称	用量/质量份	序号	单体名称	用量/质量份
1	己二酸	260	4	己二醇	120
2	六氢苯酐	300	5	有机锡催化剂	1.12
3	新戊二醇	360			

② 合成工艺

将组分1～5加入带有搅拌器、温度计、分馏柱及氮气导管的反应器中；通氮气，用1.5h升温至160℃，酯化反应开始，有水馏出，保温反应1h；用大约5h逐步升温至200℃，注意控制分馏柱上部气温不超过105℃，当分馏柱上部气温下降时，升温至220℃，保温1h，当酸值达15mgKOH/g时，0.05～0.08MPa抽真空，使酸值≤1mgKOH/g，出料，得A-1。羟值：90mgKOH/g。

（2）醇酸树脂（B-1）的合成

① 合成配方

序号	单体名称	用量/质量份	序号	单体名称	用量/质量份
1	亚麻酸	450	5	新戊二醇	150
2	苯酐	200	6	己二醇	120
3	间苯二甲酸	50.0	7	二甲苯	60
4	三羟甲基丙烷	232.6			

② 合成工艺

将组分1～7加入带有搅拌器、温度计、分水器的反应器中；用1.5h升温至150℃，酯化反应开始，有水馏出，二甲苯开始回流，保温反应1h；用大约5h逐步升温至200℃，注意控制分馏柱上部气温不超过105℃，当分馏柱上部气温下降时，升温至220℃，保温1h，当酸值≤5mgKOH/g时，0.05～0.08MPa抽真空脱除二甲苯，出料，得B-1。羟值：50mgKOH/g。

（3）水性聚氨酯油的合成

① 合成配方

序号	单体名称	用量/质量份	序号	单体名称	用量/质量份
1	A-1	180.0	7	DMAC	57.20
2	B-1	135.0	8	TEA	11.65
3	DMBA	16.27	9	丙酮	适量
4	TMP	5.000	10	乙二胺	11.20
5	IPDI	123.0	11	去离子水	478.5
6	T-12(催化剂)	0.1000			

② 合成工艺

将组分1、2、3、4加入带有搅拌器、温度计的反应器中；升温至100℃，0.05～0.08MPa抽真空脱水1h，降温至70℃，加入7，开始滴加5，用时2h；加入6，保温2h，当NCO含量达到理论值5.9%（对固体）时，降温至50℃，用9调黏，加入8中和30min，高速搅拌下加入冰水、10，继续搅拌30min，真空脱除丙酮，即得水性聚氨酯油。

③ 产品技术指标

项目	指标	项目	指标
外观	半透明状	硬度	1H
固含量	38%	附着力(划格)	1 级
pH 值	8.0～8.5	耐水性(96h)	无异常
光泽(60°)	90	耐醇性(50%,6h)	无异常

水性聚氨酯油也可以进行杂化。水性聚氨酯油-丙烯酸酯树脂杂化体的杂化路线为：先合成水性聚氨酯油，以其作为种子再进行丙烯酸酯单体的乳液聚合实现杂化。

8.3 水性聚氨酯-环氧酯杂化体

环氧树脂也可以用于水性聚氨酯的杂化改性。

环氧树脂分子中含有两个环氧基团，还含有羟基官能团，在与水性聚氨酯的预聚过程中，可以向水性聚氨酯的主链中引入环氧树脂链段，从而改善水性聚氨酯涂膜的硬度、耐水性、耐热性、耐溶剂性和耐化学品性。为避免胶化，环氧树脂的用量应予以控制。

环氧酯是一种重要的溶剂型涂料成膜树脂，可以将其嵌入水性聚氨酯的结构中，通过引入氧化交联单元，实现对水性聚氨酯的有效改性。其合成路线见图 8-1 和图 8-2。

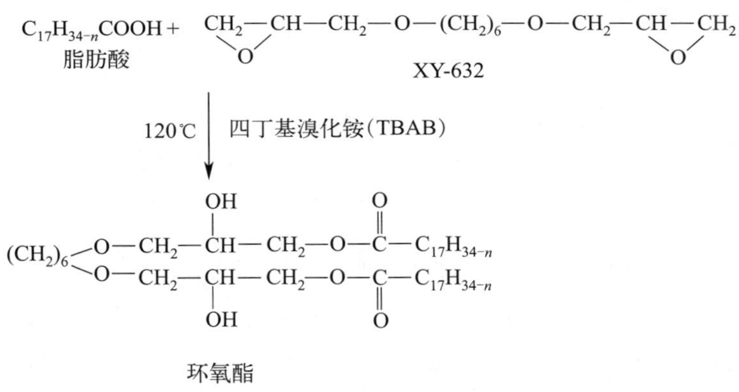

图 8-1　环氧酯的合成路线

（1）实例 1

① 环氧酯中间体的合成　称取 26.67g 己二醇二缩水甘油醚、55.94g 亚麻酸和 0.830g 四丁基碘化铵，加入带有搅拌器、温度计、冷凝管的反应器中，打开搅拌器，低速搅拌混合均匀后调高转速至 300r/min；升温至 120℃，保温反应 2h，测定酸值小于 5mgKOH/g 后降温出料，即得环氧酯改性中间体。

② 环氧酯改性水性聚氨酯乳液制备　取上述 1.800g 环氧酯中间体、11.85g 聚己二酸新戊二醇酯二醇、1.05g 1,4-环己烷二甲醇和 1.15g 二羟甲基丙酸，加入反应器中混合均匀，升温至 105℃，真空度为 0.05MPa，脱水 1h；撤除真空，降温至 65℃，将 8.900g 异佛尔酮二异氰酸酯缓慢滴加入反应器内，控制在 1～1.5h 滴完；升高温度至 80℃，反应 2h，其间可以加入适量的丙酮调节黏度，直至取样并通过二正丁胺法测 NCO 含量为 3.7%（对

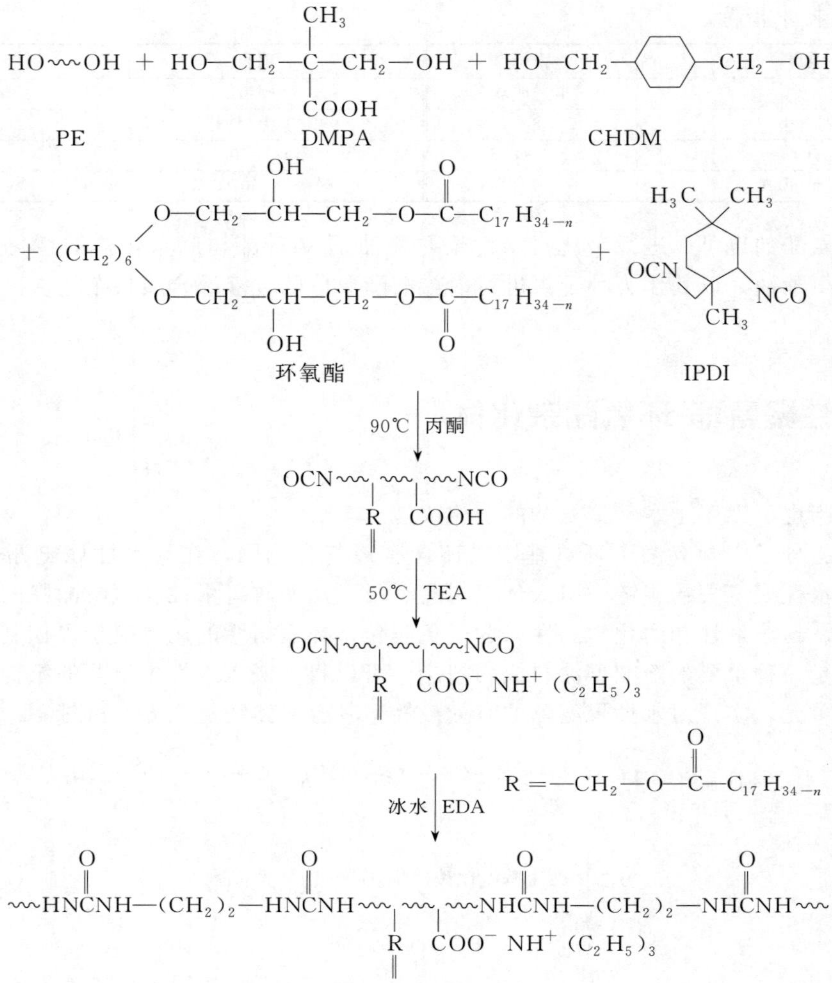

图 8-2　环氧酯改性水性聚氨酯乳液的合成路线

固体）后停止反应；降温至40℃，加入0.86g三乙胺反应30min；用丙酮调节黏度至体系固含量为45%，控制温度在35℃，加入47g去离子冰水、0.64g乙二胺，高速搅拌条件下扩链反应约35min；升温至约65℃减压脱除丙酮，得到棕色透明状的环氧酯改性水性聚氨酯乳液。

（2）实例2

① 环氧酯中间体的合成　称取32.20g 1,4-环己烷二甲醇二缩水甘油醚、55.94g豆油酸和0.935g四丁基溴化铵，加入带有搅拌器、温度计、冷凝管的反应器中，打开搅拌器，低速搅拌混合均匀后调高转速至300r/min；升温至120℃，保温反应2h，测定酸值小于5mgKOH/g后降温出料，即得环氧酯改性中间体。

② 环氧酯改性水性聚氨酯乳液制备　取上述2.900g环氧酯中间体、10.00g聚碳酸酯二醇（T5651）、1.03g 1,4-环己烷二甲醇和1.08g二羟甲基丙酸，加入反应器中混合均匀，升温至105℃，真空度为0.05MPa，脱水1h；撤除真空，降温至65℃，将10.75g二环己基甲烷二异氰酸酯缓慢滴加入反应器内，控制在1h滴完；升高温度至90℃，反应2h，其间可以加入适量的丙酮调节黏度，直至取样并通过二正丁胺法测NCO含量为

4.15%后停止反应；降温至 40℃，加入 0.81g 三乙胺反应约 35min；用丙酮调节黏度至体系固含量为 75%，控制温度在 35℃，加入 47g 去离子冰水、0.700g 乙二胺，高速搅拌条件下扩链反应 35min；升温至约 65℃减压脱除丙酮，得到浅黄色半透明状的环氧酯改性水性聚氨酯乳液。

8.4　水性醇酸树脂-丙烯酸酯树脂杂化体

醇酸树脂是一种重要的涂料用树脂，其单体来源丰富、可再生、价格低、品种多、配方变化大、工艺简单、方便化学改性且装饰性能好，符合可持续发展的社会要求。

水性醇酸树脂的开发经历了两个阶段：外乳化和内乳化阶段。外乳化法即利用外加表面活性剂的方法对常规醇酸树脂进行乳化，得到醇酸树脂乳液，有一些公司可以提供醇酸树脂乳化专用乳化剂，但由于性能很差，并未得到有效推广。

使用内乳化法合成的水性醇酸树脂分散体综合性能较好。中油度的本体型水性醇酸树脂可配制单组分自干漆，但干燥性能还有待提高，尤其贮存稳定性有待改善。

中、短油度的本体型羟基型水性醇酸树脂应用比较成熟，常用来配制氨基烘漆。

本体型水性醇酸树脂合成的水性单体是必不可少的，由其引入的水性基团，经中和转变成盐基，提供水分散性（或水稀释性），因此，它直接影响树脂的性能。目前比较常用的有：偏苯三酸酐（TMA）、间苯二甲酸-5-磺酸钠（5-SSIPA，或其二甲酯、二乙二醇酯等）、二羟甲基丙酸（DMPA）等。

为改变自干本体型水性醇酸树脂贮存稳定性差、催干剂活性低，涂层干性不能满足应用的需要的问题，目前较可行的路线是用丙烯酸酯单体对其进行杂化。杂化改善了其干性，同时，以醇酸树脂为核、水性丙烯酸酯树脂为壳的核壳结构提高了其水解稳定性。该技术发展很快，市场已得到认可，前景很好。

8.4.1　水性醇酸树脂-丙烯酸酯树脂杂化体的合成路线

水性醇酸树脂用油性丙烯酸酯树脂杂化——两步法：先合成水性醇酸树指，然后接枝油性丙烯酸酯树脂，经中和实现水溶性；

油性醇酸树脂用水性丙烯酸酯树脂杂化——两步法：先合成油性醇酸树脂，再接枝水性丙烯酸酯树脂，经中和实现水溶性，其中水溶性由水性丙烯酸酯树脂提供；

大分子反应法——三步法：先合成油性醇酸树脂（或水性醇酸树脂），再接枝水性丙烯酸酯树脂（或油性丙烯酸酯树脂），经中和实现水溶性，其中水溶性分别由水性丙烯酸酯树脂或醇酸树脂提供。

磺酸盐型水性醇酸树脂及水性醇酸树脂-丙烯酸酯树脂杂化体的合成见图 8-3 和图 8-4。

8.4.2　影响水性醇酸树脂杂化体性能的因素

醇酸树脂油度：油度是影响水性树脂成本、干性、光泽、丰满度、耐候性的关键性因素，水性醇酸树脂的油度一般设计成中等油度，50%左右。

醇酸树脂分子量：醇酸树脂分子量对水性黏度、干性、稳定性有重要影响；分子量越

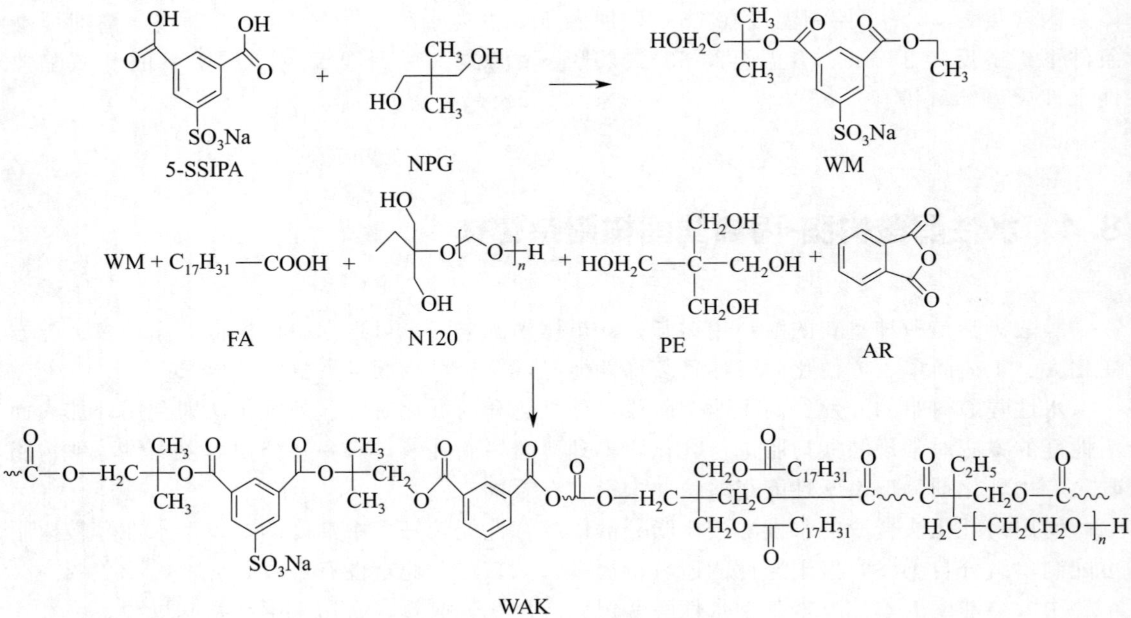

图 8-3　磺酸盐型水性醇酸树脂合成路线

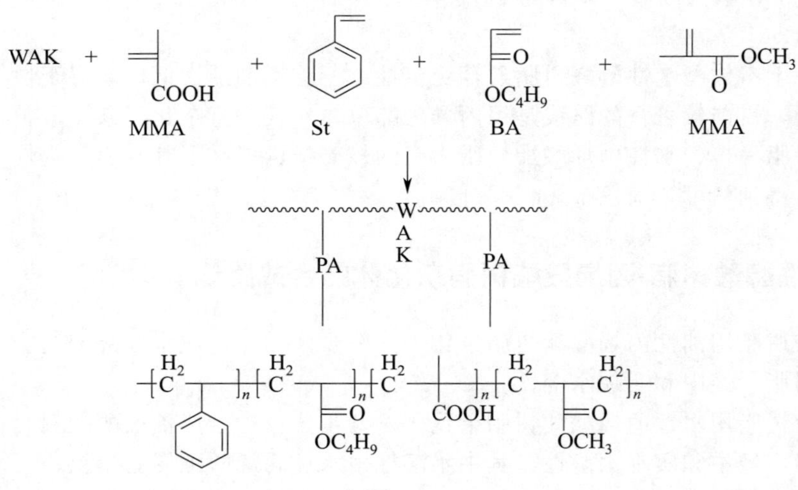

图 8-4　水性醇酸树脂-丙烯酸酯树脂杂化体的合成路线

大，干性越好，但体系黏度变大，聚合稳定性变差，甚至出现体系凝胶，还能贮存稳定性亦变差。

丙烯酸酯单体种类、用量：提高丙烯酸酯单体用量有助于提高干性，还能改善耐候性和防腐性能。

引发剂种类、用量：一般接枝聚合使用过氧化物类引发剂，其中 BPO 最为常用，主要是为了提高接枝率；同时为了提高转化率，其用量也较高，一般为 1%～5%。

T_g：丙烯酸酯树脂的 T_g 越高，涂膜干性越好、硬度越高。

酸值（AV）：杂化体酸值直接影响水分散性、贮存稳定性，而且对涂膜干性和防腐性能有重要影响。

8.4.3 合成实例

（1）非离子改性水性磺酸盐型-丙烯酸酯树脂杂化体的合成

① 非离子改性磺酸盐型水性醇酸树脂中间体的制备

a. 在带有搅拌器、电热套、分水器及冷凝管、温度计的 250mL 四口烧瓶中，加入 37.50g 新戊二醇、0.800g 催化剂（二丁基氧化锡），加热至 120℃，然后称取 19.3g 间苯二甲酸-5-磺酸钠加入反应容器中，开始梯度升温，用 0.5h 加热至 140℃，然后每隔 0.5h 升高 15℃（分水器实时收集馏分），直至温度为 200℃，保温至反应器内呈透明状。

b. 降温至 140℃，加入 26.60g 季戊四醇、23.00g 邻苯二甲酸酐、1.500g 马来酸酐、76.00g 豆油酸、4.30g 二甲苯，在 0.5h 升温至 160℃保温 2h，然后每 0.5h 升温 10℃，至温度到 220℃保温。定时取样测酸值，当酸值≤5mgKOH/mg 时停止加热，降温至 160℃，真空脱除二甲苯，降温至 120℃加入 34.20g 溶剂（乙二醇丁醚），调整固含量至 80%（质量分数），降温出料得到非离子改性磺酸盐型水性醇酸树脂中间体。

② 非离子改性水性磺酸盐型醇酸树脂-丙烯酸树脂杂化体的制备

a. 称取 31.40g 磺酸盐型水性醇酸树脂中间体、2.70g 溶剂（乙二醇丁醚），加入 250mL 四口烧瓶中并加热至 120℃。

b. 称取 7.70g 甲基丙烯酸甲酯、6.50g 苯乙烯、4.20g 丙烯酸丁酯、2.15g 丙烯酸聚乙二醇酯、1.40g 甲基丙烯酸、0.960g 引发剂（过氧化二苯甲酰），在搅拌器上搅拌混溶得到丙烯酸单体和引发剂混合液。

c. 待步骤 a 反应器中温度稳定在 120℃，取步骤 b 中 50%丙烯酸单体和引发剂混合液加入滴液漏斗，均匀滴加，1h 加完；另外 50%单体和引发剂混合液加入 1.40g 甲基丙烯酸混合均匀后加入滴液漏斗，均匀滴加，2h 加完后，保温 1h。

d. 称取 10.40g 乙二醇丁醚、0.240g 过氧化苯甲酰，搅匀后加入滴液漏斗，0.5h 均匀滴入反应容器中；保温 1h；降温出料，得到非离子改性水性磺酸盐型醇酸树脂-丙烯酸树脂杂化体。固含量 70%，酸值 24mgKOH/g。

（2）水性醇酸树脂-丙烯酸树脂杂化体的合成

① 水性醇酸树脂（WAK）的合成

a. 配方

序号	原料	质量/g	序号	原料	质量/g
1	PEG1000	12.31	5	豆油酸	66.02
2	PE	23.14	6	二甲苯	12
3	PA	18.5	7	乙二醇丁醚	28.66
4	MA	1.41			

数均分子量：2100；油度：58%；MA 含量：1%。

b. 合成工艺　同上。

② 水性醇酸树脂-丙烯酸树脂杂化体的合成

a. 配方

序号	原料	质量/g	序号	原料	质量/g
1	水性醇酸树脂(80%)	50.42	6	BPO1	1.213
2	MMA	11.23	7	BPO2	0.3032(16.34g 乙二醇丁醚溶解)
3	BA	6.79	8	二甲基乙醇胺	3.20
4	St	5.34	9	去离子水	67.45
5	MAA	3.00			

丙烯酸树脂约占 40%，醇酸树脂占 60%；BPO1/单体：4.6%；AV：30mgKOH/g；固含量 40%。

b. 合成工艺　将组分 1 加入反应器，升温至 120℃，搅拌下滴入组分 2～6 的溶液，用 3h 加完；保温 1h；加入 BPO2 引发剂液，保温 2h；过滤、包装，得产品。

8.5 水性醇酸树脂-环氧酯杂化体

8.5.1 水性醇酸树脂-环氧酯杂化体的合成路线

水性醇酸树脂-环氧酯杂化体的合成路线如图 8-5、图 8-6 所示。

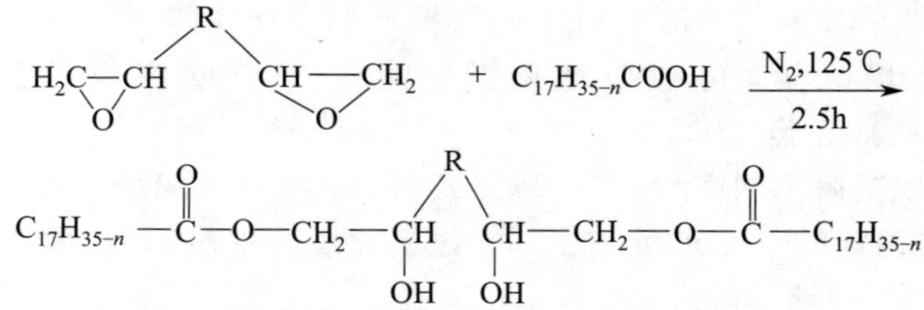

图 8-5　环氧酯的合成路线

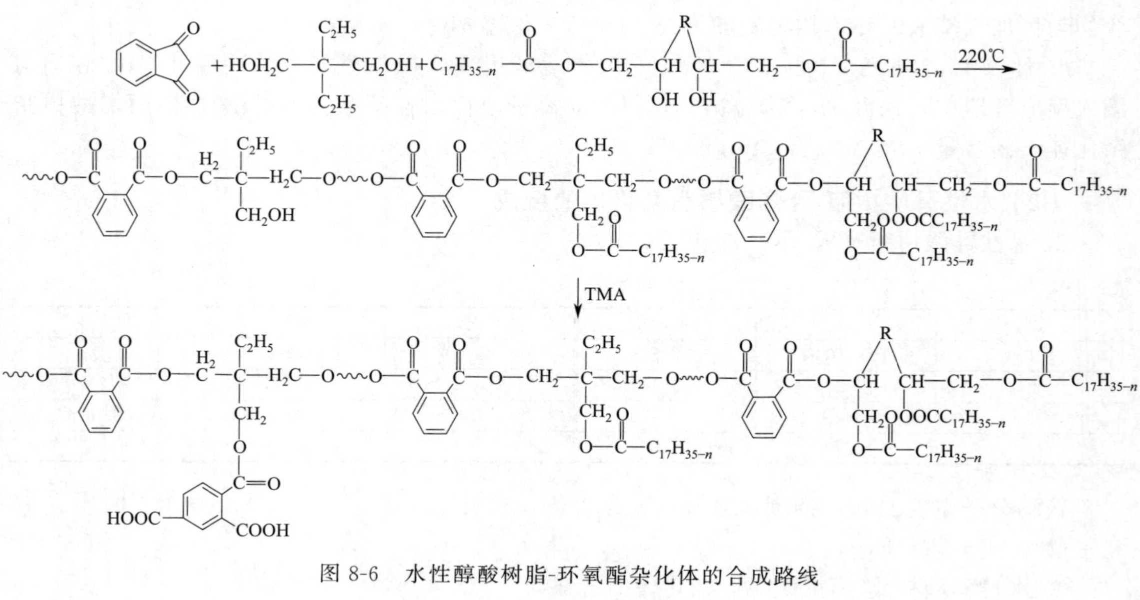

图 8-6　水性醇酸树脂-环氧酯杂化体的合成路线

8.5.2　合成实例

8.5.2.1　环氧酯的合成

将豆油酸、环氧树脂 E-51 和占反应物总质量 2%的催化剂四丁基溴化铵加入四口烧瓶中，通入氮气。20～30min 升温至 125℃，保温进行酯化反应，每隔 0.5h 取样测一次酸值，待酸值合格后降温备用。

8.5.2.2　环氧酯改性水性醇酸树脂的合成

① 在配有分水器的四口烧瓶中加入豆油酸（FA）、三羟甲基丙烷（TMP）、邻苯二甲酸酐（PA）、环氧酯和占反应物总质量 10%的二甲苯；

② 逐渐升温至 120℃溶化各反应单体，前期按照升温速率 10℃/15min，升温至 140℃，提高转速，升温速率改为 10℃/h，升温至 220℃，反应直至酸值达到 5mgKOH/g，终止反应；

③ 降温至 170℃，真空抽除二甲苯；

④ 通入氮气，加入偏苯三酸酐（TMA）继续反应；

⑤ 待酸值达 45～52mgKOH/g，快速降温；

⑥ 降温至 120℃左右，加入乙二醇丁醚（BCS），搅拌均匀，后降温到 60℃，再加入中和剂 DMEA，搅拌 30min 后出料。

环氧酯改性水性醇酸树脂配方如下：

原料	用量/质量份	原料	用量/质量份
豆油酸	54～58	TMA	4～8
TMP	13～15	BCS	40～45
环氧酯	10～13	DMEA	3.8～7.5
PA	14～16		

8.6　水性聚酯-丙烯酸酯树脂杂化体

水性聚酯（WPE）作为羟基组分可与水溶性氨基树脂（如 HMMM）配成水性烘漆，特别适合于卷材用涂料和汽车用涂料，能满足正冲、反冲成型要求，也适于作轻工产品的高装饰性面漆。

聚酯大分子链上含有许多酯基，较易皂化水解，所以本体型水性聚酯的应用受到了一定的限制，现在市场上已有一些优秀单体，通过优化配方设计，已能得到良好的耐水解性能。

水性聚酯可以分为羧酸盐型（其水性单体为 DMPA 和 TMA）和磺酸盐型两大类。磺酸盐型的亲水单体为间苯二甲酸-5-磺酸钠（或间苯二甲酸二甲酯-5-磺酸钠），由其制备的 WPE 稳定性较好。

水性聚酯-丙烯酸酯杂化体类似水性醇酸树脂杂化体，可以将 PE 设计为水性链；也可以将 PA 作为水性链，形成核壳结构。将 PA 设计为水性链可以较好地解决 WPE 的贮存稳定性问题。通常将其设计为羟基组分制备氨基烘漆或水性 2KPU 漆。

合成路线见图 8-7。

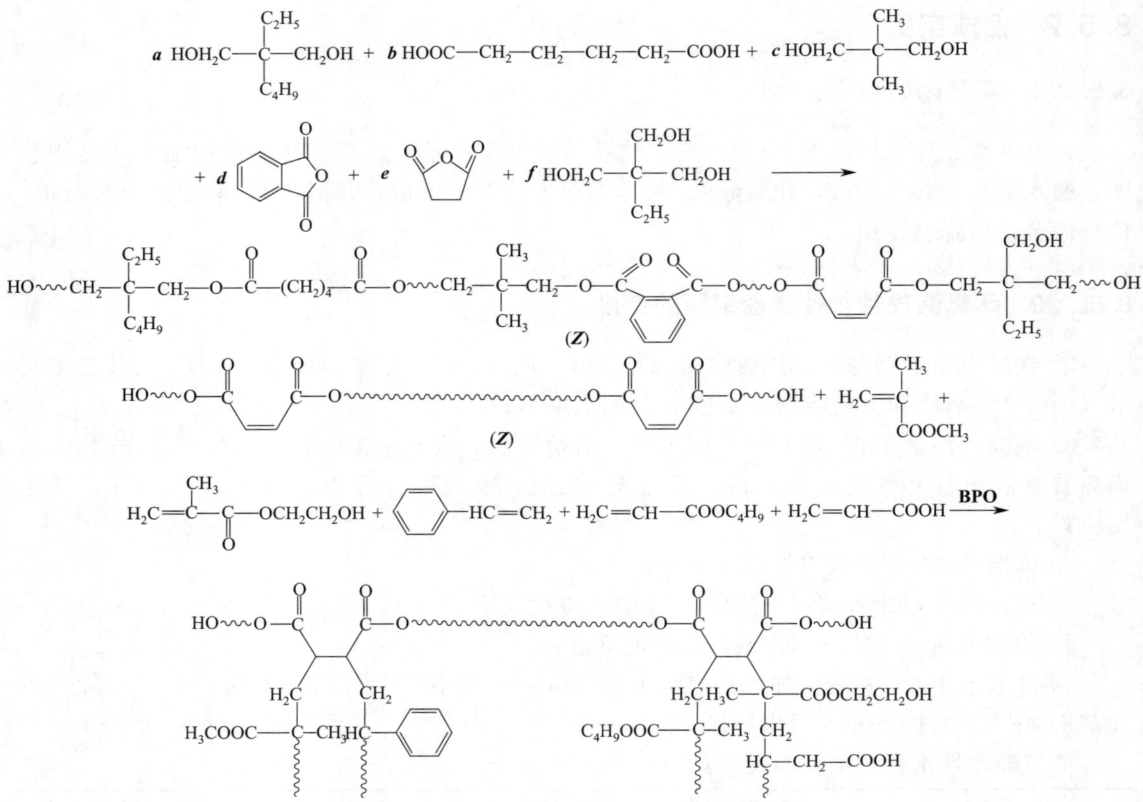

图 8-7　水性聚酯-丙烯酸酯树脂杂化体合成路线

8.6.1　水性聚酯-丙烯酸酯杂化体的制备

（1）不饱和聚酯（UPE）的合成

搭建实验装置，在 500mL 四口烧瓶中依次投入表 8-1 的多元醇与多元酸单体，在氮气保护下逐渐升温至 120℃并使各反应单体逐渐溶解，以 15℃/h 的升温速率，升至 220℃，改为减压蒸馏（真空度：0.05～0.07MPa），保温 1h 后取样测酸值，反应至酸值小于 5mgKOH/g，最后降温至 100℃附近，加入丙二醇醚，调整固含量至 85%。合成配方见表 8-1。

表 8-1　不饱和聚酯合成配方

原料	用量/质量份	原料	用量/质量份
BEPD	18～22	PA	18～22
TMP	8～12	MA	2～5
NPG	22～27	AD	28～32

（2）不饱和聚酯丙烯酸杂化体的制备

取 33.0g 不饱和聚酯（UPE），投料至 250mL 四口烧瓶中，通入氮气使反应釜呈氮气氛围并缓慢升温至 120℃。称取 5.80g MMA、3.00g HEMA、6.60g BA、1.40g St、3.00g AA 以及 1.42g BPO，通过磁力搅拌器混合成溶液。在 2h 内匀速滴加混合单体液；滴加完毕后保温 1h，补加 0.280g 引发剂与 20.0g 丙二醇甲醚的混合物，0.5h 内滴完，降温至

60℃，测量酸值，加入 DMEA 中和 30min，然后转移至恒温分散槽中，提高转速至 2000r/min，缓慢加入蒸馏水将固含量调至 35%，即得水性聚酯丙烯酸杂化体的分散体。

8.6.2　磺酸盐型水性聚酯-丙烯酸酯杂化体的制备

（1）聚酯中间体的制备

将 62.0g 间苯二甲酸-5-磺酸钠、132.0g 新戊二醇和 0.200g 有机锡催化剂加入四口烧瓶中，在氮气保护下，用 0.5h 升温至 140℃，搅拌速率稳定在 300r/min。此后每隔 0.5h 升高 10℃，升温期间会有酯化水馏出，直至体系完全透明后升温至 200℃继续保温 1h，取样测酸值，酸值降到 5mgKOH/g 以下即为反应终点，将产物趁热倒出备用。

（2）水性不饱和聚酯的制备

将 18.0g 聚酯中间体、5.20g NPG、6.20g BEPD、3.10g CHDM、7.30g TMP、15.4g IPA、4.50g PA、9.50g AD、1.60g MA、10.90g 椰子油脂肪酸、0.600g 催化剂加入反应瓶内。用 0.5h 升温至 140℃，搅拌速率稳定在 300r/min。此后每隔 0.5h 升高 10℃，升温期间会有酯化水馏出，当体系内温度达到 190℃时，体系已完全透明，说明 IPA 已参与反应，此时酯化程度可达 95%以上，继续升高温度直至 220℃，保温 2h 后酸值在 10mgKOH/g 左右，开启真空泵，负压维持在 0.05～0.06MPa，减压蒸馏 30min。测得酸值在 5mgKOH/g 左右即为反应终点，降温加入 BCS，将固含量调至 70%。

（3）水性不饱和聚酯的杂化

取 30.0g 不饱和聚酯树脂，投入反应容器中，加热至体系温度达 130℃。称取 5.80g MMA、1.90g HEMA、9.40g BA、1.50g St、1.00g AA 和 1.200g BPO，搅拌至 BPO 完全溶解成混合液。将混合液匀速滴加到聚酯中，2h 内滴完；保温 1h，然后补加 0.250g BPO 与 9.00g BCS 的混合液，1h 内滴完，降温至 65℃，测酸值，加入中和剂中和 0.5h，缓慢加入去离子水，调整固含量至 40%，高速分散 0.5h 后出料，即得磺酸盐型水性聚酯-丙烯酸酯杂化体。

8.7　水性环氧酯-丙烯酸酯树脂杂化体

环氧酯有较好的防锈性能，其直接水性化产品干性很差，经过杂化提高其分子量可以改善其干燥性能。该树脂可以室温自干，低温烘烤可以提升其性能，防锈漆耐盐雾可以达到 240h 左右，尤其初期耐水性好，光泽较高，是目前比较优秀的水性防腐漆用成膜树脂，可用于金属基材的中等防腐底漆、底面合一漆、高光面漆等。

合成路线：

① 先合成单脂肪酸环氧酯丙烯酸酯，再与丙烯酸酯单体共聚，经中和、水分散制备——两步法；

② 先合成环氧酯，经丙烯酸酯单体自由基接枝共聚合制备——两步法；

③ 分别合成单脂肪酸环氧酯、水性丙烯酸酯树脂，再经大分子反应制备。

水性环氧酯-丙烯酸酯树脂杂化体的性能受多种因素影响。

环氧树脂种类：环氧树脂分子量是关键指标，其对杂化体涂膜的干性、防腐性能有直接影响；

酯化程度：又称为油度，影响涂膜光泽、干性和防腐性能，通常存在最佳值～中油度区间，此时综合性能较好；

丙烯酸酯单体种类、用量：影响干性、防腐性能；

引发剂种类和用量、AV 值及 T_g 对漆膜性能的影响见上文讨论。

其具体的合成实例如下。

（1）单脂肪酸环氧酯的合成

在氮气保护下，将等物质的量的环氧树脂（E-20）和亚麻酸、质量分数 1%的四丁基溴化铵加入带有搅拌器、温度计、冷凝器的四口烧瓶中，用油浴将温度升至 110～120℃保温，体系呈浅黄色，黏度会逐渐增大，2h 后测酸值，当酸值降到 1mgKOH/g 以下后，按照固含量的 80%（质量分数）加入溶剂，降温至 50℃出料。

（2）单脂肪酸环氧酯丙烯酸酯的合成

在氮气保护下，将等物质的量的丙烯酸和自主合成的单脂肪酸环氧酯、质量分数 0.3%的氧化锌、质量分数 0.8%的对苯二酚加入带有搅拌器、温度计、冷凝器的四口烧瓶中，油浴升温至 110℃保温 30min，再升温至 120℃，保温 2h 后测酸值，之后每隔 0.5h 测量酸值，直至前后两次测量的酸值不再发生变化，降温至 50℃后出料，得到单脂肪酸环氧酯丙烯酸酯（中间体）。

（3）水性环氧酯与丙烯酸酯树脂杂化体的合成

将质量份为 50 的自制单脂肪酸环氧酯丙烯酸酯（中间体）加入带有冷凝器、搅拌器、温度计的四口烧瓶中，油浴升温至 105℃，称取质量份为 14 的甲基丙烯酸甲酯、质量份为 15 的丙烯酸丁酯、质量份为 3 的甲基丙烯酸丁酯、质量份为 7 的丙烯酸-2-乙基己酯、质量份为 6 的丙烯酸、质量分数 2%（总物料量的百分比）的过氧化苯甲酰、质量分数 1.5%的巯基乙醇并使其混合均匀后，加入恒压漏斗中，待温度在 105℃稳定不变后开始滴加混合单体（滴加过程中黏度增长时可加入少量乙二醇丁醚），3h 滴完，并保温 2h，用水浴降温至 60℃，然后用二甲基乙醇胺中和 30min，并用配方量的去离子水调整固含量为 40%±2%，搅拌 30min，即可得水性环氧酯-丙烯酸酯树脂杂化体。

8.8 环氧酯-丙烯酸树脂杂化乳液的制备

环氧酯-丙烯酸树脂水性杂化体乳液也可以用乳液聚合法合成，其一具体实例的合成步骤如下：

（1）环氧酯，即环氧树脂丙烯酸酯的合成

将环氧树脂 E-44 与甲基丙烯酸按摩尔比为 1∶1 投料，在 90～120℃条件下搅拌混合均匀，并加入占反应物 3%的催化剂四丁基碘化铵，保温反应 3～4h，于酸值小于 3mgKOH/g 出料，即得环氧酯。

（2）环氧改性丙烯酸树脂防锈乳液的制备

在烧杯中依次加入 20g 去离子水、0.25g 103 乳化剂和 0.050g CO-630 乳化剂，以

200r/min 的搅拌速度搅拌使其溶解，待完全溶解后将转速调节至 450r/min，再向烧杯中缓慢加入 10.0g 甲基丙烯酸甲酯、10.0g 苯乙烯、0.400g 丙烯酸、8.00g 环氧酯、11.6g 丙烯酸丁酯、4.00g 叔碳酸乙烯酯（VV-10）和 1.00g 甲基丙烯酸缩水甘油醚，预乳化 0.5h。

另取 25g 去离子水、1.50g 103 乳化剂、0.300g CO-630 乳化剂依次加入 250mL 的四口烧瓶中，将其置于 75℃恒温水浴锅中并均匀搅拌，缓慢升温至 80℃，将已制备好的 6.50g 预乳化液加入上述四口烧瓶中打底，恒温均匀搅拌 15min，加入 2.12g（0.120g 过硫酸铵和 2.0g 去离子水组成的溶液）引发剂水溶液，保温 15min，再将剩余的预乳化液和 8.12g（0.12g 过硫酸铵和 8.00g 去离子水组成的溶液）引发剂水溶液分别均匀滴加到烧瓶中，3～4h 内滴完，再保温 1h。保温结束，加入氨水调 pH 值至 8～9，搅拌 30min 后降温至室温过滤出料，即得丙烯酸树脂防锈乳液。

经检测：本实例所得到的产品为白色略显通透泛蓝光乳液，固含量 46%，pH 值为 7～8。

8.9　纳米 SiO_2/聚丙烯酸酯乳液合成

纳米 SiO_2/丙烯酸酯乳液的合成步骤如下。

① 制备改性二氧化硅：称取 30g 硅溶胶，1g γ-(甲基丙烯酰氧)丙基三甲氧基硅烷（174）加入反应瓶，在 75℃下，以 150r/min 的搅拌速度搅拌，反应 3h。

② 在搅拌釜内，添加 5g 乳化剂和 400g 去离子水，在 200～400r/min 的搅拌下添加 50g 甲基丙烯酸甲酯、150g 丙烯酸丁酯、10g 甲基丙烯酸，添加完成后，提高转速到 400～500r/min，继续搅拌 15～20min，充分预乳化，得到混合单体预乳化液；在反应釜中，添加 1g 乳化剂和 50g 去离子水，在 300～500r/min 搅拌下，缓慢升温至 80℃，添加 60g 制得的混合单体预乳化液和 5g 引发剂；当反应釜内部的乳液出现蓝光时，继续滴加剩余的混合单体预乳化液和 30g 改性硅溶胶，改性硅溶胶的滴加时间控制在 3～3.5h，混合单体滴加时间控制在 3～3.5h；滴加完成后，进行恒温（80℃）处理，此温度下保持搅拌 1.5～2h，使反应体系充分反应；反应结束后，降温至 30℃，添加适量氨水，调节体系的 pH 值为 11，过滤，制得成品。

8.10　水性聚氨酯-聚脲杂化体

水性聚氨酯因以水为分散介质，具有环境友好特性，其市场需求量达数百万吨，并呈逐年增加趋势。但其性能仍需要提高；将聚天冬氨酸酯引入水性聚氨酯预聚体结构中形成聚脲链段，合成出既含氨基甲酸酯基又含脲基的水性聚氨酯-聚脲杂化体，可以提高水性聚氨酯的性能。

其杂化路线可分为以下两种。

① 一步法：通过同步反应直接制备杂化体。

② 两步法：先合成水性聚氨酯预聚体，再引入天冬氨酸酯二聚体进行扩链。

影响因素：水性聚氨酯组成、聚天冬氨酸酯树脂种类及其用量。

合成路线如图 8-8 所示。

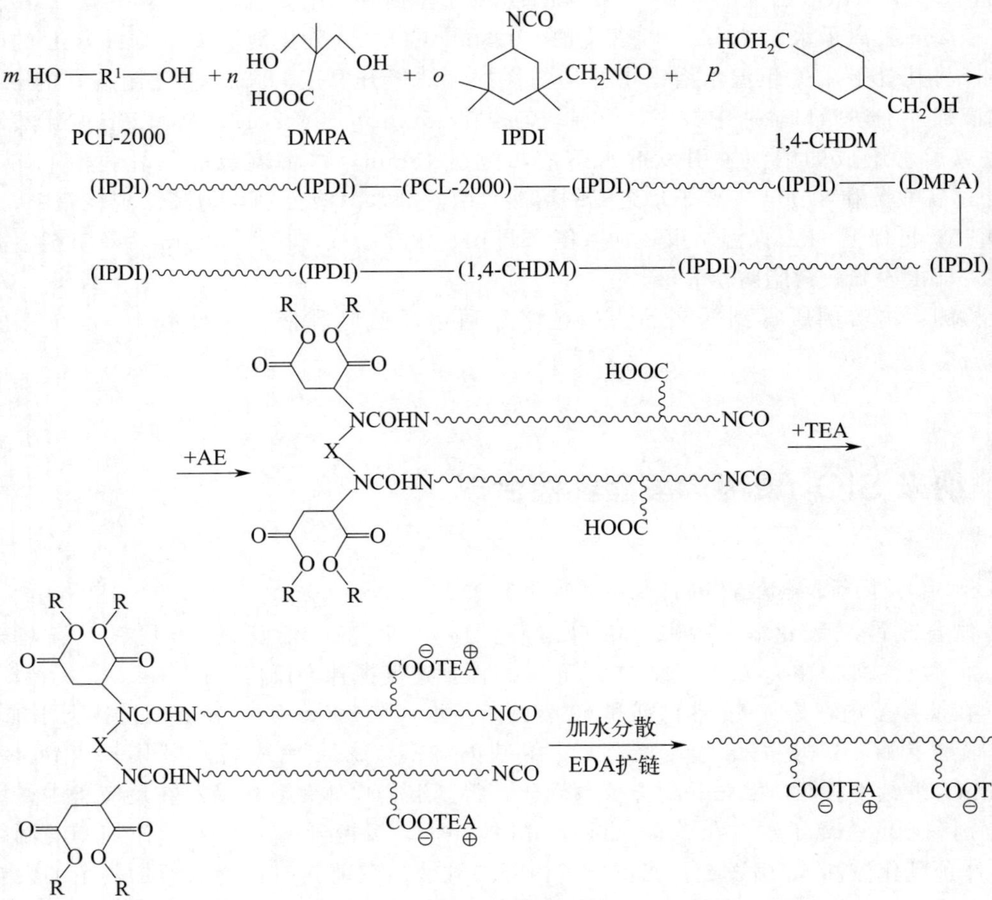

图 8-8　水性聚氨酯-聚脲杂化体的合成路线

水性聚氨酯-聚脲杂化体的具体合成实例如下：向 500mL 四口烧瓶中投入适量聚己内酯 2000（PCL-2000）、二羟甲基丙酸（DMPA）和 1,4-环己烷二甲醇（1,4-CHDM）并升温至 105℃，在－0.06MPa 左右压力下抽真空 2h；停止抽真空后降温至 65℃，开始滴加定量异佛尔酮二异氰酸酯（IPDI），1h 滴完；保温 2h 后，测—NCO 值；—NCO 值达标后，加入定量天冬氨酸酯二聚物（AE），保温 0.5h，再测—NCO 值；—NCO 值达标后加适量三乙胺中和 0.5h；在高速搅拌条件下，加入适量冰水分散，加入适量乙二胺扩链 0.5h；再升温至 65℃，在－0.06MPa 左右压力下脱丙酮 0.5h，即得水性聚氨酯-聚脲乳液。

8.11　羟基型水性杂化体树脂

羟基型水性杂化体树脂包括如下几种。

羟基型水性醇酸树脂-丙烯酸酯树脂杂化体：通过将醇酸树脂设计成羟基结构或在丙烯

酸酯单体中引入羟基型丙烯酸酯单体合成，且羟值可调；

羟基型水性聚酯-丙烯酸酯树脂杂化体：可以将聚酯树脂设计成羟基结构或在丙烯酸酯单体中引入羟基型丙烯酸酯单体合成，性能优异；

羟基型水性聚氨酯-丙烯酸酯树脂杂化体：将聚氨酯树脂设计成羟基结构或在丙烯酸酯单体中引入羟基型丙烯酸酯单体合成，稳定性高；

羟基型水性环氧酯-丙烯酸酯树脂杂化体：通过环氧酯油度的控制得到羟基环氧酯，在丙烯酸酯单体中引入羟基型丙烯酸酯单体实现该种杂化体的合成，防腐性能好。

8.12　水性杂化体树脂的应用

（1）水性木器漆用树脂

① 水性聚氨酯-丙烯酸酯树脂杂化体（PUA）：已经系列化，可满足不同性能、成本要求；

② 水性聚氨酯-聚脲杂化体（PUA）：固体分含量高，但性能尚需完善。

（2）水性金属漆树脂

① 轻防腐水性漆树脂：水性聚氨酯油，水性醇酸-丙烯酸酯树脂杂化体，水性醇酸-环氧树脂杂化体，水性环氧酯-丙烯酸酯树脂杂化体。

用于配制自干性底面合一水性漆，具有基本轻防腐能力，水性树脂选择性宽。

② 中等防腐水性漆树脂：水性醇酸-丙烯酸酯树脂杂化体，水性环氧酯-丙烯酸酯树脂杂化体。用于配制自干性水性漆，具有中等防腐能力。

③ 金属烤漆：羟基型水性醇酸树脂-丙烯酸酯杂化体，羟基型水性聚酯-丙烯酸酯杂化体，羟基型水性聚氨酯-丙烯酸酯杂化体，羟基型水性环氧酯-丙烯酸酯杂化体。

④ 水性金属面漆：水性醇酸-丙烯酸酯树脂杂化体，水性环氧酯-丙烯酸酯树脂杂化体，水性聚氨酯(油)-丙烯酸酯树脂杂化体，羟基型水性醇酸树脂-丙烯酸酯杂化体，羟基型水性聚酯-丙烯酸酯杂化体，羟基型水性聚氨酯-丙烯酸酯杂化体，羟基型水性环氧酯-丙烯酸酯杂化体（双组分水性聚氨酯体系）。

（3）水性塑胶漆用树脂

水性塑胶漆用树脂常用水性聚氨酯-丙烯酸酯杂化体（PUA）。

（4）水性玻璃漆用树脂

水性玻璃漆用树脂常用羟基型水性聚酯-丙烯酸酯杂化体（氨基烤漆）。

可以预见，随着对水性树脂研究、开发的不断深入，更新结构、性能的水性杂化体树脂将会不断涌现，以适应高性能水性涂料的需要。

第9章

水性涂料用助剂

涂料助剂可以改进生产工艺，提高生产效率，改善贮存稳定性，改善施工条件，防止涂料病态，提高产品质量，赋予涂膜特殊功能，其用量虽然较低，但已成为涂料不可或缺的重要组成部分。涂料的发展对涂料助剂的研究和应用提出了更高的要求，也提供了巨大的市场机会，涂料助剂的研究和应用亦极大地推动了涂料性能的发展，二者相得益彰。

水性涂料助剂品种繁多，应用广泛，无论是水性建筑涂料还是水性工业涂料都必须使用助剂才能达到预期的性能和满足最终要求，在涂料生产和应用的各个阶段：树脂合成、颜填料分散研磨、涂料贮存、施工都需要使用助剂。它可以控制树脂的结构、调整树脂的分子量大小和分布、提高颜料分散效率、改善涂料施工性能、赋予涂膜特殊功能。涂料助剂以涂料树脂化学和物理为基础和核心内容，同时又与高分子科学前沿、流变学、色彩学、电学、磁学、力学、生物学、微生物学以及仿生学等紧密联系，是一门正蓬勃发展的交叉学科和边缘技术。

纵观世界涂料工业的发展，水性涂料是一个重要的发展方向，所以涂料用助剂，特别是水性涂料助剂的发展也蒸蒸日上。水性涂料配方中，通常需要使用多种助剂，助剂性能的好坏，各助剂之间的相容性等，对涂料产品质量影响很大。在助剂市场竞争中，国际跨国企业因较早的研究和应用积累，在人才、技术、产品、创新和应用服务等方面具有优势，在中高端涂料助剂的市场占据较多份额。常见的品牌制造商有：德国毕克化学公司（BYK Chemie）、美国陶氏化学公司（DOW Chemical，包括原罗门哈斯 Rohm & Haas 和道康宁 DOW Corning）、德国巴斯夫公司（BASF，包括原汽巴精化、原埃夫卡、原科宁 Cognis）、赢创（Evonik，包括迪高 TEGO、原空气化学 Air Products）、日本圣·诺普科助剂有限公司（NOPCO）、德国 Borchers 有限公司（Borchers GmbH）、法国索尔维公司 Solvay（包括原罗地亚 Rodia、原飞翔化工及原氰特 Cytec 部分产品）、英国海明斯（ELEMENTIS，包括2008 年收购的德谦 Deuchem）等。近年来，水性涂料助剂随着水性涂料的发展也突飞猛进，我国涂料助剂产业取得了长足的进步，但和跨国企业相比仍然存在生产规模小，技术力量相对有限，应用实践经验不足等问题，尚未形成完整的产品线，产品相对单一。

常用的水性涂料助剂按其功能可分为以下几类：

① 水性涂料生产用助剂，如润湿剂、分散剂、消泡剂；

② 水性涂料贮存用助剂，如防沉剂、防结皮剂、防霉剂、防腐剂、冻融稳定剂；
③ 水性涂料施工用助剂，如触变剂、防流挂剂；
④ 水性涂料成膜用助剂，如催干剂、流平剂、光引发剂、成膜助剂；
⑤ 改善涂膜性能用助剂，如附着力促进剂、防滑剂、抗划伤剂、光稳定剂；
⑥ 功能性助剂，如抗菌剂、阻燃剂、防污剂、抗静电剂、导电剂。

9.1　水性润湿分散剂

9.1.1　概述

为了使涂料在颜色、色泽、遮盖能力、耐久性、贮存稳定性等方面都有良好的效果，要求颜填料非常细致均匀地分散在涂料体系中。因此，在水性色漆的制备过程中，最关键的步骤就是颜填料的分散，即颜填料在外界剪切力的作用下，在水中分散为细小的颗粒，并能够均匀稳定地存在于水相中，形成一个稳定的悬浮体。

干粉颜填料一般呈现三种结构形态：①原始粒子，由单个晶体或一组晶体形成，有机颜填料的粒径相对小，无机颜填料粒径略大；②凝聚体，由以面相接的原始粒子团组成，其比表面积比单个粒子表面积之和小得多，再次分散比较困难；③附聚体，由以点、角相连接的原始粒子团组成，总表面积介于上述两种聚集体之间，再分散较凝聚体容易。

一般情况下，颜填料并不是原始颗粒的形态，而是一种类似于“集合颗粒”的附聚体，在颜填料颗粒之间的空间间隙里包含有空气和潮气。颜填料在分散时，颜填料附聚体被冲击力和剪切力破坏，在理想的情况下可以成为原始颗粒。在这一过程中，能量被输入涂料体系，从而形成了较小的颗粒，它们与树脂液则有了较大的界面。这样的体系会努力摆脱高能量的状态，而恢复到原先的低能量状态：以细微颗粒分布的颜填料会聚集在一起，形成较大的结构，这就是絮凝。这一过程表现为诸如颜色强度的降低、失光以及流变性质的变化。从结构上来看，絮凝体与附聚体非常相似，只不过絮凝体中颜填料之间的空间充满了基料而不是空气。颜填料的解絮凝过程不仅需要树脂、颜料、水（溶剂）的相互配合，还需使用润湿分散剂提高分散效率并改善贮存稳定性，防止颜填料在贮存期间沉降、结块，影响施工，此外颜填料的良好分散还能够改善涂料的光泽、遮盖力、流变性等。

颜填料分散中的工艺过程一般情况下可分为下述三步：

第一步（润湿），用基料取代逐出颜料表面上所有的空气和潮气并润湿颜填料颗粒，从而使固/气界面（颜料/空气）转变为固/液界面（颜料/基料）。要达成这一状态，基料就必须渗透到附聚体中的空间间隙中去。

第二步粉碎，即真正的颜填料分散过程。通过机械能（撞击力和剪切力），颜料附聚体被破坏，颜料的粒径随之减小。

在最终的第三步（稳定），颜料分散体必须保持稳定，以防止形成不受控制的絮凝。采取恰当的方法可以使单个颜料颗粒彼此保持适当的距离，从而不会聚集起来。在大多数应用中，希望得到稳定的解絮凝状态；但在某些应用中，颜料分散体也能以受控絮凝的方式进行稳定。

第一步（润湿）和第三步（稳定）可通过助剂进行优化。润湿助剂加速基料对颜填料附聚体的润湿，分散助剂增进颜填料分散的稳定性。

在第二步，即真正的颜填料附聚体的分散过程中，助剂并不起作用，尽管其名称叫作“分散”助剂。在这里，重要的是机械力必须足够大才能打开附聚体，同时，作用于附聚体的机械力还必须持续足够长时间。如果附聚体被最大程度地打开，分散剂就可以稳定这个状态，从而有效地抑制絮凝。润湿剂中有两个关键指标，即润湿剂的浊点和润湿剂降低表面张力的能力。

分散剂是能使固液悬浮体中的固体粒子稳定分散于介质中的表面活性剂。其吸附于颜填料表面，并在颜填料颗粒之间形成相当大的排斥力。这使颗粒之间保持距离，降低不受控制的絮凝的倾向。这在实际应用中通过静电排斥和/或位阻稳定的方式来实现。

其作用主要表现在：

① 吸附于固体颗粒的表面，使凝聚的固体颗粒表面易于湿润。

② 高分子型的分散剂，可以在固体颗粒的表面形成吸附层，使固体颗粒表面的电荷增加，提高形成立体阻碍的颗粒间的反作用力。

③ 使固体粒子表面形成双分子层结构，外层分散剂极性端与水有较强亲和力，增加了固体粒子被水润湿的程度，固体颗粒之间因静电斥力而远离。

④ 使体系均匀，悬浮性能增加，不沉淀，使整个体系物化性质一致。

9.1.2 颜填料润湿分散机理

9.1.2.1 润湿作用

在润湿过程中，只有在固/液之间的黏合力大于液/液之间的黏合力时才能得到很好的润湿性。当固、液表面相接触时，在界面边缘形成接触角，可用它来衡量液体对固体的润湿程度。这一过程用图 9-1 说明：γ_S 表示固体的表面张力；γ_L 表示液体的表面张力；γ_{SL} 为固体和液体之间的表面张力；θ 为固液之间的接触角。各种表面张力的关系用杨氏方程来表示：$\gamma_S=\gamma_{SL}+\gamma_L\cos\theta$。润湿效率 B_S 为：$B_S=\gamma_S-\gamma_{SL}$；代入杨氏方程得 $B_S=\gamma_L\cos\theta$，由此可以看出接触角越小，润湿效果越好。但在润湿的过程中，常出现润湿滞后的现象，这主要有三个方面的原因：①扩散压力小（疏水颜填料分散在水中，表面张力高）；②颜填料粒子的间隙较小（高密度填充的微粒颜填料）；③涂料黏度高。通过降低黏度可提高润湿效率，但涂料黏度的降低有一定限度，故要使用润湿剂来降低颜填料和漆料之间的表面张力，缩小接触角以提高润湿效率。

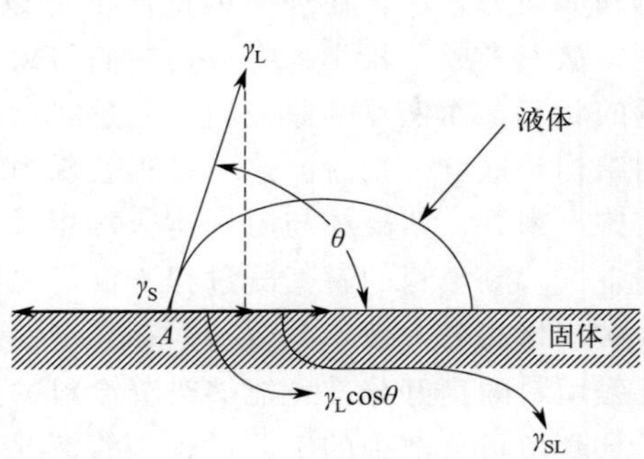

图 9-1 固液接触时接触角与各界面张力之间的关系

9.1.2.2 分散机理

(1) 双电层原理

分散剂必须溶解于体系中，它们被选择性地吸附到粉体与溶剂（或水）的界面上。目前常用的是阴离子型（少量阳离子型、非离子型）分散剂，并具有一定的表面活性，被粉体表面吸附。粉状粒子表面吸附分散剂后形成双电层：离子被粒子表面紧密吸附，称为表面离子；在介质中带相反电荷的离子称为反离子，其通过静电作用被表面离子吸附。反离子中的一部分与粒子及表面离子结合得比较紧密，称为束缚反离子，它们与粒子形成运动整体，带有负电荷；另一部分反离子则包围在周围，称为自由反离子，形成扩散层。这样在表面离子和反离子之间就形成双电层。

当两个颗粒彼此接近时，双电层会相互影响：带有相反电荷时它们会相互吸引，而当带有相同电荷时它们则相互排斥。

助剂能严重影响颜填料颗粒的表面电荷：引入强电荷可以带来高排斥势能，从而抑制絮凝。聚电解质特别适合用作以该机理进行工作的分散剂。它们的聚合物结构使其容易并持久吸附于颜填料表面，并且它们所带的大量的离子基团能带来相当高的表面电荷。

这种类型的稳定机理基本上只限于水性体系，因为只有在该体系中才能产生足够强的电荷（由于水的高介电常数）。原则上，这一机理在有机溶剂中也起作用，但其表面电荷要弱得多，也就是说双电层的厚度大幅下降，以致在大多数情况下不足以有效地阻止絮凝发生。

（2）动电电位

微粒所带电荷与扩散层所带电荷形成双电层，构成动电电位。动电电位可以起分散作用。如果增大介质中反离子的浓度，而扩散层中的自由反离子会由于静电斥力被迫进入束缚反离子层，这样双电层被压缩，动电电位下降，当全部自由反离子变为束缚反离子后，动电电位为零，称为等电点。没有电荷排斥，体系发生絮凝。

（3）位阻效应

一个稳定分散体系的形成，除了利用静电排斥，即吸附于粒子表面的负电荷互相排斥，以阻止粒子与粒子之间的吸附/聚集而最后形成大颗粒分层/沉降之外，还要利用空间位阻效应的理论，即在已吸附电荷的粒子互相接近时，使它们互相滑动错开。其原理是吸附于表面上的聚合物薄层也能在分散的颗粒之间形成排斥势能。每个颗粒都被一层溶剂化的聚合物分子所包裹，当它们相互接近时，两个颗粒上的聚合物保护层相互重叠、相互渗透。

这样在重叠区域的聚合物浓度升高，渗透压便将溶剂运送至这一区域，从而使颗粒相互排斥而再次分离。而且，在重叠区域内聚合物分子的构型被限制，这意味着熵的降低，从而形成排斥势能。根据体系特性，焓和熵的影响都可能有助于分散的稳定。

这类起空间位阻作用的表面活性剂一般是非离子表面活性剂。灵活运用静电排斥配合空间位阻的理论，可以构成一个高度稳定的分散体系。

高分子吸附层有一定的厚度，可以有效地阻挡粒子的相互吸附，主要是依靠高分子的溶剂化层，当粉体表面吸附层达 10^{-9}m 时，它们之间的排斥力可以保护粒子不致絮凝。所以高分子分散剂比普通表面活性剂好。

位阻稳定机理既可应用于水性体系，也可应用于非水性体系。当然，助剂必须具有合适的相容性。静电稳定实际上只能应用于水性体系，而位阻稳定机理则不受这一限制。

9.1.2.3　分散作用过程

固体粒子在介质中的分散过程一般分为三个阶段。

(1)固体粒子的湿润

湿润是固体粒子分散的最基本的条件，若要把固体粒子均匀地分散在介质中，首先必须使每个固体微粒或粒子团，能被介质充分地湿润。

(2)粒子团的分散或碎裂

此过程中要使粒子团分散或碎裂，涉及粒子团及内部的固/固界面分离问题。表面活性剂的类型不同，在粒子团的分散或碎裂过程中所起的作用也有所不同。

① 通常，以水为介质时，固体表面往往带负电荷。对于阴离子表面活性剂虽然也带负电荷，但在固体表面电势不是很强的条件下阴离子表面活性剂可通过范德华力克服静电排斥力或通过镶嵌方式而被吸附于缝隙表面，使表面因带同种电荷而排斥力增强，同时渗透水产生渗透压，共同降低微粒间的黏结度，减少固体粒子或粒子团碎裂所需机械功，从而使粒子团被碎裂或使粒子碎裂成更小的晶体，并逐步分散在液体介质中。

② 非离子表面活性剂也是通过范德华力被吸附于缝隙壁上，非离子表面活性剂的存在不能使之产生电荷排斥力但能产生熵斥力及渗透水化力，使粒子团中微裂缝间的黏结强度下降而有利于粒子团碎裂。

③ 阳离子表面活性剂可以通过静电吸引力吸附于缝隙壁上，但吸附状态不同于阴离子表面活性剂和非离子表面活性剂。

(3)阻止固体微粒的重新聚集

固体微粒一旦分散在液体中，得到的是一个均匀的分散系，但稳定与否取决于各自分散的固体微粒能否重新聚集形成凝聚物。

9.1.2.4 表面活性剂在水介质中的分散稳定作用

(1)对非极性固体粒子的分散作用

表面活性剂加入悬浮体后，由于表面活性剂可以降低水的表面张力，而且表面活性剂的疏水键可以通过范德华力吸附于非极性固体颗粒表面，亲水基伸入水中提高其表面的亲水性，使非极性固体粒子的润湿性得到改善。

(2)对带电质点的分散稳定作用

① 离子型表面活性剂与质点表面带有同种电荷

当离子型表面活性剂所带电荷与质点表面相同时，由于静电斥力而使离子型表面活性剂不易被吸附于带电的质点表面；但若离子型表面活性剂与质点间的范德华力较强，能克服静电斥力时离子型表面活性剂可通过特性吸附而吸附于质点表面，此时会使质点表面的 Zeta 电势的绝对值升高，使带电质点在水中更稳定。

② 离子型表面活性剂与质点表面带有相反电荷

若使用的离子型表面活性剂与质点间所带电荷相反，在表面活性剂浓度较低时，质点表面电荷会被中和，使静电斥力消除，可能发生絮凝；但当表面活性剂浓度较高时，在电性中和的粒子上再吸附第二层表面活性剂离子后，固体颗粒又重新带有电荷，由于静电斥力又使固体微粒重新被分散和稳定。

9.1.2.5 涂料用分散剂的选择

在涂料生产过程中，颜料分散是一个很主要的生产环节，它直接关系到涂料的储存、施工、外观以及漆膜的性能等，所以合理地选择分散剂就是一个很重要的生产环节。但涂料浆体分散的好坏不仅和分散剂有关系，而且和涂料配方的制定以及原料的选择有关系。

（1）树脂的选择

树脂，尤其是研磨用树脂，在制备色浆时起着关键的作用：a. 参与颜料的分散和锚定；b. 保持已经分散隔离的颜料粒子的稳定。树脂的上述作用，都可以通过一些实验看到，例如长油醇酸树脂、聚酰胺树脂、氨基树脂、醛酮树脂、低分子量羟基丙烯酸树脂都表现出对颜料很好的润湿能力，而低羟值丙烯酸树脂、热塑性丙烯酸树脂、聚酯树脂、乙烯基共聚树脂、聚烯烃树脂等对颜料均表现出较差的润湿性。同样的颜料，在不同的树脂体系得到的色相也不同。几乎所有的炭黑和有机颜料及透明氧化铁都随着不同树脂体系改变着自身色相，尤其是散射色相。因此，选择合适的分散剂，不仅可以分散和稳定颜料，而且可以调整颜料并最终达成需要的正确颜色。

分散剂与树脂的配合需关注以下性能：相容性（取样检测，去除溶剂后检查相容性）、分散剂在该树脂体系中对确定颜料的降黏行为（旋转黏度计检测）、分散剂在该树脂体系中对确定颜料的展色行为（刮涂比色）、贮存稳定性（流板法及热储存）。当树脂体系发生变动时，分散剂的上述性能表现都会发生相应的变动，这种变动就需要应用测试来确定。

一般地，不容易总结一个简单的应用原则。由于树脂体系与颜料因素的双重影响，分散剂的选择涉及多参数协同作用，难以归纳为简单普适原则。因此必须同时考虑颜料的化学与物理特性，通过实验筛选匹配方案。

（2）炭黑和有机颜料

工业用颜料门类和品种繁多，分为有机颜料和无机颜料。其中，透明氧化铁和炭黑是最难分散的颜料。可以按氢键强度对不同难分散颜料进行区分。

在固定的树脂体系中，如果一个分散剂能对炭黑有很好的分散效果，那么它常常同时能稳定酞菁系颜料，但对 DPP 红、有机紫等其他有机颜料表现出弱的分散性能。

反过来，如果一个分散剂能很好地分散稳定 DPP 红、有机紫等颜料，通常用它来分散炭黑得到不正常的棕红色相，对酞菁系颜料的降黏能力也不足。

此类现象几乎在所有分散树脂中，对所有分散剂适用。极少有分散剂能同时对上述两大类难分散颜料都表现出极其好的性能。

一般认为这来源于颜料自身的氢键结构的多少及强弱。

对于炭黑、酞菁蓝等颜料，其颜料之间的相互作用力并非氢键占主导，而是其他作用力，例如炭黑层状之间的偶合作用。

以 DPP 为代表的有机红、永固紫类颜料，其颜料自身带有很强的氢键，这些氢键作用提高了颜料的性能，也直接影响了分散剂对颜料的作用。

据此，可以解释单用一种结构的分散剂不容易同时在两大类不同内在作用的颜料中达到最佳效果。根据这个理论，也能够通过颜料结构判断它应该隶属于哪一边。例如异吲哚啉酮类颜料应该属于炭黑-酞菁系类别；而甲苯胺红应该倾向于后者。

（3）炭黑的黑度

炭黑的黑度是选择分散剂时一个极其重要的课题。

实践表明，仪器的检测不及目测准确；不同的光线下，黑度有变化；不同的角度下，黑度也有变化；不同的分散剂会对不同的炭黑给出不一样的黑度；黑度高的炭黑色母着色力不一定提高。

黑度控制可以通过选择有效的润湿分散剂实现。

（4）钛白

起初，所有人都认为钛白非常容易分散。然而在与其他难分散颜料复配时，钛白会参与浮色；在制备高级别纯白时，钛白会出现雾影；在特殊要求的制品上，钛白需要极好的遮盖和白度，而且不允许在高温下泛黄。很多普通工业场合不愿意采用昂贵的高级别钛白，甚至采用钛白代用颜料，上述问题引起了助剂行业对钛白分散的重视。

有机磷酸酯常被推荐制备高级别的纯白以去除雾影，高质量分散剂也可以用于解决浮色以及白度保持的问题。

（5）主分散剂的确定

一般在一个确定的树脂和溶剂系统，推荐采用如下方法筛选一个合适的主分散剂。

首先，选择高色素炭黑、钛白、DPP 红三种颜料进行分散实验。

评估分散剂对这三种典型颜料制备色浆的适配性，例如降黏行为是否足够，展色强度是否满足要求、贮存稳定性是否良好。

若分散剂能在这个特定系统里，对上述颜料表现出好的分散能力，那么它基本能胜任其他颜料的要求，即可被选择作为这个系统的主分散剂。

这个方法也可以用来评估两种分散剂的综合性能，以确定适用的颜料类型。

9.1.3 常用润湿分散剂

（1）水性润湿剂、分散剂的区别

润湿剂、分散剂都属于表面活性物质，其作用有相近之处，但又各有其侧重，润湿剂和分散剂配合使用能取得协同效应。

分散剂侧重于分散与稳定，它吸附在颜料的表面上产生电荷斥力或空间位阻，防止颜料产生有害絮凝，使分散体系处于稳定状态，一般分子量较大。而润湿剂则重于润湿，强化对粉体的浸润，主要是降低表面张力，其分子量较小。其实两者之间没有绝对的界限。分散剂用量恰到好处时可使粉体处于最佳分散状态，一般此时浆料的黏度最低，过高过低均会使浆料黏度上升，稳定性下降。润湿剂只有在一些难以浸润的粉体分散时才需额外加入，它的使用可以加强溶剂对粉体的润湿，缩短分散时间，降低分散难度，当润湿剂用量过少时润湿效果不佳，导致分散不佳，用量过多时有可能导致分散系稳定性下降。对于大部分物料分散而言，分散剂作用大于润湿剂，但对于难润湿物料而言，润湿剂则相当重要，不加入就难以分散。目前有相当一部分具有活性基团的高分子化合物作为润湿分散剂使用，且有的助剂兼备润湿和分散的功能。

（2）水性润湿、分散剂的分类

水性润湿剂可以分为阴离子型、阳离子型和非离子型三类。阴离子型的润湿剂有二烷基（丁基、己基、辛基）磺基琥珀酸盐、烷基萘磺酸钠、蓖麻油硫酸化物、十二烷基硫酸盐、十二烷基磺酸钠、硫酸月桂酯、油酸丁基酯硫酸化物等。阳离子型的润湿剂很少用。非离子型的有烷基酚聚乙烯醚、烷基聚氧乙烯醚、聚氧乙烯烷基酯等。

用于水性体系的分散剂可分为三类：无机分散剂、聚合物型分散剂和超分散剂。

① 无机分散剂

目前使用最多的无机分散剂主要有聚磷酸盐、硅酸盐等，如六偏磷酸钠、多聚磷酸钠、三聚磷酸钾（KTPP）和焦磷酸四钾（TKPP）等。其作用的机理是通过氢键和化学吸附，起静电斥力稳定作用。其优点是用量低，约 0.1%，对无机颜填料分散效果好。但也存在不足之处：一是随着 pH 值和温度的升高，多聚磷酸盐容易水解，造成长期贮存稳定性不良；二是多聚磷酸盐在乙二醇、丙二醇等二醇类溶剂中不完全溶解，会影响有光乳胶漆的光泽。

② 聚合物型分散剂

聚合物型分散剂主要有聚丙烯酸盐类、聚羧酸盐类、缩合萘磺酸盐、多元酸共聚物等。这类分散剂的特点是，在颜填料表面产生较强的吸附或锚固作用，具有较长的分子链以形成空间位阻，链端具有水溶性，有的还辅以静电斥力，达到稳定的结果。要使分散剂具有良好的分散性，要严格控制分子量。分子量太小，空间位阻不足；分子量太大，会产生絮凝作用。

③ 超分散剂

超分散剂的分子结构分为两个部分：一部分为锚固基团，采用平面吸附方式，将分散剂锚合在颜料颗粒表面，防止超分散剂脱附；另一部分为溶剂化链，它与分散介质具有良好的相容性，能在颜料表面形成足够厚的保护层。超分散剂是通过伸展于液相中的高分子所产生的静电斥力与空间位阻斥力的共同作用而使粒子均匀分散于体系中的。超分散剂亲水端大多为侧链带羧基的聚合物，如丙烯酸(酯)、马来酸(酯)及其衍生物，疏水端单体多为不饱和烃类，如苯乙烯、乙烯、丁二烯、二异丁烯、甲基乙烯醚、醋酸乙烯酯、α-甲基苯乙烯等。

另外，天然的高分子化合物，如藻酸盐、瓜耳胶等，分子量较大，也可作分散剂来用。

（3）常用水性润湿分散剂

常用水性润湿分散剂见表 9-1。

表 9-1 常用水性润湿分散剂

名称	牌号	应用	制造商
水性分散剂	Disper BYK-193	一种含有颜料亲和基团的高分子共聚物水溶液，不含甲苯和二甲苯，可用于水性体系中钛白粉、无机颜料及炭黑的分散和稳定	BYK
	BYK-154	属于丙烯酸聚合物，以水为主要溶剂，不含甲苯等，可用于有光及半光乳胶漆系统中，具有良好的防沉淀效果，可用于乳胶体系中钛白及其他无机有机颜料的分散	BYK
	Disper BYK-190	含颜料亲和基团高分子量嵌段共聚物溶液，通过空间位阻稳定作用而使颜料解絮凝。由于解絮凝的颜料粒径小，因此能够获得高光泽且增进色强。透明颜料的透明度和不透明颜料的遮盖力也得到提高。由于黏度的降低，流动性能得到改善，并能提高颜料的含量	BYK
水性润湿分散剂	Disper BYK-199	改性苯乙烯马来酸共聚物溶液，通过电荷-位阻稳定作用而使颜料解絮凝，能够获得高光泽，增进色强，提高透明度或遮盖力。由于黏度的降低，流动性能得到改善，并能提高颜料的含量。该助剂可替代在水性体系中常用的聚电解质类型的或高分子量的润湿分散助剂，适用于分散无机和有机颜料	BYK
	BYK-P104S	改善颜料润湿并使颜料分散稳定化，防止浮色/发花及硬沉淀。适宜于中等至高极性系统，在防止二氧化钛与其他彩色颜料结合时出现浮色方面特别有效	BYK
	Dispex Ultra FA 4416	离子和非离子表面活性剂的混合物，适用于各类基料体系；与无机和有机颜料一起使用时能提高光泽和展色性。用于制备高光、高着色强度和优异耐擦拭性的水性涂料	BASF

续表

名称	牌号	应用	制造商
水性分散剂	Dispex Ultra PX 4275	对无机和有机颜料都有很好的润湿性，能提高光泽和着色强度。即使用于苛刻的颜料中，涂料也有优异的耐擦拭性	BASF
	Dispex Ultra PX 4575	可控自由基聚合丙烯酸嵌段聚合物，有较高的研磨效率和广泛相容性；分散无机颜料性能出众；能防止浮色发花问题。用于分散有机和无机颜料，无树脂的颜料浓缩浆，含少量树脂的颜料浓缩浆，水性建筑原厂调色色浆，高性能水性涂料	BASF
	Dispex Ultra PX 4585	可控自由基聚合丙烯酸嵌段聚合物；特别适合于水性涂料中颜料的分散，对高色素炭黑和透明有机颜料有优异的分散效果；有广泛的相容性	BASF
离子型润湿分散剂	Tamol 731	可用于多种颜料的润湿分散	DOW
	Tamol-SG-1	可用于多种颜料的润湿分散	DOW
水性润湿分散剂	Dispers 651	特别适用于通用色浆的生产，适用于无机和有机颜料的润湿分散，其浓色浆有良好的相容性，且不含乙氧基壬基酚	TEGO
	Dispers 715W	聚丙烯酸钠盐溶液 用于颜填料的研磨，适用于所有乳液涂料和调色体系，产品具有非常好的稳定性	TEGO
润湿分散剂	Dispers 735W	适用于湿润哑光粉表面	TEGO
	Dispers 750W	特别适用于含基料和不含基料色浆的生产，具有优异的展色性和良好的抗水性，不含有机溶剂	TEGO
	Dispers 760W	含高颜料亲和基团的聚合物与表面活性物质的水溶液 特别适用于水性体系中炭黑和有机颜料的润湿分散，以及含树脂的体系的研磨，具有优异的展色性，可降低研磨黏度	TEGO
	Dispers 761W	含高颜料亲和基团的聚合物与表面活性物质的水溶液 对炭黑的长效稳定性、高黑度	TEGO
水性润湿分散剂	Disponer W-19	起泡性低，表面张力低，有效提高色浆与涂料间的相容性，避免浮色发花，不含聚氧乙烯烷基(苯)酚醚类化合物(APEO)，可用于环保型产品的制备	海明斯德谦
	Disponer W-519	用于无机颜填料的分散，能防止颜料的再度絮凝，不含有机溶剂	海明斯德谦
	Disponer W-920	适用于对有机颜料、氧化铁颜料的分散，具有良好的润湿力，分散稳定性好，可制成高颜料含量的色浆	海明斯德谦
	Disponer W-9700	高分子型润湿分散剂，特别适用于炭黑的分散，润湿能力强，对涂膜耐水性无影响，相容性好，适用性广	海明斯德谦
高效颜料分散剂	SN-Dispersant 5040	具有很大的颜料承载力，对于许多的颜填料体系，均具有良好的分散效果，通用性好，展色性佳，黏度稳定性好，泡沫少	NOPCO
无机颜料分散剂	Borchi Gen 12	脂肪酸聚乙二醇醚酯，100%有效含量，适用于无机颜料在水性和溶剂型体系中的分散	Borchers GmbH

9.1.4 水性润湿分散剂的发展

水性润湿分散剂主要有以下几个发展方向：①开发环保型助剂以代替原有的对环境有害的产品系列，如改进助剂的生产工艺，最大程度地减少可挥发性有机物（VOC）的挥发。逐步取代聚氧乙烯烷基（苯）酚醚类（APEO 或 APE）湿润剂，原因是其导致大白鼠雄性激素减少，干扰内分泌等。②在分子水平上引入各种功能性基团，使产品在具有优异的分散性的同时还具有改善涂膜其他性能的能力。③开发一些高效分散剂，使其性能更优异，用量更少。

9.2 水性消泡剂

水性涂料的泡沫问题尤为突出，这是其特殊配方和特殊生产工艺所致。①水性漆以水为稀释剂，需要使用一定数量的乳化剂，才能制取稳定的水分散液。乳化剂的使用，致使乳液体系表面张力大大下降，这是产生泡沫的主要原因。②分散颜填料用的润湿剂和分散剂也是降低体系表面张力的物质，有助于泡沫的产生及稳定。③黏度低则不易施工，使用增稠剂后则使泡沫的膜壁增厚而增加其弹性，使泡沫稳定而不易消除。④制漆时的搅拌分散，施工过程中的喷、刷、辊等操作等，所有这些都不同程度地改变体系的自由能，促使泡沫产生。泡沫使生产操作困难，泡沫中的空气不仅会阻碍颜填料的分散，也使设备的利用率下降而影响产量；装罐时因泡沫，需多次灌装。施工中产生的气泡造成表面缺陷，既有损外观，又影响漆膜的防腐性和耐候性。因此，为使水性漆生产、施工顺利进行，获得高质量的涂膜必须加入水性消泡剂。

9.2.1 泡沫的产生及消泡机理

(1) 泡沫的产生及稳定

泡沫在我们的生活中很常见，比如咖啡上的奶泡、啤酒泡沫、肥皂泡等，对常见的液体泡沫而言，泡沫是气体（一般为空气）在液相中微细的分布。气泡在液体中产生后，由于气体和液体间存在非常大的界面，液体会包覆着空气，使气泡彼此分离。气泡形成后，会从液体内部上升至液体表面。为了达到能量最低，每个液体系统都努力将它的表面积降到最低，此时液体中的气泡便会向上运动。当一个气泡到达液面时，泡沫膜中的液体就会从包围着气泡的液体薄层中流出。这种流动过程称为“排液效应”，排液效应降低了泡沫膜的厚度。当膜壁厚度低于 10nm 左右时，膜失去完整性，气泡就会破裂。

当体系是纯体系（例如纯水或纯的溶剂）时，没有稳定泡沫的物质，导致泡沫到达液体表面后无法维持稳定，换句话说，纯的液体无法维持泡沫的稳定，因此不会产生泡沫。但涂料体系通常是需要多种物质混合进行生产的，且在生产过程中需要加入表面活性剂等稳泡物质，因此泡沫便在涂料体系中稳定存在了。

表面活性剂是一类特殊的物质，其分子中同时存在着亲水和疏水基团。由于这样特殊的结构单元，这些表面活性物质会定向排列于液相与气相界面，降低了界面张力，从而形成了稳定泡沫所需的条件。由于纯液体中没有反作用力存在，排液效应最终会使膜厚降低至某一程度而使泡沫破裂。要使泡沫稳定，则必须提供一定的反作用力使得排液效应无法继续。表面活性剂特殊的化学结构则恰好提供了这样的一个反作用力。

在水性体系中，亲水基团是离子型的，泡沫膜的两个气液界面中布满了表面活性剂，当液体由于排液效应逐渐排出到一定程度时，液体的表面与泡沫膜互相贴近，此时液体表面的亲水基团与泡沫膜之间的亲水基团带着相同电荷，在互相靠近的过程中产生了排斥力，阻止了排液效应。此时，泡沫便在液体的表面稳定住了。

(2) 泡沫的稳定机理

泡沫的稳定机理有以下四种：泡沫分子层之间的电荷效应/空间斥力、Gibbs-Marangoni（吉布斯-马兰戈尼）效应、液体的黏度以及气体的扩散迟缓。

① 泡沫分子层之间的电荷效应/空间斥力　分子层之间的电荷效应/空间斥力是由于体系中存在表面活性剂之类的物质，正如之前所描述的：液体表面的亲水基团与泡沫膜之间的亲水基团带着相同电荷，在互相靠近的过程中产生了排斥力，阻止了排液效应的发生而使得泡沫稳定。

② Gibbs-Marangoni（吉布斯-马兰戈尼）效应　由于泡沫膜具有弹性，当膜稍有拉伸，这种拉伸作用会引起拉伸区域界面上表面活性剂浓度的降低（因为同一体积的液体拉伸后具有较大的表面积，而表面活性剂的分子数不变）。拉伸区域表面上的表面活性剂浓度的降低，引起表面张力的升高，因而膜就缩回。这个表面张力 γ 的差异可以被体系内部物质运动弥补，水和表面活性剂的混合液从膜内部和未拉伸表面向被拉伸的区域补充。

同样的道理，当膜稍有压缩，同一体积的液体收缩后具有较小的表面积，而表面活性剂的分子数不变。收缩区域表面上的表面活性剂浓度的升高，引起表面张力的降低，因而膜就拉伸。此时水和表面活性剂的混合液向膜内区域补充，维持了泡沫的稳定。这种特殊的稳泡作用称为 Gibbs-Marangoni 效应。

③ 液体的黏度　液体的黏度过高也会导致泡沫的稳定，由于泡沫的上升过程遵循"Stokes"定律，液体的黏度与气泡上升的速率成反比关系，液体的黏度越大，气泡上升的速率越慢。因此当液体的黏度过大导致泡沫几乎无法上升时，泡沫便在体系里稳定存在了。

④ 气体的扩散迟缓　当一大一小两个泡沫互相靠近时，小泡沫内部的压力大于大泡沫内部的压力，其中的压力差会导致小气泡逐渐向大气泡靠近，直到小气泡内的气体完全转移到大气泡里合并成一个更大的气泡为止，此时泡沫半径变大，根据"Stokes"定律，气泡会加快向液面运动的速度。气体的扩散迟缓则是延缓了这种现象的发生，当一大一小两个气泡在靠近的过程中，由于体系内有稳泡物质的存在，大小气泡的表面都排布了同性电荷，产生的斥力阻止了两个气泡的相互靠近，延缓了气泡的合并，致使气泡在体系内稳定。这个过程称作气体的扩散迟缓。

（3）涂料中产生泡沫的原因

① 现代涂料配方中大量采用各种助剂，这些助剂品种大多属于表面活性剂，都能改变涂料的表面张力，致使涂料本身就存在着易起泡或使泡沫稳定的因素；

② 涂料制造过程中需要使用的各种高速混合分散机械以及涂料涂装时所用的各种施工方法都会不同程度地增加涂料体系的自由能，从而有利于泡沫的产生；

③ 双组分涂料，在施工前混合时，搅拌混入空气；

④ 被涂物的孔隙较多，由于涂料的渗入空气被赶出形成空气泡，如在多孔的木材和水泥墙上涂漆施工时；

⑤ 化学反应产生的气泡，比如双组分 PU 涂料中的多异氰酸酯与微量水反应会产生二氧化碳。

针对以上气泡产生的原因，可以通过优化涂料的生产工艺，尽量避免在生产过程中引入气泡；其次，可以通过提前润湿颜料，减少颜料组分对空气的吸附；也可以通过尽量减少稳泡物质的使用来避免泡沫的稳定；还可以通过改进涂料的使用方法，比如采用辊涂或刷涂等方式在施工阶段减少气泡的引入。当然，最直接有效的办法是选择使用消泡剂。

（4）消泡机理

涂料中产生泡沫是无法避免的事情，除了通过改进生产工艺阻止泡沫的产生等方法之外，我们更应该关注如何避免泡沫的形成或是将已形成的泡沫尽快地消除掉，消除泡沫通常采用的方法是在体系中添加消泡剂，通过消泡剂的作用使涂料体系中的气泡上浮至表面并破裂，泡沫是热力学不稳定体系，它的破除要经过三个过程，即气泡的再分布、膜厚的减薄和膜的破裂。对于稳定的泡沫体系，要经过这三个过程而达到自然消泡需要很长的时间，因此需要借助于消泡剂来实现快速消泡。

消泡包括抑泡和破泡两个方面，当体系加入消泡剂后，消泡剂必须能够分布在整个体系中，但不溶解，而且它的表面张力必须低于该体系的表面张力。消泡剂要发挥作用，首先必须渗入气泡膜上，而且消泡剂渗入膜层以后，又要能很快地散布出来。Rcss 提出了以下公式：

渗入系数　　　　　　$E=\gamma_F+\gamma_{DF}-\gamma_D>0$

扩散系数　　　　　　$S=\gamma_F-\gamma_{DF}-\gamma_D>0$

式中，γ_F 为泡沫介质的表面张力；γ_{DF} 为泡沫介质与消泡剂之间的界面张力；γ_D 为消泡剂的表面张力。

为了发生渗入，E 必须大于 0；为了发生扩散，S 必须大于 0，只有 E 和 S 都为正值的物质才具有消泡作用。要使 E 足够大，消泡剂的表面张力要低；要使 S 足够大，不仅消泡剂的表面张力要低，而且泡沫介质与消泡剂之间的界面张力也要低，这就要消泡剂本身具有一定的亲水性，使其既不溶于发泡介质中，又具有很好的扩散能力。

水性涂料所用消泡剂总是以微粒的形式，渗透到泡沫的体系当中。当由于某种原因体系要产生泡沫时，体系中的消泡剂微粒马上破坏气泡的弹性膜，抑制气泡的产生。如果泡沫已经存在，添加的消泡剂接触泡沫后，即捕获泡沫表面的增水链端，经迅速铺展形成很薄的双膜层。随后进一步扩散并层状侵入，取代原泡沫的膜壁。低表面张力的液体总要流向高表面张力的液体，所以消泡剂本身的低表面张力，就能使含有消泡剂部分的泡膜的膜壁逐渐变薄，而被周围表面张力大的膜层强力牵引，整个气泡就会产生应力的不平衡，从而导致气泡的破裂。此过程可用图 9-2 的四个过程来表示。

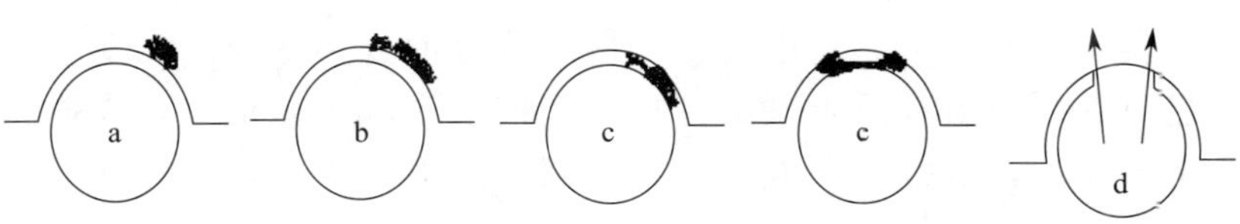

图 9-2　消泡剂的消泡机理

a—接触；b—散布；c—侵入；d—破裂

消泡剂的作用机理是让稳泡的物质不能发挥作用，进而导致泡沫膜不稳定破裂，目前主要有三种方法：

① 消泡剂的反润湿作用　利用消泡剂的表面张力较小这一特点，渗透进入泡沫膜内部，将液面与气泡膜表面由于电荷作用形成的反作用力进行隔断后，通过排液效应使气泡破裂。

② 加入憎水颗粒　将消泡剂的液体成分作为载体，将憎水颗粒输送入泡沫膜，通过减弱内聚力而使泡沫失去稳定，这种颗粒还可以吸附或“捕捉”表面活性剂分子，让泡沫无法稳定从而使泡沫膜破裂。

③ 消泡剂的铺展作用　当消泡剂进入泡沫膜内部后，在泡沫膜内部迅速铺展，取代了稳定泡沫的表面活性剂，使原本是弹性的抗干扰的气泡膜转变为较低内聚力的气泡膜，从而使泡沫膜破裂。

因此，消泡剂的核心作用机理主要是利用消泡剂与涂料体系的不相容性，一般认为，相容性太好的消泡剂不能迁移进泡沫膜内部，而是会进入涂料体系的液态主体中。在此情况下，消泡剂过度乳化，涂料无缩孔风险，但消泡作用微乎其微，严重的甚至还会导致体系稳泡。另外，如果一个消泡剂太不相容，则消泡剂完全无法乳化，会导致漆膜缺陷，如产生雾影或缩孔等；同时消泡剂越不相容，添加时所需要的剪切力就越大，剪切时间越久。因此，要使一个涂料体系在具有良好的消泡作用的同时不产生负面影响，同时又比较容易添加，选用的消泡剂必须具有可控的不相容性，同时又能够在剪切作用下良好乳化。

由于涂料体系的多样性，一个消泡剂不可能对于所有的配方都有最好的效果。必须有一系列的消泡剂产品以适应每一种特定体系。另外，消泡能力可以通过调节用量来调整：消泡剂用量高一般来说会提供更好的消泡性，但是这样可能会导致漆膜缺陷增加或使缺陷看起来更明显；降低消泡剂用量，漆膜缺陷可避免，但消泡能力可能会不够强。因此最佳点的选择除了需要综合考虑消泡剂对体系的相容性之外，还需要考虑用量。

总而言之，消泡剂的性能应该满足以下 5 个条件：①不溶解于泡沫介质之中或溶解度极小，但又具有能与泡沫表面接触的亲和力，即消泡剂需要与加入的体系有可控的不相容性；②表面张力低于泡沫介质的表面张力；③易于在泡沫体系中扩散，并能够进入泡沫和取代泡沫膜壁；④具有一定的化学稳定性；⑤具有在泡沫介质中分散为适宜颗粒作为消泡核心的能力。

9.2.2 常用水性消泡剂

（1）水性消泡剂的分类

消泡剂主要由活性成分、乳化剂、载体和乳化助剂组成，其中活性成分为核心部分，起到破泡、减小表面张力作用；乳化剂使活性成分分散成小颗粒，以便于更好地分散到油或者水中，起到更好的消泡效果；载体在消泡剂中占较大比例，其表面张力较低，主要起到支持介质的作用，对抑泡、消泡效果有利，能把成本降低；乳化助剂使乳化效果更好。

涂料工业目前常用的消泡剂有三大类：矿物油类、有机硅类及聚合物类。

① 矿物油类

矿物油类的消泡剂的基本组成是矿物油、疏水粒子和乳化剂等。其基本制备工艺是将矿物油和疏水粒子在高温下混合，以便于疏水粒子在矿物油中的分散，从“二次聚集”恢复成“一次聚集”，然后，在温度较低时加入乳化剂，以达到消泡剂在水中能乳化分散的目的。但是，根据不同的行业、不同的工序，有时需要消泡剂分散性好；有时又不需要消泡剂有很好的分散性，这是因为这些行业中本身就使用到大量的分散剂、润湿剂等表面活性剂，它们也能将消泡剂分散开来，发挥消泡剂的最佳作用。

矿物油类消泡剂还含有能提高性能的蜡和/或疏水性二氧化硅。典型的蜡是亚乙基双硬脂酰胺（EBS）、石蜡、酯蜡和脂肪醇蜡。这些产品还可能含有表面活性剂，以改善在发泡介质中的乳化和扩散。另外，一些助剂企业例如毕克化学，会使用自制的聚脲化合物取代疏水性二氧化硅，除了增强消泡作用外，这些专利化合物还具有另外两个优点：第一，聚脲是在载体油中由液体反应物原位合成而得的，因而形成的颗粒更细，防沉性也有所提高，使得消泡剂具有更好的贮存稳定性。第二，因为具有更大的比表面积，对表面活性剂的吸附能力也增大了，这就保证了即使在涂料成品长期储存后，仍有很好的消泡活性。

矿物油类消泡剂的制备原料易得、环保性能高、生产成本低，但对致密型泡沫的消泡效率较低，且专用性较强，只能用于水性体系。

② 有机硅类

聚二甲基硅氧烷（也叫作硅油）是有机硅类消泡剂的主要成分。所有的有机硅助剂均从聚二甲基硅氧烷衍生出来，纯的聚二甲基硅氧烷在现代涂料中几乎不再使用，更不适用于水性体系，所以必须要对它进行有机改性。通过改变链长可以得到各种不同性质和特点的产品。短链的有机硅助剂在涂料体系中相容性较好，可以降低体系表面张力、提高表面流平性能。逐渐增加有机硅链长，可以得到滑爽特性；再进一步增加链长则表现为可控不相容，有消泡的特性；而过长链分子可能导致缩孔和锤纹效果。

可以对聚二甲基硅氧烷的主链进行有机改性，比如引入聚醚、羟基、羧基等基团，通过主链改性可以控制其相容性。目前使用的大多数有机硅助剂均为有机硅改性聚硅氧烷。以聚醚侧链改性方法为例，该方法是在侧链的甲基上引入聚醚，通过控制二甲基基团与聚醚的比例控制相容性，这种改性同时也会影响表面张力。通过改变分子结构、分子量和极性，可以得到具有不同性能的有机硅产品。

水性体系用的有机硅消泡剂通常引入了聚醚链提高亲水性，也提高了在极性体系中的相容性。通过调整 EO（环氧乙烷）与 PO（环氧丙烷）以及聚醚和有机硅的比例可以对消泡剂的疏水或亲水程度进行不同程度的调整。聚二甲基硅氧烷也可用甲基烷基聚硅氧烷代替。当第二个甲基被较长的烷基（例如乙基或丙基）链取代后，有机硅的表面张力会升高。一般来说，这意味着稳泡作用的降低。

通常的有机硅消泡剂由硅油、疏水粒子、乳化剂、聚乙二醇或水溶液组成。根据水性和溶剂型的不同，或者是消泡需求的不同，其组成也会有所区别，水性有机硅消泡剂大多数含有强烈憎水的有机硅油乳液，通过有机硅和憎水粒子增进分散性和消泡性，既不降低高光体系的光泽，也不改变颜料浓缩浆的颜色接受性。需要注意的是，消泡剂必须在较高的剪切力下混入才能获得无缩孔的漆膜。

同水、普通油类相比，硅油表面张力更小，既适用于水基起泡体系，又适用于油性起泡体系。在 H_2O、普通油类中，硅油活性高、溶解度低，其化学性质稳定、使用范围广泛、挥发性低、无毒且消泡能力比较突出等，是一类广泛应用的消泡剂。缺点是抑泡性能较差。

这一类消泡剂的剂型包括固体型、乳液型、溶液型和油型。

③ 聚合物类消泡剂

聚合物类消泡剂产品主要是通过聚合不同种类的有机物，改变聚合物的极性和分子量及分子量分布，以实现“相容”与“不相容”间的平衡。其也可通过有选择的不相容性而起消泡作用。

聚合物不能溶于水，但是却具有较低的表面张力，能在液体表面很好地铺展。对于水性体系中的聚合物类消泡剂，通常会添加憎水颗粒用于改善消泡作用。从化学角度来看，憎水颗粒主要包括憎水性有机硅、聚脲或聚酰胺等类型。

（2）常用的水性消泡剂

常用的水性消泡剂见表 9-2。

表 9-2 常用的水性消泡剂

名称	牌号	应用	制造商
水性消泡剂	BYK-012	含疏水颗粒的聚醚化合物，用于水性涂料、印刷油墨和胶黏剂的聚合物消泡剂，不含有机硅和 VOC。特别适用于高档建筑涂料。低添加量下仍具有优秀的消泡效果	BYK
	BYK-015	含疏水颗粒的聚醚化合物，用于水性涂料的聚合物消泡剂，不含有机硅，具有防爆泡特性。特别推荐用于汽车和一般工业涂料	BYK
	BYK-025	水性涂料用有机硅消泡剂。特别适用于不含颜料的聚氨酯和丙烯酸酯/聚氨酯乳液系统，它不会影响光泽，添加极为容易	BYK
	BYK-028	由憎水性固体和破泡聚硅氧烷在聚乙二醇中的混合物构成。该产品是水性体系的标准消泡剂	BYK
	BYK-038	主要由疏水性粒子、有机硅和矿物油构成的乳液，不含甲苯、二甲苯及壬基酚乙氧基化合物。适用于高固体分涂料、乳胶漆在生产和施工期间的消泡	BYK
	BYK-044	主要用于高固体分系统和乳胶漆系统，特别适用于研磨颜料浆和着色乳胶漆生产中的消泡，具有优异的长效稳定性	BYK
	BYK-080A	该消泡剂具有超强效果，系有机硅消泡剂，不含甲苯和二甲苯，需在高剪切力下分散，主要用于水性涂料	BYK
	BYK-094	主要用于高固体分系统和乳胶漆系统，可以有效地消除油墨的微泡和鱼眼，改善印刷性能，具有超长效的消泡作用	BYK
	BYK-1615	由疏水性粒子和破泡性有机硅所构成，适用于颜料体积浓度在 60%～85%范围的乳胶漆的消泡，适用于经济型建筑乳胶漆的生产	BYK
	BYK-1660	由疏水性粒子和破泡性有机硅构成，主要用于高固体分系统和乳胶漆系统。适用于颜料体积浓度在 35%～70%范围内乳胶漆用颜料浆和填充料浆的生产，适用于经济型建筑乳胶漆的生产	BYK
	BYK-1780	含憎水颗粒的聚醚改性聚二甲基硅氧烷，用于去除厚涂体系施工过程产生的微泡	BYK
	BYK-1786	疏水颗粒和破泡聚硅氧烷的乳液，用于消除水性体系在施工过程中产生的微泡，尤其适用于无气和混气施工	BYK
水性消泡剂	Foamaster ST 2437	超支化聚合物共混物 破泡速度快，与体系的相容性好，可以在施工现场手动搅拌加入，性价比高	BASF
	Foamaster Sl 2210	改性硅氧烷消泡剂 100%活性成分，用于无颜料及低颜料水性涂料、印刷油墨、黏合剂及 UV 固化体系，具有极佳的自消泡效果，长效性持久	BASF
	Foamaster Sl 2280	改性聚二甲基硅氧烷消泡剂 与体系的相容性好，对漆膜光泽无影响，用于各种常见体系，不易产生缩孔	BASF
	Foamaster Sl 2299	改性聚二甲基硅氧烷消泡剂 强有机硅消泡剂，消泡及脱泡力强，可有效控制生产和施工中的气泡，长效性好	BASF

续表

名称	牌号	应用	制造商
水性消泡剂	Foamaster ST 2434	星型聚合物消泡剂 含硅，用于高性能水性涂料，长效性极佳，快速破泡	BASF
	Foamstar ST 2410	超支化聚合物共混物，特别适合小泡的消除，同时还具有传统消泡剂所不具备的润湿作用，而且添加量比传统消泡剂低	BASF
	Foamstar MO 2111	矿物油消泡剂，具有显著的储存稳定性，专门用于水性涂料、水性油墨以及乳液胶黏剂体系，具有良好的相容性，可以作为后添加型调整助剂	BASF
	Foamstar MO NXZ	矿物油消泡剂，消泡能力强且持久性好，可用于乳胶体系，可以直接加入，也可以预分散在水中使用	BASF
	Foamaster Sl 2240	改性硅氧烷消泡剂，高效消泡剂，用于高表面活性剂含量的水性色浆体系；广泛的食品接触合规性	BASF
	Foamaster Sl 2292	改性聚二甲基硅氧烷消泡剂，相容性极佳，用于丙烯酸及聚氨酯体系的高光涂料和罩光漆、不易缩孔	BASF
	Foamaster ST 2438	星型聚合物消泡剂，含硅，用于高性能水性涂料，长效性极佳，消泡和脱泡力强	BASF
	Foamaster ST 2454	星型聚合物消泡剂，不含硅，尤其适合水性木器、工业及汽车涂料 优异的长效稳定性，在 PUR 乳液表现优异	BASF
水性消泡剂	Foamex 10	聚醚硅氧烷共聚物乳液，不含二氧化硅 适合中等至高 *PVC* 制剂，适用于经生态标签认证的配方，可用作矿物油消泡剂替代品	TEGO
	Foamex 12	聚醚硅氧烷共聚物乳液 适用于高 *PVC* 配方，适用于经生态标签认证的配方，可用作矿物油消泡剂替代品	TEGO
	Foamex 24	聚醚硅氧烷共聚物乳液，含气相二氧化硅 通用于所有 *PVC* 范围，适用于经生态标签认证的配方，有很强消泡效果和抑泡性能	TEGO
	Foamex 1488	乳液型消泡剂，特别适用于水性体系的着色体系，高效且具有良好的长效性	TEGO
	Foamex 830	特别适用于水性体系与不含基料和含基料的浓色浆，具有很高的相容性，不含溶剂	TEGO
	Foamex 805N	聚醚硅氧烷共聚物乳液，不含二氧化硅 可用水稀释，适用于水性体系，具有高相容性，特别适用于敏感体系(引起表面缺陷的风险很小)	TEGO
	Airex 901W	含疏水颗粒的聚醚硅氧烷 在无气或有气喷涂中消除微泡具有极好的效果，尤其是在水性、高黏度配方中	TEGO
	Airex 902W	聚醚聚硅氧烷共聚物乳液，含气相二氧化硅，防止微泡和大泡，特别适用于无空气喷涂，具有很高的相容性	TEGO
	Foamex 825	可用水稀释，适用于水性体系，特别是丙烯酸乳液，该产品储存稳定性良好	TEGO
	Foamex 840	特别适用于水性体系以及双组分体系，具有高效的消泡脱泡作用，优异的长效性，其稀释物可稳定储存	TEGO
水性消泡剂	Defom W-920	特殊碳氢化合物为主要成分的矿物油系消泡剂，具有优异的抑泡、消泡性能，在水中不分散，不易出现体系缩孔等问题	海明斯
	Defom W-098	特别适用于乳胶漆、油墨、黏合剂等体系的抑泡和消泡，消泡性能不受体系的离子属性和 pH 值影响，可分散于水中	海明斯
	Defom W-092	适用于中高 *PVC* 乳胶漆体系、水性黏胶剂、水性油墨等体系的消泡、抑泡。有很好的消泡效果，不易出现消泡剂和体系相容性问题而导致的缩孔、凹穴等弊病	海明斯

续表

名称	牌号	应用	制造商
水性消泡剂	AF 0671	适用于水性工业漆、装饰漆及胶黏剂的乳液型消泡剂，在研磨及配漆过程中有效消泡，并在存储过程中不影响消泡效果，不影响涂膜表面状态，如光泽、雾影	Borchers GmbH
	AF 0676	通用型无溶剂消泡剂，可用于水性涂料、无溶剂涂料体系，在水中易乳化，并不易浑浊，具有良好的相容性，对涂料的光泽、雾影、光滑度无不利影响	Borchers GmbH
	AF 0677	适用于工业漆、装饰清漆及色浆体系的通用型消泡剂，在研磨及配漆过程中能有效消泡，并有助于流平	Borchers GmbH
液体消泡剂	NOPCO 8034A	该产品系100%活性成分的液体消泡剂，适用于对消泡效果、长效性有要求，并与乳液体系相容的涂料或黏合剂，可长期储存，是一种广谱消泡剂	NOPCO
通用乳胶漆消泡剂	NOPCO 8034L	一种液态高效消泡剂，易分散于水中，尤其适用于粒径很细的树脂乳液，可使涂膜不产生小坑或鱼眼，可在乳胶漆制造过程中任一阶段加入	NOPCO
经济型消泡剂	NOPCO 309-A	专为各种水性涂料设计的消泡剂，具有高水准消泡效力及极佳的相容性，其实惠的价格受商家的青睐	NOPCO
水性消泡剂	Rhodoline DF5800C	高性价比产品，水性涂料通用型消泡剂	Solvay
	Rhodoline DF642NI	可有效控制高 T_g 清漆中的微泡，应用广泛	Solvay
	Rhodoline DF681F	通用型消泡剂，适用于各种涂料体系	Solvay
	Rhodoline DF691F	优异的消泡持久性，较宽泛的酸碱和温度稳定性	Solvay

9.2.3 消泡剂的选择

① 表面张力

涂料表面张力的高低对消泡剂有较大的影响，消泡剂的表面张力必须比涂料的表面张力低，不然就无法有消泡和抑泡作用。涂料表面张力是可变化的，所以选用消泡剂的时候要恒定表面张力，然后再将表面张力因素考虑在内。

② 其他助剂的影响

在涂料中使用的表面活性剂多数是与消泡剂趋向于功能不相容的关系，特别是乳化剂、润湿分散剂、流平剂、增稠剂等会对消泡剂的效果产生影响，所以各种助剂配合使用时一定要注意不同助剂之间的关系，选择最佳的平衡点。

③ 烘烤温度

涂料在常温进入高温烘烤，开始瞬间黏度会下降，气泡可移动到表面，然而由于溶剂的挥发、涂料的固化、表面黏度的增加，会使泡膜更趋向于稳定，留在表面会产生缩孔和针孔，所以烘烤温度、固化速度、溶剂挥发速率对消泡剂的效果也有影响。

④ 涂料的固含量、黏度、弹性

高固体分厚涂膜、高黏度、高弹性涂料都是非常难消泡的，在这些涂料中存在诸多不利消泡的因素，如消泡剂扩散困难、微泡变大泡速度缓慢、泡沫向表面迁移能力下降、泡沫膜黏弹性大等。因此最好是消泡剂和脱泡剂配合使用。

⑤ 涂装方法和施工温度

涂料施工涂装方法很多，如刷涂、辊涂、淋涂、刮涂、高压无气喷涂、丝网印刷等。采用的涂装方法不同涂料的起泡程度也不相同。刷涂、辊涂泡沫多于喷涂和刮涂，泡沫最多的是油墨的丝网印刷，而且不好消除。温度高比温度低时泡沫多，但温度高时泡沫比温度低时好消除。

9.2.4　消泡剂的用量及加入方法

消泡剂的用量不大，但它专用性强。选择消泡剂，一方面要达到消泡的目的并保持消泡能力的持久性，另一方面要注意避免颜料凝聚、缩孔、针孔、失光等副作用。应用时须注意以下几点：

① 抑泡和消泡性能要保持平衡以保持消泡能力的持久性，注意和其他助剂的配伍性。

② 一般用量为体系的0.1%～0.5%，最终用量要通过实验确定，用量过多易引起缩孔、缩边、再涂性差等弊病；用量少，则无法消除泡沫。

③ 使用前充分搅拌并在搅拌情况下加入涂料中。

④ 加入涂料中后使用足够的剪切力分散足够长的时间。

⑤ 分批加入消泡剂，即颜料分散研磨工序和调漆工序分别加入部分消泡剂。研磨分散工序需要抑泡效果强的消泡剂，调漆工序需要破泡效果强的消泡剂。

选择消泡剂时，一般采用量筒法、高速搅拌法、鼓泡法、振动法、循环法对其进行性能测试，高速搅拌法应用面较广，结果比较准确。此外还需要进行涂装实验和贮存稳定性实验，并对涂膜性能进行测试。

一般高黏度的乳胶漆，由于消泡困难，稳泡因素也多，加量稍多些，一般为0.3%～1.0%。低黏度的乳胶漆或水溶性涂料，尤其是水溶性涂料，由于含有一定量的助溶剂，可以适当减少用量，一般为0.01%～0.2%即可。其他水性涂料或树脂，一般为0.1%左右。

大多数消泡剂不能直接加入已稀释的水性涂料中，一般都要在树脂或涂料的黏度较高时加入，并有良好的分散。

9.3　水性增稠剂

在水性涂料的生产、储存、施工等过程中，希望涂料在各种剪切力条件下具有工艺所要求的黏度。例如在储存过程中，体系要有较高的黏度，以防止颜填料的沉淀，有很好的开罐效果；在施工过程中希望体系黏度较低，有利于涂膜流平，同时又要求涂布后涂膜黏度在一定时间达到较高值，防止产生流挂和流淌等现象。水性增稠剂是一种流变助剂，加入后使涂料增稠，在低剪切速率下的体系黏度增加，而在高剪切速率时对体系的黏度影响很小，同时还能赋予涂料优异的力学及物理性能。

9.3.1　水性涂料用增稠剂的分类

目前市场上可选用的增稠剂品种很多，主要有无机增稠剂、改性纤维素、聚丙烯酸和缔合型聚氨酯增稠剂四类。无机增稠剂是一类吸水膨胀而形成触变性凝胶的矿物。主要有膨润土、凹凸棒土、硅酸铝等，其中膨润土最为常用。改性纤维素类增稠剂的使用历史较长，品种很多，有甲基纤维素、羧甲基纤维素、羟乙基纤维素、羟丙基甲基纤维素等，曾是增稠剂的主流产品，其中最常用的是羟乙基纤维素。聚丙烯酸增稠剂主要有两种：非缔合型碱溶胀增稠剂（ASE）和缔合型碱溶胀增稠剂（HASE），它们都是阴离子增稠剂。缔合型聚氨酯类增稠剂是近年来新开发的缔合型增稠剂。

9.3.2 增稠剂的作用机理

改性纤维素类增稠剂的增稠机理是疏水主链与周围水分子通过氢键缔合，提高了聚合物本身的流体体积，减少了颗粒自由活动的空间，从而提高了体系黏度。也可以通过分子链的缠绕实现黏度的提高，表现为在静态和低剪切时有高黏度，在高剪切下为低黏度。这是因为静态或低剪切速度时，纤维素分子链处于无序状态而使体系呈现高黏性；而在高剪切速度时，大分子平行于流动方向作有序排列，易于相互滑动，所以体系黏度下降。

聚丙烯酸酯类增稠剂的增稠机理是增稠剂溶于水中，通过羧酸根离子的同性静电斥力，大分子链由无规线团状伸展为棒状，从而提高了水相的黏度。另外它还能通过在乳胶粒与颜料之间架桥形成网状结构，增加体系的黏度。

缔合型聚氨酯类增稠剂的大分子结构中引入了亲水基团和疏水基团，使其呈现出一定的表面活性剂的性质。当它在水溶液中的浓度超过某一特定浓度时，形成胶束，胶束和聚合物粒子缔合形成网状结构，使体系黏度增加。另外一个分子带几个胶束，降低了水分子的迁移性，使水相黏度也提高。这类增稠剂不仅对涂料的流变性产生影响，而且与相邻的乳胶粒子间存在相互作用，如果这个作用太强的话，容易引起乳胶分层。

无机增稠剂中的膨润土是一种层状硅酸盐，吸水后膨胀形成絮状物质，具有良好的悬浮性和分散性，与适量的水结合成胶状体，在水中能释放出带电微粒，增大体系黏度。

9.3.3 水性增稠剂的选择

改性纤维素类增稠剂对水相的增稠效率高，对涂料配方限制少，应用广泛，可使用的pH范围大。但其存在流平性较差，辊涂时飞溅现象较多、稳定性不好，易受微生物降解等缺点。由于其在高剪切下为低黏度，在静态和低剪切有高黏度，所以涂布完成后，黏度迅速增加，可以防止流挂，但会造成流平性较差。有研究表明，增稠剂的分子量增加，乳胶涂料的飞溅性也增加。改性纤维素类增稠剂由于分子量很大，所以易产生飞溅。此类增稠剂是通过“固定水”达到增稠效果，对颜料和乳胶粒子极少吸附，增稠剂的体积膨胀充满整个水相，挤压悬浮的颜料和乳胶粒子到一边，容易产生絮凝，因而稳定性不佳。由于纤维素是天然高分子，因此易受微生物攻击。

聚丙烯酸酯类增稠剂具有较强的增稠性和较好的流平性，生物稳定性好，但对pH值敏感、耐水性不佳。缔合型碱溶胀增稠剂（HASE）是一种疏水改性型丙烯酸乳液增稠剂，它能够有效提高体系中、低剪切速率下的黏度，触变性加大，具有优异的抗流挂及防颜料沉降性能，对光泽影响小，能有效避免和解决水性漆的分水问题。

缔合型聚氨酯类增稠剂可以和胶粒结构中的疏水基团缔合形成一种分子间网络结构，这种结构在剪切力的作用下受到破坏，黏度降低，当剪切力消失黏度又可恢复，可防止施工过程出现流挂现象。并且其黏度恢复具有一定的滞后性，有利于涂膜流平。缔合型聚氨酯类增稠剂的分子量（数千至数万）比前两类增稠剂的分子量（数十万至数百万）低得多，不会产生飞溅。改性纤维素类增稠剂高度的水溶性会影响涂膜的耐水性，但缔合型聚氨酯类增稠剂分子上同时具有亲水和疏水基团，疏水基团与涂膜树脂有较强的亲和性，可增强涂膜的耐水性。由于乳胶粒子参与了缔合，不会产生絮凝，因而可使涂膜光滑，有较高的光泽度。缔合型聚氨酯增稠剂许多性能优于其他增稠剂，但由于其独特的胶束增稠机理，涂料配方中那些影响胶束的组分必然会对增稠性产生影响。用此类增稠剂时，应充分考虑各种因素对增稠性能的影响，不要轻易更换涂料所用的乳液、消泡剂、分散剂、成膜助剂等。

无机增稠剂中的水性膨润土增稠剂具有增稠性强、触变性好、pH 值适应范围广、稳定性好等优点。但膨润土是一种无机粉末，吸光性好，能明显降低涂膜表面光泽，起到类似消光剂的作用。因此，在有光乳胶涂料中使用膨润土时，要注意控制用量。

不同种类增稠剂的混配使用比单独使用效果更好。室外用漆不要选择 HEC 类增稠剂；高光乳胶漆、水性木器漆最好选用 HASE 和缔合型聚氨酯类增稠剂。具体品种、用量要根据不同产品要求经过实验确定。

9.3.4 常用水性增稠剂

目前，市场上常用水性增稠剂见表 9-3。

表 9-3　常用的水性增稠剂

名称	牌号	应用	制造商
水性增稠剂	Rheovis® AS 1130	非缔合型增稠剂：碱溶胀型(ASE)高效低剪切增稠剂 较强的剪切变稀，抗流挂，防沉淀 用于颜填料浆，也用于工业以及汽车喷涂涂料底漆	BASF
	Rheovis® HS 1152	缔合型增稠剂：疏水改性碱溶胀(HASE)低剪切增稠剂 用于涂料和浆料，防流挂 可延长开放时间	BASF
	Rheovis® PU 1190	非离子缔合型增稠剂：疏水改性聚氨酯(HEUR)，用于低剪切体系(形成假塑性黏度)的非离子高效流变剂。相对其他聚氨酯增稠剂能够获得更高的假塑性黏度，无溶剂，具有优异的成膜性能，颜料润湿性好，UV 稳定性高	BASF
	Rheovis® PU 1291	非离子缔合型增稠剂：疏水改性聚氨酯(HEUR)，最新型的高效非离子缔合型增稠剂。适用于内外墙乳胶涂料中，尤其适用于调深色漆体系，添加大量色浆后仍能保持较好黏度	BASF
	Rheovis® PE 1331	非离子缔合型增稠剂：疏水改性聚醚(HMPE) 超高效新一代高剪切增稠剂，ICI 黏度(高剪切黏度)表现优异，防流挂性能优异，流动及流平性好	BASF
	Attagel® 50	凹凸棒土型水性凝胶增稠剂，有效提高罐内分水分层，提高抗流挂和飞溅性能，不能用于高光体系	BASF
	RHEOBYK-H 3300 VF	缔合型聚氨酯增稠剂，适用于中剪切流变体系优化贮存稳定性，在流动性和流挂性之间获得很好的平衡	BYK
	RHEOBYK-T 1000 VF	缔合型聚氨酯增稠剂，适用于高剪切流变体系，改善加工性、流平性、储存稳定性，减少施工中的飞溅现象	BYK
	RHEOBYK-HV 80	增加中等剪切黏度，是一款经济型助剂，用于调整哑光、丝绸哑光和缎面体系的黏度。该产品能改善加工性、流平性和贮存稳定性	BYK
	RHEOBYK-7650	缔合型固体聚氨酯增稠剂，适用于低剪切流变体系优化贮存稳定性，在流动性和流挂性之间获得很好的平衡，对光泽度和调色兼容性无负面影响	BYK
	RHEOBYK-7670	缔合型固体聚氨酯增稠剂，适用于中剪切流变体系优化贮存稳定性，在流动性和流挂性之间获得很好的平衡，对光泽度和调色兼容性无负面影响	BYK
	RHEOBYK-7690	缔合型固体聚氨酯增稠剂，适用于高剪切流变体系。改善加工性、流平性、贮存稳定性，减少施工中的飞溅现象	BYK
	BYK-410	改性聚脲溶液，混合加入涂料体系后，助剂会建立三维结构。其形成的触变性流动性可防止沉降和提高抗流挂性能，而不影响流平	BYK
	BYK-420	改性聚脲溶液，在涂料体系中搅拌后，该助剂形成一个三维网状结构。适用于防沉降并协同增加抗流挂性，而不损害流平。易处理，加入过程中无需特定调节 pH 值或控制温度	BYK
	BYK-425	脲改性的聚氨酯溶液，不含 VOC 和 APEO 的液体流变剂，主要用于水性分散体系，用于调节罐内黏度、改善抗流挂性以及防沉降性能	BYK

续表

名称	牌号	应用	制造商
水性增稠剂	BYK-428	具有高支化结构的聚氨酯溶液，液体高剪切增稠剂，不含VOC，不含APEO，高剪切效果下能够改善施工黏度和流平性能、减少溅滴倾向	BYK
	BYK-430	高分子量脲改性的中等极性聚酰胺溶液，在颜填料的辅助作用下，该助剂产生三维网状结构。高分子量聚合物的缠结可形成假塑性流变行为	BYK
	TEGO ViscoPlus 3000	非离子缔合型聚氨酯 不含APEO、不含锡，适用于多种水性涂料，提供近似牛顿流体表现	TEGO
	TEGO ViscoPlus 3010	非离子缔合型聚氨酯 不含APEO，不含锡，一种与pH值无关的缔合型增稠剂，具有牛顿流体的流动特性，专为高剪力增稠而设计	TEGO
	TEGO ViscoPlus 3030	非离子缔合型聚氨酯 不含APEO、不含锡，适用于多种水性涂料，提供假塑性流动特性	TEGO
	TEGO ViscoPlus 3060	非离子缔合型聚氨酯 不含APEO、不含锡，适用于多种水性涂料，提供假塑性流动特性	TEGO
气相二氧化硅	Aerosil200	作为流体改变剂和抗沉降剂可以很好地达到这些功能。作为有效的稳定剂，防止活性物的沉降，确保产品的长期稳定性	赢创德固赛
	Aerosil300	作为流体改变剂和抗沉降剂可以很好地达到这些功能。作为有效的稳定剂，防止活性物的沉降，确保产品的长期稳定性	赢创德固赛
无溶剂流变助剂	Acrysol RM-2020NPR	非离子型无溶剂聚氨酯流变改性剂，能赋予低VOC建筑涂料以优良的施工性能，产品具有优良的流平性、漆膜丰满度和抗水性	DOW
碱溶胀增稠剂	Acrysol DR-1	用于内墙哑光涂料中，是改性纤维素类增稠剂的低成本、高性能的取代品。在大多数配方中具有优异的抗辊涂飞溅性和良好的流平性	DOW
	Acrysol TT-615	聚丙烯酸酯类碱溶胀协和型增稠剂，在改善低剪切黏度方面有效，从而使乳胶漆有较大抗流挂性，比改性纤维素类增稠剂有更好的抗辊涂飞溅性，可用于从平光到有光的内外墙用乳胶漆	DOW
水性增稠剂	Acrysol TT-935	可作为水性涂料的首选增稠剂或协同增稠剂，与改性纤维素类增稠剂相比，能够改善流动和流平性，且降低了原材料成本，能够用于外墙涂料中	DOW
水性流变助剂	Rheolate 212	聚氨酯缔合型流变剂，主要成分为聚醚聚氨酯，特别适用于高剪切黏度及提高涂膜流平性的乳胶漆，可单独使用于小粒子乳胶系统	海明斯
	BENTONE EW	经过特殊加工的蒙脱石黏土增稠剂，粒径细微，用常规的高速分散设备就可以将它分散在水相；防颜料沉淀；特殊的凝胶网络结构增强了涂层的性能	海明斯
流变助剂	BENTONE LT	一种矿物产品，适用于乳胶涂料和化妆品等，在很大黏度范围内，本产品具有重复性的流变作用；在水性体系中由于本产品有缓冲作用，可防止pH值波动	海明斯
水性流变助剂	DeuRheo WT-113	疏水改性碱溶胀型丙烯酸乳液增稠剂，有效替代中分子量HEC，提高低、中剪切黏度，触变性较大，不含有机溶剂和APEO	海明斯
	DeuRheo WT-120	疏水改性碱溶胀型丙烯酸乳液增稠剂，抗流挂，防颜料沉降，有效避免或减少分水情形，保水性、调色性佳，与体系相容性好	海明斯
	DeuRheo WT-105A	缔合型聚氨酯增稠剂，为水性体系提供增稠、流动等效能，对涂膜耐水性、光泽影响较小，抗微生物降解，对pH值不敏感	海明斯
水性增稠剂	SN-Thickener 621N	聚氨酯类增稠剂，具有优异的流平性和增稠性，几乎不影响涂料的展色性，对涂料热敏性影响较小，不影响涂膜的光泽	NOPOC
水性流变改性剂	SN-Thickener 619	一种缔合型的流变改性剂，为水性涂料提供了极好的流平效果、黏度稳定性和着色性能	NOPOC
水性增稠剂	SN-Thickener 636	SN-636是疏水改性碱溶胀乳液增稠剂。该产品具有极好的增稠效果和黏度稳定性，可适用于大多数水性涂料	NOPOC
	Natrosol 250GR	羟乙基纤维素 增稠效率高、与涂料体系相容性好、贮存稳定性优良、抗流挂性能高、黏度受pH影响小、不影响附着力	亚什兰

续表

名称	牌号	应用	制造商
水性增稠剂	Natrosol HE10K	疏水改性羟乙基纤维素 增稠效率高、与涂料体系相容性好、贮存稳定性优良、抗流挂性能高、黏度受 pH 影响小、不影响附着力	亚什兰
	AQ600	聚酰胺蜡胺盐 可赋予水溶性体系优异的防沉淀性和防流挂性	帝斯巴隆
	AQ633E	聚酰胺蜡胺盐 可赋予水溶性体系优异的防沉淀性和防流挂性，可后添加	帝斯巴隆
	AQH810	特殊改性聚酰胺 可赋予水溶性体系优异的防沉淀性和防流挂性，可后添加，耐热性好	帝斯巴隆
	ESACOL ED15	一种具有假塑性的非离子聚糖增稠剂，保水性高，流变性好，具有高剪切低黏的黏度特性，它的迟缓溶解性可以避免黏团的形成	宁柏迪
	ESACOL ED20W	一种具有假塑性的非离子聚糖增稠剂，保水性高，流变性好，具有高剪切低黏的黏度特性，它的迟缓溶解性可以避免黏团的形成	宁柏迪

9.4 流平剂

涂料施工后，有一个流动及干燥成膜的过程，最终逐步形成一个平整、光滑、均匀的涂膜。涂膜能否达到平整光滑的特性，称为流平性。缩孔是涂料在流平与成膜过程中产生的特性缺陷之一。在实际施工过程中，由于流平性不好，刷涂时出现刷痕，辊涂时产生辊痕，喷涂时出现橘皮，在干燥过程中相伴出现缩孔、针孔、流挂等现象，都是流平性不良的表现，会降低涂料的装饰和保护功能。

所有这些缺陷的一个关键指标是所涂装的材料的表面张力，尤其是表面张力的差异会导致表面缺陷的形成。表面张力差异可能源于体系本身（溶剂的蒸发、成膜树脂的交联反应），也可能是外部来源，比如过喷或粉尘颗粒（基材污染）。

为了避免这些表面缺陷，流平剂被用于控制涂层的表面张力和/或最小化表面张力的差异。流平剂主要包括聚硅氧烷（有机硅助剂）和聚丙烯酸酯（丙烯酸酯助剂）。

如果需要平衡相当大的表面张力差异，可以使用聚硅氧烷。根据其化学结构，它们可以大大降低液态涂料的表面张力。因此，它们可以优先用于改善基材润湿性，并作为防缩孔的助剂。由于与涂料体系有合适的不相容性，聚硅氧烷也有消泡剂的作用。此外，有机硅助剂还可以改善固化漆膜的表面滑爽性，从而有助于改善抗划痕性和抗粘连性。

聚丙烯酸酯只能平衡小的表面张力差，不降低或轻微降低液体涂层的表面张力。它们主要用于改善流平性。然而，当这些产品具有合适的不相容性时，也可表现出消泡性能。此外，也有具有表面活性的低分子量表面活性剂，可用于降低表面张力，因为它们具有像表面活性剂一样典型的两性结构（极性/非极性）。

9.4.1 流平剂的作用机理

常见的典型表面缺陷有：底材润湿不良、流平/流动不佳、缩孔、贝纳尔漩涡和浮色等。

缩孔是指涂膜上形成的不规则的、如碗状的小凹陷，使涂膜失去平整性，常以一滴或一小块杂质为中心，周围形成一个环形的棱。从流平性的角度而言，它是一种特殊的“点式”

缺陷，产生于涂膜表面，其形状从外观可分为平面式、火山口式、点式、露底式、气泡式等。

导致缩孔的原因是多方面的，既有涂料配方的内在因素，如涂料组分中不溶性胶粒的产生，又有施工环境等外界因素，如施工过程中空气的污染。

涂料贮存过程中，少量树脂从溶剂中沉淀形成颗粒；固化过程中，随着溶剂的挥发部分溶解性差的树脂变成不溶于溶剂的颗粒等，这类情况主要导致点式缩孔。涂料组分中表面活性物质与涂料不相容，或者干燥过程中浓度升高超过其溶解度，生成少量不相容的液滴，易导致缩孔，表现为露底。

施工过程中空气的污染，如空气中有活性粒子、漆雾、尘埃、水汽等，或施工过程带来的油污、尘埃、水汽等，均可导致缩孔。其中，油污、水汽主要造成火山口式缩孔。底材处理不净，有油污、水汽、尘埃等污染物，其不能被涂料所润湿，导致露底式缩孔。湿涂膜中气泡破裂，随后未经涂膜流平就固化成膜，易导致气泡式缩孔。

缩孔形成的关键是涂膜表面产生表面张力梯度，一方面由于涂料干燥过程溶剂的蒸发产生表面张力梯度；另一方面是涂膜中颗粒、液滴等低表面张力的物质的存在导致表面张力梯度。如果涂膜周围及内部有粒子或液滴等污染物存在，当它们流动到涂膜表层时，污染物的表面张力低，就会造成表面张力梯度，涂料中各组成物质分散不均匀也会造成表面张力梯度。由于表面张力梯度的形成，粒子或液滴的表面张力比湿涂膜低，所以涂料在表面上径向地向外流动。由于湿涂膜黏度高，被污染物首先要克服黏度的阻滞作用，拖动表层以下的涂料。若湿膜较厚，内层的涂料会移动到表面补充而消除缩孔；若湿膜较薄，内层的涂料量不足以补充，就形成了缩孔。缩孔的形成还取决于涂料本身的流动性，当涂膜上形成表面张力梯度时，流体由一点到另一点流动，若流动量大，就会形成露底式缩孔。要减少缩孔，就应使涂料流动性减小，控制涂膜厚度和黏度，并合理调控表面张力梯度，尽量使表面张力均匀。

涂料在干燥过程中，随着溶剂的蒸发，在涂膜表面形成较高的表面张力，并且黏度增大，同时，溶剂的蒸发吸收热量导致温度下降，造成内外表面之间的温差及表面张力、黏度不同。当表面张力不同时，将产生一种推动力，使涂料从底层向上层运动。当上层溶剂含量降低时，较多溶剂的底层就往表面散开。随着溶剂蒸发，黏度增大，流动速度逐渐放缓。流动的涂料在重力作用下向下沉。同时，又由于内、表层之间表面张力的不同，再一次使流动的涂料向上。当表面再一次散开时，物质将再一次受到重力的影响并下沉。这种下沉、向上、散开的流动运动将反复进行，直到其黏度增大到足以阻止其流动时为止，此时内、表层的表面张力差也趋于消失。这种流动运动的反复进行，造成局部涡流。按照亥姆霍兹（Helmholtz）流动分配理论，这种流动，形成边与边相接触的不规则六角形的网络，称为贝纳尔漩涡（Benard cells），漩涡状小格中心稍稍隆起。如果涂料的流动性差，干燥后就留下不均匀的网纹或条纹，称为橘皮现象。

涂膜流平过程中常出现的弊病还有刷痕与辊痕，这是由于施工过程中涂料的黏度发生了变化，表面涂料不能及时流平所致。

涂料施工后，不可避免地产生条痕，如果流平得很快，条痕就能够消失，如在涂膜干燥前不能充分流平，则条痕不能完全消失，就得不到光滑的表面。流平过程的推动力是涂料的表面张力，它使涂层表面有收缩成最低表面积的趋势，从而使涂层从凹槽、刷痕或皱纹变成平滑表面。关于涂料流平性的讨论，主要是基于条痕模型理论（见图 9-3）。

涂层平均厚度为 h，刷痕幅度为 a，控制刷痕的线性尺寸为波长 λ，刷痕剖面的周边曲线按正弦波剖面处理。按 Rhodes 和 Orchaed 关系式表示如下：

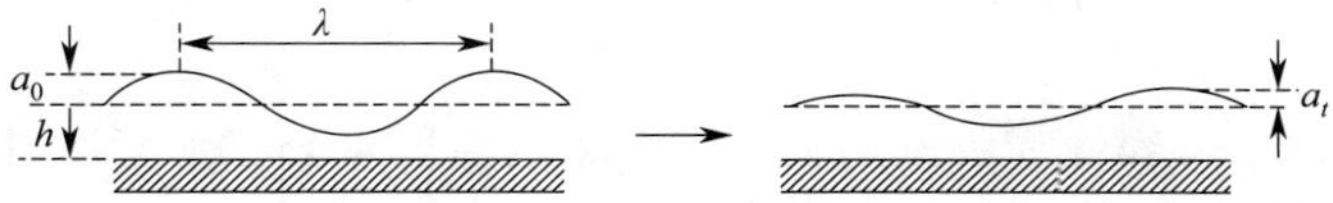

图 9-3　条痕模型示意图

$$\ln\frac{a_t}{a_0}=-\frac{16\pi^4h^3}{3\lambda^4}\int_0^t\frac{\gamma}{\eta}\mathrm{d}t \tag{9-1}$$

式中　a_0——初始振幅，cm；

a_t——经过时间 t 后的振幅，cm；

t——时间，s；

h——涂层平均厚度，cm；

λ——波长，cm；

γ——涂料的表面张力，dyn（10^{-5}N/m）；

η——涂料的黏度，P（0.1Pa·s）。

假定 γ、η 在流动过程中不变（随时间变化不大），且时间间隔很小，可按每一份时间间隔数缩减，进行数学处理，上式转变如下：

$$\lg\frac{a_0}{a_t}=\frac{226h^3\gamma}{\lambda^4\eta}\Delta t \tag{9-2}$$

$$\Delta t=\frac{\lambda^4\eta}{226\gamma h^3}\lg\frac{a_0}{a_t} \tag{9-3}$$

该式的物理意义是，流平时间与流平次数成正比。式(9-3）中，$\lg\frac{a_0}{a_t}$就是振幅每发生一次减小的变化值，如果 a_0、a_t 差值越大，流得越平，$\lg\frac{a_0}{a_t}$值也越大，相当于流平次数越多。

涂料表面张力一般在(2.5～5.5)×10^{-2}N/m，改变表面张力对流平无明显效果，而且会带来不利影响。涂层厚度和波长对流平效果有显著影响，而涂层厚度和波长受涂装工艺所控制。另外，在施工后的干燥过程中，随着溶剂的挥发，涂料黏度升高，涂层由液态逐渐转变为固态，可在涂料配方中添加少量高沸点溶剂，延长涂料表面开放时间，从而提高涂膜的流平性。

涂料在垂直面上施工时，重力作用导致流挂。涂料黏度低，涂层厚，表面张力高则流平性能佳但容易导致流挂。如涂料具有触变性，就可以适当缓和二者的矛盾。在涂刷时受剪切力作用涂料黏度降低，呈现较好的流动性及流平性，便于施工，涂刷停止后，剪切力逐渐降低，涂料黏度随之增高，可防止流挂及颜料沉降。因此，常在涂料中添加触变助剂，使涂料具有适当的触变性。

9.4.2　常用水性流平剂

水性涂料用流平剂主要有聚丙烯酸酯类、有机硅类、含氟聚合物等。

聚丙烯酸酯类流平剂能轻微调整、降低涂料与基材之间的表面张力，使涂料对基材有最佳的润湿性。其可以在短时间内迁移到涂层表面形成单分子层，以保证表面张力均匀化，增加抗缩孔效应，从而改善涂膜表面的光滑平整度。聚丙烯酸酯类流平剂通常为共聚物。

有机硅类流平剂以相容性受限制的长链硅树脂为主要组分。水性涂料用有机硅类流平剂又可分为聚醚改性有机硅、聚酯改性有机硅、反应性有机硅，改性有机硅可以消除贝纳尔漩涡，防止发花、橘皮，在极大程度上降低涂料与底层的界面张力，提高涂料对底材的润湿性，增加附着力，减少缩孔、针眼等涂膜表面病态。

此外，有机硅可以提高漆膜表面的滑爽性，降低摩擦系数。漆膜表面的滑爽性越好，抗划伤越好，越不容易被沾污，越易清洁，越抗粘连。在溶剂型体系中，强烈降低表面张力的表面助剂一般也强烈提高滑爽性。但是在水性体系中，强烈降低表面张力的表面助剂不一定强烈提高滑爽性。这是因为水性体系用的有机硅表面活性剂链长较短。如果需要较好的滑爽性，有机硅表面活性剂必须与其他有机硅助剂一起使用。

含氟聚合物类流平剂有极高的表面活性、高耐温性、高化学稳定性，超低添加量即可有效解决缩孔、凹穴等涂膜表面缺陷。除了在配方中添加使用外，还可用于因基材油污处理不净、施工环境不良导致漆膜出现浮油、缩孔等不良现象的改善和处理。

比较常用的水性流平剂见表 9-4。

表 9-4　常用水性流平剂

名称	牌号	应用	制造商
水性流平剂	BYK-347	聚醚改性二甲基硅氧烷，显著降低水性体系的表面张力，因此极大改善基材的润湿和流平。可能会引起轻微的稳泡，但不影响重涂性。具有很好的基材润湿性，特别对薄涂层	BYK
	BYK-349	高效的有机硅表面活性剂，该助剂可以剧烈降低水性胶黏剂的表面张力，从而可以用于润湿特别难于润湿的基材。该助剂可以显著降低水性涂料的表面张力，特别适用于提高体系的基材润湿和流平性	BYK
	BYK-378	聚醚改性二甲基硅氧烷，显著降低水性体系的表面张力，因此极大改善基材的润湿和流平性。可能会引起轻微的稳泡，但不影响重涂性。具有很好的基材润湿性，特别对薄涂层	BYK
流平剂	Efka® FL 3772	氟碳改性聚丙烯酸酯 提高流平性，阻止缩孔和橘皮，有助于底材润湿，具有消泡作用，提高附着力，可用于水性体系	BASF
	Hydropalat® FL 3635	低分子量的表面活性聚合物 改善流平性，减少爆泡；无 APEO	BASF
润湿流平剂	Hydropalat® WE 3322	用于水性配方的星型聚合物型非离子润湿流平剂，具有显著的消泡性；抗缩孔极佳	BASF
	Hydropalat® WE 3500	氟化聚丙烯酸酯 出色的表面流平性和底材润湿性能，同时还能避免副作用，例如缩孔、泡沫稳定性问题或对层间附着力的影响	BASF
	Wet 270 Wet 280	高效基材润湿剂，防缩孔，高流平性，不影响重涂，适合各种基材	TEGO
平滑和流动助剂	Glide 440	普遍用于水性和辐射固化体系，具有优异的抗划伤和很好的相容性	TEGO
	Glide 482	为聚硅氧烷-聚醚共聚物，能与水任意比例互溶，普遍用于水性体系，具有高效率和优异的增滑效果	TEGO
润湿流平剂	Twin 4100	有机硅双生结构润湿流平剂，具有高活性，是应用广泛的底材润湿助剂，不稳泡。有极佳的抗缩孔效果	TEGO
	Zonyl @ FS-610	氟碳润湿流平剂；高表面活性、高耐温性、高化学稳定性、超低添加量，可将表面张力降至 20dyn(2×10^{-4}N)内	Du Pont

续表

名称	牌号	应用	制造商
水性流平剂	Levaslip W-409	具有良好的相容性，适用于各种水性涂料体系，能提高涂料对底材的润湿性，能帮助颜料均匀排列，使涂膜光滑、平整	海明斯德谦
	Levaslip W-461	改性聚硅氧烷，具有改善流平、平滑性及防粘连的功效，具有良好的再涂性，赋予涂膜柔细的手感	海明斯德谦
	Levaslip W-469	优秀的底材润湿剂，降低表面张力，改善流动与流平性，消除缩孔	海明斯德谦

流平剂是改进涂装效果的一类重要助剂，品种较多、应用广泛，尤其用于高性能涂料。使用时需要注意其应用范围、用量以及和其他助剂的配伍性。使用前，应对不同的品种、用量进行筛选试验，以求得最佳品种及最适宜用量。另外，对添加方式，也应该通过试验选择最佳工艺。

流平剂加入后，对于涂料流平性能的改善效果一般采用目测判断，也可以采用间接法取得定量的数据，如测试涂膜光泽度。

9.4.3 发展趋势

超支化聚合物具有端基数目多、黏度低的特点，在流平剂中有潜在的应用前景。可控聚合有利于控制分子链的结构和分子量，近年来已经应用于流平剂制备，以此制备的流平剂表现出良好的性能。

随着高性能涂料的开发应用，流平剂已得到广泛的重视，一方面借鉴国外品种开发应用的经验，开发了部分新产品，另一方面从结构-性能关系角度，进行必要的理论研究，同时结合涂料组成和实际应用开发新产品，进入分子结构与功能效应的设计阶段。开发新结构、多功能的流平剂已成为涂料助剂开发的重要方向。

9.5 消光剂

9.5.1 概述

光泽是物体表面对光的反射特性，当物体表面受光线照射时，由于表面光滑程度的不同，光线朝一定方向反射能力也不同。光泽度是涂膜光泽的一种度量，指光从规定入射角照射样板表面的正反射光量与标准板表面正反射光量的比值，以百分数来表示。按光泽高低对涂料分类，有高光漆、半光漆、蛋壳光漆、低光泽漆和哑光漆。

哑光漆既能体现木质底材天然纹路，又能赋予涂膜柔和的表观效果，已成为市场消费的主流产品，要达到一定的哑光效果，通常需要添加一定量的水性消光剂。二氧化硅是最常用的消光粉，它不但消光效率高，而且折射系数同树脂非常接近，对涂膜透明性影响较小，因此是溶剂型和水性涂料消光剂的首选产品。其消光机理是当涂膜干燥时，二氧化硅颗粒就会扩散到涂膜表面，产生微观粗糙的表面，使反射光产生漫反射，从而实现消光效果。消光粉的主要性能为消光效率、透明性、分散性、沉降性和表面手感等，这些性能与二氧化硅的孔隙率、粒径、粒径分布及表面处理方法有关。

9.5.2 常用水性消光剂

常用的水性消光剂见表 9-5。

表 9-5 常用的水性消光剂

名称	牌号	应用	制造商
水性消光蜡	Aquacer 208	由高密度氧化聚乙烯组成，能改进水性涂料的抗划伤性、滑爽性、抗粘连性等，可降低光泽至 40 光泽单位	BYK
	Micropro 440W	改性聚丙烯微粉蜡 在水性清漆和面漆中有优异的光泽控制性及平滑感，能代替二氧化硅消光剂，在封闭底漆中能用作助磨剂，可以搅拌加入	Micro Powders
水性消光剂	Acematt TS 100	气相二氧化硅，易分散、消光性好、透明性好、耐化学品性优、具导电性，用于水性涂料、双组分聚氨酯涂料、木器漆、透明漆、烘烤型涂料、印刷油墨，是主流消光剂产品	赢创
	Acematt OK 607	易分散，其粒径极小，有一种特殊表面爽滑手感及特殊光泽效应，适用于较薄的涂层体系、水性涂料等	赢创
	Lanco-Matt MC	能改善清漆和色漆的抗划伤性，表面滑感好，在水性漆中稳定性好	路博润

9.6 成膜助剂

溶剂型涂料以树脂溶液为成膜物，为均相体系，只要溶剂选择匹配恰当，施工后，随着溶剂的挥发，可以形成连续的涂膜。但是作为以水为介质的非均相聚合物来说，要依靠水挥发后聚合物粒子变形、融合而成膜。聚合物粒子越软，融合就越好，膜就越致密，但往往为了满足涂膜性能的要求，如一定的柔韧性、硬度、耐沾污性等，聚合物的玻璃化温度设计得都较高，最低成膜温度常常高于室温，因此为了调节涂膜物理性能和成膜性能之间的平衡，需要添加使高聚物粒子软化的成膜助剂。

成膜助剂实际上是添加到涂料中以帮助聚合物成膜的高沸点溶剂。成膜助剂又称为凝聚剂，它能促进乳胶粒子的塑性流动，改善其聚结性能，能在广泛的施工范围内成膜，且成膜助剂会在涂膜形成后慢慢挥发掉，因而不会影响最终涂膜硬度。

9.6.1 成膜助剂的作用机理

水性涂料的成膜与溶剂型涂料的成膜不同，大致分为三个阶段：充填过程、融合过程和扩散过程。

① 充填过程：施工后，水分挥发，总体积缩小，当胶粒占膜层的 74%（体积分数）时，微粒相互靠近而达到密集的充填状态。为了达到颗粒间的直接接触，必须首先克服颗粒之间的静电排斥力，这种颗粒之间的静电排斥力是原先维持分散液稳定的力。

② 融合过程：水分继续挥发，胶粒表面吸附的保护层破坏，裸露的胶粒相互接触，其间隙越来越小，至毛细管直径大小时，由于毛细管作用，其毛细管压力高于胶粒的抗变形力，胶粒变形，最后聚集，融合成连续的涂膜。

③ 扩散过程：残留在水相中的助剂逐渐向涂膜扩散，并使大分子链相互扩散，胶膜均匀化而呈现良好的膜性能。

乳胶中的高聚物通常具有热塑性，因为成膜需要能量，只有在一定温度下才能融合成膜，能形成连续而理想涂膜的最低温度称为该乳液的最低成膜温度（MFT）。分散液颗粒只有在聚合物的玻璃化温度之上，确切地说在最低成膜温度之上，才能形成连续的涂膜。若施工温度低于最低成膜温度，则水分挥发后不能融合成连续的涂膜，而呈粉状或开裂状，这一概念在涂料中尤其重要。因为成膜是逐步聚集的过程，每一个过程都需要温度，因此，忽略了成膜各个过程的温度控制，会造成涂膜状态和性能不理想，表现在涂膜性能上即光泽下降，附着力差，耐擦洗性差，耐沾污性差，耐候性差等。严格地说，涂料对施工温度有严格的要求，干燥达到完全固化的时间较长，实际上经15d左右才能形成连续均匀的膜。如果在施工或干燥期间，环境温度小于MFT，则不能形成连续而理想的涂膜。所以，为了在较低温度下（从两方面考虑，一是施工条件，二是节约能量）获得良好的成膜效果，要么降低成膜温度，要么加入成膜助剂（可挥发外增塑剂），使得聚合物成型温度（T_p）大于最低成膜温度（MFT）。

因此，在体系中加入成膜助剂（又叫临时增塑剂），可以使聚合物颗粒软化，成膜后又会从涂膜中挥发，这样，就可以使用 $T_g>T_p$ 的硬聚合物在室温下成膜，并得到硬的涂膜。

9.6.2 常用的成膜助剂

9.6.2.1 成膜助剂的种类

成膜助剂大都为微溶于水的有机溶剂，有醇类、醇醚及酯类等。传统的成膜助剂有松节油、松油、十氢萘、1,6-己二醇、乙二醇醚及其醋酸酯等，这些溶剂都有一定的毒性，正逐渐被低毒性的丙二醇醚类及其醋酸酯代替。

由于成膜助剂为强溶剂，因此其可能影响水性体系的稳定性，容易使乳胶破乳，应该注意成膜助剂的加入方式。成膜助剂的加入方式有3种：直接加入、预混合加入及预乳化加入。

（1）直接加入

成膜助剂具有低的水溶性，容易被涂料组分中的分散剂、表面活性剂等乳化。对于比较稳定的乳液，可以在加乳液前直接加入，最好在颜料研磨时添加，使成膜助剂较好地乳化分散。

（2）预混合加入

有些树脂体系中加入成膜助剂，将使其破乳而不稳定，可以通过将其与表面活性剂及丙二醇预先混合后加入。

（3）预乳化加入

在无颜料的水性清漆或低颜料含量的水性涂料中，分散剂及表面活性剂的用量少，成膜助剂加入前最好进行预乳化，否则可能导致乳液破乳。

9.6.2.2 常用的成膜助剂简介

（1）醇酯十二

醇酯十二化学名为2,2,4-三甲基-1,3-戊二醇单异丁酸酯，本身无毒，是现代水性涂料中应用最多、最广的成膜助剂，由于其对VOC的影响很小，因此它会逐步代替传统的成膜助剂。醇酯十二（Texanol 酯醇）最早是由美国 Eastman 公司生产，Texanol 是该公司的注册商标，由于该产品优异的性能而被世界几大涂料企业使用，其物性见表 9-6。

表 9-6　醇酯十二的物理性质

项目	指标	项目	指标
外观	无色透明液体，无不溶物	折射率(20℃)	1.4423
活性物含量/%	99.5	水中溶解度(20℃)	不溶
分子量($C_{12}H_{24}O_3$)	216.3	挥发速度(醋酸丁酯=1)	0.002
相对密度(20℃)	0.95	沸点(760mmHg)/℃	255
凝固点/℃	−50	最大色度(Pt-Co 值)	10

醇酯十二在水性涂料中具有如下性能：

① 适应性强，对于多种乳胶体系都具有良好的成膜效果，可以满足各种成膜要求。

② 用量少，使用少量的醇酯十二可以达到优良的成膜效果，表现出很好的高效性。

③ 能够确保漆膜的致密性，使乳胶漆在不利的温度和湿度下干燥时达到良好的漆膜性能。

④ 在不同 pH 的乳胶漆中有很好的电解质稳定性。

⑤ 其与水的不相容性可以最大程度避免乳胶漆渗入多孔底材中，从而可以维持漆膜原有光泽，提高乳胶对颜填料的包覆率。

⑥ 可以作为高固体分涂料的慢干剂，并且在凸版和平版油墨中作为除臭剂来调节溶剂体系的活性。

⑦ 醇酯十二可赋予漆膜更好的耐候性、耐擦洗性、光泽及展色性等。

（2）丙二醇苯醚（PPH）

化学名称：1-苯氧基-2-丙醇（丙二醇苯醚、苯氧异丙醇）。丙二醇苯醚（PPH）为无色透明液体，气味温和。对大多数乳液及树脂有较强的溶解能力，水溶性小。在苯丙乳液中相容性好，添加量较低。除纯丙乳液外，与其他乳液相容性较好，但需要缓慢滴加，否则容易造成絮凝；对于纯丙乳液，加入 PPH 会产生絮凝，可以将 PPH 与醇类溶剂混合后加到乳液中。

丙二醇苯醚（PPH）与醇酯十二相比，PPH 的用量可降低 30%～50%左右，综合成膜效率提高 1.5～2 倍，生产成本显著下降。另外，该产品对于颜料的加入，不但具有一定的湿润分散作用，还可以改善乳胶漆中颜料的均匀性及稳定性，对于漆膜的耐擦洗性能、冻融稳定性、附着力、机械强度均有一定的正面作用。

PPH 亦可作为优良的有机溶剂或改性助剂，替代毒性或气味较大的异佛尔酮、苯甲醇、乙二醇醚及其他丙二醇醚系列。因其毒性低，混溶性好，挥发速率适中，有优异的聚结及偶合能力，较低的表面张力，可广泛应用于建筑涂料、高档汽车涂料及汽车修补涂料、电泳涂料、船舶集装箱涂料、木器涂料、卷材和卷钢涂料中；还可用于油墨、脱漆剂、黏合剂、绝缘材料、清洗剂、增塑剂以及用作纺织和印染的环保型载体溶剂等。

尽管成膜助剂对乳胶漆的成膜有很大作用，但成膜助剂是有机溶剂，对环境有一定影响，所以发展的方向是环境友好型的产品，如低气味、低 VOC 含量、低毒性、安全、易生物降解以及生物来源的成膜助剂产品等。

常见的低气味成膜助剂见表 9-7。

表 9-7　常见的低气味成膜助剂

品名	沸点/℃	闪点/℃	特点	制造商
Loxanol CA 5308	260	131	极低气味的成膜助剂，提高耐擦洗性	BASF
Loxanol CA 5310	284	141	低气味，环保可再生成膜助剂，耐刮擦	BASF
COASOL	274	131	极低的气味，具有良好耐洗性和耐磨性能	DOW
Dalpad C	274	126	能生物降解，低气味	DOW
Rhodiasolv® DIB	275～295	100	低气味高效成膜助剂	Solvay
Rhodoline® CL1301	293	113	高沸点低气味成膜助剂	Solvay
Texanol	255	120	醇酯十二，通用的高效成膜助剂	Eastman
OptifilmEnhancer300	281	138	高效，低气味，低毒性的乳胶漆成膜助剂	Eastman
OptifilmEnhancer400	344	199	低气味，具有良好的性能平衡	Eastman

9.7　催干剂

一些水性涂料也会用到催干剂。催干剂是一种能够加速涂料、油墨等涂层材料干燥速度的化学物质。其主要作用是通过催化涂层中的成膜物质发生化学反应，促使溶剂挥发或者引发聚合、氧化等反应，从而使涂层快速干燥固化，这样可以提高涂装效率，缩短涂装周期，提高生产效率。

催干剂一般有金属皂类催干剂、光氧化物类催干剂、胺类催干剂、有机酸及其衍生物类催干剂、光敏型催干剂等类型。

水性催干剂根据其化学成分和作用方式的不同，可以分为以下几种。

① 活性催干剂：通过与涂料中的树脂或溶剂发生反应，促进涂料固化。

② 表面张力催干剂：通过降低涂料表面张力，使溶剂更容易挥发，从而加速涂料干燥。

③ 溶剂蒸发催干剂：通过加速涂料中的溶剂挥发，促进涂料干燥。

9.8　pH 值调节剂

pH 值调节剂的主要功能是调节或控制涂料的 pH 值。大多数乳液在使用前的 pH 值小于 7，由于大多数乳液属于阴离子乳液，其在碱性条件下能够稳定存在，而且许多增稠剂需要在碱性条件下才能够发挥作用。此外，乳胶漆配方中使用的阴离子分散剂也必须在碱性条件下才有效。由此可知，从乳液稳定性、颜料分散效果以及增稠效果等方面来看，pH 值调节剂在乳液配方中不可缺少。

pH 值调节剂应该是挥发性的物质，否则在树脂成膜后会残留在涂膜中，影响涂膜的耐水性等性能。另外低气味、低 VOC 也是其今后发展的方向。

表 9-8 为一些常用的 pH 值调节剂。

表 9-8 常用的 pH 值调节剂

品名	活性成分	应用	制造商
AMP-95	2-氨基-2-甲基-1-丙醇	乳胶漆多功能助剂，除了可以用作高效共分散剂之外，还可以用来代替氨水，有效控制涂料的 pH 值	安格斯
AEPD VOX 1000	2-氨基-2-甲基-1,3-丙二醇	低气味、零 VOC 的多功能助剂，有效控制 pH 值	安格斯
DeuAdd MA-95	醇胺类有机物	低气味多功能胺中和剂，促进漆膜光泽展现，提高罐内的防腐蚀能力，同时具有良好的助颜料分散性	海明斯德谦
Vantex-T	烷基醇胺类有机中和剂	低气味多功能中和剂 具有耐水白，抗分水性 具有防锈功能	Eastman
Rhodoline® AN130	有机胺中和剂	性价比优，更低气味的胺中和剂，提高 pH 的稳定性，同时也可作为助润湿分散剂使用。在建筑涂料中可以替代氨水和 2-氨基-2-甲基-1-丙醇(AMP)	索尔维
Alpamine N41	有机胺中和剂	多功能水基系统稳定剂，中和能力强 低气味，低表面张力，有湿润效能	阿科玛
DMEA	*N*,*N*-二甲基乙醇胺	有效调整体系 pH 值，并赋予体系很好的 pH 稳定性，用于水性体系中，不但有成盐作用，而且还兼具辅助溶剂的作用，同时还可以作为水性聚氨酯、环氧树脂固化体系有效的干燥促进剂	巴斯夫 陶氏 索尔维

9.9 防霉防腐剂

水性涂料因为水的存在，比较适合微生物的滋生，因此防腐剂成为“刚需”。

微生物包括细菌、病毒、真菌和少数藻类等，微生物的滋生三要素是：水的存在、合适的温度和养分。在水性涂料中，树脂、酪蛋白、大豆蛋白质、纤维素衍生物等可以为微生物提供养料。正常的温度又较适合微生物滋生繁殖，如不加以抑制将会导致涂料 pH 值变化、黏度降低、变色、发臭等腐败现象，使涂料失效。在水性涂料中加入适量罐内防腐剂可以抑制包装罐内微生物的生长和繁殖，保护涂料在使用前有足够的贮存时间，避免涂料失效。这里说的“刚需”是指水性涂料一定要考虑防腐问题，至于添加何种防腐剂一定要通盘考量，既要考虑防腐性能，又要注意法规限制，还要考虑产品配伍性和协同性能并且要兼顾成本。例如有些配方添加亚硝酸盐以提高抗闪锈性能，亚硝酸盐同时也具有一定杀菌防腐性能，此时就可以考虑适当减少其他类型防腐剂的用量。

涂料涂装完成后，涂膜的有机成膜物质依然可以被微生物当作营养物，可以为微生物生长发育提供良好的营养条件。加入适量的干膜防霉剂，可以在涂装后抑制漆膜表面微生物的生长，避免成膜的有机物被微生物降解，使漆膜劣化失效。

防腐剂、防霉剂主要通过阻碍微生物的新陈代谢、干扰微生物细胞壁的合成和遗传、阻碍类脂的合成、阻断光合作用等几方面发挥灭杀和抑制作用。

针对水性涂料的特点，理想的防腐剂、防霉剂应与涂料中各种组分的相容性良好，加入后不会引起颜色、气味、pH 值、稳定性等方面的变化，具备良好的贮存稳定性，此外还应具有良好的生物降解性和较低的环境毒性。微生物滋生是优势繁殖，在罐内防腐时，需注意选择的防腐剂、防霉剂对常见菌种的最小抑菌浓度 MIC 及杀菌谱线覆盖的全面性。户外使用的防霉剂同时还需要考虑紫外线耐受性能和疏水性，避免防霉剂会因紫外线照射过快降解或雨水冲刷而降低保护时效。

水性涂料里防腐剂、防霉剂从化学结构上分，大致有以下几类：异噻唑啉酮类、苯并咪唑类、取代芳烃类、甲醛释放体、有机溴类、三嗪类、有机胺类、重金属类等。其中异噻唑啉酮类最为普遍。还有一些天然植物提取物也有一些应用。在粉末涂料中通常使用银系抗菌剂，主要是因为其具有足够高的耐温特性。常用防霉杀菌剂包括：取代芳烃类，如五氯苯酚及其钠盐、四氯间苯二甲腈、邻苯基苯酚等；杂环化合物类，如 2-(4-噻唑基)苯并咪唑、苯并咪唑氨基甲酸甲酯、2-正辛基-4-异噻唑啉-3-酮、10-羟基喹啉等；胺类化合物，如双硫代氨基甲酸酯、四甲基二硫化秋兰姆、水杨酰苯胺等；有机金属化合物，如有机汞、有机锡和有机砷；甲醛释放剂以及磺酸盐类、醌类化合物等。

目前应用的防腐剂、防霉剂通常由一种或多种活性成分进行复配，复配的活性成分不仅保证杀菌图谱的全面性，而且可以避免微生物对某种活性成分产生耐药性。另外，随着环保要求的进一步提升，各种不同的法规对防腐剂、防霉剂的使用量进行了不同的限制，多种有效成分复配，是规避法规限制的有效手段。在选择防腐剂、防霉剂的时候，要了解其有效活性成分和杀菌效果以及各种有效成分的协同效应或者冲突，并根据涂料产品要应对的法规对相关成分的限制情况综合考虑。以《绿色产品评价　涂料》(GB/T 35602—2017) 为例，其对多种常用的活性物成分进行了限制，包括最常用的卡松被限定在≤15mg/kg，这对防腐效果及搭配使用带来了一定的挑战。

9.10　其他助剂

除了上面介绍的一些常用的涂料助剂外，还有一些其他的水性涂料助剂。

9.10.1　缓蚀剂

在金属表面涂装水性涂料时，涂膜干燥过程中发生的锈点腐蚀现象通常称为闪锈。闪锈的本质是在金属表面发生电化学腐蚀。由于水性涂料大部分是偏碱性，所以这个电化学腐蚀是吸氧腐蚀。加入抗闪锈剂，能有效避免此现象的发生。抗闪锈剂是缓蚀剂的一种。

金属表面涂刷水性涂料时，由于水性涂料中含有 OH^-、Na^+、H^+ 和 Ca^{2+} 等，相当于金属表面覆盖了电解质溶液层。此外，金属基材含有碳、锰和硅等杂质。于是就形成了腐蚀原电池，铁是阳极，杂质是阴极。以最常见的铁基材为例，在阳极，铁失去电子形成 Fe^{2+} 进入涂层，而溶于涂层中的氧从阴极获得电子，生成 OH^-。电极反应方程如下。

阳极（铁）：
$$Fe-2e^- \longrightarrow Fe^{2+}$$

$$Fe^{2+}+2OH^- \longrightarrow Fe(OH)_2$$

阴极：
$$O_2+2H_2O+4e^- \longrightarrow 4OH^-$$

$Fe(OH)_2$ 被空气中的氧气进一步氧化成 $Fe(OH)_3$，$Fe(OH)_3$ 会部分脱水变成 Fe_2O_3。$Fe(OH)_3$ 和 Fe_2O_3 是铁锈的主要成分，在基材表面会出现锈状斑点，就是闪锈。在选择抗闪锈剂时，要考虑抗闪锈性能和疏水性，避免因其亲水基团带来漆膜耐水性和耐盐雾性能下降的问题。

根据电化学理论，缓蚀剂可分为抑制阳极型缓蚀剂和抑制阴极型缓蚀剂。抑制阳极型缓蚀剂是在金属表面形成一层致密的氧化膜而抑制金属的溶解，起到缓蚀的作用；抑制阴极型缓蚀剂使阴极极化曲线的斜率变小，即溶液中的金属离子更容易被还原，从而抑制了金属的溶解，进一步抑制腐蚀的发生。吸附理论认为，缓蚀剂之所以能阻止、延缓金属的腐蚀，是由于缓蚀剂通过物理或化学吸附在金属表面，减小了介质与金属表面接触的可能性，从而达到缓蚀的效果。成膜理论认为，缓蚀剂与酸性介质中的某些离子形成难溶性物质，沉积在金属表面，阻止金属的腐蚀。

缓蚀剂通常有氧化型、非氧化无机盐型、金属阳离子型、有机缓蚀剂等。

氧化型缓蚀剂包括钼酸盐、钨酸盐、铬酸盐等。

非氧化无机盐型缓蚀剂，如磷酸盐，可以以多种形式使用，既可作为钢铁的处理剂，也可作为颜料用于涂料；非氧化型无机盐的离子不直接参与氧化膜的形成，它的功能在于弥补氧化膜的不连续性，使涂膜中缺陷部分的微孔通过阴离子的沉积而得到堵塞。

有机缓蚀剂主要包括碱式磺酸盐、二壬基萘磺酸盐、有机氮化物锌盐、螯合物助剂（苯并三唑、苯并咪唑等）、胺与铵盐（二苯胺、二甲基乙醇胺、三乙醇胺或其盐类等）等。有机缓蚀剂是靠化学吸附、静电吸附或是 π 键的轨道吸附发挥作用。

常见的磷酸盐、硼酸盐、钼酸盐、锌粉等防锈颜料也是缓蚀剂。在金属材料表面的有机涂料中添加防锈颜料和缓蚀剂可以显著提高有机涂层的抗腐蚀性能，在测试时表现为盐雾耐受时间的增加。

9.10.2 冻融稳定剂及延长开放时间助剂

我国地域广阔，涂料在冬季低温条件下施工是不可避免的，特别是在北方，涂料很多情况下可能会被贮存于较低的温度条件下，由于水性涂料中大量水的存在，当聚合物乳液贮存温度降至冰点以下时水会结冰，溶解或混合在水中的物质会被析出，同时冰的体积较水更大，析出物和混合物会受到挤压，胶粒会更聚集，再遇到气温回升又会重新融化，冻结融化后，如果乳液不能恢复到原来的稳定状态，会造成乳液表观黏度上升，甚至乳液因凝聚破乳。冻融稳定性是指乳液经受冻结和融化交替变化时的稳定性。为了提高冻融稳定性，阻止涂料在冻融循环条件下产生不可逆的凝聚，使涂料有更宽泛的贮存条件，时常会添加冻融稳定剂。

在涂料施工过程中，有时表面干燥得太快，成膜时间过短，容易造成深层水分无法继续挥发，使漆膜成膜不良，影响涂料性能表现，添加延长开放时间的助剂可以延续水分的挥发，增加漆膜的弹性，提高成膜质量，得到更好的漆膜性能。

在日常使用中冻融稳定剂往往能同时起到延长开放时间的作用，因此可以在优化配方时一起考虑。

低端常用的冻融稳定剂有丙二醇、丙三醇、乙二醇、乙二醇乙醚等。从对涂料性能的影响和经济成本考虑，一般采用乙二醇或丙二醇。丙二醇价格高，但其对涂膜耐水性影响小，一般广泛用于外墙涂料；而乙二醇的抗冻性好，价格低廉，但其会影响涂膜的耐水性，一般用于内墙涂料中。另外还有国际性公司推出的高效专用产品。

常见的冻融稳定剂和延长开放时间助剂见表 9-9。

表 9-9　常见的冻融稳定剂和延长开放时间助剂

品名	产品特性	应用说明	制造厂商
Ethylan EF60	冻融稳定剂	提高储存时间 延长开放时间 提高颜色相容性 优化添加量，降低成本	诺力昂 （原阿克苏）
Rhodoline® FT-100Xtrim	冻融稳定剂	不含 APEO，不含 VOC 改善乳胶漆的成膜性能 可延长开放时间 改进涂层的展色性等	索尔维
Rhodoline® OTE-400	开放时间延长剂	不含 APEO，不含 VOC，低气味 提高光泽 改善耐沾污性 提高耐擦洗性 改善冻融稳定性 阴离子，钾盐	索尔维
Rhodoline® OTE-500	开放时间延长剂	不含 APEO，不含 VOC，低气味 提高光泽 改善耐污性 提高耐擦洗性 改善冻融稳定性 阴离子，铵盐	索尔维
Loxanol® OT 5853	开放时间延长剂	防止或减少树脂基砂浆开裂 改善贮存稳定性 改善冻融稳定性	巴斯夫

9.10.3　光稳定剂

当涂料在室外使用时，由于太阳光线中含有约 5%的紫外线，其波长约 290～460nm，含有大量的能量，可通过化学上的氧化还原作用使涂层劣化，这种光氧化过程也称为氧化性光降解。其结果会导致涂层出现黄变、褪色、变色、光泽降低、脆化、龟裂、粉化、降解等现象，力学性能亦会显著下降，是涂料涂层失效的最主要因素之一。

光氧化过程的第一个阶段是光解过程，这是比较复杂的过程，包括吸收紫外线，然后打开不饱和键形成自由基。在光解中形成的自由基与氧发生反应产生过氧化自由基。一旦这些高能自由基形成，它们就可以通过各种化学反应步骤来使其他化学键断裂，从而产生链式反应导致聚合物降解。因此为了更好地发挥涂层的装饰和保护功能，通常需要添加光稳定剂。

9.10.3.1　涂料用光稳定剂主要种类

（1）光屏蔽剂

这是一类能够遮蔽或反射紫外线的物质，使光不能透入涂料树脂高分子内部，从而起到保护涂层的作用。涂料中使用的各类颜料特别是无机颜料都有一定的作用，其中炭黑、氧化锌和氧化铁颜料效果最明显。

（2）紫外线吸收剂

紫外线吸收剂可选择性地吸收高能量的紫外线，通过分子结构的变化，使紫外线转变为热能释放或消耗，以抵抗紫外光劣化反应，使树脂聚合物降解速度大大减缓，从而增强耐候性，增加涂膜的保护时效，延长其使用寿命。它本身具有良好的热稳定性和光稳定性。按其化学结构主要可以分为：邻羟基二苯甲酮类、苯并三唑类、水杨酸酯类、三嗪类、取代丙烯腈类。由于涂料树脂聚合物的种类不同，使其劣化的紫外线波长也不相同，不同的紫外线吸收剂可吸收不同波长的紫外线，使用时，应根据聚合物的种类选择紫外线吸收剂。

（3）猝灭剂

猝灭剂能转移聚合物分子因吸收紫外线所产生的激发态能，从而阻止聚合物吸收紫外线产生自由基。猝灭剂主要是金属络合物，如镍、钴的有机络合物。

（4）自由基捕获剂（受阻胺光稳定剂）

这类光稳定剂能捕获高分子中所生成的活性自由基，从而抑制光氧化过程，达到光稳定目的。自由基捕获剂主要是受阻胺光稳定剂（HALS），其不吸收紫外光，但却是非常有效的紫外光稳定剂。这类助剂都具有一个受阻活性胺基团，通过捕获光降解链式反应中产生的自由基，有效抑制光降解化学反应发生。这类光稳定剂可以在较低的浓度情况下达到极佳的防老化效果。通常情况下受阻胺类光稳定剂会和紫外线吸收剂一起配合使用，通过协调保护效应以达到最佳的防护效果。

常见涂料用树脂官能团的敏感阈值波长见表 9-10。

表 9-10　常见涂料用树脂官能团的敏感阈值波长

化学键	阈值波长/nm	化学键	阈值波长/nm
C—C(芳香族)	231	C—O(乙醇)	311
C—H(乙炔)	236	C—O(甲醇)	321
C—H(乙烯)	278	C—O(甲醚)	376
C—H(芳香族)	278	C—C(乙烷)	340
C—H(甲烷)	280	C—C(丙烷)	345
C—H(乙烷)	289	C—Cl(氯甲烷)	340
O—H(甲醇)	286	C—Cl(氯乙烷)	353

部分聚合物最大敏感波长见表 9-11。

表 9-11　部分聚合物最大敏感波长

聚合物类型	最大敏感波长/nm	聚合物类型	最大敏感波长/nm
聚酯	325	氯乙烯-乙酸乙烯共聚物	322～364
聚苯乙烯	318	聚甲醛	300～320
聚乙烯	300	硝化纤维素	310
聚丙烯	310	聚碳酸酯	295
聚氯乙烯	310	聚甲基丙烯酸甲酯	290～315

9.10.3.2　光稳定剂选择

涂料用光稳定剂在选择时要考虑以下几个方面。

① 涂料用树脂主要由聚酯树脂、氨基树脂、醇酸树脂以及丙烯酸等树脂中的一种或几种组成（含 C—C、C—H、O—H、C—O 等官能团）。每种化学键，都对应一个阈值波长，这种波长有足够的能量使化学键发生反应。比阈值波长短的波长可以破坏化学键，而比之长的波长无论光强多大都不能破坏化学键。涂料用树脂所含官能团对应阈值波长范围一般在 231～376nm。因此需要根据树脂体系的光裂解敏感波长与紫外线吸收剂的吸收波长选择吸收性强的紫外线吸收剂。

② 光稳定剂的热稳定性，避免因涂料加热成膜时光稳定剂受热失效、挥发、变色等。

③ 化学稳定性和混溶性，避免与涂料中的组分产生体系冲突。

④ 低毒性、低气味、无色，并且在户外使用时不会析出气味和变色。

⑤ 不溶或难溶于水，耐浸洗，避免户外雨水冲刷降低性能。

在遴选光稳定剂时通常是在实验室中通过紫外加速老化试验箱进行测试，紫外线老化测试实验是评估新产品耐紫外线光照性能的一类测试方法。另外还需配合自然曝晒实验。表 9-12 是一些常用的光稳定剂。

表 9-12　常用的光稳定剂

通用品名	化学结构	氰特牌号	巴斯夫牌号	松原牌号
UV-531	2-羟基-4-正辛氧基二苯甲酮	Cyasorb UV-531	Chimassorb 81	SONGSORB 8100
UV-9	2-羟基-4-甲氧基二苯甲酮	Cyasorb UV-9	Chimassorb 90	
UV-327	2-(2′-羟基-3′,5′-二叔苯基)-5-氯化苯并三唑	Cyasorb UV-5357	Tinuvin 327	SONGSORB 3270
UV-328	2-(2-羟基-3,5-二叔戊基苯基)苯并三唑	Cyasorb UV-2337	Tinuvin 328	SONGSORB 3280
UV-329	2-(2-羟基-5-叔辛苯基)苯并三唑	Cyasorb UV-5411	Tinuvin 329	SONGSORB 3290
UV-P	2-(2′-羟基-5′-甲基苯基)苯并三氮唑	Cyasorb UV-5365	Tinuvin P	SONGSORB 1000
UV-292	双(1,2,2,6,6-五甲基-4-哌啶基)癸二酸酯	Cyasorb UV-3581	Tinuvin 292	SONGLIGHT 2920
UV-3853	2,2,6,6-四甲基-4-哌啶硬脂酸酯	Cyasorb UV-3853		SABO STAB 91
UV-770	癸二酸双(2,2,6,6-四甲基哌啶)醇酯		Tinuvin 770	
UV-1130	羟基苯基苯并三氮唑混合物		Tinuvin 1130	

涂料助剂是涂料组成中非常重要的组分，虽然添加量相对较少，但在涂料生产、贮存、施工过程中发挥着重要作用，是涂料产品的“味精”。同时其对配方成本的影响也是显而易见的。随着我国涂料工业的发展，涂料助剂需求量开始迅速增加。据国外相关机构的调查预测，到 2030 年全球涂料助剂市场规模将达到 85 亿美金。

我国涂料助剂行业起步较晚，随着中国涂料工业的蓬勃发展，一批国内本土的助剂厂商开始崭露头角，并取得长足进步，同时我们也应该看到截至到目前，还是以仿品和基础结构合成为主，在产品系列化、对助剂结构的作用机理和应用研究及多种活性成分的组合协同效应等方面的经验积累与国际厂商尚有一定的差距，已经成为行业发展的瓶颈。因此，涂料科研、生产、应用单位应加强联合，以加快助剂产品的基础研究、新品开发、产业化生产和应用积累，逐步缩小与国际厂商的差距，真正成为国内涂料行业腾飞的助推器。

第 10 章

水性涂料配方设计原理

水性涂料是一种多组分的复合材料，但不能单独作为材料使用，必须涂装在工件表面与被涂产品一起使用。由于工件和使用环境不同，对涂膜的性能也提出种种不同的要求，而涂料配方中各组分的种类、用量又对涂料的生产、贮存、施工性能（如流平性、干燥性等）和涂膜性能（如光泽、硬度、耐化学品性等）产生极大的影响，因此对涂料必须进行科学的配方设计方能满足各方面要求。

水性涂料配方设计是指根据基材、涂装目的、涂膜性能、使用环境、施工环境等诸多因素进行涂料各组分的选择并确定用量，并在此基础上提出合理的生产工艺、施工工艺和固化方式。总的来说，水性涂料配方设计需要考虑的因素包括：基材、性能、施工环境、应用环境、安全性、成本等。

由于影响水性涂料性能的因素众多且存在强烈耦合，建立一个符合实际使用要求的水性涂料配方是一个复杂的课题，目前尚没有成熟理论指导，需要依托坚实的理论基础、丰富的实践经验和充分的实验工作，才能研发出综合性能优异的水性涂料配方。

10.1 水性涂料基本组成

水性涂料一般由成膜物（水性树脂）、颜填料、助剂组成（见表 10-1），涂料施工后，随着水分等可挥发物的挥发，成膜物干燥成膜。成膜物可以单独成膜，也可以黏结颜填料等物质共同成膜，所以成膜物质也称黏结剂，它是涂料的基础，也称为基料、漆料和漆基等。

表 10-1　水性涂料的基本组成

组成	原料	
成膜物	乳液	纯丙、苯丙、硅丙、醋丙、叔丙、氟丙、乙烯-醋酸乙烯乳液等
	水分散体	聚氨酯水分散体、丙烯酸树脂-水性聚氨酯分散体等
	水可稀释树脂	水性丙烯酸树脂、水性醇酸树脂、水性环氧树脂、水性聚酯树脂等

续表

组成	原料	
颜填料	颜料	无机颜料：钛白、立德粉、氧化铁红、氧化铁黄、炭黑、氧化锌、铬黄、铁蓝、铬绿等 有机颜料：酞菁蓝、酞菁绿、大红粉、甲苯胺红、耐晒黄等
	填料	滑石粉、轻质碳酸钙、重质碳酸钙、硫酸钡、硅藻土、硅灰石粉、高岭土、石英粉等
水性助剂	水性润湿剂、水性分散剂、水性流平剂、水性消泡剂、水性增稠剂、抗冻剂、防腐剂、防霉剂、水性消光剂、水性催干剂、防闪蚀剂等	
成膜助剂	2,2,4-三甲基-1,3-戊二醇单异丁酸酯(Texanol)、苯甲醇、丙二醇苯醚、丙二醇丁醚(PNB)、二丙二醇丁醚(DPNB)、三丙二醇丁醚(TPNB)、二丙二醇丙醚(DPNP)、二丙二醇甲醚、乙二醇苯醚(EPH)、乙二醇丁醚、二乙二醇丁醚等	

10.1.1　水性树脂

水性树脂是水性涂料最为关键的组分，其结构和性能决定水性涂料的性能。目前，常用的水性树脂主要包括水性聚氨酯树脂、水性丙烯酸树脂、水性环氧树脂、水性醇酸树脂和水性聚酯树脂、水性杂化体树脂等。水性树脂的选择主要基于树脂的结构和性能、基材的性质、使用环境、施工环境、成本等因素。

(1) 水性聚氨酯树脂

水性聚氨酯树脂既可以用于制备单组分水性聚氨酯涂料，也可以作为羟基组分制备双组分水性聚氨酯涂料，在水性木器漆、水性金属漆和水性塑料漆等方面应用广泛。单组分水性聚氨酯涂料的分子结构主要是线型或分支型的，其成膜机理可以是热塑型、自交联型、热固型，具有施工简单、成本低廉、贮存稳定性好等优点，但是硬度、耐磨性、耐水性、耐化学品性等涂膜性能相对较差，单组分水性聚氨酯涂料主要包括线型热塑性涂料、水性聚氨酯油、水性封闭型异氰酸酯涂料等品种。双组分水性聚氨酯涂料是目前关注度最高、应用最广泛的水性聚氨酯涂料，由树脂组分（也称羟基组分、甲组分、A组分）和固化剂组分（也称多异氰酸酯组分、乙组分、B组分）共同构成，其中树脂组分可以是羟基聚氨酯树脂，也可以是羟基水性丙烯酸树脂、羟基水性醇酸树脂或羟基水性聚酯树脂，固化剂组分主要是经亲水改性的多异氰酸酯，通过树脂组分和固化剂组分之间的化学反应交联成膜，可以室温固化成膜，也可以烘烤固化成膜。目前双组分水性聚氨酯涂料的综合性能已经接近溶剂型双组分聚氨酯涂料，某些性能甚至可以超过溶剂型聚氨酯涂料，通过单体选择、配方调整、工艺创新等手段，未来双组分水性聚氨酯涂料在木器、金属、塑料等基材上的应用会越来越广泛。

(2) 水性丙烯酸树脂

涂料用水性丙烯酸树脂包括丙烯酸树脂乳液（一级分散体）、丙烯酸树脂二级分散体和水稀释型丙烯酸树脂三种类型，其中以乳液和二级分散体在水性涂料领域的应用更为重要。水性丙烯酸树脂乳液在建筑行业水性涂料中应用最为广泛，是乳胶漆的主要成膜树脂，包括纯丙乳液、苯丙乳液、醋丙乳液和硅丙乳液等。除了水性建筑漆，水性丙烯酸树脂乳液的应用还可以扩展到水性木器漆、水性金属漆和水性塑料漆，水性丙烯酸防锈乳液在金属轻防腐领域已经得到了广泛应用，水性丙烯酸塑料乳液在 PP、PVC、ABS 等塑料表面的涂装也已经得到了突破；另外，分子结构中含羟基的丙烯酸树脂乳液还可以作为双组分水性聚氨酯涂料的羟基组分。丙烯酸树脂二级分散体是新一代的水性丙烯酸树脂，具有羟值高（≥120mgKOH/g）、酸值低（≤30mgKOH/g）和低 VOC（≤150g/L）同时兼顾高固含量、低黏度等显著特点；以丙烯酸树脂二级分散体作为羟基组分，同时配合水性多异氰酸酯作为固化剂组分，可以得到高性能的双组分水性聚氨酯涂料，具有很好的装饰性和保护性，在高档水性木器漆、水性工业漆和水性塑料漆等领域具有较高的应用价值。除了乳液和二级分散体，水稀释型丙烯酸树脂在水性涂料中的应用也越来越多。

（3）水性环氧树脂

水性环氧树脂主要以乳液的形式存在，作为双组分水性环氧涂料的树脂组分在水性环氧重防腐涂料和水性环氧地坪涂料中应用广泛。水性环氧树脂涂料体系发展主要经历了三代：第一代体系是直接用乳化剂进行乳化；第二代体系是采用水溶性固化剂乳化油性环氧树脂；第三代体系是在环氧树脂和固化剂上都接上非离子表面活性剂进行乳化。目前这三代体系在水性环氧树脂涂料中都还有应用。不同于其他水性涂料树脂，单纯的水性环氧乳液不能独立成膜，需要与固化剂配合使用，因此在水性环氧涂料中固化剂组分比树脂组分相对更为重要。常用的水性环氧固化剂大多是多亚乙基多胺的改性产物，主要有三种改性方法：第一，多亚乙基多胺与单脂酸反应制备酰胺化的多胺；第二，多亚乙基多胺与二聚酸反应制备聚酰胺；第三，多亚乙基多胺直接与环氧树脂反应制备多亚乙基多胺-环氧树脂加成物。目前以第三种改性方法应用得最为广泛，此类固化剂具有耐水性好和耐化学品性好的显著特点。现阶段，水性环氧树脂最主要的应用是双组分常温固化水性重防腐涂料，以双罐包装的形式使用，主要用于不能进行烘烤的大型金属结构和混凝土结构的重防腐，具有低温成膜、高硬度和强耐化学品等诸多优点，缺点主要是易黄变、易粉化。

（4）水性醇酸树脂和水性聚酯树脂

水性醇酸树脂和水性聚酯树脂的结构相似，在涂料领域一般将脂肪酸或油脂改性的聚酯树脂称为醇酸树脂；将聚合物分子主链上含有不饱和键的聚酯称为不饱和聚酯树脂；将其他聚酯称为饱和聚酯树脂。这三类树脂在水性涂料领域都有广泛应用。水性醇酸树脂具有涂膜附着力好、高光、丰满等诸多优点，既可以单独作为成膜树脂用于制备单组分水性自干漆，也可以作为树脂组分（含羟基）与固化剂组分配合用于制备双组分水性自干漆。水性饱和聚酯树脂不能单独成膜，主要是作为树脂组分与固化剂联用制备水性漆，比如：水性聚酯-氨基烤漆、双组分水性聚氨酯漆。此类涂料具有涂膜光泽高、丰满度好、耐候性强等特点，同时还具有很好的附着力、强度、抗冲击性、保光性、保色性、高温抗黄变性等优点。水性不饱和聚酯树脂具有光泽高、力学性能强、耐水性好、耐醇性好、耐化学品性好等诸多优点，其涂膜丰满、可打磨抛光，装饰性高。在水性涂料领域不饱和聚酯树脂主要用来制备水性不饱和聚酯漆和聚酯腻子，一般为双罐包装，一罐为树脂组分，由树脂、粉料、助剂、交联剂等组成，另一罐为固化剂组分，使用之前现配现用，混合均匀后直接施工。

（5）水性杂化体树脂

水性杂化体树脂是指由两种或两种以上不同树脂通过化学键连接而形成的一种新型水性树脂，同时要求在水性杂化体树脂结构中每种树脂链段的含量都不能低于 20％。表 10-2 列出了目前已经有文献报告或者具体产品的水性杂化体树脂，其中水性丙烯酸酯-聚氨酯杂化树脂和水性聚氨酯-聚脲杂化树脂在水性木器漆方面已经有所应用；水性聚氨酯-醇酸杂化树脂、水性丙烯酸酯-醇酸杂化树脂、水性环氧酯-醇酸杂化树脂、水性丙烯酸酯-环氧酯杂化树脂在水性轻防腐、中等防腐漆方面已经有所应用；羟基型水性丙烯酸酯-醇酸杂化树脂、羟基型水性丙烯酸酯-聚酯杂化树脂、羟基型水性丙烯酸酯-聚氨酯杂化树脂、羟基型水性丙烯酸酯-环氧酯杂化树脂在水性金属烤漆方面已经有所应用；水性丙烯酸酯-聚氨酯杂化树脂在水性塑料漆方面、羟基型水性丙烯酸酯-聚酯杂化树脂在水性玻璃漆方面已经有所应用。随着水性涂料树脂合成技术的不断进步，水性杂化体树脂的品种会越来越多、产量会越来越大、性能会越来越好、应用会越来越广。

表 10-2　水性杂化体树脂

项目	丙烯酸酯树脂	聚氨酯树脂	环氧酯树脂	聚酯树脂	醇酸树脂
丙烯酸酯树脂		√	√	√	√
聚氨酯树脂	√		√	×	√
环氧酯树脂	√	√		√	√
聚酯树脂	√	×	√		×
醇酸树脂	√	√	√	×	

10.1.2　颜填料

颜填料是分散在涂料中从而赋予涂料色彩、遮盖、填充等性质的粉体材料。按照其在涂料中的功能和作用分为着色颜料、防腐颜料、体质颜料（填料）。

色泽、着色力、遮盖力、耐光性、耐候性是颜料的基本特性，它们与颜料的结构和组成有关，而颜料结晶形态、粒径和外形对漆膜的光泽、颜料的润湿分散性以及涂料贮存期间颜料的稳定性有较大的影响。在涂料工业中，通常采用高速分散或研磨的方法使颜料均匀地分散在涂料体系中，并使其保持稳定悬浮状态或者沉降后仍然容易被再次分散。

（1）着色颜料

着色颜料主要是提供颜色和遮盖力以满足装饰性的要求，但也需要满足力学强度与防腐性等其他要求。着色颜料可分为无机颜料和有机颜料两类，在水性涂料配方中，主要使用无机颜料，有机颜料主要作着色助剂，多用于装饰性涂料。

① 白色颜料

涂料中使用的白色颜料主要包括二氧化钛、立德粉、氧化锌、锑白等，其中二氧化钛应用最为广泛。

二氧化钛即钛白粉，是质地柔软的无臭无味的白色粉末，遮盖力和着色力强，熔点1560～1580℃。不溶于水、稀无机酸、有机溶剂、油，微溶于碱，溶于浓硫酸。遇热变黄色，冷却后又变白色。钛白粉有三种不同的结晶形态：金红石型、锐钛矿型和板钛矿型。其中板钛矿型为不稳定晶型，无工业应用。涂料工业中应用的金红石型和锐钛矿型钛白粉具有无毒、白度高、遮盖力强的特点，前者有较高的光折射率、耐光性、耐热性、耐候性、耐久性和耐化学品性，以其制备的涂料保光、保色性强，不易发黄和粉化降解，因此多用于制备户外涂料；后者在光照下易粉化，但价格低廉，多用于制备室内涂料。纳米级的二氧化钛还可用于光催化自洁涂料。

表 10-3 列出了金红石型和锐钛矿型两种商品钛白粉的物性。

表 10-3 两种商品钛白粉的物性

性能	金红石型	锐钛矿型
相对密度	4.26	3.84
折射率	2.72	2.55
耐光性	优	差
适用范围	室外用漆及高档涂料	底漆、室内面漆

立德粉又称锌钡白（$BaSO_4 \cdot ZnS$），由硫化锌和硫酸钡共沉淀物煅烧而得，耐碱性好，遇酸分解放出硫化氢。立德粉遮盖力强，但遇光易变暗、耐候性不好，在紫外线作用下易粉化，多用于制备室内涂料。在低端乳胶漆中立德粉被用作主要颜料，用量在10%～15%，成本较低。

氧化锌（ZnO）简称锌白，是一种碱性颜料，用量大时有防霉效果，是白色颜料中着色力较好且不会粉化的颜料，其遮盖力小于钛白粉和立德粉，很少单独使用，可以和金红石型钛白粉混合使用制造外用乳胶漆，能改善涂膜的耐光性和粉化性。针状结晶的氧化锌用作外用乳胶漆，防止龟裂的作用很明显。应当注意，氧化锌作为颜料使用时活性较大，且Zn^{2+}可能导致某些阴离子乳液破乳，特别是和聚醋酸乙烯乳液一起使用时，容易导致乳胶漆变稠和凝结，因而在使用氧化锌时应注意其和乳液的相容性和用量，其配方应经过热稳定性实验检验。

锑白即三氧化二锑，有较强的遮盖力，不粉化、耐光、耐热、阻燃、无毒，在防火涂料中应用较多。

水性涂料中的乳胶漆主要以白色和浅色为主，因而对白色颜料的用量最大，乳胶漆在加入适当用量颜料满足遮盖力要求后，常常使用一些填料在不降低所要求的涂料性能的基础上来降低成本。

② 红色颜料

红色颜料主要有氧化铁红、钼铬红、镉红、甲苯胺红、大红粉、硫靛红、立索尔大红和耐晒红等。

氧化铁红（Fe_2O_3）是最重要的氧化铁系颜料，也是最常用的红色颜料，有天然氧化铁红与合成氧化铁红两种类型，合成氧化铁红根据晶体结构分为α-铁红和γ-铁红。在涂料中作为颜料应用的是α-铁红，它具有较高的着色力，耐光、耐候、耐碱、耐稀酸，其价格低廉，应用广泛。随着纳米技术的发展，透明氧化铁红也已经投入工业化生产并用于制备高透明的装饰涂料。

甲苯胺红具有很高的耐光性和耐候性，价格适中，但耐溶剂性较差。大红粉是一种偶氮类红颜料，耐酸、耐碱、耐光。

③ 黄色颜料

主要的黄色颜料有氧化铁黄、镉黄、铬酸铅、铬酸锌、耐晒黄、汉沙黄、联苯胺黄、永固黄等。氧化铁黄具有优异的颜料性能，着色力和遮盖力高，耐光、耐候性好且无毒价廉，多用于室外涂料。镉黄耐高温、耐碱，颜色坚牢度好，常做烘烤型面漆。铬酸铅也称铅铬黄，其着色力高，颜色坚牢度好且不透明，但有毒，多用做装饰性涂料和工业涂料的二道漆和面漆。铬酸锌是一种颜色坚牢度好，对碱和二氧化硫稳定的颜料，但遮盖力低。汉沙黄属有机颜料，价廉，耐光、耐候性好，缺点是耐溶剂性差，不能表面罩光。

④ 绿色颜料

绿色颜料有铬绿、铅铬绿、氧化铬绿、钴绿、酞菁绿等。铬绿即三氧化二铬，耐高温，对酸、碱有较好的稳定性，但遮盖力低，宜作耐化学品涂料。铅铬绿有良好的遮盖力，耐酸但不耐碱。钴绿化学稳定性好，耐光，耐高温，耐候，着色力强，但色饱和度差。酞菁绿即多氯代铜酞菁，耐光性、耐热性、耐候性、耐久性和耐化学品性好。

⑤ 蓝色颜料

铁蓝即铁氰化钾，有较高的着色力，颜色坚牢度好，并有良好的耐酸性，但遮盖力差，遇碱分解。群青为天然产品，颜色坚牢度好，耐光、热和碱，但可被酸分解，着色力和遮盖力低。群青加入白色漆中，可以消除漆膜的黄色色相。

酞菁蓝是一种重要的蓝色颜料，同酞菁绿一样，具有优良的综合性能。

⑥ 黑色颜料

用量最大的黑色颜料是炭黑，根据着色力分为低色素、中色素和高色素三种类型。炭黑吸油量大，色纯，是颜料产品中遮盖力最强的品种，耐光，耐酸、碱，但较难分散。此外还有氧化铁黑（Fe_3O_4），主要用作底漆和二道漆的着色剂。

（2）防腐颜料

防腐颜料用于保护金属底材免受腐蚀，按照防腐蚀机理可分为物理防腐颜料、化学防腐颜料和电化学防腐颜料三类。物理防腐颜料具有化学惰性，通过屏蔽作用发挥防腐功能，如铁系和片状防腐颜料；化学防腐颜料具有化学活性，借助化学反应发挥作用，如铅系化合物、铬酸盐、磷酸盐等；电化学防腐颜料通常是金属，具有比基材金属更低的电位，起阴极保护作用，如锌粉、铝粉、镁粉。

化学防腐颜料多为无机盐，具有缓蚀性，含有用水可浸出的阴离子，能钝化金属表面或抑制腐蚀过程。它们主要是含铅和铬的盐类，因其毒性和污染问题，目前有被其他颜料替代的趋势。

① 铅系颜料

红丹属于化学和电化学防腐颜料，能对金属材料表面提供有效的保护，但因具有毒性，限制了它在现代涂料工业中的应用。

碱式硅铬酸铅是一种使用广泛的铅系颜料，它利用形成的缓蚀性铅盐和浸出的铬酸盐离子使金属基材得到防腐保护，其毒性要比传统的红丹颜料低，此外还有碱式硫酸铅，常用于防腐涂料，有毒；铅酸钙常用作镀锌铁的底漆。

② 锌系颜料

锌系颜料主要有铬酸锌（锌铬黄、锌黄）、磷酸锌和四盐基铬酸锌。铬酸锌耐碱，但不耐酸；磷酸锌是一种无毒的中性颜料，对漆料的选择范围较广；四盐基铬酸锌常用作轻金属或钢制品的磷化底漆。

③ 其他颜料

物理防腐颜料主要有氧化铁红、云母氧化铁、玻璃鳞片、石墨粉。

锌粉常用作富锌保护底漆，可发挥牺牲阳极的作用；不锈钢颜料不但具有防腐功能，而且还具有装饰作用；铝粉因表面存在氧化铝膜而具有保护作用，特别是经过表面改性的浮型铝粉，能在漆膜表面发生定向排列，起到隔离大气的作用，同时还具有牺牲阳极的作用。

铝粉通常加工成铝银浆使用。铝银浆主要由铝粉、溶剂、助剂构成，可分为浮型和非浮型两大类。浮型银浆因其低表面张力而漂浮于涂膜表面，具有极高的反光性及镀铬效果，但铝片易从漆膜表面脱落，造成重涂困难，应用于防腐、屋面、槽罐等场合；非浮型银浆能被涂料完全润湿，均匀地分布在整个漆膜中，并具有下沉的趋势，涂膜坚实稳定，还可重涂罩光，大量应用于交通工具、家具、电子产品、卷材等各种场合。铝银浆通常也可分为仿电镀银、闪银、细白银。细白银平均颗粒直径最小，亮度最低；闪银平均颗粒直径最大，亮度最高；仿电镀银平均颗粒直径在细白银和闪银中间，亮度也介于细白银和闪银中间。

近年来研制的低毒性防腐颜料包括三聚磷酸铝、铬酸钙、钼酸钙、磷酸镁、磷酸钙、钼酸锌、偏硼酸钡、铬酸钡等，可以单独使用或与传统的缓蚀颜料搭配使用。此外，某些体质颜料如滑石粉和云母等，也具有防腐的性能。

在使用过程中通常是不同防腐机理的防腐颜料共同使用，发挥协同效应，提高防腐蚀效果。

（3）填料

填料亦称体质颜料，大多是白色或稍有颜色的粉体，不具备着色力和遮盖力，但具有增加漆膜的厚度、调节流变性能、改善机械强度、提高漆膜的耐久性和降低成本等作用，主要是碱土金属的盐类、硅酸盐类和铝镁等轻金属盐类。

常用填料有以下几种。

碳酸钙（$CaCO_3$）是水性涂料中最常用的填料之一，包括重质碳酸钙和轻质碳酸钙两类，广泛用于各类涂料。轻质碳酸钙又称沉淀碳酸钙，体质轻，粒径细（10～20μm），价格低，是目前中低档乳胶漆使用的主要填料。由于碳酸钙遇无机酸会发生分解反应，因而不宜配制用于酸性环境中的乳胶漆，更不能用于耐酸类乳胶漆。轻质碳酸钙的游离氧化钙含量对于配制乳胶漆来说是一个非常重要的指标，因为游离氧化钙在水中解离出的 Ca^{2+} 会影响乳胶漆的贮存稳定性。如果乳胶漆中要使用轻质碳酸钙作为填料，应注意其用量。重质碳酸钙又称大白粉、石粉、方解石粉和老粉等，是由纯度较高的石灰石（方解石）经磨细而成的粉末。根据生产方法的不同，重质碳酸钙又分为水磨石粉和干磨石粉两种。水磨石粉是将天然的方解石等矿石用湿法研磨成石粉，经水漂分离、沉淀、干燥、粉碎，再包装成为成品。干磨石粉是采用干粉碎的方法，用风漂分离收集其细度合格部分。重质碳酸钙的质量标准是：相对密度 2.5～2.8，吸油量 14%～25%，折射率 2.5～2.8，细度应小于或等于 40μm。重质碳酸钙的相对密度大，易沉淀，因而在乳胶中应用时应注意防沉淀措施。

滑石粉是一种天然存在的层状或纤维状无机矿物，主要化学成分是水合硅酸镁，化学式是 $3MgO \cdot 4SiO_2 \cdot H_2O$。它能提高漆膜的柔韧性，降低其透水性，还可以消除涂料固化时的内应力，在乳胶漆中使用滑石粉可以改善乳胶漆的流平性。

重晶石（天然硫酸钡）和沉淀硫酸钡的稳定性好，耐酸、碱，但密度高，主要用于调合漆、底漆和腻子。

二氧化硅分为天然产品和合成产品两类。天然二氧化硅又称石英粉，可以提高涂膜的力学性能；合成二氧化硅按照生产工艺分为沉淀二氧化硅和气相二氧化硅，气相二氧化硅在涂料中起到增稠、触变、防流挂等作用。

瓷土（$Al_2O_3 \cdot 2SiO_2 \cdot 2H_2O$），也称高岭土，是天然存在的水合硅酸铝。它具有消光作用，能做二道漆或面漆的消光剂，也适用于乳胶漆。高岭土很容易分散于水中，煅烧高岭土已成为一种优质填料而用于部分取代钛白粉。

云母是天然存在的硅铝酸盐。云母粉主要用于外墙涂料或其他户外用涂料，云母粉的片状结构使之能和浮型铝粉一样，可以降低漆膜的透气、透水性；云母粉还能减少涂膜的开裂和粉化，提高涂膜的耐候性。

膨润土是以蒙脱石为主要成分的黏土矿物。膨润土中的蒙脱石含量一般大于 65%，其外观呈白色至橄榄绿色。膨润土的相对密度 2.4～2.8，熔点 1330～1430℃。膨润土比一般黏土更能吸附水，比高岭土更能起碱交换作用。有的膨润土在吸附水时体积增大数倍，并形成凝胶状物质。膨润土加水后，几乎能永远地处于悬浮状态，烘干后，可加水再使之膨胀，反复处理并不影响其性能。膨润土又分为钠基膨润土和钙基膨润土。在许多场合，钠基膨润土的性能优于钙基膨润土。在建筑涂料中使用膨润土时，应注意其白度、细度等物理性能。膨润土在水中可改善水性涂料悬浮性，增强稳定性。膨润土在水中形成凝胶状物质，具有增稠剂的作用。膨润土与有机基料结合后能增强涂膜的耐水性，提高涂膜强度和耐紫外线照射的能力。因此，在水性内外墙涂料中加入适量的膨润土，合理地调整涂料的颜料体积浓度（*PVC*），所制成的涂料性能较好。体质颜料对水性涂料性能的影响见表 10-4。

表 10-4　体质颜料对涂料性能的影响

涂料性能	高岭土	碳酸钙	滑石粉	硅酸铝	气相二氧化硅
刷涂性	5	2	4	3	3
流平性	4	5	2	3	4
光泽	4	2	2	2	2
遮盖力增效性	5	1	3	5	3
悬浮性	5	3	4	4	3
耐磨性	1	3	3	5	3
附着性	4	1	3	2	4
耐化学品性	4	1	3	3	4
稳定性	5	3	3	4	5
黏度	高	极低	中～高	高	低

注：5 级最好，1 级最差。

10.1.3　水性助剂

助剂用量虽少，但对水性涂料的生产、贮存、施工、成膜过程及最终涂层的性能有很大影响，有时甚至可起关键作用。随着涂料工业的发展，助剂的种类日趋繁多，应用愈来愈广，地位也日益重要。

常用的水性涂料助剂见表 10-1。水性涂料助剂按照其使用和功能可以细分为：

① 涂料生产用助剂，如水性润湿剂、水性分散剂、水性消泡剂等；

② 涂料贮存用助剂，如水性触变助剂（或水性增稠剂）、防结皮剂、防霉剂、防腐剂、冻融稳定剂等；

③ 涂料施工用助剂，如水性触变助剂（或水性增稠剂）、水性流平剂、水性消泡剂等；

④ 涂料成膜用助剂，如水性催干剂、水性流平剂、光引发剂、固化促进剂、成膜助剂等；

⑤ 改善涂膜性能用助剂，如附着力促进剂、防滑剂、防霉剂、抗划伤剂、消光剂、光稳定剂等；

⑥ 功能性助剂，如缓蚀剂、抗菌剂、阻燃剂、防污剂、抗静电剂、导电剂等。

10.2　水性涂料成膜机理

涂料只有在基材表面形成一层薄膜后才能充分发挥其功能。水性涂料首先是一种流动的液体，在涂布完成之后才逐渐从液态变为固态，形成连续有附着力的薄膜。按照成膜过程中成膜树脂（基料）的结构是否发生变化，成膜机理可以分为物理成膜和化学成膜，物理成膜主要通过水分、助溶剂挥发和分子链缠结成膜或者水的挥发乳胶粒凝聚成膜以及热熔成膜，化学成膜主要通过多种基料发生交联反应形成体型结构的涂膜。

10.2.1 物理成膜（挥发成膜）

热塑性聚合物只在较高的分子量时其涂膜才能呈现出较好的物理和化学性能，但分子量升高，体系黏度随之升高，必须用足够量的水甚至助溶剂将体系的黏度降低，足够的水和助溶剂可使体系流动进而方便涂布，在涂布以后水和助溶剂挥发，大分子链扩散而紧密缠结形成固体薄膜。水和助溶剂的挥发分为以下三个阶段。

阶段Ⅰ：表面水和助溶剂挥发；

阶段Ⅱ：内部水和助溶剂扩散至表面挥发；

阶段Ⅲ：残留水和助溶剂扩散挥发。

水和助溶剂的挥发速度和溶解性能对涂膜的外观、微观结构及其他性能有很大的影响，挥发太快，表面聚合物浓度很快升高导致漆膜不平整，在不良溶剂中的聚合物分子卷曲成团，而在良溶剂中的聚合物分子呈舒展松弛状态，最后形成的漆膜的微观结构有很大差异，从而导致性能不同。

10.2.2 化学成膜（反应成膜）

反应成膜是指水性涂料涂覆在基材表面以后，在室温或烘烤条件下，水性树脂组分和固化剂组分之间发生交联反应形成三维网状结构而转变为坚韧的薄膜的过程，是水性热固性涂料的成膜方式。其中含干性油或者半干性油的醇酸树脂涂料等通过和氧气发生氧化交联反应成膜，环氧树脂与多元胺反应交联成膜，多异氰酸酯与含羟基低聚物（如聚醚多元醇）反应生成聚氨酯成膜，光固化涂料通过自由基或阳离子聚合成膜。

10.2.3 乳胶漆成膜

乳胶漆的基料通过自由基乳液聚合制备，其黏度和聚合物的分子量无关，乳胶漆涂布以后，随着水分的蒸发，聚合物乳胶粒互相靠近、挤压变形，颗粒间界面逐渐消失，聚合物链段相互扩散，由粒子状态的聚集变成分子状态的凝聚而形成连续均匀的涂膜。乳胶是否能成膜与乳胶本身的性质特别是它的玻璃化温度和干燥条件有关。乳胶漆的成膜机理，有多种说法，目前还没有取得一致的结论，尚在形成发展之中。

乳胶漆的成膜过程可以细分为三个阶段：首先，聚合物乳液中的水分挥发，当乳胶颗粒占胶层的74%体积时，乳胶颗粒相互靠近而达到密集的充填状态，水和水溶性物质充满在乳胶颗粒的空隙之间；然后，水分进一步挥发，聚合物颗粒表面吸附的保护层被破坏，间隙越来越小，直至形成毛细管，毛细管作用迫使乳胶颗粒变形，毛细管压力高于聚合物颗粒的抗变形力，颗粒间产生压力，随着水分的继续挥发，压力不断增大，乳胶颗粒逐渐变形融合，逐渐由球形变为斜方形十二面体，直至颗粒间的界面消失；最后，水分继续挥发，直到压力达到能使每个乳胶颗粒中的聚合物链段开始相互扩散，逐渐形成连续均匀的乳胶涂膜。见图10-1。

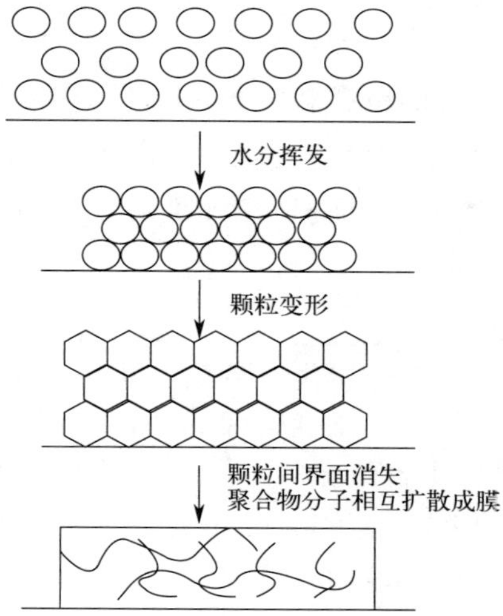

图 10-1 乳胶漆成膜示意图

10.3 颜料体积浓度

涂料的颜料体积浓度是表征涂料性能最重要、最基本的参数，早期涂料工业普遍采用颜基比描述涂料配方中的颜料含量，由于涂料中所使用的各种颜填料和基料的密度相差甚远，颜料体积浓度更能科学反映涂料的性能，在涂料科学研究和实际生产中已成为制定和描述涂料配方的核心参数之一。

10.3.1 颜基比

涂料配方中颜料（包括填料）与黏结剂的质量比称为颜基比。在一些情况下，可根据颜基比制定涂料配方，表征涂料的性能。一般来说，面漆的颜基比约为（0.25～0.9）∶1.0，而底漆的颜基比大多为（2.0～4.0）∶1.0；室外乳胶漆颜基比为（2.0～4.0）∶1.0，室内乳胶漆颜基比为（4.0～7.0）∶1.0。要求具有高光泽、高耐久性的涂料，不宜采用高颜基比的配方；底漆的颜基比较高有利于底、面层的相互渗透融合，提高层间附着力；特种涂料或功能涂料则需要根据实际情况采用合适的颜基比。

10.3.2 颜料体积浓度与临界颜料体积浓度

干膜体积中，颜料所占的体积分数称为颜料体积浓度，用 *PVC* 表示。即：

$$PVC=\frac{V_{颜料}}{V_{颜料}+V_{基料}} \tag{10-1}$$

当基料逐渐加入颜料中时，基料被颜料粒子表面吸附，同时颜料粒子表面空隙中的空气逐渐被基料所取代，随着基料的不断加入，颜料粒子空隙不断减少，基料完全覆盖了颜料粒子表面且恰好填满全部空隙时的颜料体积浓度定义为临界颜料体积浓度，用 *CPVC* 表示。

CPVC 时涂膜性能会发生大的转折，因此可以通过测定涂膜光泽、拉伸强度、密度、

遮盖力同 PVC 的关系确定 $CPVC$；另外，可以利用颜料的吸油值求算，但该值对油性体系具有参考价值，对水性体系误差较大。

100g 干颜料形成颜料糊时所需的精亚麻仁油的质量（以 g 计）称为颜料的吸油值，该值反映了颜料的润湿特性，用$\overline{OA}$ 表示，单位为 g/100g，颜料吸油值与颜料对亚麻仁油的吸附、润湿、毛细作用以及颜料的粒度、形状、表面积、粒子堆砌方式、粒子的结构与质地等性质有关。

将$\overline{OA}$ 转化为体积，可以求出：

$$CPVC=\frac{100/\rho}{\overline{OA}/0.935+100/\rho}=\frac{1}{1+\overline{OA}\rho/93.5} \tag{10-2}$$

式中，ρ 为颜料的密度；0.935 为亚麻仁油的密度。实际生产中，由于树脂基料的变化，式(10-2) 求算的结果仅有参考价值。

式(10-2) 只能用于单一粉体体系 $CPVC$ 值的计算。涂料中使用的粉料几乎全部是混合粉体，则混合颜料 $CPVC$ 的计算方法如下：

$$CPVC=\frac{1}{1+\sum[(\overline{OA}_i\rho_i V_i/93.5)]} \tag{10-3}$$

式中，OA_i 为某种粉体的吸油值；ρ_i 为某种粉体的密度；V_i 为某种粉体占整个粉体的体积分数。

10.3.3 乳胶漆临界颜料体积浓度

乳胶漆是聚合物乳胶粒、颜料及助剂在水连续相中的分散体系，其成膜机理与溶剂型涂料不同。溶剂型涂料成膜过程中颜料间的空隙自然为基料充满，乳胶漆成膜前乳胶粒子可能聚集在一起，也可能和颜料混杂排列，而且在成膜过程中发生形变，最后成膜时需要更多的乳胶粒子方能够填满颜料空隙，因此乳胶漆的临界颜料体积浓度（$CPVC$）总是远远低于溶剂型涂料的临界颜料体积浓度。

影响乳胶漆临界颜料体积浓度的主要因素有乳胶粒子和颜填料的粒径大小与分布、聚合物的玻璃化温度、成膜助剂的种类及用量。玻璃化温度的高低直接影响到成膜过程中乳胶粒的塑性形变和凝聚能力，乳胶粒子的玻璃化温度越低，越容易发生形变，使颜料堆砌得越紧密，因此玻璃化温度低的乳胶漆有较高的临界颜料体积浓度。由于粒度较小的乳胶粒子容易运动，易进入颜填料粒子之间和颜填料粒子较紧密接触，因此，较小粒度的乳胶漆具有较高临界颜料体积浓度。助成膜剂可促进乳胶粒子的塑性流动和弹性形变，能改进乳胶漆的成膜性能，它对临界颜料体积浓度值的影响比较复杂，还与乳液的玻璃化温度和粒度有关。一般存在一个最佳的助成膜剂用量，在此用量下，临界颜料体积浓度的值最大。助成膜剂的用量过多，会使乳胶粒产生早期凝聚或凝聚过快等现象，从而使聚合物的网络松散，导致临界颜料体积浓度值降低。

【例】 在某个乳胶漆配方中金红石钛白 100g，重钙 200g，硅灰石粉 100g，沉淀硫酸钡 80g。计算其 $CPVC$ 值。

(1) 各粉料的体积

金红石钛白：100÷4.2=23.8（cm^3）

重钙：　　　200÷2.7=74.1（cm^3）

硅灰石粉：　100÷2.75=36.4（cm^3）

硫酸钡：　　$80\div4.47=17.9$（cm^3）

计算式中的分母为相应粉体的密度。

（2）粉料的总体积（cm^3）

$$23.8+74.1+36.4+17.9=152.2(cm^3)$$

（3）各个粉料所占的体积分数

金红石钛白　$23.8\div152.2=0.156$

重钙　　　　$74.1\div152.2=0.487$

硅灰石粉　　$36.4\div152.2=0.239$

沉淀硫酸钡　$17.9\div152.2=0.118$

（4）混合粉料的 *CPVC* 值

把以上的数据代入式(10-3)。

$$CPVC=\frac{1}{1+\sum[(\overline{OA}_i\rho_iV_i/93.5)]}$$

$$=\frac{1}{1+[(16\times4.2\times0.156)+(13\times2.7\times0.487)+(18\times2.75\times0.239)+(6\times4.47\times0.118)]/93.5}$$

$$=68.7\%$$

以上计算，对油性体系比较适用；但对水性体系，基料与亚麻油性质截然不同，乳液种类对 *CPVC* 的影响也很大，乳胶漆用吸油值计算 *CPVC* 严格来讲是毫无意义的，所以计算出的数值是一个非常粗略的值，仅能作为配方设计时的参考。因为影响 *CPVC* 值的因素太多，不管用什么方法，计算出的 *CPVC* 值都是一个参考值。

不管在生产油性漆或水性涂料时，都会涉及涂料的 *PVC* 值，而每种涂料配方肯定有一个 *CPVC* 值，但这个数值的计算很难，所以平时很少去注意它，然而当了解这种涂料的 *PVC* 值和 *CPVC* 值后，可以算出这种涂料的涂膜空隙率。

仍以上述配方为例计算。

涂料 *CPVC* 值所需用的乳液量 *X*：

$$152.2\div(152.2+X)=0.687$$

$$X=69.30(cm^3)$$

所以在这个涂料的配方中达到 *CPVC* 值需要的乳液为：

$$69.30\div0.48=144.4(g)$$

式中，0.48 为乳液的密度，g/cm^3。

这都是一些运算出来的估计值，但这个值对于了解这个涂料配方中的一些基本性能有一定帮助。

所以，如果在做这个配方的过程中，乳液的使用量超过 144.4g 时，涂膜的密实度就很好，但低于这个值时，涂膜就会产生一些空隙。

例如：把乳液的用量以 90g 来计算涂膜的空隙率。

90g 的乳液的固体分为：

$$90\times0.48=43.2(cm^3)$$

涂料的 *PVC* 值为：

$$152.2\div(152.2+43.2)=152.2\div195.4=0.779=77.9\%$$

视乳液固体分的密度为 $1g/cm^3$。

所以涂膜的空气所占的体积为：

$$77.9\%-68.7\%=9.2\%$$

这就是一个简单的估算涂膜空隙率的方法，但这个方法因为在计算中引用的各种数据都有误差，所以只能算是一个近似值，但这个值有助于了解涂膜的大致结构。

10.3.4 涂膜性能与 PVC 的关系

PVC 对涂膜性能有很大影响，*PVC*＞*CPVC* 时，颜料粒子得不到充分的润湿，在颜料与基料的混合体系中存在空隙；当 *PVC*＜*CPVC* 时，颜料以分离形式存在于黏结剂连续相中，颜料体积浓度在 *CPVC* 附近变化时，漆膜的性质将发生突变，因此，*CPVC* 是涂料性能的一项重要表征，也是进行涂料配方设计的重要依据。图 10-2～图 10-4 分别表示了在 *CPVC* 处涂膜力学性能、渗透性能和光学性能发生的变化。

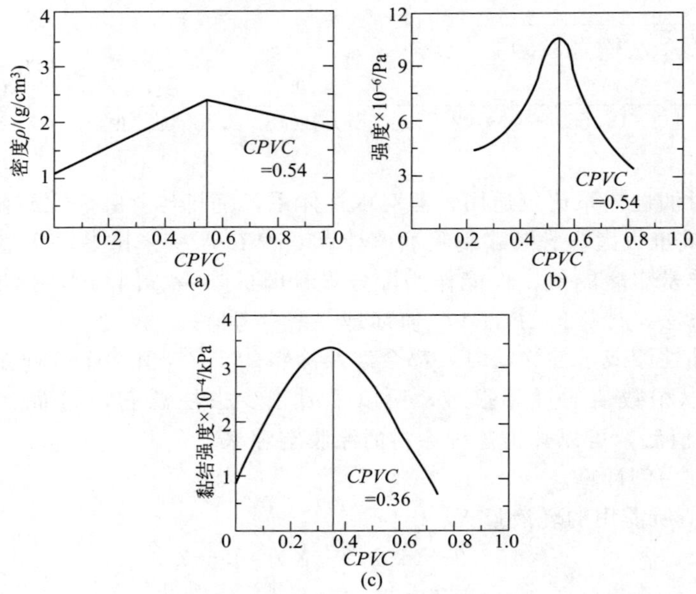

图 10-2　颜料体积浓度对涂膜力学性能的影响

10.4 流变学

流变学是研究流体流动和变形的科学。涂料的流变性能对涂料的生产、贮存、施工和成膜有很大的影响，最终会影响涂膜性能，研究涂料的流变性对涂料的体系选择、配方设计、生产、施工，提高涂膜性能具有指导意义。

10.4.1 黏度

涂料的流变性能与涂料在不同条件下的黏度有关。见图 10-5，设面积为 A、距离为 dx 的两层液体，在剪切力 F 的作用下以一定的速度差 dv 作平行流动，单位面积所受的力（F/A）称为剪切力（τ），速度梯度（dv/dx）称为剪切速率（D），剪切力与剪切速率的比

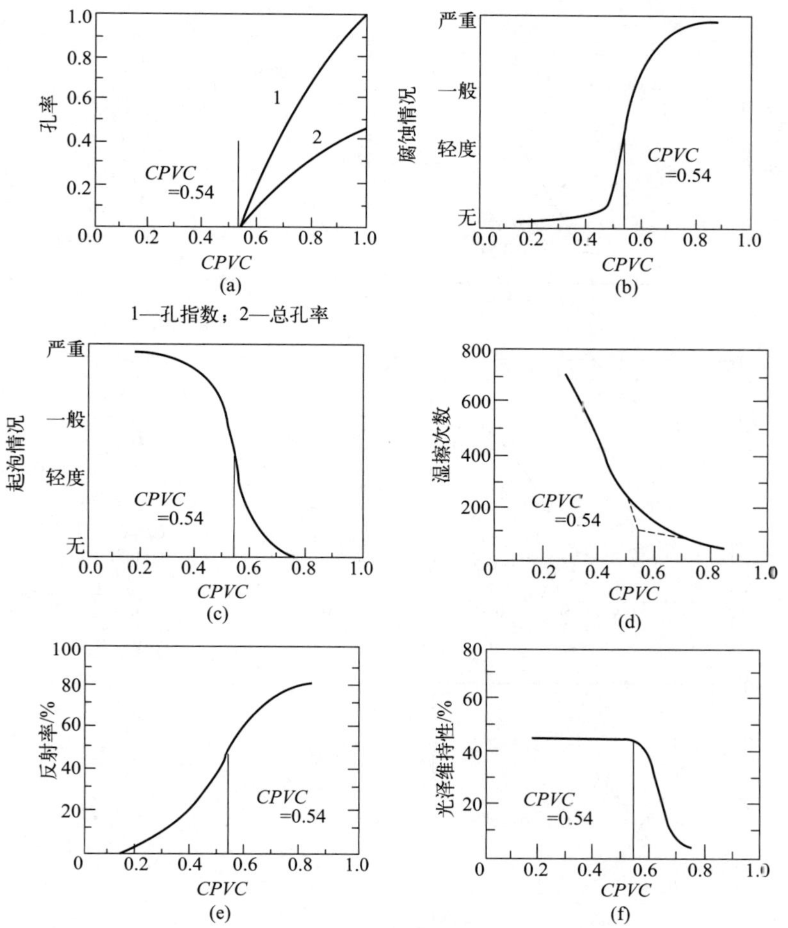

图 10-3　颜料体积浓度对涂膜渗透性能的影响

值（τ/D）称为黏度（η），是液体抵制流动的量度。

黏度不随剪切速率变化的流体称为牛顿流体，黏度随剪切速率变化的流体称为非牛顿流体，非牛顿流体又可分成假塑性流体、胀流性流体和触变性流体。假塑性流体的黏度随着剪切速率的增加而减小（即切力变稀的流体），胀流性流体的黏度随着剪切速率的增加而增大，触变性流体的黏度随着剪切时间的延长而降低。涂料大都为非牛顿流体。

10.4.2　黏度的影响因素

影响涂料黏度的主要因素有温度、聚合物浓度、分子量大小及其分布、溶剂黏度等。

溶液的黏度随温度升高而降低，其关系可用下式表示：

$$\lg\eta(T)=\lg A+\frac{B}{T} \tag{10-4}$$

式中，A、B 为经验常数。

实际应用中涂料的黏度与聚合物的浓度之间的关系可用下式表示：

$$\lg\eta_{\gamma}=\frac{w}{K_{a}-K_{b}} \tag{10-5}$$

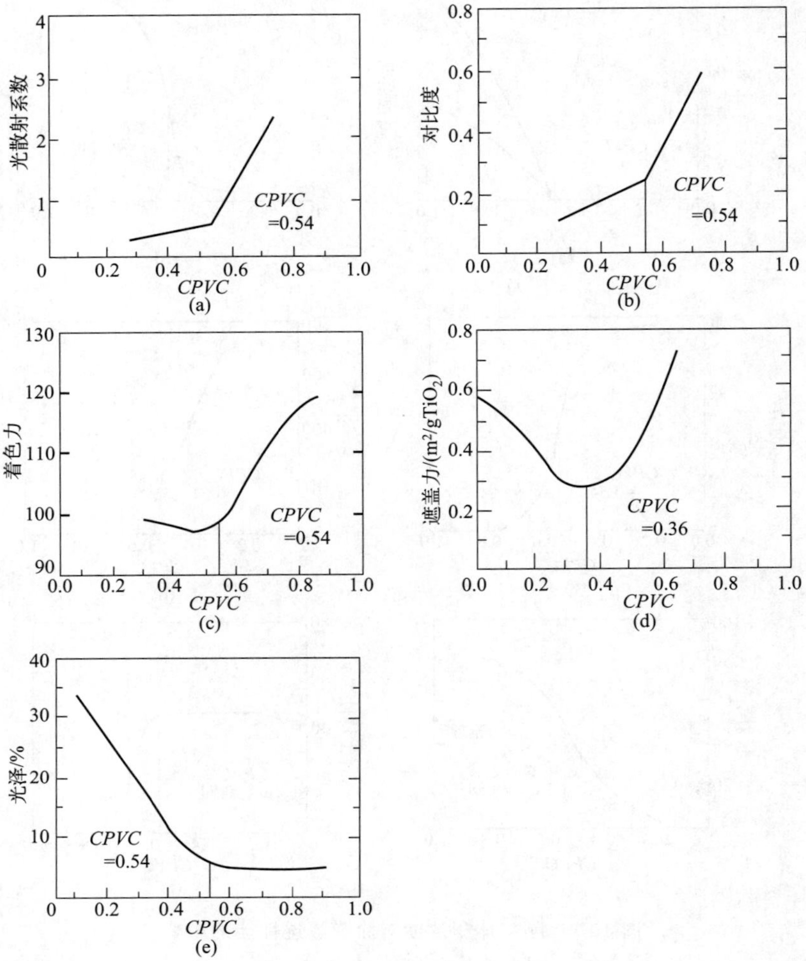

图 10-4　颜料体积浓度对涂膜光学性能的影响

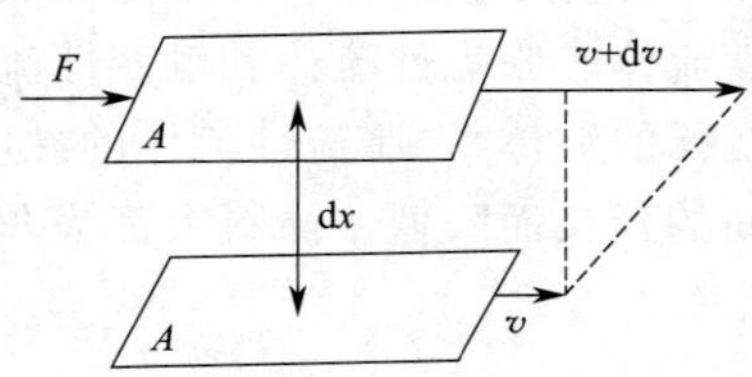

图 10-5　流体流动

式中，η_{γ} 为相对黏度；w 为溶质的质量分数；K_{a} 和 K_{b} 为常数，可以通过作图或者计算求出。式(10-5)适用于低分子量聚合物的溶液。

对于聚合物良溶剂的稀溶液，可以用 Mark-Houwink 方程表示：

$$[\eta]=KM_{w}^{a} \tag{10-6}$$

式中，$[\eta]$ 为特性黏数；M_{w} 为聚合物的平均分子量；K 和 a 为常数。

测定涂料黏度的方法很多，常用的有斯托默黏度计法、旋转黏度计法、锥板黏度计法等。

10.4.3　涂料流动方程

涂料在制备、贮存、施工和成膜阶段经受不同剪切速率的作用。分散过程搅拌下的剪切速率约为 $10^3 \sim 10^4 s^{-1}$，而器壁经受到的剪切速率只有 $1 \sim 10s^{-1}$。物料放出后，剪切速率可立即下降到 $10^{-3} \sim 0.5s^{-1}$，颜料有可能沉降。在施工中，刷涂、喷涂或辊涂的剪切速率至少在 $10^3 s^{-1}$，甚至达到 $10^5 s^{-1}$；施工后，剪切速率立即下降到 $10^0 s^{-1}$ 以下，为此涂料总被设计和配制成非牛顿流体，以满足性能要求。

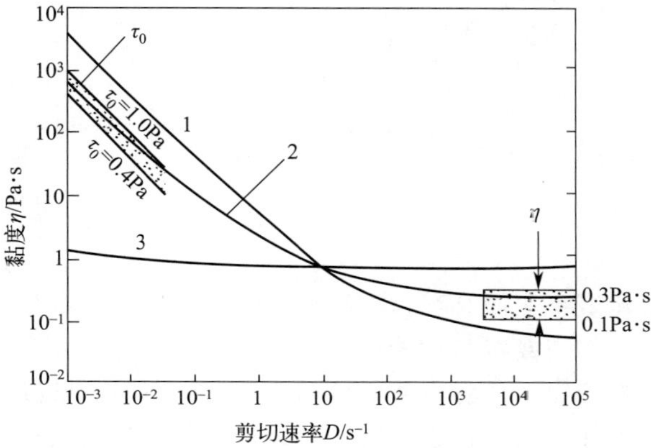

图 10-6　三种涂料的剪切速率与黏度的关系

以涂料生产、施工中剪切速率为横坐标，黏度为纵坐标作图描述涂料的流变性能，如图 10-6 所示为三种涂料在不同剪切速率下的黏度变化情况。涂料 1 的配方不合理，它在施工时黏度过低，施工后黏度过高，导致流平性较差。涂料 2 表示的涂料较合理，低剪切速率下该涂料的屈服值 τ_0 在 0.4～1.0Pa•s 之间，保证涂料有较好的贮存稳定性以及施工后的流平性，不致产生过多的流挂。高剪切区，该涂料的黏度在 0.1～0.3Pa•s 之间，从而确保涂料有较好的施工性能。涂料 3 的配方也不合理，施工时黏度过高，会产生刷涂拖带现象；施工后黏度过低，从而产生过多的流挂。

高剪切速率区，涂料的流动行为主要受基料、溶剂和颜料的影响；在低剪切速率区，涂料的流动行为主要由流变剂、颜料的絮凝性质和基料的胶体性质所决定。

当涂料施工后，不可避免地产生条痕，如果流平得很快，条痕就能够消失，流平过程的推动力是涂料的表面张力。当涂料在垂直底材表面上施工时，由于重力的作用，涂料会向下流动，过度的向下流动会造成涂料的流挂。涂料具有最好的流平性和最低的流挂性是施工所希望的，但降低涂料的黏度有助于流平，却也加速流挂；增加涂层的厚度有助于流平，却又导致流挂，只有具有合理屈服值的假塑性涂料体系，才能同时满足上述要求。

水性涂料配方研究与开发是涂料科学的重要内容，但是由于涉及多门学科，研究对象复杂，目前还没有形成完善的理论，配方设计主要还是靠大量的实验优选和经验积累，因此一个成熟的配方设计师应该重视多学科理论的学习，将理论运用于实践，同时，不断积累经验，提高悟性，才能成为一名优秀的配方工作者。

第11章 建筑涂料

建筑涂料指涂装于建筑物表面/能与建筑物表面材料很好黏结并形成完整涂膜，对建筑物表面起装饰作用、保护作用或特殊功能作用的材料。建筑涂料用作建筑物的装饰材料，与其他涂层材料或贴面材料相比，具有方便、经济、基本上不增加建筑物自重、施工效率高、翻新维修方便等优点，另外，涂膜色彩丰富、装饰质感好，并能提供多种功能。建筑涂料作为建筑内外墙装饰主体材料的地位已经确立。

11.1 建筑涂料的分类

我国目前建筑涂料还没有统一的分类方法，习惯上常用三种方法分类，即按组成涂料的基料的类别划分，按涂料成膜后的厚度或质地划分以及按在建筑物上的使用部位划分。

（1）按基料的类别分类

建筑涂料按基料的类别可分为有机涂料、无机涂料和有机-无机复合涂料三大类。

有机类建筑涂料由于其使用的溶剂或分散介质不同，又分为有机溶剂型和水性有机（乳液型和水溶型）涂料两类。还可以按所用基料种类再行细分。

无机类建筑涂料主要是无机高分子涂料，属于水性涂料，包括水溶性硅酸盐系（即碱金属硅酸盐）、硅溶胶系、磷酸盐系及其他无机聚合物系。应用最多的是碱金属硅酸盐系和硅溶胶系无机涂料。

有机-无机复合建筑涂料的基料主要是水性有机树脂与水溶性硅酸盐等配制成的混合液（物理拼混）或是在无机粉体表面上接枝有机聚合物制成的水分散体。

（2）按涂膜的厚度或质地分类

建筑涂料按涂膜的厚度或质地可分为表面平整光滑的平面涂料和有特殊装饰质感的非平面类涂料。

平面涂料又分为平光（无光）涂料、半光涂料等。

非平面类涂料的涂膜常常具有很独特的装饰效果，有彩砖涂料、复层涂料、多彩花纹涂料、云彩涂料、仿墙纸涂料、纤维质感涂料等。

（3）按照在建筑物上的使用部位分类

建筑涂料按照在建筑物上的使用部位可以分为内墙装饰涂料、外墙装饰涂料、地面装饰涂料和顶棚装饰涂料等。

建筑涂料的主要类型列于表 11-1。

表 11-1 建筑涂料的主要类型

按基料分类				按建筑物使用部位分类					按涂膜厚度或质地分类			
				内墙装饰	外墙装饰	地面装饰	顶棚装饰	特种功能	平面涂料	非平面类涂料		
										砂壁涂料	多彩(色)涂料	凹凸花纹涂料
有机涂料	水性	水溶型	聚乙烯醇系	O			O	O	O			O
		乳液型	乙烯系乳液	O	O		O	O	O	O		
			醋酸乙烯系乳液	O			O		O		O	O
			纯丙烯乳液	O	O	O	O	O	O	O	O	O
			苯丙乳液	O			O	O	O	O		
			叔丙乳液	O	O		O	O	O	O		O
			叔醋乳液	O			O	O	O	O		
			环氧系乳液	O		O	O	O	O			
			氯偏系乳液	O	O		O	O	O	O		
	溶剂型		酚醛系			O			O			
			醇酸系	O	O				O			
			硝酸纤维系					O	O		O	
			过氯乙烯系	O	O	O			O			
			丙烯酸树脂系	O	O			O	O			
			环氧树脂系						O			
			聚氨酯系	O	O	O			O			
			有机硅系		O				O			
			有机氟系		O				O			
			氯化橡胶系		O				O			
无机涂料	水性		碱金属硅酸盐	O	O			O	O			
			硅溶胶	O	O			O	O			O
有机-无机复合涂料	水性		碱金属硅酸盐-合成树脂乳液	O	O				O			
			硅溶胶-合成树脂乳液	O	O	O			O			O

注：O 表明都适用。

11.2 乳胶漆

在建筑涂料中，乳胶漆产量最大、用途最广，它已形成了系列化的产品。乳胶漆也称为合成树脂乳液涂料，是有机涂料的一种，是以合成树脂乳液为基料，加入颜填料及各种助剂配制而成的一类水性涂料。根据成膜物质的不同，乳胶漆主要有聚醋酸乙烯基乳胶漆、纯丙基乳胶漆、苯丙基乳胶漆、叔丙基乳胶漆、醋丙基乳胶漆、叔醋基乳胶漆、硅丙基乳胶漆及氟聚合物基乳胶漆等品种；根据产品适用场合的不同，乳胶漆分为内墙乳胶漆、外墙乳胶漆、木器用乳胶漆、金属用乳胶漆及其他专用乳胶漆等；根据涂膜的光泽高低及其装饰效果又可分为无光、哑光、半光、丝光和高光等类型；按涂膜结构特征可分为热塑性乳胶漆和热固性乳胶漆，热固性乳胶漆又可以分为单组分自交联型、单组分热固型和双组分热固型三种；按基料的电荷性质，可分为阴离子型和阳离子型两类。

11.2.1 乳胶漆的特点

① 涂膜干燥快。25℃时，30min 内表面即可干燥，120min 可完全干燥，一天内可以施工 2～3 道，施工工期短。

② 保光、保色性好，漆膜坚硬，表面平整，观感舒适。

③ 施工方便。可在新施工完的湿墙面上施工，刷涂、辊涂、喷涂皆可。

④ 毒性小，环保，不污染环境。

⑤ 乳胶漆以水为介质，无引起火灾的危险。

⑥ 涂料流平性不如溶剂型涂料，外观不够细腻，存在大量微孔，易吸尘，一般为无光至半光。

⑦ 涂膜受环境温度影响，遇高温易回黏，易为灰尘附着而被沾污，难以清洗。

11.2.2 乳胶漆的组成

（1）成膜物

① 乳液

乳液是乳胶漆的主要成膜物，作为乳胶漆的核心组成部分，乳液不仅负责固定颜填料，还能紧密贴合墙体，形成一层保护膜，赋予涂层基本的物理特性，并有效抵御外界环境的侵蚀。乳液对涂料制备、涂膜的初始和长久性能影响很大。乳液种类不同，对粉料的润湿包覆能力不同，它还影响增稠剂、消泡剂的选择，影响涂料的浮色发花，涂料的储存稳定性，涂膜附着力、耐水性、耐碱性、耐洗刷性、保光保色性、抗污性、抗粉化性、抗泛黄性、抗起泡和抗开裂性等。

研究发现：苯丙乳液具有很好的耐碱性、耐水性，光泽亦较高，但耐老化性较差，适合做室内涂料的基料；纯丙乳液是综合性能很好的品种，其耐老化性尤其突出，涂膜经久耐用；硅丙乳液是在丙烯酸酯共聚物大分子主链上引入了有机硅链段（或单元），其硅氧烷通过水解、同基材羟基（—OH）的缩聚提高了涂膜的耐水性、透气性、附着力和耐老化性；氟碳或氟丙乳液属于高端乳液品种，有极低的表面能和优异的耐候性，更是独树一帜。因此，应根据对乳胶漆性能、用途及价格等综合要求进行乳液的选择。

在选择内墙乳胶漆的乳液时，主要考量其与颜料的亲和力、调色便捷性、涂料的施工性能、漆膜外观、手感及丰满度，当然，价格也是一个重要因素。苯丙乳液因其出色的颜料亲和力、良好的耐洗刷性、耐碱性、快速干燥和稳定性，且价格适中，成为中低档内墙乳胶漆的首选。而对于高档内墙乳胶漆，更注重施工性、调色灵活性及漆膜质感，因此醋酸乙烯共聚乳液和醋丙、叔醋乳液更为合适，它们同样具备良好的耐碱、耐水和耐洗刷性。有时，为了进一步提升性能，还会采用两种乳液混合使用的方式，以融合两者的优点。

对于外墙乳胶漆的乳液选择，除了内墙乳胶漆的要求外，还需特别强调耐水性、抗沾污性和耐老化性，这三者直接决定了外墙乳胶漆的品质。硅丙、苯丙（低苯乙烯含量）、叔丙、纯丙、叔醋等乳液，因其良好的耐水性，均适用于外墙。较高玻璃化转变温度（T_g）的乳液，抗沾污性更佳。耐老化性则是外墙乳胶漆乳液选择的最关键指标，氟碳乳液在此方面表现最优，硅丙、纯丙、叔丙、苯丙（低苯乙烯含量）、叔醋及叔醋丙乳液同样具备较好的耐老化性，适合用于外墙乳胶漆。

② 颜料

颜料主要提供涂料遮盖力及各种绚丽的色彩。颜料为颜色的呈现体，无机、有机颜料在着色能力和鲜艳度、耐化学品性以及遮盖性方面存在差异，颜料本身的色牢度和耐化学性直接影响到涂膜的保色性、粉化性。

乳胶漆颜料中用量最大的是钛白粉，其金红石（R）型晶格致密、稳定，不易粉化，耐候性好；锐钛矿（A）型则晶格疏松，不稳定，耐候性差，主要用于室内用漆。为了进一步改进使用性能，近年来出现了包覆型金红石（R）型钛白粉。此外，铁红、铁黄、酞菁蓝（绿）、炭黑在乳胶漆中也可应用。

外墙乳胶漆对彩色颜料的要求更高，主要表现在三个方面：要有优良的耐光性，一般应达到 7 级以上。要有优良的耐候性，颜料冲淡后的耐候性应在 4 级以上。要有优良的耐碱性。一般应尽量选用无机颜料，如氧化铁红、氧化铁黄、炭黑等，因其分子结构稳定，耐光耐候性好，但由于无机颜料的颜色大多不够鲜艳，不能调制高饱和度的鲜艳颜色，因此还要使用一些耐候性好的有机颜料，如酞菁蓝、酞菁绿、永固紫、永固黄 GR 等，从而调成各种需要的鲜艳颜色，以满足客户的需求。

③ 填料（或称体质颜料）

填料能调节黏度、降低成本，提高漆膜硬度及改善各种物理性能。常用的品种有碳酸钙（轻质、重质）、高岭土、滑石粉、硅灰石粉、重晶石粉、沉淀硫酸钡、超细硅酸铝和云母粉等。

轻质碳酸钙可使涂料获得较高的干遮盖力（对比率）、良好的附着力和防霉性，改进悬浮性，但由于有钙离子，要注意因其与其他化学品作用可能产生贮存期间涂料增稠或返粗现象，使贮存稳定性变差，用量过多时涂刷性会变差，适合于内墙涂料。

重质碳酸钙可以改善涂料的平滑性及悬浮性，提高附着力和防霉性、抗冻融性，降低漆膜起泡和开裂现象，内外墙涂料都可使用。

高岭土分水性高岭土和煅烧高岭土，它们都可以提高涂料的对比率（干遮盖力），提供优良的色延展性，抗浮色、发花，提供流变性和触变性，悬浮性较好。水性高岭土的白度不如煅烧高岭土，但涂膜手感更滑爽。前者一般只适用于内墙涂料，后者内外墙涂料都可以。

滑石粉添加到乳胶漆中能够改善涂膜的柔韧性，降低漆膜的渗水性，提高漆膜的附着力，赋予涂料一定的触变性而减少颜填料的沉降，增强漆膜的机械强度，内外墙涂料都可使用。

硅灰石粉能增加白色涂料明亮的色调，有较强的反射紫外线的能力，因而可提高漆膜的耐老化性能，还可以起到钛白粉增效剂的作用，提高遮盖力，改善涂料的流平性，提高漆膜耐磨性，大多用于外墙涂料中。

重晶石、沉淀硫酸钡耐酸、耐碱、耐光、耐候性优异，有很好的流动性，呈白色，与有色颜料合用能增强其色泽和明亮度，赋予涂膜硬度、耐磨性和耐沾污性。两者最大区别在于重晶石密度大，易引起沉淀结块，主要应用于高光泽漆、丝光漆及外墙涂料中，而沉淀硫酸钡，质地较软，粒径均匀，更易分散，且有较大的遮盖力，同时吸油量也大。

超细硅酸铝具有极好的悬浮性，它与各种颜料，特别是钛白粉配合使用，能改善分散稳定性、遮盖性和颜色的着色强度，产生钛白增效作用，可提高乳胶漆的白度、干膜对比率、贮存稳定性、耐候性，加入一定的量不影响漆膜的耐水性、耐碱性和耐洗刷性，另外还有消光作用，适合于外墙涂料。

云母粉有白色、淡黄色、浅（深）棕色、粉红色等颜色，有优良的耐热性、耐酸性及耐碱性，在乳胶漆中添加可显著降低涂膜对水的渗透性，减少龟裂和粉化倾向，因此可以改善涂膜耐候性，主要用于外墙涂料，还可改善耐化学腐蚀性。

一般来说，对乳胶漆的配方设计采用两种以上的填料较好，这样可以对涂料的性质作适当调节，可以相互补充、配合，以满足多种的性能要求。当然，品种太多也没有必要，在考虑其互补作用的同时，亦要考虑排斥的作用，且配方复杂化，不好管理。

填料是为了降低产品成本，又能起到一定的性能作用而添加的，它们与钛白粉等颜料的配合，不但不会影响颜料的性能，还可以用来控制流动性，使涂料具有稳定性和坚牢度。

乳胶漆使用的填料可以分为两类：吸水性较强的填料，如上述的高岭土、滑石粉、云母粉、硅酸铝等，它们提供强烈的触变凝胶倾向，有相当程度的脱水收缩作用、良好的涂刷性和均匀性；吸水性弱的填料，如硫酸钡、重质碳酸钙、硅灰石粉等，它们提供较少的触变性，良好的丰满度，稍有或没有脱水收缩作用，但使用过量会使湿边缘性变差。

因此，在设计配方时要把两类填料进行搭配使用，或选择两种以上，进行性能、数量的筛选，结合所要求的性能特点精选到一个合理的配比，从而可以有效地控制最终涂料的性能，设计出性价比高的配方。

（2）分散介质

乳胶漆的分散介质主要是水，优先选用去离子水。直接用自来水或井水是不合适的，其在长期储存中容易导致乳胶漆沉淀，还可能引发性能的劣变。

在实际生产中，若需采用自来水，一定要经过冷热储存试验及性能检测，如果没有问题，才可以使用。

（3）助剂（添加剂）

虽然助剂在乳胶漆中用量较少，但所起作用不可忽视。助剂在乳胶漆制造、储存及施工过程中的主要作用如下：

① 满足乳胶漆制造过程中的工艺要求，如润湿、分散、消泡等；

② 保持乳胶漆在储存中的稳定性，避免涂料的分层、沉淀、霉变等；

③ 改善乳胶漆的成膜性能，如成膜助剂；

④ 满足乳胶漆的施工性能。

乳胶漆常用的助剂有：润湿剂、分散剂、增稠剂、消泡剂、成膜助剂、pH 调节剂、防腐剂、防霉剂等。

成膜助剂：乳胶漆的基料是聚合物乳液，水中分散的球形聚合物颗粒经过聚集、蠕变、融合最终才能形成平整的涂膜，因此，一般乳液漆有自己的最低成膜温度（MFT），品种不同，其最低成膜温度不等。当外界环境温度低于涂料的最低成膜温度时，涂料即会出现龟裂、粉化等现象，不能形成连续、平滑的涂膜，这个最低成膜温度与乳液的玻璃化温度（T_g）有关，一般较 T_g 高出几到十几摄氏度。为了使乳胶漆能在较宽泛的温度范围内都能形成连续的、完整的涂膜，生产时需加入一定量的成膜助剂以改善涂料的成膜性。当乳液成膜后，成膜助剂会从涂膜中挥发，不影响聚合物的最终 T_g 和硬度等性能。常用的成膜助剂和其物性见表 11-2。

表 11-2　常用的成膜助剂和其物性

成膜助剂	挥发速率[①]	溶解度(20℃)/(g/100g)		沸点/℃	水解稳定性
		水中	助成膜剂中		
2,2,4-三甲基-1,3-戊二醇单异丁酸酯(醇酯十二)	0.002	0.2	0.9	244～247	优
苯甲醇	0.009	3.8			优
丙二醇苯醚	0.01	1.1	2.4	243	优
丙二醇丁醚	0.093	6	13	170	优
乙二醇苯醚	0.01	2.5	10	244	优
乙二醇丁醚	0.079	∞	∞	171	优
二乙二醇丁醚	0.01	∞	∞	230	优

①以醋酸丁酯的挥发速率 100 为基准。

2,2,4-三甲基-1,3-戊二醇单异丁酸酯为乳胶漆中的主流成膜助剂，亦称为醇酯十二。它能显著降低乳液的最低成膜温度，提高涂膜的光泽、耐水性及耐老化性。加入 5%的该成膜助剂可使 MFT 下降 10℃左右。由于成膜助剂对乳液有较大的凝聚性，最好在乳液加入前将其加入颜填料中，这样就不会损害乳液的稳定性。

润湿剂、分散剂：润湿剂的作用是降低被润湿物质的表面张力，使颜填料颗粒充分地被润湿而保持分散稳定。分散剂的作用是使团聚在一起的颜填料颗粒通过剪切力分散成初级粒子，并且通过静电斥力和空间位阻效应而使颜填料颗粒长期稳定地分散在体系中而不附聚。

增稠剂：乳胶漆由水、乳液、颜填料和其他助剂组成，因以水作为分散介质，黏度通常较低，在贮存过程中易发生分水和颜料沉降现象，而且施工过程中会产生流挂，无法形成厚度均匀的涂膜，因此必须加入一定量的增稠剂来提高涂料的黏度，以便于分散、贮存和施工。涂料的黏度与浓度没有直接关系，黏度的最有效调节方法是加入增稠剂。羟乙基纤维素(HEC)、缔合型聚氨酯、丙烯酸共聚物为最常用的三种增稠剂。HEC 在乳胶漆中使用最方便，低剪和中剪切黏度大，具有良好的颜料悬浮性、着色性及防流挂性，应用广泛，其主要缺点是流平性较差，且易受微生物侵蚀。缔合型聚氨酯增稠剂的优点是具有良好的涂刷性、流平性、抗飞溅性及耐霉变性，缺点是着色性、防流挂性和贮存抗浮水性较差，尤其是对涂料中的其他组分非常敏感，包括乳液的类型和粒径大小及表面活性剂、共溶剂、成膜助剂的种类。比较好的方法是将 HEC 和缔合型聚氨酯增稠剂拼起来使用，以获得平衡的增稠和流平效果。

消泡剂：消泡剂的作用是降低液体的表面张力，在生产涂料时能使因搅拌和使用分散剂等表面活性物质而产生的大量气泡迅速消失，减少涂料制造与施工障碍，可以缩短制造时间，提高施工效率和施工质量。

防霉、防腐剂：防霉剂的作用是防止涂料涂刷后涂膜在潮湿状态下发生霉变。防腐剂的作用是防止涂料在贮存过程中因微生物和酶的作用而变质。

防冻剂：防冻剂的作用是降低水的冰点以提高涂料的抗冻性。

11.2.3　乳胶漆的配方设计

乳胶漆的组成决定其性能。

配方设计是在保证产品高质量和合理成本的原则下选择原材料，把涂料配方中各材料的性能充分发挥出来。配方设计首先要熟悉涂料体系的各种组成，明确涂料各组成部分的性能。乳胶漆性能完全依赖所用原材料的性能，以及配方设计师对各种材料的优化组合。高性能材料不一定能生产出高品质乳胶漆。使每一个组分的积极作用充分发挥出来，不浪费材料优良性能和成本，将消极的负面效应掩盖好或减少到最低，这才是配方设计的最高境界。

（1）外墙乳胶漆

外墙乳胶漆一般多为色漆。由于其使用条件差，常年风吹、光照、雨淋，因此要求有更好的耐候性、耐水性、保光保色性与抗高温回黏性，该涂料涂膜综合性能要好。要提高涂层各方面性能，原材料选择是关键。从乳液到助剂，凡是留在涂膜中的物质，对涂膜的各项性质或大或小都有影响。

涂料各组分中，基料选择是关键，应选择耐水性好、保光保色、抗粉化乳液，至少为纯丙乳液、叔丙乳液，高端产品可选择硅丙乳液、氟丙乳液或氟碳乳液，最好具备自交联性质。在外墙高 *PVC* 配方中可将保立佳纯丙乳液 BLJ-9200（占涂料总量的 10%）和保立佳苯丙乳液 BLJ-818F（占涂料总量的 10%）混合使用，在外墙低 *PVC* 配方中使用保立佳纯丙乳液 BLJ-9200（占涂料总量的 40%），综合性能优异。从漆膜光泽度、透气性及耐候性等方面考虑，乳液含量一般控制在涂料总量的 20%～60%。

外墙乳胶漆配方中颜填料一般控制在涂料总量的 20%～45%。

① 白色颜料用金红石钛白粉，应根据色漆颜色的深浅调节钛白粉的添加量，深色漆钛白粉应少加，一般添加量控制在 5%～10%不等（白色漆一般添加 8%～20%）；不要添加锐钛矿型钛白粉和立德粉。

② 填料不要选择太细的体质颜料。粒子细，单位体积粒子的数目大，容易发生表面粉化现象，这实际上是因为颜料的比表面积增大，耐候性变差。

③ 煅烧高岭土（具有良好的遮盖性能，优异的悬浮性和抗吸潮、抗冲击性）、云母粉（增强涂膜的抗污染、抗紫外线能力）、硅灰石粉（具有部分干遮盖力，硬度高、抗紫外线）可以用于外墙乳胶漆；在高性能外墙面涂乳胶漆配方中，一般不要使用轻质碳酸钙和滑石粉。

在外墙高 *PVC* 配方中使用 8%金红石钛白、10%煅烧高岭土、15%的硅灰石粉、9%的重质碳酸钙，在低 *PVC* 白色外墙漆配方中使用 17%金红石钛白、5%云母粉、5%高岭土、10%硅灰石粉，各项性能优异。

在外墙乳胶漆中，不要使用 HEC 类增稠剂。用 HEC 类增稠剂增稠的涂料漆膜致密性不如用 HASE 类和 HEUR 类增稠的涂膜，所以漆膜的抗水性会降低。具体分析如下。

① 碱活化触变型增稠剂用量低，有极强抗沉降效果，能提高成品漆贮存稳定性，其独特的交联缔合机理使产品在静止状态（剪切率为零）时具有极高的屈服值，从而解决分水及浮色问题。

② HEUR 类增稠剂符合零、低 VOC 环保要求，具有一定触变性，可有效提高涂料在低、中剪切速率下的黏度，展色性极优，色差值（ΔE）极低，可有效解决因加入色浆后导致斯托默黏度（*KU*）下降的问题，特别适合在色漆中使用。

③ HEUR 类增稠剂有出色的增稠流平效果，能提供优异的开罐效果和干膜丰满度，可降低施工过程中的飞溅。

④ 色漆中，色浆的加入能引起涂料黏度的降低，尤其是 HEUR 类增稠剂对色浆最为敏感，所以不能单独用 HEUR 类作为基础漆的增稠剂，即使在半光和高光乳胶漆中也要加入适量的 HASE 类增稠剂。

表 11-3 所示是一个外墙乳胶漆的参考配方。

表 11-3　外墙乳胶漆

材料名称	用量/质量份	备注	供应商
水	170	分散介质	
Triton X-405	1.50	润湿剂	罗门哈斯公司
KPA	3.50	分散剂	明佳科技
P-23	2.00	抗水性分散剂	明佳科技
P-93	2.00	杀菌防腐剂	明佳科技
P-98	1.00	防霉剂	明佳科技
丙二醇	15.0	抗冻及抗结皮剂	
FG-5	1.00	抑泡剂	明佳科技
金红石钛白	170	R-930	杜邦化学
绢云母粉	50.0	格锐牌	安徽格锐矿业
煅烧高岭土	50.0	950 目	山西晋城思科
硅灰石粉	100	800 目	广西科隆
高速分散 20min 后，调慢搅拌速度，加入下列物料			
Texanol	22.0	成膜助剂	伊士曼化工
PU-40	2.00	聚氨酯缔合型增稠剂	明佳科技
BLJ-9200	400	纯丙乳液	保立佳
AMP-95	2.00	pH 调节剂	安格斯公司
AMP-19	2.00	消泡剂	明佳科技
T-33	3.00	丙烯酸类增稠剂	明佳科技

配方参数如下所示。

干涂膜厚度：35μm；涂料理论密度：1.31kg/L；涂刷面积：9.20m^2/kg；质量固含量：57%；体积固含量：43%；颜基比：1.9∶1；*PVC*：35%；对比率：0.95；耐擦洗次数：>10000 次；耐水性：96h 无异常；耐碱性：48h 无异常；pH 值：8.8；流动性：优异；开罐效果：无分层，搅动滞后感好。

（2）内墙乳胶漆

内墙乳胶漆是乳胶漆品种里的一个大类，主要功能是装饰和保护室内壁面，使其美观、整洁。内墙涂料要求涂层质地平滑、细腻、色彩柔和、有一定的耐水和耐碱性，抗粉化性、耐擦洗性和透气性好，内墙涂料要施工方便，贮存性稳定，价格合理。根据性能和装饰效果不同内墙乳胶漆大致可分为平光乳胶漆、丝光漆和高光泽乳胶漆。

不同类型的乳胶漆所用原料虽不完全相同，但生产工艺基本一致。丝光乳胶漆涂层丰满；高光乳胶漆应选用细小粒径乳液，钛白和填料选择消光能力较弱、小粒径粉料。高 *PVC* 平光乳胶漆的配方特点是填料用量大，乳液量少（8%～10%），助剂量少。

为保证乳胶漆在容器中状态好、无分水、无沉淀、贮存稳定性好、好施工、涂膜遮盖力高、耐水、耐碱、耐洗刷，需仔细进行配方设计。

基料的选择：内用建筑涂料由于对耐老化性能的要求较低，一般选用成本较低的醋丙乳液、叔醋和苯丙乳液。需要注意的是不同厂家、同一厂家不同牌号乳液的成膜性、耐水性、耐碱性等方面都可能存在差异。内墙高 *PVC* 涂料，粉料多，乳液少，为了提高黏结强度和增加黏结点，应选用玻璃化温度低、成膜性好、柔韧性好、乳液粒径细的乳液，并要求乳液有一定的耐水、耐碱性。乳胶漆涂层的耐洗刷性是涂膜表面硬度，光滑程度（表面摩擦系数），涂层附着力，耐水、耐碱性等性能的综合反映。表面摩擦系数越小，耐洗刷次数越高；

乳胶粒粒子数量越多，黏度强度越大，则漆膜越耐擦；不耐水、不耐碱的涂膜，耐擦洗次数不高。在大多数的配方中，涂膜耐洗刷次数不高，是由于涂膜耐水、耐碱性差，在擦洗过程中涂层起泡，失去与基材的附着力。由于苯丙乳液黏结颜料的能力强，耐水性、耐碱性好，价格较低，其应用较多。

从漆膜光泽度及透气性方面考虑，乳液含量一般控制在涂料总量的15%～40%之间。内墙丝光涂料中，叔醋乳液配制的漆膜较苯丙乳液配制的漆膜光泽度略高，但叔醋乳液价格较苯丙乳液高，且耐水、耐碱性均不如苯丙乳液。内墙平光涂料配方中可使用青岛豪纳的苯丙乳液 HN-996（占涂料总量的18%）。

涂料中的颜料首先要满足装饰和提供遮盖力的要求。其次，为保证生产的顺利进行，应注意颜料的分散性。内墙涂料对耐候性要求较低，可不考虑颜填料的耐光、抗粉化性能；颜料一般选择锐钛白，添加量为涂料总量的10%～20%之间。填料中煅烧高岭土有良好的遮盖性能，优异的悬浮性和抗吸潮、抗冲击性。重质碳酸钙的白度高、流变性好。在中高档内墙乳胶漆配方中一般不推荐使用轻质碳酸钙。在有光体系乳胶漆配方中，一般不添加填料（主要是大多数填料消光），但从成本角度考虑，可选择加入少量填料以降低成本。实验证明，在众多廉价的填料中，沉淀硫酸钡对光泽度的影响最小。在内墙平光配方中使用10%锐钛白、8%煅烧高岭土、22%的沉淀硫酸钡，在内墙丝光涂料配方中使用20%锐钛白、5%沉淀硫酸钡，各项性能优异。

由于建筑涂料通常涂刷于碱性较高的水泥砂浆等表面，因此对颜填料的耐碱性要求较高。

消泡剂要具有脱气能力与适当的破泡速度。同时在选择助剂时要考虑各种助剂给漆膜带来的负面影响，如抗水性、展色性、涂料稳定性等方面。

润湿分散剂要注意润湿分散性能及是否适合已选用的颜填料及乳液；润湿分散剂影响制造过程中的浆料分散，从而影响成品漆的贮存，漆膜的光泽、遮盖力、白度、耐水、耐碱性和耐洗刷次数，还影响漆料的流动与流平性。表示分散性好坏的方法有黏度法、沉降体积法、沉降分析法等，利用分散性好的分散剂（如 Hydropalat 5040）分散的浆料中絮凝粒子少，初级粒子多，粒子自由运动的可能性大，漆样防沉性好，遮盖力、光泽高。

增稠剂要注意选择不同类型的产品进行搭配使用并比较增稠效果和施工性能，适当的搭配会使涂料具有良好的开罐效果并使涂膜具有较好的丰满度，增稠剂影响涂装作业、漆膜性能。增稠剂的选择原则是在增稠-保水-涂层耐水三者之间找平衡点，对高剪切黏度贡献大，中、低剪切黏度贡献小的缔合型增稠剂在控制分水方面有较好的效果。

乳胶漆生产过程中使用的其他助剂如成膜助剂、防腐防霉剂、防冻剂等，对涂料制造、储运、施工和涂层性能也有较大影响，也应认真选择。任何助剂的添加量都要以解决问题为依据，不要过量添加，否则成本提高，性能也可能有所下降。另外对于助剂的选择，也要考虑避免助剂之间发生相互作用，可通过试验选择合适的助剂。表 11-4 列出了内墙平光乳胶漆的一个典型配方。

表 11-4　内墙平光乳胶漆

材料名称	用量/质量份	备注	供应商
水	180.0	分散介质	
Triton Co-630	1.00	润湿剂	罗门哈斯公司
CPA	4.00	分散剂	明佳科技

续表

材料名称	用量/质量份	备注	供应商
P-93	2.00	杀菌防腐剂	明佳科技
FG-5	1.00	抑泡剂	明佳科技
锐钛白	100.0	BA0101	衡阳玉兔
煅烧高岭土	100.0	950 目	山西晋城思科
重质碳酸钙	255.0	800 目	北京国利超细粉体
高速分散 20min 后，调慢搅拌速度，加入下列物料			
水	140.0	用于降低温度	
乙二醇	10.0	抗冻剂	
Texanol	10.0	成膜助剂	伊士曼化工
HN-996	180.0	苯丙乳液	青岛豪纳
20%氢氧化钠水溶液	6.00	pH 调节剂	
AMP-19	2.00	消泡剂	明佳科技
MC-201	2.00	丙烯酸类增稠剂	明佳科技
MC-35	7.00	缔合型增稠剂	明佳科技

内墙平光乳胶漆配方中分散剂用 CPA，增稠体系用 MC-201 与 MC-35。MC-35 水相增稠能力强，流动性优异，中剪切黏度出色，是 HEC 类增稠剂最佳低成本的替代产品；MC-201 提供高剪切黏度，增加涂膜丰满度，改善施工抗飞溅性能。

11.2.4　乳胶漆的生产工艺

乳胶漆制备工艺流程可用图 11-1 表示。

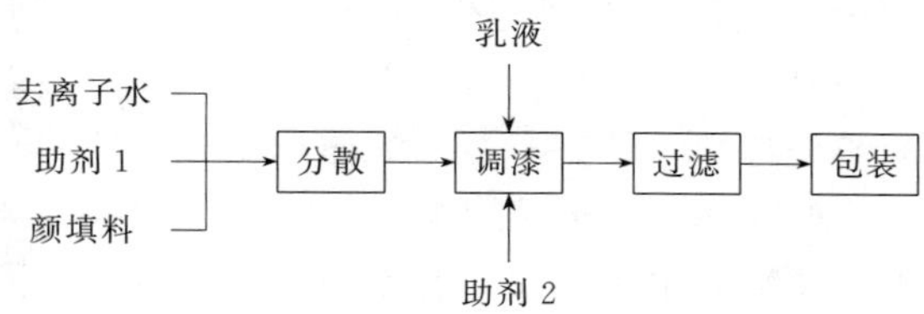

图 11-1　乳胶漆制备工艺流程图

乳胶漆的生产工艺如下：

① 将去离子水及羟乙基纤维素（HEC，若配方有的话）加入高速分散机，搅拌溶解后再加入润湿剂、分散剂、部分消泡剂、防腐剂，分散均匀；

② 加入颜填料［如钛白粉、立德粉、轻（重）钙粉、滑石粉、超细硅酸铝，彩色颜料以制成色浆的方式于最后调色时加入］、成膜助剂进行高速分散，若对细度要求高（如有光漆），应进行砂磨或球磨制成白浆；

③ 在低速搅拌下，把乳液慢慢地加到白浆中，再加配方中余量的消泡剂，搅拌均匀即得初成品；

④ 用增稠剂稀释液调整初成品黏度，用色浆调配初成品涂料颜色，经过滤，即为乳胶漆成品。

乳胶漆生产工艺的关键控制要点如下。

（1）颜填料分散工艺

乳胶漆和溶剂型漆的颜填料分散工艺的不同之处在于：乳胶漆黏结剂和颜填料均为分散相，水是连续相；而溶剂型漆则只有颜填料是分散相。由于水的低黏度、高表面张力及成膜物质在成膜前为分散相，乳胶漆在制造过程中必须加入各种助剂。

要取得较好的分散效果，润湿剂、分散剂、部分消泡剂以及抗冻性二醇（乙二醇、丙二醇）应在HEC充分溶解之后加入，在低速搅拌下（约300r/min）加入颜填料。粉料加入原则为：先加入难分散的、量少的颜料，然后加入填料，加料完毕后再提高转速。为了提高分散效果，也可采用适当偏心分散，以消除死角，一般高速分散约20～30min，过度延长分散时间不会提高分散效果，应当避免。

经高速分散后，如果还达不到细度要求（乳胶漆一般为60μm以下），需再经砂磨机研磨。应注意浆料的黏度不能太高。若在乳胶漆的生产中应用超细颜填料，经过高速分散即可达到细度要求。若乳液力学稳定性好（如BASF 296DS型苯丙乳液），高速分散不会破乳，可以在分散、研磨过程中适当加入一些乳液，有利于润湿分散，提高质量。

（2）助剂选择

助剂用量一般很少，但直接影响涂料的制备、储运、施工及涂膜各项性能。助剂也可分为常规助剂、功能助剂等。常规助剂有：润湿分散剂、消泡剂、增稠剂、防腐防霉剂、抗冻剂、成膜助剂等；功能助剂用量较常规助剂用量大，如果使用得当可以使涂料在性能上产生质的飞跃，如加入水乳型蜡，可以增强涂膜的手感，减少摩擦，在低*PVC*疏水乳胶漆中添加适量的水乳型蜡可产生良好的疏水效果，提高涂膜抗划伤性。

当然，助剂选择一定要正确，若选择不当，也会引起负面作用。分散剂的作用是分散与稳定，因而要求分散剂有很好的分散能力，这样才能缩短分散时间，节约能量，提高生产效率，同时也可以保护和稳定被分散好的粒子，防止聚并而返粗。但不同的润湿分散剂结构、性能差别大，有些分散剂会起表面活性剂的作用，易于起泡；不同润湿分散剂制成的乳胶漆，其漆膜在白度、光泽、遮盖力、颜色的展现性等方面差异较大。

增稠剂调节乳胶漆的流变特性，使其有很好的储运、施工性能，但增稠剂可能影响颜料粒子的絮凝，进而影响涂膜的光泽，一般聚氨酯类增稠剂对光泽影响较小，而HEC可能降低光泽。另外，纤维素类增稠剂对水增稠快，黏度稳定，很少有罐内储存后增稠现象。涂料既要求有一定的保水性以保证涂料施工时消泡流平，干后又要有很好的抗水性，因此选择助剂时应找准一个平衡点，可以考虑将几种增稠剂复合使用以产生协同效应。

消泡剂具有抑泡和消泡作用，消泡剂要高效、持久。消泡剂选择不当或其他组分搭配不当时，常出现“鱼眼”“失光”“色差”等毛病。评价消泡剂时，需在加入后至少静置24h，待其性能的持久性与缩孔、缩边问题达成平衡后再进行判断。若在加入消泡剂后立即涂刷样板或测试涂料性能，往往会得出错误的结论。

消泡剂由于是一种混合物，在储存时往往易分层，即使不分层，在使用前也要搅拌均匀。添加时最好分两次加入，即在研磨分散颜料阶段及最后成漆阶段加入。一般是每次各加总量的一半，可根据泡沫产生的情况进行调节。在制浆阶段最好加入抑泡效果大的消泡剂，在制漆阶段最好用破泡效果大的消泡剂。

至于其他助剂，如防冻剂、防霉防腐剂、pH调整剂或气味调整剂、成膜助剂等比较简单，不用费心挑选。

总之，助剂选择时，要综合考虑，使原材料的性能充分发挥出来，助剂选择不当会使涂膜某些性能降低，从而导致原材料性能部分被浪费，这在涂膜浸水起泡脱落，不耐擦洗方面表现尤为明显。

11.3　乳胶漆国家标准

《合成树脂乳液墙面涂料》(GB/T 9755—2024) 中对底漆和面漆的要求见表 11-5 和表 11-6。

表 11-5　底漆的要求

项目	指标			
	内墙底漆		外墙底漆	
	Ⅰ型	Ⅱ型	Ⅰ型	Ⅱ型
在容器中状态	无硬块，搅拌后呈均匀状态			
施工性	刷涂无障碍			
低温稳定性(3 次循环)	不变质			
低温成膜性	5℃成膜无异常			
涂膜外观	正常			
干燥时间(表干)/h	≤2			
耐碱性	24h 无异常		48h 无异常	
耐水性	—		96h 无异常	
抗泛碱性	48h 无异常		—	
抗泛盐碱性	—		120h 无异常	72h 无异常
透水性①/mL	—		≤0.4	≤1.0
加固性能②/MPa	≥0.2	—	≥0.2	

① 由有关方商定是否测试该项目。

② 内墙底漆的Ⅰ型应测试该项目；外墙底漆由有关方商定是否测试该项目。

表 11-6　面漆的要求

项目	指标					
	内墙面漆			外墙面漆		
	合格品	一等品	优等品	合格品	一等品	优等品
在容器中状态	无硬块，搅拌后呈均匀状态					
施工性	刷涂 2 道无障碍					
低温稳定性(3 次循环)	不变质					
低温成膜性	5℃成膜无异常					
涂膜外观	正常					
干燥时间(表干)/h	≤2					
对比率(白色和浅色①)(含铝粉、珠光颜料的涂料除外)	≥0.90	≥0.93	≥0.95	≥0.87	≥0.90	≥0.93
耐碱性	24h 无异常			48h 无异常		
耐水性	—			96h 无异常		
耐洗刷性	≥500 次	≥1500 次	≥6000 次	2000 次涂膜未损坏		
耐沾污性(白色和浅色①)/%(含铝粉、珠光颜料的涂料除外)	—			≤20	≤15	≤15
涂层耐温变性(3 次循环)	—			无异常		

续表

<table>
<tr><td rowspan="3" colspan="2">项目</td><td colspan="6">指标</td></tr>
<tr><td colspan="3">内墙面漆</td><td colspan="3">外墙面漆</td></tr>
<tr><td>合格品</td><td>一等品</td><td>优等品</td><td>合格品</td><td>一等品</td><td>优等品</td></tr>
<tr><td rowspan="2">耐人工气候老化性</td><td>白色和浅色[①]</td><td colspan="3" rowspan="2">—</td><td>300h 不起泡、不剥落、无裂纹，粉化≤1 级、变色≤2 级</td><td>600h 不起泡、不剥落、无裂纹，粉化≤1 级、变色≤2 级</td><td>800h 不起泡、不剥落、无裂纹，粉化≤1 级、变色≤2 级</td></tr>
<tr><td>其他色</td><td>300h 不起泡、不剥落、无裂纹，粉化≤1 级、变色商定</td><td>600h 不起泡、不剥落、无裂纹，粉化≤1 级、变色商定</td><td>800h 不起泡、不剥落、无裂纹，粉化≤1 级、变色商定</td></tr>
</table>

① 浅色指以白色涂料为主要成分，添加适量色浆后配制成的浅色涂料形成的涂膜所呈现的浅颜色，按 GB/T 15608 中规定明度值为 6～9（三刺激值中的 Y_{D65}≥31.26）。

11.4 乳胶漆配方实例

(1) 经济型内墙乳胶漆

配方及工艺：

<table>
<tr><td>原材料</td><td>质量分数</td><td>功能</td><td>供应商</td></tr>
<tr><td colspan="4">浆料部分</td></tr>
<tr><td>去离子水</td><td>20.00</td><td></td><td></td></tr>
<tr><td>SN-5040</td><td>0.60</td><td>分散剂</td><td>圣·诺普科</td></tr>
<tr><td>LCN-407</td><td>0.15</td><td>润湿剂</td><td>科莱恩</td></tr>
<tr><td>PG</td><td>1.00</td><td>抗冻、流平剂</td><td>DOW</td></tr>
<tr><td>Foamstar 2410AC</td><td>0.15</td><td>消泡剂</td><td>BASF</td></tr>
<tr><td>250HBR</td><td>0.20</td><td>羟乙基纤维素醚</td><td>亚什兰</td></tr>
<tr><td>AMP-95</td><td>0.10</td><td>多功能助剂</td><td>安格斯</td></tr>
<tr><td>R-595 钛白粉(锐钛矿型)</td><td>5.00</td><td>颜料</td><td>美利联</td></tr>
<tr><td>800 目重质碳酸钙</td><td>15.00</td><td>填料</td><td>蕉岭建材</td></tr>
<tr><td>1250 目重质碳酸钙</td><td>10.00</td><td>填料</td><td>蕉岭建材</td></tr>
<tr><td>滑石粉</td><td>5.00</td><td>填料</td><td>辽宁合山</td></tr>
<tr><td>高岭土</td><td>15.00</td><td>填料</td><td>白雪</td></tr>
<tr><td colspan="4">将去离子水加入分散桶，在搅拌状态下依序将其他物料加入容器，搅拌均匀，调整转速高速分散 20～30min，至细度合格后，再调整转速至中速状态下加入下述物料，分散 10～15min</td></tr>
<tr><td colspan="4">配漆部分</td></tr>
<tr><td>Foamstar 2410AC</td><td>0.30</td><td>消泡剂</td><td>BASF</td></tr>
<tr><td>Texanol</td><td>0.80</td><td>成膜助剂</td><td>Eastman</td></tr>
<tr><td>BLJ-8000T</td><td>13.0</td><td>苯丙乳液</td><td>保立佳</td></tr>
<tr><td>AF203</td><td>0.10</td><td>防腐剂</td><td>广东天辰</td></tr>
<tr><td>Troy PP678</td><td>0.10</td><td>防霉剂</td><td>Troy</td></tr>
<tr><td>ATT50 膨润土(4%水溶液)</td><td>5.00</td><td>流变助剂</td><td>BASF</td></tr>
<tr><td>TT-935</td><td>0.50</td><td>流变助剂</td><td>DOW</td></tr>
<tr><td>去离子水</td><td>7.10</td><td></td><td></td></tr>
<tr><td colspan="4">检验合格后过滤包装</td></tr>
<tr><td>总量</td><td colspan="3">100.0</td></tr>
</table>

配方控制数据：

项目	数据	项目	数据
KU	95～105	*PVC*/%	73
pH	7.5～8.5	固含量/%	57.5
对比率	0.92		

（2）中档内墙乳胶漆

配方及工艺：

原材料	质量分数	功能	供应商
浆料部分			
去离子水	15.0		
250HBR	0.30	羟乙基纤维素醚	亚什兰
AMP-95	0.15	多功能助剂	安格斯
将去离子水加入分散桶，在搅拌状态下依序将其他物料加入容器，高速分散 15～20min			
PG	1.00	抗冻、流平剂	DOW
Foamstar 2410AC	0.150	消泡剂	BASF
AF203	0.100	防腐剂	广东天辰
CA-2500	0.50	分散剂	DOW
快易	0.30	分散剂	DOW
LCN-407	0.15	润湿剂	科莱恩
R-595 钛白粉（锐钛矿型）	10.00	颜料	美利联
金红石钛白粉 R-996	5.00	颜料	龙蟒
800 目重质碳酸钙	10.00	填料	科隆
1250 目重质碳酸钙	7.50	填料	科隆
1250 目滑石粉	5.00	填料	辽宁合山
3000 目高岭土	7.35	填料	白雪
在搅拌状态下依序将其他物料加入容器，搅拌均匀，调整转速高速分散 20～30min，至细度合格后，再调整转速至中速状态下加入下述物料，分散 10～15min			
配漆部分			
DC420	20.00	净味乳液	DOW
Texanol	1.20	成膜助剂	Eastman
Foamstar 2410AC	0.30	消泡剂	BASF
PP678	0.15	防霉剂	Troy
Kathon LEX	0.10	防腐剂	DOW
RM-8W	0.45	流变助剂	DOW
TT-935	0.30	流变助剂	DOW
去离子水	15.00		
检验合格后过滤包装			
总量	100.0		

配方控制数据：

项目	数据	项目	数据
KU	95～105	对比率	0.94
pH	8.0～9.0	固含量/%	56.5

（3）高档内墙乳胶漆

配方及工艺：

原材料	质量分数	功能	供应商
浆料部分			
去离子水	15.0		
250HBR	0.20	羟乙基纤维素醚	亚什兰
AMP-95	0.15	多功能助剂	安格斯
将去离子水加入分散桶，在搅拌状态下依序将其他物料加入容器，高速分散15～20min			
PG	0.50	抗冻、流平剂	DOW
Foamstar 2410AC	0.150	消泡剂	BASF
AF203	0.100	防腐剂	广东天辰
CA-2500	0.50	分散剂	DOW
快易	0.30	分散剂	DOW
LCN-407	0.15	润湿剂	科莱恩
金红石钛白粉 R-996	22.50	颜料	龙蟒
800目重质碳酸钙	10.00	填料	科隆
1250目滑石粉	2.50	填料	辽宁合山
3000目高岭土	5.00	填料	白雪
在搅拌状态下依序将其他物料加入容器，搅拌均匀，调整转速高速分散20～30min，至细度合格后，再调整转速至中速状态下加入下述物料，分散10～15min			
配漆部分			
BLJ-8816	32.00	苯丙乳液	保立佳
Texanol	3.00	成膜助剂	Eastman
RHODOLINE FT 100 XTRIM	0.6	防冻剂	索尔维
Foamstar 2410AC	0.30	消泡剂	BASF
PP678	0.50	防霉剂	Troy
Kathon LEX	0.20	防腐剂	DOW
RM-8W	0.50	流变助剂	DOW
RM-2020 NPR	0.50	流变助剂	DOW
去离子水	4.45		
检验合格后过滤包装			
总量	100.0		

配方控制数据：

项目	数据	项目	数据
KU	95	*PVC*/%	52.3
pH	8.0～9.0	固含量/%	54.5
对比率	0.95		

(4) 高档内墙珠光艺术漆

配方及工艺：

原材料	质量分数	功能	供应商
浆料部分			
去离子水	30.00		
250HBR	0.50	羟乙基纤维素醚	亚什兰
ATT50	0.20	触变型增稠剂	BASF
AMP-95	0.15	多功能助剂	安格斯
将去离子水加入分散桶，在搅拌状态下依序将其他物料加入容器，高速分散15～20min			

续表

原材料	质量分数	功能	供应商
PG	0.50	抗冻、流平剂	DOW
Foamstar 2410AC	0.30	消泡剂	BASF
AF203	0.100	防腐剂	广东天辰
SN-5040	1.00	分散剂	圣·诺普科
LCN-407	0.20	润湿剂	科莱恩
600 目重质碳酸钙	5.00	填料	科隆
珠光粉 QC-6200	9.4	珠光颜料	七色珠光
珠光粉 QC-6300	10.00	珠光颜料	七色珠光
砂面粉	5.00	功能填料	龙海化工
在搅拌状态下依序将其他物料加入容器，搅拌均匀，中速分散 10～15min			
配漆部分			
百历摩 TX-159	28.00	净味乳液	DOW
Texanol	2.50	成膜助剂	Eastman
RHODOLINE FT 100 XTRIM	0.6	防冻剂	索尔维
SN-154	0.30	消泡剂	圣·诺普科
PP678	0.50	防霉剂	Troy
杀菌剂 MV	0.20	防腐剂	Troy
RM-8W	0.50	流变助剂	DOW
RM-2020 NPR	0.50	流变助剂	DOW
去离子水	4.55		
检验合格后包装			
总量	100.0		

配方控制数据：

项目	数据	项目	数据
KU	115～125	固含量/%	44
pH	8.0～9.0		

（5）内墙雅晶石艺术漆

原材料	质量分数	功能	供应商
浆料部分			
去离子水	19.45		
AF203	0.15	防腐剂	广东天辰
SN-5040	0.20	分散剂	圣·诺普科
250HBR	0.200	羟乙基纤维素醚	亚什兰
ATT50	0.80	膨润土	BASF
BS168	0.30	pH 调节剂	瓦克
将去离子水加入分散桶，在搅拌状态下依序将其他物料加入容器，搅拌均匀，调整转速高速分散 15～20min			
Acronal7035	12.50	苯丙乳液	BASF
OE300	0.65	成膜助剂	Eastman
RHODOLINE FT 100 XTRIM	0.60	防冻剂	索尔维
PG	0.60	抗冻、流平剂	DOW
AF203	0.20	防腐剂	广东天辰
杀菌剂 MV	0.20	防腐剂	Troy
在搅拌状态下依序加入以上物料，搅拌均匀，调整转速中低速分散 5～10min			

续表

原材料	质量分数	功能	供应商
配漆部分			
400 目重质碳酸钙	37.50	填料	科隆
70 目雪花白	10.00	填料	新华发
80 目雪花白	5.00	填料	新华发
90 目雪花白	10.00	填料	新华发
TT-615	0.20	流变助剂	DOW
去离子水	0.20		
ASE-60	0.50	流变助剂	DOW
去离子水	0.50		
在搅拌状态下依序加入以上物料，搅拌均匀，调整转速中速分散 10～20min，检验合格后过滤包装			
总量	100.0		

(6) 内墙陶晶石艺术漆

原材料	质量分数	功能	供应商
浆料部分			
去离子水	15.55		
SN-5040	0.50	分散剂	圣·诺普科
AF203	0.15	防腐剂	广东天辰
250HBR	0.200	羟乙基纤维素醚	亚什兰
ATT50	1.00	膨润土	BASF
BS168	0.10	pH 调节剂	瓦克
将去离子水加入分散桶，在搅拌状态下依序将其他物料加入容器，搅拌均匀，调整转速高速分散 15～20min			
Hydropalat-7003	15.00	苯丙乳液	BASF
OE300	0.65	成膜助剂	Eastman
AF203	0.20	防腐剂	广东天辰
杀菌剂 MV	0.20	防腐剂	Troy
在搅拌状态下依序加入以上物料，搅拌均匀，调整转速中低速分散 5～10min			
配漆部分			
70 目烧结砂	30.00	填料	科隆
80 目烧结砂	20.00	填料	新华发
90 目烧结砂	15.00	填料	新华发
TT-935	0.60	流变助剂	DOW
去离子水	0.30		
在搅拌状态下依序加入以上物料，搅拌均匀，调整转速中速分散 10～20min，检验合格后过滤包装			
总量	100.0		

(7) 高档内墙天鹅绒艺术漆

原材料	质量分数	功能	供应商
浆料部分			
去离子水	46.40		
AF203	0.15	防腐剂	广东天辰
plus 330	0.40	羟乙基纤维素醚	亚什兰
SN-5040	0.50	分散剂	圣·诺普科
LCN-407	0.20	润湿剂	科莱恩
BS168	0.20	pH 调节剂	瓦克

续表

原材料	质量分数	功能	供应商
将去离子水加入分散桶，在搅拌状态下依序将其他物料加入容器，搅拌均匀，调整转速高速分散 15～20min			
特洁士™(DIRTSHIELD™)22	30.00	纯丙乳液	DOW
OE300	2.60	成膜助剂	Eastman
AF203	0.20	防腐剂	广东天辰
杀菌剂 MV	0.20	防腐剂	Troy
Foamstar 2410AC	0.15	消泡剂	BASF
在搅拌状态下依序加入以上物料，搅拌均匀，调整转速中低速分散 5～10min			
配漆部分			
珠光粉 QC-6200	17.5	珠光颜料	七色珠光
TT-935	0.50	流变助剂	DOW
去离子水	0.50		
ASE-60	0.50	流变助剂	DOW
在搅拌状态下依序加入以上物料，搅拌均匀，调整转速中速分散 10～20min，检验合格后过滤包装			
总量	100.0		

(8) 经济型外墙乳胶漆

配方及工艺：

原材料	质量分数	功能	供应商
浆料部分			
去离子水	20.00		
HS30000YP2	0.30	羟乙基纤维素醚	信越
AMP-95	0.10	多功能助剂	安格斯
将去离子水加入分散桶，在搅拌状态下依序将其他物料加入容器，高速分散 15～20min			
PG	1.20	抗冻、流平剂	DOW
分散剂 SN-5027	0.50	分散剂	圣・诺普科
LCN-407	0.15	润湿剂	科莱恩
NXZ	0.15	消泡剂	圣・诺普科
R-996 钛白粉	17.50	颜料	龙蟒
800 目重质碳酸钙	15.0	颜料	科隆
云母粉	5.00	填料	锦昊辉实业
3000 目煅烧高岭土	5.00	填料	白雪
在搅拌状态下依序将其他物料加入容器，搅拌均匀，调整转速高速分散 20～30min，至细度合格后，再调整转速至中速状态下加入下述物料，分散 10～15min			
配漆部分			
HN-996	25.00	苯丙乳液	青岛豪纳
Texanol	1.50	成膜助剂	Eastman
LXE	0.20	防腐剂	DOW
去离子水	8.1		
RW-2020 NPR	0.20	流变助剂	DOW
TT-935	0.10	流变助剂	DOW
检验合格后过滤包装			
总量	100.0		

配方控制数据：

项目	数据	项目	数据
KU	105	对比率	0.91
pH	8.5	固含量/%	55

(9) 低档外墙乳胶漆

配方及工艺：

原材料	用量/质量份	功能	供应商
浆料部分			
去离子水	254.0		
PG	13.0	助溶剂	
AMP-95	0.300	胺中和剂	
SN-5040	4.20	润湿分散剂	NOPCO
681F	1.80	消泡剂	NOPCO
杀菌剂 LXE	1.50		NOPCO
R706 钛白粉	153.4		Du Pont
沉淀硫酸钡	134.3		
重质碳酸钙	120.0		
将去离子水加入分散桶，在搅拌状态下依序将其他物料加入容器，搅拌均匀，调整转速高速分散至细度合格后，再调整转速至中速状态下加入下述物料，搅拌均匀后过滤出料			
配漆部分			
G620 硅丙乳液	262.0	硅丙乳液	旭化成
Texanol	24.10	成膜助剂	Eastman
乙二醇/水(1∶1)	24.1	成膜助剂	
R-430 增稠剂/水(1∶1)	7.50	流变助剂	旭化成
用 AMP-95 调整 pH 值 8.0～9.0			

配方控制数据：

项目	数据	项目	数据
光泽(60°)	<5	*PVC*/%	50
耐洗刷次数	>10000	氙灯老化实验/1500h，ΔE	2.0
耐水性(96h)	无变化	耐污染性(白度下降)	3.4

(10) 中档外墙乳胶漆

配方及工艺：

原材料	用量/质量份	功能	供应商
浆料部分			
去离子水	222.0		
PG	13.0	助溶剂	DOW
AMP-95	0.300	胺中和剂	
SN-5040	3.60	润湿分散剂	NOPCO
681F	1.80	消泡剂	NOPCO
杀菌剂 LXE	1.50		NOPCO
R706 钛白粉	201.3		Du Pont
沉淀硫酸钡	182.1		
将去离子水加入分散桶，在搅拌状态下依序将其他物料加入容器，搅拌均匀，调整转速高速分散至细度合格后，再调整转速至中速状态下加入下述物料，搅拌均匀后过滤出料			

续表

原材料	用量/质量份	功能	供应商
配漆部分			
G620 硅丙乳液	309.6	硅丙乳液	旭化成
Texanol	24.5	成膜助剂	Eastman
乙二醇/水(1∶1)	24.5	防冻剂	
R-430 增稠剂/水(1∶1)	6.50	流变助剂	旭化成
用 AMP-95 调整 pH 值 8.0～9.0			

配方控制数据：

项目	数据	项目	数据
光泽(60°)	<10	*PVC*/%	40
耐洗刷次数	>10000	氙灯老化实验(1500h，Δ*E*)	0.5
耐水性(96h)	无变化	耐污染性(白度下降)	3.5

(11) 高档外墙乳胶漆Ⅰ

配方及工艺：

原材料	质量分数	功能	供应商
浆料部分			
去离子水	18.75		
HS30000YP2	0.30	羟乙基纤维素醚	信越
AMP-95	0.10	多功能助剂	安格斯
将去离子水加入分散桶，在搅拌状态下依序将其他物料加入容器，高速分散 15～20min			
PG	1.20	抗冻、流平剂	DOW
分散剂 SN-5027	0.50	分散剂	圣·诺普科
LCN-407	0.15	润湿剂	科莱恩
NXZ	0.15	消泡剂	圣·诺普科
R-996 钛白粉	22.35	颜料	龙蟒
800 目重质碳酸钙	10.00	填料	科隆
3000 目煅烧高岭土	5.00	填料	白雪
在搅拌状态下依序将其他物料加入容器，搅拌均匀，调整转速高速分散 20～30min，至细度合格后，再调整转速至中速状态下加入下述物料，分散 10～15min			
配漆部分			
PRIMAL AC261p	38.0	纯丙乳液	DOW
Texanol	3.00	成膜助剂	Eastman
杀菌剂 MV	0.20	防腐剂	Troy
RW-2020 NPR	0.20	流变助剂	DOW
TT-935	0.10	流变助剂	DOW
检验合格后过滤包装			
总量	100.0		

配方控制数据：

项目	数据	项目	数据
光泽(60°)	<10	氙灯老化实验(800h，Δ*E*)	<0.5
耐洗刷次数	>10000	耐沾污性	<15
耐水性(96h)	无变化		

(12)高档外墙乳胶漆Ⅱ

配方及工艺：

原材料	用量/质量份	功能	供应商
浆料部分			
去离子水	16.20		
HS30000YP2	0.30	羟乙基纤维素醚	信越
AMP-95	0.10	多功能助剂	安格斯
将去离子水加入分散桶，在搅拌状态下依序将其他物料加入容器，高速分散15～20min			
PG	1.20	抗冻、流平剂	DOW
分散剂SN-5027	0.50	分散剂	圣·诺普科
LCN-407	0.15	润湿剂	科莱恩
NXZ	0.15	消泡剂	圣·诺普科
R706钛白粉	20.0	颜料	Du Pont
沉淀硫酸钡	11.0	填料	景图
在搅拌状态下依序将其他物料加入容器，搅拌均匀，调整转速高速分散20～30min，至细度合格后，再调整转速至中速状态下加入下述物料，分散10～15min			
配漆部分			
PRIMAL AC261p	25.00	纯丙乳液	DOW
Acronal PLUS 7676	20.00	纯丙乳液	BASF
Texanol	2.00	成膜助剂	Eastman
杀菌剂LXE	0.100	防腐剂	DOW
乙二醇	2.00	成膜助剂	DOW
RW-2020 NPR	0.20	流变助剂	DOW
TT-935	0.10	流变助剂	DOW
水	1.00		
检验合格后过滤包装			

配方控制数据：

项目	数据	项目	数据
光泽(60°)	<20	氙灯老化实验(ΔE,800h)	<0.5
耐洗刷次数	>10000	耐沾污性	<15
耐水性(96h)	无变化		

(13)弹性外墙乳胶漆Ⅰ

配方及工艺：

原材料	用量/质量份	功能	供应商
浆料部分			
去离子水	20.80		
250HBR	0.20	羟乙基纤维素醚	亚什兰
AMP-95	0.10	多功能助剂	安格斯
将去离子水加入分散桶，在搅拌状态下依序将其他物料加入容器，高速分散15～20min			
PG	1.50	抗冻、流平剂	DOW
分散剂SN-5027	0.50	分散剂	圣·诺普科
LCN-407	0.10	润湿剂	科莱恩
SN-154	0.20	消泡剂	圣·诺普科
钛白粉R-996	15.0	颜料	Du Pont

续表

原材料	用量/质量份	功能	供应商
云母粉	3.0	填料	锦昊辉实业
800 目重质碳酸钙	16.00	填料	科隆
1000 目重质碳酸钙	5.00	填料	科隆
在搅拌状态下依序将其他物料加入容器，搅拌均匀，调整转速高速分散 20～30min，至细度合格后，再调整转速至中速状态下加入下述物料，分散 10～15min			
配漆部分			
AS-2471	35.0	弹性乳液	DOW
去离子水	1.00		
SN-154	2.00	消泡剂	圣・诺普科
杀菌剂 LXE	0.20	防腐剂	DOW
RW-2020 NPR	0.40	流变助剂	DOW
TT-935	0.20	流变助剂	DOW
RM-8W	0.40	流变助剂	DOW
检验合格后过滤包装			

(14) 水珠效果乳胶漆

原材料	质量分数	功能	供应商
浆料部分			
去离子水	20.60		
HS30000YP2	0.30	羟乙基纤维素醚	信越
AMP-95	0.10	多功能助剂	安格斯
将去离子水加入分散桶，在搅拌状态下依序将其他物料加入容器，高速分散 15～20min			
PG	1.20	抗冻、流平剂	DOW
分散剂 SN-5027	0.50	分散剂	圣・诺普科
LCN-407	0.15	润湿剂	科莱恩
NXZ	0.15	消泡剂	圣・诺普科
R-996 钛白粉	22.50	颜料	龙蟒
Sibelite M3000	32.00	填料	矽比科
在搅拌状态下依序将其他物料加入容器，搅拌均匀，调整转速高速分散 20～30min，至细度合格后，再调整转速至中速状态下加入下述物料，分散 10～15min			
配漆部分			
Acronal 296D	15.0	苯丙乳液	BASF
Texanol	3.00	成膜助剂	Eastman
LXE	0.20	防腐剂	DOW
TEGO® Phobe 1000	1.00	疏水剂	TEGO
RW-2020 NPR	0.50	流变助剂	DOW
TT-935	0.50	流变助剂	DOW
去离子水	2.30		
检验合格后过滤包装			
总量	100.0		

(15) 有机硅外墙乳胶漆

原材料	质量分数	功能	供应商
浆料部分			
去离子水	20.60		

续表

原材料	质量分数	功能	供应商
HS30000YP2	0.30	羟乙基纤维素醚	信越
AMP-95	0.10	多功能助剂	安格斯
将去离子水加入分散桶，在搅拌状态下依序将其他物料加入容器，高速分散 15～20min			
PG	1.20	抗冻、流平剂	DOW
SN-5027	0.50	分散剂	圣·诺普科
LCN-407	0.15	润湿剂	科莱恩
NXZ	0.15	消泡剂	圣·诺普科
R-996 钛白粉	10.00	颜料	龙蟒
800 目重质碳酸钙	8.00	填料	科隆
滑石粉	7.00	填料	辽宁合山
高岭土	5.00	填料	白雪
在搅拌状态下依序将其他物料加入容器，搅拌均匀，调整转速高速分散 20～30min，至细度合格后，再调整转速至中速状态下加入下述物料，分散 10～15min			
配漆部分			
Acronal A 754	35.0	纯丙乳液	BASF
Texanol	3.00	成膜助剂	Eastman
LXE	0.20	防腐剂	DOW
TEGO® Phobe 1000	5.00	疏水剂	TEGO
RW-2020 NPR	0.30	流变助剂	DOW
TT-935	0.50	流变助剂	DOW
去离子水	3.00		
检验合格后过滤包装			
总量	100.0		

(16) 弹性拉毛乳胶漆

配方及工艺：

原材料	用量/质量份	功能	供应商
浆料部分			
去离子水	13.3		
250HBR	0.20	羟乙基纤维素醚	亚什兰
AMP-95	0.10	多功能助剂	安格斯
将去离子水加入分散桶，在搅拌状态下依序将其他物料加入容器，高速分散 15～20min			
PG	1.00	抗冻、流平剂	DOW
SN-5027	0.50	分散剂	圣·诺普科
LCN-407	0.10	润湿剂	科莱恩
杀菌剂 LXE	0.20	防腐剂	DOW
SN-154	0.30	消泡剂	圣·诺普科
钛白粉 R-996	12.50	颜料	Du Pont
滑石粉 1250 目	2.50	填料	辽宁合山
高岭土	2.50	填料	白雪
800 目重质碳酸钙	20.00	填料	科隆
硫酸钡	9.00	填料	景图
在搅拌状态下依序将其他物料加入容器，搅拌均匀，调整转速高速分散 20～30min，至细度合格后，再调整转速至中速状态下加入下述物料，分散 10～15min			

续表

原材料	用量/质量份	功能	供应商
配漆部分			
2468A	35.0	弹性乳液	DOW
去离子水	1.00		
SN-154	0.300	消泡剂	圣・诺普科
杀菌剂 LXE	0.30	防腐剂	DOW
ASE-60	0.80	流变助剂	DOW
TT-935	0.20	流变助剂	DOW
检验合格后过滤包装			

配方控制数据：

项目	数据	项目	数据
KU	136	固含量/%	65
pH	8.5		

（17）真石漆

原材料	质量分数	功能	供应商
去离子水	12.50		
消泡剂 NXZ	0.100	消泡剂	圣・诺普科
250HBR	0.21	羟乙基纤维素醚	亚什兰
ATT50	0.125	膨润土	BASF
AMP-95	0.025	多功能助剂	安格斯
将去离子水加入分散桶，在搅拌状态下依序将其他物料加入容器，高速分散 15～20min			
乙二醇	0.200	防冻剂	DOW
Texanol	0.55	成膜助剂	Eastman
TX-100	11.00	真石漆乳液	DOW
杀菌剂 MV	0.1	防腐剂	Troy
去离子水	1.19		
在搅拌状态下依序将其他物料加入容器，搅拌均匀，中速分散 10～15min			
70 目雪花白	40	天然钙砂	河北灵寿县
80～120 目灰玉	25	天然彩砂	河北灵寿县
40～80 目灰玉	10	天然彩砂	河北灵寿县
在搅拌状态下依序将上述物料加入容器，搅拌均匀后过滤出料			
总量	100.0		

（18）丝光涂料

原材料	用量/质量份	功能	供应商
去离子水	245.5		
ER-30M	3.00	羟乙基纤维素	DOW
DP-518	4.00	分散剂	Deuchem
DeuAdd MB-11	2.00	防腐剂	Deuchem
Defoamer 091	3.00	消泡剂	Deuchem
TR-92	200	钛白粉	
Omyacarb® 2(2μm)	80.0	碳酸钙	
在搅拌状态下依序将上述物料加入容器搅拌均匀后，调整转速高速分散至细度合格后，再调整转速至合适状态下加入下述物料，搅拌均匀后过滤出料			

续表

原材料	用量/质量份	功能	供应商
200[#]溶剂汽油	10.0		Deuchem
乙二醇丁醚	15.0		Deuchem
Defoamer 091	2.00		Deuchem
Acronal 296 DS	417	乳液	BASF
WT-105A 与丙二醇 1∶1 预混合后加入	2.00		Deuchem
455	2.00	流平剂	Deuchem
AMP-95	适量	中和剂	Deuchem
用 DeuAdd MA-95 调整 pH 值 8.0～9.0			

配方控制数据：

项目	数据	项目	数据
KU	104	光泽(60°)	23
固含量(质量分数)/%	48	对比率/%	97
PVC/%	30		

(19) 透明封闭底漆

配方及工艺：

原材料	用量/质量份	功能	供应商
去离子水	46.45		
AMP-95	0.200	多功能助剂	DOW
PG	2.00	抗冻、流平剂	DOW
NXZ	0.15	消泡剂	圣·诺普科
Texanol	0.100	成膜助剂	Eastman
杀菌剂 LXE	0.100	防腐剂	DOW
Acronal® ECO 7536	50.00	微粒丙烯酸乳液	BASF
TT-935	1.00	流变助剂	DOW
在搅拌状态下依序将上述物料加入容器，搅拌均匀，过滤出料			

配方控制数据：

项目	数据	项目	数据
KU	78	相对密度	1.02
固含量/%	21	pH 值	8.8

透明封闭底漆应具有较低的黏度和极强的渗透力，因此乳液粒径要细，另外要有很好的耐水性和耐碱性。

(20) 外墙抗碱封闭底漆

配方及工艺：

原材料	用量/质量份	功能	供应商
浆料部分			
去离子水	29.05		
250HBR	0.20	羟乙基纤维素醚	信越
AMP-95	0.15	多功能助剂	安格斯
将去离子水加入分散桶，在搅拌状态下依序将其他物料加入容器，高速分散 15～20min			
PG	1.50	抗冻、流平剂	DOW

续表

原材料	用量/质量份	功能	供应商
分散剂 SN-5040	0.50	分散剂	圣·诺普科
LCN-407	0.10	润湿剂	科莱恩
NXZ	0.20	消泡剂	圣·诺普科
R706 钛白粉	5.00	颜料	Du Pont
1250 目滑石粉	5.00	填料	辽宁合山
800 目重质碳酸钙	20.00	填料	科隆
在搅拌状态下依序将其他物料加入容器，搅拌均匀，调整转速高速分散 20～30min，至细度合格后，再调整转速至中速状态下加入下述物料，分散 10～15min			
配漆部分			
Acronal® ECO 7536	32.00	微粒丙烯酸乳液	BASF
Texanol	1.60	成膜助剂	Eastman
杀菌剂 LXE	0.20	防腐剂	DOW
NXZ	0.20	消泡剂	圣·诺普科
RM-8W	0.30	流变助剂	DOW
ASE-60	0.50	流变助剂	DOW
去离子水	3.50		
检验合格后过滤包装			

配方控制数据：

项目	数据	项目	数据
KU	90～100	pH 值	8～9
固含量	45%～50%		

（21）遮盖型封闭底漆

原材料	用量/质量份	功能	供应商
浆料部分			
去离子水	21.55		
250HBR	0.20	羟乙基纤维素醚	信越
AMP-95	0.15	多功能助剂	安格斯
将去离子水加入分散桶，在搅拌状态下依序将其他物料加入容器，高速分散 15～20min			
PG	1.50	抗冻、流平剂	DOW
分散剂 SN-5040	0.50	分散剂	圣·诺普科
LCN-407	0.10	润湿剂	科莱恩
NXZ	0.20	消泡剂	圣·诺普科
R706 钛白粉	17.50	颜料	Du Pont
1250 目滑石粉	5.00	填料	辽宁合山
800 目重质碳酸钙	15.00	填料	科隆
在搅拌状态下依序将其他物料加入容器，搅拌均匀，调整转速高速分散 20～30min，至细度合格后，再调整转速至中速状态下加入下述物料，分散 10～15min			
配漆部分			
Acronal 7038	32.00	乳液	BASF
Texanol	1.60	成膜助剂	Eastman
杀菌剂 LXE	0.20	防腐剂	DOW
NXZ	0.20	消泡剂	圣·诺普科
RM-8W	0.30	流变助剂	DOW

续表

原材料	用量/质量份	功能	供应商
ASE-60	0.50	流变助剂	DOW
去离子水	3.50		
检验合格后过滤包装			

（22）水包水多彩涂料

原材料	用量/质量份	功能	供应商	工艺
基础漆				
去离子水	559			按顺序依次加入，500r/min 搅拌 15min
250HBR	2	纤维素	亚什兰	
HE10K	8	纤维素	亚什兰	
SN-5027	2	分散剂	圣·诺普科	
消泡剂 154	3	消泡剂	圣·诺普科	
AMP-95	2	多功能助剂	陶氏	
乙二醇	10	防冻剂		
Texanol	15	成膜助剂	伊士曼化工	
高岭土	100	填料		按顺序依次加入，1500r/min 分散 15min
钛白粉	10	颜料		
8788 乳液	250	乳液	山东三佳	
消泡剂	1	消泡剂		
杀菌剂 LXE	3	杀菌剂	陶氏	
10% 482 溶液	35	保护胶	洛克伍德	加入后，800r/min 搅拌 10min
合计	1000			
造粒液				
去离子水	949			搅拌状态下加入 S482 保护胶粉，600r/min 分散 30min 以上成透明胶液
S482	50	保护胶	洛克伍德	
杀菌剂 LXE	1	杀菌剂	陶氏	
合计	1000			
连续相				
去离子水	331			按顺序依次加入各种原料，充分搅拌 20min；增稠剂用 1∶4 的水稀释后加入
乙二醇	20	防冻剂		
Texanol	30	成膜助剂	伊士曼化工	
消泡剂 154	1	消泡剂	圣·诺普科	
AMP-95	2	多功能助剂	陶氏	
8019 乳液	600	乳液	山东三佳	
AS 1152	7	增稠剂	巴斯夫	
杀菌剂 LXE	2	杀菌剂	陶氏	
去离子水	7			
合计	1000			
基础漆∶造粒液∶连续相＝5∶2.5∶2.5				按照比例将基础漆和连续相依次加入造粒液中，150r/min 搅拌 10min

（23）水性膨胀型防火涂料

原材料	用量/质量份	功能	供应商	工艺
去离子水	280			按顺序依次加入，500r/min 搅拌 15min
250HR	2	纤维素	亚什兰	
Dispex HDN	2	分散剂	巴斯夫	
NXZ	2	消泡剂	圣·诺普科	

续表

原材料	用量/质量份	功能	供应商	工艺
AMP-95	2	pH 调节剂		
钛白粉	70	颜料、增强剂		按顺序依次加入，1500r/min 分散 15min
季戊四醇	100	碳供体		
三聚氰胺	100	起泡剂		
聚磷酸铵	240	酸供体		
杀菌 LXE	2	杀菌剂	陶氏	缓慢加入，搅拌 10min
EZ 3066	200	醋酸乙烯酯-乙烯(VAE)乳液	瓦克	

（24）混凝土地板涂料

序号	物料	用量/质量份	供应商
1	ALBERDINGK® AC2510	33.0	欧宝迪树脂
2	Drewplus T-4202	0.700	亚什兰化学
3	Disper BYK-190	0.300	毕克
4	Surfynol 104 DPM	0.200	气体化学
5	Mica N 滑石粉	16.50	Luzenac
6	Kronos2190 钛白	5.00	康偌斯
7	Aerosil R-972 二氧化硅	0.200	Degussa
高速分散 20min，低速加入以下材料			
8	ALBERDINGK® AC2510	33.0	欧宝迪树脂
9	二丙二醇丁醚	4.40	陶氏
10	二丙二醇甲醚	2.20	陶氏
11	DSX 1510	0.400	科宁
12	去离子水	4.10	

（25）水性环氧自流平地坪涂料

序号	物料	用量/质量份	供应商
1	水性固化剂 8180(当量 280)	1000	东方一哥
2	去离子水	1050	
3	BYK-190	20	BYK
4	BYK-028	15	BYK
5	滑石粉(600 目)	700	
6	重质碳酸钙(300 目)	800	
7	石英砂(0.1～0.3mm)	1000	
8	钛白粉	150	
9	黑浆	15	
合计		4750	
高速分散 30min			
10	水性环氧乳液 6160(当量 350)	1250	东方一哥

该配方施工同无溶剂自流平地坪，适用期约 60min。施工厚度为 1mm 以下时，该配方对混凝土地面具有优异的附着力。

(26) 防水密封胶

原材料	用量/质量份	功能	供应商	工艺
HN-1025	600	乳液	青岛豪纳	在搅拌状态下依次加入，搅拌15min
LCN-407	6	润湿剂	科莱恩	
SN-5040	8	分散剂	圣·诺普科	
氨水	8	pH调节剂		
去离子水	30	水		
氯化石蜡	155	增塑剂	鲁西化工	
杀菌LXE	2	杀菌剂	陶氏	
AS 1130	12	增稠剂	巴斯夫	
去离子水	12	水		
800目重钙	900	粉料		在搅拌状态下依次加入，搅拌25min
CBS-X	0.2	增白剂	巴斯夫	
AS 1130	6	增稠剂	巴斯夫	
去离子水	6	水		
合计	1745.2			确认好胶体pH值、稀稠度后，抽真空45min
增稠剂、氨水(适量)				

(27) 高弹密封胶

原材料	用量/质量份	功能	供应商	工艺
201A	500	乳液	临沂三佳	在搅拌状态下依次加入，搅拌15min
LCN-407	4	润湿剂	科莱恩	
SN-5040	5	分散剂	圣·诺普科	
氨水	6	pH调节剂		
去离子水	5			
杀菌LXE	1	杀菌剂	陶氏	
AS 1130	5	增稠剂	巴斯夫	
去离子水	5			
1250目重质碳酸钙	500	粉料		在搅拌状态下依次加入，搅拌25min
CBS-X	0.2	增白剂	巴斯夫	
AS 1130	10	增稠剂	巴斯夫	
去离子水	10	水		
合计	1051.2			确认好胶体pH值、稀稠度后，抽真空45min
增稠剂、氨水(适量)				

(28) 水性彩瓦漆

原材料	质量分数	功能	供应商
去离子水	8.55		
DMEA	0.2	pH调节剂	巴斯夫
SN-5040	1	分散剂	圣·诺普科
消泡剂	0.2	消泡剂	迪高
钛白粉	3.5	颜料	杜邦
酞菁蓝粉	2.3	颜料	
硫酸钡	8	填料	
膨润土	0.2	防沉	巴斯夫
碱溶胀增稠剂	0.05	流变助剂	陶氏
EM-1535	40	乳液	江门金桥
成膜助剂	3	成膜助剂	伊士曼化工
去离子水	29.4		

续表

原材料	质量分数	功能	供应商
杀菌剂	0.3	杀菌剂	广东天辰
消泡剂	0.2	消泡剂	迪高
基材润湿剂	0.1	基材润湿剂	迪高
15%亚硝酸钠	2	防闪锈助剂	
碱溶胀增稠剂	0.6	流变助剂	陶氏
聚氨酯增稠剂	0.4	流变助剂	陶氏

（29） JSⅡ型防水涂料

原材料	质量分数	功能	供应商
液料部分 A			
乳液 EM-6101	88	乳液	江门金桥
去离子水	11.4		
羟乙基纤维素	0.2	流变助剂	亚什兰
消泡剂	0.2	消泡剂	索尔维
杀菌剂	0.2	杀菌剂	广东天辰
粉料部分 B			
425 黑水泥	75	填料	海螺
80 目石英砂	30	填料	国产
250 目石英粉	44.7	填料	国产
减水剂	0.3	流变助剂	巴斯夫

配方控制数据：

项目	数据	项目	数据
混合初始黏度	80～90	断裂伸长率/%	≥80
混合后 1h 黏度	80～90	黏结强度/MPa	≥0.7
拉伸强度/MPa	≥1.8		

国内建筑涂料生产企业众多，但规模甚小，据有关部门统计年产值在 100 万元以上的涂料生产厂数千家，规模以上（年主营业务收入 2000 万元及以上）企业不到 1000 家，真正有影响力的企业约几十家，比如立邦、多乐士、PPG、佐敦、三棵树、嘉宝莉、华润、美涂士、巴德士、紫荆花等。目前，国内聚合物乳液的生产企业主要有上海保立佳、广东巴德富、山东万华、青岛豪纳、上海巴斯夫、中山联碳、国民淀粉等。2024 年各大企业生产建筑涂料用乳液约 250 万吨，用于生产建筑乳胶漆超过 1000 万吨，占全国聚合物乳液产量的 50%以上。近年来，我国聚合物乳液总产量年增长率约 2%～5%，高于世界聚合物乳液的平均增长率（年均约 2%）。同时，我国建筑涂料行业存在生存与发展的严峻考验，如恶性低价竞争、缺乏知识产权保护意识、产品质量不稳定等，迫切需要认真研究和解决这些技术问题，只有将乳液、颜填料及各种助剂的质量提高，加强工艺研究和配方设计研究，才能生产出高品质的乳胶漆产品，提升企业竞争力，促进行业的技术进步。

第12章

水性木器漆

12.1 概述

12.1.1 木器涂装及水性木器漆

木材是天然产物，组织构造复杂，材质不均匀，多孔、亲水膨缩。其特殊的纹理、外表及色彩具有自然美，拥有特别的魅力，所以人们选择用其制作各种木质器具（木器）。对木器进行涂装主要有美化表面、保护材质和实现特殊功能三个主要目的：美化表面是在赋予木材色彩、光泽、平滑性之外，增强木材纹理的立体感和表面的触摸感；保护材质是提高木器的耐湿、耐水、耐油、耐化学品、防虫、防腐性能等；实现特殊功能主要包括改善电气绝缘、隔声、隔热等性能。

但是，由于木器与金属、塑胶等其他材质的性质相差较大，要达到上述涂装的目的也并非易事。木器难于涂装的原因主要有以下两点。

（1）木材的多孔性

木材表面的孔隙度平均约占表面积的40%，少则30%左右，多则高达80%，所以涂料对木材的润湿性和附着力是木材涂装的一个大问题。

（2）木材的亲水膨缩性

木材遇水狂胀、脱水猛缩，会造成涂膜开裂、脱落，所以实现涂膜的持久稳定性是木材涂装的另一大难题。

另外，木材中含有的酸和胶脂类物质，易于渗出表面；木材质地的软硬度、材质结构、表面色相的不均一性等也是木材涂装的难点。一般来说，木器表面的涂装应该满足以下几点基本要求：①因木材涂装是多层的配套体系，所以要求底层涂料对木材具有良好的渗透性、润湿性和优越的附着力，层与层之间也应具有良好的附着力以形成一个整体；②涂膜要具有良好的韧性，保证涂膜的持久性；③涂层要具有良好的装饰性，保证木纹的清晰度及明显的立体感；④涂层要具有良好的力学性能、耐水性、耐化学品性、耐污染性、耐热性等；⑤涂膜的硬度高，具有较强的耐磨性及良好的手感；⑥涂料要具有良好的施工性、重涂性。

水性木器漆是世界涂料界公认的木器漆的主要发展方向，与溶剂型木器漆相比，在节约能源和保护环境方面具有无可比拟的优越性；同时，水性木器漆以其不燃、无毒、节能、环保等特点，已越来越受到高档场所业主及高端消费者的青睐。水性木器漆在我国的发展已有近 30 年的时间，随着国外先进水性树脂技术的引入以及国内科研院所和生产企业的持续研发投入，其在技术上已经取得了一系列重大突破，研发及其产业化进程已经取得了长足的发展。

12.1.2　水性木器漆的分类

按照成膜物质（树脂或基料）不同，水性木器涂料一般可以分为四类：第一类为单组分水性丙烯酸乳液木器涂料，此类水性涂料成本较低，性能上完全可以替代传统的硝基木器漆；第二类为单组分水性聚氨酯木器涂料，其涂膜耐磨性、低温成膜性、耐冲击性、柔韧性很好，但硬度较低、耐化学品性较差、成本较高；第三类为水性聚氨酯-丙烯酸杂化型树脂涂料，该类树脂涂料既降低了水性聚氨酯涂料的成本，又提高了水性丙烯酸树脂涂料的性能，具有较高的性价比；第四类为双组分水性聚氨酯木器涂料，具有耐磨性好、丰满度高、低温成膜性好、硬度高、手感好等优点，综合性能最接近溶剂型涂料的性能，但施工较麻烦、固化剂价格较贵。

按照施工的先后顺序，水性木器涂料可以分为水性腻子、水性封底漆、水性面漆。根据面漆中是否含有颜料，面漆可分为清漆和着色漆；根据面漆的光泽度又可分为高光面漆、半光面漆和哑光面漆等。水性腻子刮涂在木材表面，填补表面大小孔隙，增加基材表面的平滑度，对水性透明腻子的性能要求是：透明度高、耐水性好、干燥快、打磨性好、强度高、附着力好、不易脱落，同时要求腻子贮存稳定性好、不分层。封底漆是基材与面漆间的过渡层，它能增强涂层与基材之间的附着力，也能增加基材的封闭性，防止面漆渗透到基材孔隙而影响漆膜的平整、美观，同时能增加漆膜厚度而显丰满；因此，要求封底漆对基材润湿性好，渗透性优异，能在基材上形成一层均匀连续的漆膜且不影响与下一道漆膜的层间附着力；可以选择粒径较小、中等玻璃化温度的树脂作为制备封底漆的基料。面漆涂覆在底涂层上，起到装饰、保护木材的重要作用，因此要求漆膜硬度高，表面平整无缺陷，丰满度高，光泽适宜，光滑且抗划伤，耐水、耐酸、耐碱、耐污渍等。

按照包装形式，水性木器涂料可以分为单组份水性漆和双组分水性漆。

12.2　水性木器漆配方设计

传统的木器漆通常为溶剂型漆，从早期的醇酸漆、硝基漆，到目前用量最大的聚氨酯漆，都含有大量的挥发性有机溶剂，在涂料的生产和施工过程中释放出大量有害的挥发性有机化合物（VOC）。随着各国环保法规对 VOC 的限制及对环保的重视，溶剂型木器漆已经受到了前所未有的挑战，水性木器漆应运而生，已成为众多科研单位及涂料生产企业追逐的热点，并将逐步占领油性漆的市场份额。水性木器漆是以水为分散介质、溶剂或稀释剂的涂料，与常用的溶剂型涂料不同，其配方体系是一个更加复杂的体系。配方设计时，不仅要关注聚合物的类型、乳液及分散体的性能，还需要合理选择各种助剂并考虑到各成分之间的相互影响进行合理匹配。有时还要针对特殊要求选用一些特殊添加剂，最终形成适用的配方，以满足对涂料性能的要求。

水性木器漆的基本组成如下。

① 基料：聚合物乳液或分散体，决定漆膜的主要性能。

② 成膜助剂：水挥发后，在施工温度下能使乳液或分散体的胶粒软化、变形、融合形成均匀致密的涂膜。

③ 消泡剂：抑制配漆和施工过程中产生气泡并能使已产生的气泡逸出液面并破之。

④ 流平剂：改善漆的施工性能，形成平整、光洁的涂层。

⑤ 润湿剂：提高漆液对颜料、基材的润湿性能，协助颜填料的分散，改进流平性，增加漆膜对基材的附着力。

⑥ 分散剂：促进颜填料在漆液中的分散和稳定。

⑦ 增稠剂：增加漆液的黏度，调整流变性能，提高一次涂装的湿膜厚度，对粉料有防沉淀和防分层（发花）的作用。

⑧ 防腐剂：防止漆液在贮存过程中霉变。

⑨ 香精：使漆液具有愉快的气味。

⑩ 着色剂：赋予水性涂料各种所需颜色。着色剂包括颜料和染料两大类，颜料用于实色漆（不显露木纹的涂装），染料用于透明色漆（显露木纹的涂装）。

⑪ 填料：在腻子和实色漆中，增加固体分，降低成本，协助提高性能。

⑫ pH 调节剂：调整漆液的 pH 值，使漆液稳定。

⑬ 蜡乳液或蜡粉：提高漆膜的抗划伤性和改善其手感。

⑭ 特殊添加剂：针对水性漆的特殊要求添加的助剂，如防锈剂（铁罐包装防止过早生锈）、增硬剂（提高漆膜硬度）、消光剂（降低漆膜光泽）、抗划伤剂、增滑剂（改善漆膜手感）、抗粘连剂（防止涂层叠压粘连）、交联剂（制成双组分漆，提高综合性能）、憎水剂（使涂层具有荷叶效应）、耐磨剂（增加涂层的耐磨性）、紫外吸收剂（户外用漆抗老化，防止变黄）等。

此外，配方设计时往往还要添加少量的水，以便制漆。

12.2.1 树脂（基料）的选择

水性木器漆用树脂主要品种如下。

① 水性丙烯酸（酯）乳液：其中有苯丙乳液、叔丙乳液、纯丙乳液及其他改性丙烯酸酯乳液，该类基料适宜做水性腻子、底漆和哑光面漆。特点是快干，耐光、耐候性优异，但硬度一般，耐磨性、成膜性、柔韧性、手感和光泽较差，消泡困难，技术含量不高；新型核-壳型聚合物乳液和无皂聚合物乳液性能有较大提高。由于水性丙烯酸（酯）乳液价格相对较低，目前生产量较大，应用较广，是水性木器漆市场的入门级产品。

② 聚氨酯分散体：包括芳香族和脂肪族聚氨酯分散体，前者不耐黄变；后者没有黄变的问题，更适于户外漆。它们的成膜性能都较好，可自交联，光泽较高，耐磨性好，不容易产生气泡和缩孔。但硬度一般，价格较贵，适合于做亮光面漆、地板漆等。

③ 丙烯酸改性聚氨酯分散体：包括芳香族、脂肪族聚氨酯与丙烯酸酯分散体的混合物或化学接枝型杂化体，兼具了上述两类体系的优点，成本比较适中，可以自交联，亦可组成双组分体系，硬度好、干燥快，耐磨、耐化学品性能好，黄变低或不变黄，适合于做亮光漆、哑光漆、底漆、户外漆等。

④ 水性氨酯油：属单组分体系，类似于油性氨酯油，可以空气氧化干燥成膜，成膜时可以加入催干剂，干燥较快，光泽好，硬度好，耐磨、耐水性好，是目前市场上性价比最高的一类水性漆树脂，国内广东天银实业有限公司已经工业化生产，适合做亮光面漆、地

板漆。

⑤ 双组分水性聚氨酯树脂：一个组分是带—OH的聚氨酯或丙烯酸树脂分散体，另一个组分是水性多异氰酸固化剂，主要是脂肪族二异氰酸酯三聚体的水性化产品。此两组分混合后施工，通过交联反应成膜，可以显著提高其耐水性、硬度、丰满度、光泽度，综合性能较好，涂料不易黄变，尤为适合于户外涂装。但是该产品在施工上较为复杂，需要专业人员操作。

水性木器清面漆的配方中，基料即聚合物乳液或分散体占80%以上，最好在90%以上。由于乳液特别是水分散体的固体分较低（水分散体一般在30%～35%），配方设计时应尽量提高基料的用量，使得漆液中的有效成膜物含量尽可能多，这样才能保证制成的涂料经一道涂装漆膜较厚，丰满度高。聚合物乳液一般较水分散体的固体分高，水性基料固体分提高到一定程度后黏度增加很快，甚至黏度可以增加到不能制漆的程度。水分散体因粒子小，所以这种现象更显著，通常只能做成35%以下的浓度。因为乳液粒子比较大，同样固体分下的黏度小一些，一般能制成50%左右的固体分。配方设计时，应该考虑到这种差别，即采用水分散体制漆时，更要尽可能多地增加分散体的用量。水性木器实色漆中有颜填料，乳液或水分散体的用量相应要降低，一般在70%～80%，而腻子中填料更多，乳液或分散体的用量可低至50%左右。

各种类型的树脂的性能和价格各不相同。实际应用时应根据水性木器漆的应用场合和使用要求，选择合适的树脂，以取得性能和价格间的平衡。

12.2.2 助剂的选择

乳胶漆中容易出现的缺陷和弊病，在水性木器漆中同样会出现，由于木器漆装饰性要求更高，通常更为严重。这就使水性木器漆中助剂的品种、用量和匹配更为重要。透明水性木器漆中常用的助剂有助溶剂、润湿剂、流平剂、消泡剂、滑爽剂、消光剂、增稠剂等。

（1）助溶剂

水性漆的最低成膜温度是指涂膜形成不开裂、连续涂膜的最低温度（MFT）。若低于此温度施工，水性漆中水分挥发后，树脂不能聚结形成连续、平滑的涂膜，而是呈粉末状或开裂状的不连续膜。涂膜的硬度决定于其水性树脂组成中硬单体或者硬段的含量。为了满足涂膜性能的要求，如一定的柔韧性、硬度、抗污性及颜料润湿和分散性，树脂的玻璃化温度（T_g）设计得较高，因此最低成膜温度常常高于室温。为调节涂膜物理性能和成膜性能之间的平衡，需添加使聚合物胶粒软化的成膜助剂。成膜助剂又称凝聚剂、聚结剂，它能促进乳胶粒子的塑性流动和弹性流动，改善其聚结性能，能在广泛的施工范围内成膜。成膜助剂通常为高沸点溶剂，是一类小分子化合物，会在涂膜形成后慢慢挥发掉，因而最终的涂膜不会太软和发黏。

多数成膜助剂是涂料VOC的重要组成部分，因此成膜助剂应该用得越少越好。成膜助剂的量取决于配方中乳液或水分散体的用量和玻璃化温度。乳液或水分散体用量大以及聚合物的T_g高，成膜助剂的用量要大，反之用量少。配方设计时，首先考虑成膜助剂大约占乳液或水分散体的3%～5%。但是，对T_g超过35℃的聚合物乳液，可能要提高成膜助剂的用量才能保证低温成膜的可靠性，这时应逐渐提高成膜助剂的用量，直至在低温（10℃左右或更低）条件下进行涂装可以形成不开裂、不粉化的均匀漆膜为止，找出成膜助剂的最低用量。成膜助剂的用量达乳液或分散体的15%或更多是不可取的，应考虑更换成膜助剂再试。

成膜助剂有一个与树脂体系的相容性问题，在一个体系中很好用的成膜助剂在另一种水性木器漆体系中可能造成体系不稳定。配方设计时要充分考虑到这一点，并且通过试验选取最佳成膜助剂。试验结果表明：苯甲醇、乙二醇丁醚、丙二醇苯醚等成膜助剂在苯丙乳液中相容性好，但要缓慢滴加，否则容易造成絮凝。上述三种成膜助剂在纯丙乳液中加入会产生絮凝，易造成破乳。醇酯十二是乳胶类聚合物的强溶剂，并且水解稳定性非常好，因而其适用范围广（可用于高 pH 值的纯丙、苯丙、醋丙、硅丙、聚醋酸乙烯等多种乳液中），聚结性能高，且添加方式简单，不易造成破乳，在水性漆成膜后短的时间内完全挥发掉，不会影响乳胶漆配方所设计的硬度及光泽，是一种非常理想的成膜助剂。

成膜助剂降低 MFT 的效率与其种类有极大的关系，获取相同用量下具有最低成膜温度的成膜助剂是配方工作者的重要工作。除降低 MFT 和提高漆膜致密度外，成膜助剂还能改善施工性能，增加涂料的流平性，延长开放时间，提高涂料的贮存稳定性，特别是低温防冻性。

表 12-1 所示为几种重要成膜助剂及其性能比较。

表 12-1　几种重要成膜助剂及其性能比较

成膜助剂	水解稳定性	水溶性/%	挥发率(BAC[①]=1)	凝固点/℃
苯甲醇	差	3.8	0.09	−15.3
乙二醇丁醚	好	100	0.06	−76
醇酯十二	好	0.2	0.002	−50

① BAC 即乙酸正丁酯。

（2）流平剂

流平剂可以有效地降低水性涂料的表面张力，显著改善水性木器漆的施工效果。加入流平剂后涂料对基材的润湿性和渗透性增加，漆液的流平性得到改善，有时还能克服缩边（镜框效应）问题；同时，流平剂能解决消泡剂过度使用引起的缩孔问题。由于流平剂也属于表面活性剂，若使用过量则会抵消消泡剂的消泡作用，使得漆液在施工时产生气泡，有的还有明显的稳泡作用，所以应尽量选用流平性好、起泡性低、稳泡性小的润湿流平剂，且用量适度。常用的流平剂的种类有：阴离子型、非离子型、聚醚改性聚硅氧烷类等。其中阴离子型、非离子型流平剂价格较低，有机硅类价格较高，但其润湿效果、抗起泡性、抗缩孔性较好。常用的流平剂品种有 NP-10、H-875、H-436、H-140、Efka ALP-7022、BYK346、TEGO-Wet 270 等。

流平剂一般用量为 0.1%～1.0%，最好控制在 0.3%左右。当消泡剂超量时，为了克服缩孔，流平剂的用量甚至会超过 1%。

（3）消泡剂

水性木器漆用树脂常含有表面活性物质，容易产生气泡。而生产过程中的高速搅拌、泵送和罐装以及施工过程中的各种操作也会促进气泡产生。气泡的产生，使生产操作困难，也使设备的利用率不足而影响产量，装罐时因存在气泡而需多次罐装。施工中漆膜残留下的气泡，更影响木器漆的装饰效果和使用耐久性，形成永久瑕疵。因此正确选用水性木器漆中的消泡剂十分重要。消泡剂的作用机理是通过润湿渗透到由表面活性物质所形成的气泡薄层中，在薄层中扩散造成泡沫表面张力不平衡而破泡，因此消泡剂必须与涂料体系有一定的不相容性，如果消泡剂与体系完全相容，那么，它就不能很好地渗透到薄层中去，消泡效果不会理想。反之，如果相容性太差，虽然可以达到消泡的目的，却又可能引起其他表面缺陷，如缩孔等。多数消泡剂在用量过大时会使湿漆膜产生缩孔，因而消泡剂的用量以能基本消除气泡为原则，不可过度追求消泡效果，以免出现缩孔等副作用。

常用的消泡剂有矿物油类、有机硅类、有机极性化合物类。矿物油类消泡剂在乳胶漆中已广泛使用，消泡效果不甚理想，但价格较为便宜。该类消泡剂所含矿物油在漆膜干燥时易浮至表面，导致漆膜表面发乌，在高档木器漆中一般不用。矿物油类消泡剂中一般均含有疏水颗粒，会影响漆膜的光泽，因此在高光漆中也一般不适用。有机硅类消泡剂的消泡效果比较好，但价格较高。在选用有机硅类消泡剂时也应考虑其是否含有疏水颗粒及与体系的混溶性，含有疏水颗粒或与体系的混溶性差，肯定会影响光泽，不能用于高光漆。选择消泡剂时，一般通过效能试验、施工试验及贮存稳定性试验来综合评价。消泡剂的效能试验主要考察消泡剂的抑泡性、消泡性、脱泡性。常用的试验方法有量筒法、高速搅拌法。施工性主要考察消泡剂对漆膜的缩孔、光泽及层间附着力的影响。贮存稳定性主要考察消泡剂经一段时间放置后的各项性能，如抑泡性、消泡性、脱泡性的变化。经过上述 3 项试验后可选出较适宜的消泡剂。所用树脂不同，选用的消泡剂一般不同，采用两种消泡剂配合使用，可以获得较为满意的结果。消泡剂的加入量需经过试验来确定，若加入量少，起不到消泡效果，加入量太大，则会引起漆膜产生缩孔及再涂性变差等弊病。

消泡剂的用量占整个配方的 0.05%～0.5%，最好在 0.1%左右。若用量超过 0.5%，应考虑更换消泡剂。常用的消泡剂品种有 BYK-028、024，Efka-26、27，Formster A 系列，TEGO Foamex 系列等。

（4）滑爽剂

滑爽剂的主要作用是改善漆膜表面的平整度，提高漆膜表面滑爽程度和漆膜抗划伤性，提高抗回黏性，并具有良好的手感。在哑光漆中与消光粉拼合使用，能使漆膜性能更趋完善，使漆膜的消光、耐水、耐磨、耐污等性能都有明显改善。常用的滑爽剂主要是有机硅聚合物类及水乳型的聚乙烯蜡、聚丙烯蜡、聚四氟乙烯蜡等，其中水乳型的聚烯烃蜡由于粒径和粒径分布不同，其消光效果各不相同，有适用于有光漆的，也有适用于哑光漆的，要加以选择。在选用滑爽剂时应注意其与体系的相容性，如果使用不当，可能会产生气泡和缩孔并影响漆膜的再涂性，造成层间附着力变差。

有机硅类滑爽剂的添加量一般为涂料总量的 0.1%～1%，水乳型聚烯烃蜡的添加量一般为涂料总量的 1%～10%。常见的滑爽剂有 BYK-301、DC51、Efka-096、Ultralibe E668H、MH600、TEGO Glide 系列等。

（5）消光剂

水性木器透明面漆，按漆膜光泽的高低分为高光、半哑光、平光漆。半哑光及平光漆的漆膜光泽柔和，又保留基材的颜色和花纹，已成为消费主流。

水性木器清漆通常加入消光剂以达到消光目的，其消光机理是使涂膜表面变得不平整，造成光线的漫反射以削弱反射光强度，从而达到消光目的。也有的在清漆中加入超细填料，增加颜料体积浓度，使涂膜光泽下降，但这种方法影响清漆的透明性。常见的消光剂分为有机消光剂和无机消光剂。有机消光剂主要是合成蜡，不仅可以消光，还可以增加漆膜表面光滑度，增强手感，但可能影响漆膜的再涂性，因此其添加量受到限制，消光效果有限。无机消光剂主要是气相二氧化硅（也称消光粉），其折射指数与树脂的折射指数相近，对涂膜的透明性有一定影响。影响气相二氧化硅消光效果的主要物理参数是粒径和孔隙率。一般来说孔隙率高的二氧化硅消光效果好，粒径分布越窄，消光效果越好。“细”颗粒会增大涂料的黏度和触变性，防沉降性较好；“粗”颗粒则会使涂膜表面过度粗糙，影响手感和装饰性。常用于木器涂料的消光粉的粒径范围为 3～7μm、孔隙率 1.2～2.0mL/g。

每一种消光粉在不同的体系中作用效果不同，应分别考察其消光效果、分散程度、防沉性及对漆膜透明性的影响等。如在丙烯酸乳液体系中，乳液本身已具有一定的触变性，因此分散于其中的消光粉不容易沉降，应选择触变性小且易分散的消光粉，防止乳液因过度搅拌而产生絮凝。而聚氨酯分散体及丙烯酸-聚氨酯杂化体由于触变性小，容易引起消光粉的沉降，可选择触变性能更强的消光粉。

通常在树脂中直接分散消光粉，这样可以提高涂料的固体分，提高漆膜的丰满度。通过使用分散剂可以强化分散效果，在不产生絮凝的前提下，也可以适当提高分散速度来改善分散效果；通过提高涂料的中、低剪切黏度可以防止消光粉沉降。消光粉的添加量与漆膜光泽和树脂的种类有关，丙烯酸乳液消光容易，而水性聚氨酯则难以消光。对于哑光漆，根据不同的光泽度要求，消光粉可在0%～4%之间选择；水性涂料比溶剂型涂料容易消光，全哑水性木器漆中消光粉的用量也不会超过4%。

常见的消光粉有OK49、OK520、OK607、ED30、TS100、W300、W500等。

（6）增稠剂

水性树脂的黏度比较低，例如水性聚氨酯分散体的黏度约为30～500mPa·s。若涂料黏度太低，在贮存中粉料容易发生沉降，形成硬沉淀，影响使用。另外在立面上施工时，还会发生流挂现象。增稠剂提供低剪切条件下的黏度。漆液黏度大，一次涂装成膜厚，漆膜丰满度高。更重要的是可防止实色漆、腻子和加有消光粉的哑光漆在贮存时发生沉淀、分水等弊病。

常见的增稠剂有纤维素类、丙烯酸碱溶胀型及聚氨酯缔合型增稠剂。纤维素类增稠剂易被微生物降解、发霉，且涂料增稠后触变性太大，不利于涂膜流平，一般不予选用。丙烯酸碱溶胀型增稠剂会引起涂料发乳，影响涂膜的外观。该类增稠剂可提高涂料的中低剪切黏度防止涂膜流挂，在哑光或平光漆中加入部分丙烯酸碱溶胀型增稠剂，可有效防止消光粉的沉降。碱溶胀型增稠剂可能会使涂膜的耐水性下降，另外在添加时应稀释数倍，否则易产生絮凝。缔合型增稠剂可提高涂料的高剪切黏度，对涂料的触变性影响很小，有利于涂料在施工时的流动，减少刷痕。该增稠剂对涂膜的耐水性无影响，可直接添加，不会引起絮凝。但若使用过量，可能会引起涂料的分水和分层。因此，可根据实际情况复合选用丙烯酸碱溶胀型及聚氨酯缔合型增稠剂，使涂料的流挂和流平达到平衡。常用的增稠剂有TT-935、SN-69、Rheolate-430、Rheolate-450、Rheolate-278、Rheolate-288、BM-2020等。

增稠剂的用量控制在0.5%左右，并且要用水或成膜助剂如丙二醇、丙二醇丁醚、二乙二醇乙醚或乙二醇丁醚等稀释后添加，以利于迅速分散，防止絮凝和结块。

（7）其他助剂

配制水性木器漆时还会加入一些其他助剂。如杀菌剂可以防止涂料及涂膜发霉、腐败，应使用低毒或无毒的杀菌剂，对于异噻唑啉类防腐剂，用量在0.1%已能防止漆液在贮存过程中霉变，应注意其与树脂的匹配性，不应产生絮凝及其他不良现象。水性木器漆用作室外装饰时，紫外光可以穿透清漆涂膜，作用于木材、引起黄变，紫外光吸收剂的加入，可以减缓紫外光的破坏作用。香精的用量只要能起到改善漆液的气味作用即可，用量0.05%左右已足够，个别情况可高至0.1%，也可以不用。

12.2.3 颜填料的选择

水性实色漆中，以白漆为例，钛白粉用量要能保证漆膜有足够的遮盖力，钛白粉的用量不应低于 10%，但也不必高于 22%，这种情况与溶剂型白漆是一样的。填料可少加或不加。然而，水性腻子中必须加少量填料，如滑石粉、重钙以及硬脂酸锌等，总用量在 15%～30%之间均可。填料越多，腻子的透明性越差，但填充缝隙的效果越好。配方中有颜填料时，要加入颜填料总量 2%～10%的润湿分散剂帮助颜填料分散。

总之，水性木器漆配方设计的基本原则如下。

① 乳液或水分散体的用量尽可能多些。

② 助剂品种尽可能少些，能不用的就不用；多数助剂用量不当均有副作用，因此助剂用量尽可能少。

③ 颜填料用量以少为好，只要能达到目的，越少越好。

水性木器漆配方中各组分大致用量如表 12-2 所示。

表 12-2　水性木器漆配方中各组分的用量（质量分数）　　单位：%

组分	清漆	实色漆	水性腻子
去离子水	<10.0	<10.0	<10
乳液或水分散体	≥80	70～80	≥50
成膜助剂	3.00～10.0	3.0～8.0	2.00～8.00
消泡抑泡剂	0.050～0.500	0.10～0.50	0.100～0.500
流平剂	0.100～1.000	0.10～1.00	0～1.000
增稠剂	0～0.500	0～0.500	0.1000～1.000
防腐剂	约 0.100	约 0.100	约 0.100
香精	0～0.100	0～0.100	0～0.100
pH 调节剂	0～0.100	0～0.100	0～0.100
蜡乳液	0～8.000	0～8.000	0
颜填料		0～25.0	15.0～30.0
流变助剂	0.100～1.000	0.100～1.000	

12.3　水性木器漆配方实例

12.3.1　单组分水性木器漆

单组分水性木器漆的树脂主要有水性聚氨酯分散体、丙烯酸改性水性聚氨酯和丙烯酸乳液三大类。

水性聚氨酯具有流平好、丰满度高、耐磨、柔韧性好等优点，非常适用于配制各种高档水性木器面漆，如家具漆和地板漆等。丙烯酸改性水性聚氨酯是通过无皂、核-壳等聚合方法将丙烯酸和聚氨酯聚合在一起的一种新型水性树脂，不但具有丙烯酸树脂对颜料的润湿性、耐候性和耐化学性，并且继承了聚氨酯树脂的高附着力、高耐磨性和高柔韧性等性能，常用于配制中高档木器漆。丙烯酸树脂乳液快干、光稳定性优异、成本低，传统的丙烯酸共聚物系热塑性树脂，力学性能较差，耐热性较低，目前的发展趋势是采用多步聚合法制备常温自交联乳液，改善了干燥速度、硬度、透明性和耐化学品性，并具有良好的低温柔韧性和抗粘连性；另外采用核-壳聚合方法也可以制备成膜温度低、抗粘连性及柔韧性等综合性能好的多相丙烯酸乳液。由于相对低廉的成本，丙烯酸类乳液目前在市场上仍备受关注，广泛用于水性木器底漆及低端水性木器装饰漆等。下面介绍一些配方以供参考。

（1）乳液类水性木器漆

① 水性透明木器清漆

序号	物料	用量/%	功能	供应商
1	Joncryl 1980	82.1	成膜物	Johnson
2	TEGO® Wet 500	0.35	基材润湿剂	TEGO
3	Dowanol DPM	4.27	助溶剂	DOW
4	Dowanol DPNB	3.06	助溶剂	DOW
5	Dowanol PPH	0.810	助溶剂	DOW
6	TEGO® Foamex 805	0.42	消泡剂	TEGO
7	Jonwax® 26	3.54	蜡乳液	Johnson
8	TEGO® Glide 440	0.180	流平剂	TEGO
9	去离子水	3.52		
10	AMP-95	0.200	中和剂	
11	Tafigel® PUR 50(DPM 1：1 稀释)	1.55	增稠剂	King Industry

Joncryl 1980 是一种不含甲醛的自交联丙烯酸乳液。它主要用于需抵抗多种化学制品的木材涂料，可提供优秀的透明度、低泡性以及优秀的抗裂性。Joncryl 1980 乳液的抗化学品性使它可以用于其他用途，如混凝土面漆、特殊的硬质纤维板和塑料。Joncryl 1980 物性：外观呈半透明液体；pH 值 7.8；固含量（质量分数）40%；黏度 140mPa·s；T_g69℃；成膜温度 45℃。

② 水性木器哑光面漆

序号	原材料	用量/质量份	备注
1	3011 水性树脂	80.0	武汉仕全兴
2	024 消泡剂	0.400	BYK
3	706w 分散剂	0.200	迪高
4	425 润湿剂	0.300	迪高
5	去离子水	7.00	自制
6	HP240 消光粉	0.800	英力士
7	二丙二醇丁醚	4.00	陶氏
8	二丙二醇甲醚	2.00	陶氏
9	825/去离子水-消泡剂	0.400	迪高
10	D816 蜡分散体	4.00	翁开尔
11	299/丙二醇甲醚-增稠剂	0.400	海明斯
12	XS71 增稠剂	0.500	高泰
合计		100	

3011 是一款固含量 40%，最低成膜温度 38℃的单组分丙烯酸乳液，采用多重交联技术，漆膜耐性优异，抗粘性能好，硬度 HB。

3011 可以用联固 Uacryl0612 替换。

Uacryl0612：阴离子型；微黄半透明；黏度 100～1000mPa·s；固含量 40%；pH7.0～9.0；T_g38℃。性能特点：耐水优异，干湿膜透明性优异，附着力优异，耐化学品性及耐污好，推荐应用于高耐性清面及白面漆。

③水性封闭底漆

序号	原材料	用量/质量份	备注
1	Mowilith LDC 7154	66.0	Clariant(科莱恩)
2	去离子水	8.00	
3	Mowiplus XW 330(润湿分散剂)	0.300	Clariant(科莱恩)
4	BYK 330(消泡剂)	0.100	BYK
5	Nipacide BIT 20(罐内杀菌剂)	0.100	Clariant(科莱恩)
6	丙二醇	1.00	

续表

序号	原材料	用量/质量份	备注
7	硬脂酸锌浆(40%)	10.0	环琦化工
8	氨水	0.100	
9	Dalpad D(成膜助剂,50%水溶液)	3.00	DOW
10	去离子水	10.0	
11	DSX2000(增稠剂,1∶1 水稀释)	1.40	Cognis

主要技术指标：固含量 35%；黏度（*KU*）65；总挥发性有机化合物（TVOC，扣水）≤95g/L。

特点：封闭性好，打磨性佳，VOC 低。

Mowilith LDC 7154 是一种不含 APEO、自交联、核-壳结构丙烯酸乳液，可以配制水性木器清漆、有光色漆、底漆，具有良好的抗划伤性和抗粘连性，硬度高，透明度好，耐磨、耐沾污，不黄变，手感舒适，是科莱恩的一种多功能、全能型产品。

乳液物性：固含量 46%～48%；pH8.00～9.00；MFT9℃；黏度 2～5Pa•s。

④水性透明底漆

序号	原材料	用量/质量份	备注
1	3060 水性树脂	80.0	武汉仕全兴
2	024 消泡剂	0.400	BYK
3	425 润湿剂	0.300	迪高
4	二丙二醇丁醚/甲醚	6.00	陶氏
5	825/去离子水-消泡剂	0.400	迪高
6	水性硬脂酸锌	4.00	菱湖
7	299/丙二醇甲醚-增稠剂	0.400	海明斯
8	XS-71 增稠剂	0.500	高泰
9	去离子水	8.00	自制
合计		100	

主要技术指标：3060 是一款固含量 40%，最低成膜温度 45℃的单组分丙烯酸乳液，树脂清透，乳液粒径小，渗透性、入孔性好，硬度建立速度快，抗粘连性能优异，能快速打磨。

⑤水性木器打磨底漆

a. 填料浆配方

序号	原材料	用量/质量份	备注
1	去离子水	45.0	
2	TEGO Dispers 750W(润湿分散剂)	12.0	TEGO
3	TEGO Foamex 810(消泡剂)	0.500	TEGO
4	丙二醇	2.00	
5	Aerosil R200(气相 SiO_2)	0.500	Degussa
6	超细滑石粉	20.0	
7	硬脂酸锌	20.0	

b. 水性木器打磨底漆配方

序号	原材料	用量/质量份	备注
1	填料浆	12.5	
2	XK-61	12.0	DSM,乳液
3	TS 100	1.00	Degussa,消光剂
4	TEGO Wet 270	2.00	TEGO

续表

序号	原材料	用量/质量份	备注
5	PG	2.00	DOW,成膜助剂
	丙二醇丁醚	6.00	
6	TEGO Foamex 815(消泡剂)	0.500	TEGO
7	Aerosil R200(气相 SiO_2)	0.300	Degussa
8	Aquaflow NLS 200(缔合型增稠剂)	0.300	Hercules
9	Aquaflow NLS 300(缔合型增稠剂)	0.300	Hercules

⑥水性家具涂料

序号	物料	用量/%	供应商
1	ALBERDINGK® AC2514	80.0	欧宝迪树脂
2	BYK-024(消泡剂)	0.800	毕克化学
3	TEGO® Wet 270	0.200	TEGO
4	二乙二醇丁醚 BDG	6.00	巴斯夫
5	乙二醇丁醚 BG	2.00	巴斯夫
6	去离子水	7.50	
7	Acematt TS 100(消光剂)	0.600	Degussa
8	Ultralube D 816(蜡乳液)	2.50	Keim Additec
9	DSX 1514(增稠剂)	0.400	科宁

ALBERDINGK® AC2514 为通用的自交联水性丙烯酸树脂，有出色的打磨性、良好的耐化学品性和手感；干燥快；固含量为 42%～44%，MFT 为 43℃，黏度 30～300mPa·s，摆杆硬度为 104s。该乳液广泛应用在家具涂料、地板涂料、混凝土涂料等领域。

⑦水性白色底漆

序号	原材料	用量/质量份	备注
1	去离子水	26.0	
2	250HBR(纤维素醚增稠剂)	0.400	
3	氨水	0.100	
4	Dispelair CF 1501(消泡剂)	0.200	海润化工
5	Mowiplus XW 330(分散剂)	0.500	Clariant(科莱恩)
6	Nipacide BIT 20(罐内杀菌剂)	0.100	Clariant(科莱恩)
7	重质碳酸钙(700 目)	20.0	
8	钛白(CR828)	5.00	特诺(Tronox)
9	滑石粉(1000 目)	12.5	
10	乳液(Lacper 4507)	20.0	万华
11	Texanol(成膜助剂)	1.50	伊士曼化工(Eastman)
12	去离子水	12.5	
13	Optiflo H 600(增稠剂,17%PG 溶液)	1.20	德国南方化学有限公司

主要技术指标：固含量 45.5%；黏度（KU）85；TVOC(扣水）≤60g/L。

特点：性价比高，VOC 低。

⑧水性白色面漆

序号	原材料	用量/质量份	备注
1	去离子水	4.00	
2	AMP-95(pH 调节剂)	0.100	
3	BYK-028(消泡剂)	0.500	海润化工
4	Dispex AG 40(分散剂)	0.300	Ciba(汽巴)
5	Nipacide BIT 20(罐内杀菌剂)	0.10	Clariant(科莱恩)

续表

序号	原材料	用量/质量份	备注
6	钛白(CR828)	16.0	特诺(Tronox)
7	5%BYK-420(防沉剂)	2.00	BYK
8	Mowilith LDC7154	60.0	Clariant(科莱恩)
9	去离子水	4.60	
10	DARPAL D(成膜助剂,50%水溶液)	3.00	DOW
11	BYK-028	0.500	BYK
12	BYK 348(底材润湿剂)	0.300	BYK
13	Aquacer 535(蜡乳液)	3.50	BYK
14	去离子水	17.3	
15	Optiflo H 600(增稠剂,23%PG 溶液)	1.30	德国南方化学有限公司

主要技术指标：固含量 45%；黏度（*KU*）70；TVOC(扣水）≤95g/L。

特点：性价比高，VOC 低。

（2）聚氨酯类水性木器漆

① 单组分抗回黏水性木器漆

序号	物料	用量/%	功能
1	Bayhydrol® XP2593/1	81.2	Bayer 树脂
2	BYK-028	1.00	消泡剂
3	TEGO 482	0.200	流平剂
4	BYK 346	0.200	润湿剂
5	50% BG 水溶液	16.0	成膜助剂
6	Aquacer 513	1.00	蜡浆
7	RM 2020	0.400	增稠剂

Bayhydrol® XP2593/1 为脂肪族、脂肪酸改性阴离子型聚氨酯分散体；固含量为 35%；黏度小于 100mPa•s；耐化学品性强，高光泽，硬度高。

清漆基本性能：光泽（60°）90.5；摆杆硬度：108s(18h)，124s(3d)；铅笔硬度（擦伤法）HB；耐水、耐乙醇、耐碱液等性能优异。

② 水性地板涂料Ⅰ

序号	物料	用量/%	供应商
1	ALBERDINGK® AC2514	41.0	欧宝迪树脂
2	ALBERDINGK® U9800 VP	41.0	欧宝迪树脂
3	BYK 036	0.200	毕克化学
4	TEGO Foamex 800	0.800	Degussa
5	二丙二醇甲醚(DPM)	4.00	DOW
6	二乙二醇丁醚(BDG)	4.00	巴斯夫
7	去离子水	3.50	
8	Aquacer 513 蜡乳液	4.00	毕克化学
9	Acematt TS 100	1.00	Degussa
10	BYK 333	0.100	毕克化学
11	DSX 1514	0.400	科宁

ALBERDINGK® U9800 VP 为无溶剂型聚氨酯分散体，适用于木器、塑料和金属涂料；具有出色的耐沸水、耐化学品性能和力学性能；固含量为 32%～36%；MFT 为 30℃，黏度为 20～300mPa•s，断裂伸长率 22%。

③水性地板涂料Ⅱ

序号	物料	用量/质量份	供应商
1	ALBERDINGK®CUR69	83.2	欧宝迪树脂
2	BYK-028	0.600	BYK
3	BYK-044	0.200	BYK
4	TEGO Foamex 800	0.800	Degussa
5	二丙二醇丁醚(DPNB)	2.00	DOW
6	乙二醇丁醚(BDG)	2.00	巴斯夫
7	去离子水	8.00	
8	Ultralube D 816(蜡乳液)	3.00	Keim Additec
9	Acematt TS 100	0.500	Degussa
10	TEGO Wet 280(润湿剂)	0.300	TEGO
11	Rheolate 212(增稠剂)	0.200	海明斯

ALBERDINGK® CUR69 为蓖麻油改性聚氨酯分散体，硬而韧，表面效果好，耐磨，耐鞋印。

④单组分水性木器白漆

序号	物料	用量/%	功能	供应商
1	Bayhydrol® XP2593/1	71.1	树脂	Bayer
2	Acematt TS 100	0.400	消光剂	Degussa
3	色浆	10.0		
4	BYK 346	0.200	润湿剂	BYK
5	BYK-028	1.00	消泡剂	BYK
6	50% 二甘醇单丁醚水溶液	11.3	助溶剂	DOW
7	DSX 1514	0.100	增稠剂	Cognis
色浆配方				
8	去离子水	20.3		
9	Disper BYK-190	8.80	分散剂	BYK
10	BYK-024	0.500	消泡剂	BYK
11	BYK 346	0.300	润湿剂	BYK
12	Kronos 2310	70.0	钛白	Kronos
13	BYK 420	0.100	增稠剂	BYK

涂料参数：固含量 36%；黏度 40s；表干时间为 0.5h；实干时间为 1.5h。

⑤ 单组分高光白色水性木器漆

配方：

序号	物料	用量/%	功能	供应商
1	Bayhydrol® F 245	13.2	基料	Bayer
2	去离子水	7.44		
3	20%三乙胺(乙醇水溶液,1∶1)	0.600	中和剂	
4	TronoxR-KB-6 15	23.8	钛白粉	
5	Bayhydrol® F 245	52.9	基料	Bayer
6	去离子水	2.06	调黏	

工艺操作：将物料 1、2 加入容器，低速搅拌下加入物料 3，高速搅拌下加入物料 4；打入砂磨机研磨，加入物料 5 分散均匀，加入物料 6 调黏，过滤、包装。

Bayhydrol® F 245 是一种气干聚酯型水性聚氨酯；固含量：45%；黏度：350mPa·s；酸值：13mgKOH/g；VOC：5%。

特性：高光、耐候、防腐、自干。

⑥ 水性木器白色面漆

配方：

序号	材料	用量/质量份	备注
1	水	10.0	
2	TC-202	61.0	广东天银化工
3	Disponer W-511	0.300	Deuchem
4	Disponer W-18	0.200	Deuchem
5	BYK-028	0.200	BYK
6	钛白粉(828)	25.0	
7	DeuAdd MB-11	2.00	Deuchem
8	DeuAdd MB-16	0.100	Deuchem
9	Aquacer 535(蜡乳液)	3.50	BYK
10	DeuRheo WT-204	1.00	Deuchem

TC-202 为一种油改性脂肪族水性聚氨酯，是目前性价比最高的一种水性木器漆树脂。

工艺操作：

a. 准确称量组分 1、2，600r/min 搅拌条件下加入组分 3～6，1000r/min 搅拌 30min；

b. 将转速调至 600r/min，加入组分 7～9，搅拌 10min，加入 10 组分调整黏度，慢速消泡 30min，过滤、包装。

⑦ 水性格丽斯

序号	原材料	用量/质量份	备注
1	5130 水性聚氨酯	30.0	武汉仕全兴
2	丙二醇	25.0	助溶剂
3	7072 消泡剂	0.0500	海明斯
4	4100 基材润湿剂	0.300	迪高
5	去离子水	35.0	自制
6	299 增稠剂	3.00	海明斯
7	760W 分散剂	0.200	迪高
8	水性透明色浆	15.0	东莞彩之虹

水性格丽斯与油性格丽斯一样，要有较好的导管渗透性，要求上色快，擦色干净且无接头，与底材和面漆附着力好。水性格丽斯加适量水，用布条蘸取打圈旋转擦色，然后用干净布条顺木纹将多余色料收擦干净。

修色工艺与底着色基本相同，修完可以直接上面漆。修色时宜薄喷多枪，5min 即可直接上面漆。如有颗粒杂质可用 600～1200 目砂纸轻磨去除。

⑧ PUA 型水性高光木器面漆

配方：

序号	原材料	用量/质量份	备注
1	NeoPac E-106	83.0	DSM
2	Dehydran 1293	0.600	Cognis 消泡剂
3	Foamstar A34	0.600	Cognis 消泡剂
4	乙二醇丁醚	8.00	工业级
5	去离子水	3.10	
6	Hydropalat 140	0.400	Cognis 润湿剂
7	Perenol S5	0.300	Cognis 增滑剂
8	DSX 2000	0.500	Cognis 增稠剂
9	去离子水	3.500	

NeoPac E-106 是一种水性聚氨酯-丙烯酸树脂杂化体，综合性能较好。

工艺操作：

a. 准确称量组分 1，在 300r/min 搅拌条件下加入预混合后的组分 2～7，600r/min 搅拌 30min；

b. 将转速调至 400r/min，加入组分 8、9 的稀释液调整黏度，并慢速消泡 10min。

主要性能：固含量 30%；黏度（涂 4 杯）40s；表干时间 15min；铅笔硬度 1H～2H。

12.3.2 双组分水性聚氨酯木器漆

（1）清漆

① 双组分水性聚氨酯清漆 Ⅰ

A 组分：

序号	物料	用量/质量份	功能	供应商
1	Bayhydrol® XP2651	75.3	基料	Bayer
2	TEGO Foamex 810	0.100	消泡剂	Degussa
3	TEGO Airex 902W	0.200	消泡剂	Degussa
4	Borchers GOL LA 50	0.300	流平剂	Borchers
5	乙二醇丁醚	1.00	助溶剂	
6	去离子水	3.40		

B 组分：

序号	物料	用量/%	功能	供应商
1	Bayhydur® XP2655	19.8	水性多异氰酸酯	Bayer

Bayhydrol® XP2651 为水性丙烯酸二级分散体；固含量：40%；黏度：200mPa·s；羟基含量：3.0%（固体树脂）。特点：分子量较低，高羟基含量，高光，对木材润湿性好。

Bayhydur® XP2655 为新一代氨基磺酸盐改性 HDI 三聚体，可以人工搅拌分散，NCO 含量高，干燥快，硬度高，光泽好。

清漆数据：$n_{NCO}/n_{OH}=1.8$；固含量 51%；细度 25 μm；表干时间 15min；可使用时间 4h；实干时间 7d；硬度（7d）2H；光泽（60°）90.4；耐水、耐乙醇、耐沸水性好；柔韧性 1mm。

② 双组分水性聚氨酯清漆 Ⅱ

A 组分：

序号	物料	用量/质量份	功能	供应商
1	Bayhydrol® XP2470	50.3	基料	Bayer
2	BYK 022	0.500	消泡剂	BYK
3	BYK 346	0.100	润湿剂	BYK
4	TEGO 280	0.200	流平剂	TEGO
5	乙二醇丁醚	1.80	助溶剂	
6	去离子水	16.0		

B 组分：

序号	物料	用量/%	功能	供应商
1	Bayhydur® XP2655	23.6	水性多异氰酸酯	Bayer
2	去离子水	7.40	调整黏度	

注：n(NCO) /n(—OH) =1.2；固含量：47%。

③ 双组分水性聚氨酯清漆 Ⅲ

羟基组分配方：

序号	原材料	用量/质量份	备注
1	水性聚氨酯羟基组分	68.0	广东天银化工
2	BYK-028	0.080	BYK 消泡剂
3	Aquamat 216	0.558	BYK,乳化蜡,手感剂
4	BYK346	0.040	BYK,流平剂
5	DeuRheo WT-204	1.80	Deuchem,增稠剂

水性固化剂配方：

序号	原材料	用量/质量份	备注
1	WT2102	10.0	德固赛
2	丙二醇甲醚醋酸酯	1.00	溶剂

施工时将水性固化剂溶液在搅拌下加入羟基组分中，搅拌均匀，熟化 30min 后使用，试用期约 4h。其涂层光泽高、硬度好、耐水、耐热、耐溶剂，基本达到油性双组分 PU 漆的性能。

水性聚氨酯羟基组分的指标如下：

项目	指标	项目	指标
外观	半透明水分散体	黏度	500～1000mPa・s
固含量	(40±1)%	羟值	1.8%(以树脂计)

④ 双组分水性聚氨酯哑光清漆

序号	物料	用量/%	供应商
1	ALBERDINGK® U9150VP	73.7	欧宝迪树脂
2	BYK-044(消泡剂)	0.200	BYK
3	BYK-024(消泡剂)	0.400	BYK
4	二乙二醇丁醚(BDG)*	3.00	巴斯夫
5	乙二醇丁醚(BG)*	1.50	巴斯夫
6	去离子水*	16.0	
7	Acematt TS 100(消光剂)	0.50	Degussa
8	Ultralube D 816(蜡乳液)	3.00	Keim Additec
9	BYK346(流平剂)	0.300	BYK
10	Rheolate 212(增稠剂)	1.20	Elements

注：* 表示 4、5、6 混合后添加。

固化剂：WT2102 或 Bayhydur 2336(70%二丙二醇二甲醚溶液)。

ALBERDINGK® U9150VP 是一种聚酯型聚氨酯水分散体，不含 NMP，耐化学品性和抗磨性好；MFT 约为 5℃，用于配制双组分水性木器漆。

⑤ 双组分水性聚氨酯透明底漆（Ⅰ）

A 组分：水性双组分透明底漆

序号	原材料	用量/质量份	备注
1	3210 水性树脂	80.0	武汉仕全兴
2	去离子水	10.2	自制
3	DMEA 中和剂	0.100	伊士曼化工
4	902W 消泡剂	0.200	迪高
5	299 增稠剂	0.200	海明斯
6	去离子水	3.20	自制
7	DPNB 溶剂	1.30	陶氏
8	DPM 溶剂	3.20	陶氏
9	270 基材润湿剂	0.300	迪高

续表

序号	原材料	用量/质量份	备注
10	299 增稠剂	0.300	海明斯
11	硬脂酸锌	1.00	SunAce
合计		100	

B 组分：水性固化剂

序号	原材料	用量/质量份	备注
1	丙二醇甲醚醋酸酯(PMA)	28.0	市售
2	BF-5	2.00	脱水剂
3	S100	70.0	武汉仕全兴
合计		100	

主要技术指标：3210 水性树脂是无机杂化改性的羟基乳液，固含量 40%，固体分羟基含量 1.0%，粒径小，T_g 高，打磨性好。

S100 固化剂是磺酸盐改性的 HDI 三聚体水性固化剂，固含量 100%，NCO 为 20%，水分散性好，光泽高，耐化学品性好。

A 组分∶B 组分∶水＝12∶1∶1，$n_{NCO}:n_{OH}=1.5$。

按配比配好漆，调整施工黏度。

喷涂在橡胶木上，室温下实干时间为 3h（26℃，45%～55%湿度）。

⑥ 双组分水性聚氨酯透明底漆（Ⅱ）

A 组分：

序号	原材料	用量/质量份	备注
1	3220	80.0	武汉仕全兴
2	消泡剂 024	0.400	BYK
3	润湿剂 425	0.300	迪高
4	二乙二醇丁醚	5.00	陶氏
5	消泡剂 825/去离子水	0.400	迪高
6	水性硬脂酸锌	4.00	菱湖
7	增稠剂 299/丙二醇甲醚	0.400	海明斯
8	增稠剂 XS-71	0.500	高泰
9	去离子水	9.00	
合计		100	

B 组分固化剂：武汉仕全兴 S-265-80。

A∶B＝7∶1

S-265-80 是一款磺酸盐改性的 80%固含量的水性 HDI 固化剂，溶剂为 PMA，NCO 为 16%。

⑦ 双组分水性聚氨酯哑光清面漆

A 组分：

序号	原材料	用量/质量份	备注
1	3220	80.0	武汉仕全兴
2	消泡剂 024	0.400	BYK
3	润湿剂 425	0.300	迪高
4	分散剂 760W	0.200	迪高
5	消光粉 HP240	0.800	英力士
6	二乙二醇丁醚	5.00	陶氏
7	消泡剂 825/去离子水	0.400	迪高

续表

序号	原材料	用量/质量份	备注
8	增稠剂 299/丙二醇甲醚	0.400	海明斯
9	增稠剂 XS-71	0.500	高泰
10	蜡分散体 D816	3.00	翁开尔
11	去离子水	9.00	自制
合计		100	

B 组分固化剂：S-265-80。

A∶B=7∶1

主要技术指标：3220 是一款固含量 40%，羟基含量 2.0%，最低成膜温度 40℃ 的羟基乳液，外观清透，漆膜抗黏性能好，打磨性好，隔夜硬度可以到 FH。

（2）双组分水性聚氨酯色漆

① 双组分水性聚氨酯哑光白漆

A 组分：

序号	物料	用量/质量份	功能	供应商
1	去离子水	114		
2	Natrosol 250 HBR	1.15	增稠剂	Aqualon
3	50%DMEA 水溶液	1.50	中和剂	Deuchem
4	H140	6.00	流平剂	Cognis
5	SN-5027	0.200	分散剂	NOPCO
6	901W	0.400	消泡剂	Degussa
7	Kathon LXE	1.00	杀菌剂	Rohm & Hass
8	Ti-pure R902	200	金红石型钛白粉	DuPont
以上材料高速分散后，在低速搅拌下加入以下材料				
9	Bayhydrol® XP2546	580	树脂	Bayer
10	TS100	15.0	消光剂	Degussa
11	Texanol	22.0	成膜助剂	Eastman
12	BYK-024	3.00	消泡剂	BYK
13	WE1	40.0	蜡乳液	BASF
14	RM-5000	6.00	流变改性剂	Rohm & Hass
15	RM-8W	4.00	流变改性剂	Rohm & Hass

B 组分：

序号	物料	用量/质量份	功能	供应商
1	Bayhydur® XP2547	200	水性多异氰酸酯	Bayer

Bayhydrol® XP2546 为阴离子型丙烯酸分散体；固含量：41%；黏度：35～250mPa·s；羟基含量：4.1%（固体树脂）；最低成膜温度：15℃；VOC：0。

Bayhydur® XP2547 为水性化 HDI 三聚体。

白漆数据：硬度（7d）2H；光泽（60°）4.2；冲击性能为 50cm；耐乙醇、耐丁酮擦拭次数均大于 200 次；柔韧性为 1mm；耐磨测试（1000g，1000r/min）为 50mg。

② 双组分水性聚氨酯高光白漆

水白浆：

序号	原材料	用量/质量份	备注
1	去离子水	26.0	自制
2	TEGO760W 分散剂	3.20	迪高
3	TEGO825/水	0.500	迪高
4	DMEA 中和剂	0.300	伊士曼化工
5	R706 钛白粉	70.0	杜邦
合计		100	

A 组分白漆配方：

序号	原材料	用量/质量份	备注
1	Uacryl0826	60.0	联固
2	水白浆(70%)	30.0	自制
3	TEGO825/水(1∶1)消泡剂	0.500	迪高
4	TEGO245 润湿剂	0.400	迪高
5	TEGO410 流平剂	0.100	迪高
6	DMEA 中和剂	0.200	市售
7	DB 成膜助剂	2.00	陶氏
8	DPM 成膜助剂	3.00	陶氏
9	去离子水	2.90	自制
10	299/PM(1∶1)增稠剂	0.400	海明斯
11	XS-71 增稠剂	0.500	高泰
合计		100	

B 组分固化剂：Uahard3795M-80。

A∶B=5∶1。

Uacryl0826：羟基丙烯酸分散体；阴离子型；乳白；黏度 500～4000mPa·s；固含量 (45±1)%；pH7.0～9.0；羟基含量（对固体）3.9%。特性：可使用时间长，具有优异的透明度、丰满度、耐性，硬度建立快，推荐应用于高光面漆及高性能双组分底面漆。

Uahard3795M-80：磺酸盐改性异氰酸酯；无色黏稠液体；黏度 200～1500mPa·s；固含量 (80±1)%；NCO 含量为 16.4±0.5。特性：适用于双组分水性木器涂料用固化剂，具有优异的透明度、耐化学品性能、硬度及手搅性，可使用时间长。

可以用武汉仕全兴 2230 羟丙分散体和 S-80 水性固化剂替换。2230 是一款固含量 45%，羟基含量 3.0%的羟基分散体树脂，外观为蓝透状，不含苯类溶剂，对颜料分散润湿性好，用于白漆时光泽可达到 90°以上，耐性优异。S-80 是一款磺酸盐改性的 80%固含量的水性 HDI 固化剂，溶剂为 PMA，NCO 含量为 16%。

12.3.3 水性木器漆的涂装工艺

在水性木器漆技术快速迭代的背景下，其在实际涂装工艺中的应用也愈发成熟。目前的主流工艺类型主要有如下几种。

（1）透明仿古涂装工艺

用水性自干木器漆（底材选用水曲柳，温度 20～50℃，湿度 50%～75%）。

工序	材料及配比	施工方法	要点	用漆量
1. 底材检修磨砂	320＃砂纸	手磨/机磨	依感觉需要体现复古和自然	—
2. 底色	色精低微调色	喷涂	均匀着色，待干 15min	$70g/m^2$
3. 透明封闭，底漆	喷涂一次，主剂∶水=10∶(1～2)	喷涂	喷涂均匀，无流挂现象，待干 1h	$120g/m^2$
4. 打磨	320＃砂纸	手磨/机磨	轻砂，修补缺角或凹凸点	—
5. 擦色	水性格丽斯	擦涂	参考色板，待干 1h	$70g/m^2$
6. 底漆	十字喷涂，主剂∶水=10∶(1～2)	喷涂	喷涂均匀，无流挂现象，待干 2h	$150g/m^2$
7. 打磨	320＃～400＃砂纸	手磨/机磨	轻砂，修补缺角或凹凸点，擦干净	—

续表

工序	材料及配比	施工方法	要点	用漆量
8. 干刷	水性格丽斯	擦涂	参考色板，待干 15min	—
9. 底漆	水性底漆	喷涂	喷涂均匀，无流挂现象，待干 6h	150g/m^2
10. 打磨	400＃～600＃砂纸	手磨/机磨	修补缺角或凹凸点，擦干净	—
11. 修色	水性修色剂	喷涂	参考色板，待干 5min	—
12. 面漆	水性面漆，主剂：水＝10：(1～2)	喷涂	喷涂均匀，无流挂现象，待干 20h	150g/m^2

（2）封闭透明涂装工艺

用水性自干涂料（底材：有导管的木材；温度：20～50℃；湿度：50％～75％）。

工序	材料及配比	施工方法	要点	用漆量
1. 底材打磨	320＃砂纸	手磨/机磨	去除污渍，白坯打磨平整	—
2. 底色	色精低微调色	喷涂	均匀着色，待干 15min	70g/m^2
3. 擦色	水性格丽斯	擦涂	参考色板，待干 1h	70g/m^2
4. 底漆	水性封闭底漆十字喷涂一个半	喷涂	喷涂均匀，无流挂现象，待干 4h	120g/m^2
5. 打磨	320＃砂纸	手磨/机磨	轻砂，修补缺角或凹凸点	—
6. 底漆	水性透明底漆十字喷涂一个半	喷涂	喷涂均匀，无流挂现象，待干 6h	180g/m^2
7. 打磨	320＃～400＃砂纸	手磨/机磨	轻砂，修补缺角或凹凸点，擦干净	—
8. 底漆	水性透明底漆十字喷涂一个半	喷涂	喷涂均匀，无流挂现象，待干 10～12h	180g/m^2
9. 打磨	400＃～600＃砂纸	手磨/机磨	打磨平整，修补缺角或凹凸点，擦干净	—
10. 修色	水性修色剂	喷涂	参考色板，待干 5min	70g/m^2
11. 面漆	水性透明面漆	喷涂	喷涂均匀，无流挂现象，待干 24h	180g/m^2

（3）半开放白色涂装工艺

用水性自干涂料（底材：有导管的木材；温度：20～50℃；湿度：50％～75％）。

工序	材料及配比	施工方法	要点	用漆量
1. 底材磨砂	320＃砂纸	手磨/机磨	去除污渍，白坯打磨平整	—
2. 封闭底材	水性封闭底漆十字喷涂	喷涂	均匀喷涂无流挂，待干 2h	120g/m^2
3. 打磨	320＃砂纸	机磨/手磨	平整无空洞和缺角	—
4. 底漆	水性白色底漆	喷涂	喷涂均匀，无流挂现象，待干 4h	200g/m^2
5. 打磨	320＃～400＃砂纸	手磨/机磨	轻砂，修补缺角或凹凸点	—
6. 面漆	水性白色面漆	喷涂	喷涂均匀，无流挂现象，待干 24h	200g/m^2

（4）封闭白色涂装工艺

用水性自干涂料（底材：有导管的木材，密度板；温度：20～50℃；湿度：50％～75％）。

工序	材料及配比	施工方法	要点	用漆量
1. 底材打磨	320＃砂纸	手磨/机磨	去除污渍，白坯打磨平整	—
2. 底漆	水性封闭底漆	喷涂	喷涂均匀，无流挂现象，待干 4h	120g/m^2
3. 打磨	320＃～400＃砂纸	手磨/机磨	轻砂，修补缺角或凹凸点	—
4. 底漆	水性白色底漆	喷涂	喷涂均匀，无流挂现象，待干 10～12h	200g/m^2
5. 打磨	400＃～600＃砂纸	手磨/机磨	轻砂，修补缺角或凹凸点，擦干净	—
6. 底漆	水性白色底漆	喷涂	喷涂均匀，无流挂现象，待干 10～12h	200g/m^2
7. 打磨	400＃～600＃砂纸	手磨/机磨	轻砂，修补缺角或凹凸点，擦干净	—
8. 面漆	水性白色面漆	喷涂	喷涂均匀，无流挂现象，待干 24h	200g/m^2

目前，在欧美发达国家，随着环保法规的日趋严格，溶剂型木器漆的销量呈下降趋势，水性木器漆的用量逐年上升，且增长速率惊人，达到两位数。在欧洲民用装修涂料市场中水性漆占 20％。我国水性木器漆近年来也取得了较大进展，树脂合成技术、配漆技术同国际先进水平的差距逐步缩小，但由于人们的消费习惯、政府的推动力度较弱，市场化进程还不尽如人意；但是，随着我国国民经济的快速发展、人民生活水平的提高、人们环保意识的增强和先进技术的应用，必将迎来我国水性木器漆的繁荣，实现行业的可持续发展。

第13章

水性金属漆

水性漆最重要的产品是建筑涂料，即乳胶漆，近年来随着涂料科学与技术的发展，水性涂料树脂的研究、开发、生产及应用取得了巨大进展，水性漆正向木器漆、金属漆和塑胶漆领域不断拓展，已经取得巨大成果，前景广阔。

金属作为重要的三大材料之一，不仅被广泛应用于日常生活，并且在国防建设、工农业生产中都是重要的材料，发挥着巨大的作用。尤其是金属材料中的钢铁，其产量和品种是衡量一个国家生产水平、生活水平及高新技术水平的重要标志之一。但是，在金属材料服役期间，由于表面的氧化作用，产生相应的腐蚀，甚至损坏，不仅造成极大的资源浪费，并且会产生安全隐患，因此，相应的金属油漆、涂层等就应运而生，并且发挥出重要作用。

水性金属漆的环保性能优越，主要体现在以下两个方面：首先，水性金属漆生产过程中的原材料环保，不含有毒有害物质，因此其生产过程具有环保性；其次，在施工过程中，不同于传统油漆有 VOC 排放，水性金属漆主要是水分的挥发，因此，进一步保障了施工人员和使用者的健康与安全。

13.1 水性金属漆分类

目前水性金属漆依据水性树脂的不同主要可分为水性醇酸树脂漆、水性丙烯酸树脂漆、水性环氧树脂漆、水性聚氨酯漆和水性氨基烘漆等。

① 水性醇酸树脂漆以水性醇酸树脂为主成膜物质，具有干燥较快、漆膜光泽度高、丰满度好等优点，但其防腐性能一般，可用于金属基材的底漆、面漆或底面合一漆。该涂料可采用浸涂、淋涂、喷涂等方法施工，施工性能好。

② 水性丙烯酸树脂漆以水性丙烯酸树脂为主要成分，是水性漆中产量最大、应用最广的一类水性漆。主要特点是附着力好，耐候、耐老化，成本较低，但硬度较低、耐磨及抗化学性较差，可用于金属的基本防护。

③ 水性环氧树脂漆以水性环氧树脂和水性环氧固化剂为主要成膜成分，可以室温或低温烘烤成膜；固含量高，附着力强，具有优异的防腐性能，用作金属的底、中涂重防腐体系。

④ 水性聚氨酯漆以水性羟基组分和水性多异氰酸酯固化剂为成膜物质；可以室温或低温烘烤成膜；漆膜光泽度、硬度、丰满度优秀，装饰性好。主要应用于金属面漆。

⑤ 水性氨基烘漆以水性氨基树脂与水性羟基组分为主要成分，需要烘烤成膜；相比单组分热塑性水性金属漆，其漆膜光泽度、硬度、丰满度突出，综合性能优秀。

13.2　水性金属漆与溶剂型金属漆的配方差异

水性金属漆配方与溶剂型金属漆的配方差异见表 13-1。

表 13-1　水性金属漆与溶剂型金属漆的配方差异

成分	溶剂型漆	水性漆	成分	溶剂型漆	水性漆
成膜树脂	√	√	颜填料	√	√
pH 调节剂	—	√	防腐蚀颜料	√	√
润湿、分散剂	√	√	溶剂	√	很少
消泡剂	√	√	成膜助剂	—	√
抗闪锈剂	—	√	水	√	√

二者配方组成的最大差异在于：中和剂、抗闪锈剂和防锈颜料。

（1）中和剂

①DMEA 和 AMP-95 是水性金属烤漆最重要的中和剂；②有机胺中和剂对树脂有增溶性（DMEA＞TEA＞氨水）；③胺易吸附在颜填料的表面（如氧化后的酸性炭黑），对于着色涂料，将 pH 值调整为 8 所需胺的量通常高于理论值；④胺的挥发性（沸点）影响交联温度、早期耐水性、抗黄变及闪锈；⑤生产水性涂料时，应在每一步检查 pH 值，避免涂料树脂凝聚，发生意外。表 13-2 为常用中和剂的基本物性。

表 13-2　常用中和剂的基本物性

学名	代号	分子量	沸点/℃	与水共沸(Y/N)
三乙胺	TEA	101	89	N
二甲基乙醇胺	DMEA	89	135	N
三乙醇胺	TEAOH	149	335	N
2-甲基-2-氨基丙醇	AMP-95	117	150	Y
氨水	—	17	—	N

注：Y 代表共沸，N 代表不共沸。

（2）抗闪锈剂

在水性涂料中加入少量缓蚀剂可以大大减缓金属腐蚀过程。缓蚀剂可分为无机缓蚀剂和有机缓蚀剂。

有些无机缓蚀剂使阳极过程变慢，称为阳极型缓蚀剂，如促进阳极钝化的氧化剂（铬酸盐、亚硝酸盐、Fe^{3+}）或阳极成膜剂（碱、磷酸盐、硅酸盐、苯甲酸盐）；另一类无机缓蚀剂是促进阴极极化，称为阴极缓蚀剂，如 Ca^{2+}、Zn^{2+}、Mg^{2+}、Cu^{2+}、Cd^{2+}、Mn^{2+}、Ni^{2+} 等，能与在阴极反应中产生的 OH^- 形成不溶性的氢氧化物，以薄膜形态覆盖在阴极表面，因而阻滞氧扩散到阴极，增大浓差极化。

其中，$NaNO_2$ 缓蚀机理为：

a. 生成 Fe_3O_4

$$9Fe(OH)_2 + NO_2^- \longrightarrow 3Fe_3O_4 + NH_4^+ + 2OH^- + 6H_2O$$

b. 生成 γ-Fe_2O_3

$$6Fe(OH)_2 + NO_2^- \longrightarrow 3\gamma\text{-}Fe_2O_3 + NH_4^+ + 2OH^- + 3H_2O$$

有机缓蚀剂属于吸附型缓蚀剂，它们吸附在金属表面形成几个分子厚的不可见膜，一般同时阻滞阳极和阴极反应，但阻滞效果并不相同。常用品种有含 N、含 S、含 O、含 P 的有机化合物，如胺类、杂环化合物、长链脂肪酸化合物、醛类、有机磷类等。缓蚀剂的吸附类型有静电吸附、化学吸附。静电吸附剂有苯胺及其取代物、吡啶、丁胺、苯甲酸及其取代物（如苯磺酸）等；化学吸附剂有氮和硫杂环化合物；有些化合物同时具有静电和化学吸附作用。此外，有些螯合剂能在金属表面生成一薄层金属有机化合物。近年来，有机缓蚀剂发展很快，应用广泛，使用这些缓蚀剂也会产生缺点，如可能污染产品，可能对生产流程产生不利影响等。

缓蚀剂的用量要通过试验才能确定，一般占比 0.5%左右。

（3）防锈颜料

在水性金属防腐底漆配方中，防锈颜料是影响防腐性能的重要因素。防锈颜料可分为物理防锈颜料和化学防锈颜料。

物理防锈颜料主要有：铁红、云母氧化铁、铝粉、石墨粉及细微玻璃片等。采用不溶于水、不易被腐蚀介质分解破坏的化学稳定的惰性颜填料，涂层本身比较稳定；这些颜填料的微粒有良好的填充作用，表面弊病较少，使涂层的结构十分致密，不仅强度增加，而且某些颜填料在使用得当时，能够降低水、氧及离子对漆膜的透过速度。云母氧化铁、细微玻璃片等片状颜料，阻隔性更好。

化学防锈颜料依靠化学反应改变金属的表面性质及反应生成物的特性达到防锈的目的。化学防锈颜料主要品种有铬酸盐颜料、铅系颜料、磷酸盐颜料等。其中，磷酸锌、三聚磷酸铝最为常用。其防腐机理如下。

① 形成磷酸盐保护膜：磷酸锌与金属离子反应，形成一种致密的保护膜。这种保护膜由磷酸根离子和金属离子组成，能够防止水分、氧气和其他有害物质对金属表面的损害。

② 防止电化学反应：磷酸锌形成的保护膜可以减少金属表面与外界环境的接触，从而防止电化学反应的发生。电化学反应会导致金属的氧化腐蚀，而磷酸锌通过形成保护膜来阻止这种电流的产生，可以达到防锈目的。

③ 与金属离子的反应：磷酸锌可以与不同的金属离子反应，形成新的化合物。例如，与铁离子反应形成磷酸亚铁锌（$ZnFePO_4$），与铜离子反应形成磷酸亚铜锌（$ZnCuPO_4$）等。这些化合物具有良好的耐腐蚀性和稳定性，可进一步增强防锈效果。

根据电化学腐蚀理论，在腐蚀电池中被腐蚀的是电极电位较负的阳极。如果涂覆于金属上的涂层具有比基材金属更低的电极电位，则当存在电化学腐蚀的条件时，涂层是阳极，基材金属是阴极而不被腐蚀，这就是阴极保护涂层的设计依据。当前应用最多的是富锌底漆。

水性金属防腐漆中常用的填料为沉淀硫酸钡、滑石粉、云母，引入填料可以控制成本，若品种、用量配伍合适，并不会影响性能。

（4）PVC 值

水性防锈漆的树脂在合成、制漆过程中加入了一定量的乳化剂等各种助剂，这些物质在涂料成膜后残存于漆膜中形成水的通道，增加了水对涂膜的渗透，导致涂膜耐水、耐盐水性能降低。另外，水性涂料中的高分子聚合物以乳胶粒的形式分散于水中，为两相体系，涂布于底材后，水分蒸发，乳胶粒相互靠近聚结成膜，高聚物分子的分散与运动不如在有机溶剂中舒展、均匀，微观上难以形成非常均匀致密的涂膜，使得膜的渗透性增大。对于溶剂性涂料，高分子树脂以分子形式均匀分散在有机溶剂中，为均相体系，分子间相互交叠缠绕，溶剂挥发很快，留下高分子物质形成均匀致密的三维网状涂层，漆膜的机械屏障作用较水性涂膜要好。上述成膜特性直接影响涂膜的 *PVC* 值，通常水性漆的理论计算值远远大于实际值。

PVC 对水性防锈漆的性能影响很大，存在最佳值，不能过大亦不能过低，通常设计在 0.3～0.5 之间。此时，成膜树脂和颜填料发生协同作用，表现出优异的防腐性能，因此在进行水性金属防腐漆配方设计时，应予以控制。

13.3 水性金属漆配方实例

(1) 聚氨酯型单组分水性金属清漆

序号	物料	用量/质量份	功能
1	Esacote PU71	90.0	水性聚氨酯
2	BG	0.200	助溶剂
3	Surfynol 104E	0.500	消泡/润湿剂
4	Dehydran 1293	0.500	消泡剂
5	BYK333(1∶1 水溶液)	0.300	增滑剂
6	BYK 346	0.300	润湿/流平剂
7	Viscolam PS166	2.00	增稠剂
8	Silane A187	2.50	硅偶联剂
9	去离子水	1.30	

Esacote PU71 为 Lamberti（宁柏迪）公司生产的一种聚碳酸酯型聚氨酯水分散体。其固含量约为 35%；涂膜硬度高，耐磨、耐热性好。

(2) 乳液型水性防锈底漆

序号	物料	用量/质量份
1	去离子水	18.0
2	FA-179(防锈剂)	0.500
3	AMP-95	0.100
4	酯醇十二	1.00
5	5040(科宁分散剂)	0.500
6	CF-10(陶氏润湿剂)	0.100
7	Fomex 822(TEGO 消泡剂)	0.200
8	三聚磷酸铝	8.00
9	锶铬黄	4.00
10	铁红	8.00
11	绢云母	3.00
12	氧化锌	2.00
工艺：依次将上述原料加入分散桶，分散、砂磨至 30μm，最后低速搅拌下加入组分 13、14，分散 30min，200 目网过滤、出料		
13	HN-5203C 防锈乳液(青岛豪纳)	55.0
14	DSX2000(科宁增稠剂)	0.300

HN-5203C 防锈乳液也可以用陶氏化学工业防护乳液 HG-54C 或 HG-100 代替。

(3) 水性丙烯酸乳液防锈底漆

① 配方

序号	物料	用量/质量份	功能	供应商
1	去离子水	14.0	分散介质	自制
2	DMEA	0.300	中和剂	BASF
3	BYK-024	0.200	消泡剂	BYK
4	BYK-190	0.800	分散剂	BYK
5	R-960	7.00	颜料	DuPont
6	MA100	0.300	颜料	Mitsubishi
7	磷铁粉	10.0	颜料	河南汇金
8	沉淀硫酸钡	15.0	填料	河南钡丰
9	BL-R331W	50.0	树脂基料	Briln
10	乙二醇丁醚	2.00	成膜溶剂	德纳天音
11	BYK346	0.200	润湿剂	BYK
12	WT105A	0.200	流变助剂	ELEMENTIS

BL-R331W 为江苏布威伦环保科技有限公司生产的苯丙乳液，适用于单组分金属防锈底漆。产品特点为：干燥快、成本低、耐水性好。其技术指标如下：

项目	参数	项目	参数
树脂类型	苯丙乳液	黏度(25℃)	80～120mPa•s
外观	蓝光乳液	pH 值	7.5～8.0
固含量	45%		

② 施工及性能

项目	指标	项目	指标
表干时间	1h	光泽(60°)	13.0
实干时间	7d	耐水	7d
铅笔硬度	HB		

BL-R331W 也可以用保立佳 BLJ-318 或联固 Uacryl4571 水性工业漆乳液替换。

Uacryl4571：阴离子型；乳白泛蓝光液体；黏度 100～800mPa•s；固含量（45±1）%；pH7.0～9.0；T_g36℃；产品特点：具有优异的耐盐雾性能，堆叠好，性价比高，适用于对耐盐雾要求高的水性金属防锈用底漆和面漆。

（4）水性醇酸树脂防锈灰底漆

① 配方

磨浆配方				
序号	物料	用量/质量份	功能	供应商
1	CX-201	10.0	基料	东方一哥
2	DMEA	0.300	中和剂	BASF
3	HLD061	0.500	水性催干剂	上海华谊
4	去离子水	12.5	溶剂	
5	TEGO 902W	2.00	消泡剂	Degussa
6	BYK-190	0.800	分散剂	BYK
7	BP 188	0.500	膨润土防沉剂	丰虹
8	钛白	4.00	颜料	
9	炭黑	0.200	填料	
10	锶铬黄	0.500	颜料	
11	滑石粉	8.00	填料	
12	重质碳酸钙	9.50	填料	
13	沉淀硫酸钡	12.0	填料	
14	去离子水	5.00	溶剂	

续表

兑稀配方				
15	CX-201	10.0		东方一哥
16	DMEA	0.300		BASF
17	去离子水	25.0		
18	TEGO 270	0.200	润湿剂	Degussa
19	WT202	适量	增稠剂	海明斯

② 制漆工艺

a. 加入物料 1，搅拌下依次加入物料 2、3，分散 10min；再加入物料 4～7 分散 10min，测 pH 值应大于 9，然后加入物料 8～13，600～800r/min 分散 20min。

b. 用砂磨机研磨至粒径小于 30μm，控制温度应小于 50℃；用物料 14 冲洗砂磨机，并收集至分散缸。

c. 加入物料 15，搅拌下依次加入物料 16、17，分散 10min；加入物料 18，分散 10min；加入上述研磨好的浆料，分散 20min，用物料 19 调黏。200 目网过滤包装。

CX-201 为广东东方一哥公司的水性醇酸树脂，固含量为（70±2）%；黏度 5000～15000mPa·s；*AV* 为 30mgKOH/g；适用于单组分金属防锈底漆，面漆。产品特点：干燥快，成本低，耐水性好。

该水性醇酸树脂也可选用常州广树公司相应产品。

（5）水性醇酸树脂防锈白漆

① 配方

磨浆配方				
序号	物料	用量/质量份	功能	供应商
1	CX-201	10.0	基料	东方一哥
2	DMEA	0.300	中和剂	BASF
3	HLD061	0.800	水性催干剂	上海华谊
4	去离子水	20.0	溶剂	
5	TEGO 902W	0.100	消泡剂	Degussa
6	BYK-190	0.600	分散剂	BYK
7	M-5 气硅	0.500	防沉剂	卡博特
8	钛白	15.0	颜料	
9	沉淀硫酸钡	12.0	填料	
10	去离子水	10.0	溶剂	
兑稀配方				
11	CX-201	16.0		东方一哥
12	DMEA	0.300		BASF
13	去离子水	28.0		
14	防闪锈剂	0.500		
15	TEGO 270	0.200	润湿剂	Degussa
16	RM-8W	适量	增稠剂	陶氏

② 制漆工艺

a. 将物料 1～3 加入分散缸中搅匀，再加入物料 4～7 高速分散 10min，测 pH 值应大于 9，然后加入物料 8～9，600～800r/min 分散 20min。

b. 将以上物料用砂磨机研磨至粒径小于 30μm，控制温度应小于 50℃；用物料 10 冲洗砂磨机，并收集至分散缸。

c. 加入物料 11，搅拌下依次加入物料 12～15，分散 10min；再加入上述研磨好的浆料，分散 20min，用物料 16 调黏。200 目网过滤包装。

该配方固含量 42%，颜基比 1.2。

(6) 水性环氧酯底漆

① 配方

序号	物料	用量/质量份	功能	供应商
1	BL-R613W	25.0	树脂基料	Briln
2	DMEA	0.300	中和剂	BASF
3	TEGO 810	0.20	消泡剂	TEGO
4	BL-D601W	1.00	催干剂	Briln
5	去离子水	43.0	分散介质	自制
6	BYK-190	0.800	分散剂	BYK
7	R-960	7.00	颜料	DuPont
8	MA100	0.300	颜料	Mitsubishi
9	磷酸锌	6.00	颜料	广西三晶
10	沉淀硫酸钡	15.0	填料	河南钡丰
11	TT-615	0.200	增稠剂	DOW
12	BYK346	0.200	润湿剂	BYK

BL-R613W 为江苏布威伦环保科技有限公司生产的水溶性环氧酯树脂，适用于水性单组分金属防锈底漆。产品特点：干燥快，耐水耐盐雾性好。其技术指标如下：

项目	参数	项目	参数
树脂类型	水性丙烯酸改性环氧酯	黏度(25℃)	200～250mPa•s
外观	黄色透明	pH 值	7.5～8.0
固含量	70%		

② 施工及性能

项目	指标	项目	指标
表干时间	1h	光泽(60°)	25.3
实干时间	7d	耐水	7d
铅笔硬度	HB	耐盐雾(NSS)	168h

BL-R613W 可以用东方一哥公司的 CX-101 水性环氧酯树脂代替。

CX-101 为广东东方一哥公司的水性环氧酯，固含量：(70±2)%；黏度：8000～12000mPa•s；*AV*：20mgKOH/g；适用于单组分金属防锈底漆，面漆。产品特点：干燥快，极低气味，防腐性能好。

(7) 水性单组分环氧树脂底漆

① 配方

铁红浆料：

序号	物料	用量/质量份	功能	供应商
1	去离子水	40.3	稀释	自制
2	TEGO 760W	2.10	分散剂	Evonik
3	BYK-024	0.800	消泡剂	BYK
依次添加，500r/min 分散 5～10min，再依次添加以下原料				
4	R01 氧化铁红	20.8	颜料	卓捷化工

续表

序号	物料	用量/质量份	功能	供应商
5	Nubirox 106	15.6	防锈颜料	Nubiola
6	沉淀硫酸钡	5.20	填料	广福(蕉岭)
7	绢云母粉	15.2	填料	滁州格锐
合计		100		
1500r/min 高速分散 30min、研磨至 30μm 以下				

环氧树脂底漆：

序号	物料	用量/质量份	功能	供应商
1	铁红浆料	38.3	色浆	自制
2	H-502-42W	59.6	成膜树脂	DIC
3	BYK-024	0.100	消泡剂	BYK
4	BYK346	0.500	润湿剂	BYK
5	X515	1.00	抗闪锈剂	HALOX
6	WT-105A	0.500	增稠剂	Elements
合计		100		
500r/min 依次添加，分散 30min，120 目滤布过滤出料				

干燥条件：室温自干 7d；80°C/120min；110°C/20min。

H-502-42W 为日本 DIC 公司生产的高分子环氧树脂乳液，适用于单组分金属防锈底漆。产品特点：干燥快，耐水耐盐雾性好。其技术指标如下：

项目	参数	项目	参数
树脂类型	高分子环氧树脂乳液	黏度(25℃)	100～150mPa·s
外观	乳白乳液	pH 值	7.5～8.0
固含量	40%		

②涂层性能

项目	室温自干 7d	80℃/120min	项目	室温自干 7d	80°C/120min
铅笔硬度	HB	2H	耐水	7d	7d
光泽(60°)	14.8	10.5	耐盐雾(NSS)	300h	500h
附着力/1mm(百格)	0	0			

(8) 水性环氧酯-丙烯酸酯乳液型水性工业防腐漆

① 配方

步骤	原料	用量/质量份	供应商	步骤	原料	用量/质量份	供应商
一	水性丙烯酸改性环氧酯	15.0	Briln	一	沉钡	3.00	
	去离子水	7.30		二	AMP-95	0.500	陶氏
	TEGO 902W 消泡剂	0.300	TEGO		防锈丙烯酸酯乳液	40.0	Briln
	二丙二醇甲醚	2.00	国产		TEGO 902W 消泡剂	0.300	TEGO
	C-12 成膜助剂	1.00	伊士曼		CK-69 防闪锈剂	0.500	恩泽
	BYK-190 分散剂	0.300	BYK		TEGO 4100 润湿剂	0.200	TEGO
	BP188 膨润土	0.500	丰虹		BYK 333 流平剂	0.200	BYK
	钛白粉	10.0			卡松杀菌剂	0.200	天诗
	炭黑	0.200			RM-8W 增稠剂	0.500	陶氏
	磷酸锌	8.00			去离子水	4.50	
	三聚磷酸铝	5.00		总计		100	
	锶铬黄	0.500					

② 操作工艺：将步骤一的物料依次加入搅拌，高速分散 30～40min，然后进砂磨机研

磨至 30μm；慢速搅拌下，依次加入步骤二的物料分散均匀，最后调黏度合格后用 200 目滤网过滤出料。

该配方将水性丙烯酸改性环氧酯和防锈乳液复配使用，性能优势互补，提升各项综合性能。

防锈丙烯酸酯乳液：本产品是江苏布威伦环保科技有限公司生产的单组分自干功能性水性丙烯酸酯乳液，贮存稳定性好。其适合用于各种工业防护领域，如工程机械、金属防护、汽车零配件、集装箱等多种应用领域。其技术指标如下：

项目	参数	项目	参数
树脂类型	防锈丙烯酸酯乳液	黏度(25℃)/mPa·s	500～3000
外观	乳白色半透明	T_g/℃	28
固含量/%	48±1	pH 值	7.5～8.5

该乳液也可以用保立佳 BLJ-620B 替换。

水性丙烯酸改性环氧酯：本产品是江苏布威伦环保科技有限公司生产的单组分自干水性丙烯酸改性环氧酯，贮存稳定性好。其以环氧酯为基础，经丙烯酸、苯乙烯等单体改性，采用自由基聚合等工艺制备。其适用于制备各种水性工业防腐防锈漆，同时也可以与上述水性丙烯酸乳液配合制备水性工业漆。本产品漆膜有较高的硬度和机械强度，与金属、玻璃、塑胶等基材均有极佳的附着力，耐水性佳，耐盐雾性优异（可以达到 400～500h 以上），可自干或 80～100℃烘烤温度下干燥。其技术指标如下：

项目	参数	项目	参数
树脂类型	水性丙烯酸改性环氧酯(已进水)	黏度(25℃)/mPa·s	3000～15000
外观	淡黄色透明	T_g/℃	46
固含量/%	50±1	pH 值	8～9

该水性丙烯酸改性环氧酯也可以用东方一哥的 CX-101 水性环氧酯代替。

（9）高耐性、高附着力水性丙烯酸氨基烤漆

① 配方

步骤	原料	用量/质量份	供应商
一	水性羟基丙烯酸树脂	43.0	Briln
	R706 钛白粉	33.0	杜邦
	BYK-190 分散剂	0.600	BYK
	A200 气相二氧化硅	0.200	赢创德固赛
	BYK 333 流平剂	0.200	BYK
	TEGO 810 消泡剂	0.200	TEGO
	丙二醇甲醚	4.00	国产
	乙二醇丁醚	3.30	国产
	去离子水	6.00	
二	氨基树脂 325	9.00	氰特
	水性烤漆催化剂	0.500	Briln
总计		100	

② 操作工艺：将步骤一的物料依次加入，分散研磨至细度 20μm 以下，然后加入步骤二的物料搅拌分散均匀，用 200 目滤网过滤出料。

本产品是一种高耐性、高附着力水性丙烯酸氨基烤漆，主要成膜物为水性功能性改性羟基丙烯酸树脂。该树脂适用于金属烤漆、卷材漆、玻璃漆、化妆品漆、电镀件烤漆、工业防腐底面漆等。通过与氨基树脂配套烘烤制备的漆膜具有高硬度、高光泽、高附着力、高柔韧

性、高耐水性，耐水煮 5h 以上。

配方中的主要成膜物料是江苏布威伦环保科技有限公司生产的水性功能性改性羟基丙烯酸树脂，贮存稳定性好。与氨基树脂配套制备烤漆，漆膜对多种基材都具有极佳的附着力。其技术指标如下：

项目	参数	项目	参数
树脂类型	水性改性羟基丙烯酸树脂	黏度(25℃)/mPa·s	1500～3500
外观	无色或淡黄色透明液体	pH 值	7～9
固含量/%	50±1		

(10) 水溶性丙烯酸氨基烤漆

① 配方

序号	物料	用量/质量份	功能	供应商
1	BL-R3130W	50.0	树脂基料	Briln
2	DMEA	2.00	中和剂	BASF
3	TEGO 810	0.200	消泡剂	TEGO
4	丙二醇甲醚	4.00	助溶剂	德纳天音
5	乙二醇丁醚	2.00	助溶剂	德纳天音
6	去离子水	30.1	稀释	自制
7	BYK-190	1.00	分散剂	BYK
8	MA100	2.00	炭黑	Mitsubishi
9	CYMEL 303	8.00	交联剂	Cytec
10	BL-D004B	0.300	催化剂	Briln
11	TEGO 270	0.200	润湿剂	TEGO

BL-R3130W 为江苏布威伦环保科技有限公司生产的水溶性羟基丙烯酸树脂，适用于水性氨基烤漆体系。产品特点：水稀释性好，高光，高硬度，耐候性好。其技术指标如下：

项目	参数	项目	参数
树脂类型	水溶性羟基丙烯酸树脂	黏度(25℃)	200～250mPa·s
外观	透明水白	酸值(对固体)	60mgKOH/g
固含量	70%	羟基含量（对固体）	3.0%

② 施工及性能

150℃烘烤 30min。其工艺参数如下：

项目	指标	项目	指标
铅笔硬度	3H	抗冲击性	50kg·cm
光泽(60°)	91.8	耐候性	700h
水煮	2h		

(11) 水性丙烯酸分散体氨基烤漆

① 配方

序号	物料	用量/质量份	功能	供应商
1	CX-2336	70.0	树脂基料	东方一哥
2	DMEA	0.300	中和剂	BASF
3	BL-B508W	0.200	消泡剂	Briln
4	二乙二醇丁醚	4.00	助溶剂	德纳天音
5	乙二醇丁醚	2.00	助溶剂	德纳天音
6	去离子水	5.00	稀释	自制
7	BYK-190	1.60	分散剂	BYK

续表

序号	物料	用量/质量份	功能	供应商
8	F3RK70 大红粉	8.00	颜料	CLARIANT
9	CYMEL 303	8.00	交联剂	Cytec
10	BL-D004B	0.300	催化剂	Briln
11	TEGO270	0.200	润湿剂	TEGO

CX-2336 为广东东方一哥公司生产的水性羟基丙烯酸树脂分散体，适用于水性双组分聚氨酯和氨基烤漆体系。产品特点：高光，高硬度；良好的耐候性和耐酸碱性。其技术指标如下：

项目	参数	项目	参数
树脂类型	阴离子型	黏度(25℃)/mPa·s	100～150
外观	带蓝光乳液	pH 值	7.8～8.5
固含量/%	42	羟基含量(对固体) /%	3.6

CX-2336 可以用江苏布威伦环保科技有限公司生产的羟基丙烯酸树脂分散体 BL-R330W 代替。

② 施工及性能

150℃烘烤 30min。其工艺参数如下：

项目	指标	项目	指标
铅笔硬度	3H	耐候性	700h
光泽(60°)	91.8	耐酸 (5% H_2SO_4)	24h
水煮	2h	耐碱 (5% NaOH)	24h
抗冲击性	50kg·cm		

(12) 水性丙烯酸树脂-氨基树脂白色烘漆

序号	物料	用量/质量份	供应商
1	EA1620-A-2	60.0	三木
2	R902 钛白	25.0	
3	去离子水	6.00	
4	丙二醇乙醚	10.0	
5	6225(分散剂)	0.500	EFKA
6	TEGO 270(润湿剂)	0.200	TEGO
7	TEGO 810(消泡剂)	0.200	TEGO
8	BYK333(流平剂)	0.200	BYK
研磨至细度≤20μm			
9	SM5717	12.0	三木氨基树脂
10	水	适量	

烘烤条件：120℃×30min。

性能：硬度 2H；附着力 2～3 级；抗冲击性为 50kg·cm；光泽 86；0.1mol/L H_2SO_4 中可耐受 72h；0.1mol/L NaOH 中可耐受 96h；3%NaCl 中可耐受 96h。

(13) 双组分水性环氧底漆 Ⅰ

A 组分：

序号	物料	用量/质量份	功能	供应商
1	去离子水	15.0	分散介质	自制
2	BYK240	0.20	消泡剂	BYK
3	BYK-190	0.30	分散剂	BYK
4	磷酸锌	6.00	防锈颜料	广西三晶

续表

序号	物料	用量/质量份	功能	供应商
5	三聚磷酸铝	3.00	防锈颜料	广西三晶
6	铁红	10.0	颜料	上海一品
7	沉淀硫酸钡	20.0	填料	河南钡丰
8	PC-LT	0.300	膨润土防沉剂	苏州鹏城科技
9	去离子水	3.00	分散介质	
调漆部分				
10	TEGO 270	0.200	润湿剂	TEGO
11	Banco2092	41.0	树脂基料	联固
12	二丙二醇甲醚	1.00	助溶剂	德纳天音
合计		100		

B 组分：

序号	物料	用量/质量份	功能	供应商
1	Banco920	17.0	固化剂	联固
2	CK127	0.500	防闪锈剂	青岛恩泽
3	去离子水	2.50	分散介质	

A 组分∶B 组分=5∶1；*PVC* 约为 24%。

Banco 2092、920 为联固公司的环氧乳液和固化剂。其技术指标如下：

名称	类型	外观	固含量/%	当量(体系)
Banco2092	非离子	乳白色液体	60±2	990±100
Banco920	非离子胺类加成物	半透明黏稠液体	40±2	415

PC-LT 为苏州鹏城材料科技有限公司产品，触变性更佳，综合性能达到国外进口产品性能。

(14) 双组分水性环氧底漆 Ⅱ

① 配方

A 组分：

序号	物料	用量/质量份	功能	供应商
1	去离子水	6.50	分散介质	自制
2	TEGO 810	0.100	消泡剂	TEGO
3	TEGO 902	0.200	消泡剂	TEGO
4	磷酸锌	8.00	防锈颜料	广西三晶
5	铁红	10.0	颜料	上海一品
6	三聚磷酸铝	3.00	防锈颜料	
7	沉淀硫酸钡	20.0	填料	河南钡丰
8	PC-LT	0.200	膨润土防沉剂	苏州鹏城科技
9	TEGO 270	0.300	润湿剂	TEGO
10	EDAPLAN 490	0.60	流平剂	MUZING
11	BL-R139W	50.0	树脂基料	Briln
12	二丙二醇甲醚	2.00	助溶剂	德纳天音
13	二丙二醇丁醚	2.00	助溶剂	德纳天音

BL-R139W 是江苏布威伦环保科技有限公司生产的一款非离子型水性环氧树脂乳液，主要应用于水性双组分工业防腐底漆。产品特点：干燥速度快，成膜性好，具有优异的耐水/耐盐雾性能。

其技术指标如下：

项目	参数	项目	参数
树脂类型	非离子环氧乳液	黏度(25℃)	100～150mPa·s
外观	乳白色乳液	pH 值	6.80～7.20
固含量	50%	环氧当量(供应形式)	1100±50

B 组分：固化剂 BL-K009W。

BL-K009W 是江苏布威伦环保科技有限公司生产的一款非离子型水性改性胺固化剂，与环氧乳液相容性好，活化期长，表干快。其技术指标如下：

项目	参数	项目	参数
产品类型	非离子改性胺	黏度(25℃)	150～200mPa·s
外观	透明微黄	活泼氢当量(供应形式)	338±20
固含量	40%		

② 施工及性能

可使用时间：4h；表干时间：1h；实干时间：7d。其工艺参数如下：

项目	指标	项目	指标
耐盐雾(NSS)	800h	抗冲击性	50kg·cm
耐水(25℃)	30d		

(15) 双组分水性环氧底漆Ⅲ

A 组分：

材料名称	添加量	材料名称	添加量
去离子水	22.5	灰浆	55.2
BYK190	0.600	CX991 环氧乳液	40.0
BENTONE® LT	0.0100	DPNB	1.50
炭黑	0.100	FA179 防闪锈剂	0.500
钛白	8.00	去离子水	2.00
磷酸锌	12.0	BYK346 基材润湿剂	0.200
三聚磷酸铝	6.00	Gel0620 增稠剂	0.300
硫酸钡	6.00	RM-8W 增稠剂	0.300
浆液总计	55.2	总计	100
将上述各组分依次高速分散、砂磨至 30μm；再依次加入以下组分制得 A 组分			

B 组分：

材料名称	添加量	材料名称	添加量
CX6150 水性固化剂	10.8	合计	20
去离子水	9.20		

配漆比：A∶B＝5∶1。

其中：CX991 和 CX6150 为东方一哥公司环氧树脂乳液和水性环氧固化剂。

名称	类型	外观	固含量/%	当量/体系
CX991	非离子	乳白色液体	50	1000
CX6150	非离子胺类加成物	半透明黏稠液体	50	325

(16) 双组分水性环氧底漆Ⅳ

A 组分：

序号	材料名称	添加量/%	序号	材料名称	添加量/%
1	去离子水	14.9	10	重质碳酸钙	1.00
2	790 阿科玛分散剂	1.00	11	沉淀硫酸钡	15.0
3	104BC 赢创润湿剂	0.200	12	SHV 膨润土	0.300
4	118 赢创消泡剂	0.100	13	气相二氧化硅	0.300
5	钛白粉	8.40	14	CX991	42.0
6	炭黑	0.100	15	BCS	4.00
7	云母粉	3.00	16	240 迪高润湿剂	0.200
8	磷酸锌	5.00	17	299 海明斯增稠剂	0.500
9	三聚磷酸铝	4.00	合计		100

B 组分：

序号	材料名称	添加量/%	序号	材料名称	添加量/%
1	CX6150	12.4	3	防闪锈剂	0.500
2	去离子水	7.10	合计		20

配漆比：A∶B=5∶1；*PVC* 约为 24%。

（17）双组分水性环氧富锌底漆

① 配方

组分	原料	用量	供应商
组分 A	水性环氧固化剂	4.50	Briln
	丙二醇甲醚	2.40	国产
	AGITAN 299 消泡剂	0.200	明凌
	BYK-190 分散剂	0.500	BYK
	BYK 346 润湿剂	0.300	BYK
	硅胶吸潮剂	0.400	国产
	XS-83 增稠剂	1.00	阿科玛
	滑石粉	3.00	国产
	锌粉	65.00	国产
	CK-69 防闪锈剂	0.300	恩泽
	合计	77.6	
组分 B	水性环氧树脂乳液	18.8	Briln
	BYK-190 分散剂	0.200	BYK
	去离子水	3.00	
	XS-83 增稠剂	0.400	阿科玛
总计		100	

② 操作工艺

a. 将组分 A 各原料依次加入，分散 30～40min，合格后用 200 目滤网过滤出料。

b. 将组分 B 各原料依次加入，分散 20～30min，合格后用 200 目滤网过滤出料。

本产品是一种高性能水性环氧富锌底漆，硬度高、附着力极好、耐化学品性佳，具有极其优异的耐水、防腐、防锈性能，制备的漆膜耐盐雾性能可达到 1000～2000h 以上。

配方中使用的水性环氧树脂乳液是江苏布威伦环保科技有限公司生产的，贮存稳定性好。其与水性环氧固化剂配套使用，适合各种腐蚀环境，如海上钻井平台、石油化工、核电风电、桥梁、集装箱等领域，对要求高防腐蚀的系统提供极佳的防护保护作用。其技术指标如下：

项目	参数	项目	参数
树脂类型	水性环氧乳液	密度(20℃)/(g/mL)	1.01～1.06
外观	乳白色液体	pH 值	7.0～8.0
固含量/%	50.0±1.0	环氧当量(供货形式)	950～1050
黏度(25℃)/mPa·s	500～2500		

配方中使用的水性环氧固化剂是江苏布威伦环保科技有限公司生产的一款非离子型水性环氧固化剂，主要用于双组分水性环氧富锌底漆、水性工业防腐体系等，其室温下可快干，硬度高，耐水、耐盐雾性极佳，与水性环氧乳液及助剂的相容性好，适用性广。其技术指标如下：

项目	参数	项目	参数
树脂类型	水性环氧固化剂	黏度(25℃)/mPa·s	20000～30000
外观	黄色透明液体	密度(20℃)/(g/mL)	1.13～1.18
固含量/%	80.0±1.0	活泼氢当量(供货形式)	180

(18) 双组分水性聚氨酯白色漆

① 配方

A 组分：

序号	物料	用量/质量份	功能	供应商
1	去离子水	7.00	稀释剂	自制
2	TEGO 810	0.100	消泡剂	TEGO
3	TEGO 902	0.200	消泡剂	TEGO
4	TEGO 270	0.200	润湿剂	TEGO
5	TEGO 750	0.600	分散剂	TEGO
6	乙二醇丁醚	2.00	助溶剂	德纳天音
7	R-960 钛白	20.0	钛白粉	DuPont
依次加入以上各组分，分散、研磨至 20μm 以下，再加入以下组分，低速分散均匀，200 目网过滤出料				
8	CX-2336	70.0	树脂基料	东方一哥
9	TT-615	0.200	流变助剂	DOW

CX-2336 是广东东方一哥公司生产的水性羟基丙烯酸树脂二级分散体。产品特点：高羟基含量，高光，高硬度，耐候性好。其技术指标如下：

项目	参数	项目	参数
树脂类型	阴离子型	黏度(25℃)	100～150mPa·s
外观	带蓝光乳液	pH 值	7.8～8.5
固含量	40%	羟基含量(对体系)/%	3.6

B 组分：

序号	物料	用量/%	功能	供应商
1	Bayhydur®XP2655	75.00	交联剂	科思创
2	丙二醇甲醚醋酸酯	25.00	溶剂	

Bayhydur®XP2655 为新一代磺酸盐改性 HDI 三聚体固化剂；可以人工搅拌分散，NCO 含量高，干燥快，硬度高，光泽好。其技术指标如下：

项目	参数	项目	参数
类型	亲水改性脂肪族多异氰酸酯	黏度(25℃)	800～1500mPa·s
外观	透明黏稠液体	NCO 含量	21%
固含量	100%		

② 施工及性能

白漆数据：n_{NCO}/n_{OH}＝1.5；80℃烘烤 30min。可使用时间：4h；实干时间：7d。其工艺参数如下：

项目	指标	项目	指标
铅笔硬度	2H	抗冲击性	50kg·cm
光泽(60°)	92.4	耐候性	800h
耐水（25℃）	10d		

（19）双组分水性聚氨酯大红面漆

① 配方

A 组分：

序号	物料	用量/质量份	功能	供应商
1	BL-R322W	84.0	树脂基料	Briln
2	TEGO 810	0.100	消泡剂	TEGO
3	TEGP 902	0.200	消泡剂	TEGO
4	TEGO 270	0.200	润湿剂	TEGO
5	TEGO 760	1.20	分散剂	TEGO
6	F3RK70	6.00	高耐晒红颜料	Clariant
7	乙二醇丁醚	2.00	助溶剂	德纳天音
8	二乙二醇丁醚	2.00	助溶剂	德纳天音
9	去离子水	5.00	稀释	自制
10	TT-615	0.200	流变助剂	DOW

BL-R322W 为江苏布威伦环保科技有限公司生产的水性羟基丙烯酸树脂二级分散体。产品特点：中等羟基含量，与疏水型固化剂混溶性好；高光，耐水性好。其技术指标如下：

项目	参数	项目	参数
树脂类型	阴离子型羟基丙烯酸树脂分散体	黏度(25℃)	100～150mPa·s
外观	带蓝光乳液	pH 值	7.8～8.5
固含量	42%	羟基含量(对固体)	2.2%

B 组分：

序号	物料	用量/%	功能	供应商
1	HT100	75.0	交联剂	万华
2	乙二醇丁醚醋酸酯	25.0	溶剂	德纳天音

HT100 为万华化学的低黏度 HDI 固化剂；其分散性好，NCO 含量高，干燥快，硬度高，光泽好。其技术指标如下：

项目	参数	项目	参数
类型	脂肪族异氰酸酯	黏度(25℃)/mPa·s	2000～3000
外观	透明黏稠液体	NCO 含量/%	21.8
固含量/%	100		

② 施工及性能

色漆数据：n_{NCO}/n_{OH}＝1.5；80℃烘烤 30min。可使用时间：4h；实干时间：7d。其工艺参数如下：

项目	指标	项目	指标
铅笔硬度	H	抗冲击性	50kg·cm
光泽(60°)	91.8	耐候性	800h
耐水(25℃)	30d		

配方中的BL-R322W可用联固公司生产的羟基丙烯酸分散体Uacryl1606代替；Uacryl1606的技术指标如下：

项目	参数	项目	参数
树脂类型	Uacryl1606羟基丙烯酸分散体	黏度(25℃)/mPa·s	500～2000
外观	乳白色半透明	羟基含量/%	2.4(以固体计)
固含量/%	40±2	pH值	7.0～9.0

配方中的HT100也可用联固公司生产的Uahard3596T替换，Uahard3596T为聚醚氨基磺酸盐混合改性HDI三聚体，主要配套羟丙分散体制备水性2K WPU漆，应用于各种场景的水性工业漆领域。其技术指标如下：

名称	离子型	状态	黏度/mPa·s	固含量/%	产品特性
Uahard3596T	阴离子	无色黏稠液体	1500～4000	22	手搅性好，具有优异的抗划伤性和光泽，低黏度，可做高固含涂料，适用于水性羟基官能团树脂的交联

水性金属漆在西方国家的应用已经十分广泛，我国目前仍处于发展的初期，但发展势头十分迅猛，各种水性金属漆产品也不断推出，相信在未来，水性金属漆的应用前景必将更加广阔。

从产业进程来看，水性金属漆在研发、生产和应用等方面都逐渐走向成熟。尤其相关标准的出台、实施，将成为我国水性金属漆发展的重要里程碑，对水性金属漆市场的发展起到巨大的推动作用。

在性能与施工特性上，水性体系有其独特性：水的表面张力比有机溶剂大，但是可以通过加入助剂的方法降低表面张力；水性金属漆对底材的润湿、表面流平性也逊于油性漆，但也可以通过助剂进行调整。水的汽化温度高，会导致涂料喷涂时不易挥发，雾化时不易蒸发，蒸发时受环境湿度影响大，只能通过环境湿度调整（溶剂的挥发受温度影响大，但可以采用不同沸点的溶剂进行调整）。

大多数水性漆为非牛顿流体，在施工黏度上有别于溶剂型油漆，可以通过试验确定在原漆中的加水比例（因为加水量和黏度变化并非呈线性关系）。此外，水性漆的应用需特别控制气泡的产生。若水性涂料采用与溶剂型涂料相同的烘烤工艺，易因漆膜中水分的残留而产生气泡，因此在水性涂料中导入预热工艺，从而防止烘烤时出现气泡，同时控制因体积收缩造成的流挂以及表面流平。

水性金属漆的研究和应用主要集中在四大领域：钢结构行业、汽车零部件和机械设备、汽车涂装、轨道交通涂装等。钢结构行业用水性漆品种以水性丙烯酸乳液、水性醇酸树脂、水性环氧酯、水性无机富锌体系、水性环氧体系类为主，其中水性丙烯酸乳液、水性醇酸树脂、水性环氧酯以轻、中等防腐为主，水性无机富锌体系、水性环氧体系可以达到中、重防腐的要求；从产品性能和应用结果来看，总体效果不错，性能有保障。但是也暴露出一些问题，由于施工环境差、温湿度难控制、室外作业和底材处理不到位等原因，漆膜易出现闪锈、开裂、干燥慢、防锈性变差等问题。

基于环保要求、工人健康保护、火灾风险管控，汽车零部件（车桥、传动轴等）和机械设备等的涂装越来越多地由溶剂型油漆更换成水性漆。应用的品种以水性丙烯酸漆、水性醇酸漆、水性环氧酯漆为主，根据不同的施工条件选用不同的产品。该类漆可以满足汽车零部件对漆膜性能的要求，某些产品的性能甚至超过了溶剂型同类产品。但同样在施工条件方面需要改进，以适应水性漆的特点。

汽车是涂料行业的用漆大户，用量仅次于建筑涂料，汽车漆也是性能要求最高、涂装技术要求最高的品种。水性汽车漆的应用时间较短，经过了十多年的发展，其涂膜性能与溶剂型涂料相比不相上下，但受设备投资大、作业环境要求严格等制约，推广和普及还需时日。目前比较成熟的水性汽车漆配套体系为阴极电泳漆＋水性中涂漆＋水性底色漆，罩光清漆还采用溶剂型产品。其中水性中涂漆为水性聚酯氨基类产品，水性底色漆以水性丙烯酸氨基类产品为主。

轨道交通涂料的发展也趋于水性化，欧美发达国家已经逐步将水性漆应用于轨道车辆上，如阿尔斯通公司、西门子公司、庞巴迪公司都有水性漆落地项目。国内尚处于起步阶段。轨道车辆用水性漆基本采用自干或低温烘干双组分体系，涂层结构为水性环氧底漆＋水性聚氨酯中涂漆＋水性丙烯酸聚氨酯面漆。水性环氧底漆具有附着力好、耐腐蚀性优、配套性好的特点；水性聚氨酯中涂漆具有封闭腻子层缺陷、提高被涂物表面平整度、易打磨的优点，同时与底、面层的配套性良好；水性丙烯酸聚氨酯面漆具有耐老化、光泽高、耐污染的特点，兼具保护性和装饰性于一体。

未来，金属涂料必将走向健康环保、水性化的道路，而水性金属漆也必将迎来更广阔的发展空间。

第 14 章

电泳涂料

电泳涂料（electrocoat）是一种水可分散的新型环保涂料，其涂装方式是利用外加电场使悬浮于电泳槽中的带电凝聚体粒子定向迁移，并沉积在作为电极之一的基材表面。电泳涂装的过程：将工件作为电极（阴极电泳涂装是将工件作为阴极，阳极电泳涂装是将工件作为阳极）浸入电泳槽中，带电荷的涂料粒子在电场的作用下，迁移至工件表面，在工件表面形成不溶解物，最终在工件表面沉积成膜。

电泳涂料只能在电泳涂装线中完成涂装，涂装方式是唯一的，是涂料生产厂商最早实行涂料涂装一体化的一种涂料。

电泳涂料的分类方式有很多种，根据被涂工件作为电极的不同分为：阴极电泳涂料（CED）和阳极电泳涂料（AED）；根据电泳涂料的颜色不同分为：透明电泳清漆和彩色电泳涂料；根据电泳涂料的组分不同分为：单组分电泳涂料和双组分电泳涂料；根据基体树脂的不同分为：环氧树脂电泳涂料、丙烯酸树脂电泳涂料、聚酯树脂电泳涂料、聚氨酯电泳涂料；根据固化方式的不同分为：自干型电泳涂料、热辐射型电泳涂料、UV 固化型电泳涂料。

14.1 电泳涂装理论

涂料行业流行一句话“三分涂料，七分涂装”，电泳涂料却是“五分涂料，五分涂装”，这是电泳涂料与涂装相互依存的关联导致的。

14.1.1 电泳涂装的发展历程

1809 年俄国物理学家 Pehce 首先发现了胶体粒子在电场作用下能向着其电性相反的电极发生迁移的现象，这种现象定义为电泳（electrophoresis，简称 EP）。早期，电泳技术主要应用在对溶液中的胶体粒子进行分离。随着水性涂料的不断发展，一种可以在外加电场作用下进行涂装的水性涂料应运而生，这种涂料取名为电泳涂料，而这种涂料的涂装工艺叫电泳涂装（electro-coating）。

1957 年美国福特汽车公司在 George Brewer 博士的领导下开始着手电泳涂装，这个计划是开发一种能改善车身难涂部位防腐蚀性的方法。1961 年 7 月 4 日，世界上最早工业化的电泳涂装线开始运行，用于福特公司车轮涂装；1963 年，涂装汽车车身的 Wixom 槽也开始运行，这两个槽所用的均是阳极电泳涂料。1971 年美国的 PPG 公司（匹茨堡平板玻璃公司）开始应用第一代阴极电泳涂料，主要在飞利浦公司的电冰箱、洗衣机以及干燥机等耐腐蚀性能要求高的家用电器上作底漆。1973 年底 PPG 公司成功研究出阴极电泳涂料并运用于汽车涂装，显示出高效、优质、安全、经济、环保等优点。随后，德国 Hoechst 集团及奥地利 Stolllack 公司开发出单组分、高黏度、水溶性电泳涂料。1977 年日本从美国 PPG 公司引进技术，并于同年 10 月建成亚洲第一条完整的电泳涂装线。

1965 年，上海涂料研究所成功开发出第一代国产阳极电泳涂料，随之建成几条阳极电泳涂装线，应用于汽车零部件的涂装。我国于 1976 年开始阴极电泳涂漆的研究，第一代阴极电泳涂料由当时的兵器部五四研究所（现改为五九所）于 1979 年首先研制成功，并在军工产品上得到了一定的应用。电泳涂料的唯一涂装方式属性，使得电泳涂料的研究必须与电泳涂装线同步进行。随后，国内的涂料研究所和大中型涂料企业合作，开始对阴极电泳涂料的开发和应用进行系统的研究。在“六五”期间我国涂料工业从日本、澳大利亚和英国引进了阴极电泳涂料制造技术和涂装技术，并先后从美国、德国、意大利等国引进先进涂料技术和涂装设备，开启了我国电泳涂料涂装的快车道。

我国第一条现代化流水生产的汽车车身阴极电泳涂装生产线于 1986 年 7 月在第一汽车制造厂（长春一汽）车身厂投产，随后第二汽车制造厂（湖北二汽）和济南汽车制造（中国重汽）车身阴极电泳涂装线相继投产。阴极电泳涂料比阳极电泳涂料具有更加优异的耐候性，在汽车工业中，阳极电泳涂装线逐渐被阴极电泳涂装线所替代。到目前为止，全世界约有 95%的汽车制造厂采用了这种底涂工艺，几百吨的电泳槽生产线在各大汽车厂比比皆是，使得电泳涂料涂装工艺成为未来水性涂料涂装的发展方向之一。

14.1.2　电泳涂装的特点

经过电泳涂装的工件，表面能得到丰满、均匀、平整、光滑的涂层，烘干后漆膜的力学性能，如硬度、附着力、耐腐、冲击性能、耐化学品性能非常优异，是涂装金属工件最有效的方法之一。

电泳涂装作为一种新型的正在发展中的涂料涂装方式，其特点如下：

① 电泳涂装工艺可实现全机械化、自动化，适用于 OEM 厂商的流水线作业。

② 电泳涂料泳透率高，与水完全混溶。电泳槽液固含量低、黏度低，能够完全浸透到被涂工件的内部构造及缝隙中，特别适合于能导电的异型材料（有边缘棱角、孔穴工件和超大型工件等）的表面涂装，能一次对工件进行 100%的涂装。

③ 电泳槽液具有较高的导电性，在外加电场的作用下快速沉积在被涂工件上，形成均匀细致的不溶于水的漆膜。

④ 电泳涂装的效率高，整个工件的涂布时间可以控制在 1～10min。

⑤ 涂料的利用率高，回收率高达 95%以上。而超滤技术在电泳涂装线上的应用，可以让电泳涂装线中的涂料回收率变成 100%。

⑥ 涂膜的防腐蚀能力强，电泳涂装能在被涂工件表面（包括内腔、焊缝、紧固件连接部位、边缘）形成均匀完整的保护膜，提高被涂工件整体的耐腐蚀性。

⑦ 电泳涂装在工件上的漆膜非常稳定，湿膜状态下已经表干，甚至可以作某些特殊处理。

⑧ 电泳槽的容量很大，槽中的漆液控制范围宽，在生产过程中，涂料或工艺参数的波动很小。

电泳涂料除了以上优点，其缺点也很明显：

① 电泳涂装设备复杂，前期投资费用高；

② 电泳涂装过程中耗电量大，主要集中在槽液循环、被涂工件的电泳过程和烘干过程；

③ 电泳涂装线的施工过程管理复杂，施工条件比较严格，每天要对电泳涂装线中的槽液指标进行管理，必要时要进行废水处理；

④ 电泳涂料科技含量较高，一条电泳涂装线只能有一种颜色；

⑤ 槽液以水作为介质，颜填料的密度大，在运行过程中需不断循环，以保证颜填料在电泳槽液中分散均匀。

14.1.3 电泳涂装的原理

电泳涂装是一个极为复杂的电化学反应过程，其中至少包括电解、电泳、电沉积、电渗四个不可逆过程，其电化学反应过程如下。

（1）电解（分解）

在阴极反应最初为水的电解反应，生成氢气及氢氧根离子，此反应造成阴极面形成一高碱性边界层。两极的电化学方程式为：

阴极：$$2H_2O+2e^- \longrightarrow 2OH^- + H_2$$

阳极：$$2H_2O \longrightarrow 4H^+ + 4e^- + O_2$$

（2）电泳（泳动、迁移）

当整个电泳槽通电后，槽液中的带正电的胶体树脂粒子和颜料粒子在电场作用下，向阴极移动；槽液中的带负电的胶体树脂粒子和颜料粒子在电场作用下，向阳极移动。

（3）电沉积（析出）

电泳涂装过程中，带正（负）电的胶体树脂粒子在电场作用下与工件表面的负（正）离子中和，析出不溶物沉积于被涂工件上而成膜。电泳过程中，电沉积的图解见图 14-1，其化学方程式如下。

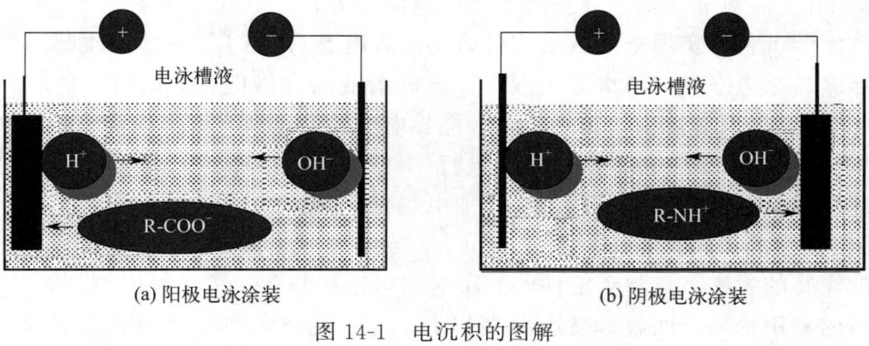

图 14-1　电沉积的图解

阳极电沉积方程式：

$$R-COO^- + H^+ = R-COOH$$

阴极电沉积方程式：

$$R—NH^{+}+OH^{-}=R—N+H_2O$$

阳极电泳的被涂工件会发生副反应：

$$Me \longrightarrow Me^{n+}+ne^{-}$$

此时，阳极电泳涂装的电沉积方程式：

$$nR—COO^{-}+Me^{n+}=(R—COO)_nMe$$

（4）电渗（脱水）

电泳涂料的基体树脂沉积在工件表面后，得到具有许多毛细孔的半透明性膜，在电场的作用下，水从漆膜的毛细孔中脱水，脱水后的涂膜则吸附于工件表面，而完成整个电泳过程。

电泳涂料在工件上沉积后，使得工件覆膜部位的电阻变大，降低了被涂工件的导电性，减缓带电的胶体树脂粒子向该部位的迁移速度，而没有漆膜沉积的工件部位依然能使带电胶体树脂粒子在其表面沉积。随着漆膜不断在工件表面的沉积，工件表面的电阻逐渐增大，在既定的电压下，胶体粒子得到的电势能逐渐减弱，无法在工件表面形成沉积过程，甚至变成吸附于沉积湿膜表面的浮漆。这个过程一直持续到整个工件表面被连续、均匀的涂膜所覆盖。因此，涂膜的厚度直接与沉积涂层的电阻呈正比关系。

14.1.4　电泳涂装的应用

电泳涂料早期主要用作底漆，因此其基体树脂多采用改性的环氧树脂。涂料的两大作用分别是保护性和装饰性，电泳涂料也不例外。电泳涂料除了应用在汽车、摩托车、拖拉机、管道、管件等要求高防腐的工业产品涂装领域外，在建材、家电领域也得到广泛应用，同时眼镜框、卫浴、装饰性的小五金上的涂装也有涉猎。武汉双虎涂料股份有限公司最早开发出一种底面合一的阴极电泳涂料，与中国重汽集团合作，应用在卡车车架上，这种兼顾防腐和耐候性能的涂料，将汽车车架上底漆、中涂、面漆的三道工序减少为一道，大大节省了 OEM 汽车厂商的运营成本。

虽然，阴极电泳涂料已占汽车涂装市场的绝大部分，但是，阳极电泳涂料在许多其他领域也具有一定的活力。

阳极电泳施工的过程中，阳极周围的电解反应会产生氧气和 H^{+}，降低阳极区域的 pH 值。氧气会吸附在基材底表面上，未及时逸出工件表面的氧气在烘烤漆膜时逸出，产生针孔。当工件材质中含有铁元素时，H^{+} 与铁反应生成亚铁离子，降低工件的防腐性。阳极周围的金属阳离子与沉积的阴离子树脂胶束粒子发生络合反应，影响浅色或无色的阳极电泳涂料外观。因此，阳极电泳的主要应用已经从防腐向装饰方面发展。

虽然阳极电泳因为工艺条件的缺陷，影响漆膜的防腐性能，但是，当金属底材为铝质时，由于铝在碱性环境下比在酸性环境下更加稳定，铝材电泳首选阳极电泳涂料。

阴极电泳涂料在被涂工件上沉积时，基体树脂为阳离子呈碱性，是钢材天然的缓蚀剂，大大提高了被涂工件的防腐蚀性。阴极电泳涂料比阳极电泳涂料有着更加优良的防腐蚀、渗透性和装饰性能，其表现如下：

① 赋予钢材更优异的抗腐蚀性，其耐腐蚀时间一般为阳极电泳涂料的 2～4 倍；

② 高泳透力，能够在相同的条件下得到更厚的电泳涂料膜；

③ 电解水产生的 O_2 在阳极，对被涂工件无伤害。

阴极电泳涂料主要应用在汽车、摩托车、拖拉机、家电等要求高防腐的工业产品涂装领域，据统计，现今汽车涂装市场的95%以上的电泳涂料线为阴极电泳涂料线。随着电泳涂装技术的发展，阴极电泳涂装已经涉及日常生活用品领域。如在建筑材料中，防火门、钢窗等涂装耐候性好的双涂层的环氧树脂阴极电泳涂料，钢制家具和间壁材料使用丙烯酸树脂系阴极电泳涂料；在五金行业中，电泳锁具、金属眼镜架、自行车部件、文具、皮箱扣、打火机等用品使用高装饰性的聚氨酯-丙烯酸树脂系的阴极电泳涂料。

14.1.5 电泳涂料与涂装的专有术语

电泳涂料与其他水性涂料不同，在使用过程中有专有术语。

① OEM　汽车原始设备制造商制造的产品。

② 电泳涂装线　OEM厂商应用电泳涂装的生产设备装置，包括：输送链条、整流器、电泳槽、循环装置、热交换装置、超滤装置、清洗装置、烘道等。

③ 电泳槽液　储存在电泳槽中稀释后的用于生产的电泳涂料，叫电泳槽液。

④ 固体分（NV）　乳液、色浆、电泳槽液在规定温度、时间（OEM厂商与涂料生产厂商签订的技术协议中规定）下烘干后所剩残留物的百分含量（%）。

⑤ pH值　系指电泳槽液在pH计下显示的相对值。

⑥ 中和当量（MEQ）　100g固体分的涂料进行滴定所需中和剂的毫克当量，单位是mmol/100g。

⑦ 极间距　表示电极和被涂工件的距离。

⑧ 极比（A/C）　表示电极与被涂工件的面积比。

⑨ 槽温　电泳主槽槽液温度（℃），通常在26～30℃。

⑩ 施工电压　涂装过程所需要的工作电压。

⑪ 击穿电压　涂装过程中，涂料沉积速度过快，导致电极电解过程产生的气体未及时排出，使沉积的涂膜炸裂，瞬间降低工件的电阻，加剧漆膜的病态时的电压。

⑫ 电导率（COD）　在1cm的极间距下，$1cm^2$ 工件的导电度（μS/cm），是量化胶束粒子导电能力强弱的数值，值越大，导电能力越强。用电导率仪测定。

⑬ 库仑效率（mg/C）　指消耗1C电量析出漆膜的质量（mg），表示涂膜上膜程度。

⑭ 泳透力　在电泳涂装过程中使背离电极（阴极或阳极）的被涂物表面上漆的能力称为泳透力。与电导率和库仑效率有关，并非固定的正比例关系。

常用的三种泳透力的检测方法是：一汽钢管法、福特盒法和四枚盒法。

⑮ 分极　电泳析出的单位面积湿膜的电阻值（$k\Omega \cdot cm^2$）。

⑯ L板效果　电泳涂料在L形样板上经过电泳后水平面的涂膜外观效果，它是考核无机颜料和其他颗粒沉降性的有效方法。

⑰ 水平沉降　槽液循环较差时，脏污和涂料的附聚物在电泳槽中形成一层水平表面。

⑱ P/B　电泳涂料的颜料与基体树脂的比值。

⑲ 灰分（ASH）　表示固体成分中颜料的质量分数（%）。

⑳ 溶剂含量　主要是电泳槽液中含有VOC的总量（%）。

㉑ 湿膜加热减量　表示电泳漆膜在固化过程中的挥发量，包括部分封闭剂和溶剂。

$$\text{湿膜加热减量}=\frac{m_1-m_2}{m_1-m_0}\times 100\%$$

式中　m_0——样板电泳前质量，g；

m_1——样板在（105±2)℃条件下烘 3h 后的质量，g；

m_2——样板标准条件固化后的质量，g。

㉒ 湿膜再溶率　按规定的工艺条件泳板，用水冲洗后，立即将样板的 1/2 部分浸入工作液中，搅拌速度、工作液温度保持和制板时一致，10min 后取出样板，按照正常工艺条件烘干。浸泡部分的涂膜应能均匀平整，无针孔、缩孔、凹坑等漆膜弊病，与液面接触部分允许有轻微界痕。

$$\text{湿膜再溶率}=\frac{A-B}{A}\times 100\%$$

式中　A——上部膜厚，μm；

B——下部膜厚，μm。

㉓ Gel 分率　指经过固化后的电泳涂膜，浸入规定的混合溶剂中一定时间后，电泳涂膜的质量与浸入溶剂前的电泳涂膜的质量比。Gel 分率是表示电泳涂膜交联固化程度的一种方法。

将正常工艺条件下泳板的样板于 20℃下完全浸入甲醇：丙酮＝1：1 的混合溶液中 24h，取出样板用滤纸擦干，将样板在（120±2)℃条件下烘 1h，使漆膜表面溶剂完全挥发，观察漆膜表面应无起泡、剥落、发黏、明显变色、明显失光等现象，根据浸泡前后漆膜的质量比来计算 Gel 分率

$$\text{Gel 分率}=\frac{m_3-m_1}{m_2-m_1}\times 100\%$$

式中　m_3——样板浸泡溶剂后，在（120±2)℃条件下烘 1h 后的质量，g；

m_1——样板的质量，g；

m_2——样板在固化条件下烘干后的质量，g。

㉔ 杂质离子　泛指电泳槽液中的无机物离子，例如 Na^+、Fe^{2+}、Fe^{3+}、Zn^{2+}、Cl^- 等。

㉕ 更新期（T/O）　补给总量与初始槽液中的电泳漆总量相等所经历时间称一个更新期。

㉖ 超滤液（UF）　电泳槽液能够经过超滤膜的小分子混合液。

㉗ 附聚　电泳槽液中分散的胶束粒子发生团聚的现象。

㉘ 水洗　工件进入电泳槽前和移出电泳槽后的一系列水洗工艺。

㉙ 达因值　是一种用于量化表面张力大小的重要参数，单位为 dyn/cm（$1\text{dyn}=10^{-5}\text{N}$），高的达因值意味着材料表面张力较低，涂料更易铺展并润湿基材，从而提升附着力，更好发挥涂料的耐蚀性。

14.2　电泳涂料的配方设计及制备工艺

电泳涂料成品是乳液和色浆（清漆没有色浆），乳液、色浆、水和助溶剂按照一定的配比经过搅拌，形成电泳槽液。因此，电泳槽液由乳液胶束粒子、颜填料胶束粒子（清漆中没有）、水、助溶剂组成。乳液胶束粒子由基体树脂、交联剂、助剂组成，颜填料胶束粒子由研磨树脂、颜填料、助剂组成。乳液胶束粒子提供漆膜的力学性能，颜填料胶束粒子提供色彩和一部分漆膜的辅助性能。

在不断循环运动的电泳槽中，胶束粒子必须稳定存在，避免破乳、附聚、沉降等不利于槽液稳定的现象发生。电泳槽中的胶束粒子由亲油内核和亲水外壳组成，油性交联剂或者颜

填料组成亲油内核，改性树脂的亲油基团包覆住亲油内核，亲水基团组成亲水外壳。在外加电场的作用下，乳液胶束粒子和颜填料胶束粒子按照配比均匀地沉积在极板上，保证漆膜的交联密度和颜色的一致性。

电泳涂料开发的初衷就是解决车身难涂部位腐蚀性的问题，因此电泳涂料的主要作用是防腐。具有优异防腐蚀性能的环氧树脂，是电泳涂料基体树脂的首选。随着电泳涂料技术的推广和应用，对电泳涂料的要求也随之发生了改变，除了具有保护作用和装饰作用外，还要求具有特殊功能作用。因此，发展中的电泳涂料除了环氧树脂体系外，还有聚氨酯、聚酯、丙烯酸等体系。

14.2.1 电泳涂料用树脂设计思路

电泳涂装的施工工艺非常特殊，电泳槽中大的胶束粒子在电场作用下发生迁移，这也是电泳涂料与其他水性涂料的区别。涂料的电阻值越小，沉积漆膜越厚，泳透力就越好。泳透力好的电泳涂料能确保在被涂工件上形成一个光滑、致密、均匀的漆膜。电泳涂料的泳透力可以用离子的电泳速度表示，其公式如下：

$$v=\frac{\varepsilon ED}{C\eta}$$

式中 v——电泳速度；

ε——电泳电势；

E——电场强度；

D——介电常数；

C——常数；

η——溶液的黏度。

电泳速度与电泳电势、电场强度、介电常数成正比，与溶液的黏度成反比。因此，电泳涂料的泳透力与电泳电压、时间及涂料固体含量成正比；与涂料的 pH 值、温度及极间距成反比。

电泳槽液中，在相同电泳条件下，处于极间的各种胶束粒子的泳透力不尽相同。通电后，各种胶束粒子开始无规则地沉积在极板上，随着沉积膜厚度增加，电阻增大，泳透力高的胶束粒子会逐步填满漆膜的薄层，直至得到相同厚度的致密漆膜。

对于电泳清漆体系来说，基体树脂胶束粒子的泳透力大小直接影响漆膜的性能和作用。

对于彩色电泳涂料来说，在电泳槽液中存在着两种组分：颜填料胶束粒子组分（电泳色浆）和基体树脂胶束粒子组分（电泳乳液）。电泳涂料的配方设计中，要综合考虑槽液中这两种胶束粒子在同一电势场下的泳透力。因为，这两种胶束粒子泳透力的大小除了影响漆膜的性能外，还影响该组分在槽液中的含量。被涂工件进入电泳槽后，在通电的条件下，色浆与乳液所形成的胶束粒子沉积至被涂工件上的比例与加料比一样。否则，电泳槽液的组成会随着电泳的进行不断变化，除了影响被涂工件上漆膜的外观和力学性能，更增加现场施工管理的难度。

电泳涂料的改性树脂是具有低分子量的聚合物。乳化前，这些树脂溶解在少量有机溶剂中，这种高固含量的溶液与水不混溶，但可以通过中和而无限水溶。低的分子量可以减少合成树脂中的有机溶剂含量，又可使树脂的玻璃化温度降低，使电渗后的电泳湿膜出现粘手现象，调整改性树脂的分子量可以达到平衡。通常情况下，环氧树脂通过改性后的数均分子量在 2000～6000 之间，丙烯酸树脂通过改性后的数均分子量在 25000～40000 之间，聚氨酯通过改性后的数均分子量在 2000～4000 之间。不同种类的基体树脂的玻璃化温度也不同，环氧型电泳漆所用基体树脂的 T_g 在 100～150℃之间，丙烯酸型电泳漆所用基体树脂的 T_g 在 25～50℃之间，聚氨酯型电泳漆所用基体树脂的 T_g 在 100～150℃之间。

作为电泳涂料的基料树脂，在被涂工件上成膜后，漆膜具有一定的硬度、附着力、柔韧性、耐水性和耐化学性、颜料润湿性及其他特性。基料树脂在成膜之前，在电泳槽液中表现为稳定的胶束粒子状态，整个电泳槽液就是聚电解质溶液。大多数聚电解质的研究是以高浓度为前提，而电泳槽液的固体分都很低，因此运用有关聚电解质的文献结论来设计电泳涂料要慎重。

电泳涂料中的基料树脂分子链上除了引入离子基团外，还必须增加一些具有分散、润湿性能的基团辅助，同时增加树脂的亲水性，减少树脂主链上离子基团的比例，例如，醚键（—O—）、酯键（—COO—）、羟基（—OH）、酰氨基（—CONH—）等。树脂的分子链中引入羧基（或氨基）后可以看成一个离子型表面活性剂，随着分子中疏水基团比率的增加，它会从电解质向聚合皂化物转变，形成胶束溶液。基体树脂分子的 HLB（亲水亲油平衡值）越大，亲水性越好，体系越稳定，得到胶束的粒径越小，电泳涂料的漆膜越薄，不利于对基材的保护；HLB 越小，亲油性越好，体系稳定性下降，泳透力下降无法成膜。基体树脂的 HLB 理论值在 7～18 之间。

电泳涂料基体树脂合成之后，必须中和才能获得水溶性，而中和剂的选择对漆液的稳定性有很大的影响。例如，醇胺相对于烷基胺更能使阴离子树脂稳定存在，这是由于醇胺含有亲水的羟基基团。电泳涂料的泳透力随着中和剂的亲水性的增加而增加，因此选用醇胺比选用烷基胺更能得到厚膜。烷基胺的碱性相对于醇胺强，选用烷基胺更能得到光泽度高的漆膜。根据上面的理论叙述，阳离子树脂适合选择有机弱酸作为中和剂。因此，中和剂的选用，必须根据工件对漆膜的要求来决定。

14.2.2　阳极电泳涂料

阳极电泳涂料的基体树脂是带有足够羧基（—COOH）基团的阴离子树脂，需通过加入 *N*,*N*-二甲氨基乙醇或三乙胺之类的有机弱胺中和。

现今，阳极电泳涂料基体树脂的多元化研发正持续推进，最典型的有：用植物油与不饱和的二元酸（或酐）反应制得水溶性油体系、水性不饱和聚酯体系、甲基丙烯酸为水性化单体合成的阴离子丙烯酸体系、水性醇酸-氨基体系、阴离子型聚氨酯体系。

阳极电泳涂料发展历程见表 14-1。

表 14-1　阳极电泳涂料发展历程

AED	第一代	第二代	第三代	第四代	第五代
结构	水溶性顺丁烯二酸酐改性油	主链油脂多元化 加入特殊树脂共性	水溶性环氧酯型顺丁烯二酸酐改性油	聚丁二烯酸酐化	水溶性丙烯酸树脂
性能特点	槽液稳定 难涂部位可上漆 钢铁附着力一般 防腐蚀性能一般	解决漆膜偏软问题 提高湿膜干性	提高附着力 提高耐盐雾性	快干 耐水性好 耐化学品好	赋予装饰性

14.2.2.1　阳极丙烯酸电泳清漆的合成

丙烯酸树脂具有良好的耐光性、耐磨性且无色透明，可以通过配方和工艺任意调整其性能，是阳极电泳涂料发展的主流方向，主要应用在铝型材上。

（1）合成配方

阳极丙烯酸电泳涂料树脂合成配方见表14-2。

表 14-2　阳极丙烯酸电泳涂料树脂合成配方

原料名称	规格	用量/质量份	原料名称	规格	用量/质量份
甲基丙烯酸	工业级	38.4	偶氮二异丁腈	工业级	6.0
苯乙烯	工业级	48.5	异丙醇	工业级	187
甲基丙烯酸甲酯	工业级	173	乙二醇丁醚	工业级	200
甲基丙烯酸乙酯	工业级	48	氨基树脂(三木582)	工业级	100
甲基丙烯酸丁酯	工业级	96.1	聚丙二醇(M_n=2000)	工业级	2.0
甲基丙烯酸羟丙酯	工业级	101	三乙胺	工业级	调至 pH≈8

（2）合成工艺

将乙二醇丁醚放入反应釜中，开动搅拌，通 N_2 气，升温至100℃。将偶氮二异丁腈与丙烯酸（苯乙烯）单体混合均匀，用4～5h将混合物滴加至反应釜中，保温反应2h。降温至80℃，加入异丙醇，降温至70℃，加入氨基树脂、聚丙二醇，搅拌均匀。在60℃下加入三乙胺中和，调至pH≈8。

（3）指标及用法

阳极丙烯酸电泳涂料树脂是固含量为60%的无色或微黄色透明、黏稠状液体，主要作为铝基型材装饰用清漆。

将树脂缓慢加入搅拌的水（质量比，树脂：水=1：1）中，稀释成30%的溶液后加入电泳槽中，电泳后漆膜铅笔硬度可以达到4H。

14.2.2.2　其他阳极电泳涂料

聚酯树脂由多元酸和多元醇缩聚而成，因其漆膜具有硬度好、高光泽、抗过烘烤、不泛黄等特性，已被开发成阳极电泳涂料。聚酯树脂分为饱和聚酯和不饱和聚酯两类，应用于阳极电泳涂料的为水性不饱和聚酯。水性不饱和聚酯的制备过程中，需在配方设计时使羧基过量，采用单元酸来调节分子量，而得到含羧基基团的树脂，然后用胺中和，使其具备水溶性。

聚氨酯阴极电泳涂料是在水性聚氨酯的基础上研发出的一种阴离子树脂，作为清漆主要应用在高端装饰品上。

14.2.3　阴极电泳涂料

阴极电泳涂料的基体树脂是带有氨基（—NR—）基团的阳离子树脂，通过加入甲酸等有机弱酸中和而得的。阳离子树脂是利用环氧树脂中的环氧基团与多元有机胺中的氢发生开环加成反应，将氨基引入分子链中而离子化，其反应如下：

多元有机胺的结构影响了其碱性的强弱，决定着反应的工艺条件：碱性强，反应所需活化能低，工艺简单；取代基团 R^1 为 H 时，配方设计合理可以避免合成的过程中凝胶；合理

选择有机胺的类型，可以调整电泳涂料的泳透力。以脂肪胺为例，其碱性强弱次序是：

$$R_1NH_2>R_2NH>R_3N>NH_3$$

目前，阴极电泳涂料品种有上千种，基体树脂技术体系有三种：欧系（由德国 Hoechst 集团及奥地利 Stolllack 公司共同研发，代表公司为德国 BASF）、美系（由美国匹兹堡平板玻璃公司研发，代表公司为美国 PPG）、日系（由日本关西涂料公司研发，代表公司为日本关西涂料公司）。表 14-3 列出了三种电泳涂料体系合成的基本思路。

表 14-3　三种电泳涂料体系合成的基本思路

项目	思路
美系	1. 合成全封闭的多异氰酸酯； 2. 酮亚胺与环氧树脂中环氧基开环胺化； 3. 加入全封闭的封闭聚氨酯，助剂； 4. 有机弱酸中和 2 中的环氧树脂
欧系	1. 制备全封闭的封闭聚氨酯； 2. 用有机胺与环氧树脂中环氧基开环胺化； 3. 加入全封闭的封闭聚氨酯，助剂； 4. 用有机弱酸中和 3 中的环氧树脂
日系	1. 制备全封闭的封闭聚氨酯； 2. 合成电泳漆专用助剂； 3. 用聚酰胺与环氧树脂中环氧基开环胺化； 4. 加入 2 种助剂，封闭聚氨酯； 5. 用有机弱酸中和 4 中的环氧树脂

从三种树脂体系又衍生出多种配方。在实际应用中，很多厂家将三种配方进行融合自成一脉。

14.2.3.1　阴极环氧电泳涂料

阴极电泳涂料最优越的性能是防腐，而第一代阴极电泳涂料的基体树脂就是改性胺化环氧树脂。随后，各个电泳涂料生产厂家和科研所开始用不同胺对环氧树脂胺化进行研究，以赋予阴极环氧电泳涂料新的性能。单组分电泳涂料的漆膜性能已经不足以满足市场需求，因此，高性能的阴极电泳涂料基本都是双组分的。双组分电泳涂料中乳液和色浆所使用的树脂结构不同，乳液所用的树脂叫基体树脂，色浆所用的树脂叫研磨树脂。

（1）阴极环氧乳液合成配方

阴极环氧乳液参考配方见表 14-4。

表 14-4　阴极环氧乳液参考配方

原料名称	规格	用量/质量份	原料名称	规格	用量/质量份
环氧树脂（环氧当量 188）	工业级	240	异丙醇	工业级	38
二甲苯	工业级	19.8	聚酰胺（BS8155）	工业级	133.5
双酚 A 聚氧乙烯醚（羟值：220～230mgKOH/g）	工业级	57.1	封闭聚氨酯（NV 为 80%，160℃开环，NCO 含量为 16%）		166.1
双酚 A	工业级	79.4	二甲苯甲醛树脂	工业级	36.6
N,*N*-二甲基苄胺	工业级	2.1	聚丙二醇（M_n=4000）	工业级	3.6
甲基异丁基酮	工业级	58	OP-10	工业级	2.9
乙二醇丁醚	工业级	103.8	甲酸	工业级	调至 pH≈6
二乙醇胺	工业级	33.3	去离子水		1057
丙二醇苯醚	工业级	25.8			

(2) 胺化环氧树脂合成工艺

将环氧树脂、二甲苯、双酚 A 聚氧乙烯醚、双酚 A 投入反应釜中，升温至 150℃，加入 N,N-二甲基苄胺，待反应温度稳定后，在 180～190℃之间反应 2h，检测 EEW（环氧当量）＝1080±20，降温，加入甲基异丁基酮、乙二醇丁醚。降温至 100℃，加入二乙醇胺，反应 1h 后，加入丙二醇苯醚、异丙醇，降温至 70℃，加入聚酰胺，升温至 90℃反应 2h，降温至 70℃。依次加入封闭聚氨酯、二甲苯甲醛树脂、聚丙二醇、OP-10，保温 0.5h，加入甲酸，调至 pH≈6，保温 1h，搅拌均匀，将反应釜中树脂导入装有配方量去离子水的乳化釜中乳化。树脂加完后，在乳化釜中搅拌 1～1.5h 后，过滤，包装。

(3) 研磨树脂合成配方

研磨树脂参考配方见表 14-5。

表 14-5 研磨树脂参考配方

原料名称	规格	用量/质量份	原料名称	规格	用量/质量份
环氧树脂(环氧当量 188)	工业级	448	乙二醇丁醚	工业级	159
二甲苯	工业级	40	N-甲基乙醇胺	工业级	29
聚乙二醇(M_n＝400)	工业级	323	乙酸	工业级	调至 pH≈6
三氟化硼乙醚络合物	工业级	1			

(4) 研磨树脂合成工艺

将环氧树脂、二甲苯、聚乙二醇投入反应釜中，升温至 60℃。加入三氟化硼乙醚络合物，缓慢升温至 100℃，保温 0.5h，检测 EEW。待 EEW＝1000±20，按顺序加入乙二醇丁醚、N-甲基乙醇胺并升温至 110℃保温 1h。降温至 60℃加入乙酸，搅拌均匀，调至 pH≈6。

(5) 黑色阴极电泳涂料配方

黑色阴极电泳涂料配方见表 14-6。

表 14-6 黑色阴极电泳涂料配方

原料名称	规格	用量/质量份	原料名称	规格	用量/质量份
研磨树脂[NV 为(80±2)%]	工业级	197	SUNFYNOL-104	工业级	0.1
乙二醇丁醚	工业级	50	炭黑(MA-7)	工业级	39.5
去离子水		460	沉淀硫酸钡	工业级	55.2
BYK-190	工业级	0.1	高岭土	工业级	198
BYK-110	工业级	0.1			

(6) 黑色阴极电泳涂料生产工艺

将配方量的研磨树脂、乙二醇丁醚、去离子水（预留 50kg）依次加入配漆缸中，低速搅拌均匀。停止搅拌，依次加入配方量的 BYK-190、BYK-110、SUNFYNOL-104，搅拌均匀。停止搅拌，加入配方量的 MA-7，低速搅拌至无粉尘；停止搅拌，加入配方量的沉淀硫酸钡、高岭土，低速搅拌至无粉尘。开高速搅拌 1h 后，加入砂磨机中研磨，预留的 50kg 去离子水清洗配漆缸后加入砂磨机中，至细度 15μm 以下，过滤，包装。

(7) 技术指标

黑色阴极电泳涂料技术指标见表 14-7。

表 14-7　黑色阴极电泳涂料技术指标

序号	项目	指标
原漆(乳液)		
1	容器中物料状态	有蓝相乳光的均匀液体
2	颜色	乳白色
3	固体分含量/%	35.0±1.5
4	密度/(g/cm^3)	1.05±0.05
原漆(色浆)		
5	容器中物料状态	无杂质,无异物,易搅起的均匀液体
6	颜色	黑色
7	固体分含量/%	45.0±1.5
8	密度/(g/cm^3)	1.50±0.05
9	研磨细度/μm	≤15
槽液		
10	混合比	乳液：色浆＝8：1
11	固体分含量/%	15～20
12	pH 值	5.0～6.0
13	电导率(25℃)/(μS/cm)	800～1500
14	P/B	0.15～0.25
15	库仑效率/(mg/C)	≥25
16	L 板效果	L 面与 S 面外观及厚度无明显差别
17	泳透力(福特盒)/cm	≥10
18	溶剂含量/%	1.5～2.5
漆膜		
19	湿膜加热减量/%	≤10
20	湿膜再溶性/%	≤10
21	外观	黑色,平整光滑
22	厚度/μm	≥25
23	铅笔硬度	≥2H
24	附着力/级	≤1
25	冲击强度(正冲)/cm	≥50
26	冲击强度(反冲)/cm	≥25
27	杯突/mm	≥6
28	中性盐雾试验/h	800(单侧锈蚀宽度≤2mm)

14.2.3.2　阴极丙烯酸电泳涂料

近年来，阴极电泳涂料的应用得到了长足的进展。由于环氧树脂在耐候性方面极差，经光照后极易粉化，同时降低光泽，在装饰性方面无法满足要求，因此阳离子型的丙烯酸体系已经在阴极电泳涂装方面有一定的应用。

阳离子型的丙烯酸树脂是利用甲基丙烯酸二甲氨基乙酯提供水性基团，甲基丙烯酸羟乙酯提供交联基团，与丙烯酸单体共聚得到阳离子化丙烯酸树脂，与甲酸中和成盐得到阴极电泳涂料的基料树脂。也可使用甲基丙烯酸缩水甘油酯与丙烯酸单体共聚，在丙烯酸树脂侧链中引入环氧基，然后用二乙醇胺与环氧基开环得到阳离子丙烯酸树脂。阴极电泳涂料所用的阳离子丙烯酸树脂的合成机理为自由基聚合，合成方法为溶液聚合法。

以一种水性阴极丙烯酸电泳清漆的制备为例进行介绍，该电泳清漆主要应用在小五金、镀镍、不锈钢等光洁面上。

(1) 合成配方

阴极丙烯酸电泳涂料参考配方见表14-8。

表 14-8 阴极丙烯酸电泳涂料参考配方

原料名称	规格	用量/质量份	原料名称	规格	用量/质量份
甲基丙烯酸甲酯	工业级	119.2	丙二醇甲醚	工业级	278.3
甲基丙烯酸羟丙酯	工业级	70.4	二乙醇胺	工业级	29.8
苯乙烯	工业级	55.7	封闭聚氨酯(NV为80%,140℃开环,NCO含量为18.7%)		81.6
丙烯酸丁酯	工业级	130.6			
甲基丙烯酸异冰片酯	工业级	118.1	聚丙二醇(M_n=4000)	工业级	2.2
甲基丙烯酸缩水甘油酯	工业级	81.2	TEGO ® Glide 410	工业级	0.3
叔碳酸缩水甘油酯	工业级	27	SUNFYNOL-104	工业级	0.2
过氧化苯甲酰	工业级	5.4	乙酸	工业级	调至pH≈6

(2) 合成工艺

将丙二醇甲醚、叔碳酸缩水甘油酯投入滴加釜中，开动搅拌，升温至回流温度。将丙烯酸(苯乙烯)单体与过氧化苯甲酰混合均匀，用5～6h滴加完毕。控制反应釜中的温度在回流温度保温4h，至反应釜内物料完全透明。降温至90℃，加入二乙醇胺。在90℃下保温反应4h，并不时检验树脂的水溶性。降温至70℃，加入封闭聚氨酯、聚丙二醇、TEGO ® Glide 410、SUNFYNOL-104，保温60℃并搅拌0.5～1h，在60℃下加入乙酸中和，调至pH≈6。

(3) 技术指标

阴极丙烯酸电泳清漆技术指标见表14-9。

表 14-9 阴极丙烯酸电泳清漆技术指标

序号	项目	指标
原漆(树脂)		
1	容器中物料状态	无色或微黄色透明、黏稠状液体
2	固体分含量/%	60.0±1.5
3	密度/(g/cm^3)	1.05±0.05
槽液		
4	固体分含量/%	11～12
5	pH值	5.0～6.0
6	电导率(25℃)/(μS/cm)	600～1200
7	库仑效率/(mg/C)	≥30
8	溶剂含量/%	1.5～2.5
漆膜		
9	外观	平整、光滑
10	厚度/μm	≥15
11	光泽(60°)	≥96
12	铅笔硬度	≥2H
13	附着力/级	≤1
14	Gel分率/%	≥90
15	耐酸性(25℃,5% H_2SO_4 浸渍)	120h
16	耐水性(100℃水煮4h)	合格
17	中性盐雾试验/h	300(漆面无起泡)
18	耐人工汗试验/h	48(漆面无起泡)
19	人工加速老化	600(无龟裂、粉化、起泡、生锈现象,色差 $\Delta E \leq 3$;水洗后光泽保持率≥70%,抛光后光泽保持率≥90%)

14.2.3.3　阴极聚氨酯电泳涂料

聚氨酯大分子主链是由玻璃化温度低于室温的柔性链段（软段）和玻璃化温度高于室温的刚性链段（硬段）嵌段而成的，软段赋予成膜物柔软性和弹性，硬段赋予成膜物的力学强度。它的优点是强度高、高弹性、耐磨、耐油等，而任意调节树脂分子中的硬段与软段的比例，可以非常方便地对漆膜性能进行调节。多异氰酸酯中高活性的—NCO 基团，使聚氨酯合成工艺简单，是阴极电泳基体树脂的一个发展方向。聚氨酯树脂虽然在漆膜的性能方面非常优异，但是多异氰酸酯单体价格比较高，只能作为电泳透明清漆使用，主要应用在高装饰性的小工件上。

阴极电泳涂料用阳离子型聚氨酯树脂合成路线见图 14-2。

（1）合成配方

聚氨酯阴极电泳涂料参考配方见表 14-10。

表 14-10　聚氨酯阴极电泳涂料参考配方

原料名称	规格	用量/质量份	原料名称	规格	用量/质量份
异佛尔酮二异氰酸酯	工业级	228.3	三乙醇胺	工业级	25.2
聚丙二醇(M_n=400)	工业级	205.7	己内酰胺	工业级	58
二月桂酸二丁基锡	工业级	2.6	乙二醇丁醚	工业级	2
丁酮	工业级	318.8	冰醋酸	工业级	调至 pH≈6
丙酮	工业级	159.4			

（2）合成工艺

将聚丙二醇、二月桂酸二丁基锡、丙酮、丁酮加入反应釜中，升温至回流温度。滴加异佛尔酮二异氰酸酯，检测 NCO 含量为 9.7%～10%。加入三乙醇胺，检测 NCO 含量为 3.0%～3.3%。加入己内酰胺，检测 NCO 含量<0.01%。加入乙二醇丁醚、冰醋酸中和，调至 pH≈6。

14.2.3.4　含硅阴极电泳涂料

硅树脂能提高漆膜的耐温性、耐热性和电绝缘性，将硅元素引入电泳涂料中可以将电泳漆膜的耐温性提高 70～100℃。虽然有机硅的引入不当会引起电泳涂料漆膜出现缩孔，但是将硅元素完全引入树脂主链中，可以规避这种现象。

（1）合成配方

含硅阴极电泳涂料参考配方见表 14-11。

表 14-11　含硅阴极电泳涂料参考配方

原料名称	规格	用量/质量份	原料名称	规格	用量/质量份
环氧树脂(环氧当量 188)	工业级	278.6	二乙醇胺	工业级	26.7
二甲苯	工业级	14.6	酮亚胺(BS1023M-73)	工业级	36
三氟化硼乙醚络合物	工业级	2	封闭聚氨酯(NV 为 80%，140℃开环，NCO 含量为 18.7%)	工业级	211.7
羟基硅油	工业级	153.3			
聚己内酯二醇(PCL 0201)	工业级	56.1			
乙二醇丁醚	工业级	221	乳酸	工业级	调至 pH≈6

（2）合成工艺

将环氧树脂、二甲苯、羟基硅油、聚己内酯二醇投入反应釜中，升温至 70℃。加入三氟化硼乙醚络合物，缓慢升温至 100℃，保温 0.5h，检测 *EEW*。待 *EEW*（环氧当量）=1150±20，按顺序加入乙二醇丁醚、二乙醇胺、酮亚胺，升温至 120℃保温 1h。降温至 70℃加入封闭聚氨酯，停止降温，混合搅拌 0.5h，加入乳酸，搅拌均匀，调至 pH≈6。

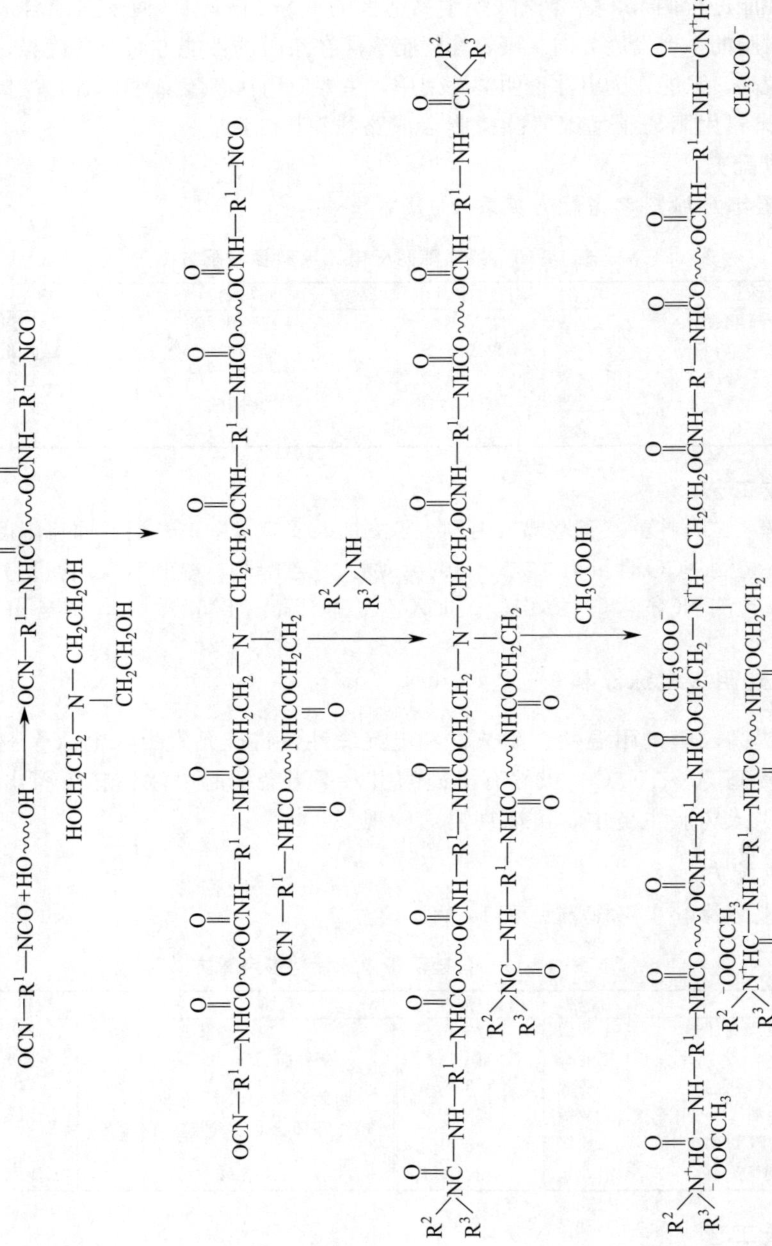

图 14-2　阳离子型聚氨酯树脂合成路线

含硅阴极电泳涂料固含量 70%，稀释配制成 10%～15%的电泳清漆槽液，用在有耐温要求的环境中。在清漆槽液中加入无树脂色浆（加入量根据现场配色），可以赋予漆膜不同色彩。

14.2.3.5　UV 光固化阴极电泳涂料

热固型树脂的固化方式有热辐射固化和光辐射固化，对于不能高温烘烤的电泳工件，也涉及光辐射固化。

（1）半封闭的封闭聚氨酯合成配方

半封闭的封闭聚氨酯参考配方见表 14-12。

表 14-12　半封闭的封闭聚氨酯参考配方

原料名称	规格	用量/质量份	原料名称	规格	用量/质量份
甲苯二异氰酸酯(T-80)	工业级	493	对羟基苯甲醚	工业级	1
甲基异丁基酮	工业级	99	甲基丙烯酸羟丙酯	工业级	407

（2）半封闭的封闭聚氨酯生产工艺简述

将甲苯二异氰酸酯、甲基异丁基酮投入反应釜中，搅拌，升温至 60℃，通 N_2，加入对羟基苯甲醚，之后开始滴加甲基丙烯酸羟丙酯，滴加过程中控制反应釜温度为（65±5)℃。若温度超过 70℃，停止滴加，至温度<62℃恢复滴加。滴加完毕后，保温 0.5h，待 NCO 含量为（13.2±0.2)%，降温至 50℃，过滤，包装。包装桶中通 N_2 封口保存。

（3）UV 光固化阴极电泳涂料合成配方

UV 光固化阴极电泳涂料参考配方见表 14-13。

表 14-13　UV 光固化阴极电泳涂料参考配方

原料名称	规格	用量/质量份	原料名称	规格	用量/质量份
甲基丙烯酸甲酯	工业级	159.3	半封闭的封闭聚氨酯(90%)	工业级	135
甲基丙烯酸羟丙酯	工业级	91.6	光引发剂(1173)	工业级	9.3
苯乙烯	工业级	109.3	EFKA-5070	工业级	0.2
丙烯酸丁酯	工业级	101.3	BYK346	工业级	0.2
甲基丙烯酸二甲氨基乙酯	工业级	79.1	季戊四醇三丙烯酸酯	工业级	65.4
偶氮二异丁腈	工业级	10.8	乙酸	工业级	调至 pH≈6
丙二醇甲醚	工业级	238.7			

（4）UV 光固化阴极电泳涂料生产工艺

将丙二醇甲醚投入滴加釜中，开动搅拌，通 N_2 气，升温至 100℃。将偶氮二异丁腈与丙烯酸（苯乙烯）单体混合均匀，用 4～5h 将混合物滴加至反应釜中，保温反应 2h。降温至 80℃，加入半封闭的封闭聚氨酯，升温至 100℃，反应 1h 后检测 NCO 含量，待其<0.001%，降温至 60℃，加入光引发剂、EFKA-5070、BYK346、季戊四醇三丙烯酸酯，搅拌均匀，在 60℃下加入乙酸中和，调至 pH≈6。

UV 光固化阴极电泳涂料固含量 72%，稀释配制成 10%～15%的电泳清漆槽液，应用于不能高温烘烤且电泳后的漆膜能完全被光照的工件表面。

14.2.3.6　微凝胶阴极电泳涂料

微凝胶阴极电泳涂料采用了微凝胶概念，所谓的微凝胶是介于凝胶状态的一种大分子量的高弹态树脂，在溶剂状态下表现为快凝胶而未凝胶的状态，加入中和剂后能在水中形成带电胶束粒子。这种胶束粒子沉积在极板上，在漆膜固化前的过程中呈现为一种微流体状态，能够在漆膜中缓慢流动。将微凝胶乳液按照比例加入正常生产的电泳槽液中，根据微凝胶乳液的性质，可以应用在哑光电泳、紧固件电泳中。

（1）合成配方

微凝胶阴极电泳涂料参考配方见表 14-14。

表 14-14 微凝胶阴极电泳涂料参考配方

原料名称	规格	用量/质量份	原料名称	规格	用量/质量份
甲苯二异氰酸酯(T-80)	工业级	78.7	*N*-甲基乙醇胺	工业级	23.2
丁酮	工业级	150	乙二醇丁醚	工业级	50
二甲苯	工业级	50	乙酸	工业级	调至 pH≈6
聚乙二醇(M_n=600)	工业级	148.1	去离子水		500

（2）合成工艺

将丁酮、二甲苯、聚乙二醇、*N*-甲基乙醇胺投入反应釜中，开动搅拌，通 N_2 气，升温至 60℃，开始滴加甲苯二异氰酸酯，并降温，控制反应釜温度为（62±2）℃，若温度超过 65℃，停止滴加，至温度＜60℃恢复滴加，滴加完毕后，保温 0.5h，待 NCO 含量＜0.01%，加入乙二醇丁醚，降温至 50℃，加入乙酸，加入去离子水溶解，过滤，包装。

14.2.3.7 其他阴极电泳涂料体系

涂料树脂千万种，能够稳定存在于电泳槽中的阳离子树脂都可以开发成阴极电泳涂料。

聚酰亚胺电泳涂料的耐热性、电气绝缘性、耐化学品性都比较优良，能够在汽车排气再循环系统（EGR）、电装用汇流排线圈等需要耐高温、电气绝缘、耐酸的特殊工况工件上进行涂装。

聚酯树脂改性的环氧树脂通过提高阴极环氧电泳涂料的耐候性，已在部分对耐候性有一定要求的汽车零部件上实现应用。

阴极电泳涂料基体树脂中引入氟元素，可以提高漆膜的非黏性、低摩擦性、耐热性和耐污染性。在丙烯酸树脂中引入含氟的丙烯酸酯单体参与自由基聚合，将有活性 H 的含氟有机化合物引入环氧树脂链中，都可以得到含氟阴极电泳涂料。含氟的电泳漆膜可以用于汽车发动机的某些部件、精密的实验仪器、用于特殊行业的检测设备、处于特殊环境下使用的化工设备上等的涂装。

14.3 电泳涂料用交联剂

电泳涂料中加入适量的交联剂，可在成膜过程中与基体树脂发生化学反应，显著提高漆膜的各项力学性能。交联剂的加入，可以合理降低漆膜中基体树脂的分子量，减少涂料中的 VOC 含量。不同种类的交联剂在参与漆膜的固化过程时，会赋予电泳漆膜不同的性能。由于电泳涂装的特殊性，大部分电泳涂料所用的交联剂是氨基树脂和封闭聚氨酯。

14.3.1　氨基树脂

氨基树脂作为油性涂料常用的交联剂，在电泳涂料中也经常使用。氨基树脂与基体树脂发生反应的催化剂是路易斯酸，但在酸性环境下，氨基树脂易发生水解自交联。对于阴极电泳涂料来说，其槽液体系是一个略带酸性的环境，因此氨基树脂不能作为阴极电泳涂料的交联剂，而在阳极电泳涂料之中广泛应用。

通过氨基树脂交联，可以提高漆膜的硬度、附着力、光泽和耐化学品性。市面上的氨基树脂根据醚化度不同，可以分为全醚化、部分醚化和混合醚化三种产品。表 14-15 列出了醚化氨基树脂作为交联剂时，其结构对漆膜性能的影响。

表 14-15　醚化氨基树脂作为交联剂时其结构对漆膜性能的影响

涂料性能	甲醛含量		醇的种类		醇含量	
	高	低	长	短	大	小
黏度	低	高	低—中等	低	低	高
硬化速度	慢	快	慢	非常快	慢	快
配伍性	非常好	差	非常好	差	极好	差
稳定性	极高	差	好	差	好	差

电泳漆膜固化过程中，交联剂与电泳涂料的基体树脂中的—OH 发生醚交换而形成一个网状结构，其反应式如下：

$$—NCH_2OC_4H_9 + ROH \xrightleftharpoons{H^+} —NCH_2OR + C_4H_9OH$$

电泳涂装线中的电泳槽液在生产和运行的过程中必须保持稳定，换言之，交联剂与树脂组成的胶束粒子在进入烘道之前应处于惰性状态。电泳后的工件经过烘道，在热辐射的作用下，才能得到光滑、耐久性好、耐擦伤、附着力强的漆膜。根据表 14-15 中的数据，综合考虑，阳极电泳涂料一般选用全丁醚化的氨基树脂作为电泳涂料的交联剂。其分子结构如右图。

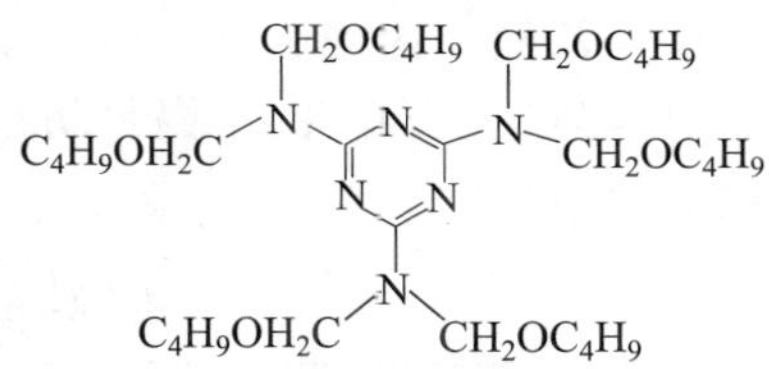

14.3.2　封闭聚氨酯

封闭聚氨酯能在不受外界酸碱性影响的条件下稳定存在，所以，不管是阴极电泳涂料，还是阳极电泳涂料，都可以将封闭聚氨酯作为交联剂。

封闭聚氨酯是利用封闭剂与多异氰酸酯反应得到的具有氨基甲酸酯的低分子聚合物。异氰酸酯中的—NCO 基团与封闭剂中活泼 H 的反应是一个可逆反应，温度升高对逆反应有利。当温度高于一定温度时，封闭聚氨酯完全释放出—NCO 基团，这个温度值就是该封聚氨酯的解封温度，封闭聚氨酯在解封温度发生逆反应的过程叫封闭聚氨酯的解封闭。封闭聚氨酯释放出的—NCO 与主体树脂中的活性 H 反应，发生网状交联成膜（不可逆反应）。

解封温度的高低与—NCO 基团与活性 H 反应的活化能有关，逆反应的活化能越高，解封温度越高，反之亦然。封闭剂的种类、分子结构和异氰酸酯的分子结构对解封温度有一定的影响。相同的封闭剂与不同的多异氰酸酯反应，芳香族多异氰酸酯比脂肪族多异氰酸酯的解封温度低；相同的多异氰酸酯与不同的封闭剂反应，封闭剂分子中的氢越活泼，解封温度越高；分子结构中有位阻效应的多异氰酸酯或封闭剂，解封温度高。

解封温度可以通过在特定的一组条件下测定反应的程度，根据 Arrhenius 方程式计算得出，这些数据已经有相关文献记载。

$$k = A e^{\frac{-E_a}{RT}}$$

式中 k——速率常数；

A——指前因子；

E_a——表观活化能；

R——摩尔气体常数；

T——热力学温度。

电泳涂料选择的封闭聚氨酯在解封温度下发生解封闭后，多异氰酸酯参与成膜，封闭剂必须挥发掉或在高温下分解掉，少量残留下来的封闭剂不能对漆膜产生负面影响。通常，根据工件应用需要，以下五个原则可以用来作为选择封闭聚氨酯种类的参考：①需要耐候性的漆膜尽量选用脂肪族的多异氰酸酯和封闭剂组合，需要耐蚀性的漆膜可以选用芳香族的多异氰酸酯和封闭剂组合；②选择低于工件承受最高温度10～20℃的解封温度的封闭聚氨酯；③清漆产品尽量选用可以在烘烤温度下不残留、挥发率高或者有残留但对漆膜无影响的封闭剂与脂肪族多异氰酸酯组合的封闭聚氨酯；④据烘烤温度来确定合适的封闭聚氨酯种类；⑤浅色漆选择脂肪族的多异氰酸酯和在烘烤温度下不变色的封闭剂。

根据市场需要和成本考虑，能够作为封闭聚氨酯的多异氰酸酯种类不多，而具有活泼氢的化合物都可以作为封闭剂，因此，影响封闭聚氨酯解封温度的最大因素是封闭剂。封闭剂种类繁多，例如：酚类、吡啶类、醇类、肟类、酰胺类、吡唑类、咪唑类和活性亚甲基类等化合物。已经广泛应用在封闭聚氨酯上的封闭剂有：对羟基苯甲酸甲酯、苯酚、呋喃醇、乙二醇单乙醚、丙酮肟、己内酰胺、3,5-二甲基吡唑、丙二酸二乙酯等。表 14-16 列出了文献中已经研究证实了的不同封闭剂封闭的 3-异丙烯基 α,α-二甲基苄基异氰酸酯（TMI）单体的解封温度。

表 14-16　不同封闭剂封闭的 TMI 单体的解封温度

封闭剂	解封温度(完全固化)/℃	封闭剂	解封温度(完全固化)/℃
水杨酸甲酯	110～120	*N*-羟基丁二酰亚胺	160
丙二酸二乙酯	120	正丁醇	170
对羟基苯甲酸甲酯	130	甲氧基丙醇	175～200
咪唑	110～130	乙基己醇	>200
丙酮肟	130～140	戊醇	200
丁酮肟	140～150	乳酸乙酯	200
糠醇	150	己内酰胺	175～200
3,5-二甲基吡唑	150	吡咯烷酮	250
6-甲基-2-哌啶酮	140～150	乙酰乙酸乙酯	>175
N-羟基苯邻二甲酰亚胺	170～175		

通常，封闭聚氨酯的解封温度是—NCO 完全释放出来的温度，而非初始释放—NCO 时的温度，封闭聚氨酯初始释放—NCO 时的温度会远远低于解封温度。通过对封闭聚氨酯进行热重分析，解封温度在 140℃ 的封闭聚氨酯，在 80℃ 时已经开始释放—NCO 了，在 140℃达到释放高峰。为了维护电泳槽液的稳定性，以封闭聚氨酯为交联剂的电泳涂料的烘烤温度高于 130℃。因此，电泳涂料涂装线烘道的温度以封闭聚氨酯的解封温度为参考值。

电泳涂料会选择两种或者两种以上具有不同解封温度的封闭聚氨酯作为交联剂，经过电沉积涂膜后的工件进入烘道，在烘道中不同温度段进行固化，增加漆膜的流平时间，这种工艺叫分段解封。分段解封可以减少涂料配方中流平剂的使用，让电泳涂料乳液胶束粒子更加稳定。

封闭聚氨酯的生产厂家有英国的 Baxenden，德国的 Bayer，日本的旭化成 AsahiKASEI，德国的 Evonik Degussa。OEM 电泳涂料生产厂家所需的封闭聚氨酯因为要与电泳涂料进行匹配，一般为自行生产。

14.3.2.1 HDI 异氰脲酸酯封闭聚氨酯

以 HDI(六亚甲基二异氰酸酯)异氰脲酸酯与正丁醇为原料制备封闭聚氨酯，解封温度为 165℃。

(1) 合成配方

HDI 异氰脲酸酯封闭聚氨酯参考配方见表 14-17。

表 14-17 HDI 异氰脲酸酯封闭聚氨酯参考配方

原料名称	规格	用量/质量份	原料名称	规格	用量/质量份
HDI 异氰脲酸酯	工业级	555	二月桂酸二丁基锡	工业级	2
丁酮	工业级	198	正丁醇	工业级	245

(2) 合成工艺

将反应釜清洗干净并干燥，将 HDI 异氰脲酸酯、丁酮投入反应釜中，搅拌升温至 60℃，加入二月桂酸二丁基锡后，开始滴加正丁醇，降温，控制物料温度在 (70±5)℃，若温度超过 75℃，停止滴加，至温度＜70℃恢复滴加，滴加完毕后，保温 0.5h，测定 NCO 含量＜0.01%，过滤，包装。

14.3.2.2 异佛尔酮二异氰酸酯封闭聚氨酯

更换不同的多异氰酸酯和封闭剂，可以得到不同解封温度的封聚氨酯。此外，以异佛尔酮二异氰酸酯与甲乙酮肟为原料制备封闭聚氨酯为例进行介绍，解封温度为 140℃。

(1) 合成配方

异佛尔酮二异氰酸酯封闭聚氨酯参考配方见表 14-18。

表 14-18 异佛尔酮二异氰酸酯封闭聚氨酯参考配方

原料名称	规格	用量/质量份	原料名称	规格	用量/质量份
异佛尔酮二异氰酸酯	工业级	502.2	丁酮	工业级	198
三羟甲基丙烷(1)	工业级	34	二月桂酸二丁基锡	工业级	2
三羟甲基丙烷(2)	工业级	34	甲乙酮肟	工业级	195.8
三羟甲基丙烷(3)	工业级	34			

(2) 合成工艺

将反应釜清洗干净并干燥，将异佛尔酮二异氰酸酯、丁酮投入反应釜中，搅拌升温至 60℃，降温，分三批次加入三羟甲基丙烷，控制物料温度不要超过 80℃。每次加完三羟甲基丙烷后，降温至 60℃再次加入下一批次。待三次物料加完，反应 0.5h，将温度降至 60℃，加入二月桂酸二丁基锡，开始滴加甲乙酮肟，控制物料温度在 (70±5)℃，若温度超过 75℃，停止滴加，至温度＜70℃恢复滴加，滴加完毕后，保温 0.5h，测定—NCO 含量＜0.01%，过滤，包装。

14.4 电泳涂料的其他组成

电泳槽液中除了成膜物，还含有水（约占 70%～80%）、颜填料、催化剂、助剂、助溶剂和游离的中和剂。

14.4.1 颜填料

14.4.1.1 电泳涂料对颜填料的要求

电泳涂料中的惰性颜料叫填料，活性颜料和惰性颜料总称为颜填料。颜填料在电泳槽液中约占 2%～4%，由于电泳涂料涂装的特殊性，对颜填料的使用有着特殊的要求。

（1）颜填料的惰性

颜填料不溶于水，不能含有微溶或水溶性的盐类。电泳槽液中的 Ba^{2+}、Ca^{2+}、Zn^{2+}、Fe^{2+}、Fe^{3+} 等金属离子能够与树脂形成金属络合物，影响槽液稳定性；CO_3^{2-}、SO_4^{2-}、NO_3^-、Cl^- 等卤素离子除了能影响槽液的 pH 值，还能腐蚀工件材质。

电泳槽中的水溶性解离离子在电场的作用下，导致胶束粒子破乳，使颜填料析出。而沉积在极板上的漆膜会使电解反应加剧，致使漆膜产生病态。

电泳槽液不是中性体系，阳极电泳槽液 pH 值在 7.5～9.0 之间，阴极电泳槽液 pH 值在 5.0～6.5 之间。含碱性（酸性）的颜料在酸（碱）性环境下，能解离出离子，因此电泳涂料尽量选用中性颜料。

（2）颜填料的润湿分散性

颜填料的润湿性和分散性是制作色浆的一个重要指标，它对涂料的遮盖力和体系的稳定性有影响。颜填料是色浆胶束粒子的亲油内核，颜料颗粒表面与研磨树脂亲油层的相吸性，直接影响色浆胶束粒子的稳定性。研磨树脂的亲油层通常具有极性，而选择表面具有与研磨树脂亲油层极性相同的颜填料可以让槽液更加稳定。现在，很多颜填料生产厂商会刻意对产品表面进行处理，增加其极性来改进颜填料的分散性和润湿性。

（3）颜填料的密度

颜填料联合使用时，选用密度相近的颜料可以获得外观更好的漆膜。对于混色颜料，两种颜料密度相差太大，影响电泳涂料槽液的稳定性，涂装后漆膜易发花。颜填料的密度大，色浆胶束粒子易沉降，在相同电场的作用下，迁移速度慢，泳透力低下。选择合适密度的颜填料很重要，一般电泳涂料选择密度为 1.5～5.0g/cm^3 的颜填料。

（4）颜填料的吸油量

颜填料的吸油量越大，需要的研磨树脂量越大。在需要一定量的颜填料来满足漆膜的遮盖力的条件下，电泳槽中乳液占比减少，降低漆膜的光泽度和固化程度。电泳涂料尽量选择低吸油量的颜填料来研磨色浆。

（5）颜填料的毒性

电泳涂料中所用的颜料毒性主要评价指标是八大重金属——锑、砷、钡、镉、铬、铅、汞、硒的含量。汞、镉、铅、铬（Ⅵ）以及类金属砷等生物毒性显著的重金属对环境污染严重，对人体毒害也相当大。

近年来，电泳涂料漆膜对锡含量也有了规定：国家标准要求有机锡含量小于 0.1mg/kg；欧盟 ROHS 指令和 REACH 法规要求电泳涂料中的锡含量不得超过 0.1%。

14.4.1.2 电泳涂料对颜填料的选择

电泳槽中色浆胶束粒子的密度主要是由颜填料提供，降低颜填料的量可以让槽液更加稳定。涂料在固化时常伴随有体积的收缩，产生内应力，影响涂料的附着，加入颜填料可以减少收缩，改善附着力。涂料中降低颜料的用量会降低漆膜的色彩度，降低填料的用量成本会增加。而填料也会赋予漆膜一些力学性能，如重晶石（硫酸钡）的密度是其他颜料的二倍，它能增加漆膜的硬度。

颜填料根据化学组成可分为无机颜料和有机颜料。无机颜料具有遮盖力高、耐蚀性好的特点，有机颜料具有色谱齐全、色彩鲜艳、化学稳定性好等特点。电泳涂料的主要作用是防腐，必须使用无机颜料。有机颜料与无机颜料密度相差大，润湿分散性有着天壤之别，同时使用无机颜料和有机颜料的电泳涂料漆膜会出现浮色或者晕色，大型电泳涂装线不会选用这种电泳涂料。装饰性电泳涂装线的电泳槽大小在 10～500L，选用单色的水性无树脂色浆与乳液混合使用，色彩品种比较多，但仅限于金色、银色、大红、大紫等常规颜色。装饰性电泳涂料用的水性无树脂色浆基本使用有机颜料。

颜填料的粒度和粒径分布会影响颜填料在漆膜中的着色力、光泽度，甚至会影响漆膜的部分力学性能。电泳涂料固化成膜后，颜填料的粒径越小，分布越窄，着色力越强，光泽越高。小粒径的颜填料槽液稳定性好，具有高的泳透力。

电泳漆膜中的色彩由多种颜填料共同决定，原材料的密度、粒径和自身的研磨效率影响着色浆的稳定性。几种颜填料混合研磨，若研磨效率相当，密度和粒径相差不大，更加容易得到合格的色浆。对于电泳涂料来说，色浆体系中颜填料组分的表观密度小，相对粒径小，更能够让槽液稳定。增加研磨次数，利用高质量的研磨设备，可以得到更小粒径的色浆。但是，过度研磨会使能耗增加，研磨树脂稳定性下降，助剂用量增多，甚至颜填料粒径过小导致色浆出现假稠，这都说明色浆并非细度越小越好，电泳涂料色浆粒径在 10～15μm 最佳。

电泳涂料的常用颜料有：钛白粉、炭黑、氧化铁黑、石墨、氧化铁红、氧化铁黄、珠光粉、石英粉、硫酸钡、高岭土等。

14.4.2 催化剂

催化剂的作用是降低化学反应历程中的活化能壁垒，降低反应温度。电泳涂料中催化剂的作用是降低固化温度，节省能耗。电泳涂料中交联剂与树脂固化成膜所需的催化剂，首选重金属化合物。含有重金属的氧化物、颜填料和研磨树脂一起研磨，作为色浆部分，铅、锡是最早作为电泳涂料催化剂的重金属。

随着欧盟 ROHS 指令和 REACH 法规的不断完善，有毒的重金属已经不能作为催化剂使用，铋化合物、锌化合物等催化剂在电泳涂料中得到广泛应用。

14.4.3 助剂

电泳涂料中的助剂主要是避免漆膜成膜过程中出现病态，而影响漆膜的外观甚至性能。

在电泳涂料配方比例中，助剂的总使用量占配方的1%～2%。选用合理、合量的助剂可以提高漆膜的外观和性能，有些特殊的助剂还可以赋予漆膜特殊功能。

电泳涂料需要的助剂主要有：润湿剂、分散剂、流平剂、消泡剂和杀菌剂。通常情况下，电泳涂料会选用多种多功能助剂复配使用，以便达到效果互补。多种助剂的复配使用，需遵循以下三个原则：

① 电泳涂料尽量不使用或少使用离子型助剂，否则影响槽液的稳定性。

② 助剂与助剂之间、助剂与树脂之间、助剂在分散介质中有良好的相容性，防止漆膜出现雾影和缩孔。

③ 需要综合考虑多种助剂的功能重复性对电泳漆膜的性能影响。

（1）润湿分散剂

电泳涂料选择的具有润湿作用的助剂，一般同时具有分散作用。在乳液体系中，加入的润湿分散剂在漆膜成膜过程中可降低基材的表面张力。在色浆体系中，加入的润湿分散剂为颜填料的研磨分散提供帮助。

颜填料的研磨过程分四个阶段：润湿，帮助研磨树脂润湿颜填料，使颜填料表面被研磨树脂溶液所包覆；分散，颜填料与研磨树脂溶液充分混合，形成类似悬浊液的混合液体；研磨，通过机械能（撞击和剪切力）使颜填料粒度变小，能够在研磨介质中自由流动；稳定，颜填料表面再次被研磨树脂溶液所包覆，防止颜料颗粒再次絮凝。

电泳涂料中使用的润湿分散剂主要有EFKA-5065、EFKA-5070、Disper BYK-180、BYK-184、BYK-190等。

（2）流平剂

流平剂能帮助涂料在干燥成膜过程中形成一个平整、光滑、均匀的涂膜。电泳涂膜利用分段解封的原理可以增加漆膜的流平，但是色浆中没有封闭聚氨酯，因此需要加入流平剂增加颜填料粒子在漆膜中的流动。

吸附在颜填料表面的流平剂被包裹在色浆胶束粒子中，在烘烤过程中，由于它的高流动性而有助于消除漆膜中的针孔、小缩孔和发花的现象，提高了漆膜的丰满度。应用在电泳涂料中的流平剂有BYK346、BYK-380、TEGO ® Glide 410、TEGO ® Flow ATF2等。

（3）消泡剂

涂料在生产和使用中，气体分散在液体（固体）中形成气泡。气泡占有一定的体积，在乳液生产过程中产生的气泡会导致溢锅现象；色浆生产过程中产生的气泡会降低研磨效率，残留的气泡能增加颜填料的沉降性。电泳槽液在运行过程中，产生的气泡会使循环泵产生气蚀现象，电泳槽液液面上升引起事故；涂装后，残留的气泡会引起漆膜的缩孔和橘纹。

电泳涂料使用的消泡剂除了不能是离子型的聚合物外，还必须能分别在长期储存后的乳液体系和色浆体系、一直运行的电泳槽液体系拥有极限相容性。电泳涂料中常用的消泡剂有BYK-024、BYK-1660、EFKA-2723、EFKA-2720、SUNFYNOL-104。

（4）其他助剂

除此之外，有些电泳涂料品种还要一些辅助的涂料助剂。

① 加入防缩孔剂，减少因为外界的油或杂质给电泳涂料成膜的过程带来的缩孔。

② 加入一些乳化剂（例如OP-10），使电泳涂料基体树脂与颜填料更好地混合。

③ 加入流变助剂，调整浆体的流动特性。流变助剂有BYK-425、BYK-420等。

④ 加入防沉剂，使颜填料可以更加稳定地存在于槽液中。

⑤ 加入杀菌剂，可以有效消除槽液中的细菌对电泳设备的影响，可以选用双氧水进行杀菌或增加紫外杀菌设备。由于阳极电泳涂料以脂肪酸（或油）作为其原材料，必须在槽液中加入杀菌剂防止菌种对电泳系统的污染，同时在阳极电泳涂料体系中需加入抗氧剂来阻止阳极区域产生的氧气氧化树脂。

14.4.4　助溶剂

电泳涂料中都含有一定量的有机溶剂，这些溶剂统称为助溶剂。助溶剂在生产和应用中起着很大的作用，不同电泳涂料中助溶剂的组分和组成各不相同，且都规定在一定的范围内。

助溶剂在电泳涂料中的作用，大致有四点：

① 助溶剂中的两亲溶剂对电泳涂料中的树脂起助溶作用，增加树脂在水中的溶解度，减少中和剂的用量，同时调节树脂的黏度；

② 助溶剂中的亲水溶剂能提高槽液的稳定性，改善漆膜外观质量，是漆膜有持久稳定外观质量的重要保证；

③ 助溶剂中的亲油溶剂可调节漆膜厚度；

④ 助溶剂中的高沸点溶剂可以延长漆膜在固化过程中的流平时间，促进漆膜流平，减少流平剂的使用量。

一般地，可以在电泳涂料中作为助溶剂的有：丁醇、异丁醇、异丙醇、乙二醇单丁醚、乙二醇单己醚、乙二醇异辛醚、乙二醇二乙酸酯、丙二醇甲醚、丙二醇苯醚等。

电泳涂料中助溶剂的含量对漆膜的质量影响较大。含量低于规定值，槽液分散性变差，漆膜厚度下降，易产生针孔；含量增加，膜厚增加，击穿电压下降，漆膜附着力和抗腐蚀性变差。过高的助溶剂含量会使漆膜的 P/B 增加，槽液比例失调。电泳槽液中的助溶剂含量应控制在 1.2%～3.0%之间，生产过程中也需要根据实际情况进行补加助溶剂或排放超滤液来降低溶剂含量。

电泳槽液在生产过程中，溶剂的挥发、漆膜的带出、超滤液的排放都会降低助溶剂在电泳槽中的含量，必须补加助溶剂，最常用的有：乙二醇单丁醚、乙二醇单己醚、丙二醇苯醚。乙二醇单丁醚和乙二醇单己醚的加入可以提高槽液的稳定性，增加漆膜的流平；丙二醇苯醚可以改善电泳漆颗粒在电沉积过程中的运动行为，提高涂料粒子的电泳迁移率，有效提高涂膜厚度。经过研究发现，在阴极电泳漆槽液中添加 0.1%～1%丙二醇苯醚可使涂膜厚度增加 10～15μm。

14.4.5　中和剂

电泳涂料使用的中和剂是有机弱酸或者有机弱碱，其中阴极电泳涂料使用有机弱酸，阳极电泳涂料使用有机弱碱。

中和剂在电泳涂料中有以下三个方面的作用：

① 中和电泳涂料树脂使其水溶；

② 调节电泳槽液的 pH 值；

③ 调节电极液的电导率。

当用于调节 pH 值或电导时，中和剂需用去离子水稀释成 5%～20%的溶液后补加。

作为阳极电泳涂料中和剂的是弱碱，例如：氨水、二乙胺、三乙胺、二乙醇胺、三乙醇胺等。作为阴极电泳涂料中和剂的是弱酸，例如：甲酸、乙酸、乳酸、冰醋酸等。

14.5 电泳涂装工艺

无论是阳极电泳还是阴极电泳，一条完整的电泳涂装线一般包括四个基本程序：前处理、电沉积、烘烤和三废处理。本节以阴极电泳为实例介绍整条电泳涂装线的工艺过程，其详细工艺流程图见图 14-3。

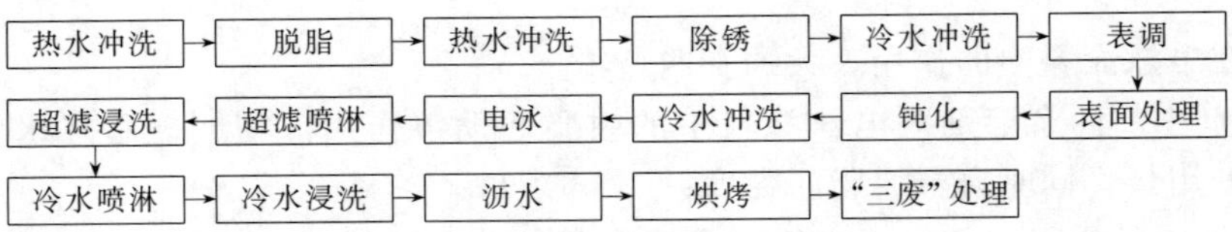

图 14-3 电泳涂装线的工艺流程

14.5.1 前处理

电泳涂装的工件大部分是组装件，经过冲压成型、焊接、紧固件连接后进入涂装工序。钢板经过一系列的组装后，在涂装之前需要清除涂膜与涂件表面的杂质，这个工艺叫前处理。电泳涂装的前处理包含脱脂、除锈、表调、表面处理、钝化和水洗等金属表面处理工艺。

电泳涂装工件在成型后，表面会有油污、锈渍、氧化皮等杂质，这些杂质的存在会直接影响金属工件的表面处理效果，甚至会影响到后续涂装质量。工件表面的氧化皮可以通过抛丸工艺去除，通过脱脂、除锈工艺可以彻底去除油污和锈渍。对于表面锈蚀不是很明显的金属工件，可将脱脂除锈两个步骤一起进行。本节介绍将脱脂和除锈分开的前处理工艺，图 14-4 是工件进入电泳槽前的前处理工艺流程图。

经过抛丸工艺处理后的工件，表面已经无锈、无氧化皮、无焊渣，称为白件。白件到达涂装车间后，进入热水喷淋冲洗槽，目的是将工件上悬浮残余杂质清除掉，以免影响后续工序。喷淋冲洗的工作水温为 60～80℃，时间为 60～120s，热水可以提高预清洗的效率，还可以对工件预加热，减少脱脂除锈的时间。

经过喷淋冲洗后的工件直接浸入不断循环的热的脱脂槽中，将工件表面的油渍除掉。脱脂液主要由强碱性的化合物与表面活性剂混合而成，除油能力随 pH 值的提高而提高，但 pH 值过高可能使铝及铝合金等金属工件被腐蚀。脱脂液的工作温度为 50～80℃，脱脂时间 2～8min，以保证工件上的油脂能完全脱除干净。金属工件通过脱脂清洗剂的乳化、皂化、分解置换等作用除去工件上的油污、油脂，在工件表面上形成完整连续的水膜，并具有一定的工序间防锈功能。

经过脱脂清洗剂的处理后的工件，通过喷淋冲洗槽和浸入表调槽除去脱脂剂，进入除锈槽。除锈槽中是含有 H^+ 和表面活性剂的槽液，该步骤主要是进行浸泡，目的是除去金属工件表面或潜在的锈蚀，防止后期表面处理不完全，导致工件以后产生锈蚀。除锈液主要是由磷酸、硫酸、缓蚀剂和表面活性剂配制而成的，在设定一定的 pH 后，经过检测除锈槽中的 $[H^+]$，来确定是否需要补加除锈液。

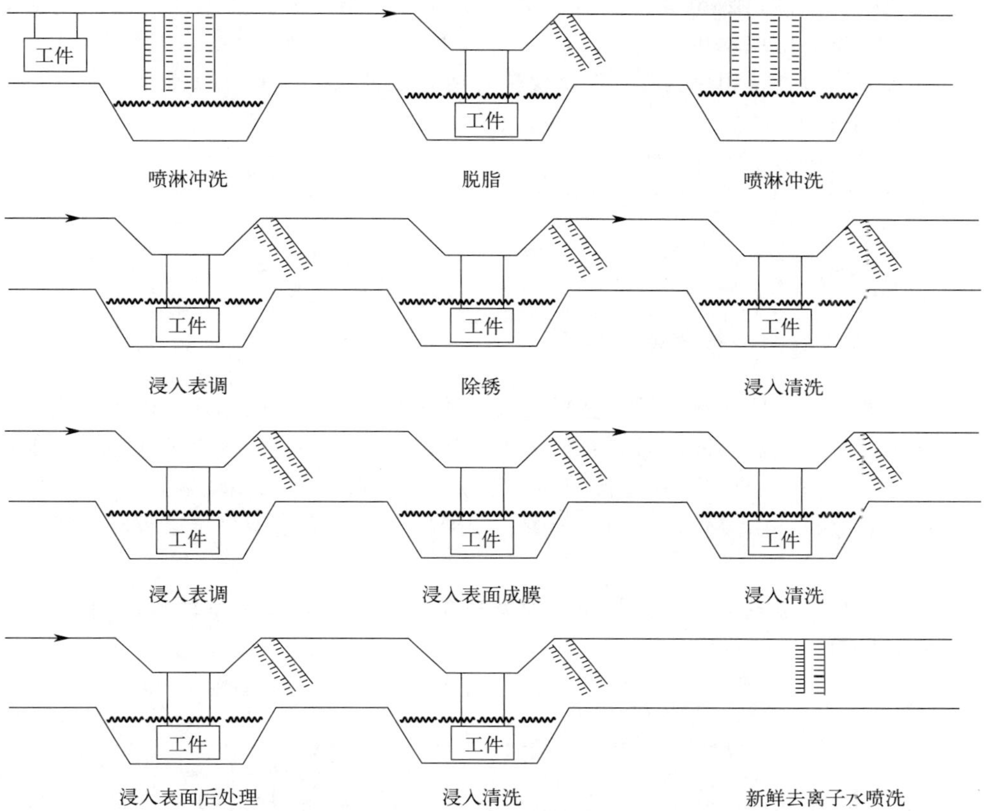

图 14-4　工件前处理流程图

经过除锈槽的处理后，工件依次经过浸入清洗槽、表调槽调节表面 pH 值，后进入表面处理槽。经过表调后的工件经水冲洗后，进入表面处理槽。最早的表面处理液为磷化液，磷化液的体系主要有锌系、锰系、铁系、锌钙系、锌锰系等。工件处于酸性磷化液中，金属表面解离出的 PO_4^{3-} 与溶液中的（金属界面）金属离子达到溶度积常数时，就会形成磷酸盐［$Zn_2Fe(PO_4)_2 \cdot 4H_2O$、$Zn_3(PO_4)_2 \cdot 4H_2O$］沉淀，磷酸盐沉淀与水分子一起形成磷化晶核，晶核继续长大成为磷化晶粒，无数个晶粒精密堆集形成磷化膜。阴极电泳涂料用的是低锌磷化体系，该体系沉渣少，在钢材底表面能得到致密而均匀的磷化膜，是高档汽车电泳涂装前处理的首选。

近年来，磷化技术因为环保因素，逐渐被锆化处理技术和陶化（硅烷化）处理技术所替代。新技术不含锌、镍等有害重金属，特别是陶化处理在常温下即可进行，无需表调、钝化等工艺。不管是陶化处理还是锆化处理，其技术本身是在金属表面形成一层保护膜（陶化处理为硅烷膜，锆化处理为锆化膜）来替代原来的磷化膜，达到防腐的目的。这层膜可以将漆膜的耐腐蚀性提高 20%～50%。

经过表面处理后的工件通过水洗后，进入表面后处理槽，也就是钝化槽。钝化的目的是封闭金属表面形成的保护膜孔隙，提高金属的耐蚀性，特别是提高漆膜的整体附着力和耐腐蚀性。钝化包括铬酸盐钝化和锆盐钝化等。由于钝化处理给环境带来严重污染，而磷化处理不断完善，目前很多电泳涂装线上都省略了钝化处理工序。

工件经过前处理后，要进行浸洗和喷淋两个步骤，彻底除去残留在工件表面的表面处理液。有些电泳涂装线工段会在工件进入电泳槽前增加压缩空气工段，彻底清除工件上带入的水渍。这些残液随工件进入电泳槽后，会导致漆液电导率增加，分散性变差，击穿电压下降，沉积后的漆膜会出现发粗、失光、堆漆、脱落等疵病。因此，经过冲洗后的工件进入电泳槽之前必须抽样检查，频率为4h/次，检验合格方能进入电泳槽。检测项目为：

① 目测工件表面为均一致密的磷化膜；

② 目测工件表面无脏物；

③ 工件冲洗后的滴水电导率≤30μS/cm。

14.5.2 电沉积

14.5.2.1 电泳涂装线设备流程

电沉积是通过电泳使涂料沉积到基材底表面的过程，是整个电泳涂装的最关键过程。经过表面处理后的工件经过水冲洗后，直接进入电泳槽进行涂料涂装。电泳涂装的主要设备包括：①电泳槽（主槽、备用槽）；②槽液循环系统；③电极和极液循环装置；④热交换装置；⑤过滤装置；⑥涂料补给装置；⑦超滤装置；⑧通风装置；⑨电源供给装置；⑩泳后清洗装置；⑪固化装置。

整条电泳涂装流水线由槽体、管路、超滤系统、运输泵和传送带组成。图14-5是阴极电泳系统的流程图。

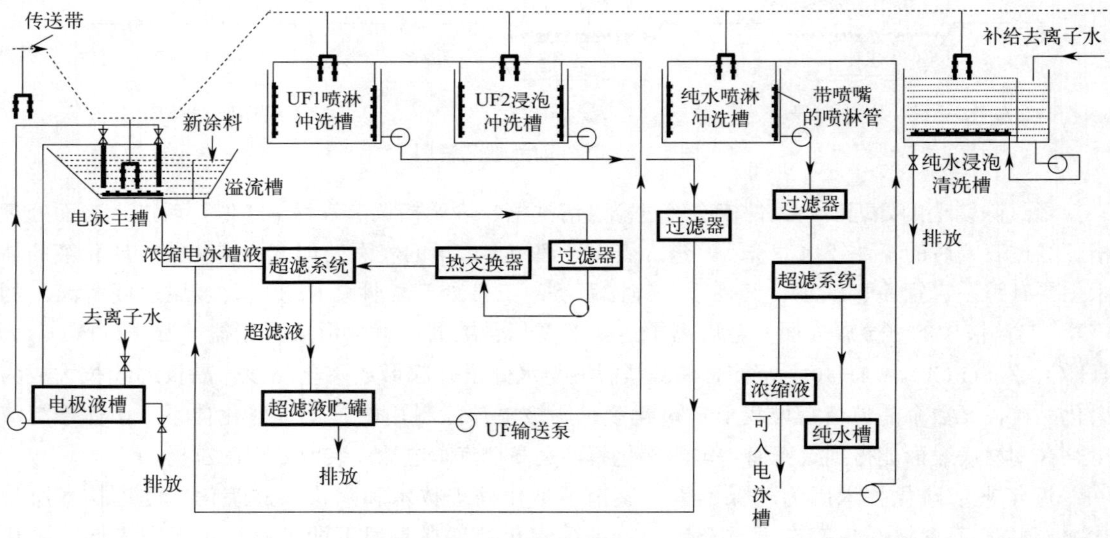

图14-5 阴极电泳系统流程图

14.5.2.2 电泳槽

电泳槽体有船形和长方体两种形状，长方体电泳槽适用垂直升降的间歇式生产，船形电泳槽适用连续式生产。阳极电泳槽体可以不用衬里，阴极电泳槽体必须是绝缘体，小型槽可以为塑料槽，大型槽体选用304及以上的不锈钢材质，内表面衬玻璃钢（或表面涂布透明环氧树脂漆）辅以玻璃纤维布涂层，涂层的击穿电压≥20kV（电泳主槽槽液的循环系统见图14-6）。电泳槽的容积大小是根据生产最大需求所设计的，底部、四棱角和四底角设计为圆弧形，避免因电泳涂料在运行过程中出现槽壁阻力而形成死角。

电泳槽液分主槽和副槽，副槽体积为主槽的 1/10～1/6，中间由可以升降的溢流板隔开，所以副槽也叫溢流槽。溢流槽可以通过与主槽的液面差（液差一般为 50～120mm）消除主槽液面的气泡，并承担槽液出口、调整液补充等功能。电泳槽底部和侧边有回路管道，管道上辅以喷嘴以增加槽液循环效率。

电泳槽液的循环过程是：主槽中槽液通过溢流板溢流至副槽，副槽中槽液通过循环泵经过过滤系统、热交换系统、超滤系统回主槽，见图 14-6。

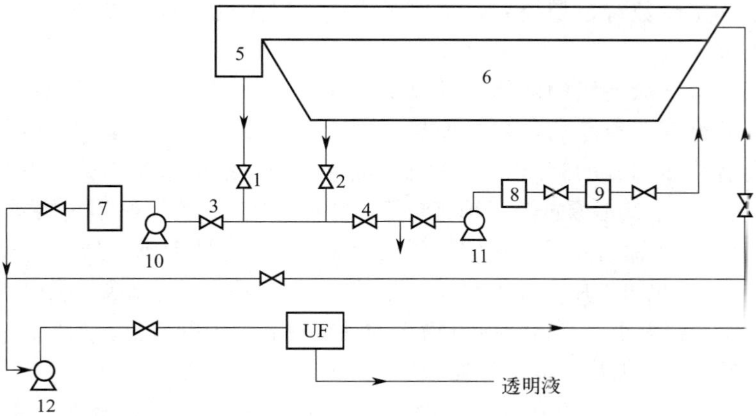

图 14-6 电泳主槽槽液的循环系统

1～4—阀门；5—溢流槽；6—电泳漆槽；7,8—预滤器；9—热交换器；10—供漆泵；11—搅拌循环泵；12—超滤泵

电泳槽液虽然在一直循环，但是生产过程中出现的一些不确定因素依然需要对槽液进行处理，此时将电泳槽液转移至备用槽，继续生产。通常，电泳槽每年要进行 1～2 次打扫、检修；电泳槽液根据更新期和槽液老化情况，一般每 2～5 年倒槽 1 次。电泳备用槽的配置与主槽一样，一般建在前处理喷淋槽与电泳生产槽中间，与电泳生产槽共用其他配套系统，节省建线成本。

通常情况下，在初次投槽时，将电泳槽清洗干净后，在电泳槽中加入最低循环量的去离子水量，循环 48h 后，取槽中循环的去离子水进行实验室配槽泳板测试，确认板面漆膜无缩孔就可以进行生产线的槽液的配制。槽液配制的方法是：在电泳槽中倒入计算水量的 1/3，再将原漆用水搅拌兑稀加入副槽中，调整槽液技术参数后补齐水位（槽液上液面与电泳槽上沿之间距离一般为 10～20cm），熟化 48h 后试涂工件。

电泳主槽中的槽液必须保持满载循环运行，控制电泳槽液的各项指标是漆膜性能的保证。电泳涂装的过程中，电泳施工参数是得到最佳漆膜的关键。

电泳涂装与施工电压、工作液的温度、极间距、极比、电泳时间有关系。施工电压高、槽液温度高、极间距小、极比大、电泳时间长，都能导致击穿电压低，漆膜出现膜厚的病态，反之亦然。一般槽液温度控制在 28～32℃，施工电压控制在 150～340V，电泳时间在 60～300s 之间，极间距为 50～400mm，极比为 1/6～1/4。

对于船形电泳槽来说，由于连续作业，工件是带电入槽。工件入槽时，瞬间的冲击电流过大，漆膜表面易产生多孔质的阶梯条纹，影响漆膜的外观和性能。为了避免连续作业时电压对漆膜的影响，可以使用分段电压来规避这种现象。在分段电压作业的过程中，利用缓慢升高电压的方法可以减弱漆膜中的阶梯纹路。线性升高电压既可获得较高的泳透力，又可限制峰值电流。电泳涂装线多采用二段（或多段）电压，一段电压比较低，大约为 150～

270V，二段电压达到高电压来增加膜厚，大约为300～340V。每条电泳涂装线的施工技术参数不同，是根据生产情况与电泳涂料生产厂家共同确定的。

14.5.2.3 动力系统

电泳涂装线的主要动力源有两个：工件输送链和液体输送泵。

电泳涂装线的输送链从被涂工件前处理开始，一直到电泳漆膜烘烤结束。输送链的程序与整条涂装线的施工参数有密切关系，是建线之前就确定的，且可以进行微调、停止，以应对生产的应急处理。

液体输送泵为电泳涂装线的液体输送提供动力：电泳槽的连续循环搅拌、超滤系统的循环使用、电极液的循环、原漆的稀释与加料、槽液调整液的加入。电泳涂装线的管道多，为了节省空间，会有很多回旋的管路，在适当的位置会增加泵的数量来弥补扬程。

输送泵选用磁力泵、离心泵或液下轴流泵等，主轴及叶轮等部位必须采用耐腐蚀材质，转速以1450r/min为宜。由于输送介质为液体，防止泄漏是关键，转动轴承处一般采用双机械密封。密封液可以用超滤液，也可以用去离子水，压力要在1～2kgf/cm^2，比泵的吸引压力要大。

电泳槽液循环量的大小，直接影响着槽液的稳定性和漆膜的质量。加大循环量，槽液的沉淀减少，气泡增多，老化加快，能源消耗增加，槽液的稳定性变差。电泳槽循环必须保证工作液在距槽底部100～300mm处的流速为0.3～0.4m/s，而液面流速一般为0.2m/s左右，将槽液的循环次数控制在4～8次/h较为理想，不但保证漆膜质量，而且确保槽液的稳定运行。

14.5.2.4 过滤装置和热交换装置

经过一段时间的生产作业，电泳槽液中会出现一些垃圾（铁粉、涂料凝聚物等的颗粒），过滤可以及时清除掉这些垃圾，保护管道、阀门、泵体，保证涂料涂装线的安全生产。槽液过滤的方式一般是先粗后细，即先用筛网筛去粗的颗粒，然后用精密过滤器除去细的颗粒。筛网一般安装在电泳副槽出口处（一部分大颗粒留在副槽里）和底阀进口处（可以拆卸清除），选用50～200目304及以上不锈钢材质制的钢网。精密过滤器由过滤筒和过滤袋组成，过滤筒选用304及以上不锈钢材质，筒体有大孔径增加过滤袋的承受压力；过滤袋材质为聚丙乙烯毡布，一般过滤精度为10～100μm，孔径为50μm。如果电泳漆膜中有缩孔现象存在，可以将普通过滤袋更换为吸油滤袋吸油，吸油滤袋由聚丙烯吸油棉与聚酯/尼龙复合材料组成，过滤精度为1～100μm。为了防止出现堵塞情况，在过滤器两侧必须装上阀门，入料口和出料口安装压力表，并设旁道以便对过滤器进行更换或检修。

过滤袋使用初期压差一般是0.1～0.2kgf/cm^2，当压差大于1.0kgf/cm^2时，需更换过滤袋。筛网则是每3个月或压差在0.5kgf/cm^2以上时进行清理或者更换。

热交换装置可以将电泳槽液温度控制在施工技术参数范围内。电泳槽液在经过输送泵的过程中，工件在电泳生产的过程中都会产生热量，如果温度超过施工技术参数范围，必须降温。如果室外温度过低，即使电泳涂装线在满负荷生产的条件下，槽液温度依然不能达到施工技术参数的下限，则需要给槽液补温。

整个热交换装置由热交换器、泵、冷热水系统管路组成。为了避免槽液急速冷却造成的沉积，外部冷水温度与规定槽液的下限温度不能低于10℃；为了避免槽液急速加热造成的破乳，外部热水温度与规定槽液的上限温度不能高于20℃。热交换器选用304及以上不锈钢材质，板式换热器和列管式换热器均可。

14.5.2.5 电源与电极

电泳涂料涂装线使用的电源有直流电源和交流电源，直流电源是供给电泳槽工件电泳所需能源，交流电源主要是提供给泵系统和热系统所需能源。

交流电源通过整流器变成直流电源，整流器由硅整流器或可控硅组成。涂装施工过程中，电源电压为可调式，采用分段加压和软起动等方式，尽量减少因为电压造成漆膜出现弊病的情况。在电泳工艺中，脉动率（表示整流器的直流变换精度）必须在 5%以下。

根据经验，电泳涂装所需电流密度应为 $10\sim30A/m^2$，涂装电压不超过 320V。施工电压与膜厚有关，通常情况下，电压上升 10V，膜厚约增加 $1\mu m$。

电泳涂装在通电的情况下，两个电极在电泳槽中形成电场，涂料胶束粒子在电势的作用下沉积成膜。以阴极电泳涂装线为例，被涂工件为阴极，阳极是阳极电解池。阳极电解池由阳极棒（电极）、阳极隔膜、绝缘的阳极罩、阳极液构成。阳极棒的材质通常为 316L 不锈钢或钛合金板，厚度不小于 3.2mm。阳极隔膜的作用是通过电渗析，将电泳过程中产生的酸转移至阳极液中，维持槽液的正常 pH 值。在电泳涂装过程中，阳极液的电导率将随酸的浓度的增加而逐渐增加，导致相同施工条件下漆膜膜厚增加。严格控制阳极液的电导率非常关键，可以通过补加新鲜去离子水来降低阳极液的电导率。

14.5.2.6 超滤系统

超滤工艺是利用压力差和错流法来产生超滤渗透，超滤膜基于膜表面的微孔筛选将大小分子进行分离。超滤膜在电泳涂装线上最常用的为卷式和管式两种，当含有电泳涂料的溶液经过超滤膜时，溶液中的小分子（例如水、酸、某些溶剂、低分子量树脂及杂质离子等）通过超滤膜变成清澈的超滤液，溶液中的大分子（例如大分子树脂、颜填料、助剂分子）回到电泳槽中。

超滤系统的通量率是根据预计产能来确定的，满足正常的生产所需即可，超滤膜生产厂家根据通量率来确定超滤系统的大小。

超滤系统主要服务于电泳主槽，槽液经过超滤膜后，超滤液进入超滤液储存槽，浓缩后的槽液进入主槽。电泳主槽的槽液在循环的过程中只有少量经过超滤系统，大部分会回到电泳槽完成循环达到搅拌的作用。当然，也有部分电泳涂装线会增加几组超滤系统，对电泳过程中的清洗水进行分离，减少废水排放量。

超滤系统必须连续运行，严禁间断运行，以防超滤膜干枯。干枯后的树脂和颜料附着在超滤膜上，无法彻底清洗，将严重影响超滤膜的透水率和使用寿命。槽液进入超滤膜前会装置压力表，超滤液的出口处配备流量计和压力表，记录下这些数据，可以判定此时的通过率。一般情况下，经过超滤膜后，浓缩槽液：超滤液＝19：1。超滤膜的出水率随运行时间而呈下降趋势，可以用超滤液对超滤膜进行反冲洗，延长超滤膜的使用寿命。

电泳涂装线中电泳主槽、超滤液储存槽、UF 清洗槽通过管道与输送泵相连，形成闭路循环，彻底解决了电泳涂料水洗液回收问题。电泳槽液的水溶性污染物（过多的助溶剂、杂质离子、中和剂）进入超滤液中，可以通过装桶或排向废水处理设备，以维持正常的电沉积特性及漆膜性能达到净化漆液的目的。在电泳涂料涂装线上加装超滤系统，可使电泳涂料的回收率提高到 99%～100%。

14.5.2.7 泳后清洗装置

当工件经过电泳槽后，工件表面的湿膜上会不均匀地附着少量槽液液滴，也叫浮漆。浮漆的存在会引起漆膜缺陷，如果不及时冲洗掉，在漆膜上会出现花斑。清洗干净这些浮漆是烘烤前最重要的一道工序。

泳后清洗共有五个步骤：槽上喷淋，UF1 喷淋冲洗，UF2 浸泡清洗，纯水喷淋冲洗，纯水浸泡清洗。超滤液中含有电泳槽液中的部分溶剂成分，是槽液的良溶剂，作为清洗液比去离子水更能有效地清洗掉漆膜表面的浮漆，而且能节约去离子水的用量。

电泳涂料在金属工件表面成膜后，经过电渗，已具有一定的抗物理变形性，可承受压力冲洗。低再溶率的电泳涂料能耐受带有压力的超滤液冲洗而不溶解已沉积的湿膜，故超滤液可以作为前三个步骤的清洗液使用。

浮漆本身就是槽液，如果长期暴露在空气中，会吸附在湿膜上，增加清洗难度。尽快清洗掉这些浮漆，可以让烘烤后的漆膜更加具有光泽度。因此，当工件在出槽后，槽上喷淋冲洗的工序可以减少浮漆暴露在空气中的时间。槽上喷淋的喷嘴喷射出的超滤液呈雾状，量小压力小，目的是清洗一部分浮漆，稀释浮漆固含量，同时补水保持湿膜不干燥。

超滤液在 UF1 喷淋槽中经过喷嘴加压，对工件上的湿膜进行冲刷，可以彻底清洗掉湿膜表面上的浮漆。而 UF2 槽中的浸洗则可以将工件内腔的浮漆清洗干净，减少浮漆混入纯水清洗槽中，延长纯水槽的更换周期。

电泳主槽经过超滤膜产生新鲜超滤液，然后进入超滤液储存槽，超滤液储存槽不断向 UF2 槽中补充新鲜的超滤液，UF1 槽中的清洗超滤液由 UF2 槽提供，UF1 槽中的清洗液最后回到电泳主槽，清洗后的超滤液随工序一步一步向前溢流返回电泳槽，达到回收漆液的目的，这种技术称为“闭合回路冲洗”。

纯水的喷淋冲洗和纯水的浸泡冲洗目的是清洗掉湿膜上的超滤液，彻底消除漆膜上可能产生的二次流痕。

14.5.3 烘烤

电泳涂料经过清洗工艺后，工件要有沥干工序，目的是挥发掉漆膜表面的水分，防止漆膜表面出现水痕。不同的电泳涂装线的沥干方式不一样，主要方式有三种：停放，压缩空气吹扫，增加低温烘烤工序。

电泳涂料膜固化的方式有两种：

① 工件以恒定的速度经过放置辐射源的烘道进行动态固化；

② 工件放入辐射炉中静置固化。

采用静置固化的一般为需要热固化的小型工件，大型工件的固化方式往往采用动态固化的方法。工件在输送链中以恒定的速度，按照既定程序进入烘道，根据设计的烘道长短来合理确定工件在烘道辐射源区停滞时间，可增加涂膜的固化效率。

在固化的过程中，为了得到外观完美的漆膜，聚合物高分子运动频率会增加，与其接触的任何尘粒都会被吸附在高分子表面，后续固化的过程中由于污染物与漆膜的表面张力存在差异的缘故，漆膜产生缩孔、气泡、颗粒等弊病，影响外观。因此烘道内安装有通风系统，可带走部分易挥发的小分子物质。但空气流通会加大污染物的运动轨迹，所以保持烘道的清洁度是有必要的。定期用清扫、真空吸尘或擦洗的方法清理整个加热系统包括炉壁板、底板及烘道的沉积灰尘，是保证漆膜不被污染的一道重要工序。

电泳涂装线中热固化烘道的加热技术主要包括辐射加热、热风循环加热两种，其温度控制的均匀性直接关系到涂层质量的稳定性。辐射加热是加热后的烘干炉壁板通过电磁波对漆膜供给热量，热风循环加热是利用高速热空气直接与漆膜进行热交换。

辐射加热过程中只需要少量的空气流动就可以提供所需温度，污染物吸附在漆膜的概率大大降低，但电磁波进行热交换往往需要热源温度比所需温度高几倍，能源消耗极大。热风循环加热过程中热空气在风机的作用下进入烘道，直接与漆膜进行热交换。经过热交换的空气再次进入加热室加热，然后再次进入烘道，如此循环利用，可以降低能耗。在烘道内循环进风口加装空气过滤器，有助于保持热空气的清洁度。热风循环加热的烘道内温度分布均匀，平均温度可控制在±3℃之内。鉴于两种加热方式的优缺点，有部分涂装线两种加热方式并行使用，在预热段用辐射加热，固化段使用热风循环加热。

烘道出口两侧安装冷风机很有必要，经过烘烤后的漆膜在出烘道之前适当降温，可以防止漆膜因骤冷而脆裂。

14. 5. 4　“三废”处理

电泳涂料的“三废”主要来自生产过程中前处理、对工件的冲洗、电极液和超滤液的排放产生的废水；废气则是源于槽液露天挥发的 VOC 和漆膜在交联过程中释放并气化的小分子物质；废渣则来自前处理、滤网拦截、倒槽过程产生的沉积物。

电泳涂料的废水中含有酸、碱、表面活性剂、电泳涂料及其助剂等有害物质，对环境的污染很大，必须进行处理，方法有超滤法、气浮法和化学法。国内大部分电泳涂装线是利用化学法进行废水处理，即对废水进行分离、絮凝、中和、沉降等工艺处理。图 14-7 列出了利用化学法处理电泳涂料的废水的流程图。

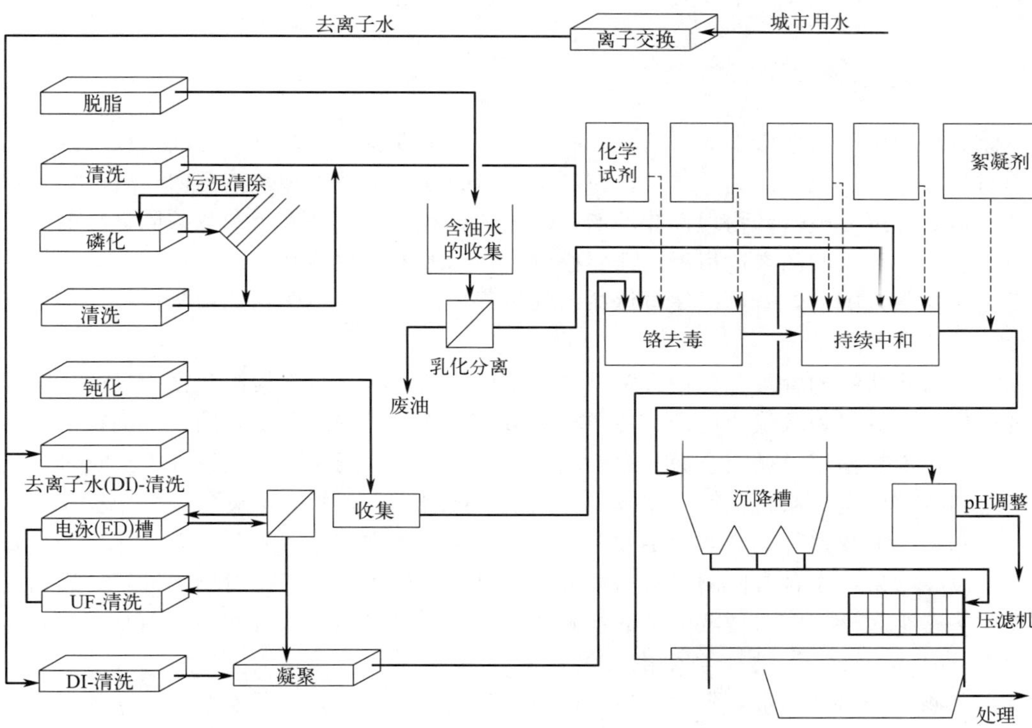

图 14-7　化学法处理电泳涂料废水流程图

电泳涂料的废气的处理方法主要是回收燃烧，再生热循环。图 14-8 列出了电泳涂料的废气处理流程图。

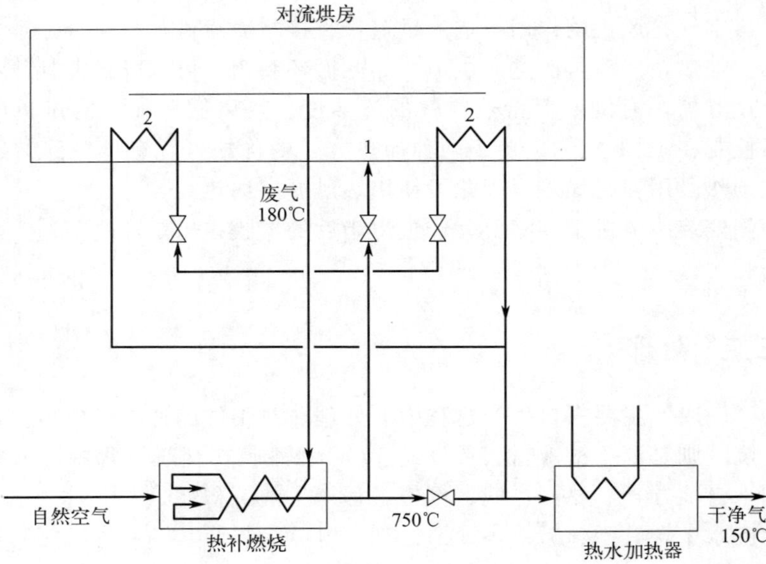

图 14-8　电泳涂料的废气处理流程图
1—直接燃烧；2—间接燃烧

电泳涂料的废渣主要是采取集中掩埋的方式进行处理。

14.5.5　现场电泳涂装线的管理

电泳涂料区别于其他水性涂料的核心特点是使用周期特别长。电泳槽液从投槽开始，只需要不断补加原漆、纯水、调整试剂，控制槽液参数在施工技术参数范围内，就能稳定地生产出具有良好外观、膜厚和物理性能的产品。电泳涂料涂装线是多个参数共同运行的一个动态平衡系统，其他工段的参数指标也需要检测，作为槽液参数的补充。只要将所有指标控制在施工技术参数范围内，就可以使电泳涂装的过程控制变得简单化，从而全面控制整个电泳流程。

电泳涂料涂装线的管理，分为日常检测和定期检测两种。日常检测包括现场的所有设备的目视巡检、可见仪表数值的记录、各个槽液参数的检测，并绘制曲线图；定期检测包括设备和仪表的定期检修以及槽液全面数据检测。日常检测由现场技术工艺管理人员负责，槽液的全面检测数据由电泳涂料生产厂家提供。因此，OEM 厂家建立电泳涂料实验室是很有必要的。日常检测的数据可以给电泳工段各槽液进行维护提供依据，是预防电泳涂装产生缺陷的主要手段。如果系统日常监测参数出现波动，可以在停止生产后，对槽液进行一系列的调整，预防事态扩大化。电泳槽液的全面检测数据能对一段时间内槽液调整方向是否正确做出判断，为下一次的调整提供参考依据。

日常监测数据出现异常，先尝试通过槽液调整进行解决，如果无法解决，需要对槽液进行全性能监测，找出原因，由涂料供应商提供切实可行的解决方案，恢复生产。如果依然无法解决，可以通过倒槽、分级处理等方法，减少电泳槽液的危化处理量。

14.6　电泳涂料的发展趋势

经过几十年的发展，电泳涂料与涂装发展十分迅猛，新产品和新技术应用层出不穷，而最核心的发展依然在汽车涂料部分。目前主要的汽车涂料 OEM 商有：PPG（美国）、BSAF（德国）、杜邦（美国）、立邦（日本）、关西（日本）等。它们在全球所占的市场份额分别为：PPG 占有 30%，BSAF 占有 17%，杜邦占有 16%，立邦占有 13%，关西占有 11%，其他份额则由 KCC（韩国）和其他各国自有品牌所占领。从全球区域分布看：整个欧洲由 PPG、BSAF、杜邦三分天下，北美市场 PPG 占有绝对优势，而拉丁美洲则是杜邦的天下，在亚太地区立邦和关西分别占有 29%和 27%的份额。市场是技术前进的动力，技术是占有市场的保证，市场与技术在任何领域都是相辅相成的。因此，以市场为导向，今后电泳涂料的发展推广依然以五大国际巨头为主，其发展趋势可分为三大部分：涂料品种的更新、涂装领域的拓展、绿色产品的开发。

14.6.1　涂料品种的更新

电泳涂料品种的更新主要着力于漆膜厚度和漆液泳透力两个方面的研究：漆膜由薄到厚，泳透力由低到高。1989 年 3 月中旬，在美国召开了第五届电泳涂料年会，确定了电泳涂料总的发展方向。经过几十年的研发，电泳涂料取得了一些骄人的成绩。

（1）铝合金涂装的丙烯酸电泳涂料

铝材是两性材料，目前铝型材上的电泳涂料以丙烯酸酯和（甲基）丙烯酸共聚而制成的丙烯酸酯系阳极电泳涂料为主。它具有优良的保光性、保色性、低污染性和特有的浅色调。丙烯酸树脂主链由碳-碳键组成，抗化学性高，配成含水量大的碱性电泳涂料液也不会分解，具有良好的稳定性。应用在铝合金上的阳极电泳涂料主要以无色或白色为主，今后的发展趋势是向色彩多样化拓展。此外，丙烯酸阴极电泳涂料已经开始在铝材上进行推广应用了。

（2）提高了工件边角抗腐蚀性的环氧阴极电泳涂料

工件在冲压成型时有许多大小不同的棱边和尖角，电泳后，棱边的涂膜比较薄。棱边上的涂膜在烘烤的过程中，产生收缩导致该位置的漆膜变得更薄，甚至发生露底，成为金属发生腐蚀的源头。

日本油脂公司开发的 NO-400 采用了高分子量树脂作为涂膜加热时的流动调整剂，在漆膜烘烤的过程中，流动调整剂抑制了漆膜的热流动性，有利于得到光滑均匀的涂膜。PPG 的 EC6350、BASF 的 Cathoguard 250 都是典型的高边角效应电泳。通过在槽液中加入微凝胶树脂可以提高边角覆盖性，但是加入微凝胶树脂会使电泳漆膜变得粗糙，今后会向提高漆膜光滑度和光泽度的方向发展。

（3）厚膜型的环氧阴极电泳涂料

电泳漆膜达到一定的厚度后，成膜物可以掩盖工件上的一些小瑕疵。拥有一定厚度的漆膜不仅在外观上能得到更高的光泽度，而且可以优化漆膜与工件底表面的日晒牢度和结合牢度、抗石击的功能、整体的防腐性能。

日本关西的 PTU-600、PPG 的 ED-6、BASF 的 FC60 底漆系列得到的电泳涂膜具有光泽高、硬度高、弹性好、抗石击性能优良的特点。这种涂料主要是依靠具有不同玻璃化温度的数种树脂相配合，并添加高沸点的助溶剂等制成，从而解决电泳涂装时涂膜的沉积和烘烤时黏弹性的控制问题。该种涂料在涂装时，可以通过改变涂装条件（槽液温度、电泳电压、电泳时间）在 20～40μm 范围内自由选择膜厚，得到的漆膜膜厚，外观比较平整，表面光泽显著提高，且弹性好，具有较强的抗石击能力。今后该品种的电泳涂料的发展方向为：在电泳后，得到的漆膜在不改变漆膜外观和性能的条件下，膜厚甚至能够达到 60μm 左右，从而减少涂装的次数。

（4）自分层阴极电泳涂料

自分层涂料的机理有如下几种：重力作用机理、选择性润湿机理、不同渗透速率机理、颜料润湿机理、界面张力梯度机理、相收缩机理。其中，电泳涂料的设计主要基于树脂界面张力梯度的差异。环氧体系的阴极电泳涂料虽耐蚀性优良，但耐候性差；丙烯酸体系的阴极电泳涂料耐候性好，但耐蚀性差。为解决上述问题，开发了自分层阴极电泳涂料。其将环氧阴极电泳乳液、丙烯酸阴极电泳乳液、色浆混合成槽液。在电泳涂装和固化成膜的过程中，因为环氧树脂的极性高作为涂膜底层提供防腐保护，丙烯酸树脂作为涂膜外层赋予耐候性，环氧树脂与丙烯酸树脂混合作为中间层，最终形成耐候性和耐腐蚀性都较好的“底面合一”型阴极电泳涂料。

目前，市场上典型的自分层阴极电泳涂料产品包括日本关西的 KG500、武汉双虎的 FT-24 系列、PPG 的 Dura-Prime 系列等。这类电泳涂料漆膜经过加速老化试验 12 天后，涂层保光率达 90%以上。目前，自分层阴极电泳涂料槽液是由环氧与丙烯酸两种体系冷拼得到的，槽液中的各胶束粒子泳透力相差很大，虽然槽液的施工参数一样，但外界温度的不同对电泳施工影响很大，除非电泳车间处于一个恒温、恒湿、全封闭的环境，否则地域和季节变化等都会对产品的稳定性有一定的考验。今后的自分层阴极电泳涂料会朝着丙烯酸树脂与环氧树脂接枝共聚的方向发展。

（5）高泳透力的阴极电泳涂料

电泳涂料泳透力的增加，可以使工件各个部位的漆膜厚度更加均匀化，使内外表面膜厚差距减小，从而提高车身整体防腐蚀性。该系列产品在降低施工电压的同时，可以在工件凹陷、难以涂布的区域和内表面均匀涂布，避免在外表面过度涂布涂料，节省工件的单位面积上漆量。

采用超高泳透力电泳涂料，漆膜的防腐蚀性能、表面平滑性和施工性能与目前电泳涂料相同，但涂料使用量可节省 22%，成本降低 10%。2010 年 5 月 10 日，PPG 的超高泳透力电泳涂料获得 2010 年度《汽车新闻》杂志 PACE 大奖。

（6）具有多彩效果的阴极电泳涂料

目前的大型电泳槽只有灰、黑、白、红、黄几大颜色，通过多种颜色的颜料组合得到的漆膜会出现漆膜发花的现象。虽然，利用无树脂色浆的强着色力可以得到很多不同颜色的电泳漆膜，但只能在小型电泳槽使用，在大型工件上实现涂装工艺还有待完善。

珠光颜料是由数种金属氧化物薄层包覆云母构成的，高折射率和良好的透明度使其在透明的介质中，创造出与珍珠光泽相同的效果。珠光颜料最主要的品种是二氧化钛包覆的鳞片状云母，光线照射其上时发生干涉反射，显示出不同的色调，可赋予涂料以美丽的珠光色彩。珠光颜料有着优良的耐酸、耐碱、耐热（在 800℃的高温下无变化）、不导电等特性，能够作为颜料稳定地分散在水性涂料中，是制备高装饰性水性涂料的一个选择。将不同颜色的珠光粉应用于电泳涂料中，经电泳沉积在工件上成膜后，赋予工件一定的闪光效果。闪光电泳涂料主要应用在汽车轮毂、人工首饰等装饰性很强的工件外表面上，达到美观的目的。珠光粉不可研磨，只能分散，且密度比较大，如果生产厂家对珠光粉表面处理得当，可以得到更多炫彩的电泳涂料。

（7）双层电泳的阴极电泳涂料

双层电泳的电泳涂料是利用电泳技术，在工件底表面沉积可以导电的第一层电泳涂料，将湿电泳涂膜上附着的水分吹掉后，在第一层涂膜的表面再次电泳沉积，两层漆膜一起烘干，从而减少烘干次数，达到节能减排和降低成本的目的。双层电泳因可以电泳两层不同颜色的漆膜，直接省略了传统的汽车中涂涂装，提高了涂料利用率（最高可达 98%），并且进一步提高了工件的抗腐蚀能力，降低了成本，是近年来电泳涂装的一个重大研究成果。对于双层电泳，全球各大电泳涂料生产厂商都有相关的产品推出。

PPG 推出的双层电泳产品：第一层为无铅的阴极电泳涂料（黑色、导电），第二层为耐石击电泳中涂（灰色或彩色），第二层漆膜最厚可以达到 40μm 左右。杜邦公司采用湿对湿的两相调色工序来提高涂装效率，减少加工程序来大大缩减成本，并成功应用在福特汽车肯塔基卡车工厂的涂装线上。Herberts 的双层电泳涂料 EC5000 已在汽车零配件厂和个别整车生产线上使用。

（8）降低颜基比

降低颜基比可以增加树脂的含量，提高涂料的流动性，降低胶体的沉降整速率，减少颜料絮凝和保护泵，降低材料消耗。日本关西涂料在颜料分中加入特殊的助剂，使颜料颗粒在电泳槽中如同穿着“降落伞”，稳定地悬浮在槽液之中。这种助剂的加入，减缓了颜料颗粒的沉降，而由于颜料分带有相同电荷，其能均匀分布在槽液中而不絮凝。这种防沉降的电泳涂料，在停产时和节假日可停止搅拌（最长可达 10 天不需搅拌），减少在槽液不工作的时间内浪费的人力和物力。防沉降电泳涂料已经开始在日本的电泳涂装线上进行试生产，不久将会推向市场。

（9）低 HAP 的电泳涂料

在欧美涂料环保体系中，除了对涂料中的 VOC 含量进行限制外，还限定了有害空气污染物（HAP）含量。与电泳涂料相关的 HAP 有：甲基乙基酮、甲基异丁基酮、正己烷、甲苯、二甲苯、甲醇、乙二醇及乙二醇醚。乙二醇醚及其酯类主要包括乙二醇甲醚、乙二醇甲醚醋酸酯、乙二醇乙醚醋酸酯、二乙二醇丁醚醋酸酯。美国国家环保署（EPA）的 HAP 战略贯彻方案中，第一步的目标是至 1995 年降低 17 种化学品的排放量至 1988 年的 50%，其中包括甲基乙基酮、甲基异丁基酮、甲苯和二甲苯等。法国公共卫生最高委员会建议禁用 5 种乙二醇醚类化合物，乙二醇醚在产品中的浓度降到原来添加量的 1/100～1/10，使含量微乎其微，甚至完全禁用。目前发达国家和地区已开始部分限制某些乙二醇醚及其酯类的生产与使用，尤其是乙二醇甲（乙）醚在国外消费量逐年减少，而采用危害性较小的丙二醇醚类进行替代。

电泳涂料中的 HAP 主要存在于生产中乳化前用于溶解树脂的一部分溶剂和槽液在运行过程中加入的助溶剂。降低 HAP 值的办法为：将乳化后的漆液经过真空抽提，除去一部分有机溶剂；在生产的过程中尽量少加溶剂，或者用危害较小的溶剂来代替。

（10）低温固化的阴极电泳涂料

现阶段，阴极电泳涂膜的完全固化温度普遍在 160～180℃之间，极大限制了电泳涂装的发展。降低电泳涂料的固化温度可以减少能量消耗，降低成本，改善环境污染，减少漆膜因烘烤的色变，从而提高涂膜质量。

开发这类涂料的技术关键是寻求新型交联剂，同时要解决低温固化和槽液稳定性的矛盾。

目前已推出低温固化的阴极电泳涂料，如 PPG 公司的 ED-6、Herberts 公司的第 3 代和第 4 代产品，其烘烤温度的下限为 150℃；2023 年 2 月 17 日，立邦在大众（安徽）汽车推出了能够应用于车身的超低温 140℃固化无锡电泳涂料。

低温固化型阴极电泳涂料不仅有利于带有塑料和橡胶的汽车零部件的涂装，而且可大大降低能耗。但是，低温固化阴极电泳涂料实用化必须解决 3 个技术课题：①控制封闭异氰酸酯的低温解离性；②低温固化性和涂料稳定性兼备；③低温固化性和涂膜表面平滑性兼备。

因此，对固化温度为 120～140℃以至更低的阴极电泳涂料的开发研究虽做了很多工作，出现了很多专利，但成熟的商品还不多见。今后低温固化电泳涂料发展方向依然是以降低固化温度的同时，提高槽液稳定性为主。

（11） UV 固化阴极电泳涂料

紫外光（UV）固化涂料是在常温条件下，经过紫外光的照射，涂料中的活性组分在光引发剂的条件下发生聚合架桥反应而短时间内完成固化的技术体系。光固化涂料有以下四个特殊优点：占地面积小、节能、环保、固化快。UV 固化电泳涂料主要应用于受热易变形材料上的涂装和电子产品及精密产品上的封闭、印刷等的加工。目前国内外研究的 UV 固化阴极电泳涂料的基体树脂主要集中于丙烯酸树脂和聚氨酯。最近开发出了一系列的光固化水性电泳涂料，主要应用在电路印刷行业，有效地降低了固化能耗。但是，由于光固化的原理是吸收光的能量引发固化，对于工件中光很难照到的地方不能使用光固化，所以此种涂料只能应用在造型简单的工件上，大大缩小了其应用范围，还需要进一步完善。

（12）无重金属的电泳涂料

重金属化合物主要来源于涂料生产用原材料中的颜料及某些助剂。众所周知，重金属［镉、铅、铬（Ⅵ）、汞、砷］及其化合物是常见的有毒污染物，中毒后其毒性具有累积性，无法消除。因此，各国都在控制或禁止重金属及其化合物的使用。如欧盟生态标准 1999/10/EC 规定：不准使用镉、铅、铬（Ⅵ）、汞、砷及其化合物；德国“蓝色天使”标准（Low-Pollutant Varnishes January 1997）规定：不得使用含铅、镉、铬（Ⅵ）及其化合物，作为原料中的杂质，铅≤0.02%。现在国外大部分国家在不断限制材料的毒性，重金属的含量。

现阶段，含重金属的颜填料在电泳涂料中已经禁止使用，作为催化作用的重金属也被铋所替代，但是电泳涂料中催化剂的应用依然是以后发展的一个方向。例如：日本立邦的 PowerNICS 和 BASF 的 CG310 不含铅，但含锡；而 PPG 的 EC6350 已经做到不含铅、锡等重金属，其性能与含铅电泳涂料相比毫不逊色。PPG 公司于 2001 年推出了无铅电泳涂料（用稀土钇代替铅），从而获得了美国环境保护协会颁发的“总统绿色化学优胜奖”。

14.6.2 涂装领域的拓展

以防腐为主的电泳涂料最初的基体树脂是单一环氧改性树脂，随着电泳涂料向品种多元化和多功能性发展，逐步将丙烯酸树脂、聚酯树脂、聚氨酯或几种树脂交叉并用的混合树脂作为基体树脂引用其中。各种不同的基体树脂使电泳涂料的成膜物体系多样化，也使漆膜的性能更加平衡。各种不同成膜物的电泳涂料膜，拓宽了电泳涂料除汽车以外更广阔的应用领域。如以胺改性环氧树脂与含氟乙烯基单体共聚物混合制得高耐候性和高装饰性的阴极电泳涂料，适用于外用机械、建筑壁板、配电盘、仪表壳及工具箱等；在胺改性环氧树脂和封闭异氰酸酯乳化分散液中加入胶化粒子组成的透明高装饰性阴极电泳涂料，可以应用在文教用品、五金和工艺品上；用潜伏性异氰酸酯作交联剂的丙烯酸系阴极电泳涂料，可以作为草坪和花园农具、汽车轮和汽车门窗、办公用具的电泳涂料；由环氧树脂与特殊异氰酸酯交联并加入丙烯酸系树脂组成的复层阴极电泳涂料，可直接应用在车架上；用环氧改性丙烯酸系树脂制得的阴极电泳涂料，可以应用在转换器、家用电器、汽车、军工等领域。

涂料的两大目的：保护和装饰。随着电泳涂料在日常生活领域应用范围的扩大，提高电泳涂料的装饰性成为拓展应用的关键。现已开发的电泳涂料新产品都有抗人体汗蚀的能力，应用在经常与人体接触的部位而不发生锈蚀。该种电泳涂料为透明电泳清漆，荷兰的阿克苏-诺贝尔、日本清水、英国浩金都推出了相应的产品。此类产品主要应用于眼镜框架、工艺饰品、门窗把手、锁和小五金类，可以代替部分污染严重的电镀膜，同时降低工件的总成本。一般在工件上先镀上电镀层（镀层膜厚为 8～10μm），然后电泳（泳层膜厚为 20μm），可以使生产成本降低 10%。

紧固件市场也是近年来电泳涂料开发的一个重要应用领域。紧固件在市场上也称为标准件，是将两个或两个以上的零件（或构件）紧固连接成为一个整体时所采用的一类机械零件的总称。它的特点是品种规格繁多，性能用途各异，而且标准化、系列化、通用化的程度也极高。紧固件包括螺栓、螺柱、螺钉、螺母、垫圈、销等，在汽车、拖拉机、家电、仪器仪表、航天航空、通信等行业和领域中使用非常广泛。

紧固件组装完成后，还要对其裸露在空气中的部分进行表面防腐处理。通常情况下是涂布防锈油或者涂料涂层，这样无疑增加了工序。现阶段，将具有一定柔韧性的电泳涂料均匀地沉积在紧固件表面，当工件组装完成后，裸露于空气中的部位由于有电泳涂料的保护而不必进行防腐处理，而没有裸露在空气中的部位虽然在组装的过程中漆膜已经破坏了一部分，但是由于工件紧紧地结合在一起而与空气绝缘，消除了腐蚀的条件而防腐。

虽然电泳涂装可以使紧固件得到极佳的防腐层，而且也减少了二次防腐的工序，但是，该工艺只能应用在一次性的紧固件使用上，对于多次使用的紧固件依然以防锈油为主。

随着 2009 年中国取代美国成为世界第一大汽车市场开始，中国成为了世界第一大涂料的生产和消费大国。随着国家“十四五”规划的实施，国家加大了对民族品牌汽车产业的扶持，同时家电对农村市场的开拓等一系列政策，都增大了电泳涂料的应用空间。

第 15 章

涂层防腐蚀性能评价

涂料是一个半成品，当其被涂装在基材表面且分散介质（有机溶剂或水）挥发使涂料中成膜物质、颜填料完全固化成涂层后，涂料的最终作用才能得以发挥，这种最终作用主要表现在两个方面：防腐蚀作用和装饰美化作用。涂料固化后涂层的防腐蚀作用是涂层中各组成部分综合作用的结果，其中成膜物质（主要是聚合物树脂）主要通过物理阻隔发挥防腐蚀作用，颜填料的防腐蚀作用可以来自物理作用，也可以来自化学作用、电化学作用。涂层中各组成部分防腐蚀作用的相互叠加使得涂层对基材起到一定的保护作用，因此在对涂层的防腐蚀性能进行评价时，往往得到的是涂层中各组分防腐蚀作用的综合体现。

涂层的防腐蚀作用在水性金属漆这一具体的涂料领域表现得最为突出，水性金属漆的核心功能是对其涂覆的金属材料基材施加一定的表面保护。当水性金属漆在金属基材表面固化成涂层后，两者就形成了一个完整的“涂层/金属”结构系统，这一系统的耐蚀性主要由水性金属漆固化后的涂层决定。由于“涂层/金属”系统可以导电，所以不仅常规的物理和化学方法可以评价这一系统的防腐蚀性能，电化学方法也可以评价。目前，对涂层防腐蚀性能的评价方法很多，其中应用最为广泛的是涂层电化学阻抗谱（electrochemical impedance spectroscopy，EIS）测试和涂层耐中性盐雾（neutral salt spray，NSS）测试这两种评价方法，本章内容将对这两种方法的应用进行一定的介绍。

15.1 电化学阻抗谱（EIS）评价涂层的防腐蚀性能

EIS 评价涂层的防腐蚀性能是一种电化学方法，一般是将涂层和基材的整体制作成工作电极然后结合辅助电极和参比电极构成一个三电极体系。通过工作电极和辅助电极之间的回路采集流过涂层和基材的电流数据，通过工作电极和参比电极之间的回路采集涂层和基材的电势数据，由电流数据和电势数据计算得到涂层和基材整体的阻抗或电阻数据，进一步通过选择合理的物理模型解析并计算得到涂层、基材以及两者界面等各部分的阻抗或电阻数据，进而对涂层的防腐蚀性能进行评价。图 15-1 为美国材料试验协会（American Society for Testing Material，ASTM）相关标准所推荐使用的涂层 EIS 测试三电极体系示意图。进行涂层 EIS 测试时，常用的辅助电极为金属 Pt 片；参比电极可以选用银-氯化银（Ag-AgCl）电极，也可以选用饱和甘汞（saturated calomel electrode，SCE）电极。

15.1.1 EIS 评价涂层防腐蚀性能的测试条件

（1）涂层/基材样品的制作

可以参考 GB/T 9271—2008《色漆和清漆 标准试板》来制作涂层/基材样品，以下几点需要特别注意：第一，保证作为工作电极的涂层/基材样品上涂料的涂装尽可能均匀、物化性质尽可能一致、涂层厚度差别尽可能小；第二，同一批次待测样品或者需要对比样品涂层的厚度尽可能相同，不同涂层厚度的样品进行 EIS 测试评价防腐蚀性能没有意义；第三，由于 EIS 评价涂层防腐蚀性能的测试周期较长，因此每一涂层/基材样品必须制作不低于 5 个的平行试样。

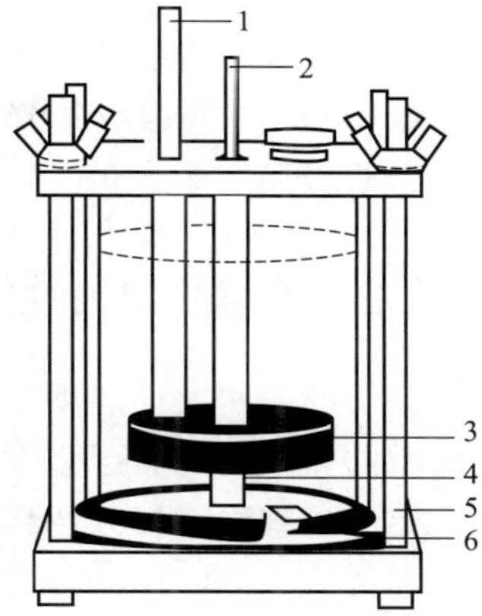

图 15-1　涂层 EIS 测试三电极体系示意图（ASTM 推荐）

1—辅助电极接线柱；2—参比电极接线柱；3—辅助电极；4—参比电极；5—密封装置；6—工作电极

（2）三电极体系和电化学工作站的设置

在三电极体系中，涂层/基材样品作为工作电极，金属 Pt 片作为辅助电极，Ag-AgCl 电极或者 SCE 电极作为参比电极。三电极体系设置完成后，通过电化学工作站将电化学激励信号施加到三电极体系上，对于涂层/基材样品来说，其 EIS 测试一般使用正弦波交流信号作为激励，振幅为 20mV、频率范围为 $10^5 \sim 10^{-2}$ Hz。与此同时，三电极体系在激励信号的作用下会产生反馈信号，激励信号和反馈信号都由同一台计算机系统进行记录和采集。反馈信号主要包括：涂层/基材样品总阻抗的实部（Z_r）、总阻抗的虚部（Z_i）、总阻抗的模值（$|Z|$）和相位角（φ）等。此处需要说明一点：使用不同厂家生产的电化学工作站进行 EIS 测试时，仪器给出的电化学反馈信号可能不同。比如：美国 Princeton 公司生产的电化学工作站只给出 Z_r 和 Z_i，国产 CS 系列电化学工作站不仅给出 Z_r 和 Z_i，还给出 $|Z|$。Z_r 和 Z_i 是其中最基本的两个反馈信号，其他诸如 $|Z|$ 和 φ 等都可以由 Z_r 和 Z_i 自行计算得到。

（3） EIS 的测试过程和结果

三电极体系和电化学工作站设置完成并正确连接后就可以开始进行涂层/基材样品的 EIS 测试，测试过程一般包括以下几步：第一步，在正弦波交流信号施加前，需要监测作为工作电极的涂层/基材样品相对于参比电极的开路电位（open circuit potential，OCP），建议当 OCP 的波动幅度低于 1%后再施加正弦波交流信号以减小 EIS 测试的误差。第二步，通过电化学工作站配套测试软件将正弦波交流信号施加到三电极体系上，测试软件自动采集 Z_r 和 Z_i 等反馈信号并计算 $|Z|$ 和 φ 数值，同时在测试软件中显示 EIS 测试的 Nyquist 图谱和 Bode 图谱，其中：Nyquist 图谱主要显示的是 Z_r 和 Z_i 的关系（横坐标为 Z_r，纵坐标为 Z_i），Bode 图谱主要显示 $|Z|$ 和 φ 随频率的变化（横坐标为频率 f，左侧纵坐标为 $|Z|$，右侧纵坐标为 φ）。第三步，在 $10^5 \sim 10^{-2}$ Hz 频率范围的 Z_r 和 Z_i 全部测试完成后，测试软件自动整理包括激励信号和反馈信号在内的所有数据以供下载并绘制 Nyquist 图谱和 Bode 图谱。

在 EIS 测试过程中，作为电化学激励的正弦波交流信号是按照从高频到低频的方向施

加到三电极体系上的，因此在测试过程中会出现以下几个明显的现象：第一，测试刚开始时反馈信号的数据点出现得速度快，随着测试的进行，数据点出现得越来越慢，最后 10^{-2} Hz 下的数据点甚至需要几分钟才能出现；第二，Bode 图谱是先出现曲线尾部的数据点，后出现曲线头部的数据点；第三，随着正弦波交流信号从高频到低频变化，$|Z|$ 一般表现出逐渐增大的趋势，而 φ 的变化曲线则比较复杂。

15.1.2 涂层防腐蚀性能衍变过程及其 EIS 特征和解析

涂层的防腐蚀性能不是一劳永逸的，当涂层/基材在服役环境中暴露后，在环境中侵蚀性物质的作用下，涂层会逐渐发生劣化。涂层劣化的过程就是涂层防腐蚀性能逐渐下降的过程，在此过程中，侵蚀性物质在涂层内部的渗透和扩散不仅导致涂层自身的劣化，当侵蚀性物质到达涂层/基材界面诱发基材发生电化学腐蚀后，还会导致涂层在基材表面附着力的下降。由此可知，涂层的劣化过程是一个比较复杂的过程，一般来说这一过程可以分为早期、中期和后期三个阶段。在这三个阶段中，由于侵蚀性物质、涂层和基材三者的相互作用不同，因此三个阶段中测试得到的 EIS 也表现出各自明显的特征。通过 EIS 测试得到的 Nyquist 图谱和 Bode 图谱可以很好地对涂层的防腐蚀性能及其劣化过程进行评价和分析。

15.1.2.1 劣化早期涂层/基材的 EIS 特征、变化及其解析

一般来说，将腐蚀性介质还没有接触到涂层/基材界面的这一段时间称为早期过程。在涂料固化为涂层的过程中，溶剂的挥发会不可避免地在涂层表面及其内部留下一些孔洞和通道，因此在早期过程中，侵蚀性物质、涂层和基材三者的相互作用关系主要表现为侵蚀性物质通过涂层表面及内部的孔洞和通道向涂层/基材界面运动而没有接触到涂层/基材界面。涂层在此阶段表现出很好的物理屏蔽层作用，其防腐蚀性能也是在早期过程中得到最好的表现。

（1） EIS 特征

当涂层的劣化处于早期过程时，对涂层/基材样品进行 EIS 测试，所得 EIS 的 Nyquist 图谱表现出如图 15-2 所示的一个曲率半径很大的圆弧特征；所得 EIS 的 Bode 图谱表现出如图 15-3 所示的特征，其中 $|Z|$ 随频率的变化曲线在中低频范围表现为一条斜率近似为－1 的直线，φ 随频率的变化曲线在中频范围出现一个平台。

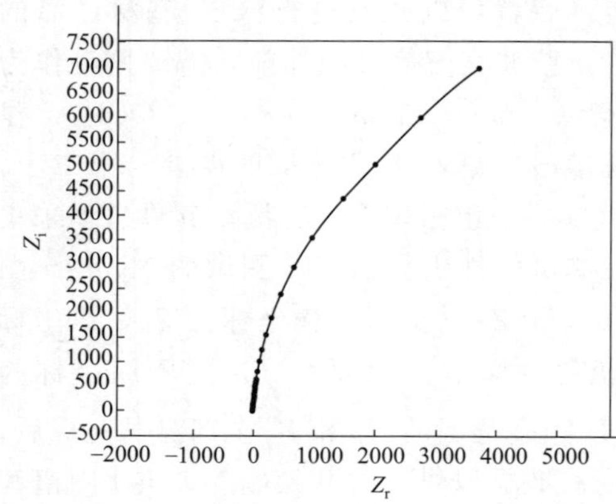

图 15-2 涂层劣化早期过程 EIS 的 Nyquist 图谱特征

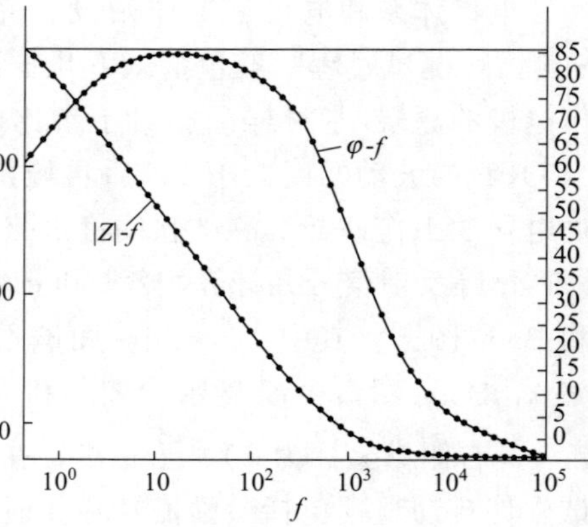

图 15-3 涂层劣化早期过程 EIS 的 Bode 图谱特征

在早期过程中随着时间的延长，侵蚀性物质在涂层内部的运动会逐渐将涂层内部的所有通道全部充满，但是始终都没有达到涂层/基材界面。在侵蚀性物质充满涂层内部的过程中，Nyquist 图谱中圆弧的曲率半径会逐渐缩小，如图 15-4 所示；Bode 图谱中 $|Z|$ 随频率的变化曲线会向 $|Z|$ 减小的方向移动，φ 随频率变化曲线的平台区域逐渐变窄，如图 15-5 所示。

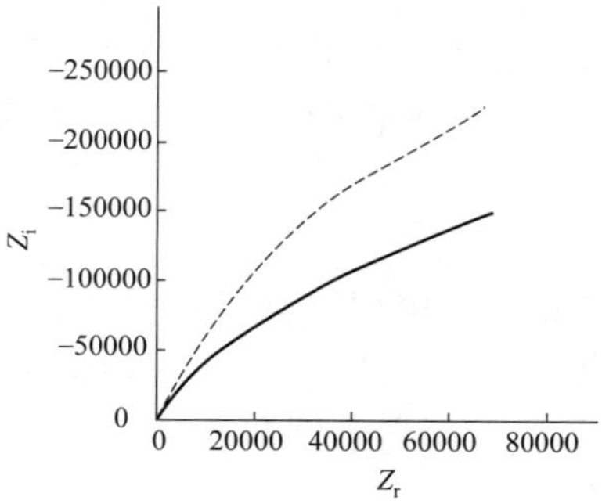

图 15-4　涂层劣化早期过程 Nyquist 图谱的演变

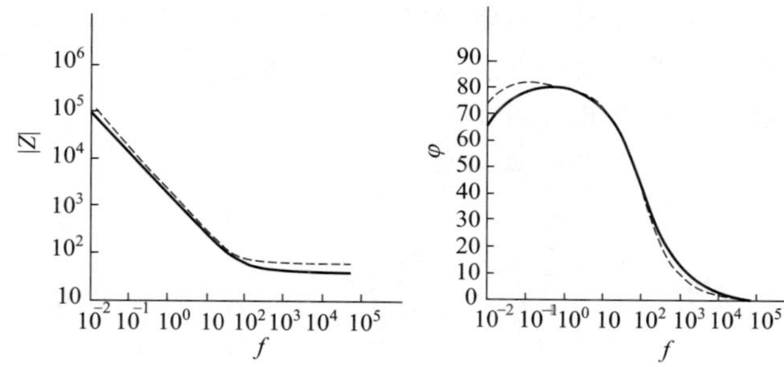

图 15-5　涂层劣化早期过程 Bode 图谱的演变

（2） EIS 解析

根据涂层劣化早期测试所得 EIS 的特征，可以采用如图 15-6 所示的等效电路图模型对 EIS 进行解析。在图 15-6 中，R_s 代表溶液电阻（solution resistance），即涂层/基材样品（工作电极）表面到辅助电极表面之间腐蚀性介质的绝缘性，由于 EIS 测试一般在 NaCl 溶液中进行，所以 R_s 在整个测试过程中基本保持不变；R_c 代表涂层电阻（coating resistance），即涂层在劣化早期的绝缘性；C_c 代表涂层电容（coating capacitance），即劣化早期侵蚀性物质在涂层内的充斥程度。劣化处于早期过程时，随着时间的延长对涂层/基材样品进行多次 EIS 测试，R_c 呈现出逐渐减小的趋势但是变化并不明显，这是因为有机涂层本身作为一种聚合物具有比较好的绝缘性和高电阻，相比于涂层的高电阻，侵蚀性物质的电阻要低很多，因此侵蚀性物质在涂层内部通道中的充斥对整个 R_c 的影响并不大。由于腐蚀性介质在涂层内部的充斥，R_c 实际上是涂层自身电阻和腐蚀性介质在涂层内部所占据部分电阻的叠加，而涂层和腐蚀性介质两者之间是并联关系，并联下的总电阻主要由电阻值较小的部分决定，早期过程中涂层自身的电阻要远远大于腐蚀性介质在涂层内部所占据部分电阻，因此 R_c 虽然有所减小但是并不明显。相比之下，C_c 呈现出明显增大的趋势，这是因为腐蚀性介质的介电常数要大于涂层的介电常数，因此腐蚀性介质在涂层内部的充斥会导致整个涂层的 C_c 显著增大，直到腐蚀性介质将涂层内部空间全部充满后 C_c 才会逐渐趋于稳定。

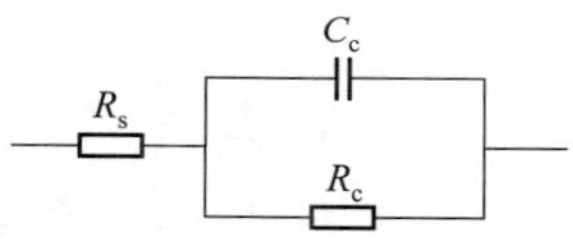

图 15-6　涂层劣化早期 EIS 解析用等效电路图模型

根据劣化早期 R_c 和 C_c 变化所表现出的不同特点，即 R_c 的变化程度较小、C_c 的变化程度较大，在涂层劣化的早期最常用的分析方法是根据 C_c 数值的变化评价侵蚀性物质渗入涂层内部的程度或者说涂层的吸水率。式（15-1）为一个比较常用的计算公式。

$$\text{早期涂层吸水率}(\%)=\frac{100\times\lg[C_c(t)/C_c(0)]}{\lg(80)} \tag{15-1}$$

式中，$C_c(t)$ 代表早期过程 t 时刻的涂层电容；$C_c(0)$ 代表早期过程起始时刻的涂层电容。

15.1.2.2 劣化中期涂层/基材的 EIS 特征、变化及其解析

腐蚀性介质在涂层内部不断运动直至到达涂层/基材界面后，涂层的劣化就进入了中期过程，同时在中期过程中涂层表面不会出现明显的破坏痕迹，涂层的破坏主要发生在涂层/基材界面以及涂层内部。在中期过程中，一个非常重要的特点是腐蚀性介质与基材的相互作用使基材表面发生电荷转移并诱发基材的电化学腐蚀。与此同时，基材的电化学腐蚀必然导致涂层在基材表面附着力的下降，甚至会发生涂层和基材的脱离。上述两个方面会严重影响到涂层的防腐蚀性能，因此与早期过程相比，中期过程中涂层防腐性能的下降或者说 R_c 数值的下降是非常明显的。

（1） EIS 特征

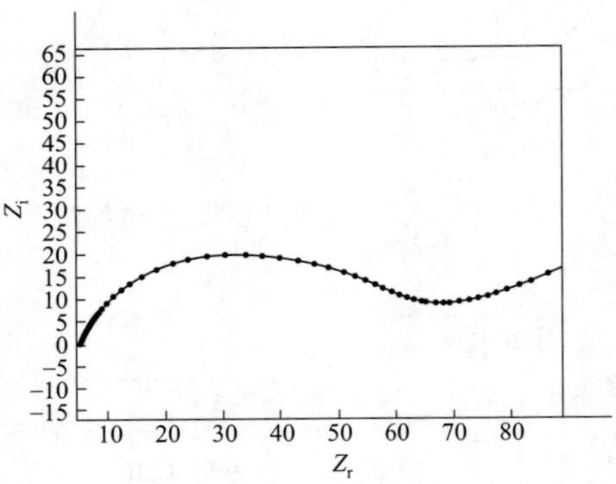

图 15-7 涂层劣化中期过程 EIS 的 Nyquist 图谱特征

当涂层的劣化处于中期过程时，对涂层/基材样品进行 EIS 测试，测试所得 EIS 的 Nyquist 图谱表现出如图 15-7 所示的两个圆弧特征，圆弧的曲率半径都小于早期过程 Nyquist 图谱中圆弧的曲率半径；高频范围的圆弧反映出的是涂层本身的破坏行为，是早期过程大圆弧曲率半径逐渐缩小的结果，进一步说明涂层本身发生了劣化；低频范围的圆弧反映出的是涂层/基材界面的腐蚀行为，是腐蚀性介质接触到涂层/基材界面诱发基材发生腐蚀的结果。测试所得 EIS 的 Bode 图谱表现出如图 15-8 所示的特征，$|Z|$ 随频率的变化曲线在早期过程中出现的斜率为 −1 的直线所跨越的频率范围缩小并在高频范围发生了弯曲，φ 随频率变化曲线在早期过程中出现的平台逐渐变窄并最终形成一个相位角锋。

在中期过程中随着时间的延长，腐蚀性介质会逐渐将涂层/基材界面完全占据，这个过程中虽然腐蚀性介质、涂层和基材三者之间的相互作用会导致涂层的防腐蚀性能急剧下降，基材的腐蚀越来越严重，但是肉眼仍然无法观察到涂层的宏观破坏现象。在腐蚀性介质逐渐占据涂层/基材界面的过程中，Nyquist 图谱中两个圆弧的曲率半径都会逐渐缩小，如图 15-9 所示，高频范围圆弧曲率半径的缩小说明涂层防腐蚀性能的下降，低频范围圆弧曲率半径的缩小说明基材的腐蚀越来越严重；Bode 图谱中 $|Z|$ 随频率的变化曲线会持续向 $|Z|$ 减小的方向移动，φ 随频率变化曲线的相位角平台转变成相位角锋且峰型变得越来越尖锐。

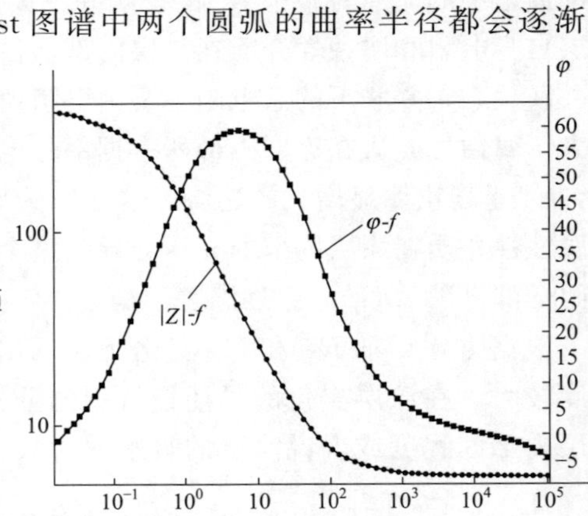

图 15-8 涂层劣化中期过程 EIS 的 Bode 图谱特征

（2） EIS 解析

根据涂层劣化中期测试所得 EIS 的特征，可以采用图 15-10 所示的等效电路图模型对 EIS 进行解析。在图 15-10 中，R_s、R_c 和 C_c 仍然代表溶液电阻、涂层电阻和涂层电容，与

图 15-6 中的意义相同；R_{ct} 代表电荷转移电阻（charge transfer resistance），即涂层对涂层/基材界面电化学反应电荷转移过程的阻碍；C_{dl} 代表双电层电容（double layer capacitance），即基材表面双电层的电容。劣化处于中期过程时，随着时间的延长对涂层/基材样品进行多次 EIS 测试，R_c 呈现出显著减小的趋势，且减小速率明显比早期过程要快，这是因为涂层劣化导致涂层自身电阻减小，其与腐蚀性介质在涂层内部所占据部分的电阻越来越接近，在并联关系下 R_c 可以更好地反映出涂层自身电阻的变化情况，且一般认为在中期过程通过解析 EIS 图谱所得 R_c 要比早期过程更有意义。C_c 在中期过程中基本保持不变，这主要是由于涂层内部空间在早期过程中已经被腐蚀性介质充满，涂层内部空间已经基本饱和，中期过程阶段不会再有更多的腐蚀性介质填充到涂层内部。R_{ct} 呈现出逐渐减小的趋势且这种趋势会一直从中期持续到后期，这一持续较小的规律主要归因于随着腐蚀性介质到达涂层/基材界面并诱发基材的电化学腐蚀，基材表面被腐蚀的表面积越来越大、腐蚀电化学过程的电荷转移越来越容易，换句话说就是基材表面对电荷转移的阻碍越来越弱，这种效应反映出来的就是 R_{ct} 逐渐减小；进一步，当基材表面所有区域都发生腐蚀破坏后，R_{ct} 就会保持在一个较为稳定的水平而不再发生明显变化。C_{dl} 一般呈现出先增大后趋于稳定的变化趋势，这是因为随着腐蚀性介质到达涂层/基材界面、基材表面的实际腐蚀面积越来越大，当基材表面完全被腐蚀性介质占据后其表面的腐蚀面积就基本不变了，C_{dl} 先逐渐增大表明基材表面发生腐蚀的面积越来越大、后逐渐稳定表明基材表面所有区域都已经发生了腐蚀破坏。

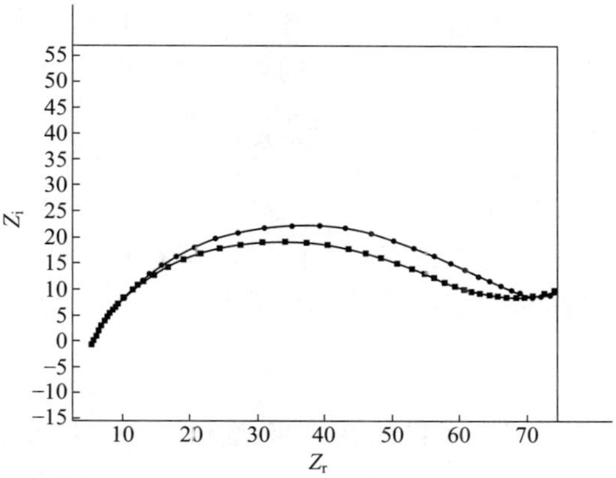

图 15-9　涂层劣化中期过程 Nyquist 图谱的演变

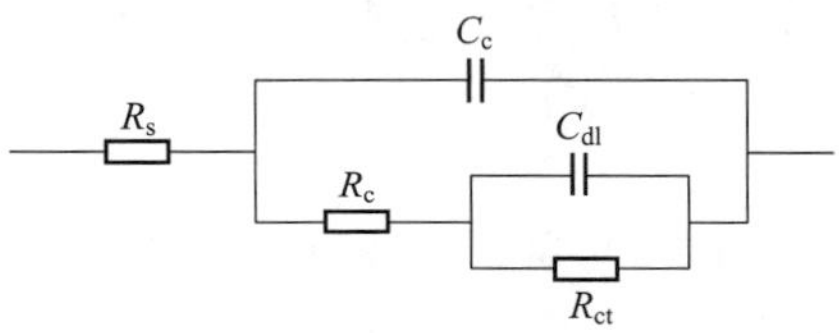

图 15-10　涂层劣化中期 EIS 解析用等效电路图模型（基材腐蚀由电化学过程控制）

在中期过程还有一种比较特殊的情况，当涂层中存在一些诸如玻璃鳞片等阻挡作用较强的颜填料时，会使腐蚀性介质在涂层内部的运动变得非常缓慢；当腐蚀性介质到达涂层/基材界面诱发基材的电化学腐蚀时，腐蚀电化学过程的传质步骤速率就会慢于电荷转移步骤速率，传质步骤就成为基材电化学腐蚀的控制步骤。在这种情况下，测试所得 EIS 的 Nyquist 图谱中低频范围的圆弧就会向右上方上翘并形成一段与 Nyquist 图谱横坐标夹角约为 45°的直线，如图 15-11 所示。这种体现扩散过程的阻抗特征在 EIS 中习惯上称为 Warburg 阻抗特征。

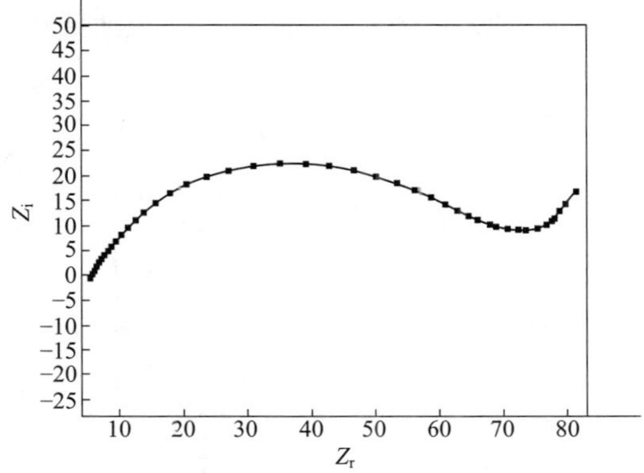

图 15-11　涂层劣化中期过程 EIS 的 Nyquist 图谱 Warburg 阻抗特征

在中期过程中当出现 Warburg 阻抗特征时就不能采用图 15-10 所示的等效电路图模型对测试所得 EIS 进行解析，这时可以采用图 15-12 所示的等效电路图。在图 15-12 中，R_s、R_c、C_c、R_{ct} 和 C_{dl} 的意义与其在图 15-10 中的意义相同，Z_w 代表由于传质过程或者扩散过程发生引起的涂层/基材样品的阻抗。虽然所采用的等效电路图模型不同，但是 R_c、C_c、R_{ct} 和 C_{dl} 等参数的变化趋势和规律是基本相同的。

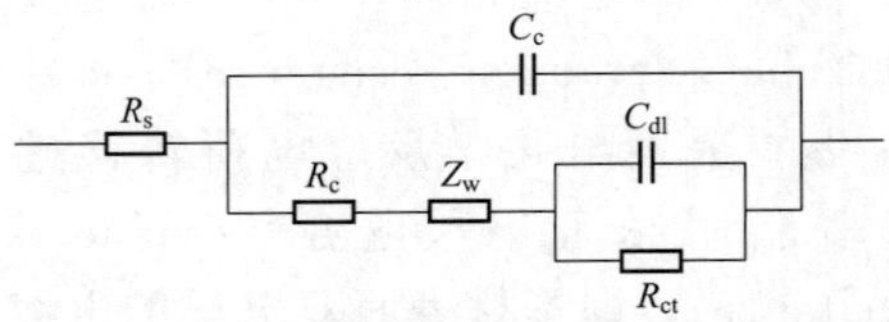

图 15-12　涂层劣化中期 EIS 解析用等效电路图模型（基材腐蚀由扩散过程控制）

15.1.2.3　劣化后期涂层/基材的 EIS 特征、变化及其解析

当腐蚀性介质渗透到涂层/基材界面诱发基材的严重腐蚀并在涂层表面出现肉眼可见的破坏痕迹时，涂层/基材样品的劣化就进入后期过程中。在后期过程中，涂层虽然还没有完全与基材发生脱离，但是其对基材的保护作用即涂层的防腐蚀性能已经基本丧失。因此，在后期过程中，基材在腐蚀性介质的直接作用下，腐蚀破坏将在中期的基础上进一步加剧；与此同时，涂层虽然已经与基材发生脱离，但是其仍然处于腐蚀性介质的包围中且内部仍然有腐蚀性介质充斥，所以涂层的劣化过程将会持续进行。

（1）EIS 特征

当涂层的劣化处于后期过程时，对涂层/基材样品进行 EIS 测试，测试所得的 Nyquist 图谱可能表现出两种特征。如果此时基材的电化学腐蚀由电荷转移步骤控制，即腐蚀电化学过程的电荷转移步骤速率慢于传质步骤速率，这种情况下 Nyquist 图谱表现出如图 15-13 所示的一个向上圆弧和一个向下圆弧特征，整个圆弧的曲率半径将在中期过程 Nyquist 图谱中圆弧曲率半径的基础上进一步减小。高频范围的向上的圆弧仍然反映的是涂层本身的破坏行为，是早期过程和中期过程涂层对应的大圆弧曲率半径持续缩小的结果，这说明涂层在腐蚀性介质的作用下不断发生着劣化；低频范围的向下的圆弧反映的是基材的腐蚀破坏，由于此时基材的腐蚀破坏已经比较严重，所以整个圆弧出现了向下弯曲的现象。但是，如果在后期过程基材的电化学腐蚀由传质步骤控制，即腐蚀电化学过程的传质步骤速率慢于电荷转移步骤速率，这种情况下的 Nyquist 图谱将仍然表现出如图 15-11 所示的特征。在后期过程中，测试所得 EIS 的 Bode 图谱表现出如图 15-14 所示的特征，$|Z|$ 随频率的变化曲线在高频范围进一步发生弯曲，φ 随频率变化曲线进一步变窄、相位角峰进一步变尖锐。

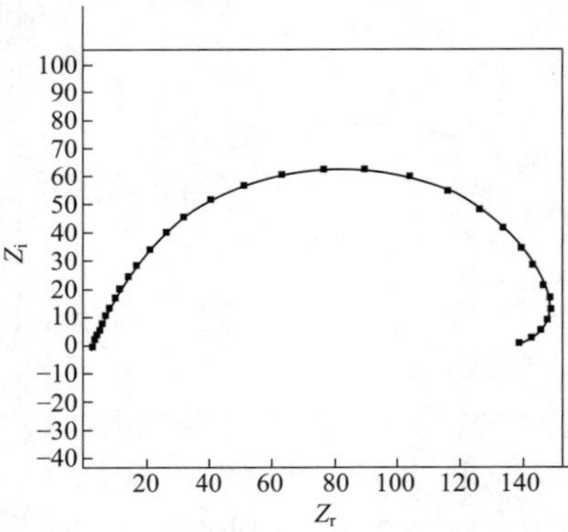

图 15-13　涂层劣化后期过程 EIS 的 Nyquist 图谱特征

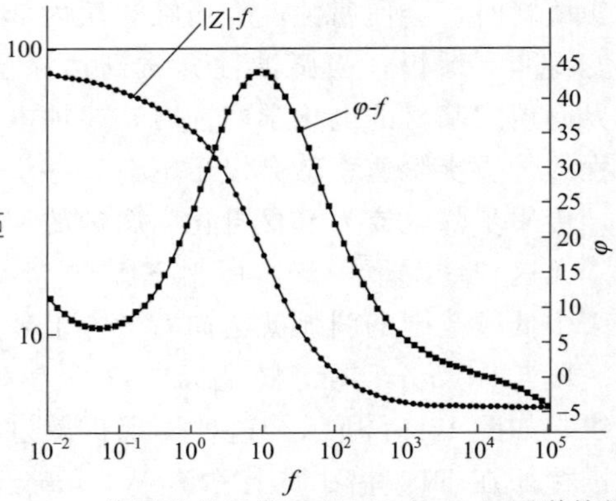

图 15-14　涂层劣化后期过程 EIS 的 Bode 图谱特征

在后期过程中随着时间的延长，涂层的劣化和基材的腐蚀都越来越严重，涂层/基材样品将发生肉眼很容易进行观察和评价的破坏，这种破坏在 Nyquist 图谱上的表现是整个圆弧向 Nyquist 图谱的坐标原点收缩，如图 15-15 所示；在 Bode 图谱上的表现是 $|Z|$ 随频率的变化曲线持续向 $|Z|$ 减小的方向移动，φ 随频率变化曲线持续变窄。

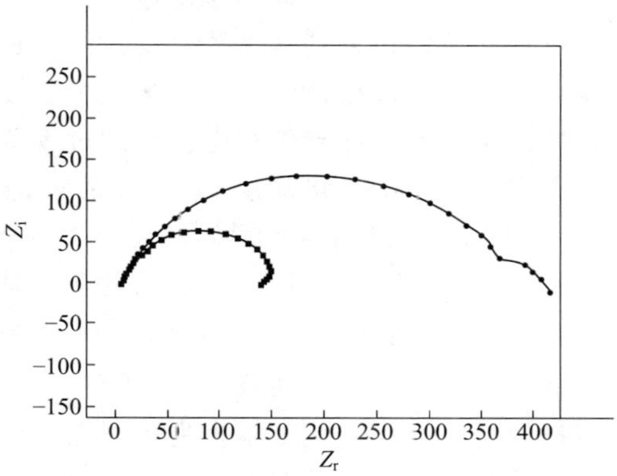

图 15-15　涂层劣化后期过程 Nyquist 图谱的演变

（2） EIS 解析

如果后期过程测试所得 EIS 表现出如图 15-13 的特征，可以采用图 15-16 所示的等效电路图模型进行解析。在图 15-16 中，R_s、R_c、C_c、R_{ct} 和 C_{dl} 分别代表溶液电阻、涂层电阻、涂层电容、电荷转移电阻和双电层电容，与图 15-10 中的意义相同；L 代表电感，图 15-13 中低频范围的向下的圆弧有时也称为“感抗弧”。劣化处于后期过程时，随着时间的延长对涂层/基材样品进行多次 EIS 测试，R_c 呈现出继续减小的趋势，但是减小速率比中期过程的速率要慢，R_c 减小的原因与中期过程相同，还是涂层的劣化导致涂层自身电阻小于腐蚀性介质在涂层内部所占据部分的电阻使得 R_c 主要体现出的是涂层自身电阻的贡献；与此同时，由于涂层本身在中期过程已经发生了比较严重的劣化，因此涂层自身电阻在后期的减小速率必然会小于其在中期的减小速率。C_c 在后期过程基本维持恒定，这一现象实际上是其在中期过程维持恒定的延续，因为在中期过程和后期过程的整个时间内，涂层内部腐蚀性介质始终处于饱和状态，即涂层对腐蚀性介质的吸收程度在中期和后期基本不发生变化。R_{ct} 在后期过程刚开始时减小随后逐渐趋于不变，R_{ct} 在后期过程的减小实际上也是其在中期过程减小的延续，但是其在后期过程的减小速率会显著放缓，这主要归因于在后期过程整个基材表面都已经发生腐蚀，腐蚀电化学过程的电荷转移步骤速率会逐渐趋于稳定。C_{dl} 在后期过程变化不大，这是因为 C_{dl} 主要反映的是基材表面发生腐蚀的面积，C_{dl} 基本不变是因为在中期过程结束时整个基材表面已经全部发生了腐蚀。

此外，如果后期过程测试所得 EIS 表现出如图 15-11 的特征，可以采用图 15-17 所示的等效电路图模型进行解析。在图 15-17 中，R_s、R_c、C_c、R_{ct} 和 C_{dl} 的物理意义与前面已经出现的等效电路图模型中的物理意义是相同的，在后期过程中的变化趋势和规律也基本相同，所不同的仅仅是基材发生电化学腐蚀的控制步骤不同，Z_w 反映的是由于传质过程或者扩散过程发生引起的涂层/基材样品的阻抗。

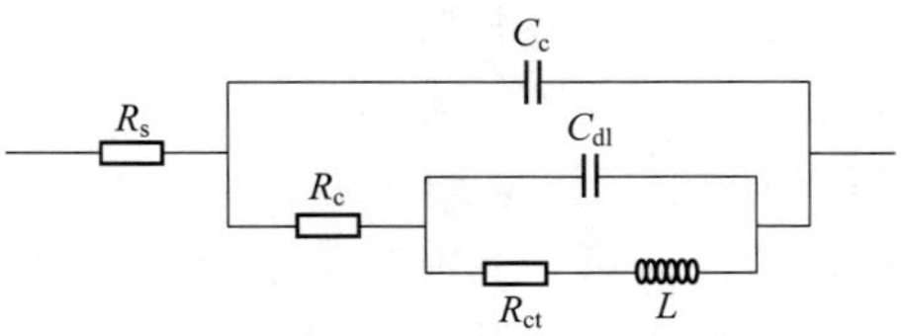

图 15-16　涂层劣化后期 EIS 解析用等效电路图模型（基材腐蚀由电化学过程控制）

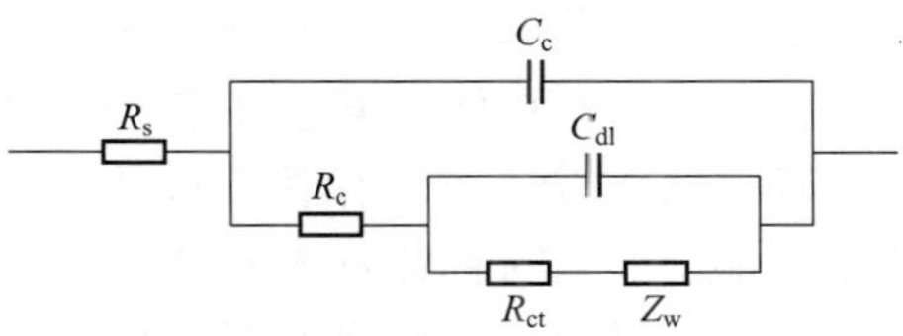

图 15-17　涂层劣化后期 EIS 解析用等效电路图模型（基材腐蚀由扩散过程控制）

综上所述，在早期、中期和后期三个阶段，由于腐蚀性介质、涂层和基材三者的相互作用不同，因此三个阶段中涂层/基材样品所表现出来的破坏特点也不同，相应地对涂层/基材样品EIS测试所得图谱进行解析后几个主要电化学参数（R_c、C_c、R_{ct}和C_{dl}）的变化规律也不同。R_c、C_c、R_{ct}和C_{dl}四个主要参数在早期、中期和后期的变化规律和趋势主要为：R_c在早期过程以一个非常低的速率减小甚至可能维持不变，在中期过程以较快的速率迅速减小，在后期过程持续减小但是速率会有所放缓；C_c在早期过程逐渐增大并趋于稳定，在中期过程和后期过程基本维持不变；R_{ct}在早期过程没有体现，在中期过程以一个较快的速率减小，在后期过程持续减小但是速率较慢；C_{dl}在早期过程也没有体现，在中期过程以一个较快的速率增大并趋于稳定，后期过程基本维持不变。

在实际应用中，将涂层/基材样品浸泡在NaCl溶液中，常用NaCl溶液的质量分数为3.5%或5.0%，随着浸泡时间的延长，在不同的时刻下对涂层/基材样品进行EIS测试，可以通过0.01Hz阻抗值$|Z|_{0.01}$和涂层电阻R_c来粗略判断涂层对基材的防腐蚀作用。根据经验，一般认为：对于单一的屏蔽型有机涂层，$|Z|_{0.01}$和R_c都随着浸泡时间的延长而逐渐减小，当$|Z|_{0.01}$的数量级低于$10^7\Omega \cdot cm^2$或R_c的数量级低于$10^6\Omega \cdot cm^2$时，涂层对基材的防腐蚀作用就基本丧失，根据经验，在其他条件都相同的情况下环氧树脂防腐蚀涂层较其他防腐蚀涂层的契合性更高。对于具有特殊防腐蚀功能的有机涂层，比如：具有阴极保护作用的有机涂层、含有特殊防锈颜料的有机涂层等，其$|Z|_{0.01}$和R_c随浸泡时间的变化规律可能比较复杂，甚至会出现短时间增大的现象。

15.2 中性盐雾（NSS）评价涂层的防腐蚀性能

中性盐雾（neutral salt spray，NSS）试验是指在特定环境中将质量分数为5.0%的中性NaCl溶液进行雾化的一种试验方法。该试验通过将涂层样品按一定的规定和要求放置于雾化后的中性NaCl喷雾的人造气氛中，实现对有机涂层的防腐蚀性能的质量检查。通过中性盐雾试验不仅可以快速评价某一有机涂层自身的不连续性、孔隙和破损等缺陷，还可以对不同有机涂层的防腐蚀性能进行快速评价，这些不同可以是有机涂层自身的属性，如涂层类型、组成、结构等；也可以是非自身属性，如涂装工艺、涂层厚度、固化方式等。

但是，必须说明的是，由于影响有机涂层防腐性能的因素很多，所以涂层样品在中性盐雾试验中表现出来的防腐性不能直接作为其在其他环境介质中防腐蚀性能的判定依据，同样地涂层样品在中性盐雾试验中表现出来的防腐性也不能直接作为其在实际服役过程中防腐蚀性能的判定依据。另外，由于涂层样品在实际服役过程和中性盐雾试验的环境介质也存在差异，所以通过中性盐雾试验所得到的不同涂层样品的防腐性也不能作为不同涂层样品在整个服役过程中长期防腐蚀性能的判定依据。尽管对涂层样品进行中性盐雾试验存在上述诸多限制，同时还要求有机涂层必须在同一种金属材料表面上涂覆（在不同金属材料表面涂装有机涂层进行中性盐雾试验没有意义），但是中性盐雾试验仍然被广泛应用于有机涂层防腐蚀性能的评价中，而且这种评价方式及其结果在行业内也被广泛认可。除有机涂层之外，金属及合金本身、无机涂层、金属涂层、化学转化膜、阳极氧化膜等永久性或暂时性防腐蚀措施的质量评价都可以通过中性盐雾试验来进行，但是其结果不能用于上述不同体系防腐蚀性能的排序，也不能用于上述不同体系长期防腐蚀性能的预测。

对有机涂层样品进行中性盐雾试验的核心装备是盐雾箱，下面首先对盐雾箱的结构、组成、各部分作用进行介绍，然后再分别从前期准备、中间过程和后期评价三个方面对有机涂层的中性盐雾试验展开论述。

15.2.1 盐雾箱

对涂层样品进行中性盐雾试验所需的主要装备是盐雾箱。盐雾箱的主要功能是将按中性盐雾试验要求配制好的 NaCl 溶液分散成液滴并呈雾状喷出而后自然沉降到涂层样品表面。图 15-18 为一种具有废气和废水处理能力的盐雾箱的结构示意图。盐雾箱的组成部件主要包括盐雾分散塔、喷雾器、试验箱盖、试验箱体、试验试样、收集器、饱和塔、压缩空气供给器、电磁阀、压力表、溶液箱、温度控制器等。其中，盐雾分散塔的作用是将 NaCl 溶液分散成液滴；喷雾器的作用是将 NaCl 溶液液滴进一步分散成雾状并喷出；试验箱盖和试验箱体的作用是为中性盐雾试验的进行提供一个独立的封闭空间，试验箱盖的开启和关闭一方面是为了放置或取出涂层样品，另一方面是便于在试验过程中对涂层样品进行观察和评价；收集器的作用是对 NaCl 喷雾进行采样，进而通过浓度和 pH 值等指标来判断 NaCl 溶液是否满足中性盐雾试验的要求；饱和塔的作用是为分散和雾化 NaCl 溶液的压缩空气加温和加湿，进而使 NaCl 喷雾在喷雾器中喷出之前就和箱体内的环境保持相同的温度和湿度；压缩空气供给器的作用是供应压缩空气来分散和雾化 NaCl 溶液；电磁阀的作用是调节压缩空气的流量和流速，进而控制 NaCl 喷雾的喷射速度；压力表的作用是监控压缩空气的压力来协助调节压缩空气的流量和流速进而控制 NaCl 喷雾的喷雾压力；溶液箱的作用是储存 NaCl 溶液；温度控制器的作用是控制并调节箱体内的环境温度。另外，考虑到环境保护的要求，盐雾箱最好还要具有对废气和废液的收集和处理功能，避免中性盐雾试验过程中产生的废气和废液向周围环境的直接排放而污染环境。盐雾箱的正常运行是保证中性盐雾试验可靠性的前提，更是保证中性盐雾试验结果评价涂层样品防腐蚀性能准确性的前提。下面对盐雾箱的主要组成部分以及各部件的主要构件进行详细介绍。

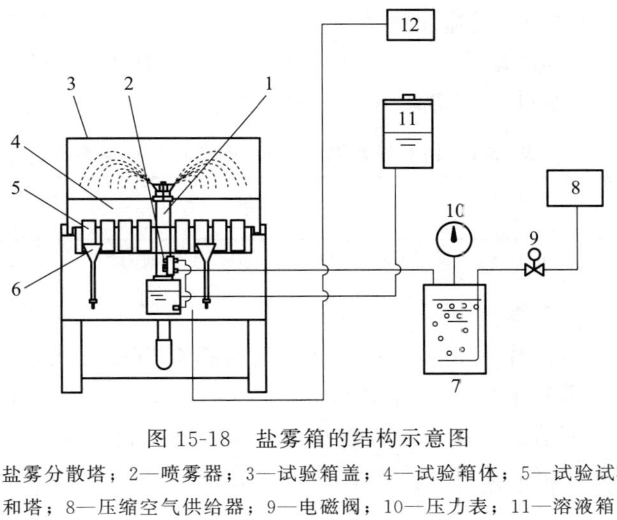

图 15-18　盐雾箱的结构示意图

1—盐雾分散塔；2—喷雾器；3—试验箱盖；4—试验箱体；5—试验试样；6—收集器；7—饱和塔；8—压缩空气供给器；9—电磁阀；10—压力表；11—溶液箱；12—温度控制器

15.2.1.1 箱体和箱盖部分的构件

（1）材料

箱体和箱盖中所有可能与 NaCl 溶液和 NaCl 喷雾发生接触的部件都应该使用耐 NaCl 腐

蚀且不影响 NaCl 溶液和 NaCl 喷雾腐蚀性的材料制成，可以使用不锈钢等制成，也可以使用非金属材料（如聚氯乙烯等）制成；同时箱体和箱盖中所有构件的制作材料不能对涂层样品在中性盐雾试验的腐蚀起促进或者抑制作用，也不能与涂层样品之间形成腐蚀原电池。

（2）形状

箱体的形状应满足 NaCl 喷雾在箱体内分布均匀的要求，同时确保 NaCl 喷雾不能直接喷射到涂层样品表面。最理想的状态是所有 NaCl 喷雾在箱体内均匀分布，然后自然沉降到涂层样品表面。箱盖的形状应该避免试验过程中箱盖上聚集的液滴直接滴落到涂层样品表面。

（3）容积

箱体的容积应尽量大于 $0.4m^3$，对于容积小于 $0.4m^3$ 的盐雾箱，由于受箱体总体积的影响，当涂层样品的装载量较大时会对 NaCl 喷雾的分布和温度产生影响，进而影响到中性盐雾试验的准确性。另外，处于空载状态和满载状态的盐雾箱在中性盐雾试验中的表现是不同的，需要考虑涂层样品的装载量对盐雾箱容积的影响。

15.2.1.2 喷雾部分的构件

（1）压缩空气供给器和电磁阀

压缩空气供给器提供压缩空气，电磁阀调节压缩空气的流量和流速，以确保 NaCl 喷雾离开喷雾器的压力（即 NaCl 喷雾压力）在 70～170kPa 范围内。为了达到这一目的，压缩空气的压力一般需要调节在（98±10）kPa。注意：压缩空气在进入盐雾箱之前需要过滤，以除去固体颗粒进而防止盐雾箱发生堵塞。

（2）饱和塔

饱和塔的作用是调控压缩空气的温度和湿度来抑制 NaCl 喷雾中的水分挥发。对压缩空气进行加温和加湿是十分必要的，加温的目的是确保压缩空气和 NaCl 溶液混合形成 NaCl 喷雾时不会引起箱体内温度的明显波动，加湿的目的是确保箱体内自然沉降的 NaCl 喷雾中 NaCl 浓度在（50±5）g/L 范围内。不同 NaCl 喷雾压力下饱和塔水温的指导值如表 15-1 所示。

表 15-1　饱和塔水温与 NaCl 喷雾压力的关系

喷雾压力/kPa	70	84	98	112	126	140	160	170
饱和塔水温/℃	45	46	48	49	50	52	53	54

备注：推荐使用电导率低于 20μS/cm 的蒸馏水或者去离子水对压缩空气进行加湿。

（3）盐雾分散塔和喷雾器

盐雾分散塔和喷雾器的作用是将 NaCl 由溶液状态变为喷雾状态并高速喷出，NaCl 喷雾的最理想状态是在盐雾箱的整个内部空间中均匀分布，切忌将 NaCl 喷雾直接喷溅到涂层样品表面，通过调整喷雾器的角度以及调整盐雾箱中内置挡板的角度可以达到这一目的。另外，特别需要注意的是 NaCl 喷雾从处于上层的涂层样品表面滴下后不能落在处于下层的涂层样品表面。

15.2.1.3 储存和收集部分的构件

（1）溶液箱

溶液箱中储存 NaCl 溶液的量应该保证在整个中性盐雾试验过程中，从喷雾器中能连续稳定地输出 NaCl 喷雾以确保（1.5±0.5）mL/h 的平均沉降速率。为了达到这一目的，需要对溶液箱中 NaCl 溶液的液位以及输送到喷雾器中 NaCl 溶液的流量进行监控。另外，溶液箱必须密闭良好，防止水分蒸发、空气中 CO_2 溶解以及其他污染物对 NaCl 溶液浓度和 pH 值的影响。

（2）收集器

收集器一般用塑料、玻璃等惰性材料制成漏斗形状，漏斗的开口直径为 100mm，以满足收集面积约为 80cm² 的要求。一般来说，盐雾箱中应该至少放置两个收集器，一个靠近喷雾器的喷嘴，一个远离喷雾器的喷嘴，特别需要注意的是收集器只能采样 NaCl 喷雾而不能是涂层样品或箱盖上滴落的液滴。

除此之外，盐雾箱中还需要配备加热和温控部件以确保涂层样品中性盐雾试验在（35±2）℃的恒温条件下进行，温度测量构件距离盐雾箱内壁和热源应不低于 100mm。

15.2.2　涂层样品中性盐雾试验的前期准备

15.2.2.1　涂层样品的制备

（1）基材的选择

基材的选择可参考 GB/T 9271—2008《色漆和清漆 标准试板》，若没有特殊的要求，一般选择长宽高约为 150mm×100mm×10mm 的抛光钢板。在基材表面涂覆有机涂层之前需要将基材表面彻底清洗干净，具体的清洗方法可以根据基材的自身属性、表面污染情况来确定。需要注意的是清洗过程及使用的清洗介质不能损伤基材表面，也不能使基材表面发生腐蚀，清洗结束后要防止基材再次被污染。另外，当有特殊要求时，基材的类型、形状和尺寸也可以提前约定，但是仍然必须保证其在涂覆有机涂层之前是干燥洁净的。

（2）涂层的涂覆

在基材表面涂装有机涂层的具体方法需要在中性盐雾试验之前进行约定或商定，刷涂、喷涂、浸涂、刮涂等方式都可以选择。需要注意的是，基材的背面和边缘也需要进行涂装，可以涂装和表面相同的有机涂料，也可以涂装不同的有机涂料，但是如果是不同的有机涂料，则必须比中性盐雾试验的对象涂料具有更好的防腐蚀性能。涂层的涂覆完成后，将涂层样品放置在温度为（23±2）℃、相对湿度为（50±5）%、具有空气循环且不受阳光直接暴晒的环境中进行状态调节至少 16h，而后方可进行中性盐雾试验。建议在此之前用非破坏性的方法测试涂层完全干燥后的厚度，涂层厚度的测试可参考 GB/T 13452.2—2008《色漆和清漆 漆膜厚度的测定》，一般使用微米（μm）作为单位。

（3）划痕的划制

涂层样品的试验表面可以在中性盐雾试验之前划制划痕，也可以不划制划痕，这需要提前进行约定或商定。划痕的划制可参考 GB/T 30786—2014《色漆和清漆 腐蚀试验用金属板涂层划痕标记导则》，需要注意以下几点：第一，所有划痕距离涂层样品的每一条边和其他划痕的距离不能低于 20mm，且划痕必须呈直线，同时划透有机涂层并接触基材；第二，划制划痕必须使用带有尖端的特制划痕工具，不能使用其他工具，划痕的断面必须两侧平行或上宽下窄，宽度一般为 0.2～1.0mm；第三，划痕可以是一道也可以是多道，但是多道划痕之间必须保持至少 20mm 的间距且多道划痕应该与基材的长边平行；第四，当使用铝质基材时，应该划制两条相互垂直但不交叉的划痕，一条划痕与基材的轧制方向平行，另一条划痕与基材的轧制方向垂直。

另外，涂层样品也可以是从涂装好的工件上切割下来的，这种情况下一是不能损坏切割区附近的有机涂层，二是需要对切割区施加适当的表面保护。

15.2.2.2 NaCl 溶液的配制

（1）溶质 NaCl 的要求

NaCl 中 Cu、Ni、Pb 等重金属的总含量不能超过 0.005%（质量分数），NaI 的含量不能超过 0.1%（质量分数），总杂质的含量不能超过 0.5%（质量分数）。需要特别注意：固体 NaCl 中的某些未知添加组分可能会影响涂层样品中性盐雾试验的测试结果，因此建议使用分析纯等级的 NaCl 来配制 NaCl 溶液。

（2）溶剂 H_2O 的要求

使用电导率低于 20μS/cm 的蒸馏水或者去离子水来配制 NaCl 溶液。

（3） NaCl 溶液的要求

NaCl 溶液的浓度为 (50±5)g/L，相对密度在 1.029～1.036 范围内，当收集器中所收集 NaCl 喷雾的浓度偏离 (50±5)g/L 时，就需要调整 NaCl 溶液的浓度。NaCl 溶液的 pH 值应满足使收集器中所收集 NaCl 喷雾的 pH 值在 6.5～7.2 范围内，建议每天都要测量 NaCl 喷雾的 pH 值。测量时应该使用电位 pH 计，不能使用 pH 试纸，同时电位 pH 计需要配套使用适用于弱缓冲 NaCl 溶液的电极。如果收集器中所收集 NaCl 喷雾的 pH 值偏离 6.5～7.2 的范围，可以使用分析纯等级的盐酸、氢氧化钠或者碳酸氢钠配制的溶液来调整 NaCl 溶液的 pH 值，调整后的 pH 值必须确保 NaCl 喷雾的 pH 值在 6.5～7.2 范围内。

NaCl 溶液的配制在室温[(25±2)℃]下完成即可，完成后建议先对 NaCl 溶液进行过滤操作，以除去其中可能存在的堵塞喷雾器和喷淋孔的物质，再将过滤后的 NaCl 溶液加入盐雾箱的溶液箱中。

15.2.2.3 盐雾箱的校验

在对涂层样品进行中性盐雾试验之前必须对盐雾箱进行校准和检验，以确保试验结果的重复性和再现性，校验所用参比材料应该是具有已知腐蚀性能的材料，常使用冷轧碳素钢板和高纯金属锌。将冷轧碳素钢板和高纯金属锌加工成钢参比试样和高纯锌参比试样，通过测定这两种参比试样的腐蚀失重来判定盐雾箱是否满足进行涂层样品中性盐雾试验的要求。实际上，不仅仅在中性盐雾试验之前，每隔一段时间（一般为 3 个月）就应该对盐雾箱进行一次校验。

（1）使用钢参比试样校验盐雾箱

① 参比试样的要求　钢参比试样的钢材应该是满足 ISO 3574 Cold-reduced carbon steel sheet of commercial and drawing qualities（《商业级和冲压级的冷轧碳素钢薄板》）CR4 等级的冷轧碳素钢板。将钢板加工成长宽为 150mm×40mm、厚度为 (1.0±0.2)mm。参比试样表面不能有孔隙、划痕和氧化皮以及油渍、灰尘和指痕等可能影响腐蚀失重计算的各类缺陷和杂质。参比试样需要清洗干净后才能用于盐雾箱的校验，可以使用清洁的软刷、无残留物的软布、无纺无绒布或者超声波清洗。清洗一般在装满沸点为 60～120℃ 的碳氢化合物溶剂的容器中进行，清洗完成后再用新的碳氢化合物溶剂进行漂洗，然后干燥备用。清洗后

的参比试样在使用之前需要精确称重，一般需要精确到±1mg，称重结束后用可去除的覆盖层对钢参比试样的背面和边缘进行保护。

② 参比试样的放置 在盐雾箱中放置 4 块或者 6 块钢参比试样，如果是 4 块则放置在盐雾箱的四角即可，如果是 6 块则放置在包括四角在内的六个不同位置上；参比试样在放置时应该使没有被保护的一面向上并与垂直方向成 20°±5°的角度，参比试样应该和涂层样品放置在同一高度上，同时参比试样的下边缘和盐雾收集器的上边缘处在同一水平面上。需要注意，多个参比试样之间不能相互影响，否则需要在盐雾箱中放置替代试样，以保持箱内所有样品的均匀性，替代试样一般用惰性材料制成并尽量与涂层样品和参比试样具有相同的形状和尺寸。

③ 腐蚀失重的计算 使用钢参比试样校验进行涂层样品中性盐雾试验的盐雾箱，校验的时间周期为 48h，一个周期结束后应立即将参比试样从盐雾箱中取出，然后去除参比试样背面和边缘用于保护的覆盖层以及表面附着的腐蚀产物。腐蚀产物的去除可参考 GB/T 16545—2015《金属和合金的腐蚀 腐蚀试样上腐蚀产物的清除》，一种常用的化学清洗方法是在 23℃质量分数为 20%的分析纯柠檬酸氢二铵溶液中浸泡 10min，注意清洗溶液不能重复使用，最好是现配现用。覆盖层和腐蚀产物完全去除干净后，用蒸馏水或去离子水将参比试样清洗干净，然后再用乙醇清洗，干燥后称重，精确到±1mg。参比试样的质量损失除以参比试样的暴露面积就是其腐蚀失重，即参比试样单位面积的质量损失；钢参比试样腐蚀失重的允许范围为（70±20)g/m^2，如果每块钢参比试样（4 块或 6 块）的腐蚀失重在此范围内，说明盐雾箱已经满足了进行中性盐雾试验的要求。

（2）使用高纯锌参比试样校验盐雾箱

① 参比试样的选择 制备高纯锌参比电极使用的金属锌，杂质含量应低于 0.1%（质量分数），将金属锌加工成长宽高为 50mm×100mm×1mm 的大小；在校验开始之前，需要使用烃类溶剂将高纯锌参比电极清洗干净，以除去可能对腐蚀失重计算结果产生影响的明显污垢、油渍或其他不属于高纯锌参比电极的外来物质，然后干燥备用；精确称重至±1mg，称重结束后用可去除的覆盖层对高纯锌参比试样的背面和边缘进行保护。

② 参比试样的放置 在盐雾箱中放置 4 块或者 6 块高纯锌参比试样，要求同钢参比试样。

③ 参比试样腐蚀失重的计算 使用高纯锌参比试样校验盐雾箱，校验的时间周期也为 48h，校验结束后应立即去除用于保护的覆盖层，然后清洗参比试样并去除腐蚀产物，清洗和去除可参考 GB/T 16545—2015《金属和合金的腐蚀 腐蚀试样上腐蚀产物的清除》。一种常用的化学清洗方法是：在 1000mL 的去离子水中加入（250±5)g 的硝基乙烷配成饱和氨基乙酸溶液，然后将高纯锌参比电极浸泡在上述溶液中 5min，为了提高腐蚀产物的清除效率，可以在浸泡过程中搅拌清洗液或者使用超声波清洗，每次浸泡结束后先用流动水轻轻刷洗，再用丙酮或乙醇清洗高纯锌参比电极，干燥后称重，精确到±1mg。用高纯锌参比电极校验前的质量减去去除覆盖层和腐蚀产物后的质量，再除以其暴露面积就是其腐蚀失重。高纯锌参比试样腐蚀失重的允许范围为（50±25)g/m^2，如果每块高纯锌参比试样（4 块或 6 块）的腐蚀失重在此范围内，说明盐雾箱已经满足了进行中性盐雾试验的要求。

15.2.3 涂层样品中性盐雾试验的中间过程

（1）盐雾箱工作状态的确认

在涂层样品中性盐雾试验正式开始之前，还需要对盐雾箱的工作状态进行最后的确认，特别是对 NaCl 喷雾的浓度、pH 值、温度和平均沉降速度等重要参数进行确认，达到要求后才可对涂层样品进行中性盐雾试验。

需要注意的是，盐雾箱的装载量对上述参数存在影响，特别是对 NaCl 喷雾平均沉降速度的影响较大。对盐雾箱工作状态进行确认时的装载量应该与实际试验时涂层样品的装载量相近，可以通过放置替代试样来实现。当 NaCl 喷雾的浓度、pH 值、温度和平均沉降速度等参数在连续 24h 内都处于其各自的规定范围内后，就可以停止喷雾、放置涂层样品开始中性盐雾试验；在中性盐雾试验进行期间，推荐每天都要检查收集器中所收集的 NaCl 喷雾的浓度、pH 值、温度和平均沉降速度等参数，一旦参数偏离规定范围应立即进行相应的调整。具有良好工作状态的盐雾箱的主要参数范围如表 15-2 所示。

表 15-2 有机涂层 NSS 试验盐雾箱良好工作状态参数值

参数	范围	参数	范围
温度	(35±2)℃	喷雾浓度	(50±5)g/L
pH 值	6.5～7.2	喷雾平均沉降速度	(1.5±0.5)mL/h

要注意：收集器中所收集的 NaCl 喷雾不能在中性盐雾试验中重复使用。

(2) 涂层样品的放置

涂层样品的放置对中性盐雾试验的准确性十分重要，基本原则是 NaCl 喷雾不能直接喷射到涂层样品表面，而是从喷雾器中喷出后自然沉降到涂层样品表面。放置位置和放置角度的主要要求如下：

① 放置位置　涂层样品在盐雾箱中的放置位置非常重要，样品之间的距离不能影响 NaCl 喷雾在样品表面的自然沉降，同时箱体、箱盖和涂层样品表面滴下的液滴不能落在另一涂层样品表面；涂层样品应尽量放置在盐雾箱中同一水平面上，样品之间不能相互接触也不能接触箱体；如果涂层样品处于盐雾箱中的不同水平面，位置较高的涂层样品表面滴落的 NaCl 液滴不能落在位置较低的涂层样品表面。当涂层样品在盐雾箱中进行中性盐雾试验的时长超过 96h 后，可以进行换位。另外，涂层样品也可以悬挂在盐雾箱中，悬挂装置必须用惰性的非金属绝缘材料制成，以防止涂层样品和悬挂装置之间形成腐蚀原电池。

② 放置角度　涂层样品在盐雾箱中的放置角度也非常重要，推荐将涂层样品的试验表面与垂直方向形成 15°～25°的夹角，并尽量统一成 20°的夹角。

(3) 中性盐雾试验过程的时间要求

① 试验周期　涂层样品中性盐雾试验的周期需要结合涂层样品的特性以及相关标准提前进行约定或商定，推荐的试验周期为 2h、6h、24h、48h、96h、168h、240h、480h、720h、1008h。

② 开箱时间　除了需要对涂层样品的腐蚀情况进行观察以及需要对溶液箱中 NaCl 溶液进行补充外，不是紧急情况尽量不要在中性盐雾试验过程中打开盐雾箱，每天打开盐雾箱的总时间不能超过 1h，同时开箱时间应该是观察和记录涂层样品变化所需要的最短时间。

③ 结束时间　一次涂层样品的中性盐雾试验应该连续进行，除了已经提前约定或商定中性盐雾试验的结束时间是涂层样品表面开始发生腐蚀的时间之外，其他情况下的结束时间应该与试验周期相符合，没有到达结束时间之前应该尽量避免试验的中断。

15.2.4　涂层样品中性盐雾试验的后期评价

（1）涂层样品的处理

① 无划痕的涂层样品　无划痕的涂层样品在中性盐雾试验结束后可以直接使用自来水冲洗涂层样品的表面，注意在冲洗过程中不要影响到可供评价的腐蚀产物或腐蚀现象。

② 有划痕的涂层样品　有划痕的涂层样品在中性盐雾试验结束后首先用自来水冲洗涂层样品的表面，然后用软海绵清洗划痕及其周边的污垢和残留物，最后用刮刀或者胶带将划痕位置已经剥离的有机涂层从基材上分离。推荐使用一定角度的刀具置于涂层和基材之间的界面来分离剥离的涂层，也可以使用胶带剥离有机涂层。

（2）评价指标

涂层样品中性盐雾试验的评价指标主要包括：未去除腐蚀产物涂层样品的外观，去除表面腐蚀产物后的外观，涂层样品的表面腐蚀缺陷，涂层样品表面发生明显腐蚀现象的时间，涂层样品中性盐雾试验前后质量的变化，涂层样品表面微观形貌的变化，涂层样品力学性能的变化等。推荐使用相关的国家标准来评价涂层样品的中性盐雾试验结果，部分国家标准如表 15-3 所示。

表 15-3　有机涂层 NSS 试验结果评价相关国家标准

标准号	标准名
GB/T 30789.1—2015	《色漆和清漆 涂层老化的评价 缺陷的数量和大小以及外观均匀变化程度的标识 第 1 部分：总则和标识体系》
GB/T 30789.2—2014	《色漆和清漆 涂层老化的评价 缺陷的数量和大小以及外观均匀变化程度的标识 第 2 部分：起泡等级的评定》
GB/T 30789.3—2014	《色漆和清漆 涂层老化的评价 缺陷的数量和大小以及外观均匀变化程度的标识 第 3 部分：生锈等级的评定》
GB/T 30789.4—2015	《色漆和清漆 涂层老化的评价 缺陷的数量和大小以及外观均匀变化程度的标识 第 4 部分：开裂等级的评定》
GB/T 30789.5—2015	《色漆和清漆 涂层老化的评价 缺陷的数量和大小以及外观均匀变化程度的标识 第 5 部分：剥落等级的评定》
GB/T 30789.8—2015	《色漆和清漆 涂层老化的评价 缺陷的数量和大小以及外观均匀变化程度的标识 第 8 部分：划线或其它人造缺陷周边剥离和腐蚀等级的评定》

根据经验，一般认为有机涂层在盐雾箱中进行中性盐雾试验的 1 天可以近似等价为其在大气环境中进行自然暴露试验的 1 年。

（3）试验报告

涂层样品中性盐雾试验的试验报告需要按照约定或商定将单一涂层样品的试验结果或者一组平行涂层样品的平均试验结果记录清楚，推荐在试验报告中附上涂层样品在中性盐雾试验过程中的照片。试验报告没有固定的格式，但是下列信息应该包含在试验报告中：试验报告的文件编号；NaCl 溶液中溶质、溶剂的主要属性；基材的基本情况及其表面处理方法；涂层的基本情况；涂层样品的尺寸和形状，特别是试验面的性质和面积；涂层样品的制备情况，特别是涂装方法；所有涂层样品的数量以及同类样品的数量；试验前涂层样品的干燥固化时间和条件以及状态调节时间和条件；涂层厚度以及涂层结构（单一涂层还是复合涂层及其各层类型）；涂层样品表面划痕的基本情况；试验后涂层样品的清洗方法以及质量损失；涂层样品的放置角度；涂层样品的位移情况；试验周期以及期间开箱检查情况；开箱检查的时间间隔；参比电极以及替代试样的情况；试验温度；收集液的浓度、pH 值、温度和平均沉降速度；NaCl 溶液与 NaCl 喷雾的浓度和 pH 值；参比试样的腐蚀失重数据；试验过程中的其他突然情况；等等。

一次中性盐雾试验结束后，应该立即对盐雾箱进行彻底清洗，以防止盐雾箱各部件中残留的 NaCl 溶液或 NaCl 喷雾腐蚀破坏盐雾箱；下一次盐雾试验开始之前，一方面要按照 15.2.3（1）中论述的内容对盐雾箱的工作状态进行确认，另一方面要按照 15.2.2.3 中论述的内容对盐雾箱进行校验，使盐雾箱不受前一次试验的影响。另外，除了中性盐雾试验，盐雾箱还可以进行乙酸盐雾试验和铜加速乙酸盐雾试验，由于这两者所用腐蚀性介质的侵蚀性远大于中性 NaCl 溶液和 NaCl 喷雾，建议有机涂层中性盐雾试验的盐雾箱要专管专用，最好不要进行乙酸盐雾试验和铜加速乙酸盐雾试验，另外已经进行过乙酸盐雾试验和铜加速乙酸盐雾试验的盐雾箱不能进行涂层样品的中性盐雾试验。

电化学阻抗谱测试和中性盐雾试验是目前评价有机涂层对基材防腐蚀性能的主要电化学方法和化学方法，但是这两种方法都还存在一定的缺点和不足。随着分析测试技术的不断进步，未来有机涂层的防腐蚀性能评价方法必然会向着无损化、快速化、原位化、定量化、高重现性的方向发展。

参考文献

[1] 闫福安．涂料树脂合成及应用．2 版．北京：北京化学工业出版社，2020.

[2] 闫福安．水性树脂与水性涂料．北京：化学工业出版社，2010.

[3] 山西省化工研究所．聚氨酯弹性体手册．北京：化学工业出版社，2001.

[4] 闫福安，谢浩．核壳结构丙烯酸酯乳液合成及其木器封闭底漆的制备．第四届中国国际水性木器涂料发展研讨会论文集（2010 年）：95.

[5] 闫福安．水性聚氨酯合成及改性进展．水性树脂及其应用技术研讨会暨 2011 水性聚氨酯行业年会论文集（2011 年）：148.

[6] 闫福安．木器涂料用水性树脂的合成与进展．第六届中国国际水性木器涂料发展研讨会论文集（2012 年）：42.

[7] 刘艳平，闫福安．软段含磺酸盐的高固含量水性聚氨酯胶粘剂的制备．2013 水性聚氨酯行业年会暨第 11 届水性涂料研讨会论文集（2013 年）：125.

[8] 陈秋芬，闫福安．羟基型水性聚氨酯的合成及其柔性水性木器清漆的制备．2014 第八届中国国际水性木器涂料发展研讨会论文集（2014）：50.

[9] 闫福安．水性木器涂料树脂合成进展及应用．第九届中国国际水性木器涂料发展研讨会论文集（2015 年）：4.

[10] 罗得学，闫福安．阳离子丙烯酸酯树脂乳液的研究进展．2016（第 14 届）水性技术年会论文集（2016 年）：4.

[11] 张彪，闫福安．水性聚氨酯-聚脲的合成及其性能研究．2019 中国涂料大会论文集（2019 年）：90.

[12] 闫福安．水性工业涂料用水性树脂合成及应用进展．弗格 2019 第二届水性乳液/分散体技术发展论坛论文集（2019 年）：59.

[13] 闫福安．水性漆主流树脂合成及应用进展．2021 水性树脂设计、制备工艺与应用技术培训班论文集（2021 年）：47.

[14] 闫福安．水性金属漆主流树脂合成及应用进展．第 22 届水性技术年会论文集（2024 年）：4.

[15] 闫福安．内交联型水性聚氨酯合成配方的设计与计算．中国皮革，2002，31（7）：12.

[16] 闫福安．内交联型水性聚氨酯皮革光亮剂的合成研究．武汉化工学院学报，2003，25（1）：25.

[17] 闫福安．短油度水溶性醇酸树脂的合成研究．中国涂料，2003，18（1）：26.

[18] 闫福安．水性聚酯树脂的合成研究．涂料工业，2003，33（3）：9.

[19] 闫福安．水性双组分聚氨酯木器漆的合成与研制．涂料工业，2003，33（5）：37.

[20] 闫福安．水性聚氨酯的合成与应用．胶体与聚合物，2003，21（2）：30

[21] 闫福安．水性丙烯酸树脂的合成及其氨基烘漆研制．武汉化工学院学报，2003，25（2）：6.

[22] 文艳霞，闫福安．水性醇酸树脂及其聚氨酯改性研究．中国涂料，2007，22（1）：25.

[23] 闫福安，张艳丽，周勇．核壳结构羟基叔丙乳液的合成．涂料技术与文摘，2010，31（05）：6.

[24] 陈俊，闫福安．自交联型水性聚氨酯-氟丙烯酸树脂的合成与研究．涂料工业，2010，40（05）：26.

[25] 闫福安，黄贵，谢浩．核壳结构丙烯酸酯乳液合成及其木器封闭底漆的制备．中国涂料，2011，26（05）：36.

[26] 张洁，闫福安．无皂苯丙防锈乳液的合成研究．中国涂料，2011，26（11）：56.

[27] 叶琪，闫福安．保护胶体在丙烯酸酯无皂乳液聚合中的研究．涂料技术与文摘，2012，33（06）：23.

[28] 唐金勇，闫福安．含氟丙烯酸酯防锈乳液的合成研究．中国涂料，2013，28（05）：55.

[29] 严晶，闫福安．GMA 改性水性光固化不饱和聚酯乳液的合成．涂料技术与文摘，2014，35（03）：7.

[30] 陈秋芬，闫福安．羟基型水性聚氨酯的合成及其柔性水性木器清漆的制备．中国涂料，2014，29（06）：24.

[31] 闫福安，王文芳．水性环氧酯-丙烯酸酯树脂杂化体的制备．武汉工程大学学报，2015，37（07）：5.

[32] 叶琪，闫福安．丙烯酸酯无皂乳液在水性防腐漆上的研究及应用．涂料技术与文摘，2015，36（09）：22.

[33] 周玉琴，闫福安．高固体分阳离子型水性聚氨酯合成及其封闭底漆研制．中国涂料，2015，30（06）：21.

[34] 麦桂康，闫福安，周勇．卷材面漆用水性丙烯酸酯树脂的制备．中国涂料，2016，31（02）：29.

[35] 许天格，闫福安，周勇．磺酸/羧酸盐型水性聚氨酯的合成与性能研究．中国涂料，2016，31 (06)：53.
[36] 万小婷，闫福安，周勇．核壳结构叔丙乳液的合成及其稳定性影响的研究．涂料工业，2016，46 (04)：66.
[37] 董月林，闫福安．水性丙烯酸树脂二级分散体的合成研究．中国涂料，2017，32 (02)：50.
[38] 罗得学，闫福安．阳离子型丙烯酸树脂的合成及其封闭底漆的研制．中国涂料，2017 (5)：16.
[39] 童快，闫福安．非离子型水性环氧树脂乳液的制备及其性能研究．中国涂料，2018，33 (02)：19.
[40] 赵成罡，闫福安．羧酸/磺酸盐型光固化水性聚氨酯的合成及性能研究．中国涂料，2018，33 (05)：61.
[41] 王东，闫福安．环氧酯改性苯丙树脂防锈乳液的合成研究．中国涂料，2019，34 (03)：44.
[42] 王黎，闫福安．羟基型水性聚酯-丙烯酸树脂杂化体的合成研究．中国涂料，2019，34 (04)：40.
[43] 张彪，闫福安．水性聚氨酯-聚脲的合成及其性能研究．中国涂料，2019，34 (05)：35.
[44] 张珊珊，闫福安，周勇．磺酸盐型紫外光固化水性聚氨酯的合成研究．涂料工业，2020 (7)：49.
[45] 徐德鹏，闫福安．环氧改性水性醇酸树脂的制备及其性能研究．中国涂料，2020，35 (04)：50.
[46] 贺绍辉，闫福安，张志丰．水性环氧乳液乳化剂合成及其乳液制备．中国涂料，2021，36 (02)：25.
[47] 宋志杰，闫福安，周勇．水性聚天门冬氨酸酯分散体的合成研究．中国涂料，2022，37 (02)：27.
[48] 龚俊，闫福安．脂肪酸改性苯丙乳液的合成研究．涂层与防护，2022，43 (04)：49.
[49] 黎柳冰，闫福安，周勇．环氧酯改性水性聚氨酯的合成及性能研究．中国涂料，2023，38 (03)：18.
[50] 刘豪，闫福安，周勇．氨基烤漆用丙烯酸树脂二级分散体的合成研究．中国涂料，2023，38 (04)：30.
[51] 刘国庆，闫福安，周勇．大分子型紫外光固化水性聚氨酯的合成研究．中国涂料，2023，38 (11)：34.
[52] 龙凯，闫福安，周勇．非离子改性水性醇酸树脂-丙烯酸树脂杂化体的制备及性能．中国涂料，2024，39 (01)：47.
[53] 赵利平，闫福安，周勇．水性 ABS 塑料涂料用丙烯酸酯乳胶的合成及性能研究．中国涂料，2025，40 (01)：32.
[54] 孙俊，王明晶，张新宇，等．含磺酸盐型乳化剂的水性环氧树脂的合成及在防腐涂料中的应用研究．中国涂料，2023，38 (9)：7.
[55] 鲍艳，丁颖．水性醇酸树脂的研究进展．精细化工，2020，37 (6)：1107.
[56] 刘宪文．电泳涂料与涂装．北京：化学工业出版社，2007.
[57] 吴让君，万涛，张艳丽．双酚 A 聚氧乙烯醚改性环氧阴极电泳乳液的研究．首届涂料涂装技术研讨会暨第 3 届电泳涂料技术及应用研讨会论文集 (2008 年)：175.
[58] 吴让君，万涛，伍仪锐，等．低温烘烤型阴极环氧电泳涂料的合成及应用．第 11 届车用涂料与涂装技术研讨会暨 2013 汽车涂料专委会年会 (2013 年)．
[59] 吴让君，唐万军，李晴红．柔性环氧树脂在阴极环氧电泳涂料中的合成及应用研究．涂层与防护，2019 (8)：55.
[60] 吴让君，吴田，谢彪．聚氨酯阴极电泳漆清漆的合成．涂料技术与文摘，2016 (6)：22.
[61] 吴让君，吴田，张星，等．聚四氢呋喃二醇型聚氨酯弹性体在铸造件阴极电泳涂料中的应用．涂料技术与文摘，2014 (5)：17.
[62] 张馨元，叶琪，周勇，等．耐候钢表面锈层稳定化处理技术研究现状和展望．材料保护，2023 (2)：120.
[63] 周勇，左禹，闫福安．晶间腐蚀敏感性研究进展：Ⅰ．不锈钢贫化理论．材料保护，2018 (11)：111.
[64] 周勇，左禹，闫福安．缓蚀性组分对金属小孔腐蚀的缓蚀作用与机制．中国腐蚀与防护学报，2017 (6)：487.
[65] 周勇，苏李惠子，陈俊，等．镁合金表面硅烷化预处理对水性聚氨酯涂层附着力和早期防护性能的影响．材料保护，2022 (3)：1.
[66] CN202410074699. X
[67] CN202211322617 . 6
[68] CN202311381925. 0
[69] CN 118290707 A.
[70] CN 112851967 B.
[71] CN 115677981 A.
[72] CN 115028803 A.
[73] CN 113980248 A.
[74] CN 113788934 A.
[75] CN 117024694 A.